Peter Reineker, Michael Schulz und
Beatrix M. Schulz

Theoretische Physik II

Weitere interessante Titel zu diesem Thema

Schmutzer, E.

Grundlagen der Theoretischen Physik

2333 Seiten in 2 Bänden mit 281 Abbildungen und 39 Tabellen
2005. Hardcover
ISBN 3-527-40555-0

Kuypers, F.

Klassische Mechanik

Mit 103 Beispielen und 167 Aufgaben mit Lösungen

608 Seiten mit 286 Abbildungen und 6 Tabellen
2005. Broschur
ISBN 3-527-40523-2

Schnakenberg, J.

Elektrodynamik

Einführung in die theoretischen Grundlagen mit zahlreichen, ausführlich gelösten Übungsaufgaben

531 Seiten mit 50 Abbildungen
2003. Softcover
ISBN 3-527-40369-8

Hentschke, R.

Statistische Mechanik

Eine Einführung für Physiker, Chemiker und Materialwissenschaftler

356 Seiten mit 84 Abbildungen
2004. Broschur
ISBN 3-527-40450-3

Peter Reineker, Michael Schulz und Beatrix M. Schulz

Theoretische Physik II

Elektrodynamik

mit Aufgaben in Maple

WILEY-VCH

WILEY-VCH Verlag GmbH & Co. KGaA

Autoren

Prof. Peter Reineker
Universität Ulm
Theoretische Physik
Albert-Einstein-Allee 11
89069 Ulm

HD Dr. Michael Schulz
Theoretische Physik
Universität Ulm
Albert-Einstein-Allee 11
89069 Ulm

Dr. Beatrix M. Schulz
Martin-Luther-Universität Halle-Wittenberg
Fachbereich Physik
Friedemann-Bach-Platz
06108 Halle/Saale

Bibliografische Information Der Deutschen Bibliothek
Die Deutsche Bibliothek verzeichnet diese Publikation in der Deutschen Nationalbibliografie; detaillierte bibliografische Daten sind im Internet über <http://dnb.ddb.de> abrufbar.

Printed in the Federal Republic of Germany

Gedruckt auf säurefreiem Papier.

Satz Steingraeber Satztechnik GmbH, Ladenburg
Druck Strauss GmbH, Mörlenbach
Bindung Litges & Dopf GmbH, Heppenheim
Umschlaggestaltung activComm, Weinheim
ISBN-13: 978-3-527-40642-5
ISBN-10: 3-527-40642-5

Diesen Band des Lehrbuchs widmen wir

Annemarie Baumert

Hildegard Reineker

Hilda Reineker

Manfred Schulz und

Marie-Luise Schulz

Peter Reineker, geboren 1940 in Freudenstadt, studierte Physik in Stuttgart und Berlin. Er promovierte 1971 an der Universität Stuttgart und arbeitet seit 1975 als Wissenschaftlicher Rat und Professor und seit 1978 als Professor an der Universität Ulm, unterbrochen durch mehrer längere Auslandaufenthalte in den USA und Frankreich. Von 1993–1997 war er im Vorstand der Deutschen Physikalischen Gesellschaft tätig und zuständig für den Bereich Bildung und Ausbildung. Außerdem war er in den Jahren 1999–2004 Mitglied des Executive Committee und Treasurer der Europäischen Physikalischen Gesellschaft. Das Forschungsgebiet von Professor Reineker ist die Statistische Physik und die Theorie kondensierter Materie, insbesondere von organischen Materialien.

Michael Schulz, geboren 1959 in Staßfurt, studierte Physik an der Technischen Hochschule Merseburg, wo er 1987 promovierte. Von 1987 bis 1989 arbeitete er zunächst als Wissenschaftler an der TH Merseburg, später an der SUNY in Albany. Nach einigen Jahren als Privatdozent an der Martin-Luther-Universität Halle-Wittenberg war er ab 1996 als Heisenberg-Stipendiat an mehreren Forschungsinstituten tätig und ist momentan Hochschuldozent an der Universität Ulm. Sein Forschungsgebiet ist die Statistische Physik kondensierter Materie und die Dynamik komplexer Systeme im Nichtgleichgewicht.

Beatrix M. Schulz, geboren 1961 in Merseburg, studierte Physik an der Technischen Hochschule Leuna-Merseburg. Mehrere Jahre arbeitete sie in Forschungsbereichen in der Industrie (Carl-Zeiss Jena, Leuna-Werke AG), bevor sie im Jahr 2000 an der Martin-Luther-Universität Halle-Wittenberg promovierte. Nach einem Forschungsaufenthalt an der Universität in Ulm ist sie seit 2003 als Wissenschaftlerin an der Martin-Luther-Universität Halle-Wittenberg tätig. Ihr Arbeitsgebiet ist die Statistische Physik ungeordneter mesoskopischer und makroskopischer dynamischer Systeme.

Inhaltsverzeichnis

* Mit einem Stern sind Themen und Kapitel gekennzeichnet, die eher zusätzlich für die Masterausbildung vorgesehen sind

Theoretische Physik II: Elektrodynamik. Peter Reineker, Michael Schulz, Beatrix M. Schulz

ISBN: 3-527-40642-5

Vorwort

Die Theoretische Physik hat sich im letzten Jahrhundert zu einem unentbehrlichen Bestandteil der Ausbildung junger Studenten zum Diplomphysiker entwickelt. An dieser Situation wird sich auch mit den an den meisten deutschen Universitäten inzwischen eingeführten oder kurz vor der Eröffnung stehenden Bacholar- und Master-Studiengänge nichts ändern. Es ist für den Studierenden nicht immer einfach, sich systematisch Kenntnisse über das theoretische Grundwissen so anzueignen, dass ein zusammenhängender Komplex an Ideen, Konzepten und Methoden entsteht, der im späteren akademischen oder Berufsleben Anwendung finden kann. An der Universität Ulm wird schon schon seit langem ein fünfsemestriger Theoriekurs – bestehend aus den Kursen Theoretische Mechanik, Elektrodynamik, Quantenmechanik (I+II) und Statistische Physik – gehalten. Auf der Grundlage dieses Vorlesungsangebots ist eine fünfbändige Lehrbuchreihe Theoretische Physik entstanden. Mit dem vorliegenden Buch zur Elektrodynamik liegt nun der zweite Band dieser Reihe vor.

Diese Reihe wendet sich zuerst an alle Studenten der Physik, gleich ob sie sich später auf Experimentalphysik, Theoretische Physik oder Computerphysik spezialisieren wollen. In zweiter Linie richtet sich die Lehrbuchreihe an Wissenschaftler, Lehrer und Studenten anderer Naturwissenschaften und der Mathematik. Natürlich kann die Lehrbuchreihe nicht alle Teilgebiete der Theoretischen Physik enthalten. So werden alle Bestandteile von Spezialisierungskursen für Theoretische Physiker (z. B. Hydrodynamik, Allgemeine Relativitätstheorie, Quantenchromodynamik, Theorie der schwachen Wechselwirkung oder Stringtheorie) nicht behandelt. Hier verweisen wir auf entsprechende Monographien, die praktisch zu jedem dieser Teilgebiete der Theoretischen Physik erhältlich sind.

Um der Trennung in Bacholar- und Masterstudiengang gerecht zu werden, sind Themen und Kapitel, die für die Masterausbildung vorgesehen sind, mit einem Stern gekennzeichnet. Natürlich wird die Zuordnung von Universität zu Universität schwanken, aber im Großen und Ganzen kann man diese Einteilung als eine allgemeingültige Empfehlung ansehen.

Theoretische Physik II: Elektrodynamik. Peter Reineker, Michael Schulz, Beatrix M. Schulz

ISBN: 3-527-40642-5

Jedes Lehrbuch der Reihe enthält außerdem Aufgaben zur Überprüfung des erworbenen Wissens. Mit arabischen Ziffern sind solche Aufgaben gekennzeichnet, deren Lösung auf klassische Weise – also mit Papier und Bleistift – gefunden werden soll und kann. Demgegenüber sind Aufgaben mit römischen Ziffern für die Behandlung unter Verwendung eines computeralgebraischen Programmpakets vorgesehen. Die CD, die jedem Buch dieser Serie beiliegt, enthält Lösungsempfehlungen in Maple. Zum Verständnis der Lösungen benötigt man nur geringe Vorkenntnisse in dieser Programmiersprache. Es ist aber geplant, ein Forum einzurichten, in dem besonders schöne oder technisch interessante Lösungswege von den Lesern zur elektronischen Publikation eingereicht werden können.

Wir möchten uns an dieser Stelle bei den Herren H. Däubler, A. Engelmann und C. Warns für die große Hilfe bei der Umsetzung des Manuskripts in die LaTeX-Version bedanken. Auch den Mitarbeitern des Verlags Wiley-VCH danken wir für die gute Kooperation.

Peter Reineker, Michael Schulz, Beatrix M. Schulz

Ulm und Halle, August 2006

1 Einleitung

1.1 Der Feldbegriff in der Mechanik und der Elektrodynamik

Die Elektrodynamik ist nach der Mechanik das zweite große Teilgebiet der klassischen Theoretischen Physik. In der klassischen Mechanik untersucht man das dynamische Verhalten von Massenpunkten unter dem Einfluss von Kräften. Dabei wird der Begriff des Kraftfelds und – bei Kräften mit Potential – der des Potentialfelds eingeführt. Vom geometrischen Standpunkt betrachtet, ist das Kraftfeld ein Vektorfeld und wird in jedem Raumpunkt durch drei Komponenten beschrieben. Veranschaulichen können wir uns Kraftfelder durch Kraftfeldlinien, deren Tangenten die Kraftrichtung und deren Dichte die Stärke des Kraftfelds beschreibt. Geometrisch etwas einfacher ist das Potentialfeld, das in jedem Raumpunkt durch die Angabe eines einzigen Werts beschrieben wird. Zur Veranschaulichung dieses skalaren Felds werden Flächen gleichen Potentials, die Äquipotentialflächen, verwendet. Weil das Kraftfeld sich als negativer Gradient des Potentials ergibt, stehen die Kraftfeldlinien stets senkrecht auf den Äquipotentialflächen.

Der Feldbegriff setzt die Präsenz einer physikalischen Größe in allen Punkten des Raums voraus. Innerhalb der klassischen Mechanik ist diese Vorstellung zwar hilfreich, um eine anschauliche Darstellung der jeweiligen physikalischen Situation zu erhalten, aber sie ist keinesfalls zwingend. Zur Beschreibung der Dynamik eines Systems von Massenpunkten genügt die Kenntnis der Kräfte auf die jeweiligen Massenpunkte als Funktion der aktuellen Positionen aller Elemente des mechanischen Systems.

Sind aber die Kraftfelder bekannt, dann besteht das primäre Ziel der klassischen Mechanik darin, aus diesen vorgegebenen Feldern die Bewegung der Massenpunkte zu bestimmen. Der umgekehrte Fall, also die Bestimmung von Kraftfeldern aus der Konfiguration eines gegebenen Massenpunktsystems, ist im Rahmen der klassischen Mechanik eher sekundär. Eine der wenigen wichtigen Ausnahmen innerhalb der Newton'schen Mechanik ist die Bestimmung des Gravitationsfelds vorgegebener Massenpunktverteilungen.

In der Elektrodynamik dagegen kommt der Erzeugung elektrischer und magnetischer Felder durch Ladungsverteilungen und Ladungsströme eine

Theoretische Physik II: Elektrodynamik. Peter Reineker, Michael Schulz, Beatrix M. Schulz

ISBN: 3-527-40642-5

wesentliche Rolle zu. Demgegenüber ist die Bestimmung der Bewegung von Ladungen in elektromagnetischen Feldern ein nur zweitrangiges Problem der Elektrodynamik. Solche Fragestellungen haben wir bereits im Rahmen der Theoretischen Mechanik behandelt. Tatsächlich unterscheidet sich vom Standpunkt der klassischen Mechanik die theoretische Untersuchung einer Ladung in einem elektromagnetischen Feld nur wenig von dem einer Masse in einem Gravitationsfeld.

Andererseits begegnet uns in der eben dargestellten Situation auch ein wesentlicher Aspekt einer typischen Feldtheorie. Materielle Objekte reagieren nicht nur auf vorgegebene Felder, sie sind auch die Quellen von Feldern. Dabei entscheiden die Eigenschaften des jeweiligen Objekts, auf welche Felder es reagiert. So sind Massen sensitiv gegenüber Gravitationsfeldern und ihrerseits auch die Ursache von Gravitationsfeldern. Elektrische Ladungen reagieren dagegen auf elektromagnetische Felder und sind selbst auch Quellen solcher Felder.

Ein wesentlicher Unterschied zwischen elektromagnetischen Feldern und Gravitationsfeldern ist, dass die Quellen des elektromagnetischen Feldes, die elektrischen Ladungen, entgegengesetztes Vorzeichen haben können, während die Quellen des Gravitationsfeldes, die Massen, nur mit einem Vorzeichen auftreten. Obwohl, wie wir in Kapitel 2.1.1 sehen werden, die Stärke der elektromagnetischen Wechselwirkung zwischen geladenen Partikeln viel größer als deren gravitative Wechselwirkung ist, kompensieren sich die Beiträge der unterschiedlichen Ladungen zum elektromagnetischen Feld weitgehend auf makroskopischen Skalen, während die Beiträge der Gravitationsladungen, also der Massen, sich stets addieren. Insbesondere auf kosmologischen Skalen sind nur noch die Gravitationswechselwirkungen bemerkbar.

Die entscheidende Frage jeder Feldtheorie ist aber, ob den betrachteten Feldern eine physikalische Realität[1] zukommt oder ob sie nur ein vorteilhaftes Modell darstellen. Tatsächlich werden wir später zeigen, dass elektromagnetische Felder, z. B. in Form von Radiowellen, Energie und Impuls mit einer endlichen Ausbreitungsgeschwindigkeit zwischen Ladungen übertragen können. Da dieser Transfer über einen beliebig großen ladungsfreien Raum möglich ist, muss zwischen den Ladungen ein räumlich und zeitlich veränderlicher Träger vorhanden sein, den wir mit dem elektromagnetischen Feld identifizieren.

Innerhalb der Elektrodynamik kommt den elektromagnetischen Feldern eine Eigendynamik zu, die in der klassischen Mechanik völlig unbekannt ist. In der Tat sind in den meisten der üblicherweise betrachteten mechanischen Pro-

1) Im Sinne der von A. Einstein geforderten Trennung der zur theoretischen Beschreibung eines physikalischen Sachverhalts benötigten Objekte in experimentell zugängliche *Elemente der physikalischen Realität* und experimentell nicht zugängliche Modellgrößen.

bleme die Kraftfelder zeitunabhängig. Wenn überhaupt eine Zeitabhängigkeit vorliegt, ist sie entweder von außen vorgegeben oder wird durch die Dynamik des Massenpunktsystems generiert.

Ein typisches Beispiel für ein solches Problem ist die Behandlung des Gravitationsfeldes eines Doppelsternsystems (siehe Band I, Aufgabe 5.II) im Rahmen der klassischen Newton'schen Mechanik. Durch die Rotation der beiden Massen um ihren gemeinsamen Schwerpunkt entsteht in jedem Raumpunkt ein zeitlich veränderliches Newton'sches Gravitationsfeld als Superposition der Gravitationsfelder der beiden Sterne, das der jeweiligen aktuellen Konfiguration des Doppelsternsystems entspricht. Das Gravitationsfeld ändert sich bei diesem Konzept in jedem Raumpunkt instantan, d.h. jede Änderung der Position der beiden Sterne führt augenblicklich zu einer Änderung des Kraftfelds in einem beliebig weit vom Doppelsternsystem entfernten Punkt. In einem mechanischen Feld breiten sich offensichtlich Veränderungen mit einer unendlich großen Geschwindigkeit aus im Gegensatz zu den Aussagen echter feldtheoretischer Modelle und im Widerspruch zur Realität.

Die Ausbreitung von Feldern mit einer endlichen Geschwindigkeit in einem ansonsten leeren Raum ist eine typisches Phänomen nicht nur innerhalb der Elektrodynamik, sondern jeder modernen Feldtheorie. So findet man insbesondere auch für die Propagation von Änderungen des Gravitationsfelds im Rahmen der allgemeinen Relativitätstheorie eine endliche Ausbreitungsgeschwindigkeit.

Wir haben in diesem einleitenden Abschnitt absichtlich vermieden, elektrische und magnetische Felder streng zu unterscheiden. Tatsächlich kann man nur bei Systemen mit räumlich fixierten Ladungsverteilungen oder mit stationären Strömen von rein elektrischen oder rein magnetischen Feldern sprechen. Es wird sich jedoch zeigen, dass man elektrische und magnetische Felder nicht mehr unabhängig voneinander betrachten kann, wenn sich die Ladungsverteilungen und Ströme zeitlich ändern. Aus diesem Grund spricht man allgemein auch vom elektromagnetischen Feld.

1.2 Aufbau des Bands „Elektrodynamik“

Das erste Ziel unserer Untersuchungen wird es sein, Bewegungsgleichungen zur Beschreibung der Dynamik elektromagnetischer Felder zu gewinnen. Diese auch als Maxwell-Gleichungen bezeichneten Feldgleichungen werden wir über zwei konzeptionell sehr verschiedene Zugänge gewinnen.

Im nachfolgenden Kapitel werden wir zunächst einen heuristischen Weg beschreiten, der sich im Prinzip an der historischen Entwicklung der klassischen Elektrodynamik orientiert. Das Ziel dieser Überlegungen wird – ausgehend von experimentellen Befunden – die empirische Formulierung der Maxwell-Gleichungen für das elektromagnetische Feld sein. Diese Gleichungen bilden – ähnlich wie die Newton'schen Gesetze in der klassischen Mechanik – das Axiomensystem der Elektrodynamik.

Der zweite Zugang zu den Maxwell-Gleichungen erfolgt über das Hamilton'sche Wirkungsprinzip. Dieser Weg folgt dem weit verbreiteten theoretischen Konzept, fundamentale Wechselwirkungen durch möglichst generelle Annahmen bei gleichzeitiger Beachtung geeigneter, sinnvoller Symmetrien und unter Verwendung möglichst weniger experimenteller Erfahrungen herzuleiten. Wir werden in den Kapiteln 3 bis 5 eine Theorie für Systeme ableiten, deren Massenpunkte ausschließlich elektromagnetische Wechselwirkungen zeigen. Da die Grundvoraussetzung für diese Form der Wechselwirkung eine endliche elektrische Ladung der einzelnen Massenpunkte ist, werden wir in Zukunft meist von Ladungen sprechen, obwohl die Bezeichnung „elektrisch geladene Massenpunkte“ zutreffender wäre.

Als Konsequenz dieses Vorgehens werden wir zwei Gleichungstypen finden:

1. *Bewegungsgleichungen der einzelnen Ladungen im elektromagnetischen Feld*:
   Die in diesen Gleichungen auftretenden Kräfte sind die bereits aus Band I bekannten Lorentz-Kräfte. Sie sind somit die Reaktion des Systems geladener Massenpunkte auf eine bestimmte Konfiguration des elektromagnetischen Felds und werden ausführlich in Kapitel 4 diskutiert.

2. *Evolutionsgleichungen des elektromagnetischen Felds*:
   Diese so genannten Feldgleichungen sind durch das System der Maxwell-Gleichungen gegeben. Sie lassen die Reaktion des elektromagnetischen Felds auf eine Veränderung der Positionen und Geschwindigkeiten der einzelnen Ladungen erkennen. Diese Gleichungen werden in Kapitel 5 aus dem Wirkungsprinzip abgeleitet und auf ihre generellen Eigenchaften untersucht.

Beide Gleichungssysteme schließen sich zu einer vollständigen mathematischen Beschreibung des Gesamtsystems

Ladungen + elektromagnetisches Feld

Die gemeinsame Lösung der Maxwell- und Lorentz-Gleichungen unter Beachtung gegebener Rand- und Anfangsbedingungen stellt die vollständige Antwort auf die Frage nach der Dynamik eines gegebenen Systems wechselwirkender Ladungen dar.

Neben diesem feldtheoretischen Zugang zu den Maxwell-Gleichungen werden wir im Rahmen von Kapitel 3 die Grundzüge der speziellen Relativitätstheorie behandeln. Das ist einerseits notwendig, um eine konsistente Formulierung der Lorentz- und Maxwell-Gleichungen in den nachfolgenden beiden Kapiteln zu erhalten, andererseits erhalten wir damit aber auch eine erste Verallgemeinerung der klassischen Mechanik über den Rahmen des Newton'schen Weltbilds hinaus. Wir werden als ein typisches Prinzip physikalischer Forschung erkennen, dass eine generalisierte Theorie, hier die spezielle Relativitätstheorie, die ältere und eingeschränktere Theorie, also die Newton'sche Mechanik, als asymptotischen Grenzfall[2] enthalten muss.

In den Kapiteln 6 bis 8 werden wir uns mit zeitunabhängigen Feldern befassen. Dabei stehen vor allem Lösungsmethoden unter Beachtung gegebener Randbedingungen im Vordergrund. Gleichzeitig werden wir in Kapitel 7 die an sich für elektromagnetische Felder und Ladungen im Vakuum formulierten Maxwell-Gleichungen an die Beschreibung von elektromagnetischen Feldern in Materialien anpassen, zunächst für den Fall der Elektrostatik. In ähnliches Weise wird dann in Kapitel 8 die Magnetostatik in Materie formuliert. In beiden Fällen gelangen wir zu einer effektiven Feldtheorie, in der die spezifischen Eigenschaften der Materie durch neue Felder und zusätzliche Materiealgleichungen berücksichtigt werden. Obwohl die Feldgleichungen in einem Medium gegenüber den Maxwell-Gleichungen des Vakuums erweitert erscheinen und diese auch als Spezialfall enthalten, stellen sie bei einer genaueren Betrachtung keine Verallgemeinerung der Elektrodynamik des Vakuums durch neuartige physikalische Gesetze dar. Im Gegenteil, die erhaltene effektive Feldtheorie erweist sich als eine auf makroskopische Skalen vergröberte Version einer ursprünglich mikroskopisch formulierten Elektrodynamik des Vakuums.

Formal sind die Maxwell-Gleichungen des Vakuums nämlich völlig ausreichend zur Beschreibung elektrischer und magnetischer Felder in Gasen, Flüssigkeiten oder Festkörpern. Dabei muss man aber beachten, dass jede Substanz aus atomar kleinen Ladungen und elektrischen oder magnetischen Dipolen besteht. Diese reagieren auf die vorhandenen elektromagnetischen Felder und tragen damit zu einer Veränderung der ursprünglichen Felder bei. Leider führt dieser an sich richtige Gedanke einer mikroskopischen Formulierung der Elektrodynamik in Materialien nicht zu einer praktikablen Darstellung, denn die zwar physikalisch exakten, aber sehr komplizierten Feld- und Bewegungsgleichungen mit einer riesigen Zahl atomarer Freiheitsgrade schließen eine befriedigende quantitative Untersuchung solcher Probleme auf diesem direkten Weg aus.

Auf der makroskopischen Skala spielen die mikroskopischen Details eines Materials gewöhnlich nur eine untergeordnete Rolle. In diesem Fall ist es zweckmäßig, Substanzen durch effektive Parameter zu beschreiben, mit de-

2) hier für Geschwindigkeiten v, die sehr klein gegenüber der Lichtgeschwindigkeit sind, also im Grenzfall $v/c \to 0$

nen man die Änderung eines elektrischen oder magnetischen Felds in einem als Kontinuum gedachten Material quantitativ ausdrücken kann. Wir werden in Kapitel 7 und 8 insbesondere auch zeigen, wie man die erwähnten effektiven Materialparameter oder Materialfelder wenigstens näherungsweise aus den atomaren Details einer Substanz bestimmen kann. Eine detaillierte Berechnung dieser Größen ist aber erst im Rahmen der Quantenmechanik und der statistischen Physik möglich, mit denen wir uns in den folgen Bänden befassen werden.

In Kapitel 9 werden wir uns dann mit zeitabhängigen elektromagnetischen Feldern im Vakuum und in Materie befassen. Dieses Kapitel lässt sich als Verallgemeinerung der in den beiden vorangegangenen Kapiteln gewonnenen Aussagen über das Verhalten elektrostatischer und magnetostatischer Felder in Materie auf den Fall der vollen dynamischen Feldleichungen ansehen.

In Kapitel 10 wollen wir dann die Abstrahlung elektromagnetischer Felder durch zeitlich veränderliche Ladungskonfigurationen untersuchen. Dieses Phänomen ist nicht nur von großer praktischer Bedeutung, sondern auch von generellem theoretischen Interesse. Einerseits kann man hiermit die weiter oben diskutierte objektive Realität der elektromagnetischen Felder als eigenständige, dynamische Objekte veranschaulichen, andererseits ergeben sich hieraus auch wichtige Aussagen über das generelle Verhältnis von Feldern zu ihren Quellen. Diese Erkenntnisse lassen sich zumindest qualitativ auch auf andere klassische Feldtheorien übertragen, etwa die Hydrodynamik oder die allgemeine Relativitätstheorie.

Schließlich werden wir in Kapitel 11 einige Grundprinzipien der geometrischen Optik und der Wellenoptik aus den Maxwell-Gleichungen ableiten.

1.3 Gültigkeitsgrenzen der Elektrodynamik

Die Elektrodynamik ist relativistisch invariant. Deshalb kann sie ohne Verallgemeinerung auch die Effekte von Ladungen beschreiben, die sich mit nahezu Lichtgeschwindigkeit bewegen.

Die Gültigkeitsgrenze der Elektrodynamik wird aber erreicht, wenn wir sehr kleine räumliche Skalen oder Felder sehr geringer Intensität betrachten. In diesem Fall zeigen nicht nur die Träger der Ladungen, z.B. Elektronen oder Protonen, quantenmechanische Eigenschaften, sondern auch die Felder selbst. In Abhängigkeit vom physikalischen Messprozess kann man jetzt statt eines Wellenfelds auch eine Schar von Photonen mit typischen Partikeleigenschaften registrieren. So kann man die Intensität eines Lasers soweit reduzieren, dass pro Zeiteinheit nur noch ein Photon ausgesandt wird. Lenkt man diese Photonen durch ein Gitter auf einen fotografischen Schirm, so wird auf diesem nach einer hinreichend langen Belichtungszeit das typische Beugungsmuster in Übereinstimmung mit den Resultaten der Elektrodynamik sichtbar. Zerlegt man aber mit einem Strahlteiler den Laserstrahl in zwei Teilstrahlen, die auf je einen Detektor gerichtet sind, so wird nach jedem ausgesandten Photon jeweils nur *einer* der beiden Detektoren ansprechen, ganz im Gegensatz zur Elektrodynamik, die eine derartige Aufteilung von elektromagnetischen Feldern in elementare Quanten nicht generieren kann. Dieser Widerspruch lässt sich erst im Rahmen einer allgemeineren Theorie, der Quantenelektrodynamik, beheben.

Ein zweites typisches Beispiel für das Versagen der Elektrodynamik auf kleinen Skalen ist der Aufbau der Atome. Jedes klassisch verstandene Elektron, das sich auf einer Bahn um den Atomkern befindet, ist im Sinne der Elektrodynamik ein zeitlich veränderlicher Dipol, der beständig elektromagnetische Wellen aussenden müsste. Der damit verbundene Energieverlust würde unweigerlich zum Kollaps des Atoms führen, da das Elektron bereits nach kurzer Zeit in den Atomkern stürzen würde. Da aber eine solche Instabilität nicht beobachtet wird, sind auf den hier betrachteten atomaren Skalen die Gesetze der klassischen Elektrodynamik offenbar verletzt und müssen durch eine allgemeingültigere Theorie ersetzt werden.

Ein wesentlicher Aspekt der klassischen Elektrodynamik ist die Linearität der Feldgleichungen, auf der das Superpositionsprinzip elektromagnetischer Felder basiert. Tatsächlich wird auch die Linearität durch quantenmechanische Effekte verletzt. So kennt die Quantenelektrodynamik die Photon-Photon Streuung, die eine spezielle Form der Wechselwirkung elektromagnetischer Felder über virtuelle Elektron-Positron-Paare darstellt und damit zu einer gewöhnlich schwachen Verletzung des Superpositionsprinzips führt. Bei sehr hohen Feldstärken, z.B. in einem Laserstrahl, können solche von der Linearität der Maxwell-Gleichungen abweichende Beiträge aber durchaus relevant werden.

Es ist, ähnlich wie wir bereits in der Einleitung zur klassischen Mechanik argumentiert haben, aber keineswegs so, dass durch diese allgemeineren Theorien die Elektrodynamik als physikalische Theorie insgesamt in Frage gestellt wird. Vielmehr kann man zeigen, dass sich auf makroskopischen Skalen die klassische Elektrodynamik als Grenzfall der Quantenelektrodynamik ergibt.

2
Heuristische Begründung der Maxwell-Gleichungen

2.1
Das elektrische Feld (Elektrostatik)

2.1.1
Ladung und elektrisches Feld

2.1.1.1 Wechselwirkung zwischen Ladungen: Das Coulomb-Gesetz

Die Quellen der elektrischen Wechselwirkung sind Ladungen. Eine Ladung ist eine physikalische Eigenschaft, die ähnlich wie die Masse, an einen gewissen materiellen Träger, z.B. ein Elementarteilchen oder ein Ion, gekoppelt ist. Im Gegensatz zur stets positiven Masse gibt es aber positive und negative Ladungen.

Sind die Träger mobil, dann können Ladungen von einem materiellen Objekt auf ein anderes übertragen werden. Lädt man zum Beispiel die in Abb. 2.1 dargestellte Metallkugel K_2 elektrisch auf und bringt sie mit der gleich großen Metallkugel K_1 in Berührung, so verteilen sich die Ladungen aus Symmetriegründen gleichmäßig auf beide Kugeln. Diese stoßen sich dann gegenseitig ab. Aus der Auslenkung der Drehwaage kann man die Größe der repulsiven Kraft bestimmen. Variiert man den Abstand der Kugeln, so findet man, dass die Kraft umgekehrt proportional zum Quadrat des Abstands $|\boldsymbol{x}_1 - \boldsymbol{x}_2|$ der Massenpunkte ist[1].

Bringt man anschließend die Kugel K_2 mit einer gleich großen ungeladenen Kugel K_3 in Berührung, dann wird ihre elektrische Ladung nochmals halbiert. Bei unverändertem Abstand zeigt die Drehwaage jetzt nur noch die halbe Kraft an. Die Abstoßungskraft ist also proportional zum Betrag der Ladung.

1) Wir verwenden in diesem und den folgenden Lehrbüchern im Gegensatz zum Band I die Konvention, dreidimensionale Vektoren mit einem Bezug zum dreidimensionalen Ortsraum durch fette Buchstaben zu kennzeichnen. Das hat den Vorteil einer klaren Trennung gegenüber anderen Vektoren und erhöht die Übersichtlichkeit der Darstellung.

Theoretische Physik II: Elektrodynamik. Peter Reineker, Michael Schulz, Beatrix M. Schulz

ISBN: 3-527-40642-5

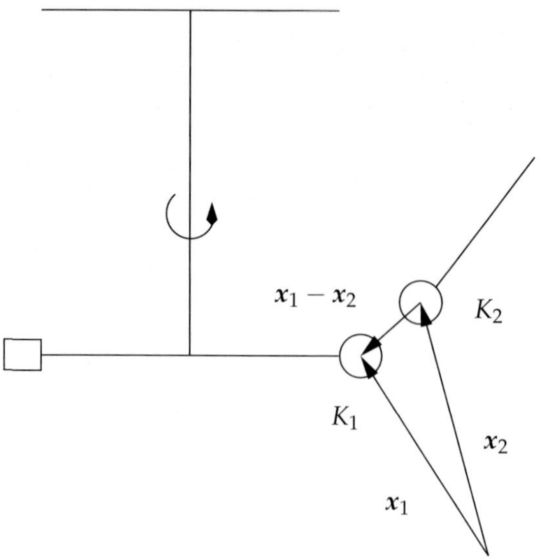

Abb. 2.1 Schematische Darstellung einer Drehwaage zur Bestimmung des Coulomb-Gesetzes

Arbeitet man mit entgegengesetzten Ladungen, so findet man eine betragsmäßig gleich große Anziehung. Auf diese Weise erhalten wir das

Coulomb-Gesetz (Experimenteller Befund 1)
Zwei ruhende geladene Massenpunkte an den Stellen $\boldsymbol{x}_1$ und $\boldsymbol{x}_2$ mit den Ladungen q_1 und q_2 üben im Vakuum die Kraft

$$\boldsymbol{F}_{12} = kq_1q_2\frac{\boldsymbol{x}_1 - \boldsymbol{x}_2}{|\boldsymbol{x}_1 - \boldsymbol{x}_2|^3} \tag{2.1}$$

aufeinander aus. $\boldsymbol{F}_{12}$ ist – genauer gesagt – die Kraft, welche die Ladung 2 auf die Ladung 1 ausübt. Wegen des dritten Newton'schen Axioms (actio = reactio) gilt

$$\boldsymbol{F}_{21} = -\boldsymbol{F}_{12} \tag{2.2}$$

Mit der Formulierung des Coulomb-Gesetzes in der Form (2.1) hat man die experimentelle Situation bereits erheblich idealisiert. Eigentlich gilt (2.1) nur für ideale Massenpunkte mit den Ladungen q_1 und q_2. Die reale experimentelle Situation basiert aber auf geladenen Kugeln mit endlichen Radien und wird daher durch das *Modell* zweier geladener Massenpunkte nur annähernd beschrieben. Trotzdem wird das Modell die physikalische Realität hinreichend gut erfassen, solange die linearen Abmessungen der Kugeln, d. h. ihre Radien, klein gegen den Abstand der Kugeln sind.

Die Proportionalitätskonstante oder Kopplungskonstante k hängt vom benutzten Einheitensystem ab[2]. In dem auf Gauß zurückgehenden Einheitensystem setzt man $k = 1$. Es beruht auf den Basiseinheiten Zentimeter, Gramm und Sekunde und heißt darum CGS-System. Dann wird die Einheit der Ladung zwangsläufig durch die Einheiten der Kraft und der Länge festgelegt.

Definition: Zwei elektrostatische Ladungseinheiten (Le) üben im Abstand von 1 cm aufeinander die Kraft 1 dyn = 1 $\mathrm{g\,cm\,s^{-2}}$ aus. Damit folgt

$$1\ \mathrm{Le} = 1\ \mathrm{cm\,dyn^{\frac{1}{2}}} = 1\ \mathrm{g^{\frac{1}{2}}cm^{\frac{3}{2}}s^{-1}} \tag{2.3}$$

Wir werden im Folgenden das CGS-System verwenden, da es viele Rechnungen vereinfacht.

Für praktische Anwendungen führen die CGS-Einheiten jedoch auf ungeeignete Größenordnungen. Man verwendet daher in der Praxis meist das so genannte praktische Einheitensystem, das 1901 von G. Giorgi vorgeschlagen wurde. In ihm wird neben den mechanischen Einheiten eine weitere elektrische Einheit eingeführt; seit 1948 verwendet man als grundlegende elektrische Einheit das Ampere (A) als Einheit für die Stromstärke. Wegen der vier Basiseinheiten Meter, Kilogramm, Sekunde und Ampere heißt dieses Einheitensystem auch MKSA-System; es liegt auch dem Internationalen Einheitensystem (SI-System) zugrunde. Die Ladungseinheit in diesem System ist dann

$$1\ \mathrm{Coulomb} = 1\ \mathrm{C} = 1\ \mathrm{As} \tag{2.4}$$

und die Kopplungskonstante k ist gegeben durch

$$k = \frac{1}{4\pi\varepsilon_0} \tag{2.5}$$

mit der Dielektrizitätskonstanten ε_0 des Vakuums

$$\varepsilon_0 = \frac{10^7}{4\pi c^2}\frac{\mathrm{C}}{\mathrm{Vm}} = \frac{10^7}{4\pi c^2}\frac{\mathrm{C}^2}{\mathrm{Jm}} \tag{2.6}$$

Dabei ist c die Lichtgeschwindigkeit. Man kann die Ladungseinheiten beider Maßsysteme gemäß

$$1\ \mathrm{C} = 2{,}997925 \cdot 10^9\ \mathrm{Le} \approx 3 \cdot 10^9\ \mathrm{Le} \tag{2.7}$$

umrechnen. Das Coulomb-Gesetz hat dieselbe mathematische Gestalt wie das Gravitationsgesetz. Nur die Massen der wechselwirkenden Massenpunkte

2) Eine detaillierte Diskussion der Einheitensysteme findet man in [25]. Hier ist auch eine Zusammenstellung der Umrechnung von cgs- in praktische Einheiten enthalten.

sind durch die Ladungen zu ersetzen. Da wir aber jetzt positive und negative Ladungen haben können, ist die Coulomb-Kraft anziehend bei entgegengesetzten Ladungen, aber abstoßend bei Ladungen gleichen Vorzeichens.

Ladungen können nicht jeden beliebigen Wert annehmen. Sie treten in freier Form stets als Vielfache so genannter *Elementarladungen* auf, für die man das Symbol e_0 verwendet. Elektronen und Positronen tragen die Elementarladungen $-\mathrm{e}_0$ und e_0. Der Betrag ihres Zahlenwerts ist gegeben durch

$$\mathrm{e}_0 = 4,80298 \cdot 10^{-10}\,\mathrm{Le} = 1,60210 \cdot 10^{-19}\,\mathrm{C}. \tag{2.8}$$

Wegen der Kleinheit dieser Elementarladung und der großen Zahl der an makroskopischen Erscheinungen beteiligten Ladungsträger macht sich diese diskrete Struktur aber nur selten bemerkbar. Wir können daher in vielen Fällen annehmen, dass eine makroskopische Ladung kontinuierlich variierbar ist.

Ein wesentlicher Unterschied zwischen der Gravitationskraft und der elektrischen Coulomb-Kraft ist ihre *Stärke*. Bei Elektronen beispielsweise ist die elektrische Abstoßungskraft um den Faktor 10^{40} stärker als die entsprechende Anziehung durch gegenseitige Gravitation. Deshalb sind im mikroskopischen Bereich, z. B. bei der Untersuchung von Atomen, nur die elektrischen Kräfte und die quantenmechanisch bedingten Austauschwechselwirkungen von Bedeutung. Die Gravitationskräfte dagegen spielen auf diesen Skalen keine Rolle [3].

Das Coulomb-Gesetz in der angegebenen Form lässt sich auch so interpretieren, dass z. B. die Ladung q_2 ein elektrisches Feld erzeugt und dass dieses Feld auf die Ladung q_1 eine Kraft ausübt. Diese Interpretation wird auch als *Nahwirkungsprinzip* bezeichnet. Wir können das elektrische Feld, das die an der Stelle $\boldsymbol{x}_2$ befindliche Ladung q_2 am Ort $\boldsymbol{x}$ erzeugt, durch

$$\boldsymbol{E}_2(\boldsymbol{x}) = q_2 \frac{(\boldsymbol{x} - \boldsymbol{x}_2)}{|\boldsymbol{x} - \boldsymbol{x}_2|^3} \tag{2.9}$$

beschreiben. Die Kraft auf die Ladung q_1 ist dann:

$$\boldsymbol{F}_{12} = q_1 \boldsymbol{E}_2(\boldsymbol{x}_1) \tag{2.10}$$

Diese Interpretation ist natürlich symmetrisch, d. h. wir können auch sagen, dass die Ladung q_1 ein Feld

$$\boldsymbol{E}_1(\boldsymbol{x}) = q_1 \frac{(\boldsymbol{x} - \boldsymbol{x}_1)}{|\boldsymbol{x} - \boldsymbol{x}_1|^3} \tag{2.11}$$

erzeugt, welches auf die Ladung q_2 die Kraft

$$\boldsymbol{F}_{21} = q_2 \boldsymbol{E}_1(\boldsymbol{x}_2) = -\boldsymbol{F}_{12} \tag{2.12}$$

3) Wie in Kapitel 1.1 diskutiert, sind die Gravitationskäfte dagegen auf kosmologischen Skalen dominant ausübt. Setzt man (2.9) in (2.10) bzw. (2.11) in (2.12) ein, findet man wieder das ursprüngliche Coulomb-Gesetz, in dem nur noch die Koordinaten der beiden Ladungen auftreten. In diesem Sinne beschreibt (2.1) eine Kraft, die über die Distanz $|x_2 - x_1|$ wirkt, zu deren Darstellung aber der Feldbegriff nicht nötig ist. Man spricht deshalb auch vom *Fernwirkungsprinzip*.

Nahwirkungs- und Fernwirkungsprinzip sind auf der Ebene der Elektrostatik nur zwei verschiedene Interpretationen desselben Sachverhalts. Allerdings verzichtet man beim Fernwirkungsprinzip vollständig auf die Präsenz eines zusätzlichen Felds. Wir werden später zeigen, dass das feldtheoretisch motivierte Nahwirkungsprinzip zumindest im Rahmen der klassischen Physik auf keine Widersprüche stößt – im Gegensatz zum mechanischen Fernwirkungsprinzip. Dazu ist aber der Nachweis erforderlich, dass Felder Elemente der physikalischen Realität sind und nicht nur zu einer vorteilhaften Modellvorstellung führen. Wir werden auf diese Problematik in Kapitel 4 zurückkommen.

Um das von der Ladung q_2 erzeugte Feld auszumessen, wird man die Kraft auf die „Probeladung" q_1 bestimmen. Die Kraft pro Ladung ist dann die Feldstärke.

Die Einheit der Feldstärke ist im CGS-System

$$[\boldsymbol{E}] = \frac{\text{dyn}}{\text{Le}} = \frac{\text{dyn}^{\frac{1}{2}}}{\text{cm}} \tag{2.13}$$

und im MKSA-System

$$[\boldsymbol{E}] = \frac{\text{N}}{\text{C}} = \frac{\text{Nm}}{\text{Cm}} = \frac{\text{VAs}}{\text{mAs}} = \frac{\text{V}}{\text{m}} \tag{2.14}$$

2.1.1.2 **Superposition elektrischer Felder**

Wir betrachten jetzt die Wirkung von N Punktladungen q_i $(i = 1, \ldots, N)$ auf die Probeladung q. Experimentell erhalten wir das

Superpositionsprinzip (Experimenteller Befund 2)
Auf die Ladung q an der Stelle $\boldsymbol{x}$ wirkt die von den Ladungen q_i an den Positionen $\boldsymbol{x}_i$ ausgeübte Gesamtkraft $\boldsymbol{F}$. Sie ist durch

$$\boldsymbol{F} = q \sum_{i=1}^{N} q_i \frac{(\boldsymbol{x} - \boldsymbol{x}_i)}{|\boldsymbol{x} - \boldsymbol{x}_i|^3} \tag{2.15}$$

gegeben. Vom Standpunkt des Nahwirkungsprinzips erzeugen die an den Positionen $\boldsymbol{x}_i$ befindlichen Ladungen q_i an der Stelle $\boldsymbol{x}$ die elektrische Feldstärke

$$\boldsymbol{E}(\boldsymbol{x}) = \sum_{i=1}^{N} q_i \frac{(\boldsymbol{x} - \boldsymbol{x}_i)}{|\boldsymbol{x} - \boldsymbol{x}_i|^3} \tag{2.16}$$

die dann auf eine an dieser Stelle befindliche Ladung wirkt.

Wir wollen jetzt dieses Ergebnis auf eine kontinuierliche Ladungsverteilung verallgemeinern, d. h. wir sehen von der diskreten Struktur der Ladungen ab und beschreiben die Ladungsverteilung durch die Ladungsdichte $\rho(\boldsymbol{x})$. Die Gesamtladung Q ergibt sich dann durch Integration über den gesamten dreidimensionalen Raum R^3

$$Q = \int \rho(\boldsymbol{x})\, d^3x \tag{2.17}$$

Wir setzen voraus, dass die Gesamtladung endlich ist. Damit diese Voraussetzung erfüllt ist, muss die Ladungsdichte $\rho(\boldsymbol{x})$ gewisse Eigenschaften erfüllen.

Definition: Die Funktion $\rho(\boldsymbol{x})$ ist ein Element der Menge von den als Dichte zulässigen Funktionen, wenn

(1) $\rho(\boldsymbol{x})$ eine beschränkte Funktion auf einem kompakten Träger ist (d. h. die Funktion $\rho(\boldsymbol{x})$ ist in einem beschränkten endlichen Gebiet des Raums R^3 endlich und verschwindet in allen Punkten außerhalb dieses Gebietes)

(2) $\rho(\boldsymbol{x})$ für unendlich ausgedehnte Ladungsverteilungen beschränkt ist und außerdem $\rho(\boldsymbol{x}) = O\left(|\boldsymbol{x}|^{-3-\varepsilon}\right)$ mit $\varepsilon > 0$ für $|\boldsymbol{x}| \to \infty$ gilt.

Auch die Verteilung von Punktladungen lässt sich durch eine Dichte darstellen:

$$\rho(\boldsymbol{x}) = \sum_{i=1}^{N} q_i \delta(\boldsymbol{x} - \boldsymbol{x}_i)\,. \tag{2.18}$$

Dabei haben wir die dreidimensionale δ-Funktion benutzt, die sich aus eindimensionalen δ-Funktionen entsprechend

$$\delta(\boldsymbol{x} - \boldsymbol{x}_i) = \delta(x - x_i)\delta(y - y_i)\delta(z - z_i) \tag{2.19}$$

zusammensetzt. δ-Funktionen sind singuläre Distributionen, die wir bereits in Band I, Abschnitt 4.2.5.1, eingeführt hatten. Insbesondere haben wir an dieser Stelle auch die folgenden Eigenschaften bewiesen:

$$\delta(x) = 0 \quad \text{für} \quad x \neq 0 \tag{2.20}$$

$$\int_{-\infty}^{\infty} dx \delta(x) = 1 \tag{2.21}$$

$$\int_{-\infty}^{\infty} dx f(x)\delta(x) = f(0). \tag{2.22}$$

Für die dreidimensionale δ-Funktion gilt deshalb in der Komponentendarstellung:

$$\int dx\, dy\, dz\, f(x,y,z)\, \delta(x-x_i)\, \delta(y-y_i)\, \delta(z-z_i) = f(x_i,y_i,z_i) \tag{2.23}$$

oder in der kompakteren Vektorschreibweise:

$$\int d^3x f(\boldsymbol{x})\delta(\boldsymbol{x}-\boldsymbol{x}_i) = f(\boldsymbol{x}_i) \tag{2.24}$$

Mit der so eingeführten Ladungsdichte ergibt sich für das elektrische Feld

$$\boldsymbol{E}(\boldsymbol{x}) = \int d^3x' \rho(\boldsymbol{x}') \frac{(\boldsymbol{x}-\boldsymbol{x}')}{|\boldsymbol{x}-\boldsymbol{x}'|^3} \tag{2.25}$$

Setzen wir als Beispiel die zu der Punktladungsverteilung gehörende Ladungsdichte ein, so erhalten wir wieder (2.16)

$$\begin{aligned}\boldsymbol{E}(\boldsymbol{x}) &= \int d^3x' \sum_{i=1}^{N} q_i \delta\left(\boldsymbol{x}'-\boldsymbol{x}_i\right) \frac{(\boldsymbol{x}-\boldsymbol{x}')}{|\boldsymbol{x}-\boldsymbol{x}'|^3} \\ &= \sum_{i=1}^{N} q_i \frac{(\boldsymbol{x}-\boldsymbol{x}_i)}{|\boldsymbol{x}-\boldsymbol{x}_i|^3}\end{aligned} \tag{2.26}$$

2.1.1.3 **Differential- und Integraldarstellung des Coulomb-Gesetzes**

Wir wollen jetzt für die Feldstärke $E(\boldsymbol{x})$ einer Ladungsverteilung

$$\boldsymbol{E}(\boldsymbol{x}) = \int \rho\left(\boldsymbol{x}'\right) \frac{\boldsymbol{x}-\boldsymbol{x}'}{|\boldsymbol{x}-\boldsymbol{x}'|^3} d^3x' \tag{2.27}$$

ein lokales Gesetz herleiten, das Feldstärke und Ladungsdichte in jedem Raumpunkt miteinander verbindet. Dazu starten wir mit der *Behauptung*:
Wenn $\rho(\boldsymbol{x})$ eine zulässige Ladungsdichte ist, dann ist die nichtlokale Beziehung (2.27) äquivalent zu dem System von Differentialgleichungen

$$\operatorname{div} \boldsymbol{E}(\boldsymbol{x}) = \nabla \boldsymbol{E}(\boldsymbol{x}) = 4\pi\rho(\boldsymbol{x}) \tag{2.28}$$

$$\operatorname{rot} \boldsymbol{E}(\boldsymbol{x}) = \nabla \times \boldsymbol{E}(\boldsymbol{x}) = 0 \tag{2.29}$$

und der Forderung

$$\lim_{|x|\to\infty} \boldsymbol{E}(\boldsymbol{x}) = 0. \tag{2.30}$$

Zum *Beweis* dieser Behauptung benutzen wir die Beziehung

$$\frac{\boldsymbol{x}-\boldsymbol{x}'}{|\boldsymbol{x}-\boldsymbol{x}'|^3} = -\nabla_x \frac{1}{|\boldsymbol{x}-\boldsymbol{x}'|} \tag{2.31}$$

Dann aber lässt sich (2.27) schreiben als

$$E(x) = -\nabla_x \int \rho(x') \frac{1}{|x - x'|} d^3x' \tag{2.32}$$

und

$$\nabla_x E(x) = -\Delta_x \int \rho(x') \frac{1}{|x - x'|} d^3x' = -\int \rho(x') \Delta_x \frac{1}{|x - x'|} d^3x' \tag{2.33}$$

Im Anhang A, siehe (A.12), wird gezeigt, dass die folgende Relation gilt:

$$\Delta_x \frac{1}{|x - x'|} = -4\pi\delta(x - x') \tag{2.34}$$

Wir setzen diese Relation in (2.33) ein und erhalten

$$\nabla_x E(x) = -\int \rho(x') (-4\pi)\delta(x - x') d^3x' = 4\pi\rho(x) \tag{2.35}$$

Damit haben wir (2.28) bewiesen. Wir haben außerdem mit (2.32) gezeigt, dass das elektrische Feld als negativer Gradient eines Skalarfelds geschrieben werden kann:

$$E(x) = -\nabla_x \varphi(x) \tag{2.36}$$

mit

$$\varphi(x) = \int \rho(x') \frac{1}{|x - x'|} d^3x' \tag{2.37}$$

Wegen der Identität rot grad $\equiv 0$ folgt die zweite Bestimmungsgleichung (2.29) für das elektrische Feld

$$\nabla \times E(x) = 0 \tag{2.38}$$

Die dritte Beziehung

$$\lim_{|x| \to \infty} E(x) = 0 \tag{2.39}$$

ist schließlich eine direkte Konsequenz der an die zulässigen Ladungsdichten gestellten Forderungen.

Da ein Vektorfeld durch die Vorgabe der Divergenz und der Rotation sowie der Randbedingungen eindeutig festgelegt ist, kann aus den Gleichungen (2.28–2.30) das elektrische Feld jeder zulässigen Ladungsverteilung bestimmt werden.

Aus den Differentialgleichungen (2.28) und (2.29) lassen sich mithilfe des Gauß' schen und des Stokes'schen Satzes leicht Integralaussagen gewinnen.

Die Integration von (2.28) über ein beliebiges Gebiet G des dreidimensionalen Raums ergibt

$$\int_G d^3x \nabla \boldsymbol{E} = \int_G 4\pi\rho\,(\boldsymbol{x})\, d^3x = 4\pi Q_G \tag{2.40}$$

Dabei ist Q_G die gesamte im Gebiet G enthaltene elektrische Ladung. Die Anwendung des Gauß'schen Satzes auf die linke Seite führt auf

$$\int_G d^3x \nabla \boldsymbol{E} = \oint_{\partial G} \boldsymbol{E} d\boldsymbol{f} \tag{2.41}$$

wobei ∂G die Oberfläche des Gebiets G ist. Wir gelangen damit zu dem sogenannten Gauß' schen Gesetz

$$\oint_{\partial G} \boldsymbol{E} d\boldsymbol{f} = 4\pi Q_G \tag{2.42}$$

Diese Gleichung beschreibt den Fluss des elektrischen Felds durch die Fläche ∂G. Aus (2.29) folgt durch Integration über eine beliebige Fläche F

$$\int_F \nabla \times \boldsymbol{E}\, d\boldsymbol{f} = 0 \tag{2.43}$$

Die Anwendung des Stokes'schen Satzes ergibt

$$\int_F \nabla \times \boldsymbol{E}\, d\boldsymbol{f} = \oint_{\partial F} \boldsymbol{E}\, d\boldsymbol{x} = 0 \tag{2.44}$$

Dabei ist ∂F die Randkurve der Fläche F. Deshalb erhalten wir als zweiten Integralsatz für das elektrische Feld

$$\oint \boldsymbol{E}\, d\boldsymbol{x} = 0 \tag{2.45}$$

Jedes Linienintegral über das elektrische Feld entlang einer geschlossenen Kurve muss identisch verschwinden.

2.1.1.4 **Das skalare Potential**

Wir hatten im vorhergehenden Abschnitt (siehe (2.36)) gezeigt, dass jedes statische elektrische Feld als negativer Gradient eines skalaren Felds dargestellt werden kann:

$$\boldsymbol{E}\,(\boldsymbol{x}) = -\nabla\varphi\,(\boldsymbol{x}) \tag{2.46}$$

Das skalare Feld[4] $\varphi(x)$ wird auch als *elektrisches Potential* bezeichnet. Für eine kontinuierliche Ladungsverteilung ist das Potential durch (2.37) gegeben, während bei einem System von Punktladungen die Beziehung

$$\varphi(\boldsymbol{x}) = \sum_{i=1}^{N} \frac{q_i}{|\boldsymbol{x} - \boldsymbol{x}_i|} \tag{2.47}$$

gilt. Wie aus der klassischen Mechanik bereits bekannt ist, kann ein Potential allgemein nicht eindeutig bestimmt werden, vielmehr gibt es stets gewisse Eichfreiheiten. Tatsächlich ergibt sich im vorliegenden Fall des elektrischen Potentials keine Änderung des elektrischen Felds bei einer Transformation

$$\varphi(\boldsymbol{x}) \rightarrow \varphi(\boldsymbol{x}) + \varphi_0 \tag{2.48}$$

mit einer beliebigen Konstante φ_0. Die mehr oder weniger willkürliche Festlegung dieser additiven Konstante wird als *Eichung* bezeichnet. Sowohl (2.37) als auch (2.47) sind so geeicht, dass das Potential im Unendlichen verschwindet.

Das Potential selbst genügt einer elliptischen partiellen Differentialgleichung. Man erhält diese durch Substitution von (2.46) in (2.28):

$$\nabla_x \left(-\nabla_x \varphi(\boldsymbol{x})\right) = 4\pi\rho(\boldsymbol{x}) \tag{2.49}$$

Damit lautet die *Potentialgleichung*

$$\Delta_x \varphi(\boldsymbol{x}) = -4\pi\rho(\boldsymbol{x}) \tag{2.50}$$

Während die Gleichungen (2.37) und (2.47) nur das Potential einer gewissen Ladungsverteilung in einem unendlichen Raum beschreiben, kann die partielle Differentialgleichung (2.50) auch zur Bestimmung des Potentials φ in endlichen Gebieten mit definierten Randbedingungen benutzt werden. Insofern erweist sich die Potentialgleichung als eine Verallgemeinerung der Darstellungen (2.37) und (2.47) auf beliebige Randprobleme. Natürlich ist die Potentialgleichung (2.50) für das Potential φ in einem beliebigen Gebiet mit entsprechend formulierten Randbedingungen vollständig äquivalent zu den Feldgleichungen (2.28) und (2.29) in demselben Gebiet und mit den zugehörigen Randbedingungen für das elektrische Feld.

Die Potentialgleichung wird als *Laplace-Gleichung* oder homogene Potentialgleichung bezeichnet, wenn in dem gesamten untersuchten Gebiet die Ladungsdichte verschwindet (also $\rho = 0$). Sie heißt *Poisson-Gleichung* oder inhomogene Potentialgleichung, wenn in dem Gebiet eine endliche Ladungsdichte vorhanden ist (also $\rho \neq 0$).

4) In der Theoretischen Mechanik ist das Potential etwas anders definiert. Der negative Gradient eines Potentials liefert dort die Kraft, während der negative Gradient hier auf das elektrische Feld, also eine Kraft pro Einheitsladung führt.

Wir werden diese Gleichungen in Kapitel 6 mithilfe der Methode der Green'schen Funktionen lösen.

2.2 Das magnetische Feld (Magnetostatik)

2.2.1 Ladungserhaltung und Kontinuitätsgleichung

2.2.1.1 Stromdichte und Gesamtstrom

Im vorigen Abschnitt haben wir statische Ladungsverteilungen untersucht. Wenn sich eine solche Ladungsverteilung zeitlich ändert, $\rho = \rho(x,t)$, muss ein elektrischer Strom fließen. Um diesen Stromfluss quantitativ zu erfassen, führen wir den Begriff der Stromdichte $\boldsymbol{j}(\boldsymbol{x},t)$ ein:

$$\boldsymbol{j}(\boldsymbol{x},t) = \rho(\boldsymbol{x},t)\,\boldsymbol{v}(\boldsymbol{x},t) \tag{2.51}$$

Hierbei ist $\boldsymbol{v}(\boldsymbol{x},t)$ die Geschwindigkeit der Ladungsträger am Ort $\boldsymbol{x}$ zur Zeit t. Die Einheit der Stromdichte im CGS-System ist gegeben durch

$$[j] = \frac{\mathrm{Le}}{\mathrm{cm}^2\,\mathrm{s}^1} \tag{2.52}$$

im MKSA-System haben wir die Einheit

$$[j] = \frac{\mathrm{A}}{\mathrm{m}^2} \tag{2.53}$$

Aus der Stromdichte kann man die elektrische Stromstärke berechnen. Diese Größe ist definiert als der Ladungsstrom durch eine vorgegebene Fläche F

$$I(F,t) = \int_F \boldsymbol{j}(\boldsymbol{x},t)\,d\boldsymbol{f}. \tag{2.54}$$

Die Einheit der Stromstärke ist demnach im CGS-System:

$$[I] = \frac{\mathrm{Le}}{\mathrm{s}} \tag{2.55}$$

und im MKSA-System

$$[I] = \mathrm{A} \tag{2.56}$$

Für spätere Untersuchungen benötigen wir öfter linienförmige Ströme. Solche Ströme können experimentell durch die Verwendung dünner Drähte realisiert werden.

Wenn wir den Grenzübergang zu einem unendlich dünnen Draht durchführen, dann können wir den Draht durch die Kurve $\boldsymbol{x}_0(s)$ beschreiben. Der

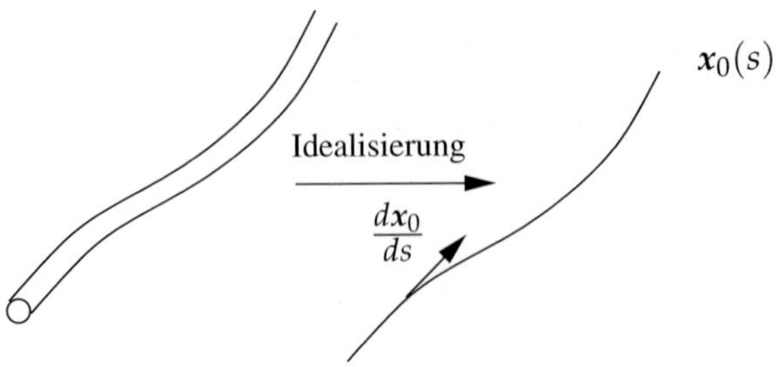

Abb. 2.2 Schematische Darstellung eines idealisierten Stromfadens

Kurvenparameter s ist die Bogenlänge (Abb. 2.2). Der Tangenteneinheitsvektor an diese Kurve ist dann gegeben durch $d\boldsymbol{x}_0/ds$. Damit erhalten wir die Stromdichte einer linienförmigen Stromverteilung:

$$\boldsymbol{j}(\boldsymbol{x},t) = \int I(s,t)\,\delta(\boldsymbol{x}-\boldsymbol{x}_0(s))\frac{d\boldsymbol{x}_0}{ds}ds \tag{2.57}$$

Dabei ist $I(s,t)$ der Gesamtstrom in dem realen Draht endlicher Ausdehnung an der durch den Kurvenparameter s bestimmten Stelle des dünnen Drahtes. Als ein Beispiel wollen wir die Stromdichte in einem unendlich dünnen Draht parallel zur x-Achse bestimmen. Als Kurvenparameter kann hier die x-Koordinate gewählt werden. Die Raumkurve wird dann durch $\boldsymbol{x}_0(x) = x\boldsymbol{e}_x$ beschrieben. Für die Stromdichte erhalten wir somit

$$\begin{aligned}\boldsymbol{j}(\boldsymbol{x},t) &= \int I(x',t)\delta(\boldsymbol{x}-\boldsymbol{x}')\boldsymbol{e}_x dx' \\ &= \int I(x',t)\delta(x-x')\,\delta(y)\,\delta(z)\,\boldsymbol{e}_x dx' \qquad (2.58) \\ &= I(x,t)\,\delta(y)\,\delta(z)\boldsymbol{e}_x. \qquad (2.59)\end{aligned}$$

2.2.1.2 **Kontinuitätsgleichung**

Eine Vielzahl von Experimenten führte schon im 19. Jahrhundert zu der Erkenntnis, dass Ladung weder erzeugt noch vernichtet werden kann. Wurde diese These ursprünglich nur auf einem makroskopischen Niveau bestätigt, so zeigte sich später, dass selbst bei hochenergetischen Umwandlungsprozessen von Elementarteilchen die elektrische Ladung stets erhalten bleibt. Wir kommen damit zu dem Schluss, dass die Erhaltung der elektrischen Ladung ein fundamentaler Erhaltungssatz ist, der bisher noch durch kein Experiment widerlegt werden konnte.

Wir haben damit neben dem Coulomb-Gesetz und dem Superpositionsprinzip elektrischer Felder eine weitere empirische Grundlage, die im Konzept der Elektrodynamik Berücksichtigung finden muss.

Ladungserhaltung (Experimenteller Befund 3)
Um eine mathematische Formulierung dieser Aussage zu erhalten, betrachten wir die Ladung in einem Raumgebiet mit dem Volumen G. Zur Zeit t soll dieses Gebiet die Ladung

$$Q(t) = \int_G d^3x\, \rho(\boldsymbol{x}, t) \tag{2.60}$$

enthalten, zum Zeitpunkt $t + \Delta t$ aber die Ladung

$$Q(t + \Delta t) = \int_G d^3x\, \rho(\boldsymbol{x}, t + \Delta t) \tag{2.61}$$

Da aufgrund der Ladungserhaltung Ladung weder verschwindet noch spontan entsteht, kann sich die Ladung im Gebiet G nur dadurch ändern, dass ein Teil der Ladung aus diesem Gebiet herausgeströmt bzw. ein gewisses Ladungsquantum in das Gebiet hineingeströmt ist. Bezeichnen wir mit $d\boldsymbol{f}$ das Flächenelement der Oberfläche von G, so strömt während des Zeitintervalls $t \ldots t + \Delta t$ durch die Oberfläche ∂G des Gebiets G die Ladung:

$$\int_t^{t+\Delta t} dt' \int_{\partial G} d\boldsymbol{f}\, \boldsymbol{j}(\boldsymbol{x}, t') \approx \Delta t \int_{\partial G} d\boldsymbol{f}\, \boldsymbol{j}(\boldsymbol{x}, t) \tag{2.62}$$

Da $d\boldsymbol{f}$ nach Definition nach außen gerichtet ist, vermindert ein Strom in Richtung des Flächenelements die Gesamtladung im Gebiet G. Es gilt also

$$\frac{Q(t + \Delta t) - Q(t)}{\Delta t} = \int_V d^3x\, \frac{\rho(\boldsymbol{x}, t + \Delta t) - \rho(\boldsymbol{x}, t)}{\Delta t} = -\int_{\partial V} d\boldsymbol{f}\, \boldsymbol{j}(\boldsymbol{x}, t). \tag{2.63}$$

Nach dem Grenzübergang $\Delta t \to 0$ erhalten wir dann

$$\frac{dQ(t)}{dt} = \int_G d^3x \frac{\partial \rho(\boldsymbol{x}, t)}{\partial t} = -\int_{\partial G} d\boldsymbol{f}\, \boldsymbol{j}(\boldsymbol{x}, t) = -\int_G d^3x\, \mathrm{div}\, \boldsymbol{j}(\boldsymbol{x}, t). \tag{2.64}$$

Im letzten Schritt haben wir den Gauß'schen Satz angewendet. Wir erhalten damit die Beziehung

$$\int_G d^3x \left[\frac{\partial \rho(\boldsymbol{x}, t)}{\partial t} + \mathrm{div}\, \boldsymbol{j}(\boldsymbol{x}, t) \right] = 0 \tag{2.65}$$

die unabhängig von der Gestalt des Gebiets G gelten soll. Die letzte Forderung führt automatisch dazu, dass der Ausdruck in den eckigen Klammern identisch verschwinden muss. Damit erhalten wir die *Kontinuitätsgleichung*:

$$\frac{\partial \rho(\boldsymbol{x}, t)}{\partial t} + \mathrm{div}\, \boldsymbol{j}(\boldsymbol{x}, t) = 0 \tag{2.66}$$

Hängen Strom- und Ladungsdichten nicht von der Zeit ab, dann liegt eine stationäre Situation vor. In diesem Fall erhalten wir die *reduzierte Kontinuitätsgleichung*

$$\operatorname{div} \boldsymbol{j}(\boldsymbol{x}) = 0 \tag{2.67}$$

Die Integration über ein endliches Volumen G ergibt für ein stationäres System

$$\int_G d^3x \operatorname{div} \boldsymbol{j}(\boldsymbol{x}) = \int_{\partial G} d\boldsymbol{f}\, \boldsymbol{j}(\boldsymbol{x}) = 0 \tag{2.68}$$

d. h. der Gesamtladungsstrom in ein beliebiges Gebiet G verschwindet im stationären Fall. Wenden wir dieses Ergebnis auf einen dünnen Draht an, dann hat der stationäre Strom $I(s)$ an jeder durch den Kurvenparameter s definierten Stelle des Drahtes den gleichen Wert I. Dazu legen wir das Gebiet G so fest, dass seine Oberfläche vom Draht bei den Werten s_1 und s_2 des Kurvenparameters s durchstoßen wird (Abb. 2.3).

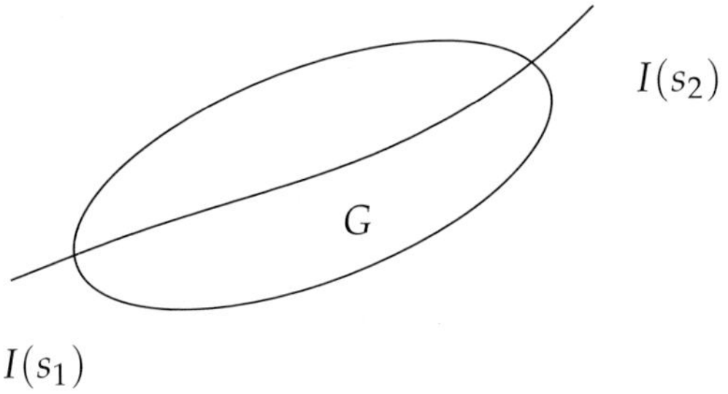

Abb. 2.3 Stationärer Strom in einem Draht

Mit (2.57) ist dann:

$$I(s_1) + I(s_2) = 0 \tag{2.69}$$

Da die Ströme an beiden Enden des Drahtes in Bezug auf den Normalenvektor des Volumens zu interpretieren sind, besagt diese Gleichung, dass im stationären Fall genauso viel Ladungsträger an einem Ende in den Draht hineinfließen wie am anderen Ende hinausströmen. Da Lage und Form des Gebiets beliebig sind, kommen wir zu der Schlußfolgerung, dass ein stationärer Strom durch einen Draht in jedem Punkt des Drahtes den gleichen konstanten Wert I hat.

Für einen Knoten aus M dünnen Drähten erhalten wir mit den gleichen Überlegungen das 1. *Kirchhoff'sche Gesetz* (Abb. 2.4):

$$\sum_{i=1}^{M} I_i = 0 \tag{2.70}$$

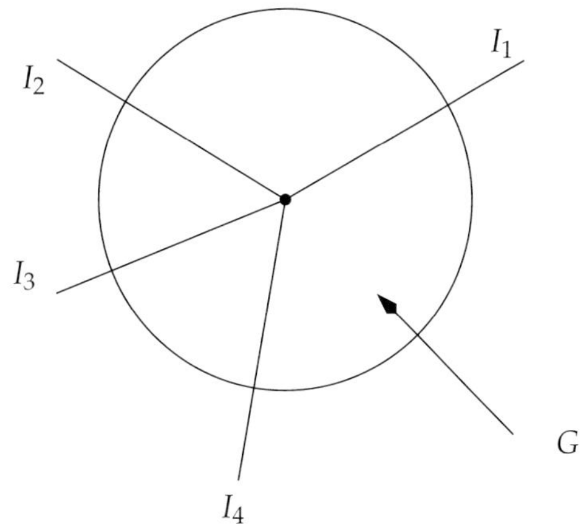

Abb. 2.4 1. Kirchhoff'sches Gesetz

Nach diesem Gesetz ist die Summe der in einen Knoten hineinführenden Ladungsströme gleich der Summe der aus dem Knoten herausführenden Ladungsströme.

2.2.2 Wechselwirkung zwischen Strömen (Ampère'sches Gesetz)

Wir betrachten zwei geschlossene dünne Drähte L_1 und L_2, in denen die Ströme I_1 und I_2 fließen. Die experimentelle Untersuchung dieser Anordnung liefert das Ampère'sche Gesetz.

Ampère'sches Gesetz (Experimenteller Befund 4)
Werden die Leiterkreise L_1 und L_2 von den stationären Strömen I_1 und I_2 durchflossen, so treten zwischen L_1 und L_2 Kraftwirkungen auf, die durch folgenden Ausdruck beschrieben werden:

$$\boldsymbol{F}_{12} = k\, I_1\, I_2 \oint_{L_1} \oint_{L_2} \frac{d\boldsymbol{s}_1 \times [d\boldsymbol{s}_2 \times (\boldsymbol{x}_1 - \boldsymbol{x}_2)]}{|\boldsymbol{x}_1 - \boldsymbol{x}_2|^3} \tag{2.71}$$

Die beiden Integrationen verlaufen entlang der beiden Leiterkreise. Dabei sind die $d\boldsymbol{s}_{1/2}$ die infinitesimalen Linienelemente entlang der geschlossenen Drähte und die $\boldsymbol{x}_{1/2} = \boldsymbol{x}(s_{1/2})$ die Ortsvektoren zu den durch die Parameter $s_{1/2}$ bestimmten Punkte der Leiterschleifen (Abb. 2.5). Die Proportionalitätskonstante k hängt wieder vom Maßsystem ab. Im CGS-System ist

$$k = \frac{1}{c^2} \tag{2.72}$$

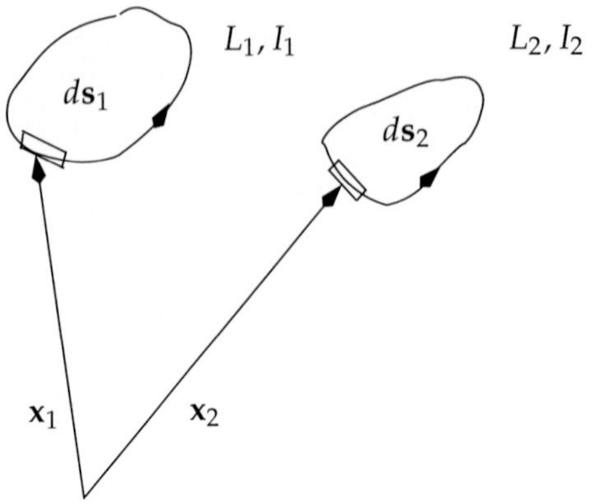

Abb. 2.5 Zwei geschlossene Leiterkreise: schematischer Darstellung zur Erläuterung des Ampère'schen Gesetzes

wobei c wieder die Lichtgeschwindigkeit ist, während im MKSA-System gilt:

$$k = \frac{\mu_0}{4\pi} = 10^{-7}\,\frac{\text{Vs}}{\text{Am}} \tag{2.73}$$

Wir weisen an dieser Stelle darauf hin, dass im MKSA-System durch das Ampère'sche Gesetz zugleich eine Einheit für die Stromstärke definiert wird, nämlich das Ampere (A).

Ebenso wie beim Coulomb-Gesetz sind zwei Interpretationen dieses Gesetzes möglich; bei der Fernwirkungsinterpretation geht man davon aus, dass beide in einer gewissen räumlichen Entfernung befindliche Stromkreise aufeinander eine Kraft ausüben, die durch das Ampère'sche Gesetz bestimmt ist.

In der Nahwirkungsinterpretation definiert man wiederum ein Feld und verlangt, dass der Stromkreis L_1 in dem von dem Stromkreis L_2 erzeugten Feld eine Kraft $\boldsymbol{F}_{12}$ erfährt. Wir schreiben dann

$$\boldsymbol{F}_{12} = \frac{I_1}{c} \oint\limits_{L_1} d\boldsymbol{s}_1 \times \boldsymbol{B}_2(\boldsymbol{x}_1) \tag{2.74}$$

mit

$$\boldsymbol{B}_2(\boldsymbol{x}) = \frac{I_2}{c} \oint\limits_{L_2} \frac{d\boldsymbol{s}_2 \times (\boldsymbol{x} - \boldsymbol{x}_2)}{|\boldsymbol{x} - \boldsymbol{x}_2|^3} \tag{2.75}$$

Analog können wir auch den Leiter L_2 als sich im Feld des Leiters L_1 befindlich betrachten. Wegen der Symmetrie der Anordnung muss gelten:

$$\boldsymbol{F}_{21} = \frac{I_2}{c} \oint\limits_{L_2} d\boldsymbol{s}_2 \times \boldsymbol{B}_1(\boldsymbol{x}_2) \tag{2.76}$$

mit

$$\boldsymbol{B}_1(\boldsymbol{x}) = \frac{I_1}{c} \oint\limits_{L_1} \frac{d\boldsymbol{s}_1 \times (\boldsymbol{x} - \boldsymbol{x}_1)}{|\boldsymbol{x} - \boldsymbol{x}_1|^3} \tag{2.77}$$

Wir wollen jetzt zeigen, dass das Ampère'sche Gesetz ohne weitere Annahmen dem dritten Newton' schen Axiom genügt, d. h. dass die Forderung $\boldsymbol{F}_{21} = -\boldsymbol{F}_{12}$ stets erfüllt ist. Wenn wir $\boldsymbol{B}_1(\boldsymbol{x})$ in (2.76) einsetzen, erhalten wir

$$\boldsymbol{F}_{21} = \frac{I_1 I_2}{c^2} \oint\limits_{L_2} \oint\limits_{L_1} \frac{d\boldsymbol{s}_2 \times [d\boldsymbol{s}_1 \times (\boldsymbol{x}_2 - \boldsymbol{x}_1)]}{|\boldsymbol{x}_2 - \boldsymbol{x}_1|^3} \tag{2.78}$$

Wir benutzen jetzt die Jacobi-Identität

$$\boldsymbol{a} \times (\boldsymbol{b} \times \boldsymbol{c}) + \boldsymbol{b} \times (\boldsymbol{c} \times \boldsymbol{a}) + \boldsymbol{c} \times (\boldsymbol{a} \times \boldsymbol{b}) = 0 \tag{2.79}$$

und identifizieren die drei Vektoren $\boldsymbol{a}$, $\boldsymbol{b}$ und $\boldsymbol{c}$ entsprechend $\boldsymbol{a} = d\boldsymbol{s}_2$, $\boldsymbol{b} = d\boldsymbol{s}_1$ und $\boldsymbol{c} = \boldsymbol{x}_2 - \boldsymbol{x}_1$. Damit erhalten wir

$$\begin{aligned} \boldsymbol{F}_{21} = \frac{I_1 I_2}{c^2} \oint\limits_{L_2} \oint\limits_{L_1} \frac{1}{|\boldsymbol{x}_1 - \boldsymbol{x}_2|^3} \{ & -d\boldsymbol{s}_1 \times ((\boldsymbol{x}_2 - \boldsymbol{x}_1) \times d\boldsymbol{s}_2) \\ & - (\boldsymbol{x}_2 - \boldsymbol{x}_1) \times (d\boldsymbol{s}_2 \times d\boldsymbol{s}_1) \} \end{aligned} \tag{2.80}$$

und deshalb

$$\begin{aligned} \boldsymbol{F}_{21} = & -\frac{I_1 I_2}{c^2} \oint\limits_{L_2} \oint\limits_{L_1} d\boldsymbol{s}_1 \times \frac{d\boldsymbol{s}_2 \times (\boldsymbol{x}_1 - \boldsymbol{x}_2)}{|\boldsymbol{x}_1 - \boldsymbol{x}_2|^3} \\ & - \frac{I_1 I_2}{c^2} \oint\limits_{L_2} \oint\limits_{L_1} \left(\nabla_{x_1} \frac{1}{|\boldsymbol{x}_2 - \boldsymbol{x}_1|} \right) \times (d\boldsymbol{s}_2 \times d\boldsymbol{s}_1) \end{aligned} \tag{2.81}$$

Der erste Term ist gerade $-\boldsymbol{F}_{12}$. Der zweite Term lässt sich mithilfe der Regel $\boldsymbol{a} \times (\boldsymbol{b} \times \boldsymbol{c}) = \boldsymbol{b}(\boldsymbol{a}\,\boldsymbol{c}) - \boldsymbol{c}(\boldsymbol{a}\,\boldsymbol{b})$ umformen

$$\begin{aligned} \boldsymbol{F}_{21} = -\boldsymbol{F}_{12} - \frac{I_1 I_2}{c^2} \oint\limits_{L_2} \oint\limits_{L_1} \Bigg\{ & d\boldsymbol{s}_2 \left[\nabla_{x_1} \frac{1}{|\boldsymbol{x}_2 - \boldsymbol{x}_1|} \, d\boldsymbol{s}_1 \right] \\ & + d\boldsymbol{s}_1 \left[\nabla_{x_2} \frac{1}{|\boldsymbol{x}_2 - \boldsymbol{x}_1|} \, d\boldsymbol{s}_2 \right] \Bigg\} \end{aligned} \tag{2.82}$$

Im letzten Term haben wir die Wirkung des Nabla-Operators von x_1 auf x_2 übertragen. Dieser Schritt ist wegen der Struktur des Integranden mit einem Vorzeichenwechsel verbunden. Die beiden verbleibenden Linienintegrale verschwinden jetzt wegen

$$\oint\limits_{L_1} \nabla_{x_1} \frac{1}{|\boldsymbol{x}_2 - \boldsymbol{x}_1|} \, d\boldsymbol{s}_1 = \int\limits_{A_1} \operatorname{rot} \left(\nabla_{x_1} \frac{1}{|\boldsymbol{x}_2 - \boldsymbol{x}_1|} \right) d\boldsymbol{f}_1 \tag{2.83}$$

$$= 0 \tag{2.84}$$

und

$$\oint_{L_2} \nabla_{x_2} \frac{1}{|\boldsymbol{x}_2 - \boldsymbol{x}_1|} \, d\boldsymbol{s}_2 = \int_{A_2} \operatorname{rot}\left(\nabla_{x_2} \frac{1}{|\boldsymbol{x}_2 - \boldsymbol{x}_1|}\right) d\boldsymbol{f}_2 \\ = 0 \tag{2.85}$$

Dabei sind A_1 und A_2 zwei von den Leitern L_1 und L_2 umschlossene Flächen. Damit haben wir gezeigt, dass das Ampère'sche Gesetz mit dem dritten Newton'schen Axiom $\boldsymbol{F}_{21} = -\boldsymbol{F}_{12}$ verträglich ist.

Die mit (2.75) bzw. (2.77) eingeführte Feldgröße

$$\boldsymbol{B}_i(\boldsymbol{x}) = \frac{I_i}{c} \oint \frac{d\boldsymbol{s}_i \times (\boldsymbol{x} - \boldsymbol{x}_i)}{|\boldsymbol{x} - \boldsymbol{x}_i|^3} \tag{2.86}$$

heißt *magnetische Induktion*. Der Faktor c^{-1} ist die inverse Lichtgeschwindigkeit. Die Einheit der magnetischen Induktion im CGS-System ist das Gauss (im deutschen Sprachraum auch Gauß)

$$[\boldsymbol{B}] = \frac{\text{dyn}}{\text{Le}} = \frac{\text{dyn}^{1/2}}{\text{cm}} \equiv 1\,\text{Gauss} \;\; (\text{Gs}) \tag{2.87}$$

und im MKSA-System

$$[\boldsymbol{B}] = \frac{\text{Vs}}{\text{m}^2} = 1\frac{\text{Weber}}{\text{Meter}^2} = 1\,\text{Wb}\,\text{m}^{-2} \tag{2.88}$$

Die magnetische Induktion kann durch die Kraft auf einen Teststromkreis gemessen werden. In das Ampère'sche Gesetz (2.71) gehen die beiden Leiterschleifen nicht symmetrisch ein. Wir wollen deshalb dieses Kraftgesetz in eine symmetrische Form bringen. Dazu wenden wir auf

$$\boldsymbol{F}_{12} = \frac{I_1 I_2}{c^2} \oint_{L_2} \oint_{L_1} \frac{d\boldsymbol{s}_1 \times [d\boldsymbol{s}_2 \times (\boldsymbol{x}_1 - \boldsymbol{x}_2)]}{|\boldsymbol{x}_1 - \boldsymbol{x}_2|^3} \tag{2.89}$$

die schon oben benutzte Regel $\boldsymbol{a} \times (\boldsymbol{b} \times \boldsymbol{c}) = \boldsymbol{b}(\boldsymbol{a}\,\boldsymbol{c}) - \boldsymbol{c}(\boldsymbol{a}\,\boldsymbol{b})$ an und setzen $\boldsymbol{a} = d\boldsymbol{s}_1, \boldsymbol{b} = d\boldsymbol{s}_2$ sowie $\boldsymbol{c} = \boldsymbol{x}_1 - \boldsymbol{x}_2$. Dann gelangen wir zu

$$\boldsymbol{F}_{12} = -\frac{I_1 I_2}{c^2} \oint_{L_1} \oint_{L_2} (d\boldsymbol{s}_1 \, d\boldsymbol{s}_2) \frac{\boldsymbol{x}_1 - \boldsymbol{x}_2}{|\boldsymbol{x}_1 - \boldsymbol{x}_2|^3} \\ - \frac{I_1 I_2}{c^2} \oint_{L_2} d\boldsymbol{s}_2 \oint_{L_1} d\boldsymbol{s}_1 \, \nabla_{x_1} \frac{1}{|\boldsymbol{x}_1 - \boldsymbol{x}_2|} \tag{2.90}$$

Das zweite Integral können wir mithilfe des Stokes'schen Satzes umformen:

$$\oint_{L_2} d\boldsymbol{s}_2 \oint_{L_1} d\boldsymbol{s}_1 \, \nabla_{x_1} \frac{1}{|\boldsymbol{x}_1 - \boldsymbol{x}_2|} = \oint_{L_2} d\boldsymbol{s}_2 \int_{A_1} \operatorname{rot}\left(\nabla_{x_1} \frac{1}{|\boldsymbol{x}_1 - \boldsymbol{x}_2|}\right) d\boldsymbol{f}_1 = 0 \tag{2.91}$$

Dabei ist A_1 eine von L_1 umschlossene Fläche. Es folgt also

$$\boldsymbol{F}_{12} = -\frac{I_1 I_2}{c^2} \oint_{L_1} \oint_{L_2} d\boldsymbol{s}_1 \, d\boldsymbol{s}_2 \frac{\boldsymbol{x}_1 - \boldsymbol{x}_2}{|\boldsymbol{x}_1 - \boldsymbol{x}_2|^3} \tag{2.92}$$

Durch Vertauschen der Indizes ist unmittelbar ersichtlich, dass gilt

$$\boldsymbol{F}_{21} = -\boldsymbol{F}_{12} \tag{2.93}$$

Wir haben hier übrigens nebenbei auf einem zweiten Weg gezeigt, dass das Ampère'sche Gesetz das dritte Newton'sche Axiom erfüllt.

2.2.3
Die Wirkung mehrerer Ströme: Superposition der Kräfte bzw. Felder

Wir betrachten jetzt die Kraft, die von N stationären Stromkreisen L_j auf den Stromkreis L ausgeübt wird. Die experimentellen Befunde legen hier nahe, dass magnetische Felder ebenso wie die elektrischen Felder additiv sind.

Superpositionsprinzip (Experimenteller Befund 5)
Die Kraft auf den Stromkreis L, ausgeübt von den Stromkreisen L_j, ist gegeben durch

$$\boldsymbol{F} = \sum_{j=1}^{N} \frac{I_j I}{c^2} \oint_{L} \oint_{L_j} \frac{d\boldsymbol{s} \times \left[d\boldsymbol{s}_j \times (\boldsymbol{x} - \boldsymbol{x}_j) \right]}{|\boldsymbol{x} - \boldsymbol{x}_j|^3} \tag{2.94}$$

Vom Nahwirkungsstandpunkt aus ist dann die magnetische Induktion des Stromkreises L an der Stelle $\boldsymbol{x}$

$$\boldsymbol{B}(\boldsymbol{x}) = \sum_{j=1}^{N} \frac{I_j}{c} \oint_{L_j} \frac{d\boldsymbol{s}_j \times (\boldsymbol{x} - \boldsymbol{x}_j)}{|\boldsymbol{x} - \boldsymbol{x}_j|^3} \tag{2.95}$$

Wir gehen jetzt zu einer kontinuierlichen Beschreibung über, indem wir die linienförmigen Ströme durch Stromdichten ersetzen. Dazu formen wir zunächst (2.95) um

$$\begin{aligned} \boldsymbol{B}(\boldsymbol{x}) &= \int d^3x' \sum_{j=1}^{N} \frac{I_j}{c} \oint_{L_j} \frac{d\boldsymbol{s}_j \times (\boldsymbol{x} - \boldsymbol{x}_j)}{|\boldsymbol{x} - \boldsymbol{x}_j|^3} \delta(\boldsymbol{x}' - \boldsymbol{x}_j(s)) \\ &= \frac{1}{c} \int d^3x' \sum_{j=1}^{N} \left(I_j \oint_{L_j} \frac{d\boldsymbol{s}_j}{ds} \delta(\boldsymbol{x}' - \boldsymbol{x}_j(s)) ds \right) \times \frac{(\boldsymbol{x} - \boldsymbol{x}')}{|\boldsymbol{x} - \boldsymbol{x}'|^3} \end{aligned} \tag{2.96}$$

Der eingeklammerte Ausdruck stimmt mit der Stromdichte des j-ten dünnen Drahtes $\boldsymbol{j}_j(\boldsymbol{x})$ nach (2.57) überein. Wir gelangen deshalb zu

$$\boldsymbol{B}(\boldsymbol{x}) = \frac{1}{c} \int d^3x' \sum_{j=1}^{N} \boldsymbol{j}_j(\boldsymbol{x}) \times \frac{(\boldsymbol{x} - \boldsymbol{x}')}{|\boldsymbol{x} - \boldsymbol{x}'|^3} \tag{2.97}$$

Fassen wir die einzelnen Leiterstromdichten zu der Stromdichte

$$\boldsymbol{j}(\boldsymbol{x}) = \sum_{j=1}^{N} \boldsymbol{j}_j(\boldsymbol{x}) \tag{2.98}$$

zusammen, dann ist die magnetische Induktion bstimmt durch

$$\boldsymbol{B}(\boldsymbol{x}) = \frac{1}{c} \int d^3x' \, \boldsymbol{j}(\boldsymbol{x}') \times \frac{\boldsymbol{x} - \boldsymbol{x}'}{|\boldsymbol{x} - \boldsymbol{x}'|^3} \tag{2.99}$$

Damit dieses Integral existiert, muss $\boldsymbol{j}(\boldsymbol{x})$ eine zugelassene Funktion sein, d. h. $|\boldsymbol{j}(\boldsymbol{x})|$ muss die gleichen Bedingungen wie die Ladungsdichte $\rho(\boldsymbol{x})$ erfüllen. Nach dieser Voraussetzung muss die Stromdichte eine Stromverteilung beschreiben, die entweder lokalisiert ist oder genügend schnell abklingt.

Die Kraft der magnetischen Induktion auf die Leiterschleife L ist damit

$$\begin{aligned} \boldsymbol{F} &= \frac{I}{c} \oint_L d\boldsymbol{s} \times \boldsymbol{B}(\boldsymbol{x}(s)) \\ &= \frac{I}{c} \oint_L d\boldsymbol{s} \times \boldsymbol{B}(\boldsymbol{x}(s)) \int d^3x \, \delta(\boldsymbol{x} - \boldsymbol{x}(s)) \\ &= \frac{1}{c} \int d^3x \left(I \oint_L d\boldsymbol{s} \delta(\boldsymbol{x} - \boldsymbol{x}(s)) \right) \times \boldsymbol{B}(\boldsymbol{x}) \end{aligned} \tag{2.100}$$

Der Klammerausdruck ist jetzt die Stromdichte für den Draht L. Wir erhalten deshalb für die Kraftwirkung der magnetischen Induktion auf die Stromdichte $\boldsymbol{j}(\boldsymbol{x})$:

$$\boldsymbol{F} = \frac{1}{c} \int d^3x \, \boldsymbol{j}(\boldsymbol{x}) \times \boldsymbol{B}(\boldsymbol{x}). \tag{2.101}$$

Wir bezeichnen jetzt die Stromdichte in diesem Ausdruck mit $\boldsymbol{j}_1(\boldsymbol{x})$ und setzen die magnetische Induktion (2.99) ein, wobei wir die dieses Feld erzeugende Stromdichte mit $\boldsymbol{j}_2(\boldsymbol{x})$ bezeichnen. Das Resultat ist dann die Kraft, welche die Stromverteilung 2 auf die Stromverteilung 1 ausübt:

$$\boldsymbol{F} = \frac{1}{c^2} \int d^3x \int d^3x' \, \boldsymbol{j}_1(\boldsymbol{x}) \times \left[\boldsymbol{j}_2(\boldsymbol{x}') \times \frac{\boldsymbol{x} - \boldsymbol{x}'}{|\boldsymbol{x} - \boldsymbol{x}'|^3} \right] \tag{2.102}$$

Wir lösen das doppelte Kreuzprodukt wieder auf und gelangen zu

$$\begin{aligned} \boldsymbol{F} = \frac{1}{c^2} \int d^3x \int d^3x' \Big\{ \boldsymbol{j}_2(\boldsymbol{x}') \left[\boldsymbol{j}_1(\boldsymbol{x}) \, \frac{\boldsymbol{x} - \boldsymbol{x}'}{|\boldsymbol{x} - \boldsymbol{x}'|^3} \right] \\ - \frac{\boldsymbol{x} - \boldsymbol{x}'}{|\boldsymbol{x} - \boldsymbol{x}'|^3} \left[\boldsymbol{j}_1(\boldsymbol{x}) \, \boldsymbol{j}_2(\boldsymbol{x}') \right] \Big\} \end{aligned} \tag{2.103}$$

oder

$$\begin{aligned} \boldsymbol{F} = & \frac{1}{c^2} \int d^3x \int d^3x' \boldsymbol{j}_2(\boldsymbol{x}') \left[-\boldsymbol{j}_1(\boldsymbol{x}) \nabla_x \frac{1}{|\boldsymbol{x}-\boldsymbol{x}'|} \right] \\ & - \frac{1}{c^2} \int d^3x \int d^3x' \frac{\boldsymbol{x}-\boldsymbol{x}'}{|\boldsymbol{x}-\boldsymbol{x}'|^3} \, \boldsymbol{j}_1(\boldsymbol{x}) \, \boldsymbol{j}_2(\boldsymbol{x}') \end{aligned} \tag{2.104}$$

Zunächst betrachten wir das erste Integral. Hier gilt

$$\begin{aligned} \text{Integral}_1 = & \frac{1}{c^2} \int d^3x \int d^3x' \boldsymbol{j}_2(\boldsymbol{x}') \left\{ \nabla_x \left[-\boldsymbol{j}_1(\boldsymbol{x}) \, \frac{1}{|\boldsymbol{x}-\boldsymbol{x}'|} \right] \right. \\ & \left. + \left(\nabla_x \boldsymbol{j}_1(\boldsymbol{x}) \right) \frac{1}{|\boldsymbol{x}-\boldsymbol{x}'|} \right\} \end{aligned} \tag{2.105}$$

Der erste Term lässt sich mithilfe des Gauß'schen Satzes in ein Oberflächenintegral umformen und verschwindet, wenn der Betrag der Stromdichte $\boldsymbol{j}(\boldsymbol{x})$ eine zulässige Dichteverteilung ist. Da wir ein stationäres System untersuchen, verschwindet wegen der reduzierten Kontinuitätsgleichung (2.67) aber auch der zweite Term. Damit bekommen wir

$$\boldsymbol{F} = -\frac{1}{c^2} \int d^3x \int d^3x' \frac{\boldsymbol{x}-\boldsymbol{x}'}{|\boldsymbol{x}-\boldsymbol{x}'|^3} \, \left(\boldsymbol{j}_1(\boldsymbol{x}) \boldsymbol{j}_2(\boldsymbol{x}') \right) \tag{2.106}$$

Analog zu (2.101) erhalten wir für das Drehmoment $\boldsymbol{M}$, welches die magnetische Induktion auf eine Stromverteilung ausübt, die Gleichung

$$\boldsymbol{M} = \frac{1}{c} \int d^3x \, \boldsymbol{x} \times \left[\boldsymbol{j}(\boldsymbol{x}) \times \boldsymbol{B}(\boldsymbol{x}) \right] \tag{2.107}$$

2.2.4
Differential- und Integraldarstellung des Ampère'schen Gesetzes

2.2.4.1 Differentialdarstellung

Wir wollen jetzt, analog zur Behandlung des elektrischen Felds, einen Satz von lokalen Differentialgleichungen herleiten, welche die magnetische Induktion eindeutig festlegen. Wir gehen dazu von Gleichung (2.99) aus und zeigen, dass die magnetische Induktion die folgende Behauptung erfüllt:

Wenn $|\boldsymbol{j}(\boldsymbol{x})|$ eine zulässige Dichtefunktion ist, so ist (2.99) äquivalent zu den Differentialgleichungen

$$\nabla \, \boldsymbol{B}(\boldsymbol{x}) = 0 \tag{2.108}$$

$$\nabla \times \boldsymbol{B}(\boldsymbol{x}) = \frac{4\pi}{c} \boldsymbol{j}(\boldsymbol{x}) \tag{2.109}$$

und der Forderung

$$\lim_{|\boldsymbol{x}| \to \infty} \boldsymbol{B}(\boldsymbol{x}) = 0 \tag{2.110}$$

Zum Beweis dieser Behauptung formen wir das Kreuzprodukt in (2.101) folgendermaßen um:

$$\begin{aligned} \boldsymbol{j}(\boldsymbol{x}') \times \left.\frac{\boldsymbol{x}-\boldsymbol{x}'}{|\boldsymbol{x}-\boldsymbol{x}'|^3}\right|_\alpha &= -\boldsymbol{j}(\boldsymbol{x}') \times \nabla_x \left.\frac{1}{|\boldsymbol{x}-\boldsymbol{x}'|}\right|_\alpha \\ &= -\varepsilon_{\alpha\beta\gamma}\, j_\beta(\boldsymbol{x}') \frac{\partial}{\partial x_\gamma} \frac{1}{|\boldsymbol{x}-\boldsymbol{x}'|} \\ &= \varepsilon_{\alpha\gamma\beta} \frac{\partial}{\partial x_\gamma} j_\beta(\boldsymbol{x}') \frac{1}{|\boldsymbol{x}-\boldsymbol{x}'|} \\ &= \nabla_x \times \left.\frac{\boldsymbol{j}(\boldsymbol{x}')}{|\boldsymbol{x}-\boldsymbol{x}'|}\right|_\alpha \end{aligned} \tag{2.111}$$

Wir haben bei diesen Umformungen die Komponentendarstellung gewählt und verwenden wieder die aus Band I bekannte Einstein'sche Summenkonvention, d. h. wir summieren über doppelt auftretende Indizes. Die Größe $\varepsilon_{\alpha\beta\gamma}$ ist der antisymmetrische Einheitstensor. Mit (2.99) erhalten wir dann

$$\boldsymbol{B}(\boldsymbol{x}) = \frac{1}{c} \nabla_x \times \int d^3x' \frac{\boldsymbol{j}(\boldsymbol{x}')}{|\boldsymbol{x}-\boldsymbol{x}'|} \tag{2.112}$$

Wegen div rot $\equiv 0$ (vgl. Anhang B) folgt daher sofort

$$\operatorname{div} \boldsymbol{B}(\boldsymbol{x}) = 0 \tag{2.113}$$

Bilden wir dagegen die Rotation von (2.99) und beachten wiederum (2.111), dann erhalten wir:

$$\nabla_x \times \boldsymbol{B}(\boldsymbol{x}) = \nabla_x \times \nabla_x \times \frac{1}{c} \int d^3x' \frac{\boldsymbol{j}(\boldsymbol{x}')}{|\boldsymbol{x}-\boldsymbol{x}'|} \tag{2.114}$$

Wir nutzen jetzt die aus der Vektoranalysis bekannte Relation (B.17)

$$\operatorname{rot}\operatorname{rot} = \operatorname{grad}\operatorname{div} - \Delta \tag{2.115}$$

und gelangen damit zu

$$\nabla_x \times \boldsymbol{B}(\boldsymbol{x}) = \operatorname{grad}_x \operatorname{div}_x \frac{1}{c} \int d^3x' \frac{\boldsymbol{j}(\boldsymbol{x}')}{|\boldsymbol{x}-\boldsymbol{x}'|} - \frac{1}{c} \int d^3x' \boldsymbol{j}(\boldsymbol{x}')\, \underbrace{\Delta_x \frac{1}{|\boldsymbol{x}-\boldsymbol{x}'|}}_{-4\pi\delta(\boldsymbol{x}-\boldsymbol{x}')} \tag{2.116}$$

Dabei können wir im zweiten Term (A.12) verwenden. Wir erhalten

$$\nabla_x \times \boldsymbol{B}(\boldsymbol{x}) = \frac{4\pi}{c} \boldsymbol{j}(\boldsymbol{x}) + \operatorname{grad}_x \frac{1}{c} \int d^3x' \nabla_x \frac{\boldsymbol{j}(\boldsymbol{x}')}{|\boldsymbol{x}-\boldsymbol{x}'|} \tag{2.117}$$

Um das noch verbleibende Integral zu vereinfachen, formen wir um:

$$\nabla_x \frac{\boldsymbol{j}(\boldsymbol{x}')}{|\boldsymbol{x}-\boldsymbol{x}'|} = \boldsymbol{j}(\boldsymbol{x}') \nabla_x \frac{1}{|\boldsymbol{x}-\boldsymbol{x}'|} = -\boldsymbol{j}(\boldsymbol{x}') \nabla_{x'} \frac{1}{|\boldsymbol{x}-\boldsymbol{x}'|} \tag{2.118}$$

und erhalten

$$\begin{aligned} -\nabla_{x'} \frac{\boldsymbol{j}(\boldsymbol{x}')}{|\boldsymbol{x}-\boldsymbol{x}'|} &= -\frac{1}{|\boldsymbol{x}-\boldsymbol{x}'|} \underbrace{\nabla_{x'} \boldsymbol{j}(\boldsymbol{x}')}_{=0} - \boldsymbol{j}(\boldsymbol{x}') \nabla_{x'} \frac{1}{|\boldsymbol{x}-\boldsymbol{x}'|} \\ &= -\boldsymbol{j}(\boldsymbol{x}') \nabla_{x'} \frac{1}{|\boldsymbol{x}-\boldsymbol{x}'|} \end{aligned} \tag{2.119}$$

Wir haben dabei die reduzierte Kontinuitätsgleichung (2.67) berücksichtigt. Aus (2.117) folgt somit

$$\nabla_{\boldsymbol{x}} \times \boldsymbol{B}(\boldsymbol{x}) = \frac{4\pi}{c} \boldsymbol{j}(\boldsymbol{x}) - \mathrm{grad}_{\boldsymbol{x}} \frac{1}{c} \int d^3x' \nabla_{x'} \frac{\boldsymbol{j}(\boldsymbol{x}')}{|\boldsymbol{x}-\boldsymbol{x}'|} \tag{2.120}$$

Der zweite Term kann mit dem Gauß'schen Satz in ein Oberflächenintegral umgeschrieben werden. Dieses verschwindet, wenn $|\boldsymbol{j}(\boldsymbol{x})|$ eine zulässige Dichte ist.

Die Randbedingung (2.110) schließlich ist eine Konsequenz der für die Stromdichte geforderten Eigenschaften einer zulässigen Dichtefunktion.

2.2.4.2 **Integraldarstellung**

Aus (2.108) folgt unmittelbar für das Integral über ein beliebiges Gebiet G

$$\int_G d^3x\, \nabla \boldsymbol{B} = \oint_{\partial G} \boldsymbol{B}\, d\boldsymbol{f} = 0. \tag{2.121}$$

Die entsprechende Gleichung für das elektrische Feld enthielt auf der rechten Seite den Wert $4\pi Q$ mit der Gesamtladung Q im Volumen V. Demnach können die Quellen des Magnetfelds keine magnetischen Ladungen sein. Wir erhalten somit aus (2.121) einen Hinweis, dass magnetische Monopole im Rahmen der klassischen Elektrodynamik nicht erlaubt sind.

Aus (2.109) folgt für die Integration über eine beliebige im dreidimensionalen Raum eingebettete Fläche A

$$\int_A d\boldsymbol{f}\, \mathrm{rot}\boldsymbol{B}(\boldsymbol{x}) = \int_A \frac{4\pi}{c} \boldsymbol{j}(\boldsymbol{x})\, d\boldsymbol{f} \tag{2.122}$$

Die Anwendung des Stokes'schen Satzes auf der linke Seite dieser Gleichung führt auf den Durchflutungssatz:

$$\oint_{\partial A} d\boldsymbol{s}\, \boldsymbol{B}(\boldsymbol{x}) = \frac{4\pi}{c} \int_A \boldsymbol{j}(\boldsymbol{x}) d\boldsymbol{f} \tag{2.123}$$

Dabei ist ∂A die Randkurve der Fläche A.

2.2.5 Vektorpotential

Wegen $\operatorname{rot} \boldsymbol{E} = 0$ konnten wir das elektrische Feld auf ein skalares Potential zurückführen. Wir wollen jetzt zeigen, dass auch die magnetische Induktion aus einem, allerdings vektoriellen, Potential erzeugt werden kann. Der Begriff des Vektorpotentials ist vorerst so zu verstehen, dass jede magnetische Induktion durch eine noch zu definierende lineare Differentialoperation 1. Ordnung aus einem anderen Vektorfeld, dem Vektorpotential, berechnet werden kann.

Wegen $\operatorname{div} \boldsymbol{B} = 0$ liegt die Darstellung

$$\boldsymbol{B}(\boldsymbol{x}) = \nabla \times \boldsymbol{A}(\boldsymbol{x}) \tag{2.124}$$

nahe. Der Vergleich dieser Annahme mit (2.112) liefert

$$\boldsymbol{A}(\boldsymbol{x}) = \frac{1}{c} \int d^3x' \, \frac{\boldsymbol{j}(\boldsymbol{x}')}{|\boldsymbol{x} - \boldsymbol{x}'|} \tag{2.125}$$

Das skalare Potential φ des elektrischen Felds war nur bis auf eine additive Konstante bestimmbar. Eine solche Eichfreiheit des Potentials existiert auch beim Vektorpotential der magnetischen Induktion. Berücksichtigt man nämlich
$\operatorname{rot} \operatorname{grad} \equiv 0$, dann kann das Vektorpotential nur bis auf den Gradienten einer beliebigen Funktion $f(\boldsymbol{x})$ bestimmt werden. Damit erhalten wir

$$\boldsymbol{A}(\boldsymbol{x}) = \frac{1}{c} \int d^3x' \, \frac{\boldsymbol{j}(\boldsymbol{x}')}{|\boldsymbol{x} - \boldsymbol{x}'|} + \nabla f(\boldsymbol{x}) \tag{2.126}$$

Das Vektorpotential ist also durch die Vorgabe der Stromdichte keinesfalls eindeutig bestimmt. Mit dem Vektorpotential $\boldsymbol{A}(\boldsymbol{x})$ führt auch jedes andere Vektorpotential der Gestalt

$$\boldsymbol{A}'(\boldsymbol{x}) = \boldsymbol{A}(\boldsymbol{x}) + \operatorname{grad} f(\boldsymbol{x}) \tag{2.127}$$

auf dieselbe magnetische Induktion $\boldsymbol{B}(\boldsymbol{x})$:

$$\boldsymbol{B}(\boldsymbol{x}) = \nabla \times \boldsymbol{A}(\boldsymbol{x}) = \nabla \times \boldsymbol{A}'(\boldsymbol{x}) \tag{2.128}$$

Eine eindeutige Festlegung des Vektorpotentials verlangt eine zusätzliche *Eichung*. Die Eichprozedur hat im Rahmen der klassischen Elektrodynamik primär keine physikalische Bedeutung, sondern wird meistens durch die Forderung nach möglichst einfachen mathematischen Darstellungen motiviert. So können wir z. B. $f \equiv 0$ verlangen. Diese Forderung führt wieder auf (2.125), d. h. das Vektorpotential ist in diesem Fall ein lineares Funktional der Stromdichte. Diese Festlegung ist eine spezielle Form der Coulomb-Eichung, die wir etwas später genauer untersuchen werden.

Wir wollen zuvor noch eine geschlossene Feldgleichung für das Vektorpotential finden, die analog zur Poisson-Gleichung beim skalaren elektrostatischen Feld eine lokale Differentialbeziehung zwischen Potential und Quelle herstellt. Dazu bilden wir die Divergenz von (2.125) und gelangen somit zu

$$\nabla_x \boldsymbol{A}(\boldsymbol{x}) = \frac{1}{c} \int d^3x' \nabla_x \frac{\boldsymbol{j}(\boldsymbol{x}')}{|\boldsymbol{x} - \boldsymbol{x}'|} \tag{2.129}$$

Wegen $\nabla_{x'} \boldsymbol{j}(\boldsymbol{x}') = 0$ können wir im Integral auch nach $\boldsymbol{x}'$ differenzieren und erhalten unter Beachtung des mit dem Wechsel der Differentiationsvariablen verbundenen Vorzeichenwechsels

$$\nabla_x \boldsymbol{A}(\boldsymbol{x}) = -\frac{1}{c} \int d^3x' \nabla_{x'} \frac{\boldsymbol{j}(\boldsymbol{x}')}{|\boldsymbol{x} - \boldsymbol{x}'|} \tag{2.130}$$

Unter Verwendung des Gauß'schen Satzes und der Annahme, dass die Stromdichte zulässig ist, verschwindet das Integral:

$$\nabla_x \boldsymbol{A}(\boldsymbol{x}) = 0 \tag{2.131}$$

Führen wir diese Umformungen mit einem Vektorpotential durch, das gegenüber der Darstellung (2.125) um den Gradienten einer beliebigen Funktion f entsprechend (2.127) verschoben ist, dann gelangen wir zu

$$\nabla_x \boldsymbol{A}(\boldsymbol{x}) = -\Delta_x f(\boldsymbol{x}) \tag{2.132}$$

Wir sehen, dass die spezielle Forderung $f = 0$ auf die Forderung div $\boldsymbol{A} = 0$ führt. Allerdings ist diese Bedingung, die so genannte *Coulomb-Eichung*, viel allgemeiner als diese einfache Festlegung auf $f = 0$. So genügen auch alle Vektorpotentiale, die gegenüber (2.125) um den Gradienten einer Funktion $\tilde{f}$ verschoben sind, der Coulomb-Eichung, wenn diese Funktion $\tilde{f}$ ihrerseits die Laplace-Gleichung $\Delta \tilde{f} = 0$ erfüllt.

Die Coulomb-Eichung (2.131) ist aber nicht die gesuchte Potentialgleichung, da sie gar keinen Bezug auf die Stromdichten als Quellen des Vektorpotentials nimmt. Zudem handelt es sich bei (2.131) um eine einzige partielle Differentialgleichung für das dreikomponentige Vektorpotential $\boldsymbol{A}$. Um das Vektorpotential bestimmen zu können, brauchen wir noch eine weitere Gleichung. Aus der Feldgleichung (2.109) und der Definition (2.124) folgt unmittelbar

$$\nabla \times \nabla \times \boldsymbol{A}(\boldsymbol{x}) = \frac{4\pi}{c} \boldsymbol{j}(\boldsymbol{x}) \tag{2.133}$$

Mit der aus der Vektoranalysis bekannten Beziehung rot rot $=$ grad div $- \Delta$ und der Coulomb-Eichung div $\boldsymbol{A} = 0$ erhalten wir

$$\Delta \boldsymbol{A}(\boldsymbol{x}) = -\frac{4\pi}{c} \boldsymbol{j}(\boldsymbol{x}) \tag{2.134}$$

Offenbar genügt jede Komponente A_α des Vektorpotentials einer Poisson-Gleichung mit dem Quellterm j_α. Insofern ist die Integraldarstellung (2.125) eine vektorielle Verallgemeinerung der Potentialgleichung des skalaren elektrischen Potentials φ.

2.3 Maxwell-Gleichungen

2.3.1 Induktionsgesetz (Faraday)

Die vorangegangenen Überlegungen bezogen sich auf das elektrische Feld einer statischen Ladungsverteilung und die magnetische Induktion einer stationären Stromverteilung. Wir wollen uns jetzt zeitlich veränderlichen Feldern zuwenden. Insbesondere werden wir erkennen, dass die zeitliche Variation des elektrischen und magnetischen Felds zusammenhängen.

Dazu definieren wir zunächst den magnetischen Fluss Φ_m durch eine Fläche F mit der Randkurve ∂F (Abb. 2.6):

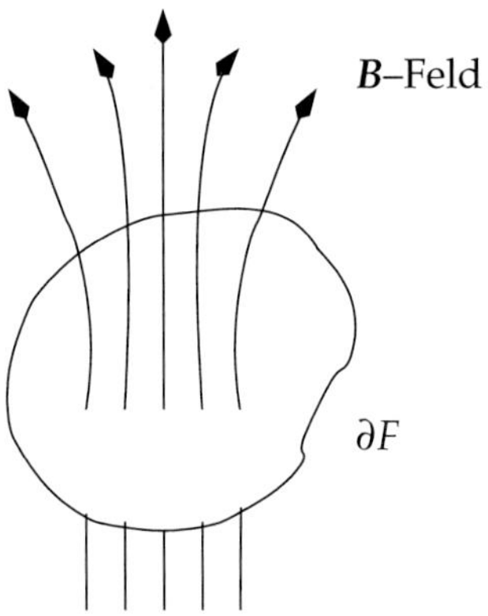

Abb. 2.6 Magnetischer Fluss durch eine vorgegebene Fläche mit der Randkurve ∂F

$$\Phi_\mathrm{m} = \int_F \boldsymbol{B}(\boldsymbol{x})\, df \tag{2.135}$$

Wir behaupten jetzt, dass der magnetische Fluss eindeutig durch die Randkurve ∂F bestimmt ist und nicht von der speziellen Wahl der von ∂F eingeschlossenen Fläche abhängt.

Zum Beweis dieser Behauptung benutzen wir (2.124)

$$\Phi_m(F) = \int_F \boldsymbol{B}(\boldsymbol{x})\, d\boldsymbol{f} = \int_F \operatorname{rot} \boldsymbol{A}\, d\boldsymbol{f} \tag{2.136}$$

Die Anwendung des Stokes'schen Satzes liefert

$$\Phi_\mathrm{m}(F) = \oint_{\partial F} \boldsymbol{A}\, d\boldsymbol{s} \tag{2.137}$$

Dieses Integral hängt nur von der Randkurve, nicht dagegen von der Fläche ab. Allerdings ist jetzt der magnetische Fluss vom Vektorpotential abhängig, das selbst wiederum Eichfreiheiten aufweist. Beachtet man, dass neben einem Vektorpotential $\boldsymbol{A}$ auch alle Vektorfelder $\boldsymbol{A} + \operatorname{grad} f$ mit einer beliebigen Funktion f den gleichen physikalischen Sachverhalt beschreiben, dann muss auch der magnetische Fluss

$$\Phi_\mathrm{m}(F) = \oint_{\partial F} (\boldsymbol{A} + \nabla f)\ d\boldsymbol{s} \tag{2.138}$$

mit (2.136) identisch sein. Das ist tatsächlich der Fall, weil jedes Integral über ein Gradientenfeld entlang einer geschlossenen Kurve verschwindet. Wir hatten diese Eigenschaft bereits in Band I benutzt, um zu zeigen, dass die Arbeit in einem konservativen Kraftfeld entlang jedes geschlossenen Wegs identisch verschwindet.

Die Einheit des magnetischen Flusses ist im CGS-System

$$[\Phi_\mathrm{m}] = 1\,\mathrm{dyn}^{1/2}\mathrm{cm} = 1\,\mathrm{Gs\,cm}^2 = 1\,\mathrm{Maxwell} \tag{2.139}$$

und im MKSA-System

$$[\Phi_\mathrm{m}] = 1\,\mathrm{Vs} = 1\,\mathrm{Wb}\ \ (\mathrm{Weber}) \tag{2.140}$$

Nach (2.135) führt eine zeitliche Änderung der magnetischen Induktion auch zu einer zeitlichen Änderung des magnetische Flusses. Die experimentelle Erfahrung zeigt nun, dass gleichzeitig in der Randkurve ∂F eine elektrische Randspannung erzeugt wird. Dieses Verhalten ist der Inhalt des Faraday'schen Induktionsgesetzes.

Faraday'sches Induktionsgesetz (Experimenteller Befund 6)

Die totale zeitliche Änderung des magnetischen Flusses Φ_m erzeugt eine induzierte elektrische Randspannung U in ∂F, die der zeitlichen Änderung von Φ_m proportional ist:

$$-k\frac{d\Phi_m}{dt} = U \tag{2.141}$$

Dabei ist die Randspannung durch

$$U = \oint_{\partial F} \boldsymbol{E}(\boldsymbol{x},t)\, d\boldsymbol{s} \tag{2.142}$$

gegeben. Die Proportionalitätskonstante k ist im CGS-System

$$k = \frac{1}{c} \tag{2.143}$$

mit der Lichtgeschwindigkeit c. Im MKSA-System ist dagegen

$$k = 1 \tag{2.144}$$

Setzen wir in (2.141) den Ausdruck für den magnetischen Fluss (2.135) ein und verwenden gleichzeitig (2.142), dann erhalten wir

$$-\frac{1}{c}\frac{d}{dt}\int_F \boldsymbol{B}(\boldsymbol{x},t)\, d\boldsymbol{f} = \oint_{\partial F} \boldsymbol{E}(\boldsymbol{x},t)\, d\boldsymbol{s} \tag{2.145}$$

Wenden wir nun auf der rechten Seite den Stokes'schen Satz an, dann bekommen wir

$$-\frac{1}{c}\frac{d}{dt}\int_F \boldsymbol{B}(\boldsymbol{x},t)\, d\boldsymbol{f} = \int_F \operatorname{rot} \boldsymbol{E}(\boldsymbol{x},t)\, d\boldsymbol{f} \tag{2.146}$$

Wir nehmen jetzt an, dass sich die Fläche zeitlich nicht ändert, sonst aber beliebig ist. Dann können wir die zeitliche Differentiation unter das Integral ziehen und erhalten durch Vergleich beider Seiten:

$$\operatorname{rot} \boldsymbol{E}(\boldsymbol{x},t) = -\frac{1}{c}\frac{\partial \boldsymbol{B}(\boldsymbol{x},t)}{\partial t} \tag{2.147}$$

Wir können den Fluss durch die Leiterschleife auch dadurch ändern, dass wir die Leiterschleife bewegen. Auch dies führt auf eine Randspannung[5]. Schließlich besteht auch die Möglichkeit der Erzeugung einer Randspannung durch Deformation der Kontur ∂F. Auch diese Situation lässt sich mit dem Faraday'schen Induktionsgesetz beschreiben.

Mit dem Induktionsgesetz haben wir einen Zusammenhang zwischen zeitabhängigen elektrischen und magnetischen Feldern hergestellt. Erweitern wir auch noch die anderen, für statische Felder erhaltenen Feldgleichungen auf

5) Man kann diesen Fall durch eine geeignete Transformation auf das bewegtes Bezugssystem, in dem die Schleife ruht, sich aber das Magnetfeld zeitlich ändert, zurückführen.

zeitabhängige Felder, dann erhalten wir das *vorläufige* System von Feldgleichungen:

$$\nabla\, \boldsymbol{E}(\boldsymbol{x},t) = 4\pi\rho(\boldsymbol{x},t) \qquad \text{Coulomb-Gesetz} \tag{2.148}$$

$$\nabla \times \boldsymbol{B}(\boldsymbol{x},t) = \frac{4\pi}{c}\boldsymbol{j}(\boldsymbol{x},t) \qquad \text{Ampère'sches Gesetz} \tag{2.149}$$

$$\nabla \times \boldsymbol{E}(\boldsymbol{x},t) = -\frac{1}{c}\frac{\partial}{\partial t}\boldsymbol{B}(\boldsymbol{x},t) \qquad \text{Induktionsgesetz} \tag{2.150}$$

$$\nabla\, \boldsymbol{B}(\boldsymbol{x},t) = 0 \qquad \text{Quellfreiheit des } \boldsymbol{B}\text{-Feldes} \tag{2.151}$$

$$\nabla\, \boldsymbol{j}(\boldsymbol{x},t) + \frac{\partial}{\partial t}\rho(\boldsymbol{x},t) = 0 \qquad \text{Ladungserhaltung} \tag{2.152}$$

Die in dieser Form dargestellten Gesetze sind aber noch nicht widerspruchsfrei. Die Ursache hierfür liegt in der primitiven Erweiterung der statischen Feldgleichungen auf dynamische Gleichungen, indem wir einfach die Liste der unabhängigen Variablen um die Zeit ergänzt haben. Tatsächlich können aber bei der Erweiterung der Feldgleichungen von der statischen zur zeitabhängigen Darstellung auch alle möglichen Zeitableitungen auftreten.

Diese Vermutung ist mit dem Induktionsgesetz (2.150) bereits eingetreten. Die statische Version dieser Feldgleichung ist nach (2.29) nämlich $\operatorname{rot} \boldsymbol{E} = 0$. Es ist also durchaus möglich, dass auch andere Gleichungen beim Übergang zu den dynamischen Feldgleichungen noch um gewisse Zeitableitungen ergänzt werden müssen.

2.3.2 Verschiebungsströme

Wir werden jetzt zeigen, dass das zeitabhängige Ampère'sche Gesetz (2.149) nicht mit der Ladungserhaltung verträglich ist. Dazu bilden wir die Divergenz von (2.149) und gelangen zu

$$\underbrace{\nabla\left(\nabla \times \boldsymbol{B}(\boldsymbol{x},t)\right)}_{0} = \frac{4\pi}{c}\nabla\, \boldsymbol{j}(\boldsymbol{x},t) \tag{2.153}$$

Wegen (2.152) folgt dann

$$\frac{4\pi}{c}\frac{\partial}{\partial t}\rho(\boldsymbol{x},t) = 0\,. \tag{2.154}$$

Damit muss die Ladungsverteilung aber stationär sein, und das ist ein Widerspruch oder zumindest eine unzulässige Einschränkung zu der vorausgesetzten Zeitabhängigkeit.

In der Integraldarstellung lautet das Ampère'sche Gesetz (2.149)

$$\oint \boldsymbol{B}(\boldsymbol{x},t)\, d\boldsymbol{s} = \frac{4\pi}{c}\int \boldsymbol{j}(\boldsymbol{x},t)\, d\boldsymbol{f} \tag{2.155}$$

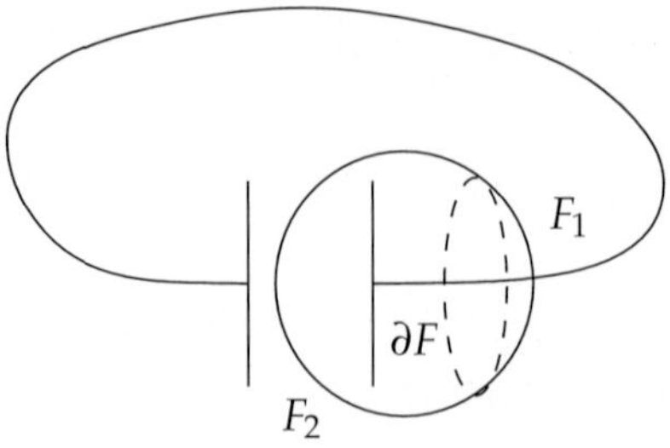

Abb. 2.7 Plattenkondensatoranordnung: Um die rechte Kondensatorplatte wird eine virtuelle Kugel gelegt. Die geschlossene Kurve ∂F teilt die Kugeloberfläche in die beiden Teilflächen F_1 und F_2.

Wir wollen diese Gleichung jetzt auf die Plattenkondensatoranordnung in Abb. (2.7) anwenden. Das Integral links in (2.155) ist über die geschlossene Kurve ∂F auszuführen, das Integral rechts dagegen über eine beliebige, aber von der Kurve ∂F berandete Fläche, zum Beispiel F_1 oder F_2. Wird der Kondensator geladen und dann sich selbst überlassen, so fließt durch den Verbindungsdraht ein Strom um den ursprünglichen Ladungsunterschied auszugleichen.

Wenn wir das Integral auf der rechten Seite von (2.155) über F_1 ausführen erhalten wir den Strom durch die Fläche F_1. Durch die Fläche F_2 fließt kein Strom, das Integral verschwindet also. Auch in der integralen Formulierung erhalten wir einen offensichtlichen Widerspruch.

Wir können daher vermuten, dass in der bisherigen Formulierung des Ampère'schen Gesetzes ein Term fehlt, der im Raum zwischen den Kondensatorplatten relevant wird. Wie dieser von Maxwell gefundene Term aussieht, wollen wir jetzt auf eine heuristische Weise nachvollziehen.

2.3.3 Quasistationäre Ströme

Bevor wir uns der Verallgemeinerung der bisher erarbeiteten Feldgleichungen auf ein System widerspruchsfreier Relationen zuwenden, wollen wir noch den Begriff des quasistationären Stroms einführen. Wir werden zunächst eine periodisch zeitabhängige Ladungsverteilung der Form

$$\rho(\boldsymbol{x}, t) = \rho(\boldsymbol{x}) \cos \omega t \tag{2.156}$$

voraussetzen. Dann gilt

$$\left| \frac{4\pi}{c} \dot{\rho}(\boldsymbol{x}, t) \right| = \left| \frac{4\pi}{c} \rho(\boldsymbol{x})\, \omega \sin \omega t \right| < \left| \frac{4\pi}{c} \rho(\boldsymbol{x})\, \omega \right| \tag{2.157}$$

Für den Fall

$$\left| \frac{4\pi}{c} \rho(\boldsymbol{x})\, \omega \right| \approx 0 \tag{2.158}$$

spricht man von einem quasistationären Strom. Da jede physikalisch relevante, zeitabhängige Funktion in ihre Fourier-Darstellung überführt werden kann, bedeutet Quasistationarität im Sinne von (2.158) für alle Frequenzen ω, dass die Ladungsdichte hinreichend langsam abklingt.

Nach den vorangegangenen Überlegungen können wir erwarten, dass für quasistationäre Ströme, d. h. für hinreichend langsam veränderliche Ladungsverteilungen, das Gleichungssystem (2.148–2.152) als Grenzfall des noch zu bestimmenden, verallgemeinerten Systems von elektromagnetischen Feldgleichungen bestehen bleibt.

Allgemein müssen wir uns jetzt überlegen, wie das Ampère'sche Gesetz zu verallgemeinern ist, damit wir ein widerspruchsfreies System von Feldgleichungen erhalten. Dazu machen wir folgenden Ansatz:

$$\nabla \times \boldsymbol{B}(\boldsymbol{x},t) = \boldsymbol{f}(\boldsymbol{x},t) \tag{2.159}$$

Wegen div rot $\equiv 0$ muss gelten

$$\nabla\, \boldsymbol{f}(\boldsymbol{x},t) = 0 \tag{2.160}$$

Das Problem besteht jetzt darin, ein $\boldsymbol{f}$ zu finden, welches diese Bedingung erfüllt und für quasistationäre Ströme die Gleichung (2.159) in das Ampère'sche Gesetz überführt.

Wir werden jetzt zeigen, dass

$$\boldsymbol{f}(\boldsymbol{x},t) = \frac{4\pi}{c}\boldsymbol{j}(\boldsymbol{x},t) + \frac{1}{c}\frac{\partial}{\partial t}\boldsymbol{E}(\boldsymbol{x},t) \tag{2.161}$$

diese Bedingungen erfüllt. Dazu bilden wir die Divergenz und erhalten mit (2.148)

$$\begin{aligned} \nabla\, \boldsymbol{f}(\boldsymbol{x},t) &= \frac{4\pi}{c}\nabla\, \boldsymbol{j}(\boldsymbol{x},t) + \frac{1}{c}\frac{\partial}{\partial t}\underbrace{\nabla\, \boldsymbol{E}(\boldsymbol{x},t)}_{4\pi\rho(\boldsymbol{x},t)} \\ &= \frac{4\pi}{c}\nabla\, \boldsymbol{j}(\boldsymbol{x},t) + \frac{4\pi}{c}\frac{\partial}{\partial t}\rho(\boldsymbol{x},t) \\ &= \frac{4\pi}{c}\left\{\nabla\, \boldsymbol{j}(\boldsymbol{x},t) + \frac{\partial}{\partial t}\rho(\boldsymbol{x},t)\right\} = 0 \end{aligned} \tag{2.162}$$

Der letzte Ausdruck verschwindet wegen der Kontinuitätsgleichung (2.152). Damit ist die Ladungserhaltung garantiert. Außerdem können wir im Grenzfall quasi-stationärer Ströme

$$\frac{4\pi}{c}\frac{\partial\rho(\boldsymbol{x},t)}{\partial t} \qquad \text{und damit} \qquad \frac{\partial \boldsymbol{E}(\boldsymbol{x},t)}{\partial t} \tag{2.163}$$

vernachlässigen und kommen damit zum Ampère'schen Gesetz zurück. Der Ausdruck

$$j_V(\boldsymbol{x},t) = \frac{1}{4\pi}\frac{\partial \boldsymbol{E}}{\partial t} \tag{2.164}$$

wird auch als *Verschiebungsstrom* bezeichnet. Damit lautet das *verallgemeinerte Ampère'sche Gesetz*

$$\nabla \times \boldsymbol{B}(\boldsymbol{x},t) = \frac{4\pi}{c}\left[\boldsymbol{j}(\boldsymbol{x},t) + \boldsymbol{j}_V(\boldsymbol{x},t)\right] \tag{2.165}$$

Die so realisierte Erweiterung des Ampère'schen Gesetzes führt uns auf den gesuchten Satz widerspruchsfreier Feldgleichungen für das elektromagnetische Feld. Dieses System partieller Differentialgleichungen sind die Maxwell-Gleichungen.

2.3.4
Das System der Maxwell-Gleichungen

Diese Gleichungen bestehen aus zwei Gruppen. Die erste Gruppe enthält allein das elektrische und das magnetische Feld. Dieser homogene Teil der Maxwell-Gleichungen lautet:

$$\nabla \times \boldsymbol{E}(\boldsymbol{x},t) + \frac{1}{c}\frac{\partial \boldsymbol{B}(\boldsymbol{x},t)}{\partial t} = 0 \tag{2.166}$$

$$\nabla\, \boldsymbol{B}(\boldsymbol{x},t) = 0 \tag{2.167}$$

Die zweite Gruppe enthält neben den Feldern auch noch die Quellterme, also Ladungsdichten und Stromdichten. Diese Gleichungen werden deshalb auch als der inhomogene Teil der Maxwell-Gleichungen bezeichnet:

$$\nabla\, \boldsymbol{E}(\boldsymbol{x},t) = 4\pi\rho(\boldsymbol{x},t) \tag{2.168}$$

$$\nabla \times \boldsymbol{B}(\boldsymbol{x},t) - \frac{1}{c}\frac{\partial \boldsymbol{E}(\boldsymbol{x},t)}{\partial t} = \frac{4\pi}{c}\boldsymbol{j}(\boldsymbol{x},t) \tag{2.169}$$

Die Maxwell-Gleichungen (2.166–2.169) bilden ein gekoppeltes System partieller Differentialgleichungen erster Ordnung zur Beschreibung der zeitabhängigen Felder $\boldsymbol{E}(\boldsymbol{x},t)$ und $\boldsymbol{B}(\boldsymbol{x},t)$ bei vorgegebenen Quelltermen $\rho(\boldsymbol{x},t)$ und $\boldsymbol{j}(\boldsymbol{x},t)$.

Das mit den Maxwell-Gleichungen in einem bestimmten Gebiet des dreidimensionalen Raums vorgegebene mathematische Problem wird durch die Vorgabe von Randbedingungen und Anfangsbedingungen vervollständigt. Die Inhomogenitäten $\rho(\boldsymbol{x},t)$ und $\boldsymbol{j}(\boldsymbol{x},t)$ sind nicht beliebig, sondern müssen die Kontinuitätsgleichung

$$\nabla\, \boldsymbol{j}(\boldsymbol{x},t) + \frac{\partial \rho(\boldsymbol{x},t)}{\partial t} = 0 \tag{2.170}$$

erfüllen. Die Kontinuitätsgleichung (und die hiermit verbundene Ladungserhaltung) ist keine Zusatzbedingung zu den Maxwell-Gleichungen, sondern in ihnen bereits enthalten. Wir haben diese Aussage im Prinzip bei der heuristischen Begründung des Verschiebungsstroms (siehe Gleichung (2.162)) bereits bewiesen. In Abschnitt 5.6 werden wir wieder auf diese Problematik zurückkommen.

In der vorliegenden Form sind die Maxwell-Gleichungen für elektromagnetische Felder, Ladungen und Ströme im Vakuum formuliert. Wir werden später diese Gleichungen für den Fall formulieren, dass der Raum mit elektromagnetisch sensitiver Materie erfüllt ist.

2.3.5 Skalares und Vektorpotential. Eichung

2.3.5.1 Potentiale

Analog zur Elektrostatik und Magnetostatik wollen wir jetzt versuchen, auch das vollständige, gekoppelte System der Maxwell-Gleichungen durch die Einführung von Potentialen zu vereinfachen.

Wie in der Magnetostatik folgt aus (2.167), dass sich das $\boldsymbol{B}$-Feld als Rotation eines Vektorpotentials darstellen lässt:

$$\boldsymbol{B}(\boldsymbol{x},t) = \operatorname{rot} \boldsymbol{A}(\boldsymbol{x},t) \tag{2.171}$$

Wir setzen diese Darstellung in (2.166) ein und erhalten

$$\nabla \times \left[\boldsymbol{E}(\boldsymbol{x},t) + \frac{1}{c}\frac{\partial}{\partial t} \boldsymbol{A}(\boldsymbol{x},t) \right] = 0 \tag{2.172}$$

Wegen rot grad $\equiv 0$ lässt sich ein skalares, jetzt aber zeitabhängiges, Potential $\varphi(\boldsymbol{x},t)$ einführen:

$$\boldsymbol{E}(\boldsymbol{x},t) = -\nabla \varphi(\boldsymbol{x},t) - \frac{1}{c}\frac{\partial}{\partial t}\boldsymbol{A}(\boldsymbol{x},t) \tag{2.173}$$

Dieses skalare Potential stimmt im Fall statischer Felder wieder mit dem elektrostatischen Potential $\varphi(\boldsymbol{x})$ nach (2.36) überein. Durch die Einführung des Vektorpotentials $\boldsymbol{A}(\boldsymbol{x},t)$ und des skalaren Potentials $\varphi(\boldsymbol{x},t)$ sind die homogenen Maxwell-Gleichungen bereits erfüllt. Wir setzen jetzt die Potentialdarstellungen der Felder nach (2.171) und (2.173) in die inhomogenen Gleichungen (2.168) und (2.169) ein. Aus (2.168) folgt dann

$$\Delta\varphi(\boldsymbol{x},t) + \frac{1}{c}\frac{\partial}{\partial t} \nabla \boldsymbol{A}(\boldsymbol{x},t) = -4\pi\rho(\boldsymbol{x},t) \tag{2.174}$$

während aus (2.169)

$$\underbrace{\operatorname{rot}\operatorname{rot}}_{\operatorname{grad}\operatorname{div}-\Delta} \boldsymbol{A}(\boldsymbol{x},t) + \frac{1}{c}\frac{\partial}{\partial t} \nabla \varphi(\boldsymbol{x},t) + \frac{1}{c^2}\frac{\partial^2}{\partial t^2}\boldsymbol{A}(\boldsymbol{x},t) = \frac{4\pi}{c}\boldsymbol{j}(\boldsymbol{x},t) \tag{2.175}$$

entsteht. Diese Gleichung kann durch einfache algebraische Umstellungen in die Form

$$\Box\, \boldsymbol{A}(\boldsymbol{x},t) - \nabla \left[\nabla\, \boldsymbol{A}(\boldsymbol{x},t) + \frac{1}{c}\frac{\partial}{\partial t}\,\varphi(\boldsymbol{x},t) \right] = -\frac{4\pi}{c}\,\boldsymbol{j}(\boldsymbol{x},t) \tag{2.176}$$

gebracht werden. Dabei ist

$$\Box = \Delta - \frac{1}{c^2}\frac{\partial^2}{\partial t^2} \tag{2.177}$$

der *D'Alembert-Operator*.

Durch die Einführung der Potentiale $\boldsymbol{A}$ und φ ist es uns gelungen, die Zahl der Feldgleichungen zu reduzieren. Zur Bestimmung der Potentiale werden jetzt nur noch die inhomogenen Maxwell-Gleichungen benötigt, während, wie oben schon erwähnt, die homogenen Gleichungen bereits durch die Definitionen (2.171) und (2.173) erfüllt sind. Allerdings haben wir uns die Beschränkung auf die beiden Potentialgleichungen (2.174) und (2.176) mit einer höheren Ordnung der Differentialgleichungen erkauft.

Durch die Kopplung der beiden Gleichungen ist das mathematische Problem aber immer noch ziemlich unhandlich. Ein wirklicher Gewinn wäre mit der Einführung der Potentiale erst dann erreicht worden, wenn unsere Rechnungen auf entkoppelte Gleichungen für $\boldsymbol{A}$ und φ geführt hätten.

Wir wollen jetzt zeigen, dass wir die beiden Gleichungen (2.174) und (2.176) immer noch entkoppeln können, wenn wir ausnutzen, dass beide Potentiale noch nicht vollständig festgelegt sind. Tatsächlich können die elektromagnetischen Felder, die letztendlich die physikalische Realität wiederspiegeln, durch verschiedene Potentiale erzeugt werden.

Diese Eichfreiheit erlaubt es, geeignete Nebenbedingungen einzuführen, denen einerseits die Potentiale genügen müssen, die aber andererseits die mathematische Lösungsvielfalt der Maxwell-Gleichungen nicht einschränken.

Die bekanntesten dieser Eichungen sind durch Nebenbedingungen in Form von partiellen Differentialgleichungen erster Ordnung definiert.

2.3.5.2 **Lorentz-Eichung**

Weil die magnetische Induktion $\boldsymbol{B}$ über

$$\boldsymbol{B} = \operatorname{rot} \boldsymbol{A} \tag{2.178}$$

festgelegt ist, können wir zum Vektorpotential noch den Gradienten einer beliebigen Funktion $f(\boldsymbol{x},t)$ addieren, ohne dass sich das $\boldsymbol{B}$-Feld ändert. Wir erhalten also dasselbe $\boldsymbol{B}$-Feld, wenn wir anstelle des Vektorpotentials $\boldsymbol{A}$ das neue Vektorpotential

$$\boldsymbol{A}'(\boldsymbol{x},t) = \boldsymbol{A}(\boldsymbol{x},t) + \nabla f(\boldsymbol{x},t) \tag{2.179}$$

mit einer beliebigen Funktion f verwenden. Damit aber das $\boldsymbol{E}$-Feld ebenfalls unverändert bleibt, müssen wir auch ein neues skalares Potential einzuführen:

$$\varphi'(\boldsymbol{x},t) = \varphi(\boldsymbol{x},t) - \frac{1}{c}\frac{\partial}{\partial t} f(\boldsymbol{x},t) \tag{2.180}$$

Die Transformationen (2.179) und (2.180) der Potentiale $\boldsymbol{A}$ und φ nennt man auch *Eichtransformationen*. Wie wir bereits angemerkt hatten, sind Eichtransformationen der Potentiale im Rahmen der klassischen Physik eher von mathematisch-praktischem Interesse, weil die Potentiale im Gegensatz (zu den Feldern) nicht zu beobachten sind und die physikalische Realität ausschließlich durch die elektromagnetischen Felder bestimmt wird. Es kann aber oft hilfreich sein, mit einer geeigneten Eichung die Potentialgleichungen (2.174) und (2.176) so zu vereinfachen, dass man sie mathematisch leichter behandeln kann.

Wir werden jetzt noch einmal explizit zeigen, dass die Eichtransformationen (2.179) und (2.180) die elektromagnetischen Felder und damit deren Feldgleichungen unverändert lassen. So finden wir für die aus $\boldsymbol{A}'$ gebildete magnetische Induktion

$$\boldsymbol{B}' = \operatorname{rot} \boldsymbol{A}' = \operatorname{rot}\{\boldsymbol{A} + \operatorname{grad} f\} = \operatorname{rot} \boldsymbol{A} = \boldsymbol{B} \tag{2.181}$$

Die Eichtransformation (2.179) lässt also die magnetische Induktion invariant, sodass stets $\boldsymbol{B}' = \boldsymbol{B}$ gilt. Für die aus $\boldsymbol{A}'$ und φ' gebildete elektrische Feldstärke folgt mit (2.179) und (2.180)

$$\begin{aligned} \boldsymbol{E}' &= -\nabla\varphi' - \frac{1}{c}\dot{\boldsymbol{A}}' \\ &= -\nabla\left\{\varphi - \frac{1}{c}\frac{\partial}{\partial t} f\right\} - \frac{1}{c}\left\{\dot{\boldsymbol{A}} + \frac{\partial}{\partial t}\nabla f\right\} \\ &= -\nabla\varphi - \frac{1}{c}\dot{\boldsymbol{A}} = \boldsymbol{E} \end{aligned} \tag{2.182}$$

Damit haben wir bewiesen, dass auch die elektrische Feldstärke invariant gegenüber den Eichtransformationen (2.179) und (2.180) ist.

Wir wollen jetzt zeigen, dass sich zu den Potentialen $\boldsymbol{A}$ und φ, die eine bestimmte physikalische Situation in Form der Felder $\boldsymbol{E}$ und $\boldsymbol{B}$ reproduzieren, stets eine geeignete Eichfunktion f finden lässt, sodass die neuen Potentiale $\boldsymbol{A}'$ und φ' die physikalische Realität unverändert lassen und die Bedingung

$$\nabla \boldsymbol{A}'(\boldsymbol{x},t) + \frac{1}{c}\frac{\partial\varphi'(\boldsymbol{x},t)}{\partial t} = 0 \tag{2.183}$$

erfüllen. Diese Bedingung wird *Lorentz-Eichung* genannt. Für diesen Beweis nehmen wir an, dass die Potentiale $\boldsymbol{A}$ und φ bereits bekannt sind. Damit können wir die inhomogene hyperbolische partielle Differentialgleichung

$$\Box f(\boldsymbol{x},t) = -\left[\nabla \boldsymbol{A}(\boldsymbol{x},t) + \frac{1}{c}\frac{\partial}{\partial t}\varphi(\boldsymbol{x},t)\right] \tag{2.184}$$

für die Funktion $f(\boldsymbol{x},t)$ aufstellen. Wir werden sehen, dass die umgeeichten Potentiale $\boldsymbol{A}'$ und φ' die Lorentz-Eichung (2.183) erfüllen, wenn die Eichfunktion f selbst Lösung von (2.184) ist.

Die Existenz einer Lösung dieser partiellen Differentialgleichung ist mathematisch zumindest dann gesichert, wenn die rechte Seite dieser Gleichung stetig und beschränkt ist. Allerdings sind die Lösungen nicht eindeutig. Erfüllt nämlich f die Gleichung (2.184), dann ist auch jede Funktion $f + \hat{f}$ mit

$$\Box \hat{f}(\boldsymbol{x},t) = 0 \tag{2.185}$$

Lösung von (2.184). Wir wollen jetzt eine beliebige Lösungsfunktion f als Eichfunktion benutzen, um die Potentiale entsprechend (2.179) und (2.180) zu transformieren. Dann erhalten wir für die alten Potentiale

$$\boldsymbol{A}(\boldsymbol{x},t) = \boldsymbol{A}'(\boldsymbol{x},t) - \nabla f(\boldsymbol{x},t) \tag{2.186}$$

und

$$\varphi(\boldsymbol{x},t) = \varphi'(\boldsymbol{x},t) + \frac{1}{c}\frac{\partial}{\partial t} f(\boldsymbol{x},t) \tag{2.187}$$

Diese Gleichungen setzen wir jetzt in (2.184) ein und bekommen

$$\begin{aligned} \Box f(\boldsymbol{x},t) &= -\left[\left(\nabla \boldsymbol{A}'(\boldsymbol{x},t) - \Delta f(\boldsymbol{x},t)\right) + \frac{1}{c}\left(\frac{\partial}{\partial t}\varphi'(\boldsymbol{x},t) + \frac{1}{c}\frac{\partial}{\partial t} f(\boldsymbol{x},t)\right)\right] \\ &= -\left[\nabla \boldsymbol{A}'(\boldsymbol{x},t) + \frac{1}{c}\frac{\partial}{\partial t}\varphi'(\boldsymbol{x},t)\right] + \Box f(\boldsymbol{x},t) \end{aligned} \tag{2.188}$$

und deshalb

$$\nabla \boldsymbol{A}'(\boldsymbol{x},t) + \frac{1}{c}\frac{\partial}{\partial t}\varphi'(\boldsymbol{x},t) = 0 \tag{2.189}$$

Damit erfüllen die neuen Potentiale $\boldsymbol{A}'$ und φ' die Lorentz-Eichung. Wir können also die Potentiale $\boldsymbol{A}$ und φ einer vorgegebenen Feldkonfiguration ($\boldsymbol{E}$, $\boldsymbol{B}$) einer solchen Eichtransformation unterwerfen, dass die transformierten Potentiale die Lorentz-Eichung erfüllen. Umgekehrt können wir dann auch zu jeder Feldkonfiguration ($\boldsymbol{E}$, $\boldsymbol{B}$) Potentiale finden, die der Lorentz-Eichung genügen.

Wir wollen jetzt sehen, welchen Vorteil die Lorentz-Eichung bringt. Dazu setzen wir (2.186) und (2.187) in die Gleichungen (2.174) und (2.176) ein und gelangen so zu

$$\begin{aligned} \Delta \varphi'(\boldsymbol{x},t) + \frac{1}{c}\frac{\partial}{\partial t}\Delta f(\boldsymbol{x},t) + \frac{1}{c}\frac{\partial}{\partial t}\nabla \boldsymbol{A}'(\boldsymbol{x},t) \\ - \frac{1}{c}\frac{\partial}{\partial t}\Delta f(\boldsymbol{x},t) = -4\pi\rho(\boldsymbol{x},t) \end{aligned} \tag{2.190}$$

und deshalb

$$\Delta\,\varphi'(\boldsymbol{x},t) + \frac{1}{c}\,\frac{\partial}{\partial t}\,\nabla\,\boldsymbol{A}'(\boldsymbol{x},t) = -4\pi\rho(\boldsymbol{x},t) \tag{2.191}$$

sowie

$$\begin{aligned}&\Box\,\boldsymbol{A}'(\boldsymbol{x},t) - \Box\,\nabla f(\boldsymbol{x},t)\\ &\quad - \nabla\left[\nabla\,\boldsymbol{A}'(\boldsymbol{x},t) + \frac{1}{c}\,\frac{\partial}{\partial t}\,\varphi'(\boldsymbol{x},t) - \Box f(\boldsymbol{x},t)\right]\\ &\quad = -\frac{4\pi}{c}\,\boldsymbol{j}(\boldsymbol{x},t)\end{aligned} \tag{2.192}$$

Damit haben wir

$$\Box\,\boldsymbol{A}'(\boldsymbol{x},t) - \nabla\left[\nabla\,\boldsymbol{A}'(\boldsymbol{x},t) + \frac{1}{c}\,\frac{\partial}{\partial t}\,\varphi'(\boldsymbol{x},t)\right] = -\frac{4\pi}{c}\,\boldsymbol{j}(\boldsymbol{x},t) \tag{2.193}$$

Weil die neuen Potentiale der Lorentz-Eichung (2.183) genügen sollen, vereinfacht sich (2.193) zu

$$\Box\,\boldsymbol{A}'(\boldsymbol{x},t) = -\frac{4\pi}{c}\,\boldsymbol{j}(\boldsymbol{x},t) \tag{2.194}$$

Aus (2.191) entsteht dann unter Verwendung der Lorentzeichung

$$\Box\,\varphi'(\boldsymbol{x},t) = -4\pi\rho(\boldsymbol{x},t) \tag{2.195}$$

Die Gleichungen (2.194) und (2.195) beschreiben die gleichen elektromagnetischen Felder wie die Gleichungen (2.174) und (2.176), sind aber im Gegensatz zu diesen Gleichungen entkoppelt und deshalb mathematisch bequemer zu behandeln. Die Ursache für diese Entkopplung ist die Lorentz-Eichung, die als Nebenbedingung zu jeder Zeit und in jedem Raumpunkt erfüllt sein muss und damit indirekt die Kopplung der Potentiale wieder herstellt.

Damit verbleibt die Frage, wie man mit einer geeigneten mathematischen Prozedur die Potentiale aus den entkoppelten Gleichungen bestimmt. Wir werden in Kapitel 9 sehen, dass ein solcher Weg mit einem moderaten Aufwand tatsächlich gefunden werden kann.

2.3.5.3 **Coulomb-Eichung**

Die Eichtransformationen (2.179) und (2.180) enthalten die beliebige Eichfunktion f. Wählt man die Funktion so, dass sie die Gleichung (2.184) erfüllt, dann genügen die neuen Potentiale der Lorentz-Eichung.

Wir können aber auch alternativ verlangen, dass die Funktion f die inhomogene elliptische Differentialgleichung

$$\Delta f(\boldsymbol{x},t) = -\nabla\,\boldsymbol{A}(\boldsymbol{x},t) \tag{2.196}$$

löst. Dann gelangt man zur Coulomb-Eichung für das transformierte Vektorpotential:

$$\nabla \boldsymbol{A}'(\boldsymbol{x}, t) = 0 \tag{2.197}$$

Diese Eichung hatten wir bereits bei der Diskussion des statischen Vektorpotentials kennengelernt. Wie sich leicht zeigen lässt, kann man die Potentiale jeder Feldkonfiguration $(\boldsymbol{E}, \boldsymbol{B})$ auch so bestimmen, dass sie die Coulomb-Eichung (2.197) erfüllen. Wir verzichten an dieser Stelle auf den Beweis, bemerken aber, dass man hier ähnlich wie bei der Behandlung der Lorentz-Eichung zum Ziel kommt.

Wenn das Vektorpotential $\boldsymbol{A}'$ die Coulomb-Eichung erfüllt, dann erhält man aus (2.174):

$$\Delta \varphi'(\boldsymbol{x}, t) = -4\pi \rho(\boldsymbol{x}, t) \tag{2.198}$$

und aus (2.176)

$$\Box \boldsymbol{A}'(\boldsymbol{x}, t) - \frac{1}{c} \nabla \frac{\partial}{\partial t} \varphi'(\boldsymbol{x}, t) = -\frac{4\pi}{c} \boldsymbol{j}(\boldsymbol{x}, t) \tag{2.199}$$

Die erste Gleichung hat genau die Form der Poisson-Gleichung aus der Elektrostatik. Die Zeit selbst tritt hier nur als Parameter auf. Ist deshalb die Ladungsdichte zu jedem Zeitpunkt eine zulässige Dichtefunktion, dann können wir die Lösung von (2.198) sofort aufschreiben:

$$\varphi'(\boldsymbol{x}, t) = \int d^3x' \, \frac{\rho(\boldsymbol{x}', t)}{|\boldsymbol{x} - \boldsymbol{x}'|} \,. \tag{2.200}$$

Diesen Ausdruck können wir in die linke Seite von (2.199) einsetzen. Damit erhalten wir eine Differentialgleichung für das Vektorpotential, die jetzt gelöst werden kann.

Es ist aber zweckmäßig, vor dem Einsetzen noch einige Umformungen vorzunehmen. Unter Verwendung der Kontinuitätsgleichung

$$\frac{\partial}{\partial t} \rho(\boldsymbol{x}, t) + \nabla_x \boldsymbol{j}(\boldsymbol{x}, t) = 0 \tag{2.201}$$

und nach Gradientenbildung erhalten wir aus (2.200)

$$\nabla_x \frac{\partial}{\partial t} \varphi'(\boldsymbol{x}, t) = -\nabla_x \int d^3x' \, \frac{\nabla_{x'} \boldsymbol{j}(\boldsymbol{x}', t)}{|\boldsymbol{x} - \boldsymbol{x}'|} \,. \tag{2.202}$$

Wir wollen jetzt dieses Resultat weiter umformen. Dazu beachten wir, dass jedes Vektorfeld in einen divergenzfreien und einen rotationsfreien Anteil zerlegt werden kann. Damit erhalten wir insbesondere:

$$\boldsymbol{j}(\boldsymbol{x}, t) = \boldsymbol{j}_{\mathrm{l}}(\boldsymbol{x}, t) \, + \, \boldsymbol{j}_{\mathrm{t}}(\boldsymbol{x}, t) \,, \tag{2.203}$$

mit

$$\nabla \times \boldsymbol{j}_l(\boldsymbol{x}, t) = 0 \qquad \Big(\text{also} \qquad \nabla \times \boldsymbol{j} = \nabla \times \boldsymbol{j}_t\Big) \tag{2.204}$$

und

$$\nabla \, \boldsymbol{j}_t(\boldsymbol{x}, t) = 0 \qquad \Big(\text{also} \qquad \nabla \, \boldsymbol{j} = \nabla \, \boldsymbol{j}_l\Big) \tag{2.205}$$

Die Stromdichten $\boldsymbol{j}_l$ und $\boldsymbol{j}_t$ werden als longitudinaler bzw. transversaler Stromanteil bezeichnet. Warum diese Bezeichnung sinnvoll ist, werden wir besser verstehen, wenn wir im Kapitel 10 elektromagnetische Wellen untersuchen.

Wir wenden nun die bekannte Identität rot rot = grad div − Δ auf das Integral

$$\int \frac{\boldsymbol{j}(\boldsymbol{x}', t)}{|\boldsymbol{x} - \boldsymbol{x}'|} \, d^3x' \tag{2.206}$$

an und erhalten nach einer Umstellung der Terme

$$\Delta_x \int \frac{\boldsymbol{j}(\boldsymbol{x}', t)}{|\boldsymbol{x} - \boldsymbol{x}'|} \, d^3x' = \text{grad}_x \, \text{div}_x \int d^3x' \, \frac{\boldsymbol{j}(\boldsymbol{x}', t)}{|\boldsymbol{x} - \boldsymbol{x}'|} \tag{2.207}$$

$$- \, \text{rot}_x \, \text{rot}_x \int d^3x' \, \frac{\boldsymbol{j}(\boldsymbol{x}', t)}{|\boldsymbol{x} - \boldsymbol{x}'|} \tag{2.208}$$

Setzen wir die im Anhang A hergeleitete Beziehung (A.12), also

$$\Delta \frac{1}{|\boldsymbol{x} - \boldsymbol{x}'|} = -4\pi \, \delta(\boldsymbol{x} - \boldsymbol{x}') \tag{2.209}$$

in die linke Seite von (2.208) ein und formen die rechte Seite dieser Gleichung noch etwas um, dann gelangen wir zu

$$-4\pi \boldsymbol{j}(\boldsymbol{x}, t) = \nabla_x \int d^3x' \Big\{ \underbrace{- \, \nabla_{x'} \frac{\boldsymbol{j}(\boldsymbol{x}', t)}{|\boldsymbol{x} - \boldsymbol{x}'|}}_{\text{Oberflächenintegral} \, = \, 0} + \frac{\nabla_{x'} \boldsymbol{j}(\boldsymbol{x}', t)}{|\boldsymbol{x} - \boldsymbol{x}'|} \Big\}$$

$$- \, \text{rot}_x \, \text{rot}_x \int d^3x' \, \frac{\boldsymbol{j}(\boldsymbol{x}', t)}{|\boldsymbol{x} - \boldsymbol{x}'|} \tag{2.210}$$

Damit ergibt sich

$$\boldsymbol{j}(\boldsymbol{x}, t) = -\frac{1}{4\pi} \nabla_x \int d^3x' \, \frac{\nabla_{x'} \boldsymbol{j}(\boldsymbol{x}', t)}{|\boldsymbol{x} - \boldsymbol{x}'|}$$

$$+ \frac{1}{4\pi} \, \text{rot} \, \text{rot} \int d^3x' \, \frac{\boldsymbol{j}(\boldsymbol{x}', t)}{|\boldsymbol{x} - \boldsymbol{x}'|} \tag{2.211}$$

Die Anwendung der Rotation auf diese Gleichung eliminiert den ersten Beitrag, die Anwendung der Divergenz dagegen den zweiten Beitrag dieser Gleichung. Deshalb erhalten wir durch Vergleich mit (2.204) und (2.205) die Zuordnung

$$j_l = -\frac{1}{4\pi} \nabla_x \int d^3x' \, \frac{\nabla_{x'} \boldsymbol{j}(\boldsymbol{x}', t)}{|\boldsymbol{x} - \boldsymbol{x}'|} \tag{2.212}$$

und

$$j_t = \frac{1}{4\pi} \operatorname{rot} \operatorname{rot} \int d^3x' \, \frac{\boldsymbol{j}(\boldsymbol{x}', t)}{|\boldsymbol{x} - \boldsymbol{x}'|} \tag{2.213}$$

Der Vergleich von (2.212) mit (2.202) liefert dann

$$\nabla \frac{1}{c} \frac{\partial}{\partial t} \varphi'(\boldsymbol{x}, t) = \frac{4\pi}{c} j_l(\boldsymbol{x}, t) \,. \tag{2.214}$$

Wir setzen dieses Resultat in (2.199) ein und bekommen auf diese Weise die *Potentialgleichung*

$$\Box \boldsymbol{A}'(\boldsymbol{x}, t) - \frac{4\pi}{c} j_l(\boldsymbol{x}, t) = -\frac{4\pi}{c} \left(j_l(\boldsymbol{x}, t) + j_t(\boldsymbol{x}, t) \right) \tag{2.215}$$

Damit erhalten wir zusammenfassend unter der Coulomb-Eichung die folgenden partiellen Differentialgleichungen zweiter Ordnung für die Potentiale:

$$\Delta \varphi'(\boldsymbol{x}, t) = -4\pi\rho(\boldsymbol{x}, t) \tag{2.216}$$

$$\Box \boldsymbol{A}'(\boldsymbol{x}, t) = -\frac{4\pi}{c} j_t(\boldsymbol{x}, t) \tag{2.217}$$

Hierbei muss das Vektorpotential außerdem noch die Nebenbedingung

$$\nabla \boldsymbol{A}'(\boldsymbol{x}, t) = 0 \tag{2.218}$$

erfüllen. Scheinbar kommt in den Potentialgleichungen (2.216)–(2.218) der longitudinale Strom nicht mehr vor. Tatsächlich ist dieser erste Eindruck aber nicht korrekt: Die Kontinuitätsgleichung (2.201) und der Ausdruck (2.212) für $j_l(\boldsymbol{x}, t)$ zeigen, dass die longitudinale Komponente des Stroms direkt mit der Ladungsverteilung $\rho(\boldsymbol{x}, t)$ zusammenhängt:

$$j_l = \frac{1}{4\pi} \nabla_x \int d^3x' \, \frac{\partial \rho(\boldsymbol{x}', t)}{\partial t} \frac{1}{|\boldsymbol{x} - \boldsymbol{x}'|} \tag{2.219}$$

Sie gewinnt deshalb über die Ladungsverteilung Einfluss auf die Potentiale und damit auf die elektromagnetischen Felder. Andererseits können wir aus diesen Überlegungen auch folgern, dass die longitudinale Stromdichte keine unabhängige Größe mehr ist, sondern bereits durch die zeitliche Änderung der Ladungsdichteverteilung festgelegt wird.

Aufgaben

2.1 Beweisen Sie unter Verwendung der Komponentendarstellung die folgenden Vektordifferentialoperationen:

$$\begin{aligned} \operatorname{rot}\operatorname{grad}\phi &= 0 \\ \operatorname{rot}\,(\operatorname{rot}\boldsymbol{a}) &= \operatorname{grad}\,(\operatorname{div}\boldsymbol{a}) - \Delta\,\boldsymbol{a} \\ \operatorname{grad}\,(\boldsymbol{ab}) &= (\boldsymbol{a}\nabla)\,\boldsymbol{b} + (\boldsymbol{a}\nabla)\,\boldsymbol{b} + \boldsymbol{a}\times\operatorname{rot}\boldsymbol{b} + \boldsymbol{b}\times\operatorname{rot}\boldsymbol{a} \\ \operatorname{div}\,(\boldsymbol{a}\times\boldsymbol{b}) &= \boldsymbol{b}\operatorname{rot}\boldsymbol{a} - \boldsymbol{a}\operatorname{rot}\boldsymbol{b} \end{aligned}$$

2.2 Beweisen Sie, dass die Lösung der Poisson-Gleichung (2.50) nur eine spezielle Lösung von $\operatorname{div}\boldsymbol{E} = 4\pi\varrho$ ist. Zeigen Sie, dass im freien Raum ohne Randbedingungen das elektrische Feld $\boldsymbol{E}$ einer beliebigen, zulässigen Ladungsverteilung stets um ein beliebiges homogenes elektrisches Feld ergänzt werden kann.

2.3 Geben Sie die Bestimmungsgleichung für das Vektorpotential $\boldsymbol{A}(\boldsymbol{x}, t)$ an, wenn die Eichung durch die Forderung $\varphi \equiv 0$ festgelegt wird.

2.4 Zeigen Sie, dass die statische Ladungsverteilung

$$\rho(\boldsymbol{x}) = \frac{Qa}{|\boldsymbol{x}|}\exp\left\{-\frac{|\mathbf{x}|}{a}\right\} \qquad \text{für} \qquad a > 0$$

auf das elektrische Potential

$$\varphi = \frac{Qa^3}{|\boldsymbol{x}|}\left(1 - \exp\left\{-\frac{|\boldsymbol{x}|}{a}\right\}\right)$$

führt. Wie lautet das zugehörige elektrische Feld?

2.5 Zeigen Sie, dass in einem Raum der Dimension d Ladungsverteilungen mit dem asymptotischen Verhalten $\rho(\boldsymbol{x}) \sim |\boldsymbol{x}|^{-d-\varepsilon}$ zulässig sind. Für welche Werte ε kann der Ladungsschwerpunkt möglicherweise trotzdem nicht definiert werden?

Maple-Aufgaben

2.I Visualisieren Sie die Stromdichte und die Ladungsdichte mit einer einfachen Animation für die folgenden Situationen:

a) Linienstrom: $j(x, t) = \sin 2\pi x \sin \pi t$ für $x \in [0, 1]$

b) Linienstrom: $j(x, t) = x(1 - x)\exp\{-t/2\}$ für $x \in [0, 1]$

c) Flächenstrom: $\boldsymbol{j}(\boldsymbol{x},t) = r(1-r)[r^2 + \exp\{t/2\}]^{-1}\boldsymbol{e}_r$ für $r \leq 1$ (Darstellung in Polarkoordinaten)

d) Flächenstrom $\boldsymbol{j}(\boldsymbol{x},t) = y(1-y)\sin\pi x/2\cos\pi t\,\boldsymbol{e}_x$ für $x \in [0, 10]$ und $y \in [0, 1]$

e) räumliche Stromverteilung: $\boldsymbol{j}(\boldsymbol{x},t) = r(1-r)[r^2 + \exp\{t/2\}]^{-1}\boldsymbol{e}_r$ für $|\boldsymbol{x}| \leq 1$ (Darstellung in Kugelkoordinaten)

f) räumliche Stromverteilung: $\boldsymbol{j}(\boldsymbol{x},t) = r(1-r)\cos\pi t/2\,\boldsymbol{e}_r + \cos\pi(t-z)\sin\pi z\,(1-r)\,\left[1+r^2\right]^{-1}\boldsymbol{e}_z$ für $r \leq 1$ und $z \in [0, 2]$ (Darstellung in Zylinderkoordinaten)

Die Anfangsladungsdichte soll in jedem zulässigen Raumpunkt verschwinden.

2.II Visualisieren Sie das Potential, die elektrische Feldstärke und den normierten Richtungsvektor des elektrischen Felds verschiedener Anordnungen von Punktladungen in zwei- bzw. dreidimensionalen Darstellungen. Wie verhält sich das elektrische Feld, wenn sich die Ladungen dem Schwerpunkt nähern? Versuchen Sie, eine Animation zu gestalten! Als Ladungsverteilungen sollen untersucht werden:

a) die einfache Punktladung,
b) zwei entgegengesetzt geladene Ladungen,
c) vier betragsmäßig gleiche Ladungen in den Ecken eines Quadrats, wobei die diagonal gegenüberliegenden Ladungen entgegengesetztes Vorzeichen haben,
d) vier gleiche Ladungen in den Ecken eines Quadrats.

2.III Bestimmen Sie die magnetische Induktion und deren normierten Richtungsvektor für

a) einen unendlich langen, geraden Draht und
b) eine quadratische Drahtschleife der Seitenlänge $2a$

mit dem Linienstrom I_0 und stellen sie die Felder graphisch dar.

2.IV Bestimmen Sie die zeitliche Änderung der Ströme und der Potentialdifferenzen an den einzelnen Bauelementen der Schaltkreise in Abb. 2.8. Die Widerstände, Kapazitäten und Induktivitäten der einzelnen Elemente haben alle die festen Werte R, C und L.

2.V Bestimmen Sie die frequenzabhängige Ausgangsspannung U_A am Ausgangswiderstand R für die Schaltkreise in Abbildung 2.9. Die Amplitude der Eingangsspannung sei dabei U.

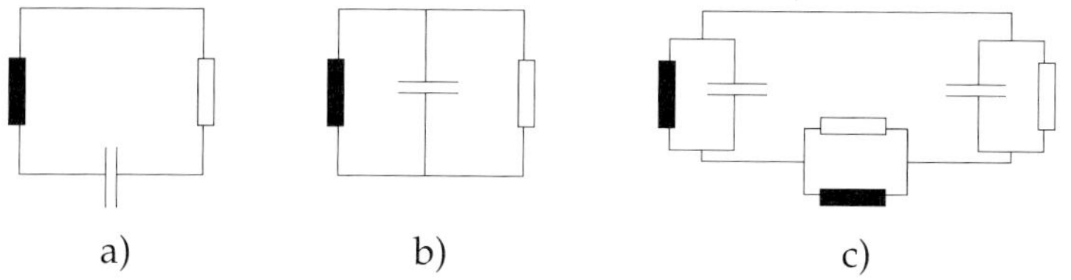

Abb. 2.8 Schaltkreise für Aufgabe 2.IV: Die vollen Rechtecke symbolisieren Induktivitäten, die leeren Widerstände.

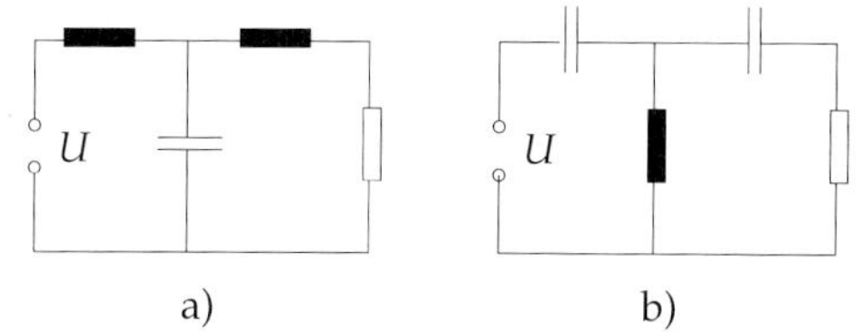

Abb. 2.9 Schaltkreise für Aufgabe 2.V: Die vollen Rechtecke symbolisieren Induktivitäten, die leeren Widerstände. Der Spannungsabfall am Widerstand entspricht der gesuchten Ausgangsspannung.

3
Raum und Zeit

3.1
Fundamentale Wechselwirkungen

Im vorangehenden Kapitel hatten wir die Maxwell-Gleichungen aus experimentellen Befunden abgeleitet. In den drei folgenden Kapiteln werden wir diese Gleichungen ausgehend von einer auf grundlegenden Prinzipien beruhenden Theorie ableiten. Dazu müssen wir zunächst klären, was wir unter einer solchen Theorie verstehen wollen.

Die moderne physikalische Theorie geht davon aus, dass Materie aus zwei grundlegenden Kategorien besteht. Einerseits gibt es punktförmige Elementarteilchen, aus denen sich alle anderen materiellen Strukturen aufbauen lassen und andererseits räumlich ausgedehnte Felder, welche die Wechselwirkung zwischen den Elementarteilchen beschreiben.

Diese strenge Einteilung ist innerhalb der klassischen Physik sicher hinreichend. Innerhalb der Quantenmechanik und der Quantenfeldtheorie ist die Unterscheidung zwischen Partikeln und Feldern nicht mehr so einfach, da Felder durchaus Teilchencharakter haben und Teilchen ihrerseits einen feldartigen Wellencharakter aufweisen können. Wir werden uns mit diesem Thema im dritten und vierten Band dieser Lehrbuchreihe noch ausgiebig befassen.

Sieht man aber vorerst von dieser Problematik ab, dann beschreibt eine mikroskopisch formulierte Theorie eine Menge Partikel, die über verschiedene Wechselwirkungen miteinander in Kontakt stehen. Schaltet man formal diese Wechselwirkung aus, dann liegen nur noch freie Teilchen vor.

Zwischen den Elementarteilchen gibt es verschiedene Wechselwirkungen. Bisher sind vier fundamentale Wechselwirkungen bekannt, alle anderen ergeben sich als Spezialfälle oder Kombinationen aus diesen Wechselwirkungen. Neben der elektromagnetischen Wechselwirkung, die besonders für die Prozesse in und zwischen Atomen und Molekülen von entscheidender Bedeutung ist, kennen wir noch die auf viel größeren Skalen dominante Gra-

Theoretische Physik II: Elektrodynamik. Peter Reineker, Michael Schulz, Beatrix M. Schulz

ISBN: 3-527-40642-5

vitationswechselwirkung[1] und die auf kleineren Skalen auftretenden schwachen und starken Wechselwirkungen. Die vier fundamentalen Grundtypen mikroskopischer Wechselwirkungen unterscheiden sich erheblich in Stärke und Reichweite. Jede Wechselwirkung setzt bestimmte Eigenschaften der Elementarteilchen voraus. So wird die Gravitation zwischen Elementarteilchen von der Partikelmasse bestimmt, während die elektromagnetische Wechselwirkung verlangt, dass die betreffenden Elementarteilchen Ladungen tragen.

Tab. 3.1 Vergleich der vier bekannten fundamentalen Wechselwirkungen. Die Reichweite der Gravitation und der elektromagnetischen Wechselwirkung ist nach den geläufigen Modellvorstellungen unendlich groß, die experimentelle Absicherung ist aber natürlich nur auf eine endliche Längenskala beschränkt.

Wechselwirkung	relative Stärke	Reichweite
gravitativ	10^{-41}	∞ (?)
elektromagnetisch	10^{-2}	∞ (?)
schwach	10^{-15}	$\ll 10^{-13}$ cm
stark	1	10^{-13} cm

Obwohl wir in diesem Band nur die elektromagnetische Wechselwirkung genauer untersuchen, soll aber trotzdem darauf hingewiesen werden, dass die anderen Wechselwirkungen nicht losgelöst von der elektromagnetischen Theorie existieren. Es gibt eine Reihe von erfolgreichen Versuchen, wenigstens zwei oder drei Wechselwirkungen in einer Theorie zu vereinigen (Weinberg-Salam-Modell, Standardmodell). Das Ziel der in diese Richtung gehenden Forschung ist es, alle vier Wechselwirkungen in einer einzigen „vereinigten" Theorie (unified theory) zusammenzufassen.

Alle Feldtheorien sind gebunden an Vorstellungen von Raum und Zeit. Bevor man also eine Theorie fundamentaler Wechselwirkungen als Feldtheorie konstruieren kann, muss man ein mit den experimentellen Beobachtungen übereinstimmendes geometrisches Verständnis von Raum und Zeit gewinnen. Anschließend kann man dann die so geschaffenen Grundlagen nutzen, um mit wenigen Annahmen geeignete Kandidaten für eine theoretische Beschreibung des physikalischen Gesamtsystems Materie–Feld zu gewinnen.

1) Obwohl elektromagnetische Wechselwirkung und Gravitation wahrscheinlich eine unendliche Reichweite haben, sorgt die relativ starke elektromagnetische Wechselwirkung dafür, dass bereits auf kleinen makroskopischen Skalen Ladungsneutralität entsteht, während die Gravitation nicht durch das Zusammenspiel von Massen unterschiedlichen Vorzeichens gedämpft werden kann; sie bleibt deshalb auch auf kosmologischen Skalen erhalten.

3.2 Das Relativitätsprinzip

Wir hatten bereits in Band I festgestellt, dass zur Beschreibung physikalischer Prozesse geeignete Bezugssysteme benötigt werden. Darunter versteht man ein Koordinatensystem zur Bestimmung der räumlichen Positionen aller Massenpunkte. Es erweist sich als zweckmäßig, die im Rahmen der klassischen Mechanik eingeführten Bezugssysteme um eine oder mehrerer Uhren zur Messung der Zeit zu ergänzen.

Es gibt eine besondere Klasse von Bezugssystemen, in denen sich ein kräftefreier Körper mit konstanter Geschwindigkeit bewegt oder einfach nur ruht. Diese Bezugssysteme bilden die Menge der Inertialsysteme. Es gibt offenbar unendlich viele Inertialsysteme, denn wenn sich zwei Bezugssysteme, von denen eines ein Inertialsystem ist, relativ zueinander mit geradlinig-gleichförmiger Geschwindigkeit bewegen, so ist natürlich auch das zweite System ein Inertialsystem.

Es ist bereits aus der klassischen Mechanik bekannt, dass Naturgesetze dem *Relativitätsprinzip* genügen. Dieses Prinzip verlangt, dass alle Naturgesetze in jedem Inertialsystem in der gleichen Weise gültig sind. Insbesondere bedeutet diese Forderung, dass alle mathematischen Gleichungen, die irgendwelche Naturgesetze beschreiben, invariant gegenüber einer Transformation der Koordinaten und der Zeit von einem Inertialsystem in ein anderes sein müssen. In der klassischen Mechanik wird dieses Relativitätsprinzip durch die Galilei-Transformation realisiert. Alle Newton'schen Bewegungsgleichungen abgeschlossener, konservativer Systeme [2] sind invariant gegenüber dieser Transformation, d. h. in jedem Inertialsystem wird ein solches mechanisches System immer durch ein und dieselbe Bewegungsgleichung beschrieben.

Die klassische Mechanik birgt aber auch Probleme, die mit der Wechselwirkung zwischen Partikeln zusammenhängen. Gewöhnlich wird die Wechselwirkung in einem N-Partikelsystem durch die potentielle Energie U beschrieben, die von der Position der einzelnen Teilchen abhängig ist. Die Kraft auf den I-ten Massepunkt ist dann durch

$$\boldsymbol{F}_I = -\nabla_I U\left(\{\boldsymbol{x}_1, \boldsymbol{x}_2, \ldots, \boldsymbol{x}_I, \ldots \boldsymbol{x}_N\}\right) \tag{3.1}$$

gegeben. Offenbar hat jede Änderung der Position eines Teilchens, egal wie weit es momentan gerade von der Position des I-ten Partikels entfernt ist, eine sofortige Änderung der Kraft auf das Teilchen I zur Folge. Anscheinend ist in der Newton'schen Mechanik die Forderung einer augenblicklichen Ausbreitung der Wirkung enthalten.

2) Nichtkonservative Systeme müssen dagegen nicht unbedingt Galilei-invariant sein. So wird z. B. für einen Massenpunkt mit Newton'scher Reibung ein spezielles Inertialsystem ausgezeichnet, nämlich das, in dem das Partikel ruht.

Es gibt mittlerweile aber genügend Experimente, die das Gegenteil belegen. In der Natur existiert eine endliche Geschwindigkeit, mit der sich eine physikalische Wirkung höchstens ausbreiten kann. Die klassische Mechanik, die eine sofortige Auswirkung einer Veränderung der physikalischen Konstellation bis hin zu beliebig weit entfernten Punkten unterstellt, ist also in diesem Sinne nicht mehr exakt. Die Veränderung der Position von Partikeln kann sich erst nach einer gewissen Zeitspanne auf andere Partikel auswirken.

Aus der Zeitdifferenz bis zur Reaktion eines Partikels auf eine Veränderung des Systems und dem Abstand zwischen dem Partikel und dem ursächlichem Ort kann man die Ausbreitungsgeschwindigkeit der Wirkung bestimmen. Es zeigt sich, dass – unabhängig von der Art der Wechselwirkung – die Wirkungsausbreitung eine Maximalgeschwindigkeit nicht überschreitet. Diese Geschwindigkeit wird auch als *Signalgeschwindigkeit* bezeichnet und ist mit der Lichtgeschwindigkeit c identisch. [3]

Es konnte durch verschiedene Experimente[4] mit einer ständig verbesserten Präzision gezeigt werden, dass die Signalgeschwindigkeit in jedem Inertialsystem den gleichen Wert hat. Das bedeutet, dass alle Naturgesetze mit diesem grundlegenden Prinzip, nämlich der Konstanz der Signalgeschwindigkeit, in Übereinstimmung gebracht werden müssen. Anderenfalls ist mit Widersprüchen zur physikalischen Realität zu rechnen.

Die Existenz einer universellen Signalgeschwindigkeit impliziert, dass diese Geschwindigkeit auch die maximal erlaubte Geschwindigkeit für alle Massenpunkte ist. Dieser Grundsatz verbietet sowohl die Bewegung eines Körpers mit Überlichtgeschwindigkeit, als auch die Existenz von Inertialsystemen, deren Relativgeschwindigkeit die Signalgeschwindigkeit übertrifft. Wäre eine solche Bewegung möglich, dann könnten diese Partikel oder Inertialsysteme als Überträger von Wirkungen benutzt werden, und das würde die postulierte Universalität der Geschwindigkeit der Wirkungsausbreitung verletzen.

Die Konstanz der Signal-(Licht-)geschwindigkeit in allen Inertialsystemen ist ein universelles Naturgesetz:

> In jedem Inertialsystem ist die Signalgeschwindigkeit eine invariante Größe. Die Signalgeschwindigkeit ist gleich der Lichtgeschwindigkeit und hat den Wert
>
> $$c = 2{,}99792 \cdot 10^8\ \mathrm{ms}^{-1} \tag{3.2}$$

Die Forderung der Konstanz der Signalgeschwindigkeit in allen Inertialsystemen erweitert das klassische (Galilei'sche) Relativitätsprinzip zum *Einstein'schen Relativitätsprinzip*. Die Größe des Werts von c erklärt auch, warum man

3) Der Beweis für diese Aussage wird etwas später erbracht.

4) z. B. dem bekannten Michelson-Experiment

im Rahmen der klassischen Mechanik mit dem Galilei'schen Relativitätsprinzip problemlos arbeiten kann. Die Geschwindigkeiten, mit denen man es innerhalb dieser physikalischen Theorie gewöhnlich zu tun hat, sind im Vergleich zur Lichtgeschwindigkeit so klein, dass die Annahme einer unendlichen hohen Ausbreitungsgeschwindigkeit der Wirkung keinen nennenswerten Einfluss auf die üblichen Probleme der klassischen Mechanik hat. Werden aber Geschwindigkeiten in der Größenordnung der Lichtgeschwindigkeit erreicht, dann muss die Newton'sche Mechanik zur relativistischen oder Einstein'schen Mechanik erweitert werden. Umgekehrt sollte der Grenzübergang $c \to \infty$ eine relativistische Theorie wieder auf ihre klassische Version zurückführen.

Das Einstein'sche Relativitätsprinzip umfasst die Relativität sowohl des Raumes als auch der Zeit. Der Raum ist bereits im klassischen Sinne relativ, da die räumlichen Beziehungen zwischen zwei Ereignissen davon abhängen, in welchem Bezugssystem sie beschrieben werden. So hängt die Aussage, dass zwei zeitlich aufeinander folgende Ereignisse im gleichen Raumpunkt stattfinden, davon ab, von welchen Bezugssystem aus man sie beobachtet. Mit anderen Worten: Eine Angabe der räumlichen Abstände von Ereignissen ist allgemein nur dann sinnvoll, wenn gleichzeitig das Bezugssystem definiert ist. Die Zeit ist in der klassischen Mechanik dagegen eine absolute Größe. Ihre Eigenschaften sind vom jeweiligen Bezugssystem unabhängig. So sind zwei Ereignisse, die von einem Beobachter als gleichzeitig bestimmt werden, auch für jeden anderen Beobachter in einem anderen Bezugssystem gleichzeitig. Die Vorstellung einer absoluten Zeit kann innerhalb des Einstein'schen Relativitätsprin-

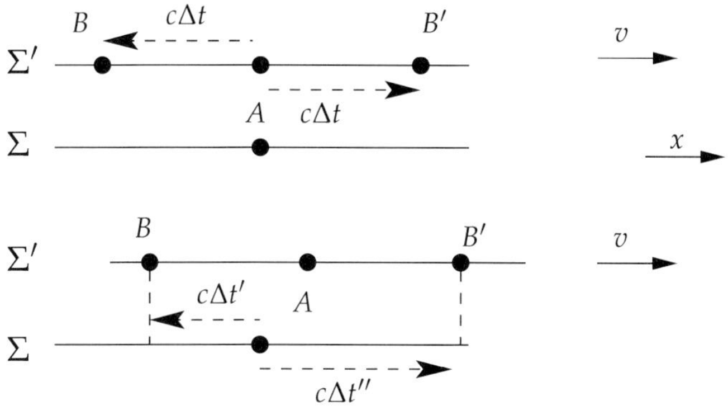

Abb. 3.1 Relativität der Gleichzeitigkeit: Die Punkte B und B' haben im System Σ' den gleichen Abstand zum Punkt A. Daher wird ein Beobachter in Σ' feststellen, das ein von A in beide Richtungen ausgesandtes Lichtsignal beide Punkte nach Ablauf des gleichen Zeitintervalls Δt erreicht (oberer Teil der Abb.). Ein Beobachter in Σ sieht dagegen wegen der auch für ihn gleichen Signalgeschwindigkeit c zuerst das Signal in B (nach Ablauf der Zeit $\Delta t'$) und später (zur Zeit $\Delta t''$) in B' ankommen (unterer Teil der Abb.).

zips nicht mehr aufrecht erhalten werden. Sind in einem Bezugssystem zwei räumlich getrennte Ereignisse gleichzeitig, so kann ein Beobachter in einem anderen Inertialsystem diese Aussage durchaus nicht mehr bestätigen. Um diese für klassische Verhältnisse paradoxe Situation zu verstehen, betrachten wir innerhalb eines in in Abb. 3.1 dargestellten Gedankenexperiments zwei Inertialsysteme Σ und Σ', deren Koordinatenachsen parallel ausgerichtet sind. Σ' bewege sich relativ zu Σ parallel zur x-Achse nach rechts. Den Betrag der Relativgeschwindigkeit $\boldsymbol{v}$ zwischen beiden Inertialsystemen bezeichnen wir mit $v = |\boldsymbol{v}|$. Von irgendeinem Punkt A des Systems Σ' werden entlang der x-Achse zwei Signale in entgegengesetzte Richtungen zu den von A gleichweit entfernten Punkten B und B' des Systems Σ' ausgesandt. Da die Ausbreitungsgeschwindigkeit für beide Signale gleich c ist, wird ein Beobachter in Σ' feststellen, dass die Signale gleichzeitig ihren Zielpunkt erreichen. Man sieht jedoch leicht, dass die beiden Ereignisse der Ankunft des Signals für einen Beobachter in Σ nicht mehr gleichzeitig sein können. Weil die Signalgeschwindigkeit auch in Σ gleich c ist, hier aber der Punkt B sich dem Signal entgegen, der Punkt B' aber mit dem Signal in die gleiche Richtung bewegt, muss im Koordinatensystem Σ das Eintreffen des jeweiligen Signals zuerst für den Punkt B und anschließend für den Punkt B' beobachtet werden.

Eine Aussage, dass zwischen zwei räumlich getrennten Ereignissen ein bestimmtes Zeitintervall liegt, hat offenbar nur dann einen Sinn, wenn gleichzeitig das Bezugssystem definiert ist.

3.3
Abstände im Raum-Zeit-Kontinuum

Für die weiteren Untersuchungen benötigen wir den Begriff des Ereignisses. Ein *Ereignis* ist gekennzeichnet durch den Ort, an dem es stattfindet und durch den Zeitpunkt, zu dem es geschieht. Ein Ereignis, das einen beliebigen Massenpunkt betrifft, ist charakterisiert durch die drei räumlichen Koordinaten x, y und z, zusammengefasst zum Ortsvektor $\boldsymbol{x} = (x, y, z)$, und durch einen Zeitpunkt t. Für die zukünftigen Überlegungen ist es zweckmäßig, einen fiktiven vierdimensionalen Raum einzuführen, dessen Achsen die drei Raumkoordinaten und die Zeit bilden. Ein Vektor in diesem Raum soll mit einem Pfeil gekennzeichnet werden:

$$\vec{x} = (ct, \boldsymbol{x}) = (ct, x, y, z) \tag{3.3}$$

Um allen Koordinaten die gleiche Dimension einer Länge zu geben, wurde die Zeit mit der Lichtgeschwindigkeit c skaliert. In diesem vierdimensionalen Raum sind die Ereignisse Punkte. Solche Punkte werden auch als *Weltpunkte* bezeichnet. Jedem Massenpunkt entspricht in diesem Raum eine so genannte *Weltlinie*. Diese Linien sind durch die dreidimensionalen Trajektorien $\boldsymbol{x}(t)$ und

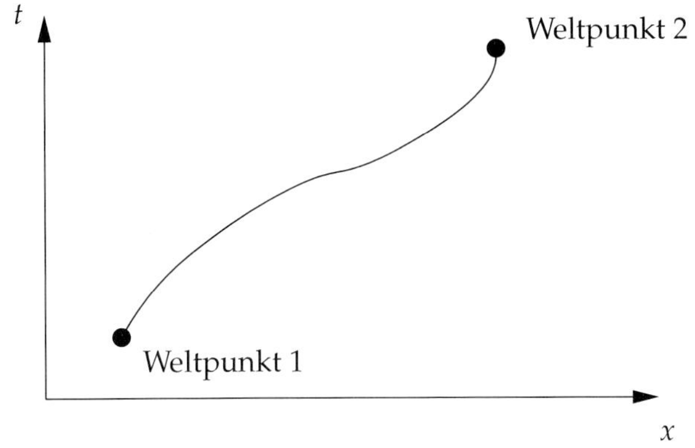

Abb. 3.2 Weltpunkte, Weltlinie

die Zeit t als Koordinate und gleichzeitig als Bahnparameter gegeben (siehe Abb. 3.2):

$$\vec{x}(t) = (ct, \boldsymbol{x}(t)) \tag{3.4}$$

Wir wollen jetzt versuchen, eine geometrische Darstellung des Prinzips von der Konstanz der Lichtgeschwindigkeit in diesem vierdimensionalen Raum zu finden. Dazu betrachten wir zunächst zwei Bezugssysteme Σ mit (ct, x, y, z) und Σ' mit (ct', x', y', z'), die sich relativ zueinander mit der konstanten Geschwindigkeit $\boldsymbol{v}$ bewegen. Wir analysieren zuerst ein einfaches Experiment in Σ. Ein erstes Ereignis soll in der Aussendung eines Signals mit Lichtgeschwindigkeit zur Zeit t_1 in $\boldsymbol{x}_1 = (x_1, y_1, z_1)$ bestehen, ein zweites in der Ankunft des Signals in $\boldsymbol{x}_2 = (x_2, y_2, z_2)$ zur Zeit t_2. Damit hat das Signal zwischen beiden Ereignissen den Weg $c\,(t_2 - t_1)$ zurückgelegt. Nach dem Satz von Pythagoras gilt

$$c^2(t_2 - t_1)^2 = (x_2 - x_1)^2 + (y_2 - y_1)^2 + (z_2 - z_1)^2 = (\boldsymbol{x}_2 - \boldsymbol{x}_1)^2 \tag{3.5}$$

oder

$$c^2(t_2 - t_1)^2 - (\boldsymbol{x}_2 - \boldsymbol{x}_1)^2 = 0 \tag{3.6}$$

Analog findet man wegen der Konstanz der Lichtgeschwindigkeit auch in Σ' die Relation

$$c^2(t_2' - t_1')^2 - (\boldsymbol{x}_2' - \boldsymbol{x}_1')^2 = 0 \tag{3.7}$$

Wir finden damit, dass die Größen

$$s_{12}^2 = c^2(t_2 - t_1)^2 - (\boldsymbol{x}_2 - \boldsymbol{x}_1)^2 \tag{3.8}$$

und

$$s_{12}'^2 = c^2(t_2' - t_1')^2 - (\boldsymbol{x}_2' - \boldsymbol{x}_1')^2 \tag{3.9}$$

für zwei Weltpunkte, die über eine Signalübertragung mit Lichtgeschwindigkeit miteinander verbunden sind, in beiden Bezugssystemen verschwinden,

d. h. wir erhalten in diesem Fall $s_{12}^2 = 0$ und $s_{12}'^2 = 0$. Für alle anderen Weltpunkte werden die Größen s_{12}^2 und $s_{12}'^2$ in beiden Systemen von Null verschieden sein, sie können aber sowohl positiv als auch negativ sein.

Wir bezeichnen die Größe s_{12} als Abstand der Ereignisse 1 und 2 im vierdimensionalen Raum-Zeit-Kontinuum des Bezugssystems Σ und dementsprechend s_{12}' als Abstand derselben Ereignisse bezüglich des Bezugssystems Σ'.

Offenbar unterscheidet sich diese Abstandsdefinition von der üblichen euklidischen Norm, bei der die einzelnen Quadrate der Koordinatendifferenzen addiert werden und die deshalb immer positiv definit ist. Das Abstandsquadrat s_{12}^2 kann dagegen positiv, negativ oder 0 sein. Man spricht in diesem Fall von einer *pseudoeuklidischen Geometrie* (oder auch *Minkowski-Geometrie*) mit der von uns gewählten Abstandsdefinition. Sind zwei Ereignisse einander infinitesimal benachbart, so ist der Abstand (3.8) durch

$$ds^2 = c^2 dt^2 - d\boldsymbol{x}^2 \tag{3.10}$$

zu ersetzen. Wir kehren jetzt wieder zu den beiden oben eingeführten Inertialsystemen zurück und betrachten die Differenz zwischen beliebigen, infinitesimal benachbarten Ereignissen. Deren Abstand in Σ sei ds, während ein Beobachter in Σ' den Abstand ds' bestimmt. Wir fragen jetzt, ob es eine Transformation gibt, um ds^2 in ds'^2 umzurechnen. Ganz allgemein kann man einen Zusammenhang

$$ds'^2 = \Psi(ds^2) \tag{3.11}$$

formulieren, wobei die Funktion Ψ noch offen ist. Da die Abstände infinitesimal klein sind, können wir die Funktion Ψ in eine Taylor-Reihe entwickeln:

$$ds'^2 = \Psi_0 + \alpha ds^2 + o(ds^2) \tag{3.12}$$

Höhere Terme können wegen der infinitesimalen Kleinheit vernachlässigt werden. Außerdem wissen wir bereits, dass $ds^2 = 0$ sofort auch $ds'^2 = 0$ zur Folge hat. Damit verschwindet aber der Term 0-ter Ordnung, $\Psi_0 = 0$. Es bleibt der lineare Zusammenhang

$$ds'^2 = \alpha ds^2 \tag{3.13}$$

Der Koeffizient α kann nur vom Betrag der Relativgeschwindigkeit $\boldsymbol{v}$ zwischen den beiden Inertialsystemen abhängen. Eine Abhängigkeit von den räumlichen Koordinaten oder der Zeit würde die Homogenität von Raum und Zeit verletzen, d. h. verschiedene Raum- oder Zeitpunkte wären dann nicht mehr gleichwertig. Andererseits kann α auch nicht von der Richtung der Relativgeschwindigkeit $\boldsymbol{v}$ abhängen. In diesem Fall würden bestimmte Richtungen hervorgehoben werden, was im Widerspruch zur Isotropie des Raums steht. Wir gelangen somit zu dem Zusammenhang

$$ds'^2 = \alpha(|\boldsymbol{v}|)\, ds^2 = \alpha(v)\, ds^2 \tag{3.14}$$

Um die Funktion $\alpha(|v|)$ zu bestimmen, betrachten wir jetzt drei Inertialsysteme Σ, Σ' und Σ'' mit den Relativgeschwindigkeiten v_1 zwischen Σ' und Σ, v_2 zwischen Σ'' und Σ und v_{12} zwischen Σ'' und Σ'. Dann gilt offenbar

$$ds'^2 = \alpha(|v_1|)\, ds^2 \qquad ds''^2 = \alpha(|v_2|)\, ds^2 \tag{3.15}$$

und

$$ds''^2 = \alpha(|v_{12}|)\, ds'^2 \tag{3.16}$$

Wir eliminieren jetzt aus den ersten beiden Gleichungen ds^2 und erhalten zusammen mit der dritten Gleichung

$$\frac{ds''^2}{ds'^2} = \frac{\alpha(|v_2|)}{\alpha(|v_1|)} = \alpha(|v_{12}|) \tag{3.17}$$

Die rechte Seite hängt wegen

$$|v_{12}| = \left(v_1^2 + v_2^2 - 2v_1v_2\right)^{1/2} \tag{3.18}$$

vom Winkel zwischen den Relativgeschwindigkeiten v_1 und v_2 ab, das Verhältnis $\alpha(|v_2|)/\alpha(|v_1|)$ enthält diese Abhängigkeit aber nicht. Dieser Widerspruch kann nur dann gelöst werden, wenn α überhaupt nicht von der Relativgeschwindigkeit abhängt, also eine triviale Konstante α_0 ist. In diesem Fall liefert die obige Gleichung (3.17) sofort

$$\alpha_0 = \frac{\alpha_0}{\alpha_0} = 1 \tag{3.19}$$

Es ist somit ganz allgemein

$$ds'^2 = ds^2 \tag{3.20}$$

Durch Integration gelangt man von infinitesimalen zu endlichen Abständen. Da alle infinitesimalen Abstände in verschiedenen Inertialsystemen gleich sind, gilt das auch für endliche Distanzen. Damit gelangen wir zu einer wichtigen Konsequenz aus dem Einstein'schen Relativitätsprinzip:

Der Abstand zwischen Ereignissen ist in allen Inertialsystemen gleich. Man sagt auch, der Abstand ist eine Invariante bezüglich der Koordinatentransformationen zwischen Inertialsystemen.

Wir wollen einige allgemeine Schlussfolgerungen aus diesem Ergebnis ziehen. Dazu betrachten wir die drei Fälle, in denen zwei infinitesimal benachbarte Ereignisse durch $ds^2 > 0$, $ds^2 < 0$ bzw. $ds^2 = 0$ getrennt sind.

1. Für $ds^2 > 0$ gilt $c^2dt^2 > d\boldsymbol{x}^2$ in allen Inertialsystemen. Insbesondere gibt es dann immer ein Inertialsystem mit $d\boldsymbol{x}^2 = 0$, d. h. ein Beobachter in diesem Bezugssystem registriert die beiden Ereignisse am gleichen Ort, aber zu verschiedenen Zeiten. Abstände mit $ds^2 > 0$ bezeichnet

man als *zeitartig*. Die Bezeichnung kommt daher, dass es kein Inertialsystem gibt, in dem beide Ereignisse gleichzeitig stattfinden. Ereignisse mit zeitartigen Abständen sind also immer zeitlich getrennt, $dt = 0$ kann in keinem Inertialsystem erreicht werden. Zeitartig getrennte Ereignisse können aber in einem Inertialsystem, dem so genannten mitbewegten Bezugssystem, am gleichen Ort beobachtet werden.

2. Für $ds^2 < 0$ gilt $c^2dt^2 < dx^2$ in allen Inertialsystemen. Deshalb existiert jetzt immer ein Inertialsystem mit $dt^2 = 0$, d. h. ein Beobachter in diesem Bezugssystem registriert die beiden Ereignisse zur gleichen Zeit, aber an verschiedenen Orten. Abstände mit $ds^2 < 0$ heißen *raumartig*. Besteht zwischen zwei Ereignissen ein raumartiger Abstand, so gibt es ein Bezugssystem, in dem beide Ereignisse gleichzeitig sind. Dagegen gibt es kein Bezugssystem, in dem beide Ereignisse am selben Ort stattfinden.

3. Für $ds^2 = 0$ gilt $c^2dt^2 = dx^2$. Die beiden Ereignisse sind durch die Signalgeschwindigkeit getrennt. Solche Abstände werden als *lichtartig* bezeichnet. Hier gibt es ein Inertialsystem, in dem sowohl $dt^2 = 0$ als auch $dx^2 = 0$ folgt, d. h. die Ereignisse finden gleichzeitig am selben Ort statt. Dieses Inertialsystem bewegt sich im Übrigen mit Lichtgeschwindigkeit relativ zu allen anderen Inertialsystemen.

Auf diesen Überlegungen beruht die Darstellung raum-zeitlicher Abstände im Lichtkegeldiagramm (Abb. 3.3). Dazu bildet man ein eigentlich vierdimen-

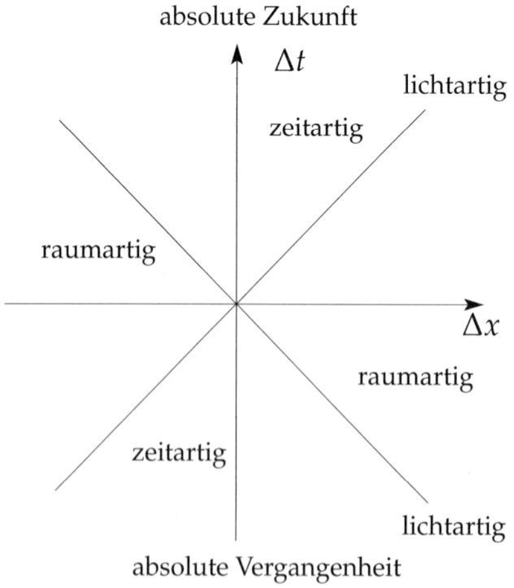

Abb. 3.3 Lichtkegeldiagramm: das eigentlich vierdimensionale Koordinatensystem wird hier durch eine Abbildung ersetzt, bei dem die räumlichen Abstände durch eine schematische Koordinate ersetzt wurden. Die beiden Geraden entsprechen im vollständigen Diagramm der dreidimensionalen Oberfläche des Lichtkegels.

sionales Koordinatensystem aus den drei räumlichen Koordinaten und der Zeit und trägt darin die räumlichen und zeitlichen Abstände zwischen zwei Ereignissen auf. Das jeweils aktuelle Ereignis liegt im Nullpunkt dieses Koordinatensystems. Die Geraden $c|\Delta t| = |\Delta \boldsymbol{x}|$ bilden den Lichtkegel. Liegt das zweite Ereignis auf diesem Kegel, dann ist der Abstand zwischen beiden Ereignissen lichtartig, liegt das zweite Ereignis innerhalb des Lichtkegels, dann ist der Abstand zeitartig, und falls das zweite Ereignis außerhalb des Lichtkegels liegt, dann ist der Abstand raumartig.

Die Unterteilung in zeitartige und raumartige Abstände ist wegen ihrer Invarianz *absolut*. Das bedeutet, dass die Eigenschaft eines Abstands, raumartig, zeitartig oder lichtartig zu sein, nicht vom Inertialsystem abhängt.

Ist insbesondere bei einem zeitartigen Abstand das zweite Ereignis im oberen Lichtkegel lokalisiert, dann liegt dieses Ereignis bezüglich des ersten Ereignisses in der absoluten Zukunft. Falls es sich umgekehrt im unteren Teil des Lichtkegels befindet, dann liegt das zweite Ereignis in der absoluten Vergangenheit.

3.4 Die Eigenzeit

Wir beobachten nun von einem Inertialsystem Σ (dem so genannten *Laborsystem*) aus ein Teilchen, das sich auf einer beliebigen Trajektorie bewegen soll. Für ein infinitesimal kurzes Zeitintervall kann die Bewegung als geradlinig-gleichförmig aufgefasst werden. Man kann daher in jedem Moment ein mit dem Teilchen fest verbundenes Bezugssystem einführen, das wenigstens für das infinitesimal kurze Zeitintervall dt ein Inertialsystem Σ' ist (Abb. 3.4). Während des infinitesimal kurzen Zeitabschnitts dt, gemessen im Laborsystem Σ, bewegt sich das Teilchen um die Strecke

$$d\boldsymbol{x}^2 = dx^2 + dy^2 + dz^2 \tag{3.21}$$

vorwärts. Wir wollen jetzt wissen, welche Zeitdifferenz für das Teilchen während dieser Bewegung vergangen ist. Da das Teilchen in dem Inertialsystem Σ' ruht, gilt wegen der Invarianz des Abstands ds

$$ds^2 = c^2 dt^2 - d\boldsymbol{x}^2 = c^2 dt'^2 = ds'^2 \tag{3.22}$$

Andererseits bewegt sich das Teilchen – und damit auch das Inertialsystem Σ' – für einen Beobachter im Inertialsystem Σ mit der Geschwindigkeit $\boldsymbol{v} = d\boldsymbol{x}/dt$. Damit erhalten wir eine Relation zwischen der Zeit in unserem System Σ und der Eigenzeit des Partikels, also der Zeit dt', die für einen mit dem Parti-

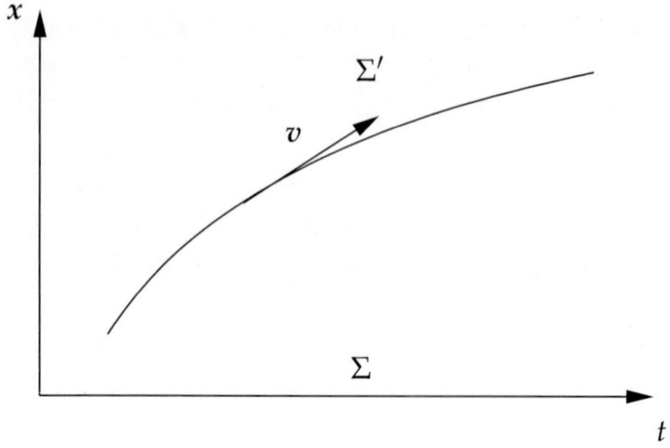

Abb. 3.4 Zur Eigenzeit: Das Bezugssystem Σ' folgt dem beliebig bewegten Massenpunkt und kann zu jedem Zeitpunkt für ein infinitesimal kleines Zeitintervall durch ein Inertialsystem der Geschwindigkeit v ersetzt werden, in dem der Massenpunkt ruht.

kel mitbewegten Beobachter und folglich auch für das Teilchen selbst vergeht:

$$dt' = dt\sqrt{1-\frac{v^2}{c^2}} = \frac{ds}{c} \tag{3.23}$$

Integriert man diesen Ausdruck, so erhält man das Eigenzeitintervall $\Delta t'$, das für das bewegte Teilchen vergeht, wenn die Uhr im Laborsystem das Zeitintervall $\Delta t = t_2 - t_1$ anzeigt:

$$\Delta t' = \int_{t_1}^{t_2} \sqrt{1-\frac{v^2}{c^2}}dt \tag{3.24}$$

oder

$$\Delta t' = \int_{s_1}^{s_2} \frac{ds}{c} \tag{3.25}$$

Offenbar ist wegen (3.24) die Eigenzeit eines sich bewegenden Gegenstands immer kleiner als das entsprechende Zeitintervall im unbewegten System, d. h. eine bewegte Uhr geht langsamer als eine unbewegte Uhr.

3.5 Die Lorentz-Transformation

Wir wollen jetzt die Koordinaten (ct, x) eines beliebigen Ereignisses im Inertialsystem Σ in die Koordinaten des Ereignisses im Inertialsystem Σ', das sich relativ zu Σ mit der Geschwindigkeit v bewegt, transformieren.

Wir können ohne Einschränkung der Allgemeinheit beide Koordinatensysteme so ausrichten, dass ihre x-Achsen parallel zur Geschwindigkeit sind. In der klassischen Mechanik wird dann der Übergang von Σ' zu Σ durch die

Galilei-Transformation beschrieben (Band I, Kapitel 3):

$$x = x' + vt\,, \qquad y = y'\,, \qquad z = z'\,, \qquad t = t' \tag{3.26}$$

Es lässt sich leicht nachweisen, dass diese Transformation den Forderungen des Einstein'schen Relativitätsprinzip nicht mehr genügt, denn der in den vorangegangenen Kapiteln definierte Abstand zwischen zwei Ereignissen ist unter dieser Transformation keine Invariante mehr. Die relativistischen Transformationsformeln werden wir deshalb dadurch bestimmen, dass wir für sie die *Invarianz des vierdimensionalen Abstands* verlangen. Zunächst werden Koordinaten und Zeiten so verschoben, dass zum Zeitpunkt $t = t' = 0$ beide Koordinatenursprünge zusammenfallen (Abb. 3.5). Dieses Vorgehen ist wegen der Homogenität des Raums immer erlaubt. Da die Bewegung ferner parallel zu den x-Achsen verläuft, kann man außerdem noch $y = y'$ und $z = z'$ folgern.[5] Es bleibt die Transformation der x-Koordinaten und der Zeiten. Wegen der vorausgesetzten Homogenität des Raums und der Zeit kommt nur eine lineare Transformation in Frage, denn jede nichtlineare Transformation würde sofort verschiedene Raumpunkte unterschiedlich bewerten. Wir haben also ganz allgemein die Koeffizienten in dem folgenden Gleichungssystem zu bestimmen:

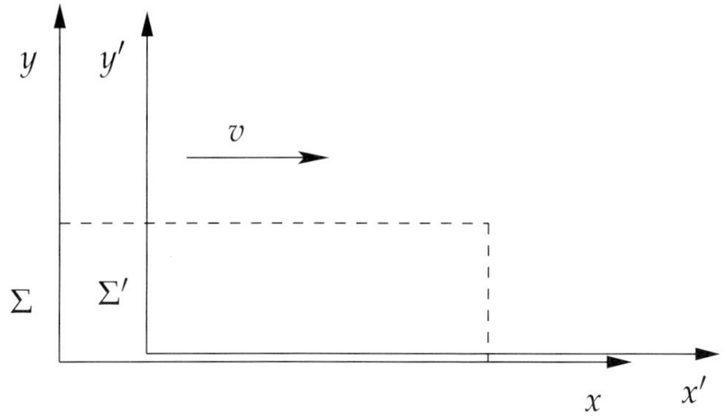

Abb. 3.5 Koordinatensysteme Σ und Σ' mit der Relativgeschwindigkeit $v = ve_x$

$$\begin{aligned} x &= a_{11}x' + a_{12}ct' + x_0 \\ ct &= a_{21}x' + a_{22}ct' + t_0 \end{aligned} \tag{3.27}$$

Da für $t = t' = 0$ die Koordinatenursprünge beider Inertialsysteme zusammenfallen, folgt sofort $t_0 = 0$ und $x_0 = 0$. Wir bilden jetzt den Abstand in Σ und Σ':

$$\Delta s^2 = c^2t^2 - x^2 = c^2t'^2 - x'^2 = \Delta s'^2 \tag{3.28}$$

5) Jede Abweichung von diesen Relationen würde automatisch eine Verletzung der Homogenität und Isotropie des Raums bedeuten.

und ersetzen x und t durch die obige Koordinatentransformation

$$\left(a_{21}x' + a_{22}ct'\right)^2 - \left(a_{11}x' + a_{12}ct'\right)^2 = c^2t'^2 - x'^2 \tag{3.29}$$

Nach dem Ausmultiplizieren bleibt eine einfache algebraische Gleichung

$$\left[a_{21}^2 - a_{11}^2 + 1\right] x'^2 + 2\left[a_{21}a_{22} - a_{12}a_{11}\right] x'ct' + \left[a_{22}^2 - a_{12}^2 - 1\right] c^2t'^2 = 0$$

die für alle x' und t' erfüllt sein muss. Das erfordert die drei Bedingungsgleichungen

$$a_{11}^2 - a_{21}^2 = 1\,, \qquad a_{21}a_{22} = a_{12}a_{11} \qquad \textit{und} \qquad a_{22}^2 - a_{12}^2 = 1 \tag{3.30}$$

Diese drei Gleichungen gelten für vier Unbekannte. Deshalb bleibt nur ein mathematischer Freiheitsgrad offen. Es ist zweckmäßig, diesen freien Parameter als $a_{21} = \sinh\psi$ zu wählen. Der Wertebereich von a_{21} deckt bei dieser Wahl immer noch alle Werte von $-\infty$ bis $+\infty$ ab, weil die zulässigen Werte von ψ ebenfalls den ganzen Bereich der reellen Zahlen erfassen. Alle anderen Größen sind damit aber als Funktion von ψ festgelegt. Man findet sofort

$$a_{11} = \pm\cosh\psi \tag{3.31}$$

Hier spielt nur das positive Vorzeichen eine Rolle, das negative repräsentiert eine zusätzliche Spiegelung, die wir nicht weiter berücksichtigen wollen. Dann folgt aus der zweiten Gleichung von (3.30)

$$\frac{a_{12}}{a_{22}} = \tanh\psi \tag{3.32}$$

und mit der letzten erhalten wir

$$a_{12} = \sinh\psi \qquad \text{und} \qquad a_{22} = \cosh\psi \tag{3.33}$$

Dabei wurden wieder die Vorzeichen so bestimmt, dass keine Spiegelung auftritt.

Fassen wir die bisherigen Ergebnisse zusammen, dann gelangen wir anstelle (3.27) zu der Transformationsformel

$$\begin{pmatrix} x \\ ct \end{pmatrix} = \begin{pmatrix} \cosh\psi & \sinh\psi \\ \sinh\psi & \cosh\psi \end{pmatrix} \begin{pmatrix} x' \\ ct' \end{pmatrix} \tag{3.34}$$

Führt man jetzt den imaginären Drehwinkel $\phi = -i\psi$ ein, dann kann man (3.34) auch in der Form

$$\begin{pmatrix} x \\ ict \end{pmatrix} = \begin{pmatrix} \cos\phi & \sin\phi \\ -\sin\phi & \cos\phi \end{pmatrix} \begin{pmatrix} x' \\ ict' \end{pmatrix} \tag{3.35}$$

darstellen. Offenbar kann diese Transformation auch als Drehung des komplexen Vektors (x, ict) um den imaginären Drehwinkel ϕ verstanden werden. Deshalb[6] wird der Übergang von einem Inertialsystem zu einem anderen Inertialsystem auch als eine Drehung im Minkowski-Raum interpretiert.

Es bleibt noch der Parameter ψ zu bestimmen. Dazu betrachten wir im System Σ den Koordinatenursprung des Systems Σ'. Für ihn ist $x' = 0$; die Transformationsformeln ergeben dann

$$x = ct' \sinh \psi \qquad \text{und} \qquad ct = ct' \cosh \psi \tag{3.36}$$

Andererseits bewegt sich der Ursprung von Σ' in Σ mit der Relativgeschwindigkeit $\boldsymbol{v}$. Mit $v = |\boldsymbol{v}|$ folgt dann

$$\frac{x}{ct} = \frac{v}{c} = \tanh \psi \tag{3.37}$$

Damit ist auch der Parameter ψ, der direkt mit dem oben eingeführten imaginären Drehwinkel zusammenhängt, festgelegt. Die Anwendung der hyperbolischen Winkeladditionstheoreme führt sofort auf

$$\cosh \psi = \frac{1}{\sqrt{1 - \dfrac{v^2}{c^2}}} \qquad \text{und} \qquad \sinh \psi = \frac{\dfrac{v}{c}}{\sqrt{1 - \dfrac{v^2}{c^2}}} \tag{3.38}$$

Damit erhalten wir die endgültigen Transformationsformeln:

$$x = \frac{x' + vt'}{\sqrt{1 - \dfrac{v^2}{c^2}}} \qquad \text{und} \qquad t = \frac{t' + \dfrac{v}{c^2} x'}{\sqrt{1 - \dfrac{v^2}{c^2}}} \tag{3.39}$$

Diese Formeln werden auch als *Lorentz-Transformationen* bezeichnet und spielen eine zentrale Rolle innerhalb der relativistischen Physik und damit auch der Elektrodynamik. Die Umkehrformeln, die x' und t' durch x und t ausdrücken, erhält man am einfachsten, indem man die Koordinaten austauscht und gleichzeitig v durch $-v$ ersetzt:

$$x' = \frac{x - vt}{\sqrt{1 - \dfrac{v^2}{c^2}}} \qquad \text{und} \qquad t' = \frac{t - \dfrac{v}{c^2} x}{\sqrt{1 - \dfrac{v^2}{c^2}}} \tag{3.40}$$

Wie wir bereits festgestellt hatten, wird der Grenzübergang zur klassischen Mechanik durch $c \to \infty$ realisiert. Tatsächlich geht dann die Lorentz-Transformation wieder in die Galilei-Transformation über.

Wir wollen uns zum Abschluss dieses Kapitels einige Anwendungen der Lorentz-Transformation vorstellen.

6) aber vor allem wegen der Invarianz der Ereignisabstände

Zeitdilatation:

Wir betrachten zwei Ereignisse, die in einem relativ zum Laborsystem bewegten Inertialsystem Σ' nacheinander am gleichen Ort stattfinden, und fragen nach der Zeitdifferenz, die wir zwischen beiden Ereignissen messen. Generell finden wir aus der Lorentz-Transformation für die Zeitdifferenz

$$\Delta t = \frac{\Delta t' + \frac{v}{c^2}\Delta x'}{\sqrt{1 - \frac{v^2}{c^2}}} \tag{3.41}$$

Da aber die Ortsdifferenz $\Delta x'$ in Σ' verschwindet, bleibt nur noch:

$$\Delta t = \frac{\Delta t'}{\sqrt{1 - \frac{v^2}{c^2}}} \tag{3.42}$$

Das ist die so genannte Zeitdilatationsformel, die wir in der umgekehrten Form bereits bei der Bestimmung der Eigenzeit $\Delta t'$ kennen gelernt haben.

Längenkontraktion:

Im System Σ' befinde sich ein ruhender Maßstab der (Eigen-) Länge $l_0 = x_2' - x_1'$ parallel zur x-Achse. Es stellt sich die Frage, wie lang dieser Maßstab im Laborsystem Σ ist. Dazu muss der Beobachter in Σ die Koordinaten des Anfangs- und Endpunkts des Maßstabs x_1 und x_2 zu ein und derselben Zeit messen. Damit erhalten wir aus (3.41) wegen $\Delta t = 0$ die Forderung $\Delta t' + v\Delta x'/c^2 = 0$ und damit $\Delta t' = -vl_0/c^2$. Offenbar registriert der Beobachter in Σ' die gleichzeitige Messung des Beobachters in Σ als nicht mehr gleichzeitig. Wir bilden die Differenz der Ortskoordinaten in Σ

$$\Delta x = \frac{\Delta x' + v\Delta t'}{\sqrt{1 - \frac{v^2}{c^2}}} \tag{3.43}$$

und setzen die Differenzen für die Orts- und Zeitkoordinaten in Σ' entsprechend unseren Überlegungen ein:

$$\Delta x = \frac{l_0 + v\left(-vl_0/c^2\right)}{\sqrt{1 - \frac{v^2}{c^2}}} = l_0\sqrt{1 - \frac{v^2}{c^2}} \tag{3.44}$$

Der Maßstab, den wir in Σ messen, ist offenbar kürzer als der Maßstab im begleitenden Bezugssystem Σ'. Seine größte Länge hat also der Maßstab in seinem Ruhesystem.

Da sich bei der Bewegung alle senkrecht zur Bewegungsrichtung befindlichen Abmessungen des Körpers nicht ändern, verkleinert sich sein Volumen nach derselben Formel:

$$V = V_0\sqrt{1-\frac{v^2}{c^2}} \tag{3.45}$$

Dabei ist V_0 das Eigenvolumen des Körpers.

Geschwindigkeitsadditionstheorem

Wir wollen jetzt die Geschwindigkeit berechnen, die ein Beobachter in Σ für einen Massenpunkt bestimmt, der sich in Σ' mit der Geschwindigkeit $\boldsymbol{u}'$ bewegt. In Σ' hat sich dann während des infinitesimal kleinen Zeitintervalls dt' der Massenpunkt um $d\boldsymbol{x}' = (dx', dy', dz')$ mit $dx' = u'_x dt'$, $dy' = u'_y dt'$ und $dz' = u'_z dt'$ fortbewegt. Diese infinitesimalen Koordinaten- und Zeitdifferenzen in Σ' werden jetzt mit der Lorentz-Transformation (3.39) auf das Inertialsystem Σ übertragen. Wir erhalten damit

$$dx = \frac{dx' + v dt'}{\sqrt{1-\frac{v^2}{c^2}}}, \qquad dy = dy' \qquad \text{und} \qquad dz = dz' \tag{3.46}$$

sowie

$$dt = \frac{dt' + \frac{v}{c^2}dx'}{\sqrt{1-\frac{v^2}{c^2}}} \tag{3.47}$$

Die Division der Gleichungen (3.46) durch die Gleichung (3.47) liefert dann die Geschwindigkeitskomponenten in Σ entsprechend $u_x = dx/dt$, $u_y = dy/dt$ und $u_z = dz/dt$ mit

$$u_x = \frac{u'_x + v}{1 + \frac{v u'_x}{c^2}} \tag{3.48}$$

und

$$u_y = \frac{u'_y\sqrt{1-\frac{v^2}{c^2}}}{1 + \frac{v u'_x}{c^2}} \qquad \text{sowie} \qquad u_z = \frac{u'_z\sqrt{1-\frac{v^2}{c^2}}}{1 + \frac{v u'_x}{c^2}} \tag{3.49}$$

Die Gleichungen (3.48) und (3.49) werden als *Geschwindigkeitsadditionstheorem* bezeichnet. Im Grenzfall $c \to \infty$ erhalten wir das Superpositionsprinzip der klassischen Newton'schen Mechanik, das bei der vorliegenden Orientierung der beiden Inertialsysteme

$$\boldsymbol{u} = \boldsymbol{u}' + v\boldsymbol{e}_x \tag{3.50}$$

lautet. Wir wollen noch den einfachen Fall $u'_y = u'_z = 0$ und $u'_x = u'$ untersuchen. Hier erhalten wir $u_y = u_z = 0$ und $u_x = u$ mit

$$u = \frac{u' + v}{1 + \frac{vu'}{c^2}} \tag{3.51}$$

Ist insbesondere $u' = c$, dann folgt

$$u = \frac{c + v}{1 + \frac{vc}{c^2}} = \frac{c + v}{1 + \frac{v}{c}} = c \tag{3.52}$$

Das Additionstheorem der Geschwindigkeiten reproduziert also die Konstanz der Lichtgeschwindigkeit in allen Bezugssystemen.

Es sei schließlich noch auf eine allgemeine Eigenschaft der Lorentz-Transformationen hingewiesen, die diese von den Galilei-Transformationen unterscheidet. Die Galilei-Transformationen sind kommutativ, d. h. das Endergebnis von zwei hintereinander ausgeführten Transformationen hängt nicht von ihrer Reihenfolge ab. Dagegen ist das Ergebnis von zwei aufeinander folgenden Lorentz-Transformationen im Allgemeinen von ihrer Reihenfolge abhängig.

3.6
*Tensorkalkül im pseudoeuklidischen Raum

3.6.1
*Vierervektoren, ko- und kontravariante Basis

In den vorhergegangenen Abschnitten hatten wir gesehen, dass aufgrund des Einstein'schen Relativitätsprinzips bei einer Transformation von einem Inertialsystem Σ in ein anderes Inertialsystem Σ' auch die Zeit in die Transformationsformeln einzubeziehen ist. Offenbar können räumliche Koordinaten und Zeitpunkte nicht mehr strikt auseinander gehalten werden. Vielmehr werden diese physikalischen Grundgrößen bei jeder Lorentz-Transformation miteinander „vermischt“. Wir werden also in Zukunft Raum und Zeit als Koordinaten eines vierdimensionalen Raum-Zeit-Kontinuums auffassen müssen.

Es liegt daher nahe, physikalische Phänomene in diesem gemeinsamen, aus den dreidimensionalen räumlichen Koordinaten und der Zeit gebildeten vierdimensionalen Raum zu beschreiben. Dazu müssen wir aber zuerst die Geometrie dieses Kontinuums besser verstehen und einige grundlegende mathematische Hilfsmittel bereitstellen.

Zu diesem Zweck starten wir von der Darstellung eines beliebigen Vektors in einem d-dimensionalen Raum. Mit der Basis $\{\vec{e}_1, \vec{e}_2, \ldots, \vec{e}_d\}$ und den Komponenten $\{A^1, A^2, \ldots, A^d\}$ lässt sich der Vektor als

$$\vec{A} = \sum_{i=1}^{d} A^i \vec{e}_i \tag{3.53}$$

dargestellen. Solche Summen können unter Fortlassen des Summenzeichens in der Form

$$\boldsymbol{A} = A^i \vec{e}_i \tag{3.54}$$

geschrieben werden (Einstein'sche Summenkonvention). Diese bereits mehrfach in Band I und in Kapitel 2 angewandte Regel soll jetzt etwas spezifiziert werden. Es gilt nach wie vor die Regel, dass über Indizes, die in einem gegebenen Ausdruck doppelt auftreten, summiert, das Summationszeichen aber nicht aufgeschrieben wird. Darüber hinaus fordern wir in Zukunft zusätzlich, dass in jedem Paar gleicher Indizes der eine oben und der andere unten steht. Wie wir bereits mehrfach erfahren haben, erleichtert diese Notation der Summation durch so genannte stumme (d. h. doppelt auftretende) Indizes die Schreibweise vieler Formeln erheblich. Wir vereinbaren weiterhin, dass in Zukunft bei der Benutzung griechischer Indizes gewöhnliche dreidimensionale Vektoren des dreidimensionalen Raumes gemeint sind:

$$\boldsymbol{A} = A^\alpha \boldsymbol{e}_\alpha = A^1 \boldsymbol{e}_1 + A^2 \boldsymbol{e}_2 + A^3 \boldsymbol{e}_3 \tag{3.55}$$

während lateinische Indizes vierdimensionale Vektoren[7] kennzeichnen:

$$\vec{A} = A^i \vec{e}_i = A^0 \vec{e}_0 + A^1 \vec{e}_1 + A^2 \vec{e}_2 + A^3 \vec{e}_3 \tag{3.56}$$

Die vierte Komponente erhält dabei den Index 0. Zusätzlich vereinbaren wir, dass die Vektoren im vierdimensionalen (oder allgemein in einem d-dimensionalen) Raum mit einem Vektorpfeil gekennzeichnet werden, dagegen aber dreidimensionale Vektoren, so wie bereits in den vorangegangenen Kapiteln, fett geschrieben werden.

Die einzelnen Basisvektoren $\vec{e}_i$ brauchen weder orthogonal aufeinander zu stehen, noch müssen sie entsprechend $\vec{e}_i \vec{e}_i = 1$ normiert sein. In diesem allgemeinen Fall ist es sinnvoll, ein zweites Koordinatensystem mit der Basis $\{\vec{e}^1, \vec{e}^2, \ldots, \vec{e}^d\}$ einzuführen. Diese Basis wird als *kontravariant* bezeichnet, im Gegensatz zur originalen Basis, die wir *kovariant* nennen. Die Beziehungen zwischen beiden Basen sind dadurch festgelegt, dass jeder kontravariante Basisvektor $\vec{e}^i$ orthogonal zu den kovarianten Basisvektoren mit Ausnahme von $\vec{e}_i$ ist und dass eine Normierung der Art $\vec{e}^{(i)} \vec{e}_{(i)} = 1$ besteht. Hierbei deuten die Klammern an den Indizes an, dass ausnahmsweise keine Summation erfolgt.

Damit gilt zwischen den kontra- und kovarianten Basisvektoren die Relation

$$\vec{e}^i \vec{e}_j = \delta^i_j \tag{3.57}$$

7) oder wie in diesem Abschnitt auch d-dimensionale Vektoren

Dabei ist δ^i_j das bekannte Kronecker-Symbol mit

$$\delta^i_j = \begin{Bmatrix} 1 & \text{für} & i = j \\ 0 & \text{für} & i \neq j \end{Bmatrix} \tag{3.58}$$

Wegen dieser Relation kann man aus einem gegebenen Vektor $\vec{A}$ sofort die (kontravarianten) Komponenten A^i entsprechend

$$\vec{A}\vec{e}^i = A^j \vec{e}_j \vec{e}^i = A^j \delta^i_j = A^i \tag{3.59}$$

erzeugen. An dieser einfachen Umformung erkennt man auch die Bedeutung der Einstein'schen Summenkonvention für eine sinnvolle Vereinfachung der mathematischen Schreibweise. Die so gewonnenen Komponenten A^i werden folgerichtig als kontravariant bezeichnet, da sie aus dem Skalarprodukt eines Vektors mit einem kontravarianten Basisvektor hervorgehen.

Natürlich kann man auch kovariante Vektorkomponenten definieren:

$$A_i = \vec{A}\vec{e}_i \tag{3.60}$$

Damit gibt es neben der obigen Darstellung (3.54) eines Vektors aus kovarianter Basis und kontravarianten Komponenten auch eine komplementäre Darstellung aus kontravarianter Basis und kovarianten Komponenten

$$\vec{A} = A_i \vec{e}^i \tag{3.61}$$

Wir wollen nun das Skalarprodukt von zwei Vektoren untersuchen. Dabei können die Vektoren gemischt dargestellt werden, also z. B.

$$\vec{A}\,\vec{B} = \left(A^i \vec{e}_i\right)\left(B_k \vec{e}^k\right) = A^i B_k \vec{e}_i \vec{e}^k = A^i B_k \delta^k_i = A^i B_i \tag{3.62}$$

oder auch einheitlich mit kontravarianten Komponenten

$$\vec{A}\,\vec{B} = \left(A^i \vec{e}_i\right)\left(B^k \vec{e}_k\right) = A^i B^k \vec{e}_i \vec{e}_k = A^i B^k g_{ik} \tag{3.63}$$

bzw. kovarianten Komponenten:

$$\vec{A}\,\vec{B} = \left(A_i \vec{e}^i\right)\left(B_k \vec{e}^k\right) = A_i B_k \vec{e}^i \vec{e}^k = A_i B_k g^{ik} \tag{3.64}$$

In den letzten beiden Ausdrücken wurden zwei neue Größen eingeführt, nämlich die *kovariante Metrik*

$$g_{ik} = \vec{e}_i \vec{e}_k \tag{3.65}$$

als Skalarprodukt kovarianter Basisvektoren und die *kontravariante Metrik*

$$g^{ik} = \vec{e}^i \vec{e}^k \tag{3.66}$$

als Skalarprodukt kontravarianter Basisvektoren. Beide Metriken sind symmetrisch in ihren Indizes:

$$g_{ik} = g_{ki} \qquad \text{und} \qquad g^{ik} = g^{ki} \tag{3.67}$$

Dies folgt sofort aus der obigen Darstellung als Skalarprodukt. Noch eine zweite wichtige Eigenschaft lässt sich direkt aus den verschiedenen Darstellungen des Skalarprodukts von Vektoren ablesen: Vergleicht man die gemischte Form mit den beiden anderen Darstellungen, so findet man

$$A^i \left[B_i - B^k g_{ik}\right] = 0 \qquad \text{und} \qquad \left[A^k - A_i g^{ik}\right] B_k = 0 \tag{3.68}$$

(Hierbei wurde im zweiten Ausdruck noch die durch eine einfache Umbenennung der Indizes gewonnene Identität $A^i B_i = A^k B_k$ verwendet.) Da die Relationen (3.68) für beliebige Vektoren gelten, müssen die Klammern identisch verschwinden. Demnach können die Metriken zur Transformation zwischen ko- und kontravarianten Darstellungen benutzt werden. Es gilt also insbesondere

$$A^k = g^{ki} A_i \qquad \text{und} \qquad A_i = g_{ik} A^k \tag{3.69}$$

Die erste Gleichung folgt direkt und die zweite Gleichung nach der Umbenennung $B \to A$ aus (3.68). Die Metrik kann also zum „Verschieben" der Indizes benutzt werden.

Noch eine weitere Eigenschaft der Metrik folgt aus den letzten beiden Gleichungen. Dazu setzen wir sie ineinander ein

$$\delta^k_m A^m = A^k = g^{ki} A_i = g^{ki} g_{im} A^m \tag{3.70}$$

und nutzen aus, dass die stummen Indizes (also jene, über die summiert wird) beliebig umbenannt werden können. Dann muss offenbar gelten:

$$g^{ki} g_{im} = \delta^k_m \tag{3.71}$$

Der Begriff der Metrik erlaubt eine konsistente Formulierung der geometrischen Situation ohne die explizite Benutzung der Basis. Das ist vor allem für solche Fälle interessant, in denen eine Basis mithilfe der üblichen euklidischen Geometrie überhaupt nicht mehr sinnvoll dargestellt werden kann.

Die Bedeutung dieser Aussage wird bei der Benutzung pseudoeuklidischer Räume klar. In dem von uns bereits eingeführten Minkowski-Raum (vgl. S. 60) ist jedes Ereignis durch die Koordinaten $(ct, \boldsymbol{x})$ charakterisiert, infinitesimal benachbarte Ereignisse haben die Koordinatendifferenzen $(cdt, d\boldsymbol{x})$. Wir fassen diese Koordinaten bzw. die Koordinatendifferentiale als kontravariante Komponenten eines vierdimensionalen Vektors auf, wobei sich die räumlichen Komponenten auf ein karthesisches Koordinatensystem beziehen

$$\left(dx^0, dx^1, dx^2, dx^3\right) = (cdt, dx, dy, dz) = (cdt, d\boldsymbol{x}) \tag{3.72}$$

Die 0-te Komponente wird dabei mit der Zeit identifiziert, während die anderen Komponenten die räumlichen Koordinatendifferentiale in einem kartesischen Koordinatensystem darstellen. Wir bilden das Skalarprodukt des Vektors $d\vec{x}$ mit sich selbst und erhalten wegen (3.63)

$$d\vec{x}d\vec{x} = g_{ij}dx^i dx^j \tag{3.73}$$

Andererseits ist dieses Skalarprodukt gerade der infinitesimale Abstand benachbarter Punkte im pseudoeuklidischen Raum, also die Distanz ds^2 benachbarter Ereignisse oder Weltpunkte. Diese Identifikation liefert:

$$ds^2 = g_{ij}dx^i dx^j = c^2dt^2 - dx^\alpha dx_\alpha = c^2dt^2 - d\mathbf{x}^2 \tag{3.74}$$

Dabei haben wir im zweiten Schritt die räumlichen Koordinaten auf den gewöhnlichen dreidimensionalen euklidischen Raum bezogen und deshalb wie vereinbart die Summation durch griechische Indizes repräsentiert.

Die Metrik des Minkowski-Raums hat in der Matrizendarstellung die einfache Gestalt

$$\underline{\underline{g}} = (g_{ij}) = \begin{pmatrix} 1 & 0 & 0 & 0 \\ 0 & -1 & 0 & 0 \\ 0 & 0 & -1 & 0 \\ 0 & 0 & 0 & -1 \end{pmatrix} \tag{3.75}$$

Damit ist auch die kontravariante Metrik des Minkowski-Raums bekannt. Sie ergibt sich durch Inversion aus der kovarianten Metrik gemäß

$$\underline{\underline{\tilde{g}}} = \left(g^{ij}\right) = \begin{pmatrix} 1 & 0 & 0 & 0 \\ 0 & -1 & 0 & 0 \\ 0 & 0 & -1 & 0 \\ 0 & 0 & 0 & -1 \end{pmatrix} \tag{3.76}$$

Die Identität der beiden Metriken (3.75) und (3.76) entsteht durch die Verwendung kartesischer Koordinaten für die räumlichen Abstände. Würden wir ein anderes Koordinatensystem, z.B. Kugel- oder Zylinderkoordinaten, für die räumlichen Abstände verwenden, dann wären ko- und kontravariante Metrik nicht mehr identisch[8].

Die Kenntnis der Metrik erlaubt ferner die Bestimmung der kovarianten Koordinatendifferentiale aus den kontravarianten Koordinatendifferentialen. Wegen $dx_i = g_{ik}dx^k$ folgt sofort

$$(dx_0, dx_1, dx_2, dx_3) = (cdt, -dx, -dy, -dz) = (cdt, -d\mathbf{x}) \tag{3.77}$$

Es sei hier noch bemerkt, dass man bei dreidimensionalen Vektoren (zumindest in kartesischen Koordinaten) nicht notwendig zwischen kovarianten und

8) siehe Band I, Kapitel 2

kontravarianten Komponenten unterscheiden muss. Deshalb werden, soweit als möglich, die dreidimensionalen räumlichen Komponenten wieder zu einem Vektor (z. B. $d\boldsymbol{x}$) zusammengefasst. Das Vorzeichen, das bei der Vereinigung mit der zeitlichen Komponente vor diesem Vektor steht, entscheidet dann, ob der dreidimensionale Vektor Bestandteil eines Vierervektors mit ko- oder kontravarianten Komponenten ist.

3.6.2 *Geometrische Objekte im Minkowski-Raum

3.6.2.1 *Skalare

Skalare bestehen nur aus einer Komponente. Sie sind in allen Inertialsystemen gleich und werden daher als Invarianten bezeichnet. Zu diesen Invarianten gehören z. B. der infinitesimale Abstand zwischen benachbarten Ereignissen ds, aber auch solche charakteristischen Partikelgrößen wie Masse und Ladung.

3.6.2.2 *Vierervektoren

Vektoren sind vierkomponentige Objekte im Minkowski-Raum, die bestimmten Transformationsgesetzen genügen. Um diese zu erhalten, betrachten wir wieder zwei Koordinatensysteme Σ und Σ'. Zwischen den Koordinaten beider Systeme besteht ein funktionaler Zusammenhang

$$x^i = x^i\left(x^{i'}\right) \tag{3.78}$$

Dabei bedeutet der Strich am Index, dass $x^{i'}$ zum System Σ' gehört. Wir bilden das totale Differential

$$dx^i = \frac{\partial x^i}{\partial x^{i'}} dx^{i'} \tag{3.79}$$

und bezeichnen

$$\Lambda^i_{i'} = \frac{\partial x^i}{\partial x^{i'}} \tag{3.80}$$

als Transformationsmatrix, die zwischen den Koordinatendifferentialen $dx^{i'}$ und dx^i vermittelt. Da diese Koordinatendifferentiale die kontravarianten Komponenten eines Vektors (oder einfach einen kontravarianten Vektor) bilden, haben wir damit das Transformationsgesetz für solche Vektoren bereits gefunden:

$$A^i = \Lambda^i_{i'} A^{i'} \tag{3.81}$$

Für die Umkehrtransformation gilt dann entsprechend

$$A^{i'} = \Lambda^{i'}_i A^i \tag{3.82}$$

Dabei ist die Transformationsmatrix für die Rücktransformation gerade

$$\Lambda_i^{i'} = \frac{\partial x^{i'}}{\partial x^i} \tag{3.83}$$

Damit finden wir sofort die Relationen

$$\Lambda_i^{i'} \Lambda_{k'}^i = \frac{\partial x^{i'}}{\partial x^i} \frac{\partial x^i}{\partial x^{k'}} = \delta_{k'}^{i'} \qquad \text{und} \qquad \Lambda_{i'}^i \Lambda_k^{i'} = \frac{\partial x^i}{\partial x^{i'}} \frac{\partial x^{i'}}{\partial x^k} = \delta_k^i \tag{3.84}$$

Wir wollen nun das Transformationsgesetz kovarianter Vektoren finden. Dabei beachten wir, dass das Skalarprodukt zweier Vektoren ein Skalar und damit invariant gegenüber Transformationen ist. Dann folgt

$$A^i B_i = A^{i'} B_{i'} = \Lambda_i^{i'} A^i B_{i'} = A^i \left(\Lambda_i^{i'} B_{i'} \right) \tag{3.85}$$

Durch Vergleich des ersten und des letzten Ausdrucks erhalten wir das gesuchte Transformationsgesetz

$$B_i = \Lambda_i^{i'} B_{i'} \tag{3.86}$$

und wegen (3.84) auch die Umkehrtransformation

$$B_{i'} = \Lambda_{i'}^i B_i \tag{3.87}$$

3.6.2.3 *Tensoren zweiter Stufe

Tensoren zweiter Stufe im vierdimensionalen Raum bestehen aus 16 Komponenten. Sie werden durch zwei Indizes charakterisiert, z. B. T_{ij}, T^{ij} oder T_j^i. Sie können je nach Stellung der Indizes kovariant, kontravariant oder gemischt sein. Ein kontravarianter Tensor transformiert sich wie ein Produkt zweier kontravarianter Vektoren $A^i B^j$, also

$$T^{i'j'} = \Lambda_i^{i'} \Lambda_j^{j'} T^{ij} \tag{3.88}$$

Analog kann man die Transformationsgesetze anderer Tensoren finden. Tensorindizes lassen sich zudem mithilfe der Metrik heben oder senken, also beispielsweise

$$T^{ij} = g^{ik} T_k^j = g^{ik} g^{jm} T_{km} \tag{3.89}$$

Eine wichtige Tensoroperation ist die *Verjüngung*. Diese Operation entspricht der Spurbildung bei quadratischen Matrizen, lässt sich aber leicht auf höhere Tensoren verallgemeinern. Bei der Verjüngung stellt man zunächst die Mischform her, setzt dann beide Indizes gleich und summiert. Die Verjüngung kann auch mithilfe der Metrik dargestellt werden:

$$T_k^k = g_{km} T^{km} = g^{km} T_{mk} \tag{3.90}$$

Jeder ko- bzw. kontravariante Tensor zweiter Stufe lässt sich in einen symmetrischen und einen antisymmetrischen Tensor zerlegen. Die identische Umformung

$$T_{ij} = \frac{1}{2}\left(T_{ij} + T_{ji}\right) + \frac{1}{2}\left(T_{ij} - T_{ji}\right) \tag{3.91}$$

liefert den symmetrischen Anteil

$$T_{[ij]} = \frac{1}{2}\left(T_{ij} + T_{ji}\right) \tag{3.92}$$

und den antisymmetrischen Anteil

$$T_{\{ij\}} = \frac{1}{2}\left(T_{ij} - T_{ji}\right) \tag{3.93}$$

Einige wichtige Tensoren zweiter Stufe sind die Metriken g_{ij} und g^{ij}, sowie die Einheitsmatrix δ^i_j.

3.6.2.4 *Tensoren höherer Stufe

Die Zahl der Komponenten solcher Objekte wird durch die Stufe und damit die Zahl der Indizes bestimmt. Ein Tensor m-ter Stufe hat im d-dimensionalen Raum gerade d^m Komponenten und m Indizes. In diesem Sinne sind Skalare Tensoren 0-ter Stufe und Vektoren Tensoren erster Stufe. Das Transformationsgesetz für solche Objekte kann aus dem Transformationsverhalten von Vektoren gefolgert werden. Im Prinzip wird jeder einzelne Tensorindex wie ein entsprechender Vektorindex behandelt. Auch das Heben und Senken von Indizes geschieht analog, z. B.:

$$T^{\ldots i \ldots k \ldots}_{\ldots\ldots\ldots\ldots} = g^{kl} T^{\ldots i \ldots\ldots\ldots}_{\ldots\ldots\ldots l \ldots} \tag{3.94}$$

Für die späteren Überlegungen benötigen wir häufig den vollständig antisymmetrischen Einheitstensor vierter Stufe e^{ijkl}. So wird derjenige Tensor genannt, dessen Komponenten bei einer beliebigen Vertauschung zweier Indizes ihr Vorzeichen ändern und dessen einzige von Null verschiedene Komponenten gleich ± 1 sind. Aus der Antisymmetrie folgt sofort, dass alle Komponenten mit zwei gleichen Indizes verschwinden. Gewöhnlich verlangt man

$$e^{0123} = 1 \tag{3.95}$$

und hat damit alle anderen Komponenten festgelegt. Der entsprechende kovariante antisymmetrische Einheitstensor ist dann durch

$$e_{0123} = -1 \tag{3.96}$$

gegeben, wie man mithilfe der Metrik schnell überprüfen kann. Es gibt allerdings eine Besonderheit: In Bezug auf Drehungen des Koordinatensystems verhalten sich die e^{ijkl} wie die Komponenten eines Tensors. Bei Spiegelungen aber ändern sie sich nicht, obwohl Tensorkomponenten z. B. bei der Spiegelung einer Koordinate ihr Vorzeichen wechseln. Dieses Verhalten ist darin begründet, dass der antisymmetrische Einheitstensor für jedes Koordinatensystem in gleicher Weise definiert wurde. Deshalb ist e^{ijkl} streng genommen kein echter Tensor, sondern ein so genannter *Pseudotensor*. Pseudotensoren verhalten sich bei allen Koordinatendrehungen wie Tensoren, nicht aber bei anderen Transformationen wie Spiegelungen.

Produkte vom Typ $e^{ijkl}\,e_{mnrs}$ sowie verschiedene Verjüngungsstufen lassen sich durch das Kronecker-Symbol darstellen. Insbesondere gilt

$$e^{ijkl}e_{mnrs} = -\begin{vmatrix} \delta^i_m & \delta^i_n & \delta^i_r & \delta^i_s \\ \delta^j_m & \delta^j_n & \delta^j_r & \delta^j_s \\ \delta^k_m & \delta^k_n & \delta^k_r & \delta^k_s \\ \delta^l_m & \delta^l_n & \delta^l_r & \delta^l_s \end{vmatrix} \tag{3.97}$$

Die Verjüngung über ein Indexpaar liefert

$$e^{ijkl}e_{mnrl} = -\begin{vmatrix} \delta^i_m & \delta^i_n & \delta^i_r \\ \delta^j_m & \delta^j_n & \delta^j_r \\ \delta^k_m & \delta^k_n & \delta^k_r \end{vmatrix} \tag{3.98}$$

während man bei zwei Indexpaaren

$$e^{ijkl}e_{mnkl} = -2\begin{vmatrix} \delta^i_m & \delta^i_n \\ \delta^j_m & \delta^j_n \end{vmatrix} \tag{3.99}$$

und bei drei Paaren

$$e^{ijkl}e_{mjkl} = -6\delta^i_m \tag{3.100}$$

erhält. Die vollständige Verjüngung über alle Indizes liefert schließlich

$$e^{ijkl}e_{ijkl} = -24 \tag{3.101}$$

3.6.3 *Differentialoperatoren

Partielle Ableitungen im Minkowski-Raum lassen sich ebenfalls durch geeignete Vektordifferentialoperatoren ausdrücken. So kann man aus den partiellen Ableitungen nach kontravarianten Koordinaten

$$\partial_i = \frac{\partial}{\partial x^i} \tag{3.102}$$

den folgenden Vektoroperator formulieren:

$$(\partial_i) = \left(\frac{\partial}{c\partial t}, \frac{\partial}{\partial x}, \frac{\partial}{\partial y}, \frac{\partial}{\partial z}\right) = \left(\frac{\partial}{c\partial t}, \nabla\right) \tag{3.103}$$

Hierbei ist ∇ der gewöhnliche dreidimensionale Nabla-Operator. Angewandt auf eine skalare Funktion erzeugt der neue Vektoroperator den Gradienten

$$(\partial_i f) = \left(\frac{1}{c}\frac{\partial f}{\partial t}, \frac{\partial f}{\partial x}, \frac{\partial f}{\partial y}, \frac{\partial f}{\partial z}\right) = \left(\frac{1}{c}\frac{\partial f}{\partial t}, \nabla f\right) \tag{3.104}$$

im Minkowski-Raum. Die Ableitungen nach kontravarianten Koordinaten verhalten sich wie kovariante Vektoren. Diese Eigenschaft erkennt man z. B. an der Transformationseigenschaft von Gradienten

$$\frac{\partial f}{\partial x^{i'}} = \frac{\partial f}{\partial x^i}\frac{\partial x^i}{\partial x^{i'}} = \Lambda^i_{\ i'}\frac{\partial f}{\partial x^i} \quad \text{bzw.} \quad \partial_{i'} f = \Lambda^i_{\ i'}\partial_i f \tag{3.105}$$

die sich wie kovariante Vektoren transformieren. Man kann aber auch die Divergenz eines Vektors untersuchen:

$$\frac{\partial A^i}{\partial x^i} = \partial_i A^i \tag{3.106}$$

Da die Divergenz ein Skalar ist, muss sie aus einem kontravarianten Vektor (A^i) und einem kovarianten Vektor (∂_i) gebildet werden. Die Ableitung nach kovarianten Koordinaten

$$\partial^i = \frac{\partial}{\partial x_i} \tag{3.107}$$

ist dann durch

$$\left(\partial^i\right) = \left(\frac{\partial}{c\partial t}, -\frac{\partial}{\partial x}, -\frac{\partial}{\partial y}, -\frac{\partial}{\partial z}\right) = \left(\frac{\partial}{c\partial t}, -\nabla\right) \tag{3.108}$$

gegeben und verhält sich wie ein kontravarianter Vektor. Wir werden wegen dieser Eigenschaft zur Kennzeichnung der Ableitung noch eine weitere Vereinfachung einführen. Die Ableitung nach kontravarianten Koordinaten kennzeichnen wir einfach durch einen weiteren kovarianten Index, der durch ein Komma von anderen Indizes getrennt wird. So ist beispielsweise

$$\partial_i f = f_{,i} \qquad \text{oder} \qquad \partial_i T^k_m = T^k_{m,i} \qquad \text{usw.} \tag{3.109}$$

Analog kennzeichnen wir Ableitungen nach kovarianten Koordinaten durch einen kontravarianten Index, also z. B.:

$$\partial^i f = f^{,i} \qquad \text{oder} \qquad \partial^i T^k_m = T^{k,i}_m \qquad \text{usw.} \tag{3.110}$$

3.6.4 *Integration im pseudoeuklidischen Raum

Im vierdimensionalen Raum gibt es vier Arten von Integrationen:

1. *Integration entlang einer Kurve im vierdimensionalen Raum:* Hier ist das Integrationselement das Längenelement, das vom Vierervektor dx^i gebildet wird:

$$\int_{P_1}^{P_2} \ldots dx^i \tag{3.111}$$

2. *Integration über eine zweidimensionale Fläche des vierdimensionalen Raumes:* Im vierdimensionalen Raum wird, ähnlich wie im dreidimensionalen Raum, ein Flächenelement durch zwei nichtparallele infinitesimale Vektoren $d\vec{A}$ und $d\vec{B}$ in Form eines Parallelogramms aufgespannt. Die Projektionen dieses Flächenelements auf die sechs möglichen Koordinatenebenen[9] liefern den antisymmetrischen Tensor zweiter Stufe:

$$df^{ik} = dA^i dB^k - dA^k dB^i \tag{3.112}$$

dessen Wert gerade der auf die jeweilige Ebene projizierte Flächeninhalt des Parallelogramms ist.

Im dreidimensionalen Raum kann man an Stelle des Tensors df als Flächenelement auch den dualen Vektor $dF_\alpha = \varepsilon_{\alpha\beta\gamma} df^{\beta\gamma}$ verwenden[10]. Aus geometrischer Sicht ist dF_α der Vektor, der orthogonal auf dem Flächenelement steht und dessen Länge gleich dem Inhalt des Flächenelements ist. Im vierdimensionalen Raum ist die Konstruktion eines solchen Vektors nicht mehr möglich. Die Ursache hierfür liegt in der höheren Dimension[11]. Es ist aber möglich, den zu df^{ik} dualen Tensor $df^\star_{mn}$ mit

$$df^\star_{mn} = e_{mnik} df^{ik} \tag{3.113}$$

zu bestimmen. Auch hier ist aus geometrischer Sicht das duale Flächenelement $df^\star_{mn}$ orthogonal zu dem originalen Element df^{ik}.

3. *Integration über eine dreidimensionale Hyperfläche im vierdimensionalen Raum:* Im dreidimensionalen Raum ist das Volumen eines von drei Vektoren aufgespannten Parallelepipeds gleich der von den Komponenten der Vektoren gebildeten dreireihigen Determinante. In der gleichen Weise werden im vierdimensionalen Raum die Projektionen des von den

9) also die Ebenen (x^0,x^1), (x^0,x^2), (x^0,x^3), (x^1,x^2), (x^1,x^3) und (x^2,x^3).

10) $\varepsilon_{\alpha\beta\gamma}$ ist der dreidimensionale, vollständig antisymmetrische Einheitstensor.

11) So kann man auch im zweidimensionalen Raum zu jeder Kurve eindeutig einen Vektor finden, der in einem bestimmten Punkt der Kurve senkrecht auf dieser steht. Im dreidimensionalen Raum gibt es dagegen in jedem Kurvenpunkt unendlich viele Vektoren, die senkrecht auf der Kurve stehen. Allerdings spannen diese Vektoren eine Ebene auf, die mit dem zu df^{ik} dualen Tensor $df^\star_{mn}$ formal vergleichbar ist.

drei Vierervektoren $d\vec{A}$, $d\vec{B}$ und $d\vec{C}$ gebildeten Parallelepipeds auf die aus je drei Koordinatenachsen gebildeten Hyperflächen berechnet. So ist die Projektion des infinitesimalen Parallelepipeds auf die (ijk)-Hyperfläche:

$$dS^{ijk} = \begin{vmatrix} dA^i & dB^i & dC^i \\ dA^j & dB^j & dC^j \\ dA^k & dB^k & dC^k \end{vmatrix} \tag{3.114}$$

Diese Determinanten bilden einen in allen drei Indizes antisymmetrischen Tensor dritter Stufe. Wir können aber als ein besser geeignetes Integrationselement den zum Tensor dS^{ijk} dualen Vierervektor dS_m entsprechend

$$dS_m = -\frac{1}{6} e_{mijk} dS^{ijk} \tag{3.115}$$

und damit

$$dS^{ijk} = e^{ijkm} dS_m \tag{3.116}$$

einführen. Offenbar ist dS_m ein Vierervektor, dessen Betrag gleich dem Inhalt des Parallelepipeds und damit des infinitesimalen Hyperflächenelements ist, und der im vierdimensionalen Raum senkrecht auf dem Parallelepiped steht.

4. *Integration über ein vierdimensionales Volumen:* Das Integrationselement ist der aus vier infinitesimalen Vektoren $d\vec{A}$, $d\vec{B}$, $d\vec{C}$ und $d\vec{D}$ aufgespannte, vollständig antisymmetrische Tensor vierter Ordnung

$$d\omega^{ijkl} = \begin{vmatrix} dA^i & dB^i & dC^i & dD^i \\ dA^j & dB^j & dC^j & dD^j \\ dA^k & dB^k & dC^k & dD^k \\ dA^l & dB^l & dC^l & dD^l \end{vmatrix} \tag{3.117}$$

Da aber im vierdimensionalen Raum jeder vollständig antisymmetrische Tensor dem antisymmetrischen Einheitstensor proportional ist[12], gilt auch

$$d\omega^{ijkl} = e^{ijkl} d\Omega \tag{3.118}$$

oder

$$d\Omega = -\frac{1}{24} d\omega^{ijkl} e_{ijkl} \tag{3.119}$$

Dabei ist der Skalar $d\Omega$ das vierdimensionale Volumen des aus den Vektoren $d\vec{A}$, $d\vec{B}$, $d\vec{C}$ und $d\vec{D}$ gebildeten Körpers. Bei einer Ausrichtung des

12) Man kann sich leicht überlegen, dass ein vollständig antisymmetrischer Tensor vierter Stufe im vierdimensionalen Raum nur eine einzige unabhängige Komponente hat.

Integrationselements parallel zu den Koordinatenachsen ist dann insbesondere

$$d\Omega = dx^0 dx^1 dx^2 dx^3 = cdt\, dx\, dy\, dz = c\, dt\, dV \qquad (3.120)$$

Da das vierdimensionale Volumen $d\Omega$ ein Skalar ist, kann es sich bei einer Koordinatentransformation nicht ändern.

Die für bestimmte dreidimensionale Integrale geltenden Integralsätze (Gauß'scher Satz, Stokes'scher Satz) lassen sich auch auf vier Dimensionen verallgemeinern. Dabei kann man bei einer geeigneten Darstellung der Integrationselemente alle in beliebigen Räumen gültigen Integralsätze (also auch den Gauß'schen Satz im dreidimensionalen Raum) stets auf die Form eines Stokes'schen Satzes bringen. Das liegt daran, dass sich alle Integrationselemente (auch das triviale Element dx^i) entweder direkt als antisymmetrische Tensoren auffassen oder in solche umformen lassen. Die Antisymmetrie kann dann auf die Integranden übertragen werden. Auf diese Weise entsteht eine verallgemeinerte Rotation, die schließlich die Umwandlung des jeweiligen Integrals über ein Gebiet in ein Integral über den Rand des jeweiligen Gebiets erlaubt. In der uns interessierenden mathematischen Gestalt der Integralsätze ist der Charakter der Rotation versteckt, aber man kann sich z. B. mit den oben diskutierten Relationen zwischen den einzelnen Darstellungen der Integrationselemente leicht von dem eben Gesagten überzeugen. Konkret finden wir im vierdimensionalen Raum drei Integralsätze:

1. Überführung eines Integrals über eine geschlossene Oberfläche ∂G in ein Integral über das eingeschlossene Volumen G:

$$\oint_{\partial G} dS_i \ldots = \int_G d\Omega \frac{\partial}{\partial x^i} \ldots \qquad (3.121)$$

   So gilt z. B. für einen Vektor

$$\oint_{\partial G} dS_i A^i = \int_G d\Omega \frac{\partial}{\partial x^i} A^i = \int_G d\Omega A^i_{\ ,i} \qquad (3.122)$$

   Dieser spezielle Satz kann insbesondere auch als vierdimensionale Verallgemeinerung des Gauß'schen Satzes interpretiert werden.

2. Überführung eines Integrals über eine geschlossene zweidimensionale Fläche ∂H in ein Integral über die von der zweidimensionalen Fläche begrenzten Hyperfläche H:

$$\oint_{\partial H} df^{\star}_{ik} \ldots = \int_H \frac{1}{2} \left[dS_i \frac{\partial}{\partial x^k} - dS_k \frac{\partial}{\partial x^i} \right] \ldots \qquad (3.123)$$

So erhält man beispielsweise

$$\oint_{\partial H} df^{\star}_{ik} T^{ik} = \frac{1}{2} \int_{H} \left[dS_i T^{ik}_{,k} - dS_k T^{ik}_{,i} \right] = \frac{1}{2} \int_{H} \left[dS_i T^{ik}_{,k} - dS_i T^{ki}_{,k} \right] \qquad (3.124)$$

und damit

$$\oint_{\partial H} df^{\star}_{ik} T^{ik} = \frac{1}{2} \int_{H} dS_i \left[T^{ik} - T^{ki} \right]_{,k} = \int_{H} dS_i T^{\{ik\}}_{,k} \qquad (3.125)$$

Man beachte, dass von dem Tensor nur sein antisymmetrischer Beitrag relevant ist.

3. Überführung eines Integrals über eine geschlossene Kurve ∂F in ein Integral über die von der Kurve eingeschlossene zweidimensionale Fläche F:

$$\oint_{\partial F} dx^i \ldots = \int_{F} df^{ki} \frac{\partial}{\partial x^k} \cdots \qquad (3.126)$$

So findet man z. B. für einen Vektor:

$$\oint_{\partial F} dx^i A_i = \int_{F} df^{ki} A_{i,k} = \frac{1}{2} \int_{F} \left[df^{ki} A_{i,k} + df^{ik} A_{k,i} \right] \qquad (3.127)$$

(Der letzte Term entsteht durch die Umbenennung $i \longleftrightarrow k$.) Wegen der Antisymmetrie von df^{ik} folgt weiter:

$$\oint_{\partial F} dx^i A_i = \frac{1}{2} \int_{F} df^{ki} \left[A_{i,k} - A_{k,i} \right] \qquad (3.128)$$

Offenbar bildet dieser Satz eine direkte Analogie zu dem bekannten Stokes'schen Satz im dreidimensionalen Raum.

Aufgaben

3.1 Bestimmen Sie die ko- und kontravariante Metrik des Minkowski-Raums, wenn die räumlichen Abstände in Zylinder- bzw. Kugelkoordinaten gegeben sind.

3.2 Zeigen Sie, dass die Lorentz-Transformation das vierdimensionale Volumenelement $d\Omega = d^3x dt$ invariant lässt.

3.3 Beweisen Sie, dass der vierdimensionale antisymmetrische Einheitstensor invariant gegenüber Lorentz-Transformationen ist.

Hinweis: Zeigen Sie zunächst, dass $\varepsilon^{ijkl} \Lambda^{i'}_{i} \Lambda^{j'}_{j} \Lambda^{k'}_{k} \Lambda^{l'}_{l} = \det \Lambda$ gilt, und diskutieren Sie anschließend die Eigenschaften von $\det \Lambda$.

3.4 Beweisen Sie, dass das allgemeine Geschwindigkeitsadditionstheorem für kleine Relativgeschwindigkeiten $\boldsymbol{V}$ auf

$$\boldsymbol{v} = \boldsymbol{v}' + \boldsymbol{V} - \frac{1}{c^2}(\boldsymbol{V}\boldsymbol{v}')\boldsymbol{v}$$

führt.

3.5 Zeigen Sie explizit, dass zwei aufeinander folgende Lorentz-Transformationen, bei denen die Relativgeschwindigkeiten $\boldsymbol{v}_1$ und $\boldsymbol{v}_2$ räumlich gleich orientiert sind, sich zu einer Lorentz-Transformation mit der Geschwindigkeit

$$v = \frac{v_1 + v_2}{1 + \dfrac{v_1 v_2}{c^2}}$$

(mit $v = |\boldsymbol{v}|, v_1 = |\boldsymbol{v}_1|$ und $v_2 = |\boldsymbol{v}_2|$ sowie $\boldsymbol{v} \parallel \boldsymbol{v}_1 \parallel \boldsymbol{v}_2$) zusammenfassen lassen.

Maple-Aufgaben

3.I Bestimmen Sie die ko- und kontravariante Metrik

a) eines schiefen kartesischen Koordinatensystems mit der kovarianten Basis $b_1 = (1,0,0), b_2 = (1,1,0)$ und $b_3 = (1,1,1)$,

b) eines sphärischen Koordinatensystems.

3.II Bestimmen Sie die Signatur, d. h. die Summe der Vorzeichen der Eigenwerte, und stellen Sie die Flächen konstanter zeitartiger und raumartiger Abstände für die Metriken

$$g = \begin{pmatrix} 1 & 0 & 0 \\ 0 & 4 & 1 \\ 0 & 1 & 1 \end{pmatrix} \qquad g = \begin{pmatrix} 1 & 0 & 2 \\ 0 & 1 & 1 \\ 2 & 1 & 1 \end{pmatrix}$$

$$g = \begin{pmatrix} -1 & 0 & 2 \\ 0 & -1 & 1 \\ 2 & 1 & -1 \end{pmatrix} \qquad g = \begin{pmatrix} -1 & 0 & 0 \\ 0 & -4 & 1 \\ 0 & 1 & -1 \end{pmatrix}$$

mit der Abstandsdefinition $ds^2 = -g_{ij}dx^i dx^j$ grafisch dar.
Hinweis: Beachten Sie die für die relativistische Physik wichtigen Termini zeitartige, lichtartige und raumartige Abstände.

3.III Bestimmen Sie die Bahnkurve $x(t)$ eines gleichmäßig beschleunigten Massenpunkts. Wie hängt die Eigenzeit des gleichmäßig beschleunigten Massenpunkts von der Zeit im Ruhesystem ab?

Hinweis: Eine Bewegung gilt im Sinne der relativistischen Interpretation als gleichmäßig beschleunigt, wenn der Vektor der Vierergeschwindigkeit du_i/ds im Minkowski-Raum einen konstanten Betrag besitzt.

3.IV Berechnen Sie die Winkeländerung der Geschwindigkeit beim Übergang von einem Bezugssystem in ein anderes, relativ zu diesem bewegten Bezugssystem mit gleicher Orientierung der räumlichen Achsen. Was ergibt sich hieraus für die Winkeländerung (den so genannten Aberrationswinkel) von Lichtstrahlen?

3.V Zeigen Sie, dass Lorentz-Transformationen nicht kommutativ sind, ihre Reihenfolge also nicht miteinander vertauscht werden kann. Welche einfache Untergruppe der Lorentz-Transformationen ist aber trotzdem kommutativ?

4
*Ladungen in elektromagnetischen Feldern

4.1
*Das Konzept der Feldtheorie

Die Wechselwirkung von Teilchen untereinander wird bereits im Rahmen der klassischen Mechanik durch den Begriff des Kraftfelds geprägt. Man stellt sich dabei vor, dass ein Massenpunkt nicht direkt auf einen anderen Massenpunkt wirkt, sondern vielmehr um sich herum ein Feld aufbaut. Auf jeden anderen Massenpunkt, der sich in diesem Feld befindet und sensitiv auf dieses Feld reagiert, wirkt dann eine bestimmte Kraft, die direkt mit der Stärke des Felds in dem jeweiligen Punkt verbunden ist. Wie wir bereits in Kapitel 1.1 bemerkt haben, ist allerdings der Feldbegriff innerhalb der klassischen Mechanik nur ein Hilfsmittel zur anschaulichen Beschreibung wechselwirkender Massenpunkte. In der klassischen Mechanik bleibt auch bei Verwendung des Feldbegriffs das *Fernwirkungsprinzip* gültig, d. h. beliebig weit entfernte, wechselwirkende Massenpunkte zeigen eine sofortige Reaktion, falls sich die Position eines Teilchens irgendwie ändert.

In der relativistischen Physik bekommen Felder dagegen wegen der endlichen Ausbreitungsgeschwindigkeit der Wirkung eine unmittelbare physikalische Bedeutung als Überträger von Wechselwirkungen. Zwischen den Partikeln gibt es jetzt keine direkte Wechselwirkung mehr. Vielmehr tritt die Wechselwirkung nur zwischen infinitesimal benachbarten Punkten des Raums auf. Dieses so genannte *Nahwirkungsprinzip* kennzeichnet das physikalische Wesen der Wechselwirkung zwischen entfernten Teilchen. Die Änderung der Position eines Teilchens wirkt sich zuerst auf die Felder in der unmittelbaren Umgebung des Teilchens aus. Von hier aus pflanzt sich die durch die Positionsänderung des Teilchens initiierte Änderung des Felds fort. Diese Propagation tritt als aufeinander folgende Kette von lokalen Änderungen des Felds zwischen infinitesimal benachbarten Raumpunkten auf und breitet sich mit der Signalgeschwindigkeit c aus. Erst wenn die – sich räumlich und zeitlich fortpflanzende – Änderung der Felder ein anderes Teilchen erreicht, kann dieses darauf reagieren. Man hat also statt von einer Wechselwirkung zwischen Teil-

Theoretische Physik II: Elektrodynamik. Peter Reineker, Michael Schulz, Beatrix M. Schulz

ISBN: 3-527-40642-5

chen besser von einer Wechselwirkung von Teilchen mit dem Feld und der Wechselwirkung des Felds mit anderen Teilchen zu sprechen.

Bevor wir uns der Wechselwirkung eines Teilchens mit einem Feld, insbesondere mit dem elektromagnetischen Feld, zuwenden, wollen wir noch einige allgemeine Bemerkungen zum Teilchenbegriff in der relativistischen Physik machen. In der klassischen Mechanik führt man den starren Körper als ein nicht deformierbares Objekt ein. Tatsächlich ist dieser Begriff mit der Galilei-Invarianz der Newton'schen Mechanik verträglich. In der relativistischen Physik sollte man unter einem starren Körper ein Objekt verstehen, dessen Gestalt in seinem Ruhesystem unverändert bleibt. Man kann jedoch leicht zeigen, dass ein solcher Körper im Widerspruch zur Relativitätstheorie steht. Greift z. B. an einem Punkt des starren Körpers eine äußere Kraft an, dann sollte sich der Körper sofort in Bewegung setzen. Damit würden sich aber auch alle anderen Punkte des Körpers in Bewegung setzen, obwohl sie wegen der endlichen Signalgeschwindigkeit zum Beginn der Krafteinwirkung noch gar keine Information von dieser Kraft haben. Bleibt der Körper dagegen in Ruhe, bis auch den letzten Punkt die Information erreicht hat, würde nicht nur das auch in der relativistischen Physik gültige 3. Newton'sche Gesetz (actio = reactio) verletzt werden, es würden auch Widersprüche zu den Beobachtungen von anderen Inertialsystemen aus entstehen.

Wir können hieraus schlussfolgern, dass Elementarteilchen, also Partikel, deren klassischer mechanischer Zustand durch die drei Raumkoordinaten ihrer momentanen Position und die drei Komponenten ihrer Geschwindigkeit vollständig beschrieben wird, keine starren Körper sein können. Sie müssten daher entweder punktförmig oder deformierbar sein. Im zweiten Fall hätten die Elementarteilchen weitere innere Freiheitsgrade – dann wären sie aber nicht mehr elementar. Wir kommen also zu dem Resultat, dass in der klassischen (nichtquantisierten) relativistischen Mechanik die als Elementarteilchen zu betrachtenden Partikel zwangsläufig als punktförmig anzusehen sind.

Wir hatten bereits in Band I angedeutet, dass das Hamilton'sche Wirkungsprinzip eine sehr elegante Möglichkeit darstellt, die Bewegungsgleichungen von Massenpunkten über den Rahmen der klassischen Mechanik zu erweitern. Wir werden jetzt an diese Aussage anknüpfen und Systeme elektromagnetisch wechselwirkender Teilchen durch eine verallgemeinerte Wirkung beschreiben. Diese wird aus drei Teilwirkungen bestehen:

$$S = S_{\text{Materie}} + S_{\text{WW}} + S_{\text{Feld}} \tag{4.1}$$

Dabei ist S_{Materie} die Wirkung eines Systems freier Teilchen. In der klassischen Mechanik wäre die zu der Wirkung gehörige Lagrange-Funktion einfach die Summe der kinetischen Energien aller Partikel. Ohne die anderen Beiträge würden sich alle Partikel auf gradlinigen Bahnen, den Geodäten des Raums, bewegen. Mit der Struktur des Raums und den sich daraus ergebenden Konsequenzen für den Wirkungsanteil freier Teilchen werden wir uns zu Beginn dieses Kapitels in Abschnitt 4.2 befassen.

Der zweite Term S_{WW} erfasst die Wechselwirkung zwischen den elementaren Partikeln und den zugehörigen Feldern. Dieser Beitrag ist bezüglich der Teilchen äquivalent zu der Präsenz eines externen Kraftfelds im Sinne der klassischen Mechanik. Es gibt aber noch eine zweite Bedeutung, die den feldtheoretischen Standpunkt hervorhebt. Von diesem Standpunkt aus gesehen beschreibt S_{WW} den Einfluss der Elementarteilchen auf die Struktur und die Zeitabhängigkeit der Felder. Innerhalb der Elektrodynamik wird dieser Term die Quellterme der Maxwell-Gleichungen generieren. Die Wirkung S_{WW} werden wir in Kapitel 4.3 und den folgenden Abschnitten näher untersuchen.

Der dritte Term S_{Feld} beschreibt schließlich die Dynamik der Felder. Aus diesem Beitrag werden die eigentlichen Feldgleichungen entstehen. Da in diesem Anteil der Wirkung Felder an die Stelle punktförmiger Partikel treten, muss das mit dem Hamilton'schen Prinzip verbundene Variationskalkül auf Felder erweitert werden. Wir werden diese Feldwirkung im Kapitel 5 diskutieren.

Abschließend sei bemerkt, dass sich auch andere fundamentale Theorien, etwa die Gravitationstheorie oder die Theorie der schwachen Wechselwirkung nach dem gleichen Konzept konstruieren lassen.

4.2
*Das freie Teilchen

Für jedes mechanische System gibt es ein so genanntes Wirkungsintegral, das für die tatsächliche Bewegung ein Extremum annimmt. Wir werden im Weiteren voraussetzen, dass dieses Extremum ein Minimum ist. Das mit dieser Forderung verbundene Hamilton'sche Wirkungsprinzip (das so genannte *Prinzip der kleinsten Wirkung*) wird heute als ein grundlegendes physikalisches Konzept angesehen, dessen Gültigkeit auch außerhalb der Mechanik erhalten bleibt. Die Wirkung (genauer das Wirkungsfunktional S) ist eine skalare Größe, d. h. S darf nach dem Relativitätsprinzip nicht von der Wahl des Bezugssystems abhängen. Mit anderen Worten, die Wirkung ist eine Invariante bezüglich der Lorentz-Transformationen.

Für ein freies Teilchen, d. h. ein Partikel, das in einem bestimmten Inertialsystem für alle Zeiten ruht, kann das Wirkungsintegral nur von skalaren Größen abhängen. Andernfalls würden wir in irgendeiner Weise die Homogenität und Isotropie des Raums verletzen. Andererseits können unter dem Integral nur Differentiale in der ersten Potenz stehen. Der einzige Skalar jedoch, den man für freie Teilchen bilden kann, ist der infinitesimale Ereignisabstand ds.

Damit hat das Wirkungsfunktional eines freien Teilchens die Gestalt

$$S = -\alpha \int_{P}^{P'} ds \tag{4.2}$$

mit einer noch zu bestimmenden Konstanten α. Das Integral ist entlang der Weltlinie des Teilchens zwischen den beiden Ereignispunkten P und P' zu bilden, d. h. dem Start- und Endpunkt der Bewegung im vierdimensionalen Raum.

Bevor wir jetzt die Trajektorie bestimmen, die der minimalen Wirkung entspricht, wollen wir noch die *Vierergeschwindigkeit* einführen. Sie ist in der kontravarianten Form durch

$$u^i = \frac{dx^i}{ds} \tag{4.3}$$

gegeben. Die entsprechende kovariante Formulierung ist dann einfach

$$u_i = \frac{dx_i}{ds} \tag{4.4}$$

Man kann die einzelnen Komponenten durch die dreidimensionale Geschwindigkeit darstellen. Wegen der bereits bekannten Relation

$$ds^2 = (c\,dt)^2 - dx^2 - dy^2 - dz^2 \tag{4.5}$$

gilt

$$ds = c\,dt\sqrt{1 - \frac{v^2}{c^2}} \tag{4.6}$$

und es folgt unmittelbar für die drei räumlichen Komponenten

$$u^\alpha = \frac{dx^\alpha}{ds} = \frac{dx^\alpha}{c\,dt\sqrt{1-\frac{v^2}{c^2}}} = \frac{v^\alpha/c}{\sqrt{1-\frac{v^2}{c^2}}} \tag{4.7}$$

Die zeitliche Komponente ist dagegen

$$u^0 = \frac{dx^0}{ds} = \frac{1}{\sqrt{1-\frac{v^2}{c^2}}} \tag{4.8}$$

Damit kann der Vierervektor kontravariant auch als

$$(u^i) = \frac{1}{\sqrt{1-\frac{v^2}{c^2}}}\left(1, \frac{\boldsymbol{v}}{c}\right) \tag{4.9}$$

geschrieben werden. Die entsprechende kovariante Darstellung lautet dann

$$(u_i) = \frac{1}{\sqrt{1-\frac{v^2}{c^2}}}\left(1, -\frac{\boldsymbol{v}}{c}\right) \tag{4.10}$$

Die Komponenten der Vierergeschwindigkeit sind nicht voneinander unabhängig. Bildet man nämlich das Skalarprodukt mit sich selbst, also $u^i u_i$, dann ist

$$u^i u_i = \frac{dx^i}{ds}\frac{dxi}{ds} = \frac{g_{ij}dx^i dx^j}{ds^2} = \frac{ds^2}{ds^2} = 1 \tag{4.11}$$

Wir kommen nun zu dem Variationsverfahren, das uns die Trajektorie zur minimalen Wirkung liefern soll. Dazu nehmen wir analog zum Vorgehen in der klassischen Mechanik zunächst an, dass uns diese Trajektorie bereits bekannt sei. Jede kleine Abweichung δx^i von dieser Kurve führt zu einer Wirkung, die größer als die Wirkung der Minimaltrajektorie ist. Dann muss die Differenz zwischen diesen beiden Wirkungen, die so genannte Variation der Wirkung δS, stets positiv definit sein und bei infinitesimal kleinen Variationen δx^i der Vergleichbahn um die Minimaltrajektorie verschwinden.

Da uns aber die Minimaltrajektorie nicht bekannt ist, stellen wir nun die Aufgabe umgekehrt: Wir verlangen, dass die Variation der Wirkung δS für beliebige, aber infinitesimal kleine Variationen der vierdimensionalen Trajektorie δx^i verschwinden muss, und erhalten aus der Lösung der dieses Problem beschreibenden Euler-Lagrange-Gleichungen die gesuchte Minimaltrajektorie. Wie in der klassischen Mechanik sind für die Bildung der Variationen nur solche Vergleichsbahnen zulässig, die am Anfangs- und Endpunkt mit der Minimaltrajektorie übereinstimmen.

Die Forderung, dass die Variation der Wirkung verschwindet, lässt sich formal als

$$\delta S = -\alpha\delta\int_P^{P'} ds = -\alpha\int_P^{P'}\delta\sqrt{g_{ij}dx^i dx^j} = 0 \tag{4.12}$$

schreiben. Um die Variation der Wurzel zu bestimmen, benutzen wir

$$\delta\sqrt{g_{ij}dx^i dx^j} = \sqrt{g_{ij}d(x^i+\delta x^i)d(x^j+\delta x^j)} - \sqrt{g_{ij}dx^i dx^j} \tag{4.13}$$

Wir entwickeln die quadratische Form unter der Wurzel nach den kleinen Variationen δx^i und vernachlässigen die quadratischen Glieder, die im Limes infinitesimal kleiner Variationen gegenüber den linearen Gliedern bedeutungslos werden:

$$\delta\sqrt{g_{ij}dx^i dx^j} = \sqrt{g_{ij}\left[dx^i dx^j + d\delta x^i dx^j + dx^i d\delta x^j\right]} - \sqrt{g_{ij}dx^i dx^j} \tag{4.14}$$

Beachtet man noch $ds^2 = g_{ij}dx^i dx^j$, dann ist

$$\delta\sqrt{g_{ij}dx^i dx^j} = ds\sqrt{1 + g_{ij}\frac{d\delta x^i dx^j}{ds^2} + \frac{g_{ij}dx^i d\delta x^j}{ds^2}} - ds \tag{4.15}$$

Mit der Definition der Vierergeschwindigkeit und einer Reihenentwicklung der Wurzel bis zum linearen Glied folgt

$$\delta\sqrt{g_{ij}dx^i dx^j} = \frac{1}{2}\left[g_{ij}u^j d\delta x^i + g_{ij}u^i d\delta x^j\right] \tag{4.16}$$

oder nach der Anwendung der Metrik auf die Vierergeschwindigkeit und einer entsprechenden Umbenennung der Indizes

$$\delta\sqrt{g_{ij}dx^i dx^j} = u_i d\delta x^i \tag{4.17}$$

Wir erhalten also für die Variation der Wirkung:

$$\delta S = -\alpha \int_P^{P'} u_i d\delta x^i = -\alpha \int_P^{P'} u_i \frac{d\delta x^i}{ds} ds \tag{4.18}$$

Den letzten Ausdruck können wir partiell integrieren:

$$\delta S = -\alpha\, u_i \delta x^i \Big|_P^{P'} + \alpha \int_P^{P'} \frac{du_i}{ds} \delta x^i ds \tag{4.19}$$

Der erste Beitrag verschwindet, da laut Voraussetzung am Anfangs- und Endpunkt jede Vergleichsbahn mit der Minimaltrajektorie übereinstimmen muss und daher die Variationen δx^i in diesen beiden Punkten identisch verschwinden. Der verbleibende Ausdruck muss dann wegen der Forderung $\delta S = 0$ ebenfalls verschwinden, und zwar für alle möglichen Variationen. Das kann aber nur dann der Fall sein, wenn gilt:

$$\frac{du_i}{ds} = 0 \tag{4.20}$$

Damit haben wir die gesuchte Gleichung für die von einem freien Teilchen tatsächlich durchlaufenen Bahnkurve gefunden.

Um die in (4.2) noch offene Konstante α zu bestimmen, beachten wir, dass sich die Wirkung nach (4.6) bzw. (3.10) auch als Integral über die Zeit darstellen lässt:

$$S = -\alpha c \int_{t_P}^{t_{P'}} \sqrt{1 - \frac{v^2}{c^2}} dt \tag{4.21}$$

Der Integrand ist in dieser Darstellung die Lagrange-Funktion L des freien Teilchens, denn die Wirkung wird in ihrer Standardform als

$$S = \int_{t_P}^{t_{P'}} L\, dt \tag{4.22}$$

geschrieben. Wir erhalten deshalb

$$L = -\alpha c \sqrt{1 - \frac{v^2}{c^2}} \tag{4.23}$$

Diese Lagrange-Funktion muss für kleine Geschwindigkeiten in die aus der klassischen Mechanik bekannte Lagrange-Funktion eines freien Teilchens übergehen. Die Entwicklung von L nach Potenzen von v/c liefert

$$L = -\alpha c \left(1 - \frac{v^2}{2c^2} + \ldots\right) = -\alpha c + \frac{\alpha v^2}{2c} + \ldots \tag{4.24}$$

Das erste Glied ist eine Konstante, die keinerlei Einfluss auf die mithilfe des Variationsprinzips erzeugbaren Bewegungsgleichungen (Euler-Lagrange-Gleichungen) hat. Entscheidend ist der zweite Term. In der klassischen Mechanik ist die Lagrange-Funktion des freien Massepunkts gerade

$$L_{\text{klass}} = \frac{m}{2} v^2 \tag{4.25}$$

Der Vergleich zwischen Reihenentwicklung und klassischer Lagrange-Funktion liefert

$$\alpha = mc \tag{4.26}$$

und damit

$$L = -mc^2 \sqrt{1 - \frac{v^2}{c^2}} \tag{4.27}$$

sowie

$$S = -mc \int_{P}^{P'} ds \tag{4.28}$$

Die Kenntnis der Lagrange-Funktion erlaubt es demnach, den Partikelimpuls festzulegen:

$$\boldsymbol{p} = \frac{\partial L}{\partial \boldsymbol{v}} = -mc^2 \frac{\left(-2\boldsymbol{v}/c^2\right)}{2\sqrt{1 - \frac{v^2}{c^2}}} = \frac{m\boldsymbol{v}}{\sqrt{1 - \frac{v^2}{c^2}}} \tag{4.29}$$

oder in Komponentenschreibweise

$$p^\alpha = \frac{\partial L}{\partial v^\alpha} = \frac{mv^\alpha}{\sqrt{1 - \frac{v^2}{c^2}}} = mcu^\alpha \tag{4.30}$$

Offenbar besteht ein direkter Zusammenhang zwischen dem dreidimensionalen Impuls und den räumlichen Komponenten der Vierergeschwindigkeit $\vec{u}$. Es sei aber darauf aufmerksam gemacht, dass die klassische Relation $\boldsymbol{p} = m\boldsymbol{v}$

in der relativistischen Physik nicht mehr gilt. Der Anschluss an die klassische Mechanik wird vielmehr bei kleinen Geschwindigkeiten durch eine asymptotische Approximation erreicht:

$$\boldsymbol{p} = \frac{\partial L}{\partial \boldsymbol{v}} = m\boldsymbol{v}\left[1 + \frac{v^2}{2c^2} + \ldots\right] \approx m\boldsymbol{v} \tag{4.31}$$

Gleichung (4.30) lässt sich in eine vierdimensionale Darstellung bringen:

$$p^\alpha = mcu^\alpha \qquad \longrightarrow \qquad p^i = mcu^i \tag{4.32}$$

Es erhebt sich natürlich die Frage, welche physikalische Bedeutung die auf diese Weise postulierte zeitliche Komponente

$$p^0 = \frac{mc}{\sqrt{1 - \frac{v^2}{c^2}}} \tag{4.33}$$

des Viererimpulses hat. Dazu bilden wir mithilfe einer Legendre-Transformation aus der Lagrange-Funktion die Hamilton-Funktion und damit die Energie des freien Teilchens:

$$E = H = \boldsymbol{p}\boldsymbol{v} - L = \frac{mv^2}{\sqrt{1 - \frac{v^2}{c^2}}} + mc^2\sqrt{1 - \frac{v^2}{c^2}} \tag{4.34}$$

Wir erhalten

$$E = \frac{mc^2}{\sqrt{1 - \frac{v^2}{c^2}}} \tag{4.35}$$

Diese wichtige Formel besagt, dass in der relativistischen Physik die Energie eines freien Teilchen selbst für $v \to 0$ nicht verschwindet, sondern den endlichen Wert:

$$E = mc^2 \tag{4.36}$$

anstrebt. Dieser Zusammenhang zwischen der Ruheenergie und der Masse des Partikels ist die berühmte Einstein-Formel. Für ein beliebiges freies Teilchen gilt aber auf jeden Fall

$$p^0 = \frac{E}{c} \tag{4.37}$$

wie man aus einem Vergleich zwischen (4.33) und (4.35) sofort ablesen kann. Der Impuls lässt sich daher in der kontravarianten Form als

$$(p^i) = \left(\frac{E}{c}, \boldsymbol{p}\right) \tag{4.38}$$

schreiben. Folglich erhalten wir in der kovarianten Darstellung

$$(p_i) = \left(\frac{E}{c}, -\boldsymbol{p}\right) \tag{4.39}$$

Um die Hamilton-Funktion in ihrer Standardform zu erhalten, muss noch die Geschwindigkeit zugunsten des Impulses eliminiert werden. Dazu bilden wir mit (4.32) das Skalarprodukt

$$p^i p_i = m^2 c^2 u^i u_i = m^2 c^2 \tag{4.40}$$

wobei $u^i u_i = 1$ benutzt wurde. Setzen wir die ko- und kontravarianten Komponenten des Viererimpulses entsprechend ein, dann erhalten wir

$$\frac{E^2}{c^2} - p^2 = m^2 c^2 \tag{4.41}$$

und damit

$$E = H = \sqrt{m^2 c^4 + p^2 c^2} \tag{4.42}$$

Offenbar ist in der relativistischen Physik die Energie eines freien Teilchens eine vollständig definierte, positiv definite Größe, die unmittelbar mit der Masse und der Geschwindigkeit zusammenhängt. In der klassischen Mechanik ist dagegen die Energie nur bis auf eine beliebige additive Konstante bestimmt und kann daher sowohl positiv als auch negativ sein.

Schließlich merken wir noch an, dass unsere Überlegungen nicht nur für freie Teilchen, also Elementarteilchen im engeren Sinne, sondern auch für zusammengesetzte Partikel und natürlich auch makroskopische Körper Gültigkeit besitzen.

4.3 *Das Viererpotential

Die Wirkungsfunktion eines Teilchens, das sich in einem Feld bewegt, setzt sich aus der Wirkung des freien Teilchens und einem weiteren Beitrag zusammen, der die Wechselwirkung des Teilchens mit dem Feld beschreibt. Dieser Zusatzterm S_{WW} stellt eine Kopplung zwischen Feld und Teilchen her und muss deshalb sowohl Größen enthalten, die das Teilchen betreffen, als auch Größen, die das Feld charakterisieren.

Die Eigenschaften eines Elementarteilchens in Bezug auf die uns interessierende Wechselwirkung mit dem elektromagnetischen Feld wird durch seine Elementarladung q beschrieben. Die Ladung ist ein Skalar, der positiv, negativ oder auch Null sein kann. Im letzten Fall reagiert das Teilchen nicht auf das Feld.

Die Eigenschaften des Felds werden durch einen Vierervektor – das so genannte Viererpotential – repräsentiert. Dieses Viererpotential A_i ist in jedem Raum-Zeitpunkt des vierdimensionalen Raums als eine Funktion der jeweiligen Koordinaten und der Zeit erklärt. Die aus diesem Vierervektorpotential entstehende Theorie soll bezüglich der Felder dem Superpositionsprinzip genügen. Daher kann die Wirkung nur linear in den A_i sein. Andererseits soll die jeweilige Trajektorie des Partikels mit dem Feld entlang dieser Trajektorie gekoppelt sein, um dem Nahwirkungsprinzip gerecht zu werden. Schließlich soll die Wirkung wieder invariant gegenüber den Lorentz-Transformationen, also ein Skalar, sein. Berücksichtigt man alle diese Forderungen, dann muss die Wirkung die Gestalt

$$S_{\mathrm{WW}} = -\frac{q}{c} \int\limits_{P}^{P'} A_i dx^i \tag{4.43}$$

haben. Der Vorfaktor selbst ist bereits mit Blick auf die spätere Festlegung der Maßeinheit des Viererpotentials eingefügt. In ihm spiegelt sich natürlich die Teilcheneigenschaft der Ladung wieder. Aber der Faktor $1/c$ kann jederzeit durch die Reskalierung des Viererpotentials geändert werden. Die Gesamtwirkung eines Teilchens in einem Feld hat somit die Gestalt

$$S = -mc \int\limits_{P}^{P'} ds - \frac{q}{c} \int\limits_{P}^{P'} A_i dx^i \tag{4.44}$$

Hierbei beschreibt der erste Summand das freie Teilchen und der zweite die Kopplung des Teilchens mit dem Viererpotential.

4.4 *Kovariante Bewegungsgleichungen

Die Bewegungsgleichungen für ein Teilchen in einem Vektorfeld lassen sich wieder über das Hamilton'sche Variationsprinzip gewinnen. Wir erhalten zunächst

$$\delta S = -m\, c\, \delta \int\limits_{P}^{P'} ds - \frac{q}{c} \delta \int\limits_{P}^{P'} A_i dx^i \tag{4.45}$$

Der erste Beitrag ist bereits bekannt und kann mit der Variation der Wirkung des freien Teilchens identifiziert werden:

$$\delta S_{\mathrm{Partikel}} = -mc\, \delta \int\limits_{P}^{P'} ds = mc \int\limits_{P}^{P'} \frac{du_i}{ds} \delta x^i ds \tag{4.46}$$

Der zweite Beitrag liefert die Variation des Wechselwirkungsanteils. Dieser kann folgendermaßen in zwei Teile aufgespalten werden:

$$\delta S_{\mathrm{WW}} = -\frac{q}{c} \int\limits_{P}^{P'} \left[\delta A_i dx^i + A_i \delta dx^i \right] \tag{4.47}$$

Im ersten Term des Wechselwirkungsbeitrags wird die Variation des Vektorpotentials δA_i nach der Variation der Trajektorie entwickelt:

$$\int_P^{P'} \delta A_i dx^i = \int_P^{P'} \frac{\partial A_i}{\partial x^k} \delta x^k dx^i = \int_P^{P'} A_{i,k} u^i \delta x^k ds \tag{4.48}$$

Im zweiten Term integrieren wir partiell

$$\begin{aligned}\int_P^{P'} A_i \delta dx^i &= \int_P^{P'} d\left[A_i \delta x^i\right] - \int_P^{P'} dA_i \delta x^i \\ &= A_i \delta x^i \Big|_P^{P'} - \int_P^{P'} \delta x^i \frac{\partial A_i}{\partial x^k} \frac{dx^k}{ds} ds \\ &= -\int_P^{P'} \delta x^i A_{i,k} u^k ds \end{aligned} \tag{4.49}$$

und beachten, dass die Variation im Anfangs- und Endpunkt verschwindet. Die drei Beiträge zu δS_{WW} werden jetzt wieder zusammengefasst[1]:

$$\delta S = mc \int_P^{P'} \frac{du_k}{ds} \delta x^k ds - \frac{q}{c} \int_P^{P'} (A_{i,k} - A_{k,i}) u^i \delta x^k ds \tag{4.50}$$

Da die Variationen δx^k zwar infinitesimal klein, aber immer noch beliebig sind, kann das Prinzip der kleinsten Wirkung $\delta S = 0$ nur

$$mc \frac{du_k}{ds} = \frac{q}{c} (A_{i,k} - A_{k,i}) u^i \tag{4.51}$$

zur Folge haben. Diese Gleichung beschreibt die Bewegung eines Teilchens in einem Vierervektorfeld. Wir führen jetzt noch einen antisymmetrischen Tensor ein, den so genannten Feldstärketensor:

$$F_{ki} = A_{i,k} - A_{k,i} \tag{4.52}$$

Damit gelangen wir zu den vierdimensionalen Bewegungsgleichungen

$$\frac{dp_k}{ds} = \frac{q}{c} F_{ki} u^i \tag{4.53}$$

Dabei haben wir die aus (4.32) bereits bekannte Beziehung $p_k = mcu_k$ benutzt.

1) Man beachte, dass man die stummen Indizes nach Belieben umbenennen kann.

4.5
*Der Anschluss an die Elektrodynamik

Wir können jetzt versuchen, ähnlich wie im Fall des freien Teilchens, die Lagrange-Funktion zu definieren. Auch hier müssen wir die Wirkung in der Form

$$S = \int_{t_P}^{t_{P'}} L dt \tag{4.54}$$

schreiben. Beachten wir die Ergebnisse für das freie Teilchen, dann ist

$$S = \int_{t_P}^{t_{P'}} \left[-mc^2 \sqrt{1 - \frac{v^2}{c^2}} - \frac{q}{c} A_0 \frac{dx^0}{dt} - \frac{q}{c} A_\alpha \frac{dx^\alpha}{dt} \right] dt \tag{4.55}$$

Den Komponenten des Viererpotentials ordnen wir jetzt eigenständige Größen in der folgenden Form zu:

$$\vec{A} = \left(A^i \right) = (\varphi, \boldsymbol{A}) \tag{4.56}$$

Die zeitartige Komponente φ bezeichnen wir als skalares Potential[2], die raumartigen Komponenten werden als Vektorpotential $\boldsymbol{A}$ bezeichnet. Die entsprechenden kovarianten Komponenten des Viererpotentials sind dann

$$\vec{A} = (A_i) = (\varphi, -\boldsymbol{A}) \tag{4.57}$$

Damit nimmt die Wirkung die Gestalt

$$S = \int_{t_P}^{t_{P'}} \left[-mc^2 \sqrt{1 - \frac{v^2}{c^2}} - q\varphi + \frac{q}{c} \boldsymbol{A}\boldsymbol{v} \right] dt \tag{4.58}$$

an. Wir erhalten also die *Lagrange-Funktion*

$$L = -mc^2 \sqrt{1 - \frac{v^2}{c^2}} - q\varphi + \frac{q}{c} \boldsymbol{A}\boldsymbol{v} \tag{4.59}$$

Aus dieser Lagrange-Funktion bestimmen wir den *kanonischen Impuls*:

$$\boldsymbol{P} = \frac{\partial L}{\partial \boldsymbol{v}} = \frac{m\boldsymbol{v}}{\sqrt{1 - \frac{v^2}{c^2}}} + \frac{q}{c} \boldsymbol{A} = \boldsymbol{p} + \frac{q}{c} \boldsymbol{A} \tag{4.60}$$

2) Dieser Begriff ist, wie in Kapitel 2 bereits angedeutet, historisch bedingt. Das skalare Potential ist im pseudoeuklidischen Raum an sich kein Skalar, sondern eine Vektorkomponente.

Dabei ist der erste Teil der bereits bekannte kinematische Impuls $\boldsymbol{p}$ des Teilchens. Die Hamilton-Funktion ergibt sich dann durch eine Legendre-Transformation mit dem kanonischen Impuls

$$H = \boldsymbol{P}\boldsymbol{v} - L = \frac{mc^2}{\sqrt{1 - \frac{v^2}{c^2}}} + q\varphi \tag{4.61}$$

Allerdings ist H noch nicht in der kanonischen Form. Dazu muss die Geschwindigkeit zugunsten des kanonischen Impulses $\boldsymbol{P}$ eliminiert werden. Deshalb bilden wir

$$\frac{(H - q\varphi)^2}{c^2} = \frac{m^2c^2}{1 - \frac{v^2}{c^2}} = m^2c^2 + \frac{m^2v^2}{1 - \frac{v^2}{c^2}} = m^2c^2 + \left(\boldsymbol{P} - \frac{q}{c}\boldsymbol{A}\right)^2 \tag{4.62}$$

und erhalten

$$H = \sqrt{m^2c^4 + c^2\left(\boldsymbol{P} - \frac{q}{c}\boldsymbol{A}\right)^2} + q\varphi \tag{4.63}$$

Entwickelt man den Wurzelausdruck nach kleinen kinematischen Impulsen, dann erhält man die Hamilton-Funktion

$$H = mc^2 + \frac{1}{2m}\left(\boldsymbol{P} - \frac{q}{c}\boldsymbol{A}\right)^2 + q\varphi \tag{4.64}$$

in Übereinstimmung mit der klassischen Hamilton-Funktion (7.38) in Band I. Der einzige Unterschied ist, dass (4.64) noch den konstanten Beitrag mc^2 enthält, dem aber in der klassischen Mechanik keine Bedeutung zukommt.

Wir wollen jetzt noch einmal die Bewegungsgleichungen ableiten, diesmal aber unter Verwendung der Lagrange-Funktion (4.59) und der Euler-Lagrange-Gleichungen, also

$$\frac{d}{dt}\frac{\partial L}{\partial \boldsymbol{v}} = \frac{\partial L}{\partial \boldsymbol{x}} \tag{4.65}$$

Die rechte Seite kann man sofort bestimmen. Man findet mit (4.59)

$$\frac{\partial L}{\partial \boldsymbol{x}} = -q\nabla\varphi + \frac{q}{c}\nabla\left[\boldsymbol{A}\boldsymbol{v}\right] \tag{4.66}$$

Wegen der aus der Vektoranalysis stammenden Regel (B.13)

$$\nabla \boldsymbol{a}\boldsymbol{b} = (\boldsymbol{a}\nabla)\,\boldsymbol{b} + (\boldsymbol{b}\nabla)\,\boldsymbol{a} + \boldsymbol{b} \times \operatorname{rot}\boldsymbol{a} + \boldsymbol{a} \times \operatorname{rot}\boldsymbol{b} \tag{4.67}$$

ergibt sich mit der Identifikation $\boldsymbol{a} = \boldsymbol{A}$ und $\boldsymbol{b} = \boldsymbol{v}$

$$\nabla \boldsymbol{A}\boldsymbol{v} = (\boldsymbol{v}\nabla)\,\boldsymbol{A} + \boldsymbol{v} \times \operatorname{rot}\boldsymbol{A} \tag{4.68}$$

Wir erinnnern daran, dass im Kalkül der Euler-Lagrange-Gleichungen Geschwindigkeiten und Ortskoordinaten als unabhängige Variablen zu behandeln sind. Deshalb verschwinden insbesondere die Ausdrücke $(\boldsymbol{A}\nabla)\boldsymbol{v}$ und

$\boldsymbol{A} \times \operatorname{rot} \boldsymbol{v}$. Es folgt also

$$\frac{\partial L}{\partial \boldsymbol{x}} = -q\nabla\varphi + \frac{q}{c}\left[(\boldsymbol{v}\nabla)\,\boldsymbol{A} + \boldsymbol{v} \times \operatorname{rot} \boldsymbol{A}\right] \tag{4.69}$$

Betrachten wir nun die linke Seite von (4.65). $\partial L/\partial \boldsymbol{v}$ ist der generalisierte Impuls $\boldsymbol{P}$. Mit (4.60) erhalten wir dann

$$\frac{d}{dt}\frac{\partial L}{\partial \boldsymbol{v}} = \frac{d\boldsymbol{P}}{dt} = \dot{\boldsymbol{p}} + \frac{q}{c}\frac{d\boldsymbol{A}}{dt} \tag{4.70}$$

Die totale Zeitableitung des Vektorpotentials kann noch etwas umgeformt werden. Dazu beachtet man, dass das Vektorpotential immer an der Stelle der Trajektorie des Partikels zu nehmen ist. Es gilt also eigentlich

$$\boldsymbol{A} = \boldsymbol{A}(t, \boldsymbol{x}(t)) \tag{4.71}$$

und damit

$$\frac{d\boldsymbol{A}}{dt} = \frac{\partial \boldsymbol{A}}{\partial t} + \frac{\partial \boldsymbol{A}}{\partial x^\alpha}\frac{dx^\alpha(t)}{dt} = \frac{\partial \boldsymbol{A}}{\partial t} + (\boldsymbol{v}\nabla)\,\boldsymbol{A} \tag{4.72}$$

Die totale Zeitableitung des Vektorpotentials zerfällt also in eine lokale Zeitableitung, welche die zeitliche Änderung des Felds an der Stelle $\boldsymbol{x}$ angibt, und einen Transportanteil, der in der Verschiebung des Partikels entlang seiner Trajektorie begründet ist. Mit (4.69), (4.70) und (4.72) nehmen die Euler-Lagrange-Gleichungen die Form

$$\dot{\boldsymbol{p}} + \frac{q}{c}\left[\frac{\partial \boldsymbol{A}}{\partial t} + (\boldsymbol{v}\nabla)\,\boldsymbol{A}\right] = -q\;\nabla\varphi + \frac{q}{c}\left[(\boldsymbol{v}\nabla)\,\boldsymbol{A} + \boldsymbol{v} \times \operatorname{rot} \boldsymbol{A}\right] \tag{4.73}$$

oder die einfachere Gestalt

$$\dot{\boldsymbol{p}} = -\frac{q}{c}\frac{\partial \boldsymbol{A}}{\partial t} - q\,\nabla\varphi + \frac{q}{c}\boldsymbol{v} \times \operatorname{rot} \boldsymbol{A} \tag{4.74}$$

an. Die Kraft auf ein Teilchen im Vierervektorfeld A_i ist also durch

$$\boldsymbol{F} = -\frac{q}{c}\frac{\partial \boldsymbol{A}}{\partial t} - q\,\nabla\varphi + \frac{q}{c}\boldsymbol{v} \times \operatorname{rot} \boldsymbol{A} \tag{4.75}$$

gegeben. Wir wollen diese Kraft noch etwas genauer untersuchen. Aus der klassischen Mechanik (Band I) wissen wir, dass auf ein geladenes Teilchen die Lorentz-Kraft

$$\boldsymbol{F} = q\boldsymbol{E} + \frac{q}{c}\boldsymbol{v} \times \boldsymbol{B} \tag{4.76}$$

wirkt, wenn $\boldsymbol{E}$ die elektrische Feldstärke und $\boldsymbol{B}$ die magnetische Induktion ist. Durch Koeffizientenvergleich finden wir die Identifikationen

$$\boldsymbol{E} = -\left[\nabla\varphi + \frac{1}{c}\frac{\partial \boldsymbol{A}}{\partial t}\right] \tag{4.77}$$

und

$$B = \operatorname{rot} A \tag{4.78}$$

Damit haben wir unsere im wesentlichen differentialgeometrischen Überlegungen an die experimentelle Situation angeschlossen und somit gleichzeitig einen Zusammenhang zwischen den elektrischen und magnetischen Feldern einerseits und den formal eingeführten Potentialen andererseits hergestellt.

Die Felder sind durch ihre Kraftwirkung eindeutig festgelegt und experimentell verifizierbar. Anders dagegen die Potentiale. Wir werden zeigen, dass auch in der hier vorliegenden Formulierung funktional unterschiedliche Potentiale, die sich durch geeignete Eichtransformationen ineinander überführen lassen, identische Trajektorien für beliebige geladene Partikel generieren.

Wegen ihrer zentralen physikalischen Bedeutung sollte also den elektromagnetischen Feldern eine primäre Rolle zugeordnet werden. Deshalb werden wir versuchen, den Tensor F_{ki} in den vierdimensionalen Bewegungsgleichungen (4.53) mit den elektromagnetischen Feldern in Zusammenhang zu bringen. Prinzipiell könnten wir dazu die Definition des Tensors oder die Bewegungsgleichungen nutzen. Wir werden hier den zweiten Weg gehen. Dazu schreiben wir mithilfe von (4.77) und (4.78) die Bewegungsgleichung (4.74) in der Form

$$\dot{\boldsymbol{p}} = q\boldsymbol{E} + \frac{q}{c}\boldsymbol{v} \times \boldsymbol{B} \tag{4.79}$$

und gehen zur Komponentendarstellung über:

$$\begin{aligned}
\dot{p}_x &= qE_x + \frac{q}{c}\left(v_y B_z - v_z B_y\right) \\
\dot{p}_y &= qE_y + \frac{q}{c}\left(v_z B_x - v_x B_z\right) \\
\dot{p}_z &= qE_z + \frac{q}{c}\left(v_x B_y - v_y B_x\right)
\end{aligned} \tag{4.80}$$

Nun vergleichen wir, nachdem wir diese Gleichung mit ds/dt multipliziert haben, mit der Komponentendarstellung von (4.53):

$$\frac{dp_k}{ds}\frac{ds}{dt} = \frac{dp_k}{dt} = \frac{q}{c}F_{ki}u^i\frac{ds}{dt} = \frac{q}{c}F_{ki}\frac{dx^i}{dt} \tag{4.81}$$

Damit folgt für die räumlichen Impulskoordinaten[3]

$$\begin{aligned}
-\dot{p}_x &= qF_{10} + \frac{q}{c}\left(F_{12}v_y + F_{13}v_z\right) \\
-\dot{p}_y &= qF_{20} + \frac{q}{c}\left(F_{21}v_x + F_{23}v_z\right) \\
-\dot{p}_z &= qF_{30} + \frac{q}{c}\left(F_{31}v_x + F_{32}v_y\right)
\end{aligned} \tag{4.82}$$

3) Man beachte, dass die Viererimpulse kovariant aufgeschrieben sind. Daher ist bei der Darstellung der räumlichen Komponenten als dreidimensionale Vektoren zu beachten, dass $p_1 = -p_x$, $p_2 = -p_y$ und $p_3 = -p_z$ gilt.

Der Vergleich zwischen den beiden Komponentendarstellungen (4.80) und (4.82) liefert die kovariante Darstellung des elektromagnetischen Feldstärketensors F_{ki}

$$\underline{\underline{F}} = (F_{ki}) = \begin{pmatrix} 0 & E_x & E_y & E_z \\ -E_x & 0 & -B_z & B_y \\ -E_y & B_z & 0 & -B_x \\ -E_z & -B_y & B_x & 0 \end{pmatrix} \tag{4.83}$$

Die entsprechende kontravarianten Darstellung ist dann gegeben durch

$$\underline{\underline{\tilde{F}}} = \left(F^{ki}\right) = \begin{pmatrix} 0 & -E_x & -E_y & -E_z \\ E_x & 0 & -B_z & B_y \\ E_y & B_z & 0 & -B_x \\ E_z & -B_y & B_x & 0 \end{pmatrix} \tag{4.84}$$

Man erhält dieses Resultat am einfachsten durch eine Indexverschiebung über die Anwendung der Metrik (3.76) auf (4.83).

Natürlich ist auch der andere Weg problemlos möglich, nämlich die Komponenten des Feldstärketensors direkt aus der Definition $F_{ki} = A_{i,k} - A_{k,i}$ zu bestimmen. Man erhält so beispielsweise:

$$F_{01} = A_{1,0} - A_{0,1} = \frac{\partial(-A_x)}{c\partial t} - \frac{\partial \varphi}{\partial x} = -\left[\nabla\varphi + \frac{1}{c}\frac{\partial \boldsymbol{A}}{\partial t}\right]_x = E_x \tag{4.85}$$

oder

$$F_{21} = A_{1,2} - A_{2,1} = \frac{\partial(-A_x)}{\partial y} - \frac{\partial(-A_y)}{\partial x} = [\text{rot}\,\boldsymbol{A}]_z = B_z \tag{4.86}$$

Wir haben bisher nur die räumlichen Komponenten der vierdimensionalen Bewegungsgleichung (4.53) untersucht. Es bleibt also noch die Frage, welche physikalische Bedeutung die zeitliche Komponente hat. Dazu schreiben wir

$$\frac{dp_0}{dt} = \frac{q}{c}F_{0i}\frac{dx^i}{dt} = \frac{q}{c}F_{0\alpha}v^\alpha = \frac{q}{c}\left[E_x v_x + E_y v_y + E_z v_z\right] = \frac{q}{c}\boldsymbol{E}\boldsymbol{v} \tag{4.87}$$

Andererseits wissen wir, dass wegen (4.37) die (kinetische) Energie eines Teilchens durch $E = p^0 c$ bestimmt ist. Damit folgt

$$\frac{dE}{dt} = q\boldsymbol{E}\boldsymbol{v} \tag{4.88}$$

Diese vierte Bewegungsgleichung ist aber nicht unabhängig, denn sie kann aus der dreidimensionalen Bewegungsgleichung (4.79) hergeleitet werden. Dazu bilden wir einerseits das Produkt aus der Geschwindigkeit $\boldsymbol{v}$ und (4.79)

$$\dot{\boldsymbol{p}}\boldsymbol{v} = \left[q\boldsymbol{E} + \frac{q}{c}\boldsymbol{v} \times \boldsymbol{B}\right]\boldsymbol{v} = q\boldsymbol{E}\boldsymbol{v} \tag{4.89}$$

Andererseits ist wegen (4.35)

$$\frac{dE}{dt} = \frac{d}{dt}\frac{mc^2}{\sqrt{1-\frac{v^2}{c^2}}} = \frac{m\dot{v}v}{\left[\sqrt{1-\frac{v^2}{c^2}}\right]^3} \tag{4.90}$$

Aus (4.29) folgt durch Ableitung nach der Zeit die Gleichung

$$\dot{p} = \frac{m\dot{v}}{\sqrt{1-\frac{v^2}{c^2}}} + \frac{m\left(\dot{v}v\right)v}{c^2\left[\sqrt{1-\frac{v^2}{c^2}}\right]^3} \tag{4.91}$$

aus der wir durch einfache Umformungen und mithilfe von (4.90)

$$\dot{p}v = \frac{m\dot{v}v}{\sqrt{1-\frac{v^2}{c^2}}} + \frac{mv^2\left(\dot{v}v\right)}{c^2\left[\sqrt{1-\frac{v^2}{c^2}}\right]^3} = \frac{m\dot{v}v}{\left[\sqrt{1-\frac{v^2}{c^2}}\right]^3} = \frac{dE}{dt} \tag{4.92}$$

erhalten. Vergleichen wir jetzt (4.89) und (4.92), dann gelangen wir wiederum zu (4.88). Sowohl zur Herleitung von (4.89) als auch von (4.92) wurden nur im dreidimensionalen Raum definierte Relationen benutzt. Damit haben wir tatsächlich die zeitliche Komponente (4.88) der vierdimensionalen Bewegungsgleichung (4.53) aus der dreidimensionalen Bewegungsgleichung (4.79) abgeleitet.

4.6 *Eichinvarianz

Wir wollen nun der Frage nachgehen, inwieweit die Potentiale des Felds eindeutig bestimmt sind. Die vierdimensionale Bewegungsgleichung (4.53) für geladene Teilchen

$$mc\frac{du_k}{ds} = \frac{q}{c}F_{ki}u^i \tag{4.93}$$

wird nicht durch die Potentiale, sondern den Feldstärketensor F_{ki} bestimmt. Dieser Tensor lässt sich mithilfe der Bewegungsgleichung aus experimentell zugänglichen Informationen über die Trajektorien von Testteilchen vollständig bestimmen, d. h. das elektromagnetische Feld ($\boldsymbol{E}$, $\boldsymbol{B}$) ist eindeutig durch die Wirkung charakterisiert, die es auf die Bewegung von Ladungen ausübt.

Legt aber die Kenntnis des Tensors F_{ki} auch eindeutig die Potentiale fest? Dazu addieren wir zu einem beliebigen Viererpotential A_i den Gradienten einer beliebigen Funktion f. Das neue Vektorpotential $A'_i = A_i - f_{,i}$ bildet dann den Feldstärketensor

$$F'_{ki} = A'_{i,k} - A'_{k,i} = A_{i,k} - f_{,ik} - A_{k,i} + f_{,ki} \tag{4.94}$$

Da die partiellen Ableitungen vertauschbar sind (d. h. es gilt $f_{,ik} = f_{,ki}$), folgt sofort

$$F'_{ki} = A_{i,k} - A_{k,i} = F_{ki} \tag{4.95}$$

Die Potentiale A'_i und A_i haben demnach den gleichen elektromagnetischen Feldstärketensor zur Folge und sind damit physikalisch identisch. Diese fehlende Eindeutigkeit bei der Festlegung der Potentiale ist eine Konsequenz der in Kapitel 2 bereits besprochenen Eichfreiheit. Man kann die Eichfreiheit nutzen, um dem Potential eine geeignete Form zu geben und somit beispielsweise eine Komponente zu eliminieren.

Wenn die Eichinvarianz des Vektorpotentials für die Bewegungsgleichungen gilt, dann sollte sie auch in dem als fundamental angesehenen Wirkungsintegral auftreten. Da das Vektorpotential nur in S_{WW} auftritt, müssen wir nur die Invarianz dieses Terms gegenüber einer Eichtransformation nachweisen. Dazu bilden wir zunächst

$$S'_{\mathrm{WW}} = -\frac{q}{c}\int\limits_P^{P'} A'_i dx^i = -\frac{q}{c}\int\limits_P^{P'} \left[A_i - f_{,i}\right] dx^i = S_{\mathrm{WW}} + \frac{q}{c}\int\limits_P^{P'} f_{,i} dx^i \tag{4.96}$$

Unter dem zusätzlichen Integral steht ein totales Differential. Deshalb erhalten wir

$$f_{,i} dx^i = \frac{\partial f}{\partial x^i} dx^i = df \tag{4.97}$$

Das verbleibende Integral reduziert sich also auf

$$\int\limits_P^{P'} f_{,i} dx^i = f(P') - f(P) \tag{4.98}$$

Diese Differenz wird nur durch die Anfangs- und Endposition der Teilchen bestimmt und spielt für das Variationsverfahren keine Rolle, sodass bis auf diese unwesentliche Konstante tatsächlich auch die Wirkung invariant gegenüber einer Eichtransformation ist. Übertragen wir diese Eichtransformation in die dreidimensionale Darstellung, dann erhalten wir wegen $(A_i) = (\varphi, -\boldsymbol{A})$ und $A'_i = A_i - f_{,i}$

$$\boldsymbol{A}' = \boldsymbol{A} + \nabla f \qquad \text{und} \qquad \varphi' = \varphi - \frac{1}{c}\frac{\partial f}{\partial t} \tag{4.99}$$

Dies sind gerade die bereits bekannten Relationen (2.179) und (2.180). Das Vektorpotential ist also bis auf den Gradienten einer beliebigen Funktion, das skalare Potential bis auf die zeitliche Ableitung derselben Funktion festgelegt.

4.7 *Lorentz-Transformation der Felder

Wir wollen nun die Transformationsformeln des Viererpotentials und des elektromagnetischen Felds bestimmen. Dazu orientieren wir zunächst die beiden Inertialsysteme Σ und Σ', zwischen denen transformiert werden soll, in der bereits bekannten Weise: Die Koordinatenachsen sind parallel und die x-Achsen beider Bezugssysteme sind außerdem noch parallel zur Relativgeschwindigkeit v ausgerichtet. Mithilfe der Lorentz-Transformation

$$t = \frac{t' + \frac{v}{c^2}x'}{\sqrt{1-\frac{v^2}{c^2}}} \qquad x = \frac{x' + vt'}{\sqrt{1-\frac{v^2}{c^2}}} \qquad y = y' \qquad z = z' \tag{4.100}$$

erhalten wir die explizite Darstellung der bereits in (3.80) eingeführten Transformationsmatrix

$$\Lambda^k_{k'} = \frac{\partial x^k}{\partial x^{k'}} \tag{4.101}$$

Dazu müssen insbesondere die folgenden Ableitungen bestimmt werden:

$$\begin{aligned}
\frac{\partial x^0}{\partial x^{0'}} &= \frac{\partial t}{\partial t'} = \frac{1}{\sqrt{1-\frac{v^2}{c^2}}} = \cosh\psi = \alpha \\
\frac{\partial x^1}{\partial x^{0'}} &= \frac{\partial x}{c\,\partial t'} = \frac{v/c}{\sqrt{1-\frac{v^2}{c^2}}} = \sinh\psi = \beta \\
\frac{\partial x^0}{\partial x^{1'}} &= \frac{c\,\partial t}{\partial x'} = \frac{v/c}{\sqrt{1-\frac{v^2}{c^2}}} = \sinh\psi = \beta \\
\frac{\partial x^1}{\partial x^{1'}} &= \frac{\partial x}{\partial x'} = \frac{1}{\sqrt{1-\frac{v^2}{c^2}}} = \cosh\psi = \alpha
\end{aligned} \tag{4.102}$$

Der imaginäre Drehwinkel ψ wurde hier wieder als Parameter der Lorentz-Transformation entsprechend $\tanh\psi = v/c$ (vgl. (2.102)) eingeführt, α und β sind Abkürzungen. Die Transformationsmatrix hat also die Gestalt

$$\underline{\underline{\Lambda}} = (\Lambda^i_{i'}) = \begin{pmatrix} \cosh\psi & \sinh\psi & 0 & 0 \\ \sinh\psi & \cosh\psi & 0 & 0 \\ 0 & 0 & 1 & 0 \\ 0 & 0 & 0 & 1 \end{pmatrix} = \begin{pmatrix} \alpha & \beta & 0 & 0 \\ \beta & \alpha & 0 & 0 \\ 0 & 0 & 1 & 0 \\ 0 & 0 & 0 & 1 \end{pmatrix} \tag{4.103}$$

Damit folgt für die Transformation des Viererpotentials

$$A^i = \Lambda^i_{i'} A^{i'} \tag{4.104}$$

oder in Matrixschreibweise

$$\vec{A} = \underline{\underline{\Lambda}}\,\vec{A}' \tag{4.105}$$

In expliziter Form erhalten wir:

$$\begin{pmatrix} \varphi \\ A_x \\ A_y \\ A_z \end{pmatrix} = \begin{pmatrix} \cosh\psi & \sinh\psi & 0 & 0 \\ \sinh\psi & \cosh\psi & 0 & 0 \\ 0 & 0 & 1 & 0 \\ 0 & 0 & 0 & 1 \end{pmatrix} \begin{pmatrix} \varphi' \\ A'_x \\ A'_y \\ A'_z \end{pmatrix} \tag{4.106}$$

und damit

$$\varphi = \frac{\varphi' + \frac{v}{c}A'_x}{\sqrt{1-\frac{v^2}{c^2}}}, \qquad A_x = \frac{A'_x + \frac{v}{c}\varphi'}{\sqrt{1-\frac{v^2}{c^2}}}, \qquad A_y = A'_y, \qquad A_z = A'_z \tag{4.107}$$

Die Transformationsformeln für den antisymmetrischen Feldstärketensor

$$F^{ik} = \Lambda^i_{i'}\Lambda^k_{k'}F^{i'k'} \tag{4.108}$$

lassen sich ebenfalls relativ einfach in der Matrizendarstellung formulieren:

$$\underline{\underline{F}} = \underline{\underline{\Lambda}}\ \underline{\underline{F}}'\ \underline{\underline{\Lambda}}^T \tag{4.109}$$

Insbesondere lautet in dieser Form die rechte Seite von (4.109):

$$\begin{pmatrix} \alpha & \beta & 0 & 0 \\ \beta & \alpha & 0 & 0 \\ 0 & 0 & 1 & 0 \\ 0 & 0 & 0 & 1 \end{pmatrix} \begin{pmatrix} 0 & -E'_x & -E'_y & -E'_z \\ E'_x & 0 & -B'_z & B'_y \\ E'_y & B'_z & 0 & -B'_x \\ E'_z & -B'_y & B'_x & 0 \end{pmatrix} \begin{pmatrix} \alpha & \beta & 0 & 0 \\ \beta & \alpha & 0 & 0 \\ 0 & 0 & 1 & 0 \\ 0 & 0 & 0 & 1 \end{pmatrix} \tag{4.110}$$

Nach einigen algebraischen Umformungen erhält man hieraus:

$$) \begin{pmatrix} 0 & -E'_x & -(\alpha E'_y + \beta B'_z) & -(\alpha E'_z - \beta B'_y) \\ E'_x & 0 & -(\beta E'_y + \alpha B'_z) & -(\beta E'_z - \alpha B'_y) \\ \alpha E'_y + \beta B'_z & \beta E'_y + \alpha B'_z & 0 & -B'_x \\ \alpha E'_z - \beta B'_y & \beta E_{z'} - \alpha B'_y & B'_x & 0 \end{pmatrix} \tag{4.111}$$

Wegen (4.103) gelten für die beiden Parameter α und β die Beziehungen $\alpha = \cosh\psi$ und $\beta = \sinh\psi$. Aus der Matrix (4.111) kann man unter Beachtung von (4.83) die Lorentz-Transformationen für das elektrische und das magnetische Feld sofort ablesen. Man erhält

$$E_x = E'_x \qquad E_y = \frac{E'_y + \frac{v}{c}B'_z}{\sqrt{1-\frac{v^2}{c^2}}} \qquad E_z = \frac{E'_z - \frac{v}{c}B'_y}{\sqrt{1-\frac{v^2}{c^2}}} \tag{4.112}$$

und

$$B_x = B'_x \qquad B_y = \frac{B'_y - \frac{v}{c}E'_z}{\sqrt{1-\frac{v^2}{c^2}}} \qquad B_z = \frac{B'_z + \frac{v}{c}E'_y}{\sqrt{1-\frac{v^2}{c^2}}} \tag{4.113}$$

Offenbar werden nur die Feldkomponenten transformiert, die senkrecht zur Relativgeschwindigkeit stehen. Das elektrische und das magnetische Feld sind damit relative Größen, d. h. sie besitzen in verschiedenen Bezugssystemen auch verschiedene Eigenschaften. Verschwindet insbesondere in dem Inertialsystem Σ' das Feld der magnetischen Induktion ($\boldsymbol{B}' = 0$), dann finden wir in dem relativ dazu bewegten Bezugssystem Σ die magnetische Induktion

$$B_y = -\frac{v}{c}\frac{E_z'}{\sqrt{1-\frac{v^2}{c^2}}} = -\frac{v}{c}E_z \qquad \text{und} \qquad B_z = \frac{v}{c}\frac{E_y'}{\sqrt{1-\frac{v^2}{c^2}}} = \frac{v}{c}E_y \tag{4.114}$$

Da aber außerdem noch $B_x = 0$ folgt und die Relativgeschwindigkeit die Komponenten $\boldsymbol{v} = (v, 0, 0)$ hat, erhalten wir sofort

$$\boldsymbol{B} = \frac{1}{c}\boldsymbol{v} \times \boldsymbol{E} \tag{4.115}$$

In Σ entsteht also ein magnetisches Feld, das senkrecht auf der Relativgeschwindigkeit und dem elektrischen Feld steht. Verschwindet dagegen in Σ' das elektrische Feld, dann erhalten wir in gleicher Weise

$$E_y = \frac{v}{c}\frac{B_z'}{\sqrt{1-\frac{v^2}{c^2}}} = \frac{v}{c}B_z \qquad \text{und} \qquad E_z = -\frac{v}{c}\frac{B_y'}{\sqrt{1-\frac{v^2}{c^2}}} = -\frac{v}{c}B_y \tag{4.116}$$

Weil schließlich aus den obigen Transformationsformeln noch $E_x = 0$ folgt, ist dann

$$\boldsymbol{E} = -\frac{1}{c}\boldsymbol{v} \times \boldsymbol{B} \tag{4.117}$$

Es gilt aber auch die Umkehrung: Stehen in einem Bezugssystem die Felder $\boldsymbol{E}$ und $\boldsymbol{B}$ aufeinander senkrecht, so findet man immer ein Inertialsystem, in dem nur das elektrische oder nur das magnetische Feld existiert. Die Relativgeschwindigkeit $\boldsymbol{v}$ dieses Inertialsystems steht senkrecht auf den Feldern $\boldsymbol{E}$ und $\boldsymbol{B}$. Für den Betrag gilt entweder $v = c\,|\boldsymbol{B}|\,/\,|\boldsymbol{E}|$ (dann ist $|\boldsymbol{B}| < |\boldsymbol{E}|$ notwendig) oder $v = c\,|\boldsymbol{E}|\,/\,|\boldsymbol{B}|$ (dann ist $|\boldsymbol{E}| < |\boldsymbol{B}|$ zu fordern).

4.8 *Elektromagnetische Feldinvarianten

Aus den Komponenten des elektromagnetischen Feldstärketensors lassen sich Invarianten bilden, die sich bei Transformationen zwischen Inertialsystemen nicht ändern. Da Skalare invariant gegenüber beliebigen Transformationen sind, kommt es also darauf an, aus F^{ik} geeignete Skalare zu konstruieren. Tatsächlich findet man relativ leicht zwei Skalare, die quadratisch im Feldstärketensor sind, nämlich

$$I_1 = F^{ik}F_{ik} \qquad \text{und} \qquad I_2 = e^{ijkl}F_{ij}F_{kl} \tag{4.118}$$

Dabei ist e^{ijkl} der antisymmetrische Einheitstensor. Skalare, die linear in F^{ik} sind, verschwinden. So ist beispielsweise die Spur

$$F_k^k = g^{ki} F_{ik} \tag{4.119}$$

ein Skalar mit dem universellen Wert 0, da die Verjüngung eines symmetrischen Tensors – in unserem Fall g^{ki} – mit einem antisymmetrischen Tensor immer verschwindet[4]. Höhere Kombinationen sind zwar möglich, lassen sich aber immer auf Funktionen der beiden Invarianten I_1 und I_2 abbilden oder verschwinden ebenfalls. Als ein Beispiel betrachten wir die zyklische Kombination

$$Z_3 = F_i^k F_k^m F_m^i = F_i^k F_{lk} g^{lm} F_m^i = (F_i^k F_{lk}) F^{il} \tag{4.120}$$

Der eingeklammerte Ausdruck ist ein symmetrischer Tensor zweiter Stufe, denn es ist

$$T_{il} = F_i^k F_{lk} = g^{kn} F_{ni} F_{lk} = g^{kn} \left(-F_{in}\right) \left(-F_{kl}\right) \tag{4.121}$$

wobei im letzten Schritt die Antisymmetrie des Feldstärketensors genutzt wurde. Da die Metrik symmetrisch ist, folgt weiter

$$T_{il} = g^{kn} F_{in} F_{kl} = g^{nk} F_{in} F_{kl} = F_{in} F_l^n = F_l^n F_{in} = T_{li} \tag{4.122}$$

Der Tensor T_{il} ist also, wie behauptet, symmetrisch. Dann muss aber Z_3 als Verjüngung eines symmetrischen mit einem antisymmetrischen Tensor gerade verschwinden, und die obige Behauptung ist erfüllt.

Tatsächlich findet man, dass der antisymmetrische Feldstärketensor nur zwei Invarianten hat. Diese Invarianten hängen direkt mit der charakteristischen Gleichung (Säkulargleichung) des Tensors F^{ik} zusammen.

In der dreidimensionalen Schreibweise lauten die beiden Invarianten

$$I_1 = 2(\boldsymbol{B}^2 - \boldsymbol{E}^2) \tag{4.123}$$

und

$$I_2 = -8\,\boldsymbol{B}\,\boldsymbol{E} \tag{4.124}$$

Aus der Invarianz dieser beiden Größen ergeben sich nun die folgenden Konsequenzen:

– Sind in irgendeinem Inertialsystem das elektrische und das magnetische Feld zueinander orthogonal, dann auch in allen anderen Inertialsystemen.

4) Man erkennt diese Eigenschaft, indem man in einem ersten Schritt die Indizes entsprechend $i \leftrightarrow k$ umbenennt und dann in einem zweiten Schritt entsprechend den Symmetrieregeln zurücktauscht: $g^{ki} F_{ik} = g^{ik} F_{ki} = \left(g^{ki}\right)\left(-F_{ik}\right) = -g^{ki} F_{ik}$. Der Vergleich des ersten und letzten Ausdrucks liefert sofort $g^{ki} F_{ik} = 0$.

- Sind in einem Inertialsystem das elektrische und magnetische Feld vom Betrag her gleich, dann auch in allen anderen Inertialsystemen.
- Falls in einem Inertialsystem $|\boldsymbol{B}| > |\boldsymbol{E}|$ gilt, dann auch in allen anderen Inertialsystemen.
- Falls in einem Inertialsystem $|\boldsymbol{B}| < |\boldsymbol{E}|$ gilt, dann auch in allen anderen Inertialsystemen.
- Falls in einem Inertialsystem $\boldsymbol{BE} < 0$ gilt, dann auch in allen anderen Inertialsystemen.
- Falls in einem Inertialsystem $\boldsymbol{BE} > 0$ gilt, dann auch in allen anderen Inertialsystemen.
- Ist $\boldsymbol{BE} = 0$, dann gibt es ein Inertialsystem mit $\boldsymbol{E} = 0$ oder $\boldsymbol{B} = 0$, je nachdem ob $|\boldsymbol{B}| > |\boldsymbol{E}|$ oder $|\boldsymbol{E}| > |\boldsymbol{B}|$ gilt.

Aufgaben:

4.1 Zeigen Sie mithilfe des relativistischen Energie-Impuls-Erhaltungssatzes, dass ein freies Elementarteilchen kein Photon absorbieren oder spontan emittieren kann.

4.2 Ein geladener räumlicher Oszillator mit der mechanischen Frequenz ω_0 und der Masse m schwingt in einem homogenen Magnetfeld der Stärke B. Zeigen Sie, dass dann die Entartung der drei Eigenfrequenzen aufgehoben wird, sodass jetzt Schwingungen mit den Eigenfrequenzen

$$\omega = \sqrt{\omega_0^2 + \left(\frac{qB}{2mc}\right)^2} \pm \frac{qB}{2mc} \quad \text{und} \quad \omega = \omega_0$$

beobachtet werden können.

4.3 Ein ruhendes Teilchen der Masse m_0 zerfalle in zwei Teilchen der Massen m_1 und m_2. Zeigen Sie, dass die kinetische Energie der beiden Teilchen durch

$$T_{\text{kin},1/2} = \delta m_0 \left[1 - \frac{m_{1/2}}{m_0} - 2\frac{\delta m_0}{2m_0}\right]$$

bestimmt ist. Dabei ist $\delta m_0 = m_0 - m_1 - m_2$ der Masseüberschuss des Zerfallsprozesses.

4.4 Zeigen Sie, dass ein rein elektrisches Feld in einem anderen Bezugssystem nicht rein magnetisch sein kann. Welche Kriterien müssen für ein kombiniertes Feld aus statischen elektrischen und magnetischen Anteilen $\boldsymbol{E}$ und $\boldsymbol{B}$ im Ruhesystem erfüllt sein, damit in einem relativ dazu bewegten Bezugssystem ein rein elektrisches oder magnetisches Feld beobachtet wird?

4.5 Zeigen Sie, dass die Beschleunigung eines Teilchens der Ladung q und der Masse m in einem elektromagnetischen Feld gegeben ist durch

$$\dot{\boldsymbol{v}} = \frac{q}{m}\sqrt{1-\frac{v^2}{c^2}}\left[\boldsymbol{E} + \frac{1}{c}\boldsymbol{v}\times\boldsymbol{B} - \frac{1}{c^2}\boldsymbol{v}\,(\boldsymbol{v}\boldsymbol{E})\right]$$

Maple-Aufgaben

4.I Ein Teilchen der Masse m_1 stößt elastisch mit einem anderen, anfänglich ruhenden Teilchen der Masse m_2 zusammen. Bestimmen Sie die Streuwinkel ϑ_1 und ϑ_2 als Funktion der Energie E des ersten Teilchens vor dem Stoß und der Energie E_1 bzw. E_2 des jeweiligen Teilchens nach dem Stoß.

4.II Ein Teilchen der Masse m_1 stößt elastisch mit einem anderen, anfänglich ruhenden Teilchen der Masse m_2 zusammen. Bestimmen Sie den Energieübertrag beim Stoß im Laborsystem als Funktion der Energie E des ersten Teilchens vor dem Stoß und des Stoßwinkels θ im Schwerpunktsystem.

4.III Bestimmen Sie die klassische Bewegung einer Ladung

a) in einem homogenen elektrischen Feld:
$\boldsymbol{E} = E_y \cos\omega_y t\, \boldsymbol{e}_y + E_z \cos\omega_z t\, \boldsymbol{e}_z$,

b) in zueinander senkrechten homogenen elektrischen und magnetischen Feldern mit $\boldsymbol{E} = E_0 \cos\omega t\, \boldsymbol{e}_z$ und $\boldsymbol{B} = B_0 \cos\omega t\, \boldsymbol{e}_z$.

Die Anfangsgeschwindigkeit soll in beiden Fällen in Richtung der x-Achse zeigen, Startpunkt ist der Koordinatenursprung.

4.IV Bestimmen Sie die relativistische Bewegung eines Teilchens der Ladung q und der Masse m

a) in einem homogenen elektrischen Feld,

b) in parallelen homogenen elektrischen und magnetischen Feldern.

Die Anfangsgeschwindigkeit stehe in beiden Fällen senkrecht zum elektrischen Feld.

4.V Ein Inertialsystem bewege sich mit der Geschwindigkeit v relativ zum Ruhesystem. Welche Orientierung müssen im bewegten Bezugssystem ein homogenes elektrisches und magnetisches Feld besitzen, damit beide Felder im Ruhesystem parallel orientiert sind? Der Winkel zwischen den beiden Feldern im bewegten Bezugssystem sei mit dem Wert θ vorgegeben, für die Beträge der Feldstärken soll das Verhältnis $|\boldsymbol{B}| \,/\, |\boldsymbol{E}| = \alpha$ ein fester Wert sein.

5
*Die Maxwell-Gleichungen

5.1
*Die erste Gruppe der Maxwell-Gleichungen

Der elektromagnetische Feldstärketensor besteht aus sechs Komponenten, die aber nur aus drei unabhängigen Potentialkomponenten abgeleitet werden.[1] Diese Tatsache sollte dazu führen, dass zwischen dem elektrischen und dem magnetischen Feld gewisse Relationen bestehen. Diese Beziehungen lassen sich am einfachsten aus der Struktur des elektromagnetischen Feldstärketensors ableiten. Dazu bilden wir durch zyklisches Vertauschen der Indizes die Summe

$$F_{ik,m} + F_{mi,k} + F_{km,i} \tag{5.1}$$

Beachtet man, dass wegen der Definition des Feldstärketensors gilt:

$$\begin{aligned} F_{ik,m} &= A_{k,im} - A_{i,km} = A_{k,mi} - A_{i,km} \\ F_{mi,k} &= A_{i,mk} - A_{m,ik} = A_{i,km} - A_{m,ik} \\ F_{km,i} &= A_{m,ki} - A_{k,mi} = A_{m,ik} - A_{k,mi} \end{aligned} \tag{5.2}$$

dann bekommt man sofort das Ergebnis, dass die Summe der rechten Seiten dieser Gleichungen verschwindet. Die Summe der linken Seiten führt damit auf

$$F_{ik,m} + F_{mi,k} + F_{km,i} = 0 \tag{5.3}$$

Eine solche Relation wird *Bianchi-Identität* genannt. Sie ist eine unmittelbare Folge der differentialgeometrischen Struktur des Feldstärketensors. Wir sehen sofort, dass für zwei gleiche Indizes die Identität trivial ist. So folgt z. B. für $i = k$:

$$F_{kk,m} + F_{mk,k} + F_{km,k} = 0 + F_{mk,k} - F_{mk,k} = 0 \tag{5.4}$$

wobei hier die Antisymmetrie des Tensors F_{ik} genutzt wurde. Nur wenn alle drei Indizes verschieden sind, entstehen nichttriviale Aussagen. So folgt für

1) Die vierte Komponente beispielsweise des Viererpotentials kann wegen der Eichinvarianz immer 0 gesetzt werden.

Theoretische Physik II: Elektrodynamik. Peter Reineker, Michael Schulz, Beatrix M. Schulz

ISBN: 3-527-40642-5

$i = 1, k = 2$ und $m = 3$:

$$F_{12,3} + F_{31,2} + F_{23,1} = \frac{\partial(-B_z)}{\partial z} + \frac{\partial(-B_y)}{\partial y} + \frac{\partial(-B_x)}{\partial x} = 0 \tag{5.5}$$

In kompakterer Schreibweise gilt dann für den dreidimensionalen Raum:

$$\operatorname{div} \boldsymbol{B} = 0 \tag{5.6}$$

Diese Gleichung wird aus differentialgeometrischer Sicht sofort klar, denn wir hatten ja bereits $\boldsymbol{B} = \operatorname{rot}\boldsymbol{A}$ als Zusammenhang zwischen dem dreidimensionalen Vektorpotential und der magnetischen Induktion eingeführt[2].

Wählen wir dagegen als Indizes der Bianchi-Identität $i = 0, k = 2$ und $m = 3$, dann erhalten wir

$$F_{02,3} + F_{30,2} + F_{23,0} = \frac{\partial E_y}{\partial z} + \frac{\partial(-E_z)}{\partial y} + \frac{\partial(-B_x)}{\partial ct} = 0 \tag{5.7}$$

oder

$$\frac{1}{c}\frac{\partial B_x}{\partial t} = \frac{\partial E_y}{\partial z} - \frac{\partial E_z}{\partial y} = -\left(\operatorname{rot}\boldsymbol{E}\right)_x \tag{5.8}$$

Analoge Gleichungen findet man mit den anderen beiden Indexgruppen ($i = 0, k = 1$ und $m = 3$ sowie $i = 0, k = 1$ und $m = 2$). Diese Gleichungen lassen sich zusammenfassen in der Form

$$\frac{1}{c}\frac{\partial \boldsymbol{B}}{\partial t} + \operatorname{rot}\boldsymbol{E} = 0 \tag{5.9}$$

Auch (5.9) kann direkt aus dem Zusammenhang zwischen dem elektrischen Feld und den Potentialen abgeleitet werden. Wegen $\boldsymbol{E} = -\nabla\varphi - c^{-1}\partial\boldsymbol{A}/\partial t$ (vergleiche (4.77) oder die Einführung des skalaren Potentials in (2.173)) folgt nämlich

$$\operatorname{rot}\boldsymbol{E} = \operatorname{rot}\left[-\nabla\varphi - \frac{1}{c}\frac{\partial \boldsymbol{A}}{\partial t}\right] = -\frac{1}{c}\frac{\partial}{\partial t}\operatorname{rot}\boldsymbol{A} = -\frac{1}{c}\frac{\partial \boldsymbol{B}}{\partial t} \tag{5.10}$$

Die Gleichungen (5.6) und (5.9) bilden die erste Gruppe der Maxwell-Gleichungen. Allerdings bestimmen sie die Eigenschaften des elektromagnetischen Felds noch nicht vollständig. Sie sind vielmehr nur ein differentialgeometrischer Ausdruck dafür, dass die Elektrodynamik eine Feldtheorie für ein Viererpotential, also ein Vektorfeld, ist. Man erkennt diese Tatsache am besten, wenn man sich noch einmal die Struktur des Wechselwirkungsbeitrags S_{WW} in Erinnerung ruft.

2) Man vergleiche hierzu beispielsweise (4.78) oder die Einführung des Vektorpotentials in (2.171) auf der Basis empirischer experimenteller Erkenntnisse.

5.2 *Die Feldwirkung

Wir wollen nun ein Wirkungsfunktional formulieren, das sowohl das elektromagnetische Feld als auch die in dem Feld enthaltenen Teilchen berücksichtigt. Nach den bisherigen Überlegungen erwarten wir eine Struktur der Art

$$S = S_{\text{Materie}} + S_{\text{WW}} + S_{\text{Feld}} \tag{5.11}$$

Der Materieanteil setzt sich aus den Beiträgen für N freie Teilchen zusammen. Bezeichnen wir die Teilchen mit dem Index I, dann ist

$$S_{\text{Materie}} = -\sum_{I=1}^{N} m_I c \int ds_I \tag{5.12}$$

Dabei haben die einzelnen Teilchen natürlich unterschiedliche Massen und durchlaufen unterschiedliche Trajektorien. Auch der Wechselwirkungsanteil ist eine Superposition der Wechselwirkung einzelner Teilchen mit dem lokalen Feld, also

$$S_{\text{WW}} = -\sum_{I=1}^{N} \frac{q_I}{c} \int A_i(\vec{x}_I) dx_I^i = -\sum_{I=1}^{N} \frac{q_I}{c} \int A_i^I dx_I^i \tag{5.13}$$

Hierbei ist $A_i^I = A_i(\vec{x}_I)$ das Feld an der vierdimensionalen Position des I-ten Teilchens, q_I ist dessen Ladung. Diese beiden Beiträge haben wir bereits untersucht, allerdings nur für ein Teilchen. Die Existenz mehrerer Teilchen ändert aber nichts an den Bewegungsgleichungen, da die Variation nach jeder Teilchenkoordinate getrennt auszuführen ist und die Wirkungsbeiträge einzelner Teilchen sich wegen der einfachen Superposition nicht gegenseitig beeinflussen.

Solange uns nur die Bewegung von Ladungen in Feldern interessiert, wir aber weder nach der Ursache der Felder noch nach der gegenseitigen Beeinflussung der Ladungen über die Felder fragen, genügen die ersten beiden Wirkungsbeiträge zur Beschreibung des physikalischen Sachverhalts. Für eine allgemeine Darstellung der Dynamik von Materie in elektromagnetischen Feldern benötigen wir aber noch einen dritten Anteil. Dieser Term soll nur von den Eigenschaften des Felds abhängen, d. h. wir benötigen noch das Wirkungsfunktional des Felds, wenn keine Ladungen vorhanden sind. Einen solchen Beitrag muss es schon deshalb geben, weil aus den ersten beiden Wirkungstermen nur die erste Gruppe der Maxwell-Gleichungen abgeleitet werden konnte. Diese Gleichungen reichen aber nicht aus, um die Dynamik elektromagnetischer Felder vollständig zu beschreiben.[3]

3) Man erkennt diese Unvollständigkeit z. B. daran, dass die erste Gruppe der Maxwell-Gleichungen keine Ableitung des elektrischen Felds nach der Zeit enthält, d. h. dass die zeitliche Evolution dieses Felds innerhalb dieses Differentialgleichungssystems offen bleibt.

Da die Felder im ganzen Raum präsent sind, wird das gesuchte Feldwirkungsfunktional ein Integral über ein bestimmtes Raumgebiet und ein bestimmtes Zeitintervall sein, d. h. wir erwarten ein Integral über ein vierdimensionales Volumen des Minkowski-Raums. Um die Struktur von S_{Feld} genauer zu bestimmen, berücksichtigen wir die den elektromagnetischen Feldern immanente Eigenschaft der Superposition. Nach dem Superpositionsprinzip ist das von zwei Ladungen erzeugte Feld die additive Überlagerung der von den Einzelladungen erzeugten Felder. Jede Lösung der Feldgleichungen kann also zu einer anderen Lösung addiert werden und auch die resultierende Summe ist nach dem Superpositionsprinzip wieder eine Lösung der Feldgleichungen. Lineare Differentialgleichungen besitzen gerade die Eigenschaft, dass die Summe zweier Lösungen wieder eine Lösung ist. Die gesuchten Feldgleichungen sollten also lineare Differentialgleichungen sein. Dabei kann der Integrand in dem gesuchten Wirkungsfunktional nur quadratisch in den Feldkomponenten sein, denn nur in diesem Fall werden die entsprechenden Feldgleichungen auch wirklich linear sein. Die Ursache hierfür liegt darin, dass die Feldgleichungen durch Variation des Wirkungsintegrals entstehen. Bei einer Variation wird aber der Integrand immer um eine Ordnung in den entsprechenden Variablen erniedrigt.

Da die Vektorpotentiale wegen der freien Wahl der Eichtransformation (Eichfreiheit) unbestimmt sind, sollten sie nicht in der Wirkung auftreten[4]. Daher wird die Wirkung ein Funktional des elektromagnetischen Feldstärketensors sein:

$$S_{\text{Feld}} = S_{\text{Feld}}[F] \tag{5.14}$$

Die Wirkung selbst ist immer ein Skalar. Daher muss auch der Integrand ein Skalar sein, denn das Integrationselement für den Feldanteil wird, wie oben erläutert, das ebenfalls skalare vierdimensionale Volumen $d\Omega$ sein. Ein Skalar zweiter Ordnung in den Komponenten des Feldstärketensors kann aber nur aus den beiden Invarianten des elektromagnetischen Felds aufgebaut sein. Damit hat S_{Feld} vorerst die allgemeine Struktur

$$S_{\text{Feld}} = a \int e^{iklm} F_{ik} F_{lm} d\Omega + b \int F^{ik} F_{ik} d\Omega \tag{5.15}$$

mit $d\Omega = c\,dt\,d^3x$ und den noch offenen Konstanten a und b. Der erste Integrand kann folgendermaßen umgeformt werden

$$I_1 = e^{iklm} F_{ik} F_{lm} = F_{ik} \left(e^{iklm} A_{m,l} - e^{iklm} A_{l,m} \right) \tag{5.16}$$

Wegen der Antisymmetrie von e^{iklm} folgt sofort

$$I_1 = 2\, F_{ik} e^{iklm} A_{m,l} = -4\, e^{iklm} A_{i,k} A_{m,l} \tag{5.17}$$

4) zumindest nicht in Termen, die quadratisch in den Feldgrößen sind. Der Beitrag, der die Wechselwirkung mit den Ladungsträgern beschreibt, enthält das Viererpotential nur linear

Damit ist aber

$$I_1 = -4\, e^{iklm}(A_i A_{m,l})_{,k} + 4\, e^{iklm} A_i A_{m,lk} \tag{5.18}$$

Der letzte Summand verschwindet wegen der Symmetrie der Ableitungen (Indizes l,k) und der Antisymmetrie von e^{iklm} in diesen Indizes. Der verbleibende Anteil ist die Divergenz

$$I_1 = \Psi^k_{\ ,k} \qquad \text{mit} \qquad \Psi^k = -4\, e^{iklm} A_i A_{m,l} \tag{5.19}$$

Damit kann aber der entsprechende Integralanteil in ein Oberflächenintegral umgeformt werden

$$\int e^{iklm} F_{ik} F_{lm} d\Omega = \int \Psi^k_{\ ,k} d\Omega = \oint \Psi^k dS_k \tag{5.20}$$

Dieses Integral erfasst nur noch den Rand des vierdimensionalen Volumens. Der Rand wird aber von der Variation nicht betroffen, d. h. das erste Integral trägt nicht zur physikalischen Aussage von S_{Feld} bei. Es bleibt also nur

$$S_{\text{Feld}} = b \int F^{ik} F_{ik} d\Omega \tag{5.21}$$

Die Konstante b bestimmt das Maßsystem. Allerdings muss b negativ sein, ansonsten hat S_{Feld} kein Minimum, sondern ein Maximum. Nach der Festlegung von b sind aber neben den Einheiten der Feldstärken auch die aller anderen elektromagnetischen Größen (also beispielsweise der Ladungen) bestimmt. Wir legen im weiteren wieder das Gauß'sche Maßsystem (CGS-System) zugrunde. Hier ist b gegeben durch

$$b = -\frac{1}{16\pi c} \tag{5.22}$$

Das Wirkungsintegral des Felds lautet dann endgültig

$$S_{\text{Feld}} = -\frac{1}{16\pi c} \int F^{ik} F_{ik} d\Omega \tag{5.23}$$

Unter Verwendung der dreidimensionalen Felder $\boldsymbol{E}$ und $\boldsymbol{B}$ lässt sich das Wirkungsintegral des Felds auch als

$$S_{\text{Feld}} = \frac{1}{8\pi} \int dt\, d^3x \left[\boldsymbol{E}^2 - \boldsymbol{B}^2\right] \tag{5.24}$$

schreiben und liefert die Lagrange-Funktion des Felds:

$$L = \frac{1}{8\pi} \int d^3x \left[\boldsymbol{E}^2 - \boldsymbol{B}^2\right] \tag{5.25}$$

Allerdings sollte man wegen der mathematischen Struktur (L ist ein Integral über ein Gebiet des dreidimensionalen Raumes) besser von einem Lagrange-Funktional als einer Lagrange-Funktion sprechen.

5.3
*Der Vierervektor des Stroms

Ladungen sind punktförmige Objekte. Für viele Zwecke ist es aber sinnvoll mit einer stetig im Raum verteilten Ladungsdichte zu arbeiten. Die Verbindung zwischen Punkten und Dichten vermittelt die Dirac'sche δ-Funktion. Wir können formal im dreidimensionalen Raum die zeit- und ortsabhängige Ladungsdichte $\rho(\boldsymbol{x}, t)$ entsprechend

$$\rho(\boldsymbol{x}, t) = \sum_{I=1}^{N} q_I \delta\left(\boldsymbol{x} - \boldsymbol{x}_I(t)\right) \tag{5.26}$$

definieren, vergleiche (2.18). Wegen der mathematischen Eigenschaften der δ-Funktion, also insbesondere

$$\int d^3x' f\left(\boldsymbol{x}'\right) \delta\left(\boldsymbol{x}' - \boldsymbol{x}\right) = f\left(\boldsymbol{x}\right) \tag{5.27}$$

folgt sofort die Gesamtladung als Integral der Dichte über das Volumen:

$$Q = \int d^3x \, \rho(\boldsymbol{x}, t) = \int d^3x \sum_{I=1}^{N} q_I \delta\left(\boldsymbol{x} - \boldsymbol{x}_I(t)\right) = \sum_{I=1}^{N} q_I \tag{5.28}$$

Die Ladung in einem infinitesimalen Volumenelement des dreidimensionalen Raums ist unter Verwendung der Ladungsdichte gegeben durch

$$dq = \rho(\boldsymbol{x}, t) d^3x \tag{5.29}$$

Die linke Seite dieser Gleichung ist auch im vierdimensionalen Raum ein Skalar, denn Ladungen können durch Lorentz-Transformationen nicht geändert werden. Wir multiplizieren diese Gleichung mit dx^i und erhalten

$$dq dx^i = \rho(\boldsymbol{x}, t) dx^i d^3x = \rho(\boldsymbol{x}, t) \frac{dx^i}{dt} d^3x dt = \frac{1}{c} \rho(\boldsymbol{x}, t) \frac{dx^i}{dt} d\Omega \tag{5.30}$$

Da jetzt links ein Vierervektor (als Produkt des Skalars dq und des Vierervektors dx^i) steht, muss auch die rechte Seite ein Vierervektor sein. Das infinitesimale vierdimensionale Volumenelement $d\Omega$ ist ein Skalar, also muss $\rho(\boldsymbol{x}, t) dx^i/dt$ ein Vierervektor sein. Diese Größe nennen wir *Viererstrom*:

$$j^i = \rho(\boldsymbol{x}, t) \frac{dx^i}{dt} \tag{5.31}$$

Dieser Viererstrom repräsentiert die Dynamik der geladenen Materie in der Kontinuumsdarstellung. Die drei raumartigen Komponenten dieses Vierervektors bilden die gewöhnliche Ladungsstromdichte im dreidimensionalen

Raum, siehe (2.51). Wir können die raumartigen Komponenten noch etwas umschreiben. Dann erhalten wir zunächst

$$j^{\alpha} = \rho(\boldsymbol{x}, t)\frac{dx^{\alpha}}{dt} = \sum_{I=1}^{N} q_I \delta\left(\boldsymbol{x} - \boldsymbol{x}_I(t)\right)\frac{dx^{\alpha}}{dt} = \sum_{I=1}^{N} q_I \delta\left(\boldsymbol{x} - \boldsymbol{x}_I(t)\right)\frac{dx_I^{\alpha}(t)}{dt} \tag{5.32}$$

und damit

$$j^{\alpha} = \sum_{I=1}^{N} q_I \delta\left(\boldsymbol{x} - \boldsymbol{x}_I(t)\right) v_I^{\alpha}(t) \tag{5.33}$$

Die Ladungsstromdichte kann also mithilfe der δ-Funktion auch durch die individuellen mechanischen Eigenschaften der einzelnen Teilchen, nämlich der Position $\boldsymbol{x}_I(t)$ und der Geschwindigkeit $\boldsymbol{v}_I(t)$ ($I = 1, ..., N$), dargestellt werden. Die zeitartige Komponente des Viererstroms ist dagegen proportional zur Ladungsdichte

$$j^0 = \rho(\boldsymbol{x}, t)\frac{dx^0}{dt} = c\rho(\boldsymbol{x}, t) \tag{5.34}$$

Damit lässt sich der Viererstrom formal als

$$(j^i) = (c\rho, \boldsymbol{j}) \tag{5.35}$$

schreiben. In kovarianten Koordinaten erhalten wir damit

$$(j_i) = (c\rho, -\boldsymbol{j}) \tag{5.36}$$

Unter Verwendung des Viererstroms lässt sich nun der Wechselwirkungsanteil nach (5.13) in der Gesamtwirkung neu formulieren. Wir bekommen zunächst

$$S_{\mathrm{WW}} = -\sum_{I=1}^{N} \frac{q_I}{c} \int A_i^I dx_I^i = -\sum_{I=1}^{N} \frac{q_I}{c} \int A_i(\boldsymbol{x}_I(t), t) dx_I^i \tag{5.37}$$

und führen als gemeinsamen Parameter aller Teilchentrajektorien die Zeit ein. Damit ist dann:

$$S_{\mathrm{WW}} = -\sum_{I=1}^{N} \frac{q_I}{c} \int dt A_i(\boldsymbol{x}_I(t), t)\frac{dx_I^i(t)}{dt} \tag{5.38}$$

Um das Viererpotential von dem zeitabhängigen Argument $\boldsymbol{x}_I(t)$ zu befreien, benutzen wir die δ-Funktion

$$S_{\mathrm{WW}} = -\sum_{I=1}^{N} \frac{q_I}{c} \int dt \int d^3x \; A_i(\boldsymbol{x}, t)\delta\left(\boldsymbol{x} - \boldsymbol{x}_I(t)\right)\frac{dx_I^i(t)}{dt} \tag{5.39}$$

Schließlich können Integration und Summation vertauscht und d^3x und dt zum vierdimensionalen Volumen $d\Omega$ zusammengefasst werden:

$$S_{\mathrm{WW}} = -\frac{1}{c^2} \int d\Omega A_i(\boldsymbol{x}, t) \sum_{I=1}^{N} q_I \delta\left(\boldsymbol{x} - \boldsymbol{x}_I(t)\right)\frac{dx_I^i(t)}{dt} = -\frac{1}{c^2} \int A_i j^i d\Omega \tag{5.40}$$

Der Wechselwirkungsanteil der Wirkung ist durch die bilineare Kopplung zwischen Viererpotential und vierdimensionalem Strom gegeben.

5.4 *Die zweite Gruppe der Maxwell-Gleichungen

Um die Feldgleichungen mithilfe des Hamilton'schen Wirkungsprinzips abzuleiten, betrachtet man nun die Bewegung der Ladungen als vorgegeben und variiert dafür die elementaren Größen des Felds, also letzten Endes die Komponenten des Viererpotentials. Dabei spielt bei dieser Variation der Materieterm der Wirkung keine Rolle. Wir erhalten demnach:

$$\delta S = -\frac{1}{c^2}\int j^i \delta A_i d\Omega - \frac{1}{16\pi c}\int \left[\delta F^{ik} F_{ik} + F^{ik}\delta F_{ik}\right] d\Omega \tag{5.41}$$

Wegen der Identität

$$\delta F^{ik} F_{ik} = \delta F^{ik} g_{im} g_{kn} F^{mn} = \delta F_{mn} F^{mn} = \delta F_{ik} F^{ik} \tag{5.42}$$

vereinfacht sich der zweite Summand. Da aber nicht der Feldstärketensor, sondern die Viererpotentiale variiert werden, erhalten wir für die Variation der Wirkung

$$\delta S = -\frac{1}{c^2}\int j^i \delta A_i d\Omega - \frac{1}{8\pi c}\int F^{ik}\left[\delta A_{k,i} - \delta A_{i,k}\right] d\Omega \tag{5.43}$$

Der Integrand des zweiten Terms lässt sich noch einmal, diesmal unter Ausnutzung der Antisymmetrie des Feldstärketensors, vereinfachen

$$\begin{aligned} F^{ik}\left[\delta A_{k,i} - \delta A_{i,k}\right] &= F^{ik}\delta A_{k,i} - F^{ik}\delta A_{i,k} = F^{ik}\delta A_{k,i} - F^{ki}\delta A_{k,i} \\ &= \left[F^{ik} - F^{ki}\right]\delta A_{k,i} = 2F^{ik}\delta A_{k,i} \end{aligned} \tag{5.44}$$

Damit ist

$$\delta S = -\frac{1}{c^2}\int j^i \delta A_i d\Omega - \frac{1}{4\pi c}\int F^{ik}\frac{\partial \delta A_k}{\partial x^i} d\Omega \tag{5.45}$$

oder

$$\begin{aligned} \delta S = &-\frac{1}{c^2}\int j^i \delta A_i d\Omega + \frac{1}{4\pi c}\int \delta A_k \frac{\partial F^{ik}}{\partial x^i} d\Omega \\ &- \frac{1}{4\pi c}\int \frac{\partial}{\partial x^i}\left(F^{ik}\delta A_k\right) d\Omega \end{aligned} \tag{5.46}$$

Das letzte Integral ist eine vierdimensionale Divergenz und kann in ein Oberflächenintegral über den gesamten Rand des vierdimensionalen Volumens umgewandelt werden:

$$\int \frac{\partial}{\partial x^i}\left(F^{ik}\delta A_k\right) d\Omega = \oint F^{ik}\delta A_k dS_i \tag{5.47}$$

Da aber am Rand des betrachteten vierdimensionalen Volumens die Variation des Viererpotentials verschwinden soll, ist der Beitrag dieses Integrals gleich null.[5] Es bleibt also nur

$$\delta S = \frac{1}{4\pi c} \int \delta A_k \left[F^{ik}_{,i} - \frac{4\pi}{c} j^k \right] d\Omega \tag{5.48}$$

Da nach dem Wirkungsprinzip die Variationen δA_k beliebig sind, andererseits die Bewegungsgleichungen des Felds aus $\delta S = 0$ folgen sollen, muss der Integrand verschwinden. Damit folgt

$$F^{ik}_{,i} = \frac{4\pi}{c} j^k \tag{5.49}$$

oder, nach nochmaliger Nutzung der Antisymmetrie von F^{ik}:

$$F^{ki}_{,i} = -\frac{4\pi}{c} j^k \tag{5.50}$$

Das ist die eigentliche Feldgleichung in vierdimensionaler Schreibweise. Sie beschreibt die Dynamik der elektromagnetischen Felder als Folge der Bewegung geladener Teilchen im Raum. Wir können diese Feldgleichung wieder in die dreidimensionale Darstellung übersetzen und erhalten dann die zweite Gruppe der Maxwell-Gleichungen. Setzen wir in der Feldgleichung $k = 1$, dann ist:

$$F^{1i}_{,i} = F^{10}_{,0} + F^{12}_{,2} + F^{13}_{,3} = -\frac{4\pi}{c} j^1 = -\frac{4\pi}{c} j_x \tag{5.51}$$

Unter Beachtung von (4.84) folgt damit:

$$\frac{\partial E_x}{c\partial t} - \frac{\partial B_z}{\partial y} + \frac{\partial B_y}{\partial z} = -\frac{4\pi}{c} j_x \tag{5.52}$$

Analoge Gleichungen findet man für $k = 2$ und $k = 3$. Diese drei Gleichungen lassen sich zu

$$\frac{1}{c}\frac{\partial \boldsymbol{E}}{\partial t} - \operatorname{rot} \boldsymbol{B} = -\frac{4\pi}{c} \boldsymbol{j} \tag{5.53}$$

5) In Analogie zu dem Vorgehen bei der Variation eines Kurvenintegrals sollen auch bei der Variation von räumlich ausgedehnten Feldern alle Anfangs- und Randbedingungen unverändert bleiben. Eine genauere Analyse dieser Forderung findet sich z. B. in [24]. Damit verschwinden zwangsläufig die Variationen am Rand des betrachteten Raumgebiets sowie zu Beginn und am Ende des Zeitintervalls. In dem Raum-Zeit-Kontinuum verallgemeinert sich diese Forderung zu der generellen Aussage, dass auf dem gesamten Rand des zugrunde liegenden vierdimensionalen Gebiets die Variationen der Feldgrößen verschwinden müssen.

oder

$$\frac{1}{c}\frac{\partial \boldsymbol{E}}{\partial t} + \frac{4\pi}{c}\boldsymbol{j} = \operatorname{rot} \boldsymbol{B} \tag{5.54}$$

zusammenfassen. Des weiteren findet man für die zeitliche Komponente, also für $k = 0$:

$$F^{0i}_{,i} = F^{01}_{,1} + F^{02}_{,2} + F^{03}_{,3} = -\frac{4\pi}{c} j^0 = -4\pi\rho \tag{5.55}$$

und damit wieder unter Berücksichtigung von (4.84)

$$\frac{\partial(-E_x)}{\partial x} + \frac{\partial(-E_y)}{\partial y} + \frac{\partial(-E_z)}{\partial z} = -4\pi\rho \tag{5.56}$$

oder

$$\operatorname{div} \boldsymbol{E} = 4\pi\rho \tag{5.57}$$

Die Gleichungen (5.53) und (5.57) bilden die zweite Gruppe der Maxwell-Gleichungen. Im Gegensatz zur ersten Gruppe der Maxwell-Gleichungen sind diese Gleichungen aber inhomogen. Die Inhomogenität verkörpert den Einfluss der Materie auf die Felder sowohl über die Ladungsdichte als auch den Strom der Ladungen im Raum.

5.5
*Die vollständigen Bewegungsgleichungen

Wir haben jetzt alle Gleichungen, die notwendig sind, um die wechselseitige Beeinflussung von Materie und elektromagnetischen Feldern zu bestimmen, aus einem gemeinsamen Wirkungsprinzip abgeleitet. Die Variation nach den Partikelkoordinaten liefert in Verallgemeinerung von (4.53) die Bewegungsgleichungen für geladene Teilchen in elektromagnetischen Feldern in Viererschreibweise

$$\frac{dp^I_k}{ds} = \frac{q_I}{c} F_{ik}(\vec{x}_I) u^i_I \tag{5.58}$$

(der Index I nummeriert die Partikel). In der dreidimensionalen Formulierung haben wir damit also

$$\frac{d\boldsymbol{p}^I}{dt} = q_I \boldsymbol{E}(\boldsymbol{x}_I(t), t) + \frac{q_I}{c} \boldsymbol{v}^I(t) \times \boldsymbol{B}(\boldsymbol{x}_I(t), t) \tag{5.59}$$

Hierbei wurde explizit berücksichtigt, dass die Felder jeweils in dem zur Zeit t von dem jeweiligen Teilchen eingenommenen Ort zu nehmen sind. Die Umkehrung, also der Einfluss der Materie auf die Felder, wird durch die zweite Gruppe der Maxwell-Gleichungen bestimmt, also in Viererschreibweise

$$F^{ki}_{,i} = -\frac{4\pi}{c} j^k \tag{5.60}$$

oder in der dreidimensionalen Darstellung (siehe (5.54) und (5.57)):

$$\frac{1}{c}\frac{\partial \boldsymbol{E}}{\partial t} + \frac{4\pi}{c}\boldsymbol{j} = \operatorname{rot} \boldsymbol{B} \qquad \text{und} \qquad \operatorname{div} \boldsymbol{E} = 4\pi\rho \tag{5.61}$$

Diese Gleichungen enthalten aber nicht nur den Einfluss der Materie auf die Felder. Zusammen mit der ersten Gruppe der Maxwell-Gleichungen sorgen sie auch dafür, dass sich dieser Einfluss im Raum ausbreiten („propagieren“) kann. Die zur Beschreibung dieser Propagation noch notwendige erste Gruppe der Maxwell-Gleichungen ist im Viererkalkül durch (5.3) gegeben, also

$$F_{ik,m} + F_{mi,k} + F_{km,i} = 0 \tag{5.62}$$

In der dreidimensionalen Form werden diese Gleichungen durch (5.6) und (5.9) repräsentiert, also

$$\operatorname{div} \boldsymbol{B} = 0 \qquad \text{und} \qquad \frac{1}{c}\frac{\partial \boldsymbol{B}}{\partial t} + \operatorname{rot} \boldsymbol{E} = 0 \tag{5.63}$$

Zusammen bilden alle diese Gleichungen ein geschlossenes System zur Beschreibung von Materie in elektromagnetischen Feldern. Um den Zusammenhang zu komplettieren, benötigt man noch die Definition der Ladungsdichte (5.26) und des Ladungsstroms (5.33), um die individuellen Eigenschaften der einzelnen Teilchen in diesen kollektiven Größen zusammenfassen zu können. Mit der Vorgabe entsprechender Anfangs- und Randbedingungen ist dann mit diesen Gleichungen prinzipiell jedes Problem der Elektrodynamik mathematisch ausreichend festgelegt.

5.6 *Die Kontinuitätsgleichung

Wir bilden jetzt die vierdimensionale Divergenz der inhomogenen Maxwell-Gleichung, also

$$F^{ki}_{,ik} = -\frac{4\pi}{c} j^k_{,k} \tag{5.64}$$

Auf der linken Seite ist der Tensor F^{ki} antisymmetrisch, die doppelte Ableitung dagegen symmetrisch. Daher muss $F^{ki}_{,ik}$ identisch verschwinden. Dann bleibt die Relation

$$j^k_{,k} = 0 \tag{5.65}$$

Das ist die *Kontinuitätsgleichung* in Viererschreibweise. Wir können die einzelnen Terme getrennt aufschreiben

$$\frac{\partial j^0}{c\partial t} + \frac{\partial j^\alpha}{\partial x^\alpha} = 0 \tag{5.66}$$

und unter Beachtung von $j^0 = c\rho$ in die bereits bekannte dreidimensionale Darstellung bringen:

$$\frac{\partial \rho}{\partial t} + \operatorname{div} \boldsymbol{j} = 0 \tag{5.67}$$

Diese Kontinuitätsgleichung ist ein lokaler Erhaltungssatz für die Ladung. Um diesen lokalen Erhaltungssatz in einen globalen Erhaltungssatz umzuwandeln, integrieren wir die Gleichung über ein endliches Gebiet G des dreidimensionalen Raums. Dann liefert der erste Term

$$\int_G \frac{\partial \rho}{\partial t} d^3x = \frac{d}{dt} \int_G \rho(\boldsymbol{x}, t) d^3x = \frac{dQ}{dt} \tag{5.68}$$

Dabei ist Q die Gesamtladung des Gebiets G. Den zweiten Beitrag wandeln wir mithilfe des Gauß'schen Satzes in ein Oberflächenintegral über den Rand ∂G des Gebiets G um:

$$\int_G \operatorname{div} \boldsymbol{j} d^3x = \oint_{\partial G} \boldsymbol{j} d\boldsymbol{f} \tag{5.69}$$

Damit folgt der globale Satz:

$$\frac{dQ}{dt} = -\oint_{\partial G} \boldsymbol{j} d\boldsymbol{f} \tag{5.70}$$

Nach diesem Satz ist die zeitliche Änderung der Gesamtladung eines Gebiets gerade die Menge an Ladung, die das Gebiet durch die Randfläche verlässt bzw. die über den Rand in das Gebiet eindringt. Ladung kann also im Rahmen der Elektrodynamik weder vernichtet noch erzeugt werden.[6]

Innerhalb der Elektrodynamik ist die Ladungserhaltung übrigens eine Folge der Eichinvarianz. Um diese Aussage zu beweisen, bilden wir die Differenz der Wirkungen für zwei Viererpotentiale A_i und A'_i, die sich nur durch eine Eichtransformation unterscheiden, also $A'_i = A_i - f_{,i}$. Der einzige Wirkungsbeitrag, in dem die Differenz ΔS der beiden Viererpotentiale nicht sofort verschwindet, ist S_{WW}. Wir erhalten also

$$\Delta S = S'_{\mathrm{WW}} - S_{\mathrm{WW}} = -\frac{1}{c^2} \int \left[A'_i - A_i\right] j^i d\Omega = \frac{1}{c^2} \int f_{,i} j^i d\Omega \tag{5.71}$$

Diese Differenz lässt sich nun schreiben als

$$\Delta S = \frac{1}{c^2} \int f_{,i} j^i d\Omega = -\frac{1}{c^2} \int f j^i_{,i} d\Omega + \frac{1}{c^2} \int (f j^i)_{,i} d\Omega \tag{5.72}$$

Der zweite Beitrag kann wieder in ein Integral über die gesamte Oberfläche des betrachteten Volumens umgewandelt werden, also

$$\frac{1}{c^2} \int (f j^i)_{,i} d\Omega = \frac{1}{c^2} \oint f j^i dS_i \tag{5.73}$$

6) Die Erhaltung der Ladung ist ein universelles Gesetz, das weit über die Elektrodynamik hinaus reicht.

Dehnen wir das Volumen bis ins Unendliche aus, dann gibt es auf den jetzt unendlich weit entfernten Oberflächen keine Ladungen und Ladungsströme mehr, d. h. das Oberflächenintegral verschwindet. Es bleibt

$$\Delta S = \frac{1}{c^2} \int f j^i_{,i} d\Omega \tag{5.74}$$

Die Eichinvarianz verlangt nun aber die Gleichheit der Wirkungen unter einer Eichtransformation mit einer beliebigen Funktion f. Das ist aber der Fall für $j^i_{,i} = 0$, wenn also die Ladungserhaltung erfüllt ist. – Man kann aber diesen Beweis auch umkehren und die experimentell bestätigte Ladungserhaltung voranstellen. Dann ist die Eichinvarianz eine unmittelbare Konsequenz der Ladungserhaltung.

5.7 *Energiedichte und Energiestrom

Um die Energiedichte und den Energiestrom aus den Maxwell-Gleichungen abzuleiten, multiplizieren wir (5.9) mit $\boldsymbol{B}$ und (5.53) mit $\boldsymbol{E}$ und addieren beide Gleichungen:

$$\frac{\boldsymbol{E}}{c}\frac{\partial \boldsymbol{E}}{\partial t} + \frac{\boldsymbol{B}}{c}\frac{\partial \boldsymbol{B}}{\partial t} = \boldsymbol{E} \operatorname{rot} \boldsymbol{B} - \boldsymbol{B} \operatorname{rot} \boldsymbol{E} - \frac{4\pi}{c}\boldsymbol{j}\boldsymbol{E} \tag{5.75}$$

Mit der Vektordifferentialbeziehung (B.11)

$$\operatorname{div} \boldsymbol{a} \times \boldsymbol{b} = \boldsymbol{b} \operatorname{rot} \boldsymbol{a} - \boldsymbol{a} \operatorname{rot} \boldsymbol{b} \tag{5.76}$$

folgt

$$\frac{1}{2c}\left[\frac{\partial \boldsymbol{E}^2}{\partial t} + \frac{\partial \boldsymbol{B}^2}{\partial t}\right] = -\operatorname{div} \boldsymbol{E} \times \boldsymbol{B} - \frac{4\pi}{c}\boldsymbol{j}\boldsymbol{E} \tag{5.77}$$

Wir führen jetzt den *Poynting-Vektor*

$$\boldsymbol{S} = \frac{c}{4\pi}\boldsymbol{E} \times \boldsymbol{B} \tag{5.78}$$

und die *Energiedichte*

$$W = \frac{\boldsymbol{E}^2 + \boldsymbol{B}^2}{8\pi} \tag{5.79}$$

ein. Dann gilt offenbar ein der Kontinuitätsgleichung ähnlicher Erhaltungssatz:

$$\frac{\partial W}{\partial t} + \operatorname{div} \boldsymbol{S} = -\boldsymbol{j}\boldsymbol{E} \tag{5.80}$$

Wir müssen allerdings noch beweisen, dass sich W wirklich als Energiedichte des Felds interpretieren lässt. Falls sich unsere Annahme als richtig erweist, dann ist zwangsläufig der Poynting-Vektor der Energiestrom. In Gleichung (5.80) tritt auf der rechten Seite noch ein weiterer Term auf, der in einer Gleichung vom Typ der Kontinuitätsgleichung gewöhnlich als Quellterm bezeichnet wird. Dieser Quellterm sorgt dafür, dass die elektromagnetische Feldenergie *keine* Erhaltungsgröße[7] ist. Vielmehr ist die elektromagnetische Energie nur ein Teil der Gesamtenergie und steht über die in den Maxwell-Gleichungen enthaltene Kopplung mit den Ladungsträgern in ständigem Austausch mit der mechanischen Energie der Materie. Deshalb tritt in dem Quellterm auch der Ladungsstrom der Materie auf.

Wir wollen nun zeigen, dass W tatsächlich die Energiedichte der Felder ist und die Inhomogenität in der Kontinuitätsgleichung den Zu- oder Abfluss von Feldenergie zu mechanischer Energie darstellt. Dazu bilden wir das Integral über ein beliebiges, bis ins Unendliche ausgedehnte Gebiet G. Wir erhalten dann aus (5.80)

$$\frac{\partial}{\partial t} \int\limits_G W d^3x + \int\limits_G \operatorname{div} \boldsymbol{S}\, d^3x + \int\limits_G \boldsymbol{j}\boldsymbol{E}\, d^3x = 0 \tag{5.81}$$

Das zweite Integral lässt sich mit dem Gauß'schen Satz in ein Oberflächenintegral verwandeln:

$$\int\limits_G \operatorname{div} \boldsymbol{S}\, d^3x = \oint\limits_{\partial G} \boldsymbol{S}\; d\boldsymbol{f} \tag{5.82}$$

Da aber in unendlicher Entfernung keine Felder mehr auftreten, verschwindet dieser Beitrag. Der dritte Term ergibt unter Beachtung von (5.33)

$$\int\limits_G \boldsymbol{j}\boldsymbol{E}\, d^3x = \int\limits_G d^3x \sum_{I=1}^{N} q_I \delta\left(\boldsymbol{x} - \boldsymbol{x}_I(t)\right) \boldsymbol{v}_I \boldsymbol{E} = \sum_{I=1}^{3} q_I \boldsymbol{v}_I \boldsymbol{E}_I \tag{5.83}$$

Dabei ist $\boldsymbol{E}_I = \boldsymbol{E}\left(\boldsymbol{x}_I(t), t\right)$ das elektrische Feld an der Position des Teilchens I zur Zeit t. Wegen (4.88) ist dann aber auch

$$\int\limits_G \boldsymbol{j}\,\boldsymbol{E}\, d^3x = \sum_{I=1}^{N} q_I \boldsymbol{v}_I \boldsymbol{E}_I = \sum_{I=1}^{N} \frac{dE_{\mathrm{mech},I}}{dt} \tag{5.84}$$

Man beachte, dass $E_{\mathrm{mech},I}$ die kinetische (mechanische) Energie des I-ten Teilchens ist. Mit diesen Ergebnissen können wir (5.81) auf folgende Form bringen:

$$\frac{d}{dt} \int\limits_G W\, d^3x + \sum_{I=1}^{N} \frac{dE_{\mathrm{mech},I}}{dt} = 0 \tag{5.85}$$

Nach der Integration bezüglich der Zeit erhalten wir dann endgültig

$$\int\limits_G W d^3x + \sum_{I=1}^{N} E_{\mathrm{mech},I} = \text{konst.} \tag{5.86}$$

7) Die Kontinuitätsgleichung für die Ladungsdichte besitzt wegen der Ladungserhaltung keinen Quellterm

Das ist der Energieerhaltungsatz des über den ganzen Raum erstreckten Gesamtsystems aus Feldern und Materie. Aus diesem Erhaltungsatz folgt auch, dass die Interpretation von W als Dichte der Feldenergie berechtigt ist.

5.8 *Resümee

Wir haben in den vorangegangenen Kapiteln zwei verschiedene Wege zur Ableitung der Maxwell-Gleichungen gefunden. Der erste, in Kapitel 2 beschriebene Weg war heuristisch motiviert und basierte hauptsächlich auf sechs wesentlichen experimentellen Befunden. Diese wurden dann (erstmals von Maxwell durch Einführung des Verschiebungsstroms) zu konsistenten Gleichungen zusammengefasst, den so genannten Maxwell-Gleichungen. Vom empirischen Standpunkt aus ist aber insbesondere der Übergang von den stationären Feldgleichungen zu den dynamischen Maxwell-Gleichungen nicht zwingend. Es gäbe durchaus noch andere Möglichkeiten als die in den Abschnitten 2.3.1 und 2.3.3 praktizierten Wege, Zeitableitungen von Ladungen, Strömen und elektromagnetischen Feldern in die Feldgleichungen zu implementieren. Der dort vorgeschlagene Weg ist vom Einfachheitsprinzip[8] diktiert und wird von vielen weiteren Experimenten mit höchster Genauigkeit untermauert.

Der zweite, in den Kapiteln 3–5 beschrittene Weg basiert auf einem theoretischen Konstruktionsprinzip. Ausgehend vom bereits außerhalb der Elektrodynamik gültigen Einstein'schen Relativitätsprinzip wird eine Wirkung für geladene Teilchen, für ihre Wechselwirkung mit dem elektromagnetischen Feld und für das Feld selbst konstruiert, die invariant gegenüber allen Lorentz-Transformationen ist und das Gesamtsystem der geladenen Massenpunkte und der elektromagnetischen Felder beschreibt.

Berücksichtigt werden bei diesem Vorgehen das Superpositionsprinzip für Ladungen und Felder, das Nahwirkungsprinzip sowie die sinnvolle Forderung, dass die Feldgleichungen höchstens Ableitungen erster Ordnung der Felder enthalten sollen. Damit ist der Wechselwirkungsterm S_{WW} zwangsläufig linear in den Feldgrößen und der Feldbeitrag S_{Feld} ein quadratisches Funktional der Felder.

Einzig die Geometrie des Felds, d. h. seine tensorielle Struktur, ist entscheidend für die Formulierung der Feldtheorie. Verwendet man wie in Kapitel 4 ein vierdimensionales Vektorfeld als geometrisches Basisobjekt, dann wird man zwangsläufig auf die Maxwell-Gleichungen geführt. Hätten wir dagegen

8) Man spricht auch vom Prinzip des „Occam'schen Rasiermessers" (englisch „Occams's razor"), das von dem Franziskanermönch William von Occam (andere Schreibweise: Wilhelm von Ockham) im 14. Jahrhundert formuliert wurde. Nach diesem Prinzip ist die bessere von zwei konkurrierenden Theorien mit exakt den gleichen Aussagen die jeweils einfachere Theorie.

anstelle des vierdimensionalen Vektorpotentials ein anderes geometrisches Objekt eingeführt, wäre natürlich eine andere Theorie für ein anderes Feld entstanden. Solche Theorien, – z. B. die Klein-Gordon-Theorie (siehe Band IV) für ein skalares Feld oder die Einstein'sche Gravitationstheorie für die Metrik als ein tensorielles Feld zweiter Stufe – sind durchaus bekannt und haben ebenfalls eine physikalische Relevanz.

Der entscheidende Schritt zur Fixierung der elektromagnetischen Felder und zum Anschluss der zunächst geometrischen Theorie an die Elektrodynamik wurde in Abschnitt 4.5 über die mechanischen – oder genauer relativistisch-mechanischen – Bewegungsgleichungen (4.74-4.76) vollzogen. Die in diesen Gleichungen auftretenden Felder sind Bestandteile der physikalischen Realität und durch die experimentelle Überprüfung der Lorentz-Gleichung ausreichend abgesichert.

Beide Zugänge, der historisch-heuristische und der differentialgeometrisch-konstruktive Weg, liefern uns als Resultat die Maxwell-Gleichungen. In den nachfolgenden Kapiteln werden wir uns dann damit befassen, Lösungen der Maxwell-Gleichungen unter definierten Bedingungen zu finden und entsprechende Konsequenzen aus diesen detaillierten Resultaten zu ziehen.

Aufgaben:

5.1 Gegeben sei die von Proca[9] modifizierte Wirkung

$$S = \int \left[+ \frac{\mu^2}{8\pi c} A_i A^i - \frac{1}{16\pi c} F_{ik} F^{ik} - \frac{16\pi}{c^2} j_i A^i \right] d\Omega$$

Diese so genannte Proca-Gleichung ist als Erweiterung der Maxwell'schen Elektrodynamik zu einer Theorie mit einer endlichen Photonenmasse zu verstehen und wird in der Quantenfeldtheorie zur Beschreibung massiver Spin-1-Teilchen benutzt. Zeigen Sie, dass die zugehörige Feldgleichung dann lautet:

$$F^{ik}_{,k} + \mu^2 A^i = \frac{4\pi}{c} j^i$$

5.2 Zeigen Sie, dass der so genannte Energie-Impuls-Tensor

$$T^{ik} = -\frac{1}{4\pi} F^{ij} A^{;k}_{j} + \frac{1}{16\pi} g^{ik} F_{mn} F^{mn}$$

bei Abwesenheit von Ladungen oder Ladungsströmem den lokalen Erhaltungsatz $T^{ik}_{,i} = 0$ erfüllt.

9) Alexandru Proca, geb. 16. Oktober 1897 in Bukarest, gest. 1955

5.3 Zeigen Sie, dass der für den Energie-Impuls-Tensor gültige Erhaltungssatz $T^{ik}_{,i} = 0$ auch dann erhalten bleibt, wenn man anstelle der Standardform (siehe Aufgabe 5.2) den symmetrisierten Energie-Impuls-Tensor

$$\Lambda^{ik} = \frac{1}{4\pi}\left[F^{il}g_{lj}F^{jk} + \frac{1}{4\pi}g^{ik}F_{mn}F^{mn}\right]$$

verwendet.

5.4 Zeigen Sie, dass der Energie-Impuls-Tensor Λ^{ik} (siehe Aufgabe 5.3) bei der Anwesenheit elektrischer Ladungen und Ströme die Feldgleichung

$$\Lambda^{ik}_{,i} = -\frac{1}{c}F^{km}j_m$$

erfüllt.

5.5 Zeigen Sie, dass die statische Lösung der Proca-Gleichung für das skalare Potential $A^0 = \varphi$ einer im Ursprung des Koordinatensystems befindlichen Punktquelle der Ladung q auf das in der Kernphysik häufig verwendete Yukawa-Potential

$$\varphi = \frac{q}{|\boldsymbol{x}|}\exp\{-\mu\,|\boldsymbol{x}|\}$$

führt.

Maple-Aufgaben

5.I Stellen Sie die Überlagerung zweier unter dem Winkel θ aufeinander treffender ebener Wellen im zweidimensionalen Raum grafisch und unter Verwendung der Animationsfähigkeiten von Maple dar. Wie sähe die Überlagerung aus, wenn das Superpositionsprinzip nicht additiv, sondern multiplikativ wäre?

5.II Man bestimme die zeitliche Evolution eines Wellenpakets der elektrischen Feldstärke in einem unendlich langen quadratischen Hohlstab vom Querschnitt $L \times L$ entlang der z-Achse eines kartesischen Koordinatensystems. Das elektrische Feld ist zu jedem Zeitpunkt unabhängig von der z-Richtung und sei zu Beginn der Evolution gekennzeichnet durch

$$\left.\frac{\partial \mathbf{E}}{\partial t}\right|_{t=0} = 0$$

Außerdem ist das Gewicht der Eigenfunktionen durch eine Gauß-Funktion $\exp\left\{-\alpha \boldsymbol{k}^2\right\}$ bestimmt. Die hier auftretenden Wellenvektoren $\boldsymbol{k}$ sind stets senkrecht zur Symmetrieachse des Hohlstabs orientiert. Wie lauten die Eigenfunktionen, aus denen die zeitliche Änderung des elektromagnetischen Felds vollständig bestimmt werden kann, wenn das elektrische Feld am Rand des Hohlstabs zu jedem Zeitpunkt verschwindet? Animieren Sie die zeitliche Entwicklung des Wellenpakets im Inneren des Hohlstabs.

5.III Gegeben seien das Vektorpotential

$$\boldsymbol{A} = \begin{pmatrix} A_1 \cos(kct - kx) + a_1 \sin(kct - kx) + c\alpha t + ax^2 \\ A_2 \cos(kct - kx) + a_2 \sin(kct - kx) + c\alpha t + ay^2 \\ A_3 \cos(kct - kx) + a_3 \sin(kct - kx) + c\alpha t + az^2 \end{pmatrix}$$

und das skalare Potential

$$\varphi = \frac{q}{\sqrt{x^2 + y^2 + z^2}} + A_1 \cos(kct - kx) + a_1 \sin(kct - kx) - \alpha(x + y + z)$$

Überprüfen Sie, ob diese Potentiale Lösungen der Maxwell-Gleichungen sind. Eichen Sie anschließend die Potentiale so, dass sie

a) die Lorentz-Eichung,
b) die Coulomb-Eichung,
c) $\varphi = 0$,
d) $A_x = 0$ und
e) $A_z = 0$

erfüllen.

5.IV Untersuchen Sie die Entwicklung des skalaren Potentials $\varphi(x, t)$, das

a) der reskalierten eindimensionalen homogenen Wellengleichung

$$\frac{\partial^2 \varphi(x,t)}{\partial t^2} - \frac{\partial^2 \varphi(x,t)}{\partial x^2} = 0$$

b) der reskalierten eindimensionalen homogenen Proca-Gleichung

$$\frac{\partial^2 \varphi(x,t)}{\partial t^2} - \frac{\partial^2 \varphi(x,t)}{\partial x^2} + m^2 \varphi(x,t) = 0$$

mit der Masse $m > 0$

genügt (Man überlege, wie diese letzte Gleichung aus der inhomogenen Gleichung in Aufgabe 5.1 abgeleitet werden kann). Unter einer Reskalierung soll hier die Wahl eines Einheitensystems verstanden werden, in dem $c = 1$ gilt. Lösen Sie die Gleichungen in dem Gebiet $0 < x < L$ unter Verwendung zyklischer Randbedingungen $\varphi(0,t) = \varphi(L,t)$ und den folgenden Anfangsbedingungen

1.
$$\varphi(x,0) = \begin{cases} x(1-x) & \text{für} \quad 0 < x < 1 \\ 0 & \text{sonst} \end{cases}$$
und
$$\dot{\varphi}(x,0) = \begin{cases} 2x-1 & \text{für} \quad 0 < x < 1 \\ 0 & \text{sonst} \end{cases}$$

2.
$$\varphi(x,0) = \begin{cases} \left(x - \frac{L-1}{2}\right)\left(\frac{L+1}{2} - x\right) & \text{für} \quad \frac{L-1}{2} < x < \frac{L+1}{2} \\ 0 & \text{sonst} \end{cases}$$
und
$$\dot{\varphi}(x,0) = 0 \quad \text{für} \quad 0 < x < L$$

Versuchen Sie, die zeitliche Evolution des skalaren Felds grafisch zu animieren.

5.V Bestimmen Sie die rotationssymmetrischen Lösungen der Maxwell'schen Feldgleichungen in einem unendlich langen, ladungs- und stromfreien Hohlzylinder vom Radius R. Dabei sollen die Komponenten des elektrischen Felds auf dem Rand des Hohlzylinders vollständig verschwinden.

6
Elektrostatik im Vakuum

6.1
Die Feldgleichungen der Elektrostatik

Wir wollen ein System von Ladungen als statisch bezeichnen, falls ein Inertialsystem existiert, in dem alle Ladungen für alle Zeiten ruhen. Für die Beschreibung eines solchen Systems ist es zweckmäßig, dass sich der Beobachter ebenfalls in dem entsprechenden Inertialsystem befindet. Für diesen Beobachter verschwinden alle Ladungsströme und die Ladungsdichten sind nur noch ortsabhängig:

$$\boldsymbol{j}(\boldsymbol{x},t) = 0 \qquad \text{und} \qquad \rho(\boldsymbol{x},t) = \rho(\boldsymbol{x}) \tag{6.1}$$

Die Elektrodynamik reduziert sich damit auf die Elektrostatik. Die elektrostatische Theorie impliziert immer, dass die Ladungen durch externe Kräfte oder geometrische Restriktionen fixiert werden müssen. Andernfalls würden die Ladungen beginnen, sich unter dem Einfluss ihrer Felder zu bewegen. Deshalb gibt es in der statischen Theorie gewöhnlich keine unbegrenzt verschiebbaren Ladungsträger.

Die Maxwell-Gleichungen können für eine Theorie statischer Ladungsverteilungen erheblich vereinfacht werden. Tatsächlich erlaubt in diesem besonderen Fall die Theorie der linearen Differenialgleichungen, das elektrische Feld und die magnetische Induktion als Lösung der Maxwell-Gleichungen in je zwei Beiträge entsprechend

$$\boldsymbol{E} = \boldsymbol{E}_{\text{hom}}(\boldsymbol{x},t) + \boldsymbol{E}_{\text{inhom}}(\boldsymbol{x}) \qquad \text{und} \qquad \boldsymbol{B} = \boldsymbol{B}_{\text{hom}}(\boldsymbol{x},t) + \boldsymbol{B}_{\text{inhom}}(\boldsymbol{x}) \tag{6.2}$$

zu zerlegen. Dabei sind $\boldsymbol{E}_{\text{hom}}(\boldsymbol{x},t)$ und $\boldsymbol{B}_{\text{hom}}(\boldsymbol{x},t)$ die Lösungen der homogenen Maxwell-Gleichungen, und $\boldsymbol{E}_{\text{inhom}}(\boldsymbol{x})$ und $\boldsymbol{B}_{\text{inhom}}(\boldsymbol{x})$ sind jeweils eine spezielle Lösung der inhomogenen Maxwell-Gleichung für die statische Ladungsverteilung (6.1). Beide Lösungen sind vollständig entkoppelt. Deshalb kann man innerhalb der Elektrostatik und, wie wir in Kapitel 8 sehen werden, auch der Magnetostatik von den homogenen Lösungen absehen und ausschließlich die speziellen inhomogenen, statischen Lösungen betrachten.

Theoretische Physik II: Elektrodynamik. Peter Reineker, Michael Schulz, Beatrix M. Schulz

ISBN: 3-527-40642-5

Diese Trennung in zeitabhängige homogene und stationäre inhomogene Lösungen ist übrigens nicht nur eine theoretische Überlegung. Jedes elektrostatische Experiment findet gewöhnlich bei der gleichzeitigen Präsenz eines dynamischen elektromagnetischen Felds[1] statt, das als Lösung der homogenen Maxwell-Gleichungen in dem jeweiligen Raumgebiet verstanden werden kann.

Wir können also innerhalb der statischen Theorie von zeitunabhängigen Feldern ausgehen. Damit verschwinden alle Zeitableitungen in den Maxwell-Gleichungen automatisch. Dann bleibt von der ersten Gruppe der Maxwell-Gleichungen nur noch

$$\operatorname{div} \boldsymbol{B} = 0 \qquad \text{und} \qquad \operatorname{rot} \boldsymbol{E} = 0 \tag{6.3}$$

und die zweite Gruppe reduziert sich auf

$$\operatorname{rot} \boldsymbol{B} = 0 \qquad \text{und} \qquad \operatorname{div} \boldsymbol{E} = 4\pi\rho(\boldsymbol{x}) \tag{6.4}$$

Von diesen vier Gleichungen sind die für das magnetische Feld besonders einfach. Wegen $\operatorname{rot} \boldsymbol{B} = 0$ kann man formal immer eine Funktion f finden, sodass $\boldsymbol{B} = \nabla f$ gilt. Andererseits führt dann $\operatorname{div}\boldsymbol{B} = 0$ sofort auf die Forderung

$$\operatorname{div} \boldsymbol{B} = \nabla \nabla f = \Delta f = 0 \tag{6.5}$$

In unendlicher Entfernung von den Ladungsträgern soll jedes Feld verschwinden. Dann muss also auch das Magnetfeld im Unendlichen verschwinden. Andererseits kann wegen $\Delta f = 0$ die Funktion f weder ein Maximum noch ein Minimum haben, da sonst die drei Ableitungen

$$\frac{\partial^2 f}{\partial x^2}, \quad \frac{\partial^2 f}{\partial y^2} \qquad \text{und} \qquad \frac{\partial^2 f}{\partial z^2} \tag{6.6}$$

an diesen Stellen das gleiche Vorzeichen hätten, im Widerspruch zu $\Delta f = 0$. Wenn f in einem gewissen Gebiet des dreidimensionalen Raums eine nichtkonstante Funktion ist, dann kann sie auf der dieses Gebiet umschließenden Oberfläche im dreidimensionalen Raum niemals konstant sein, da sie gleichzeitig im Inneren des Gebiets kein Maximum oder Minimum haben darf. Dann verschwindet aber der Gradient ∇f nicht überall auf dieser Fläche und wir würden in diesen Punkten $\boldsymbol{B} \neq 0$ erhalten. Dieses Resultat bleibt auch erhalten, wenn wir die geschlossene Oberfläche bis ins Unendliche ausdehnen, wo aber nach Voraussetzung gar kein Feld mehr vorhanden sein soll.

Daher kann nur eine konstante Funktion f die Gleichung $\Delta f = 0$ lösen, ohne dass es zu Widersprüchen kommt. Damit folgt aber sofort

$$\boldsymbol{B} = 0 \tag{6.7}$$

1) etwa in Form der Laborbeleuchtung oder des Tageslichts.

als einzige Lösung der Gleichungen des Magnetfelds im elektrostatischen Fall.

Das gleiche Resultat findet man natürlich auch für das elektrische Feld $\boldsymbol{E}$, wenn keine Ladungen vorhanden wären. Ladungsfreiheit ist aber nur ein uninteressanter Spezialfall der Elektrostatik. Sind hingegen Ladungen im Raum vorhanden, dann wird das elektrische Feld durch vier partielle lineare Differentialgleichungen bestimmt:

$$\operatorname{rot} \boldsymbol{E} = 0 \qquad \text{und} \qquad \operatorname{div} \boldsymbol{E} = 4\pi\rho(\boldsymbol{x}) \tag{6.8}$$

Dabei bildet die erste dieser beiden Feldgleichungen ein System von drei partiellen Differentialgleichungen, die zweite Feldgleichung (6.8) liefert dann die vierte. Das elektrische Feld ist durch das skalare Potential φ und das Vektorpotential $\boldsymbol{A}$ entsprechend (4.77) bestimmt:

$$\boldsymbol{E} = -\left[\nabla\varphi + \frac{1}{c}\frac{\partial \boldsymbol{A}}{\partial t}\right] \tag{6.9}$$

Andererseits gilt aber wegen (4.78)

$$\boldsymbol{B} = \operatorname{rot} \boldsymbol{A} = 0 \tag{6.10}$$

$\boldsymbol{A}$ kann also nur der Gradient einer beliebigen Funktion g sein, d. h. $\boldsymbol{A} = \nabla g$. Wegen der Eichinvarianz sind aber die Potentiale nicht vollständig bestimmt. Entsprechend (4.99) können jetzt neue Potentiale eingeführt werden:

$$\boldsymbol{A}' = \boldsymbol{A} + \nabla\chi \qquad \text{und} \qquad \varphi' = \varphi - \frac{1}{c}\frac{\partial\chi}{\partial t} \tag{6.11}$$

welche die gleiche physikalische Bedeutung wie $\boldsymbol{A}$ und φ haben. Setzen wir insbesondere $\chi = -g$, dann erhalten wir

$$\boldsymbol{A}' = 0 \qquad \text{und} \qquad \varphi' = \varphi + \frac{1}{c}\frac{\partial g}{\partial t} \tag{6.12}$$

und damit

$$\boldsymbol{E} = -\left[\nabla\varphi + \frac{1}{c}\frac{\partial \boldsymbol{A}}{\partial t}\right] = -\left[\nabla\varphi' + \frac{1}{c}\frac{\partial \boldsymbol{A}'}{\partial t}\right] = -\nabla\varphi' \tag{6.13}$$

Da das elektrische Feld statischer Natur ist, können wir insbesondere $\varphi'(\boldsymbol{x}, t) = \varphi'(\boldsymbol{x})$ verlangen. Lassen wir den Strich an den Potentialen weg, dann sind die geeigneten Potentiale in der Elektrostatik durch

$$\boldsymbol{A} = 0 \qquad \text{und} \qquad \varphi = \varphi(\boldsymbol{x}) \tag{6.14}$$

in ihrer funktionalen Struktur festgelegt. Die elektrische Feldstärke ist damit gegeben durch

$$\boldsymbol{E} = -\nabla\varphi \tag{6.15}$$

Mit (6.15) ist die Feldgleichung rot $\boldsymbol{E} = 0$ automatisch erfüllt. Damit können wir jetzt die noch verbleibende Feldgleichung in (6.8) auf eine Potentialgleichung zurückführen:

$$\operatorname{div}\boldsymbol{E} = \operatorname{div}(-\nabla\varphi) = -\Delta\varphi = 4\pi\rho(\boldsymbol{x}) \tag{6.16}$$

oder

$$\Delta\varphi = -4\pi\rho(\boldsymbol{x}) \tag{6.17}$$

Das ist die *Poisson-Gleichung*, die eine direkte Verbindung zwischen Potential und Ladungsdichte herstellt.

Nebenbei haben wir mit diesen Überlegungen auch gezeigt, dass die in Kapitel 2.1.1 heuristisch eingeführten Gleichungen der Elektrostatik sich konsistent aus den allgemeineren Maxwell-Gleichungen ergeben.

6.2 Lösung der Feldgleichungen für Punktladungen und Ladungsverteilungen

6.2.1 Das elektrische Feld

Wir wenden uns zuerst einer punktförmige Ladung q zu, die wir in den Koordinatenursprung legen. Wegen rot $\boldsymbol{E} = 0$ besitzt das elektrische Feld keine Wirbel. Andererseits verlangt die einer Punktladung immanente Rotationssymmetrie des Raums mit der Ladung als Symmetriepunkt, dass das elektrische Feld parallel zu den Radiusvektoren ausgerichtet sein muss.[2] Dann gilt mit dem Gauß'schen Integralsatz für jedes Gebiet G, das die Punktladung enthält:

$$\int_G \operatorname{div}\boldsymbol{E}\, d^3x = \oint_{\partial G} \boldsymbol{E}\, d\boldsymbol{f} = \int_G 4\pi\rho(\boldsymbol{x})\, d^3x = 4\pi q \tag{6.18}$$

Wir wählen jetzt als Gebiet G eine Kugel vom Radius R. Dann ist ∂G die entsprechende Kugeloberfläche, und $d\boldsymbol{f}$ ist das nach außen orientierte Integrationselement dieser Kugeloberfläche. Auf der Kugeloberfläche besitzt die Feldstärke $\boldsymbol{E}$ den konstanten Betrag $E(R)$. Daher ist

$$\oint_{\partial G} \boldsymbol{E}\, d\boldsymbol{f} = E(R) \oint_{\partial G} df = 4\pi R^2 E(R) \tag{6.19}$$

2) Im zweidimensionalen Raum ist die Wirbelfreiheit von besonderer Bedeutung. So ist beispielsweise das Feld der Tangentialvektoren um den Ursprung konzentrisch angeordneter Kreise ebenfalls rotationssymmetrisch, aber dieses Vektorfeld ist nicht parallel zu den Radiusvektoren. Erst die Forderung der Wirbelfreiheit schließt ein solches Feld als einen Kandidaten für die elektrische Feldstärke bereits aus geometrischen Gründen aus.

Wir erhalten deshalb

$$E(R) = \frac{4\pi q}{4\pi R^2} = \frac{q}{R^2} \tag{6.20}$$

Wegen der radialen Orientierung des Felds ist die elektrische Feldstärke $\boldsymbol{E}(\boldsymbol{x})$ einer im Ursprung befindlichen Punktladung q gegeben durch

$$\boldsymbol{E}(\boldsymbol{x}) = \frac{q\boldsymbol{x}}{|\boldsymbol{x}|^3} \tag{6.21}$$

Befindet sich die Ladung nicht im Ursprung, sondern im Punkt $\boldsymbol{x}_0$, dann müssen alle Vektoren um $\boldsymbol{x}_0$ verschoben werden, d. h. wir müssen $\boldsymbol{x}$ durch $\boldsymbol{x} - \boldsymbol{x}_0$ ersetzen. In diesem Fall lautet die Feldstärke:

$$\boldsymbol{E}(\boldsymbol{x}) = \frac{q\,(\boldsymbol{x} - \boldsymbol{x}_0)}{|\boldsymbol{x} - \boldsymbol{x}_0|^3} \tag{6.22}$$

Befinden sich mehrere Punktladungen q_I $(I = 1, \ldots, N)$ an den Positionen $\boldsymbol{x}_I$, dann können deren Felder nach dem Superpositionsprinzip zu einem Gesamtfeld überlagert werden:

$$\boldsymbol{E}(\boldsymbol{x}) = \sum_{I=1}^{N} \frac{q_I\,(\boldsymbol{x} - \boldsymbol{x}_I)}{|\boldsymbol{x} - \boldsymbol{x}_I|^3} \tag{6.23}$$

Wir wollen jetzt dieses Ergebnis auf eine kontinuierliche Ladungsverteilung verallgemeinern. Dazu benutzen wir wieder die bereits bekannte Darstellung der Ladungsdichte mithilfe der δ-Funktion

$$\rho(\boldsymbol{x}) = \sum_I q_I\,\delta(\boldsymbol{x} - \boldsymbol{x}_I) \tag{6.24}$$

Wegen der Eigenschaft

$$\int f\,(\boldsymbol{x})\;\delta(\boldsymbol{x} - \boldsymbol{x}_I)\,d^3x = f\,(\boldsymbol{x}_I) \tag{6.25}$$

folgt sofort

$$\boldsymbol{E}(\boldsymbol{x}) = \sum_{I=1}^{N} \int \frac{q_I\,(\boldsymbol{x} - \boldsymbol{x}_I)}{|\boldsymbol{x} - \boldsymbol{x}_I|^3}\,\delta(\boldsymbol{x}' - \boldsymbol{x}_I)\,d^3x' \tag{6.26}$$

und deshalb unter Beachtung von (6.24)

$$\boldsymbol{E}(\boldsymbol{x}) = \int \frac{(\boldsymbol{x} - \boldsymbol{x}')\,\rho(\boldsymbol{x}')}{|\boldsymbol{x} - \boldsymbol{x}'|^3}\,d^3x' \tag{6.27}$$

Man benutzt in vielen Fällen anstelle der an sich richtigen Darstellung der Ladungsdichte als eine Summe von δ-Funktionen eine kontinuierlich „verschmierte“ Ladungsverteilung. Dabei ersetzt man die auf der mikroskopischen Skala vorhandenen punktförmigen Ladungsträger durch eine kontinuierliche Ladungsdichtefunktion, die nur die auf makroskopischen Skalen spürbaren Änderungen in der räumlichen Verteilung der Ladungsträger berücksichtigt. Dieses Bild ist aus mikroskopischer Sicht natürlich nicht exakt, auf makroskopischen Skalen macht sich der Übergang zum Kontinuum aber praktisch nicht bemerkbar. Dafür werden die Rechnungen mit einer „glatten" Ladungsdichte meist erheblich vereinfacht. Sobald jedoch mit der Elektrodynamik mikroskopische Effekte beschrieben werden sollen, muss der mit der Kontinuumsnäherung verbundene Fehler wieder korrigiert werden.

Innerhalb der auf makroskopische Phänomene beschränkten Elektrodynamik wird von der Ladungsdichte nur verlangt, dass sie einer endlichen Ladung entspricht, d. h. dass sie die Forderung

$$\int \rho(\boldsymbol{x})\, d^3x < \infty \tag{6.28}$$

erfüllt. Das ist der Fall, wenn ρ eine beschränkte Funktion auf einem kompakten Träger ist (d. h. die Ladungsdichte ist nur in einem endlichen Gebiet von 0 verschieden) oder wenn eine unendlich ausgedehnte Ladungsverteilung vorliegt, die aber mit $|\boldsymbol{x}|^{-3-\epsilon}$ $(\epsilon > 0)$ für $|\boldsymbol{x}| \to \infty$ gegen null konvergiert.

6.2.2 Das Potential

Auch das skalare Potential einer beliebigen kontinuierlichen Ladungsverteilung lässt sich analog zur Herleitung von (6.27) bestimmen. Wir wollen hier jedoch einen anderen Weg nutzen. Dazu müssen wir nur die Beziehung

$$-\nabla_x \frac{1}{|\boldsymbol{x}-\boldsymbol{x}'|} = \frac{\boldsymbol{x}-\boldsymbol{x}'}{|\boldsymbol{x}-\boldsymbol{x}'|^3} \tag{6.29}$$

beachten, die sich einfach durch Differenzieren beweisen lässt. Wir demonstrieren dies am Beispiel der x-Komponente:

$$\begin{aligned}
-\frac{\partial}{\partial x}\frac{1}{|\boldsymbol{x}-\boldsymbol{x}'|} &= -\frac{\partial}{\partial x}\frac{1}{\sqrt{(x-x')^2+(y-y')^2+(z-z')^2}} \\
&= \frac{x-x'}{\left[\sqrt{(x-x')^2+(y-y')^2+(z-z')^2}\right]^3} \\
&= \frac{x-x'}{|\boldsymbol{x}-\boldsymbol{x}'|^3}
\end{aligned} \tag{6.30}$$

Auf die gleiche Weise kann man auch die anderen Komponenten bestimmen und damit (6.29) beweisen. Die elektrische Feldstärke (6.27) lässt sich also unter Beachtung von (6.29) auch in der Form

$$\boldsymbol{E}(\boldsymbol{x}) = -\nabla_x \int \frac{\rho(\boldsymbol{x}')}{|\boldsymbol{x}-\boldsymbol{x}'|} d^3x' \tag{6.31}$$

schreiben. Wegen $E = -\nabla\varphi$ folgt sofort:

$$\nabla\left[\varphi - \int \frac{\rho(x')}{|x - x'|} d^3x'\right] = 0 \tag{6.32}$$

Wir fassen den Klammerausdruck zu einer neuen Funktion φ_0 zusammen, die die Gleichung $\nabla\varphi_0 = 0$ im ganzen Raum erfüllen muss. Die einzige Lösung dieser Gleichung ist $\varphi_0 = $ konst. Damit erhalten wir für das Potential der Ladungsverteilung $\rho(x)$:

$$\varphi(x) = \int \frac{\rho(x')}{|x - x'|} d^3x' + \varphi_0 \tag{6.33}$$

Die in dieser Potentialgleichung noch vorkommende Konstante kann zur Eichung des Potentials φ genutzt werden. Wir werden der Einfachheit halber meistens $\varphi_0 = 0$ verwenden. Da (6.33) das Potential der kontinuierlichen Ladungsverteilung $\rho(x)$ ist, muss zwangsläufig $\varphi(x)$ auch Lösung der Poisson-Gleichung (6.17) sein.

6.2.3 Die Methode der Green'schen Funktion

Die Lösung der Poisson-Gleichung (6.17) kann auch im Rahmen der Theorie Green'scher Funktionen gefunden werden. Diese Gleichung ist nämlich eine inhomogene lineare partielle Differentialgleichung vom Typ

$$\widehat{D}\varphi = -4\pi f \tag{6.34}$$

mit der Inhomogenität $-4\pi f$ und dem linearen Differentialoperator $\widehat{D}$. Die allgemeine Lösung solcher Differentialgleichungen kann in der Form

$$\varphi(x) = \int G\left(x, x'\right) f(x') d^3x' + \varphi_{\text{hom}}(x) \tag{6.35}$$

angegeben werden. Hierbei ist die Green'sche Funktion $G(x, x')$ eine spezielle Lösung der Differentialgleichung

$$\widehat{D}G\left(x, x'\right) = 4\pi\delta\left(x - x'\right) \tag{6.36}$$

und $\varphi_{\text{hom}}(x)$ ist die Lösung der homogenen Differentialgleichung

$$\widehat{D}\varphi_{\text{hom}} = 0 \tag{6.37}$$

Im Fall der Poisson-Gleichung (6.17) ist $\widehat{D}$ der Laplace-Operator Δ; wir erhalten damit sofort für eine statische Ladungsverteilung in einem unendlich ausgedehnten Raum[3] die homogene Lösung $\varphi_{\text{hom}}(x) = \varphi_0 = $ konst.. Desweiteren zeigt ein einfacher Vergleich der Bestimmungsgleichung (6.36) mit der

3) Man vergleiche die Behandlung des magnetischen Felds in der Elektrostatik am Anfang dieses Kapitels.

Poisson-Gleichung (6.17), dass die Green'sche Funktion das Potential der im Punkt $\boldsymbol{x}'$ befindlichen Einheitsladung sein muss:

$$G\left(\boldsymbol{x}, \boldsymbol{x}'\right) = \frac{1}{|\boldsymbol{x} - \boldsymbol{x}'|} \tag{6.38}$$

6.3 Felder verschiedener Ladungsverteilungen

6.3.1 Das Feld einer gleichförmig bewegten Punktladung

Wir wollen uns jetzt die Frage stellen, wie sich die radialsymmetrische Struktur des elektrischen Felds einer Punktladung q ändert, sobald wir das Feld aus einem Inertialsystem beobachten, relativ zu dem sich die Ladung mit konstanter Geschwindigkeit bewegt. Dazu positionieren wir die Ladung in den Ursprung des Inertialsystems Σ' (Ruhesystem der Ladung) und beobachten die Ladung aus dem System Σ (Abb. 6.1). Wie üblich, sind die Achsen beider Koordinatensysteme parallel ausgerichtet und bewegen sich relativ zueinander entlang der x-Achse mit der Geschwindigkeit v. In Σ' messen wir dann das Potential

$$\varphi' = \frac{q}{R'} \qquad \text{mit} \qquad R' = \sqrt{x'^2 + y'^2 + z'^2} \tag{6.39}$$

In Σ beobachten wir wegen der Lorentz-Transformation (4.107) dagegen das skalare Potential

$$\varphi = \frac{\varphi'}{\sqrt{1 - v^2/c^2}} = \frac{q}{R'\sqrt{1 - v^2/c^2}} \tag{6.40}$$

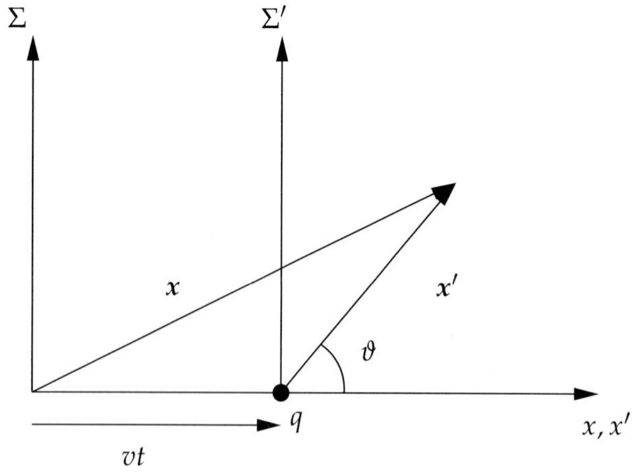

Abb. 6.1 Ruhesystem Σ' der Ladung und Inertialsystems Σ des Beobachters einer mit der Geschwindigkeit v bewegten Punktladung q

In dieser Darstellung beziehen sich aber noch die Koordinaten der Position, an der wir das Potential messen, auf das Inertialsystem Σ'. Um sie durch die Koordinaten von Σ zu ersetzen, benötigen wir die Lorentz-Transformation der Koordinaten:

$$x' = \frac{x - vt}{\sqrt{1 - v^2/c^2}} \qquad y' = y \qquad z' = z \tag{6.41}$$

Damit erhalten wir

$$R'^2 = \frac{(x - vt)^2 + (1 - v^2/c^2)(y^2 + z^2)}{1 - v^2/c^2} = \frac{R^{\star 2}}{1 - v^2/c^2} \tag{6.42}$$

mit der neuen Größe

$$R^{\star 2} = (x - vt)^2 + (1 - v^2/c^2)(y^2 + z^2) \tag{6.43}$$

Das skalare Potential nimmt damit in Σ die Gestalt

$$\varphi = \frac{q}{R^\star} \tag{6.44}$$

an. Das Vektorpotential verschwindet im Ruhesystem der Ladung, d. h. wir haben $\boldsymbol{A}' = 0$. Im Beobachtungssystem Σ wird dann aber (vgl. (4.107)) ein Vektorpotential registriert:

$$\boldsymbol{A} = \frac{\varphi' \boldsymbol{v}}{c\sqrt{1 - v^2/c^2}} = \varphi \frac{\boldsymbol{v}}{c} \tag{6.45}$$

Das elektrische Feld in Σ' ist ebenfalls bekannt. Mit

$$\boldsymbol{E}' = \frac{q\boldsymbol{x}'}{|\boldsymbol{x}'|^3} = \frac{q}{R'^3}(x', y', z') \tag{6.46}$$

und den Transformationsformeln (4.112) für das elektrische Feld erhalten wir die Feldstärkekomponenten in Σ. Die x-Komponente selbst wird nach diesen Formeln nicht transformiert, nur die Koordinaten sind entsprechend (6.41) zu ersetzen:

$$E_x = E'_x = \frac{q(x - vt)}{R'^3\sqrt{1 - v^2/c^2}} = \left[1 - v^2/c^2\right] \frac{q(x - vt)}{R^{\star 3}} \tag{6.47}$$

Für die anderen beiden Komponenten erhalten wir

$$E_y = \frac{E'_y}{\sqrt{1 - v^2/c^2}} = \frac{qy}{R'^3\sqrt{1 - v^2/c^2}} = \left[1 - v^2/c^2\right] \frac{qy}{R^{\star 3}} \tag{6.48}$$

und

$$E_z = \frac{E'_z}{\sqrt{1 - v^2/c^2}} = \frac{qz}{R'^3\sqrt{1 - v^2/c^2}} = \left[1 - v^2/c^2\right] \frac{qz}{R^{\star 3}} \tag{6.49}$$

In vektorieller Schreibweise lassen sich diese drei Transformationsgleichungen zusammenfassen zu:

$$\boldsymbol{E} = \left(1 - \frac{v^2}{c^2}\right) \frac{q}{R^{\star 3}} (\boldsymbol{x} - \boldsymbol{v}t) \tag{6.50}$$

Dieses Feld kann natürlich auch direkt aus

$$\boldsymbol{E} = -\nabla\varphi - \frac{1}{c}\frac{\partial \boldsymbol{A}}{\partial t} \tag{6.51}$$

berechnet werden. Die Differenz $\delta\boldsymbol{R} = \boldsymbol{x} - \boldsymbol{v}t$ ist der Abstand zwischen der aktuellen Position der Ladung $\boldsymbol{v}t$ und dem Aufpunkt $\boldsymbol{x}$, in dem wir das elektrische Feld bestimmen wollen. Wir können den vektoriellen Abstand in Σ auch in Kugelkoordinaten $(\delta R,\ \vartheta,\ \varphi)$ ausdrücken. Dazu orientieren wir das sphärische Koordinatensystem so, dass die Polachse in Richtung der Relativgeschwindigkeit zeigt. Damit erhalten wir insbesondere für den Azimutalwinkel

$$\sin^2\vartheta = \frac{y^2 + z^2}{\delta R^2} \qquad \text{und} \qquad \cos^2\vartheta = \frac{(x - vt)^2}{\delta R^2} \tag{6.52}$$

Dann ist weiter

$$R^{\star 2} = \delta R^2 \cos^2\vartheta + \left(1 - \frac{v^2}{c^2}\right)\delta R^2 \sin^2\vartheta = \delta R^2\left[1 - \frac{v^2}{c^2}\sin^2\vartheta\right] \tag{6.53}$$

und daher

$$\boldsymbol{E} = \frac{\left(1 - \frac{v^2}{c^2}\right)}{\left[1 - \frac{v^2}{c^2}\sin^2\vartheta\right]^{3/2}}\left(\frac{q\delta\boldsymbol{R}}{\delta R^3}\right) = \frac{\left(1 - \frac{v^2}{c^2}\right)}{\left[1 - \frac{v^2}{c^2}\sin^2\vartheta\right]^{3/2}}\boldsymbol{E}_{\text{galilei}} \tag{6.54}$$

Dabei ist

$$\boldsymbol{E}_{\text{galilei}} = \frac{q\delta\boldsymbol{R}}{\delta R^3} \tag{6.55}$$

die elektrische Feldstärke, die bei einer Galilei-Transformation von Σ' nach Σ entstehen würde. Der Zusammenhang (6.54) erlaubt ein besseres Verständnis der elektrischen Feldstärke einer mit konstanter Geschwindigkeit bewegten Ladung. Insbesondere findet man parallel zur Bewegungsrichtung der Ladung ($\vartheta = 0$) eine Verkleinerung der Feldstärke gemäß

$$E_{\|} = \frac{q}{\delta R^2}\left(1 - \frac{v^2}{c^2}\right) \tag{6.56}$$

und senkrecht dazu ($\vartheta = \pi/2$) eine Vergrößerung

$$E_{\perp} = \frac{q}{\delta R^2}\frac{1}{\sqrt{1 - \frac{v^2}{c^2}}} \tag{6.57}$$

6.3.2 Feld eines Dipols

6.3.2.1 Mathematischer Dipol

Oft ist es zweckmäßig, nicht nur mit einfachen Punktladungen zu arbeiten, sondern mit Objekten, die insgesamt neutral sind, aber eine innere Struktur der Ladungsverteilung aufweisen. Das einfachste Objekt dieser Art ist der (mathematische) Dipol. Er besteht aus zwei entgegengesetzten Ladungen $+q$ und $-q$ mit $q > 0$, die sich im Abstand d voneinander befinden. Wir wollen jetzt Ladung und Abstand so ändern, dass $q \to \infty$ und $d \to 0$ geht, aber das Produkt qd unverändert bleibt. Für diesen Grenzübergang positionieren wir zunächst die Ladung $q_+ = q$ im Punkt $\boldsymbol{r}_+$ und die Ladung $q_- = -q$ im Punkt $\boldsymbol{r}_-$. Zwischen beiden Punkten besteht der Abstand $\boldsymbol{d} = \boldsymbol{r}_+ - \boldsymbol{r}_-$ (Abb. 6.2). Dann ist das Potential dieser Anordnung gegeben durch

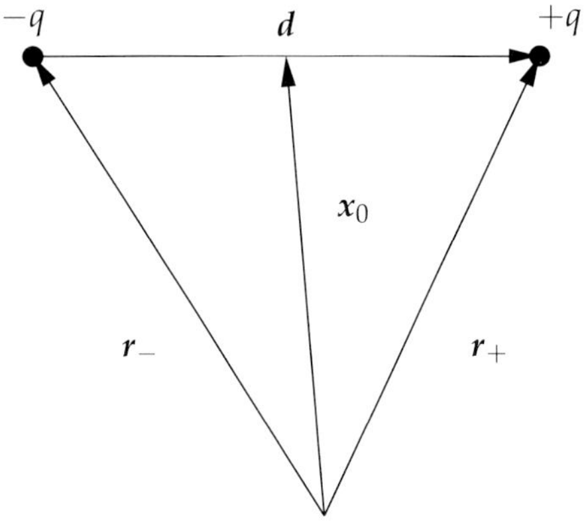

Abb. 6.2 Schematische Darstellung zur Definition des mathematischen Dipols

$$\varphi(\boldsymbol{x}) = \frac{q_+}{|\boldsymbol{x} - \boldsymbol{r}_+|} + \frac{q_-}{|\boldsymbol{x} - \boldsymbol{r}_-|} = q\left(\frac{1}{|\boldsymbol{x} - \boldsymbol{r}_+|} - \frac{1}{|\boldsymbol{x} - \boldsymbol{r}_-|}\right) \tag{6.58}$$

Wir führen jetzt den Schwerpunkt der Ladungen $\boldsymbol{x}_0 = (\boldsymbol{r}_- + \boldsymbol{r}_+)/2$ ein und erhalten damit

$$|\boldsymbol{x} - \boldsymbol{r}_+| = |\boldsymbol{x} - \boldsymbol{x}_0 - (\boldsymbol{r}_+ - \boldsymbol{r}_-)/2| = |\boldsymbol{x} - \boldsymbol{x}_0 - \boldsymbol{d}/2| \tag{6.59}$$

oder mit $\Delta \boldsymbol{R} = \boldsymbol{x} - \boldsymbol{x}_0$:

$$|\boldsymbol{x} - \boldsymbol{r}_+| = |\Delta \boldsymbol{R} - \boldsymbol{d}/2| = \sqrt{\Delta R^2 + d^2/4 - \boldsymbol{d}\Delta \boldsymbol{R}} \tag{6.60}$$

Unter der Voraussetzung $d \ll \Delta R$ (die in einiger Entfernung vom Dipol immer erfüllt ist) können wir die Wurzel in einer Reihe entwickeln

$$\sqrt{\Delta R^2 + d^2/4 - \boldsymbol{d}\Delta \boldsymbol{R}} = \Delta R - \frac{\boldsymbol{d}\Delta \boldsymbol{R}}{2\Delta R} + o(d) \tag{6.61}$$

und nach dem Glied erster Ordnung in d abbrechen. Mit der gleichen Genauigkeit ist dann

$$\frac{1}{|\boldsymbol{x}-\boldsymbol{r}_+|} = \frac{1}{\Delta R}\left[1 + \frac{\boldsymbol{d}\Delta \boldsymbol{R}}{2\Delta R^2}\right] + o(d) \tag{6.62}$$

Analog finden wir

$$\frac{1}{|\boldsymbol{x}-\boldsymbol{r}_-|} = \frac{1}{\Delta R}\left[1 - \frac{\boldsymbol{d}\Delta \boldsymbol{R}}{2\Delta R^2}\right] + o(d) \tag{6.63}$$

Damit lautet das skalare Potential des Dipols in großer Entfernung vom Schwerpunkt $\boldsymbol{x}_0$, d. h. für $d \ll \Delta R$

$$\varphi(\boldsymbol{x}) = \frac{q\boldsymbol{d}\Delta \boldsymbol{R}}{\Delta R^3} + o(d) \tag{6.64}$$

Wir fassen jetzt Ladung und Abstand zu dem konstanten Dipolmoment $\boldsymbol{p}$ zusammen:

$$\boldsymbol{p} = q\boldsymbol{d} \tag{6.65}$$

Nun können wir den Grenzübergang $d \to 0$ und $q \to \infty$ ausführen. Dabei wird der Schwerpunkt des Dipols einfach zur Position des Dipols, und das Produkt $q\boldsymbol{d}$, also das Dipolmoment, bleibt unverändert. Das Potential des mathematischen Dipols lautet also

$$\varphi(\boldsymbol{x}) = \frac{\boldsymbol{p}\,(\boldsymbol{x}-\boldsymbol{x}_0)}{|\boldsymbol{x}-\boldsymbol{x}_0|^3} \tag{6.66}$$

Mit (6.15), also $\boldsymbol{E} = -\nabla\varphi$, ergibt sich sofort die elektrische Feldstärke des mathematischen Dipols zu

$$\boldsymbol{E}(\boldsymbol{x}) = \frac{3\left[\boldsymbol{p}\,(\boldsymbol{x}-\boldsymbol{x}_0)\right](\boldsymbol{x}-\boldsymbol{x}_0) - \boldsymbol{p}\,|\boldsymbol{x}-\boldsymbol{x}_0|^2}{|\boldsymbol{x}-\boldsymbol{x}_0|^5} \tag{6.67}$$

6.3.2.2 **Dipolmomente**

Der mathematische Dipol kann als Abstraktion einer insgesamt neutralen Ladungsverteilung in einer sehr großen Entfernung vom Aufpunkt verstanden werden. Um diese Aussage zu bestätigen, definieren wir zunächst den Ladungsschwerpunkt durch

$$\boldsymbol{x}_0 = \frac{\int d^3x'\,|\rho(\boldsymbol{x}')|\,\boldsymbol{x}'}{\int |\rho(\boldsymbol{x}')|\,d^3x'} \tag{6.68}$$

und legen den Ursprung $\overline{0}$ eines Referenzkoordinatensystems in den Schwerpunkt der Ladungsverteilung[4]. In dem neuen Koordinatensystem ist dann der

4) Dieses Koordinatensystem wird auch als Ladungsschwerpunktssystem bezeichnet.

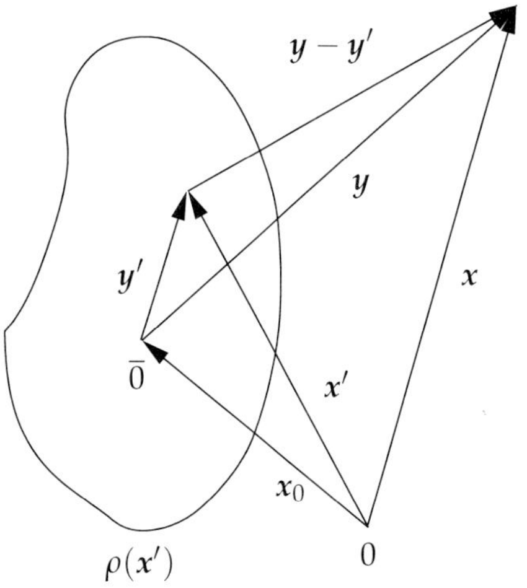

Abb. 6.3 Ladungsverteilungsverteilung und Positionsvektoren im originalen Koordinatensystem und im Ladungsschwerpunktsystem

Abstand zu einem beliebigen Punkt x' der Ladungsverteilung gegeben durch $y' = x' - x_0$ und die Position des Aufpunkts, in dem wir das elektrostatische Potential bestimmen wollen, ist $y = x - x_0$ (Abb. 6.3). Die Ladungsdichte lässt sich entsprechend

$$\rho(x') = \rho(x_0 + y') \to \rho(y') \tag{6.69}$$

auf das neue Referenzkoordinatensystem übertragen. Sofern die Ladungsverteilung auf ein kleines Raumgebiet beschränkt bleibt, ist der Abstand vom Koordinatenursprung $\overline{0}$ eines weit von der Ladungsverteilung entfernten Punkts y groß gegenüber allen Abmessungen der Ladungsverteilung. In diesem Fall kann man in der auf den Ladungsschwerpunkt bezogenen Potentialformel

$$\varphi(y) = \int \frac{\rho(y')}{|y - y'|} d^3y' \tag{6.70}$$

die Bedingung $|y'| \ll |y|$ annehmen. Da für eine beliebige skalare Funktion mit vektoriellem Argument die Entwicklung

$$f(y - y') = f(y) - y' \nabla_y f(y) + \cdots \tag{6.71}$$

gilt, erhalten wir speziell mit $f(y) = 1/|y|$ die Reihe

$$\varphi(y) = \int \frac{\rho(y')}{|y|} d^3y' - \int \rho(y') y' \nabla_y \frac{1}{|y|} d^3y' + \cdots \tag{6.72}$$

Die Integration über die Ladungsdichte liefert die Gesamtladung

$$Q = \int \rho(y') d^3y' \tag{6.73}$$

und das Dipolmoment

$$p = \int y' \rho(y') d^3 y' \tag{6.74}$$

der Ladungsverteilung. Mit diesen globalen Größen und der Relation

$$\nabla_y |y|^{-1} = -\frac{y}{|y|^3} \tag{6.75}$$

erhalten wir dann die folgende Darstellung des skalaren Potentials im Ladungsschwerpunktsystem

$$\varphi(y) = \frac{Q}{|y|} + \frac{py}{|y|^3} + \cdots \tag{6.76}$$

bzw. im ursprünglichen Koordinatensystem

$$\varphi(x) = \frac{Q}{|x - x_0|} + \frac{p\,(x - x_0)}{|x - x_0|^3} + \cdots \tag{6.77}$$

Bei dieser Reihenentwicklung ist stets zu beachten, dass der Aufpunkt x hinreichend weit von der Ladungsverteilung entfernt ist. Verschwindet die Gesamtladung, d. h. ist die Ladungsverteilung elektrisch neutral, dann ist der führende Term in der Entwicklung des Potentials der Dipolbeitrag. Anders als beim mathematischen Dipol gibt es aber noch weitere Terme, die zwar in großen Entfernungen kleiner sind als der Dipolanteil, die aber nicht unbedingt verschwinden müssen.

6.3.3
Radialsymmetrische Ladungsverteilungen

Bei einer radialsymmetrischen Ladungsverteilung ist es sinnvoll, den Ursprung des Koordinatensystems in das Symmetriezentrum zu legen. Dann kann man die Ladungsdichte in sphärischen Koordinaten als einparametrige Funktion des Abstands angeben

$$\rho(x) = \rho(|x|) = \rho(r) \tag{6.78}$$

Die Radialsymmetrie verlangt aber auch, dass in diesem Koordinatensystem das elektrische Feld parallel zum Radiusvektor ist und dass die Stärken des elektrischen Felds und des skalaren Potentials nur von r abhängig sind. Damit ist es ausreichend, Feldstärke und Potential entlang der Polachse des sphärischen Koordinatensystems zu bestimmen. Unter Verwendung von (6.33) erhalten wir entlang dieser Achse für das elektrostatische Potential zunächst in kartesischen Koordinaten

$$\varphi(z) = \int \frac{\rho(|x'|) d^3 x'}{\sqrt{x'^2 + y'^2 + (z - z')^2}} \tag{6.79}$$

Wir überführen jetzt die Integrationsvariablen in das sphärische System

$$\varphi(z) = \int_0^\infty \int_0^\pi \int_0^{2\pi} \frac{\rho(r')r'^2 dr' \sin\vartheta' d\vartheta' d\phi'}{\sqrt{r'^2 + z^2 - 2zr'\cos\vartheta'}} \tag{6.80}$$

Mit der Substitution $u = \cos\vartheta'$ folgt

$$\varphi(z) = 2\pi \int_0^\infty \int_{-1}^1 \frac{\rho(r')r'^2 dr' du}{\sqrt{r'^2 + z^2 - 2zr'u}} \tag{6.81}$$

und damit

$$\begin{aligned} \varphi(z) &= -2\pi \int_0^\infty \frac{\left[\sqrt{r'^2 + z^2 - 2zr'u}\right]_{-1}^1}{zr'} \rho(r')r'^2 dr' \\ &= 2\pi \int_0^\infty \frac{|z + r'| - |z - r'|}{zr'} \rho(r')r'^2 dr' \end{aligned} \tag{6.82}$$

Die Integration über r' wird jetzt über die Intervalle $[0, z]$ und $[z, \infty]$ getrennt ausgeführt:

$$\varphi(z) = \frac{4\pi}{z} \int_0^z \rho(r')r'^2 dr' + 4\pi \int_z^\infty \rho(r')r' dr' \tag{6.83}$$

Das erste Integral führt auf die Ladung $Q(z)$, die sich innerhalb einer Kugel mit dem Radius z befindet. Das zweite Integral lässt sich ebenfalls als ein Volumenintegral schreiben, wobei die Integration hier über das gesamte Volumen außerhalb der Kugel mit dem Radius z geführt wird. Schließlich können wir wegen der Kugelsymmetrie noch z durch den Radialabstand r ersetzen und erhalten

$$\varphi(r) = \frac{Q(r)}{r} + \int_{V > 4\pi r^3/3} \frac{\rho(r')}{r'} d^3x' \tag{6.84}$$

Als eine einfache Anwendung bestimmen wir das Potential einer homogen geladenen Kugel vom Radius R. Die Gesamtladung der Kugel sei Q, d. h. wir haben die Ladungsdichte $\rho(r) = 3Q/(4\pi R^3)$ für $r < R$ und $\rho(r) = 0$ für $r > R$. Liegt der Aufpunkt außerhalb der homogen geladenen Kugel ($r > R$) dann verschwindet der zweite Beitrag in (6.84), und es bleibt

$$\varphi(r) = \frac{Q}{r} \qquad \text{für} \qquad r > R \tag{6.85}$$

Ist dagegen $r < R$, dann ist $Q(r) = Qr^3/R^3$. Insgesamt folgt aus (6.84):

$$\varphi(r) = \frac{Qr^2}{R^3} + 4\pi \int_r^R \frac{3Q}{4\pi R^3} r' dr' = \frac{Qr^2}{R^3} + \frac{3Q}{2R^3}\left[R^2 - r^2\right] \tag{6.86}$$

also

$$\varphi(r) = \frac{3Q}{2R^3}\left[R^2 - \frac{r^2}{3}\right] \qquad \text{für} \qquad r < R \tag{6.87}$$

Direkt auf der Kugeloberfläche stimmen die Innen- und Außenlösung überein, denn wir erhalten dort jeweils $\varphi(R) = Q/R$. Im Zentrum der homogen geladenen Kugel hat das Potential den Wert $\varphi(R) = 3Q/(2R)$.

6.3.4
Geladene Flächen

Eine weitere wichtige Klasse elektrostatischer Probleme basiert auf geladenen Flächen. Wir betrachten hier eine Fläche, die den Raum in zwei Gebiete G_1 und G_2 teilt. Diese Fläche kann entweder unendlich groß sein, oder sie ist die geschlossene Grenzfläche eines endlichen Gebiets im dreidimensionalen Raum. Die Normale $\boldsymbol{n}$ der Fläche sei so orientiert, dass sie in das Gebiet G_2 zeigt. Für die Beschreibung einer solchen Anordnung ist es zweckmäßig, anstelle der Raumladungsdichte $\rho(\boldsymbol{x})$ die Flächenladungsdichte $\sigma(\eta_1, \eta_2)$ einzuführen. Diese Dichte ist eine zweiparametrige Funktion, die von den beiden Koordinaten η_1 und η_2 der Fläche abhängt. Man kann diese Flächenkoordinaten immer auf ein dreidimensionales Koordinatensystem (η_1, η_2, ξ) erweitern, dessen dritte Koordinate ξ orthogonal auf η_1 und η_2 steht und die auf der Fläche selbst den Wert $\xi = 0$ annimmt. Dann ist die gewöhnliche Raumladungsdichte mit der Flächenladungsdichte über

$$\rho(\boldsymbol{x}) = \sigma(\eta_1, \eta_2)\delta(\xi) \tag{6.88}$$

verbunden. Da das Volumenelement d^3x in den flächenbezogenen Koordinaten auch als $d^3x = df d\xi$ geschrieben werden kann und df das zweidimensionale, aus $d\eta_1$ und $d\eta_2$ aufgespannte Flächenelement ist, folgt sofort

$$\int \rho(\boldsymbol{x}) d^3x = \int \sigma(\eta_1, \eta_2)\delta(\xi)\, df d\xi = \int \sigma(\eta_1, \eta_2) df \tag{6.89}$$

Die Ladung eines Bereichs F dieser Fläche ist damit durch

$$Q_F = \int_F \sigma(\eta_1, \eta_2) df \tag{6.90}$$

gegeben. Wir legen jetzt einen kleinen Zylinder der Grundfläche F so in die geladene Fläche, dass seine Grundfläche ganz in G_1 und seine Deckfläche ganz in G_2 liegt (Abb. 6.4). Unter Verwendung von $\operatorname{div} \boldsymbol{E} = 4\pi\rho$ erhalten wir durch Integration über das von dem Zylinder eingeschlossene Volumen und unter Beachtung des Gauß'schen Satzes

$$4\pi \int_F \sigma\, df = 4\pi \int_{\text{Zylinder}} \rho\, d^3x = \int_{\text{Zylinder}} \operatorname{div} \boldsymbol{E}\, d^3x = \oint_{\text{Zylinder}} \boldsymbol{E}\, d\boldsymbol{f} \tag{6.91}$$

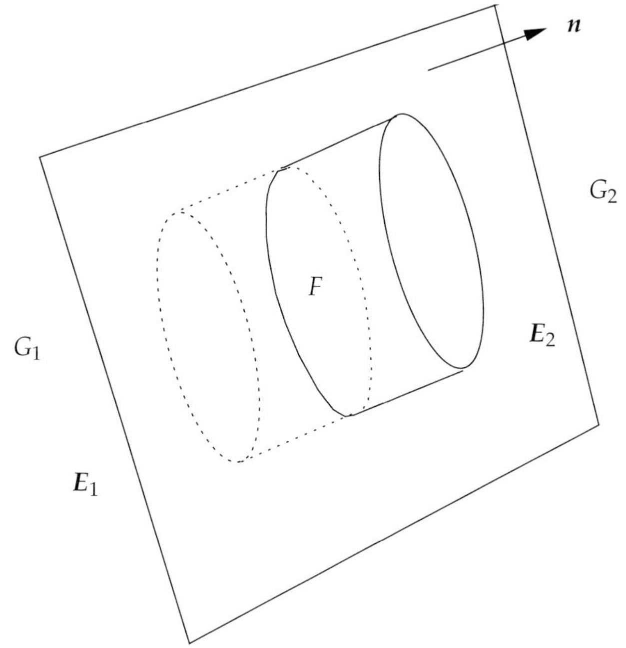

Abb. 6.4 Herleitung der Sprungbedingung für die Normalkomponente des elektrischen Felds E_n

Das Integral über die geschlossene Oberfläche des Zylinders zerfällt in drei Anteile, nämlich

$$\oint_{\text{Zylinder}} \boldsymbol{E}\, d\boldsymbol{f} = \int_{\text{Grundfl.}} \boldsymbol{E}\, d\boldsymbol{f} + \int_{\text{Deckfl.}} \boldsymbol{E}\, d\boldsymbol{f} + \int_{\text{Mantel}} \boldsymbol{E}\, d\boldsymbol{f} \tag{6.92}$$

Der Beitrag des Zylindermantels wird beliebig klein und verschwindet, wenn die Höhe des Zylinders auf ein infinitesimales Maß verkleinert wird.

Die Grundfläche liegt in G_1 unmittelbar unter der geladenen Fläche. Hier hat die elektrische Feldstärke den Wert $\boldsymbol{E}_1$. Die Komponente der Feldstärke in Richtung der Normalen der geladenen Fläche ist dann $E_{\mathrm{n},1} = \boldsymbol{n}\boldsymbol{E}_1$. Andererseits sind das Flächenelement der Grundfläche des Zylinders und die Normale $\boldsymbol{n}$ der geladenen Fläche entgegengesetzt orientiert, d. h. es ist

$$\int_{\text{Grundfl.}} \boldsymbol{E}\, d\boldsymbol{f} = - \int_{\text{Grundfl.}} E_{\mathrm{n},1}\, df \tag{6.93}$$

Die Deckfläche des Zylinders liegt in G_2 unmittelbar über der geladenen Fläche. Die Feldstärke in diesem Gebiet wird mit $\boldsymbol{E}_2$ bezeichnet. Die Normalkomponente ist dann durch $E_{\mathrm{n},2} = \boldsymbol{n}\boldsymbol{E}_2$ gegeben. Da die Deckfläche und die geladene Fläche parallel orientiert sind, folgt

$$\int_{\text{Deckfl.}} \boldsymbol{E}\, df = \int_{\text{Deckfl.}} E_{n,2}\, df \tag{6.94}$$

Insgesamt erhalten wir im Limes einer verschwindenden Zylinderhöhe:

$$4\pi \int_F \sigma\, df = \int_{\text{Deckfl.}} E_{n,2}\, df - \int_{\text{Grundfl.}} E_{n,1}\, df = \int_F E_{n,2}\, df - \int_F E_{n,1}\, df \tag{6.95}$$

oder

$$\int_F \left[E_{n,2} - E_{n,1} - 4\pi\sigma\right] df = 0 \tag{6.96}$$

Diese Integralbeziehung gilt für beliebige Gebiete F der geladenen Fläche. Daher muss notwendigerweise auch

$$E_{n,2} - E_{n,1} = 4\pi\sigma \tag{6.97}$$

gelten, d. h. die Normalkomponente der elektrischen Feldstärke erfährt beim Durchgang durch eine geladene Fläche einen Sprung von der Größe der an der Durchgangsstelle vorhandenen Flächenladungsdichte.

Um das Verhalten der Tangentialkomponenten der elektrischen Feldstärke an der geladenen Fläche zu bestimmen, legen wir eine beliebige Kurve $\boldsymbol{l}_1$ in G_1 direkt unterhalb die geladene Fläche und parallel zu ihr, durchstoßen dann die geladene Fläche und laufen oberhalb der Fläche entlang der Kurve $\boldsymbol{l}_2$ den gleichen Weg zurück, um nach einem erneuten Wechsel des Gebiets wieder den Ausgangspunkt zu erreichen (Abb. 6.5). Dann gilt für das Integral entlang dieser geschlossenen Kurve unter Verwendung des Stokes'schen Satzes

$$\oint \boldsymbol{E}\, d\boldsymbol{x} = \int \operatorname{rot} \boldsymbol{E}\, d\boldsymbol{f} = 0 \tag{6.98}$$

Das Integral entlang der geschlossenen Kurve zerfällt in drei Beiträge

$$\oint \boldsymbol{E}\, d\boldsymbol{x} = \int_{l_1} \boldsymbol{E}\, d\boldsymbol{x} + \int_{l_2} \boldsymbol{E}\, d\boldsymbol{x} + \int_{\text{Rest}} \boldsymbol{E}\, d\boldsymbol{x} \tag{6.99}$$

Der Restanteil stammt von den beiden kurzen Kurvenstücken, die die geladene Fläche durchstoßen. Dieser Beitrag verschwindet, wenn die anderen beiden Kurvenanteile jeweils direkt ober- bzw. unterhalb der geladenen Fläche laufen. Die ersten beiden Beiträge stammen in diesem Grenzfall von entgegengesetzt laufenden Kurvenintegralen, d. h. man kann sie zusammenfassen zu

$$\int_{l_1} \left[\boldsymbol{E}_1 - \boldsymbol{E}_2\right] d\boldsymbol{x} = 0 \tag{6.100}$$

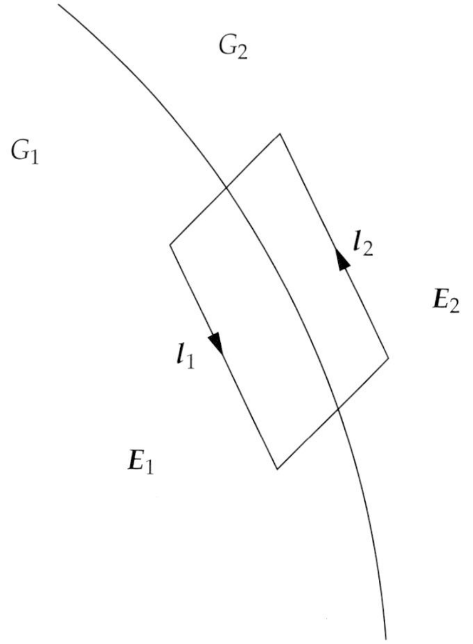

Abb. 6.5 Darstellung des Integrationswegs entlang einer geladenen Fläche zur Herleitung der Sprungbedingungen für die Tangentialkomponenten des elektrischen Felds $\boldsymbol{E}$

Da dx tangential zu der geladenen Fläche liegt und (6.100) für alle Kurven $\boldsymbol{l}_1$ gilt, ergibt sich die Forderung

$$\boldsymbol{E}_{\mathrm{t},1} = \boldsymbol{E}_{\mathrm{t},2} \tag{6.101}$$

d. h. die Tangentialkomponenten E_t der elektrischen Feldstärke bleiben beim Durchgang durch eine geladene Fläche stetig.

6.4 Multipolentwicklung und Fernfeld einer lokalisierten Ladungsverteilung

6.4.1 Entwicklung in kartesischen Koordinaten

Wenn wir eine zulässige Ladungsverteilung $\rho\left(\boldsymbol{x}\right)$ vorgegeben haben, dann ist das Potential durch die Gleichung

$$\varphi\left(\boldsymbol{x}\right) = \int d^3x' \frac{\rho\left(\boldsymbol{x}'\right)}{\left|\boldsymbol{x} - \boldsymbol{x}'\right|} \tag{6.102}$$

vollständig bestimmt. Bei komplizierteren Ladungsverteilungen lässt sich dieser Potentialausdruck aber nicht mehr exakt berechnen. Man ist dann auf eine näherungsweise Auswertung von (6.102) angewiesen.

Ein solches Näherungsverfahren ist die so genannte *Multipolentwicklung*, bei der das Potential einer lokalisierten Ladungsverteilung in hinreichend großen Entfernungen vom Schwerpunkt der Ladungsverteilung bestimmt wird. Hier werden Details der Ladungsverteilung unwesentlich und können durch geeignete integrale Größen ersetzt werden[5]. In diesem Zusammenhang spricht man auch vom (elektrischen) Fernfeld, im Gegensatz zum Nahfeld, das wesentlich stärker durch die lokalen Details der Ladungsverteilung bestimmt wird.

Um eine explizite Darstellung des Fernfelds zu erhalten, legen wir den Ladungsschwerpunkt in den Ursprung des Koordinatensystems. Wir verwenden wieder die Vereinbarungen, die wir bei der Behandlung des Dipolmoments benutzt hatten (Abschnitt 6.3.2.2 und Abb. 6.3). Dann bedeutet diese Annahme $\boldsymbol{x}_0 = 0$ und damit $\boldsymbol{x} = \boldsymbol{y}$ und $\boldsymbol{x}' = \boldsymbol{y}'$. Entsprechend unserem üblichen Vorgehen bezeichnet $\boldsymbol{x}$ den Aufpunkt, für den wir den Wert des Potentials berechnen wollen, $\boldsymbol{x}'$ weist auf einen Punkt der Ladungsverteilung.

Im Rahmen der *Fernfeldnäherung* gilt $|\boldsymbol{x}'| \ll |\boldsymbol{x}|$, d. h. die geometrischen Abmessungen der Ladungsverteilung werden als wesentlich kleiner als der Abstand zwischen den Ladungen und dem Aufpunkt angenommen. Wir formen zunächst die Distanz $|\boldsymbol{x} - \boldsymbol{x}'|$ entsprechend

$$|\boldsymbol{x} - \boldsymbol{x}'| = \sqrt{r^2 + r'^2 - 2\boldsymbol{x}\boldsymbol{x}'} = r\sqrt{1 + \frac{r'^2}{r^2} - \frac{2\boldsymbol{x}\boldsymbol{x}'}{r^2}} \tag{6.103}$$

um, wobei $r = |\boldsymbol{x}|$ und $r' = |\boldsymbol{x}'|$ vereinbart wird. Dann ist $\boldsymbol{z}' = \boldsymbol{x}'/r$ ein kleiner Vektor, d. h. es ist $|\boldsymbol{z}'| \ll 1$. Mit dem Einheitsvektor $\boldsymbol{n} = \boldsymbol{x}/r$ in Richtung des Aufpunktes[6] ist dann

$$|\boldsymbol{x} - \boldsymbol{x}'| = r\sqrt{1 + z'^2 - 2\boldsymbol{n}\boldsymbol{z}'} \tag{6.104}$$

Der Vektor $\boldsymbol{z}'$ ist der geeignete kleine Parameter, nach dem $|\boldsymbol{x} - \boldsymbol{x}'|^{-1}$ entwickelt werden kann. Da für die Koordinaten eines kartesischen Koordinatensystem im dreidimensionalen euklidischen Raum $x^1 = x_1 = x$, $x^2 = x_2 = y$, $x^3 = x_3 = z$ gilt, können wir die in Kapitel 3 eingeführte strengere Einstein'sche Summenkonvention übernehmen, nach der über Paare ko- und kontravarianter Indizes summiert wird. Wir erhalten dann folgende Taylor-Entwicklung um den Punkt $\boldsymbol{z}' = 0$:

$$\frac{1}{|\boldsymbol{x} - \boldsymbol{x}'|} = \sum_{n=0}^{\infty} \frac{1}{n!} \lim_{\boldsymbol{y} \to 0} \left[z'_\alpha \frac{\partial}{\partial y_\alpha} \right]^n \frac{1}{r\sqrt{1 + y^2 - 2\boldsymbol{n}\boldsymbol{y}}} \tag{6.105}$$

Die ersten Glieder dieser Entwicklung lauten

$$\frac{1}{|\boldsymbol{x} - \boldsymbol{x}'|} = \frac{1}{r} \left\{ 1 + \boldsymbol{n}\boldsymbol{z}' + \frac{1}{2} \left[3 \left(\boldsymbol{n}\boldsymbol{z}' \right)^2 - z'^2 \right] + \cdots \right\} \tag{6.106}$$

5) Zwei dieser integralen Größen – die Gesamtladung und das Dipolmoment – sind uns bereits bekannt.

6) Man beachte, dass $|\boldsymbol{n}| = |\boldsymbol{x}|/r = 1$ gilt.

oder mit $z' = x'/r$ und $n = x/r$ sowie $r = |x|$:

$$\frac{1}{|\boldsymbol{x} - \boldsymbol{x}'|} = \frac{1}{|\boldsymbol{x}|} + \frac{\boldsymbol{x}\boldsymbol{x}'}{|\boldsymbol{x}|^3} + \frac{3\,(\boldsymbol{x}\boldsymbol{x}')^2 - |\boldsymbol{x}'|^2\,|\boldsymbol{x}|^2}{2\,|\boldsymbol{x}|^5} + \cdots \tag{6.107}$$

Das elektrostatische Potential kann man unter Benutzung der dreidimensionalen Komponentenschreibweise in die Form

$$\begin{aligned} \varphi(\boldsymbol{x}) &= \int d^3x'\rho(\boldsymbol{x}')\left\{\frac{1}{|\boldsymbol{x}|} + \frac{x^\alpha}{|\boldsymbol{x}|^3}x'_\alpha \right.\\ &+ \left.\frac{x^\alpha x^\beta}{2\,|\boldsymbol{x}|^5}\left[3x'_\alpha x'_\beta - |\boldsymbol{x}'|^2\,\delta_{\alpha\beta}\right] + \cdots\right\} \end{aligned} \tag{6.108}$$

bringen. Mit der skalaren Gesamtladung

$$Q = \int d^3x'\rho(\boldsymbol{x}') \tag{6.109}$$

sowie dem bereits definierten vektoriellen Dipolmoment

$$p_\alpha = \int d^3x'\rho(\boldsymbol{x}')\,x'_\alpha \tag{6.110}$$

und dem tensoriellen Quadrupolmoment

$$Q_{\alpha\beta} = \int d^3x'\rho(\boldsymbol{x}')\left[3x'_\alpha x'_\beta - |\boldsymbol{x}'|^2\,\delta_{\alpha\beta}\right] \tag{6.111}$$

lauten dann die ersten drei Terme der Multipolentwicklung:

$$\varphi(\boldsymbol{x}) = \frac{Q}{|\boldsymbol{x}|} + \frac{x^\alpha p_\alpha}{|\boldsymbol{x}|^3} + \frac{x^\alpha x^\beta Q_{\alpha\beta}}{2\,|\boldsymbol{x}|^5} + \cdots \tag{6.112}$$

Der Tensor des Quadrupolmoments ist symmetrisch, sodass er auf den ersten Blick sechs unabhängige Komponenten haben sollte. Tatsächlich besitzt der Tensor aber nur fünf unabhängige Komponenten, denn seine Spur verschwindet identisch:

$$\begin{aligned} \sum_{\alpha=1}^{3} Q_{\alpha\alpha} &= \sum_{\alpha=1}^{3}\int d^3x'\rho(\boldsymbol{x}')\left[3x'_\alpha x'_\alpha - |\boldsymbol{x}'|^2\right] \\ &= \int d^3x'\rho(\boldsymbol{x}')\left[3\,|\boldsymbol{x}'|^2 - 3\,|\boldsymbol{x}'|^2\right] \\ &= 0 \end{aligned} \tag{6.113}$$

Daher muss eine der drei Diagonalkomponenten des Quadrupolmoments von den anderen beiden abhängig sein.

6.4.2 Entwicklung nach Kugelflächenfunktionen

Im Prinzip kann man die Reihenentwicklung (6.105) beliebig weit fortsetzen. Allerdings wird die Bestimmung der höheren Momente dann aus mathematischer Sicht sehr umständlich und aufwändig. Es gibt jedoch eine Entwicklung nach Kugelflächenfunktionen, die sich systematisch auf das Multipolproblem anwenden lässt. Dazu stellt man zunächst die beiden Vektoren $\boldsymbol{x}$ und $\boldsymbol{x}'$ in sphärischen Koordinaten entsprechend

$$\boldsymbol{x} \to (r, \theta, \phi) \qquad \text{und} \qquad \boldsymbol{x}' \to (r', \vartheta', \phi') \tag{6.114}$$

dar. In dieser Form gilt dann die Entwicklung[7]:

$$\frac{1}{|\boldsymbol{x} - \boldsymbol{x}'|} = \sum_{l=0}^{\infty} \sum_{m=-l}^{l} \frac{r'^l}{r^{l+1}} \frac{4\pi}{2l+1} Y_{lm}(\theta, \phi) Y_{lm}^*(\vartheta', \phi') \tag{6.115}$$

mit den komplexen Kugelflächenfunktionen [19]

$$Y_{lm}(\vartheta, \phi) = \sqrt{\frac{2l+1}{4\pi} \frac{(l-m)!}{(l+m)!}} P_l^m(\cos\vartheta) \mathrm{e}^{\mathrm{i}m\phi} \tag{6.116}$$

Die hier auftretenden reellen Funktionen P_l^m sind die so genannten zugeordneten Legendre-Polynome[8]. Setzt man diese Entwicklung in die Potentialgleichung ein, dann findet man

$$\varphi(\boldsymbol{x}) = \sum_{l=0}^{\infty} \frac{1}{r^{l+1}} \sum_{m=-l}^{l} \frac{4\pi}{2l+1} q_{lm} Y_{lm}(\theta, \phi) \tag{6.117}$$

mit den Momenten

$$q_{lm} = \int \rho(\boldsymbol{x}') \, r'^{2+l} Y_{lm}^*(\vartheta', \phi') \sin\vartheta' \, d\phi' \, d\vartheta' \, dr' \tag{6.118}$$

Man erhält damit insbesondere auch den Zusammenhang zwischen den sphärischen Momenten q_{lm} und den aus der kartesischen Entwicklung bekannten Größen, also Gesamtladung, Dipolmoment und Quadrupolmoment. So ist die Gesamtladung

$$q_{00} = Q \tag{6.119}$$

7) Die Entwicklung nach Kugelflächenfunktionen wird sehr ausführlich in [5] behandelt. Innerhalb dieser Lehrbuchreihe werden wir die Eigenschaften der Kugelflächenfunktionen in Band III eingehender behandeln.

8) Auch diese Polynome werden ausführlich im Band III dieser Lehrbuchreihe diskutiert. Ihre mathematische Struktur und wichtige Eigenschaften werden aber auch umfassend in [19] beschrieben.

während das Dipolmoment über

$$q_{10} = \sqrt{\frac{3}{4\pi}}\, p_z \tag{6.120}$$

und

$$q_{11} = -\sqrt{\frac{3}{8\pi}}\,(p_x - ip_y) \qquad q_{1,-1} = \sqrt{\frac{3}{8\pi}}\,(p_x + ip_y) \tag{6.121}$$

mit den Momenten der Entwicklung nach Kugelflächenfunktionen verbunden ist. Für das Quadrupolmoment findet man schließlich

$$q_{20} = \frac{1}{2}\sqrt{\frac{5}{4\pi}}\, Q_{zz} \tag{6.122}$$

sowie

$$q_{21} = -\frac{1}{3}\sqrt{\frac{15}{8\pi}}\,(Q_{xz} - iQ_{yz}) \quad q_{2,-1} = \frac{1}{3}\sqrt{\frac{15}{8\pi}}\,(Q_{xz} + iQ_{yz}) \tag{6.123}$$

und

$$q_{22} = \frac{1}{12}\sqrt{\frac{15}{2\pi}}\,(Q_{xx} - Q_{yy} - 2iQ_{xy}) \tag{6.124}$$

sowie

$$q_{2,-2} = \frac{1}{12}\sqrt{\frac{15}{2\pi}}\,(Q_{xx} - Q_{yy} + 2iQ_{xy}) \tag{6.125}$$

Wir bemerken, dass wegen der komplexen Struktur der Kugelflächenfunktionen auch die Momente q_{lm} komplex sein können. Die Imaginärteile heben sich aber in jeder Ordnung der Entwicklung (6.117) gegenseitig auf, so dass das Potential selbst immer eine reelle Funktion bleibt.

6.5 Elektrische Energie von Ladungssystemen

6.5.1 Wechselwirkung zwischen diskreten Ladungen

Die Feldenergie des elektrostatischen Felds ist wegen (5.79) und $\boldsymbol{B} = 0$ durch

$$U = \frac{1}{8\pi}\int \boldsymbol{E}^2 d^3x \tag{6.126}$$

gegeben. Die Integration erstreckt sich hier über den ganzen Raum. Diese Gleichung lässt sich unter Beachtung von $\boldsymbol{E} = -\nabla\varphi$ und der Beziehung (B.9)

$$\boldsymbol{a}\nabla b = \operatorname{div}(\boldsymbol{a}\, b) - b \operatorname{div} \boldsymbol{a} \tag{6.127}$$

umformen, wobei man $\boldsymbol{a}$ mit $\boldsymbol{E}$ und b mit φ identifiziert

$$U = -\frac{1}{8\pi}\int \boldsymbol{E}\nabla\varphi\, d^3x = -\frac{1}{8\pi}\int \operatorname{div}(\boldsymbol{E}\varphi) d^3x + \frac{1}{8\pi}\int \varphi \operatorname{div}\boldsymbol{E}\, d^3x \tag{6.128}$$

Das erste Integral auf der rechten Seite wird unter Beachtung des Gauß'schen Satzes in ein Oberflächenintegral umgewandelt

$$\int \operatorname{div}(\boldsymbol{E}\varphi)\, d^3x = \oint \boldsymbol{E}\varphi\, d\boldsymbol{f} \tag{6.129}$$

Die Integration erstreckt sich dabei über die Oberfläche des gesamten Gebiets. Da das Integrationsgebiet den ganzen Raum erfasst, befindet sich die Oberfläche im Unendlichen, wo die Felder verschwinden sollen. Dann verschwindet aber auch der Beitrag dieses Integrals, und es bleibt wegen $\operatorname{div}\boldsymbol{E} = 4\pi\rho$

$$U = \frac{1}{8\pi}\int \varphi \operatorname{div}\boldsymbol{E}\, d^3x = \frac{1}{2}\int \varphi\rho\, d^3x \tag{6.130}$$

Setzt man die mikroskopische definierte Ladungsdichte (6.24) in diese Gleichung ein, dann erhält man

$$U = \frac{1}{2}\sum_{I=1}^{N} \varphi(\boldsymbol{x}_I) q_I \tag{6.131}$$

Offenbar ist die Gesamtenergie eines Systems von Ladungen gerade die Summe der Produkte zwischen den einzelnen Ladungen und dem Potential an der jeweiligen Position der Ladungen. Besteht das System nur aus einer einzigen Punktladung der Stärke q, die sich im Ursprung des Koordinatensystems befinden möge, dann folgt

$$U = \frac{q}{2}\varphi(0) \tag{6.132}$$

Dabei ist $\varphi(\boldsymbol{x})$ das von dieser Ladung erzeugte Potential $\varphi = q/|\boldsymbol{x}|$. Jede Ladung besitzt offenbar eine durch die Wechselwirkung mit dem eigenen Feld bedingte Energie, die so genannte *Selbstenergie*. Aus (6.132) folgt aber das bemerkenswerte Resultat, dass diese Selbstenergie unendlich groß wird, denn das Potential einer Ladung divergiert an der Position des Partikels.

Offenbar erreichen wir hier grundlegende Grenzen der klassischen Elektrodynamik. So verhindert (6.132) jede Art von Überlegungen, die Feldenergie einer Ladung als Ruheenergie des jeweiligen Partikels zu verstehen. Bei einer endlichen Energie U wäre die Relation $U = mc^2$ eine geeignete Verbindung zwischen der Masse als mechanischer Größe und der Ladung als elektromagnetischer Eigenschaft. Wir haben hier also ein Indiz dafür, dass die klassische Elektrodynamik auf hinreichend kleinen Skalen widersprüchlich wird.

Um diese Skalen abzuschätzen, wird ein mikroskopischer Abschneideradius Λ (ein so genannter „cut off") postuliert, unterhalb dem die Elektrodynamik als theoretische Darstellung versagt. Außerhalb des von diesem Radius abgegrenzten Gebiets gilt dagegen die klassische Elektrodynamik. Dann ist die Feldenergie des von einer Ladung erzeugten elektrischen Felds gerade

$$U = \frac{1}{8\pi} \int_{\Lambda}^{\infty} \boldsymbol{E}^2 d^3x = \frac{q^2}{8\pi} \int_{\Lambda}^{\infty} \frac{4\pi r^2 dr}{r^4} = \frac{q^2}{2\Lambda} \tag{6.133}$$

Wie bereits oben erwähnt, identifizieren wir die Feldenergie u mit der Ruheenergie des geladenen Partikels und erhalten

$$\Lambda = \frac{q^2}{2U} = \frac{q^2}{2mc^2} \tag{6.134}$$

Für ein Elektron ergibt sich damit z. B. $\Lambda \simeq 10^{-15}$ m. Dieser „klassische Elektronenradius" markiert also die minimale Skala, unterhalb der eine andere Theorie relevant werden muss. Tatsächlich gibt es aber bereits auf größeren, quantenmechanisch bedingten Skalen erste Abweichungen von der klassischen Theorie.

Wir wenden uns nun wieder dem ursprünglich untersuchten Ladungssystem zu. Hier gilt für das Potential der I-ten Ladung:

$$\varphi(\boldsymbol{x}_I) = \int \frac{\rho(\boldsymbol{x}')}{|\boldsymbol{x}_I - \boldsymbol{x}'|} d^3x' = \int \sum_{J=1}^{N} \frac{q_J \delta(\boldsymbol{x}' - \boldsymbol{x}_J)}{|\boldsymbol{x}_I - \boldsymbol{x}'|} d^3x' = \sum_{J=1}^{N} \frac{q_J}{|\boldsymbol{x}_I - \boldsymbol{x}_J|} \tag{6.135}$$

und daher:

$$U = \frac{1}{2} \sum_{I,J=1}^{N} \frac{q_I q_J}{|\boldsymbol{x}_I - \boldsymbol{x}_J|} \tag{6.136}$$

Wir zerlegen die Summe in Diagonal- und Nichtdiagonalbeiträge:

$$U = \frac{1}{2} \sum_{I \neq J} \frac{q_I q_J}{|\boldsymbol{x}_I - \boldsymbol{x}_J|} + \frac{1}{2} \sum_{I=1}^{N} \lim_{\varepsilon \to 0} \frac{q_I^2}{\varepsilon} \tag{6.137}$$

Die zweite Summe umfasst die divergenten Selbstenergien der einzelnen Ladungen. Jeder Beitrag zu diesem Term ist unendlich groß, aber nicht mehr von der Position der Partikel abhängig. Daher kann die gesamte Selbstenergie als ein unendlich großer, aber konstanter Beitrag U_0 aufgefasst werden, der physikalisch bedeutungslos ist und bei einer entsprechenden Eichung der Energieskala verschwindet. Damit erhalten wir als die eigentliche Energie eines Systems von Ladungen den Ausdruck

$$U = \frac{1}{2} \sum_{I \neq J} \frac{q_I q_J}{|\boldsymbol{x}_I - \boldsymbol{x}_J|} \tag{6.138}$$

In dieser Formel ist sehr anschaulich der Zusammenhang zwischen Nah- und Fernwirkungsprinzip erkennbar. Während die ursprüngliche Energieformel (6.126) das lokale Feldstärkequadrat in jedem Raumpunkt aufsummiert

(Nahwirkung), treten in der letzten Formel nur noch die Positionen der Ladungen auf. Die Wechselwirkung der Ladungen über das Feld spielt hier keine Rolle mehr (Fernwirkung). Die Gleichwertigkeit beider Bilder bleibt aber auf statische Probleme beschränkt. Wie wir uns bereits überlegt haben, birgt das Fernwirkungsprinzip Schwierigkeiten, sobald die Ladungen im Raum beweglich sind und die Felder zeitabhängig werden.

6.5.2 Wechselwirkung zwischen Dipolen

Als eine wichtige Anwendung von (6.138) wollen wir die Energie zweier wechselwirkender Dipole berechnen. Wir benutzen dazu die in Abb. 6.6 dargestellten Bezeichnungen. Insbesondere verlangen wir von den Ladungen

$$-q_1 = q_2 = -q_3 = q_4 = q \tag{6.139}$$

Dabei soll q die positive Elementarladung einer Dipolhälfte sein. Ferner legen wir die folgenden Abstände fest

$$\boldsymbol{x}_2 - \boldsymbol{x}_1 = \boldsymbol{d}_1 \tag{6.140}$$

$$\boldsymbol{x}_4 - \boldsymbol{x}_3 = \boldsymbol{d}_2 \tag{6.141}$$

$$\boldsymbol{x}_{01} = (\boldsymbol{x}_1 + \boldsymbol{x}_2)/2 \tag{6.142}$$

$$\boldsymbol{x}_{02} = (\boldsymbol{x}_3 + \boldsymbol{x}_4)/2 \tag{6.143}$$

$$\boldsymbol{x} = \boldsymbol{x}_{02} - \boldsymbol{x}_{01} \tag{6.144}$$

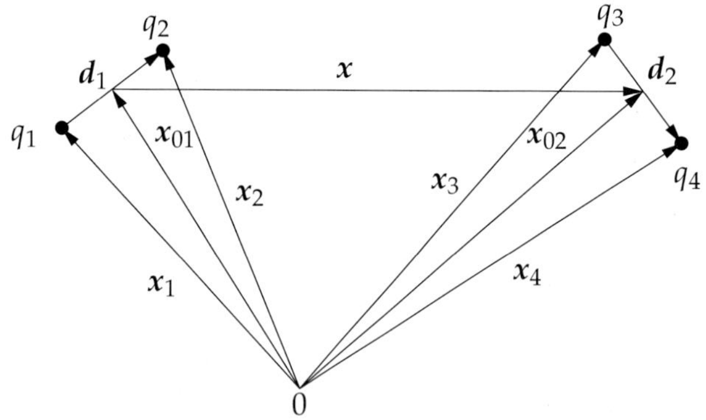

Abb. 6.6 Schematische Darstellung wechselwirkender Dipole

Aus diesen Ausdrücken erhalten wir

$$\boldsymbol{x}_1 = \boldsymbol{x}_{01} - \boldsymbol{d}_1/2 \tag{6.145}$$

$$\boldsymbol{x}_2 = \boldsymbol{x}_{01} + \boldsymbol{d}_1/2 \tag{6.146}$$

$$\boldsymbol{x}_3 = \boldsymbol{x}_{02} - \boldsymbol{d}_2/2 \tag{6.147}$$

$$\boldsymbol{x}_4 = \boldsymbol{x}_{02} + \boldsymbol{d}_2/2 \tag{6.148}$$

Der Übergang zum mathematischen Dipol wird durch den Grenzübergang $q \to \infty$ und $\boldsymbol{d}_1, \boldsymbol{d}_2 \to 0$ realisiert, wobei $\boldsymbol{p}_1 = q\boldsymbol{d}_1$ und $\boldsymbol{p}_2 = q\boldsymbol{d}_2$ konstant gehalten werden sollen.

Wenn wir berücksichtigen, dass in (6.138) jeder Term zweimal auftritt, dann erhalten wir für die Energie

$$\begin{aligned} U = & \frac{q_1 q_2}{|\boldsymbol{x}_1 - \boldsymbol{x}_2|} + \frac{q_1 q_3}{|\boldsymbol{x}_1 - \boldsymbol{x}_3|} + \frac{q_1 q_4}{|\boldsymbol{x}_1 - \boldsymbol{x}_4|} \\ & + \frac{q_2 q_3}{|\boldsymbol{x}_2 - \boldsymbol{x}_3|} + \frac{q_2 q_4}{|\boldsymbol{x}_2 - \boldsymbol{x}_4|} + \frac{q_3 q_4}{|\boldsymbol{x}_3 - \boldsymbol{x}_4|} \end{aligned} \tag{6.149}$$

Der Übergang zum mathematischen Dipol erzeugt im ersten und letzten Term erneut Divergenzen. Diese hängen aber nicht mehr von der Position und Orientierung der Dipole ab und können deshalb wie im vorangegangenen Abschnitt als physikalisch unwichtige (unendlich große) Konstanten betrachtet und damit weggelassen werden. Unter Verwendung von (6.144–6.148) erhalten wir

$$\begin{aligned} U = & \frac{q_1 q_3}{|\boldsymbol{x} + (\boldsymbol{d}_1 - \boldsymbol{d}_2)/2|} + \frac{q_1 q_4}{|\boldsymbol{x} + (\boldsymbol{d}_1 + \boldsymbol{d}_2)/2|} \\ & + \frac{q_2 q_3}{|\boldsymbol{x} - (\boldsymbol{d}_1 + \boldsymbol{d}_2)/2|} + \frac{q_2 q_4}{|\boldsymbol{x} - (\boldsymbol{d}_1 - \boldsymbol{d}_2)/2|} \end{aligned} \tag{6.150}$$

Alle vier Terme haben dieselbe Struktur. Da $|\boldsymbol{d}_1|, |\boldsymbol{d}_2| \to 0$ gelten soll, können wir die Taylor-Entwicklung von (6.150) nach diesen Abständen durchführen. Beachtet man die Relationen

$$\left. \frac{1}{|\boldsymbol{x} + \boldsymbol{\Delta}|} \right|_{\Delta=0} = \frac{1}{|\boldsymbol{x}|} \tag{6.151}$$

$$\left. \frac{\partial}{\partial \Delta_\alpha} \frac{1}{|\boldsymbol{x} + \boldsymbol{\Delta}|} \right|_{\Delta=0} = -\left. \frac{x_\alpha + \Delta_\alpha}{|\boldsymbol{x} + \boldsymbol{\Delta}|^3} \right|_{\Delta=0} = -\frac{x_\alpha}{|\boldsymbol{x}|^3} \tag{6.152}$$

$$\begin{aligned} \left. \frac{\partial^2}{\partial \Delta_\alpha \partial \Delta_\beta} \frac{1}{|\boldsymbol{x} + \boldsymbol{\Delta}|} \right|_{\Delta=0} & = -\left. \frac{\delta_{\alpha\beta}}{|\boldsymbol{x} + \boldsymbol{\Delta}|^3} \right|_{\Delta=0} + 3 \left. \frac{(x_\alpha + \Delta_a)(x_\beta + \Delta_\beta)}{|\boldsymbol{x} + \boldsymbol{\Delta}|^5} \right|_{\Delta=0} \\ & = -\frac{\delta_{\alpha\beta}}{|\boldsymbol{x}|^3} + 3 \frac{x_\alpha x_\beta}{|\boldsymbol{x}|^5} \end{aligned} \tag{6.153}$$

Dann erhalten wir für die Feldenergie U die folgende Entwicklung bis zu Termen zweiten Ordnung in den Dipolabmessungen $\boldsymbol{d}_1$ und $\boldsymbol{d}_2$:

$$\begin{aligned} U = & \frac{q_1q_3 + q_1q_4 + q_2q_3 + q_2q_4}{|\boldsymbol{x}|} \\ & - q_1q_3\frac{\boldsymbol{x}(\boldsymbol{d}_1 - \boldsymbol{d}_2)}{2|\boldsymbol{x}|^3} - q_1q_4\frac{\boldsymbol{x}(\boldsymbol{d}_1 + \boldsymbol{d}_2)}{2|\boldsymbol{x}|^3} \\ & + q_2q_3\frac{\boldsymbol{x}(\boldsymbol{d}_1 + \boldsymbol{d}_2)}{2|\boldsymbol{x}|^3} + q_2q_4\frac{\boldsymbol{x}(\boldsymbol{d}_1 - \boldsymbol{d}_2)}{2|\boldsymbol{x}|^3} \\ & + \frac{q_1q_3}{8}\left(-\frac{\delta_{\alpha\beta}}{|\boldsymbol{x}|^3} + 3\frac{x_\alpha x_\beta}{|\boldsymbol{x}|^5}\right)(d_1^\alpha - d_2^\alpha)(d_1^\beta - d_2^\beta) \\ & + \frac{q_1q_4}{8}\left(-\frac{\delta_{\alpha\beta}}{|\boldsymbol{x}|^3} + 3\frac{x_\alpha x_\beta}{|\boldsymbol{x}|^5}\right)(d_1^\alpha + d_2^\beta)(d_1^\beta + d_2^\beta) \\ & + \frac{q_2q_3}{8}\left(-\frac{\delta_{\alpha\beta}}{|\boldsymbol{x}|^3} + 3\frac{x_\alpha x_\beta}{|\boldsymbol{x}|^5}\right)(d_1^\alpha + d_2^\alpha)(d_1^\beta + d_2^\beta) \\ & + \frac{q_2q_4}{8}\left(-\frac{\delta_{\alpha\beta}}{|\boldsymbol{x}|^3} + 3\frac{x_\alpha x_\beta}{|\boldsymbol{x}|^5}\right)(d_1^\alpha - d_2^\alpha)(d_1^\beta - d_2^\beta) \end{aligned} \tag{6.154}$$

Wir setzen jetzt die Ladungen ein und erhalten

$$q_1q_2 = -q_1q_4 = -q_2q_3 = q_2q_4 = q^2 \tag{6.155}$$

Offensichtlich verschwindet damit der Term nullter Ordnung in (6.154). Für die Terme erster Ordnung erhalten wir

$$\frac{q^2}{2}\frac{1}{|\boldsymbol{x}|^3}\boldsymbol{x}(-\boldsymbol{d}_1 + \boldsymbol{d}_2 + \boldsymbol{d}_1 + \boldsymbol{d}_2 - \boldsymbol{d}_1 - \boldsymbol{d}_2 + \boldsymbol{d}_1 - \boldsymbol{d}_2) = 0 \tag{6.156}$$

d. h. auch dieser Beitrag verschwindet identisch. Die Terme zweiter Ordnung lassen sich folgendermaßen zusammenfassen:

$$\begin{aligned} & \frac{q^2}{4}\frac{1}{|\boldsymbol{x}|^3}\left[-(\boldsymbol{d}_1 - \boldsymbol{d}_2)^2 + (\boldsymbol{d}_1 + \boldsymbol{d}_2)^2\right] \\ & + \frac{q^2}{4}\frac{3}{|\boldsymbol{x}|^5}\left\{[\boldsymbol{x}\cdot(\boldsymbol{d}_1 - \boldsymbol{d}_2)]^2 - [\boldsymbol{x}(\boldsymbol{d}_1 + \boldsymbol{d}_2)]^2\right\} \\ & = \frac{q^2}{|\boldsymbol{x}|^3}\boldsymbol{d}_1\boldsymbol{d}_2 - 3q^2\frac{(\boldsymbol{x}\boldsymbol{d}_1)(\boldsymbol{x}\boldsymbol{d}_2)}{|\boldsymbol{x}|^5} \end{aligned} \tag{6.157}$$

Wir führen jetzt noch die Dipolmomente $\boldsymbol{p}_1 = q\boldsymbol{d}_1$ und $\boldsymbol{p}_2 = q\boldsymbol{d}_2$ ein und können jetzt den Übergang zum Dipol ($q \to \infty$, $\boldsymbol{d} \to 0$) ausführen. Wir erhalten damit für die Wechselwirkungsenergie der beiden Dipole:

$$U = \frac{\boldsymbol{p}_1\boldsymbol{p}_2}{|\boldsymbol{x}|^3} - 3\frac{(\boldsymbol{p}_1\boldsymbol{x})(\boldsymbol{p}_2\boldsymbol{x})}{|\boldsymbol{x}|^5} \tag{6.158}$$

Alle bisher vernachlässigten Terme höherer Ordnung spielen nach dem Dipolgrenzübergang keine Rolle mehr, da jeder dieser Beiträge stets quadratisch in den Ladungen ist, in den Dipolabständen aber mit mindestens einer Ordnung höher als zwei auftritt.

6.6 Kräfte im elektrischen Feld

6.6.1 Kräfte auf Einzelladungen

Die Energie U eines Systems von Ladungen lässt sich auch als potentielle Energie im Sinne der klassischen Mechanik auffassen. Dann ist die Kraft, die in diesem System auf die Punktladung K wirkt, durch den Gradienten

$$\boldsymbol{F}_K = -\nabla_K U = -\frac{\partial U}{\partial \boldsymbol{x}_K} \tag{6.159}$$

gegeben. Diese Kraft kann sofort bestimmt werden. Dazu setzt man das Potential explizit in die Kraftgleichung ein

$$\boldsymbol{F}_K = -\frac{1}{2}\sum_{I \neq J} q_I q_J \nabla_K \frac{1}{|\boldsymbol{x}_I - \boldsymbol{x}_J|} \tag{6.160}$$

und berechnet den hier auftretenden Gradienten

$$\nabla_K \frac{1}{|\boldsymbol{x}_I - \boldsymbol{x}_J|} = \delta_{IK}\frac{\boldsymbol{x}_J - \boldsymbol{x}_K}{|\boldsymbol{x}_K - \boldsymbol{x}_J|^3} + \delta_{JK}\frac{\boldsymbol{x}_I - \boldsymbol{x}_K}{|\boldsymbol{x}_I - \boldsymbol{x}_K|^3} \tag{6.161}$$

Damit ist die Kraft auf die K-te Ladung

$$\boldsymbol{F}_K = q_K \sum_I{}' q_I \frac{\boldsymbol{x}_K - \boldsymbol{x}_I}{|\boldsymbol{x}_I - \boldsymbol{x}_K|^3} \tag{6.162}$$

Die Strich am Summationszeichen bedeutet, dass wir über alle Ladungen außer der Ladung K summieren.

Wir betrachten speziell zwei Ladungen. Dann ist die Kraft zwischen den beiden Partikeln gegeben durch

$$\boldsymbol{F} = q_1 q_2 \frac{\boldsymbol{x}_2 - \boldsymbol{x}_1}{|\boldsymbol{x}_2 - \boldsymbol{x}_1|^3} \tag{6.163}$$

Das ist das bekannte Coulomb-Gesetz: Zwei ruhende geladene Massenpunkte an den Stellen $\boldsymbol{x}_1$ und $\boldsymbol{x}_2$ mit den Ladungen q_1 und q_2 üben im Vakuum die Kraft (6.163) aufeinander aus. Wie wir in Abschnitt 2.1.1.1 gesehen haben, definiert diese Gleichung die Einheit der Ladung (vgl. (2.3) bzw. (2.4)).

Das Coulomb-Gesetz hat dieselbe Gestalt wie das Newton'sche Gravitationsgesetz. Die Massen der Massenpunkte sind nur durch die Ladungen zu ersetzen. Da es aber positive und negative Ladungen gibt, ist die Coulomb-Kraft nur anziehend bei entgegengesetzten Ladungen; anders als im Gravitationsgesetz tritt bei Ladungen gleichen Vorzeichens eine abstoßende Kraft auf.

Wir kehren nun wieder zu der Kraft zurück, die das K-te Teilchen in dem System von geladenen Teilchen erfährt. Diese Kraft wird offenbar von allen anderen Teilchen ausgeübt. Eine solche Interpretation entspricht wiederum dem Fernwirkungsprinzip. Um das Nahwirkungsprinzip zur Geltung zu bringen, vergleicht man die Kraft mit dem elektrischen Feld, das alle Ladungen (mit Ausnahme der K-ten Ladung) erzeugen. Dieses Feld ist gegeben durch

$$\boldsymbol{E}(\boldsymbol{x}) = \sum_I{}' \frac{q_I (\boldsymbol{x} - \boldsymbol{x}_I)}{|\boldsymbol{x} - \boldsymbol{x}_I|^3} \tag{6.164}$$

Damit ist die Kraft auf die K-te Ladung durch

$$\boldsymbol{F}_K = q_K \boldsymbol{E}(\boldsymbol{x}_K) \tag{6.165}$$

bestimmt, d. h. die K-te Ladung erfährt die Kraft $q_K\boldsymbol{E}$, wobei das elektrische Feld als Superposition der Felder aller anderen Ladungen an der Position $\boldsymbol{x}_K$ zu verstehen ist. Diese Interpretation hat den Vorteil, dass man nicht unbedingt die Lage aller anderen Partikel genau kennen muss, um die Kraft auf eine bestimmte Ladung zu berechnen. Es genügt in vielen Fällen eine vernünftige Annahme über das elektrische Feld in der Umgebung des Teilchens, um quantitative Aussagen treffen zu können.

6.6.2
Kräfte auf Ladungssysteme

Wir betrachten jetzt ein Teilsystem (Subsystem) eines größeren Systems von Ladungen und fragen nach der Gesamtkraft, mit der der Rest des Systems auf das Subsystem wirkt. Da die Kraft auf die Ladung K des Subsystems durch

$$\boldsymbol{F}_K = q_K \sum_I{}' q_I \frac{\boldsymbol{x}_K - \boldsymbol{x}_I}{|\boldsymbol{x}_I - \boldsymbol{x}_K|^3} \tag{6.166}$$

gegeben ist, können wir die Summe in einen Beitrag $\Sigma^{(\mathrm{S})}$ der Partikel des Subsystems und einen Beitrag $\Sigma^{(\mathrm{R})}$ der restlichen Ladungen aufspalten. Damit ist dann

$$\boldsymbol{F}_K = q_K \sum_I{}'^{(\mathrm{S})} q_I \frac{\boldsymbol{x}_K - \boldsymbol{x}_I}{|\boldsymbol{x}_I - \boldsymbol{x}_K|^3} + q_K \sum_I{}^{(\mathrm{R})} q_I \frac{\boldsymbol{x}_K - \boldsymbol{x}_I}{|\boldsymbol{x}_I - \boldsymbol{x}_K|^3} \tag{6.167}$$

Den zweite Beitrag kann man aus der Sicht des Subsystems als die Wirkung eines externen elektrischen Felds $\boldsymbol{E}(\boldsymbol{x})$ interpretieren, das durch die Ladungen des Restsystems erzeugt wird. Somit bleibt

$$F_K = q_K \sum_I{}^{\prime(S)} q_I \frac{x_K - x_I}{|x_I - x_K|^3} + q_K E(x_K) \tag{6.168}$$

Wir erhalten nach der Summation über alle Ladungen des Subsystem die Kraft, die an diesem Teilsystem angreift:

$$F_{(S)} = \sum_K{}^{(S)} \sum_I{}^{\prime(S)} q_I q_K \frac{x_K - x_I}{|x_I - x_K|^3} + \sum_K{}^{(S)} q_K E(x_K) \tag{6.169}$$

Die erste Summe verschwindet identisch, da die Summanden in I und K antisymmetrisch sind.[9] Damit gelangen wir zu dem Resultat

$$F_{(S)} = \sum_K{}^{(S)} q_K E(x_K) \tag{6.170}$$

d. h. die Kraft, die auf ein Subsystem von Ladungen wirkt, ergibt sich aus der Wechselwirkung seiner Ladungen mit dem, durch das verbleibende Restsystem gebildeten, äußeren elektrischen Feld.

6.6.3 Dipole in externen Feldern

Die Kraftwirkung externer Felder auf Dipole ist für viele praktische Anwendungen von besonderer Wichtigkeit. Mit (6.170) und den Ladungspositionen x_+ und x_- erhalten wir für die Kraft auf einen Dipol im elektrischen Feld:

$$F = q_+ E(x_+) + q_- E(x_-) = q\,[E(x_+) - E(x_-)] \tag{6.171}$$

Unter Verwendung von Relativabstand $d = x_+ - x_-$ und Schwerpunkt $x_0 = (x_+ + x_-)/2$ bekommen wir dann

$$F = q \left[E\left(x_0 + \frac{d}{2}\right) - E\left(x_0 - \frac{d}{2}\right) \right] \tag{6.172}$$

Die Entwicklung des Felds um den Schwerpunkt des Dipols nach dem Relativabstand liefert bis zur ersten Ordnung

$$\begin{aligned} F = q \Bigg[& \left\{ E(x_0) + \left(\frac{d}{2}\nabla_{x_0}\right) E(x_0) + \cdots \right\} \\ & - \left\{ E(x_0) - \left(\frac{d}{2}\nabla_{x_0}\right) E(x_0) + \cdots \right\} \Bigg] \end{aligned} \tag{6.173}$$

9) Dahinter verbirgt sich natürlich das dritte Newton'sche Gesetz (actio = reactio).

Nach der Ausführung des Dipolübergangs $d \to 0$ und $q \to \infty$ mit $q\boldsymbol{d} = \boldsymbol{p}$ folgt für die auf einen Dipol wirkende Kraft

$$\boldsymbol{F} = q\left(\boldsymbol{d}\nabla_{x_0}\right)\boldsymbol{E}\left(\boldsymbol{x}_0\right) = \left(\boldsymbol{p}\nabla_{x_0}\right)\boldsymbol{E}\left(\boldsymbol{x}_0\right) \tag{6.174}$$

Dabei ist $\boldsymbol{p}$ wieder das elektrische Dipolmoment. Offenbar wirkt auf einen Dipol nur in inhomogenen elektrischen Feldern eine Kraft. In einem homogenen elektrischen Feld verschwindet dagegen die auf einen Dipol wirkende resultierende Kraft, obwohl natürlich auf jede einzelne Ladung sehr wohl eine Kraft wirkt.

Es ist aber anzunehmen, dass selbst in einem homogenen elektrischen Feld auf einen Dipol ein *Drehmoment* wirkt. Man berechnet es entsprechend

$$\boldsymbol{M} = \boldsymbol{r}_+ \times q_+\boldsymbol{E}(\boldsymbol{r}_+) + \boldsymbol{r}_- \times q_-\boldsymbol{E}(\boldsymbol{r}_-) = q\left[\boldsymbol{r}_+ \times \boldsymbol{E}(\boldsymbol{r}_+) - \boldsymbol{r}_- \times \boldsymbol{E}(\boldsymbol{r}_-)\right] \tag{6.175}$$

Die führende Ordnung der Entwicklung nach kleinen Abständen $\boldsymbol{d}$ zwischen den Dipolladungen liefert dann

$$\boldsymbol{M} = q\boldsymbol{d} \times \boldsymbol{E}(\boldsymbol{x}_0) + o(d^2) \tag{6.176}$$

Nach Ausführung des Dipolübergangs ist deshalb das Drehmoment durch

$$\boldsymbol{M} = \boldsymbol{p} \times \boldsymbol{E}(\boldsymbol{x}_0) \tag{6.177}$$

gegeben. Solange also elektrisches Feld und Dipolmoment nicht parallel ausgerichtet sind, wirkt auf den elektrischen Dipol ein endliches Drehmoment.

Aufgaben:

6.1 Zeigen Sie, dass das elektrische Feld eines gleichmäßig geladenen, unendlich langen dünnen Drahtes vom Radius r_0 durch das Potential

$$\varphi = -\frac{\lambda}{2\pi r_0}\ln\frac{r_\perp}{r_0}$$

erzeugt wird. Dabei ist λ die Linienladungsdichte und $r_\perp$ der senkrechte Abstand vom Draht.

6.2 Beweisen Sie, dass die Ansätze $\boldsymbol{E} = E(r)\boldsymbol{e}_r$ für radialsymmetrische elektrische Felder und $\boldsymbol{E} = E(\varrho)\boldsymbol{e}_\rho$ für zylindersymmetrische elektrische Felder automatisch die Wirbelfreiheit des E-Felds garantieren.

6.3 Schätzen Sie aus der Selbstenergie des Elektrons seinen klassischen Radius $R_{\mathrm{el}} = q_{\mathrm{el}}^2/(2m_{\mathrm{el}}c^2)$ ab.
Hinweis: Bestimmen Sie Feldenergie des Außenfelds einer homogen geladenen Kugel vom Radius R_0 und vergleichen Sie diese mit der Ruheenergie der Kugel $E = m_{\mathrm{el}}c^2$.

6.4 Zeigen Sie, dass in einem ladungsfreien Raumgebiet der Wert des Potentials an einem beliebigen Punkt gleich dem Mittelwert des Potentials auf der Oberfläche einer beliebigen Kugel um diesen Punkt ist.

6.5 Zeigen Sie, dass in einem dreidimensionalen torusartigen Universum das elektrische Feld geschlossene Feldlinien haben kann, ohne in Widerspruch zur klassischen Elektrostatik zu geraten. *Hinweis*: Zeigen Sie zuerst, dass ein Torus einem euklidischen Raum mit zyklischen Randbedingungen äquivalent ist.

Maple-Aufgaben

6.I Bestimmen Sie das skalare Potential eines homogen geladenen Würfels der Kantenlänge a bis zur 10. Ordnung der Multipolentwicklung. Begründen Sie, warum die Multipolfelder verschiedener Ordnungen identisch verschwinden.

6.II Bestimmen Sie das elektrische und magnetische Feld eines mit der Geschwindigkeit v gleichförmig bewegten elektrischen Dipols.

6.III Bestimmen Sie das Potential eines

a) homogen geladenen Drahts der Länge $2a$,

b) Quadrats aus vier homogen geladenen Drähten der Länge $2a$,

c) Würfels aus zwölf homogen geladenen Drähten der Länge $2a$

und stellen Sie das elektrische Feld als Vektorfeld dar.

6.IV Bestimmen Sie das skalare Potential und das elektrische Feld einer Ladungsverteilung, die aus periodisch in einer unbegrenzten Ebene verteilten, homogen mit der Flächenladungsdichte σ_0 geladenen Quadraten der Länge αL besteht. Dabei sind die Mittelpunkte der Quadrate in den Gitterpunkten eines quadratischen Gitters der Gitterlänge L positioniert, und die Seiten der Quadrate sind parallel zu den Einheitsvektoren des Gitters orientiert.

6.V In einem unendlich langen, homogen geladenen Zylinder vom Radius R_0 befindet sich eine kugelförmige Aushöhlung ebenfalls vom Radius R_0, deren Mittelpunkt auf der Zylinderachse liegt. Bestimmen Sie das Potential und das elektrische Feld dieser Ladungsanordnung.

7 Elektrostatik in Materie

7.1 Das elektrostatische Feld von Leitern

Bisher hatten wir uns im Rahmen der Elektrostatik auf die generelle Beschreibung von fixierten Ladungen und deren elektrische Felder beschränkt. Die Elektrostatik ist aber viel weiter zu fassen. Insbesondere gehören zu diesem Gebiet der Elektrodynamik auch Systeme, in denen wenigstens ein Teil der Ladungen noch gewisse Freiheitsgrade hat und unter Berücksichtigung der geometrischen Anordnung des jeweiligen Systems verschoben werden kann. Ein solches System wird, wenn es sich selbst überlassen bleibt, in einen stationären Zustand minimaler Energie streben. Nachdem die Bewegung der Ladungsträger abgeklungen ist, liegt wieder ein statischer Fall vor, aber es ist nicht von vornherein klar, an welcher Stelle des Raums sich die Ladungsträger befinden werden.

Wir werden im Weiteren alle Ladungen, die im Rahmen eines Experiments willkürlich in bestimmten Raumpunkten angebracht wurden und dort vollständig fixiert sind, als externe Ladungen betrachten. Demgegenüber werden die mehr oder weniger mobilen Ladungsträger zusammen mit gewissen geometrischen Restriktionen als Materie bezeichnet. Zur besseren Veranschaulichung führen wir zwei Materialtypen ein, die innerhalb der Elektrodynamik eine natürliche Klassifizierung erlauben.

Zur ersten Klasse gehören die *Leiter*. Ein Leiter ist dadurch charakterisiert, dass die Ladungsträger in seinem Inneren frei beweglich sind. Die geometrischen Restriktionen entstehen durch die Oberflächen der Leiter: Die im Leiter frei beweglichen Ladungen können weder den Leiter verlassen noch zwischen zwei nicht verbundenen Leitern wechseln. Innerhalb des Leiters können die Ladungen aber unter dem Einfluss elektrischer Felder die Position einnehmen, die die Gesamtenergie des Systems minimiert.

Die Materialien der zweiten Klasse werden als *Dielektrika* bezeichnet. Hier sind die Ladungsträger nur auf atomaren Skalen beweglich. Diese Freiheit genügt aber, um unter dem Einfluss externer Ladungen lokale Dipole zu bilden

Theoretische Physik II: Elektrodynamik. Peter Reineker, Michael Schulz, Beatrix M. Schulz

ISBN: 3-527-40642-5

und somit das Feld der externen Ladungen zu verändern. Mit dielektrischer Materie werden wir uns in Abschnitt 7.5 beschäftigen.

Wir gehen davon aus, dass in einem Leiter hinreichend viele Ladungen vorhanden sind. Diese Ladungen werden solange ihre Position ändern, wie ein elektrisches Feld auf den Leiter einwirkt. Durch die Verschiebung der Ladungen innerhalb des Leiters wird das elektrische Feld im Leiter sukzessive abgeschwächt. Die Ladungen nehmen schließlich solche Positionen ein, von denen aus sie das elektrische Feld im Inneren des Leiters vollständig kompensieren.[1] Wir werden also bei einem Leiter erst dann eine statische Ladungsverteilung erhalten, wenn in ihm kein elektrisches Feld mehr vorhanden ist.

Diese Aussage gilt nicht nur für das Innere des Leiters, sondern in modifizierter Form auch für dessen Oberfläche. Solange nämlich eine Tangentialkomponente des elektrischen Feldes auf die Oberfläche des Leiters einwirkt, kann ein Oberflächenstrom fließen, und es liegt demzufolge auch noch kein statischer Fall vor. Wir kommen daher zu dem Schluss, dass das elektrische Feld im Inneren eines Leiters verschwindet und senkrecht auf der Leiteroberfläche stehen muss. Damit herrscht im Inneren des Leiters ein konstantes Potential, und die Leiteroberfläche ist eine Äquipotentialfläche des nur außerhalb des Leiters variablen skalaren Potentials. Wenn aber im Inneren des Leiters die elektrische Feldstärke verschwindet, dann verschwindet wegen $\operatorname{div} \boldsymbol{E} = 4\pi\rho$ auch die Ladungsdichte im Inneren des Leiters, d. h. nur auf der Oberfläche des Leiters sind endliche Ladungsdichten zu erwarten.[2].

Im Prinzip ist die Leiteroberfläche eine einfache geladene Fläche. Wird diese so orientiert, dass ihr Normalenvektor $\boldsymbol{n}$ aus dem Leiter heraus zeigt, dann gilt mit (6.97) für das elektrische Feld auf der Oberfläche des Leiters

$$E_\mathrm{n} = \boldsymbol{nE} = |\boldsymbol{E}| = 4\pi\sigma \tag{7.1}$$

Dabei ist σ die auf dem Leiter vorhandene Flächenladungsdichte. Nach Gleichung (6.101) ist die Tangentialkomponente des $\boldsymbol{E}$–Felds stetig. Da sie im Leiterinneren verschwindet, muss sie auch an der äußeren Leiteroberfläche null sein, d. h. das elektrische Feld steht – wie oben schon festgestellt – senkrecht auf der Leiteroberfläche.

1) Sind in einem schwach leitfähigen Material nur wenige Ladungen vorhanden, dann werden sie durch externe Felder einfach bis an den Rand der Leiter verschoben. Hier kompensieren sie aber das externe Feld nur teilweise, sodass im Inneren eines solchen Leiters nach wie vor ein elektrisches Feld vorhanden wäre. In einem typischen metallischen Leiter ist der Vorrat an Ladungsträgern aber so groß, dass erst enorm hohe Feldstärken nicht mehr vollständig im Inneren des Leiters ausgeglichen werden können.

2) Mit anderen Worten: Die in einem Leiter vorhandenen negativen und positiven Ladungen (z. B. Elektronen und Atomrümpfe) neutralisieren sich im Inneren des Leiters vollständig. Nur die Ladungsträger auf der Oberfläche verteilen sich so, dass lokal von Null verschiedene Flächenladungsdichten entstehen können.

7.2 Das Potential von Leitern

7.2.1 Leiter bei vorgegebenem Potential

Ein wichtige Aufgabe der Elektrostatik besteht darin, das elektrische Feld einer vorgegebenen Ladungsverteilung in der Umgebung von Leitern mit vorgegebenem Potential zu bestimmen. Wir betrachten dazu eine Anordnung aus N Leitern, deren Potentiale fest vorgegeben sind. Experimentell lässt sich eine solche Konfiguration dadurch realisieren, dass für jeden Leiter der eine Pol einer Batterie mit der Erde und der andere mit dem Leiter verbunden ist. Dadurch hat, unabhängig von den in das System gebrachten externen Ladungen, jeder der Leiter $I = 1, \ldots, N$ ein vorgegebenes Potential φ_I. Bei dieser Konstellation sind natürlich die Gesamtladungen der einzelnen Leiter variable Größen. Sie werden über die Batterie und die Erdung in Abhängigkeit von der Geometrie der Leiter und der jeweils in das System gebrachten externen Ladungsverteilung so reguliert, dass das Potential auf dem Leiter einen bestimmten festen Wert annimmt. Wir können damit das Problem mathematisch folgendermaßen formulieren (Abb. 7.1):

Gesucht wird die Lösung der Poisson-Gleichung

$$\Delta\varphi = -4\pi\rho \qquad (7.2)$$

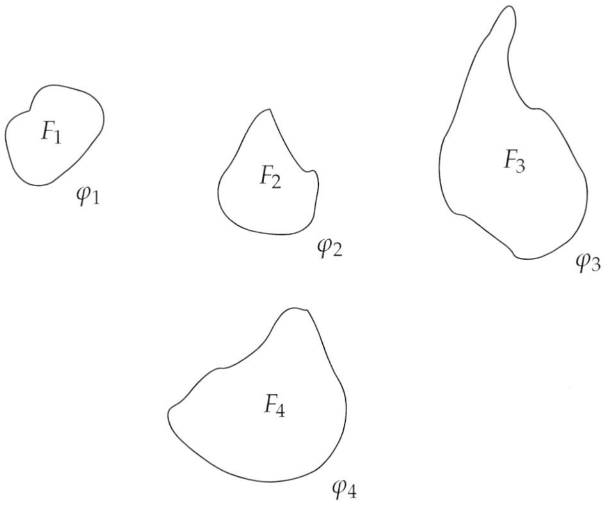

Abb. 7.1 Beliebige Anordnung von Leitern

im Raum zwischen den N nicht zusammenhängenden, geschlossenen Metallflächen $F_1, \ldots, F_N$, wobei das Potential φ auf diesen Flächen die vorgegebenen Werte $\varphi_1, \ldots, \varphi_N$ annimmt.

Sicher werden auch in einer solchen Anordnung die externen Ladungen nur endliche Werte haben. Damit sind aber auch die Flächenladungsdichten auf den Leiteroberflächen endlich und die elektrische Feldstärke wird in hinreichend großer Entfernung von dem betrachteten System verschwinden. Deshalb können wir im Unendlichen stets die Bedingung $\nabla \varphi = 0$ für das elektrostatische Potential fordern.

Wir werden jetzt zeigen, dass man dieses Problem auf ein einfacheres Problem zurückführen kann. Dazu nehmen wir an, dass wir bereits eine spezielle Lösung $\widetilde{\varphi}$ des obigen Problems kennen. Diese Lösung soll dem Fall entsprechen, dass die Potentiale auf allen Leiteroberflächen verschwinden (d. h. wir haben $\widetilde{\varphi}_I = 0$ für $I = 1, \ldots, N$) und dass sich außerdem nur eine einzige externe Punktladung der Stärke $q = 1$ in dem System befindet. Wie man eine solche Lösung findet, soll etwas später untersucht werden. Hier gehen wir davon aus, dass uns diese Lösung für jede beliebige Position $\boldsymbol{x}_0$ der externen Punktladung bekannt ist. Das Potential $\widetilde{\varphi}$ erfüllt also die Poisson-Gleichung

$$\Delta \widetilde{\varphi} = -4\pi \delta(\boldsymbol{x} - \boldsymbol{x}_0) \tag{7.3}$$

Natürlich hängt $\widetilde{\varphi}$ nicht nur vom Aufpunkt $\boldsymbol{x}$ ab, in dem das Potential gemessen wird, sondern auch von der Position der Ladung $\boldsymbol{x}_0$, d. h. es ist $\widetilde{\varphi} = \widetilde{\varphi}(\boldsymbol{x}, \boldsymbol{x}_0)$. Wie wir gleich sehen werden, ist dieses spezielle skalare Potential gerade die Green'sche Funktion des obigen, allgemeineren Problems. Deshalb benutzen wir ab jetzt auch die Bezeichnung $\widetilde{\varphi} = G(\boldsymbol{x}, \boldsymbol{x}_0)$ und erhalten die partielle Differentialgleichung für die Green'sche Funktion:

$$\Delta_x G(\boldsymbol{x}, \boldsymbol{x}_0) = -4\pi \delta(\boldsymbol{x} - \boldsymbol{x}_0) \tag{7.4}$$

Für die weiteren Untersuchungen benötigen wir den zweiten Green'schen Satz. Dieser Satz ist ein Sonderfall des Gauß'schen Satzes

$$\oint \boldsymbol{A}\, d\boldsymbol{f} = \int \operatorname{div} \boldsymbol{A}\, d^3x \tag{7.5}$$

Setzen wir einmal $\boldsymbol{A} = u\nabla v$ und ein zweites Mal $\boldsymbol{A} = v\nabla u$, dann erhalten wir

$$\oint (u\nabla v)\, d\boldsymbol{f} = \int \operatorname{div}(u\nabla v)\, d^3x = \int [u\Delta v + \nabla u \nabla v]\, d^3x \tag{7.6}$$

und

$$\oint (v\nabla u)\, d\boldsymbol{f} = \int \operatorname{div}(v\nabla u)\, d^3x = \int [v\Delta u + \nabla u \nabla v]\, d^3x \tag{7.7}$$

Die Relationen (7.6) und (7.7) werden auch als erster Green'scher Satz bezeichnet.

Den zweiten Green'schen Satz erhält man durch Subtraktion beider Gleichungen

$$\oint (u\nabla v - v\nabla u)\, d\boldsymbol{f} = \int [u\Delta v - v\Delta u]\, d^3x \tag{7.8}$$

Setzen wir jetzt $u(\boldsymbol{x}) = G(\boldsymbol{x}, \boldsymbol{x}_1)$ und $v(\boldsymbol{x}) = G(\boldsymbol{x}, \boldsymbol{x}_2)$ dann folgt aus dem zweiten Green'schen Satz

$$\begin{aligned}&\oint (G(\boldsymbol{x},\boldsymbol{x}_1)\nabla G(\boldsymbol{x},\boldsymbol{x}_2) - G(\boldsymbol{x},\boldsymbol{x}_2)\nabla G(\boldsymbol{x},\boldsymbol{x}_1))\, d\boldsymbol{f}\\ &= \int [G(\boldsymbol{x},\boldsymbol{x}_1)\Delta G(\boldsymbol{x},\boldsymbol{x}_2) - G(\boldsymbol{x},\boldsymbol{x}_2)\Delta G(\boldsymbol{x},\boldsymbol{x}_1)]\, d^3x\end{aligned} \tag{7.9}$$

Wir untersuchen zuerst das Oberflächenintegral. Dieses Integral zerfällt in die Beiträge der Leiteroberflächen und den Beitrag einer in unendlicher Entfernung das Gesamtsystem umschließenden Fläche. Da auf den Leiteroberflächen sowohl $G(\boldsymbol{x}, \boldsymbol{x}_1)$ als auch $G(\boldsymbol{x}, \boldsymbol{x}_2)$ die Randbedingungen

$$G(\boldsymbol{x},\boldsymbol{x}_1) = G(\boldsymbol{x},\boldsymbol{x}_2) = 0 \qquad \boldsymbol{x} \in [F_1, F_2, ..., F_N] \tag{7.10}$$

erfüllen und außerdem in den unendlich fernen Regionen beide Gradienten $\nabla G(\boldsymbol{x}, \boldsymbol{x}_1)$ und $\nabla G(\boldsymbol{x}, \boldsymbol{x}_2)$ laut Voraussetzung verschwinden, wird das Oberflächenintegral für alle Positionen $\boldsymbol{x}_1$ und $\boldsymbol{x}_2$ innerhalb des Gebietes zwischen den Leitern identisch verschwinden. Daher bleibt

$$\int [G(\boldsymbol{x},\boldsymbol{x}_1)\Delta G(\boldsymbol{x},\boldsymbol{x}_2) - G(\boldsymbol{x},\boldsymbol{x}_2)\Delta G(\boldsymbol{x},\boldsymbol{x}_1)]\, d^3x = 0 \tag{7.11}$$

Beachtet man jetzt noch die für G gültigen Poisson-Gleichungen (7.3), also

$$\Delta G(\boldsymbol{x},\boldsymbol{x}_1) = -4\pi\delta(\boldsymbol{x}-\boldsymbol{x}_1) \qquad \text{und} \qquad \Delta G(\boldsymbol{x},\boldsymbol{x}_2) = -4\pi\delta(\boldsymbol{x}-\boldsymbol{x}_2) \tag{7.12}$$

dann folgt unmittelbar

$$-4\pi \int [G(\boldsymbol{x},\boldsymbol{x}_1)\,\delta(\boldsymbol{x}-\boldsymbol{x}_2) - G(\boldsymbol{x},\boldsymbol{x}_2)\,\delta(\boldsymbol{x}-\boldsymbol{x}_1)]\, d^3x = 0 \tag{7.13}$$

und damit

$$G(\boldsymbol{x}_2,\boldsymbol{x}_1) = G(\boldsymbol{x}_1,\boldsymbol{x}_2) \tag{7.14}$$

Die Green'sche Funktion muss symmetrisch in ihren Argumenten sein.

Jetzt nehmen wir an, dass $\varphi = \varphi(\boldsymbol{x})$ das allgemeine Problem löst, also insbesondere die oben definierten Randbedingungen auf den Leiteroberflächen und im Unendlichen erfüllt und andererseits im ganzen Raum zwischen den Leitern der Poisson-Gleichung genügt. Mit $u(\boldsymbol{x}) = \varphi(\boldsymbol{x})$ und $v(\boldsymbol{x}) = G(\boldsymbol{x}, \boldsymbol{x}_0)$ erhalten wir dann aus dem zweiten Green'schen Satz:

$$\begin{aligned}&\oint [\varphi(\boldsymbol{x})\nabla G(\boldsymbol{x},\boldsymbol{x}_0) - G(\boldsymbol{x},\boldsymbol{x}_0)\nabla\varphi(\boldsymbol{x})]\, d\boldsymbol{f}\\ &= \int [\varphi(\boldsymbol{x})\Delta G(\boldsymbol{x},\boldsymbol{x}_0) - G(\boldsymbol{x},\boldsymbol{x}_0)\Delta\varphi(\boldsymbol{x})]\, d^3x\end{aligned} \tag{7.15}$$

Für die rechte Seite ergibt sich mit den Poisson-Gleichungen

$$\Delta G(\boldsymbol{x}, \boldsymbol{x}_0) = -4\pi\delta(\boldsymbol{x} - \boldsymbol{x}_0) \qquad \text{und} \qquad \Delta\varphi(\boldsymbol{x}) = -4\pi\rho(\boldsymbol{x}) \tag{7.16}$$

sofort die Beziehung

$$\begin{aligned} \text{r. S.} &= \int [\varphi(\boldsymbol{x})\, \Delta G(\boldsymbol{x}, \boldsymbol{x}_0) - G(\boldsymbol{x}, \boldsymbol{x}_0)\, \Delta\varphi(\boldsymbol{x})]\, d^3x \\ &= -4\pi\varphi(\boldsymbol{x}_0) + 4\pi \int G(\boldsymbol{x}, \boldsymbol{x}_0)\, \rho(\boldsymbol{x})\, d^3x \end{aligned} \tag{7.17}$$

Die linke Seit aus (7.15) liefert wieder für die im Unendlichen liegende Oberfläche den Wert 0, während die Leiterflächen jetzt aber einen endlichen Wert erzeugen:

$$\oint [\varphi(\boldsymbol{x})\, \nabla G(\boldsymbol{x}, \boldsymbol{x}_0) - G(\boldsymbol{x}, \boldsymbol{x}_0)\, \nabla\varphi(\boldsymbol{x})]\, d\boldsymbol{f} = \sum_{I=1}^{N} \varphi_I \oint \nabla G(\boldsymbol{x}, \boldsymbol{x}_0)\, d\boldsymbol{f}_I \tag{7.18}$$

Hierbei wurde berücksichtigt, dass zwar $G(\boldsymbol{x}, \boldsymbol{x}_0)$ auf der Leiteroberfläche verschwindet, nicht aber $\varphi(\boldsymbol{x})$. Das gesuchte Potential erfüllt auf dem I-ten Leiter vielmehr die Bedingung $\varphi(\boldsymbol{x}) = \varphi_I$. Setzt man jetzt noch $\boldsymbol{x} \to \boldsymbol{x}'$, $\boldsymbol{x}_0 \to \boldsymbol{x}$ und beachtet die Symmetrie der Green'schen Funktion, dann erhält man folgende Bestimmungsgleichung für das Potential zwischen den Leiterflächen:

$$\varphi(\boldsymbol{x}) = \int G(\boldsymbol{x}, \boldsymbol{x}')\, \rho(\boldsymbol{x}')\, d^3x' - \frac{1}{4\pi} \sum_{I=1}^{N} \varphi_I \oint \nabla_{x'} G(\boldsymbol{x}', \boldsymbol{x})\, d\boldsymbol{f}'_I \tag{7.19}$$

Die Orientierung der Flächennormale zeigt immer in den Außenraum des Integrationsvolumens. Daher ist $d\boldsymbol{f}'_I$ in der obigen Formel als Folge der mathematischen Herleitung in den Innenraum der Leiter gerichtet. Wir orientieren jetzt noch diese Flächenintegrationselemente um, sodass die Normale aus dem Leiter heraus zeigt, und erhalten endgültig

$$\varphi(\boldsymbol{x}) = \int G(\boldsymbol{x}, \boldsymbol{x}')\, \rho(\boldsymbol{x}')\, d^3x' + \frac{1}{4\pi} \sum_{I=1}^{N} \varphi_I \oint \nabla_{x'} G(\boldsymbol{x}', \boldsymbol{x})\, d\boldsymbol{f}'_I \tag{7.20}$$

7.2.2 Leiter bei vorgegebener Ladung

Während Leiter bei vorgegebenem Potential mit einem Reservoir beliebig Ladungen austauschen können, um das Potential auf ihrer Oberfläche konstant zu halten, sind Leiter mit einer vorgegebener Ladung von ihrer Umgebung isoliert. Die fest vorgegebene Gesamtladung kann aber je nach Situation auf dem Leiter umverteilt werden. Damit ist das Potential auf der Oberfläche eines jeden Leiters zwar auf der ganzen Fläche konstant, sein Wert aber sollte maßgeblich durch die Ladungen der einzelnen Leiter beeinflusst werden. Um einen Zusammenhang zwischen Ladungen und Potentialen der einzelnen Leiter zu erzeugen, starten wir von der allgemeinen Lösung (7.20). Allerdings sind nun die Potentiale φ_I vorerst noch unbekannt. Die elektrische Feldstärke wird durch Gradientenbildung erhalten

$$\boldsymbol{E}(\boldsymbol{x}) = -\int \nabla_x G(\boldsymbol{x}, \boldsymbol{x}')\, \rho(\boldsymbol{x}')\, d^3x' - \frac{1}{4\pi} \sum_{I=1}^{N} \varphi_I \oint \nabla_x \nabla_{x'} G(\boldsymbol{x}', \boldsymbol{x})\, d\boldsymbol{f}'_I \tag{7.21}$$

Der erste Beitrag stammt von den externen Ladungen des Systems, der zweite von den Ladungen auf den Leiterflächen. Wir integrieren diese Gleichung jetzt über die J-te Leiteroberfläche ∂G_J. Dann ergibt die linke Seite gerade die auf dem Leiter befindliche Überschussladung

$$\oint_{\partial G_J} \boldsymbol{E}(\boldsymbol{x})\, d\boldsymbol{f} = \int_{G_J} \operatorname{div} \boldsymbol{E}\, d^3x = 4\pi Q_J \tag{7.22}$$

Dabei ist G_J das Volumen des Leiters J. Wir untersuchen zuerst den ersten Term der rechten Seite von (7.21):

$$\begin{aligned} T_1 &= -\oint_{\partial G_J} \nabla_x \left[\int G(\boldsymbol{x}, \boldsymbol{x}')\, \rho(\boldsymbol{x}')\, d^3x' \right] d\boldsymbol{f} \\ &= -\int_{G_J} \operatorname{div} \nabla_x \left[\int G(\boldsymbol{x}, \boldsymbol{x}')\, \rho(\boldsymbol{x}')\, d^3x' \right] d^3x \\ &= -\int_{G_J} \int \left[\Delta_x G(\boldsymbol{x}, \boldsymbol{x}') \right] \rho(\boldsymbol{x}')\, d^3x' d^3x \\ &= 4\pi \int_{G_J} \int \delta(\boldsymbol{x} - \boldsymbol{x}')\, \rho(\boldsymbol{x}')\, d^3x' d^3x \end{aligned} \tag{7.23}$$

Dabei haben wir im letzten Schritt (7.12) verwendet. Folglich gelangen wir zu

$$T_1 = -4\pi \int_{G_J} \rho(\boldsymbol{x})\, d^3x \tag{7.24}$$

Innerhalb des vom J-ten Leiter eingeschlossenen Volumens G_J befinden sich aber keine externen Ladungen. Daher verschwindet das Volumenintegral über die Dichte der externen Ladungen, und wir erhalten

$$T_1 = 0 \tag{7.25}$$

Der zweite Term der rechten Seite von (7.21) kann nach der Integration über die Leiteroberfläche vorerst nicht weiter umgeformt werden. Damit bleibt von

Gleichung (7.21)

$$4\pi Q_J = -\frac{1}{4\pi}\sum_{I=1}^{N} \varphi_I \oint\limits_{\partial G_I} \oint\limits_{\partial G_J} \nabla_x \nabla_{x'} G\left(x', x\right) df'\, df \tag{7.26}$$

Die hier auftretenden Doppelintegrale sind rein geometrischen Charakters. Sie werden weder durch die Verteilung der externen Ladung zwischen den Leitern noch durch die Ladungen auf den Leitern beeinflusst. Einzig die Geometrie der Leiter geht über die Green'sche Funktion ein. Daher kann eine Leiteranordnung auch durch die geometrischen Koeffizienten

$$C_{IJ} = -\frac{1}{(4\pi)^2} \oint\limits_{G_I} \oint\limits_{G_J} \nabla_x \nabla_{x'} G\left(x', x\right) df'\, df \tag{7.27}$$

beschrieben werden. Die C_{IJ} werden auch als *Kapazitätskoeffizienten* bezeichnet. Wir werden in Abschnitt 7.4.3 näher auf deren Berechnung eingehen. Da das ganze Integral bezüglich $\boldsymbol{x}$ und $\boldsymbol{x}'$ symmetrisch ist, sind die Kapazitätskoeffizienten ebenfalls in ihren Indizes symmetrisch:

$$C_{IJ} = C_{JI} \tag{7.28}$$

Damit gilt der folgende Zusammenhang zwischen Ladungen und Potentialen der einzelnen Leiter

$$Q_J = \sum_{I=1}^{N} C_{JI}\varphi_I \tag{7.29}$$

Da gewöhnlich die Ladungen vorgegeben sind, folgen die auf den Leitern vorhandenen Potentiale durch Inversion der Matrix $\underline{\underline{C}} = \left(C_{IJ}\right)$, also

$$\varphi_I = \sum_{J=1}^{N} C_{IJ}^{-1} Q_J \tag{7.30}$$

Damit ist die Bestimmung des Potentials im Raum zwischen den Leitern bei vorgegebenen Ladungen auf den Leitern zurückgeführt auf das in Abschnitt 7.2.1 behandelte Problem, das Potential bei vorgegebenen Leiterpotentialen zu bestimmen.

7.3 Bestimmung der Green'schen Funktion

7.3.1 Generelle Problemstellung

Ist die Green'sche Funktion einer Leiteranordnung bekannt, dann lässt sich das elektrische Feld der Anordnung bei vorgegebenen Leiterpotentialen und einer beliebigen externen Ladungsverteilung sofort bestimmen. Sind die Leiter isoliert, dann kann man mithilfe der Green'schen Funktion zuerst die Kapazitätskoeffizienten und dann mithilfe der Gesamtladung der einzelnen Leiter die Potentiale auf den Leiteroberflächen bestimmen. Sind diese erst einmal berechnet, dann fährt man wie im ersten Fall fort und bestimmt Potential und elektrisches Feld bei Anwesenheit einer beliebigen externen Ladungsverteilung.

Das mathematische Kernproblem ist also die Bestimmung der Green'schen Funktion. Wir wissen bereits, dass die Green'sche Funktion $G(\boldsymbol{x}, \boldsymbol{x}')$ das Potential $\varphi(\boldsymbol{x})$ einer Punktladung $q = 1$ im Punkt $\boldsymbol{x}'$ im Zwischenraum der Leiteranordnung ist, wobei das Potential auf allen Leiteroberflächen verschwinden soll. Dieses Problem kann durch verschiedene Techniken behandelt werden.

7.3.2 Spiegelladungsmethode

Im Prinzip verbirgt sich hinter der Spiegelladungsmethode (auch als Bildladungsmethode bezeichnet) die Idee, dass die Äquipotentialflächen einer beliebigen Verteilung von Punktladungen durch Leiteroberflächen ersetzt werden können. Dann bleibt das Feld im Außenraum der Leiter unverändert, aber die im Inneren der Leiter liegenden Punktladungen tragen nur noch virtuellen Charakter. Das gilt auch für die im Inneren der Leiter verlaufenden elektrischen Feldlinien des ursprünglichen Punktladungsproblems. Wählt man die geometrische Anordnung der als Leiteroberflächen vorgesehenen Äquipotentialflächen gerade so, dass nur eine Ladung außerhalb der Leiter liegt und dass außerdem alle Leiter das gleiche Potential haben,[3] dann ist das Potential der ursprünglichen Punktladungsanordnung im Außenraum der Leiter die gesuchte Green'sche Funktion. Auf Grund dieser Überlegungen findet man zu jeder Punktladungsanordnung stets einen Satz passender Leitergeometrien.

Wir interessieren uns jetzt aber für die Umkehrung dieses Problems. Gesucht wird die zu einer gegebenen Leiteranordnung passende Verteilung von Punktladungen, sodass genau eine Ladung $q' = 1$ im Punkt $\boldsymbol{x}'$ des Außenraums liegt und weitere virtuelle Ladungen q''_K in Punkten $\boldsymbol{x}''_K$ im Innenraum der Leiter vorliegen. Diese so genannten Spiegelladungen tragen dann zu dem elektrischen Feld im Außenraum der Leiter bei. Es ist klar, dass eine solche Methode nur bei Leiteranordnungen mit hoher Symmetrie und mit wenigen Spiegelladungen (Bildladungen) erfolgreich ist. Wesentlich bei der Methode sind zwei Punkte:

3) Dieses Potential kann dann problemlos auf den Wert 0 geeicht werden.

1. Im tatsächlich behandelten Raumbereich darf nur die echte Ladung vorliegen, die für das betrachtete Problem der Bestimmung der Green'schen Funktion den Wert $q' = 1$ hat. Spiegelladungen, so genannte virtuelle Ladungen, dürfen nicht in den interessierenden Raumbereich fallen.

2. Die Randbedingungen müssen sich mithilfe der Spiegelladungen erfüllen lassen.

Wir wollen hier zwei einfache Beispiele untersuchen:

7.3.2.1 **Green'sche Funktion des Halbraums**

Die reale Ladung $q' = 1$ befindet sich im Abstand d vor einer unendlich ausgedehnten, ebenen metallischen Platte, die Bildladung q'' als Spiegelung der realen Ladung an der Leiteroberfläche im Abstand d innerhalb des Leiters (Abb. 7.2).

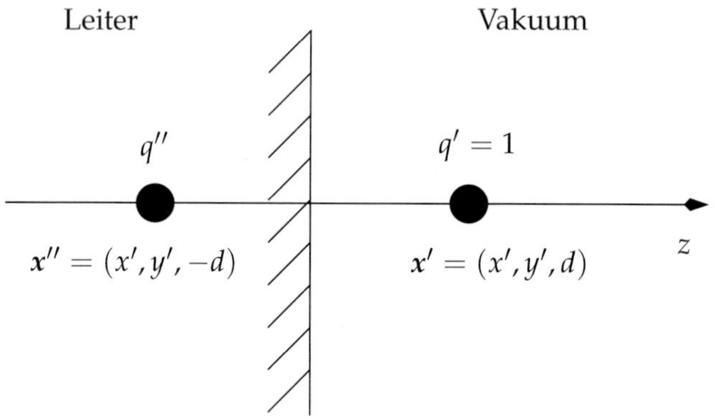

Abb. 7.2 Beispiel zur Bildladungsmethode: Punktladung q' vor einer leitenden Wand

Wir legen den Koordinatenursprung auf die Leiteroberfläche zwischen beiden Ladungen und orientieren die z-Achse so, dass sie durch beide Ladungen geht. Dann gilt für das Potential an der Stelle $\boldsymbol{x}$ im rechten Halbraum

$$\varphi(\boldsymbol{x}) = \frac{1}{|\boldsymbol{x} - d\boldsymbol{e}_z|} + \frac{q''}{|\boldsymbol{x} + d\boldsymbol{e}_z|}. \tag{7.31}$$

Auf der ebenen Leiteroberfläche ($z = 0$) ist insbesondere

$$\varphi(\boldsymbol{x})_{\text{Oberfläche}} = \frac{1}{\sqrt{x^2 + y^2 + d^2}} + \frac{q''}{\sqrt{x^2 + y^2 + d^2}} = 0 \tag{7.32}$$

Diese Forderung ist für alle Punkte (x, y) der Leiteroberfläche erfüllt, wenn $q'' = -1$ gesetzt wird. Folglich lautet das Potential im Außenraum des Leiters:

$$\varphi(\boldsymbol{x}) = \frac{1}{|\boldsymbol{x} - d\boldsymbol{e}_z|} - \frac{1}{|\boldsymbol{x} + d\boldsymbol{e}_z|} \tag{7.33}$$

Ist die Ladung $q' = 1$ nicht auf der z-Achse positioniert, dann muss nur das Koordinatensystem entsprechend verschoben werden. Daher gilt für das Potential bei einer beliebigen Position $\boldsymbol{x}'$ der Ladung im Außenraum des Leiters

$$\begin{aligned}\varphi(\boldsymbol{x}) = &\frac{1}{\sqrt{(x-x')^2+(y-y')^2+(z-d)^2}}\\ &-\frac{1}{\sqrt{(x-x')^2+(y-y')^2+(z+d)^2}}\end{aligned} \tag{7.34}$$

Damit lautet die Green'sche Funktion dieser Geometrie

$$\begin{aligned}G\left(\boldsymbol{x},\boldsymbol{x}'\right) = &\frac{1}{\sqrt{(x-x')^2+(y-y')^2+(z-z')^2}}\\ &-\frac{1}{\sqrt{(x-x')^2+(y-y')^2+(z+z')^2}}\end{aligned} \tag{7.35}$$

Mit (7.20) können wir jetzt sofort das Potential im Außenraum des Leiters bestimmen, wenn sich eine Punktladung Q im Punkt $\boldsymbol{x}' = (0, 0, d)$ befindet und das Potential des Leiters 0 ist:

$$\varphi(\boldsymbol{x}) = \frac{Q}{\sqrt{x^2+y^2+(z-d)^2}} - \frac{Q}{\sqrt{x^2+y^2+(z+d)^2}} \tag{7.36}$$

Die elektrische Feldstärke erhalten wir mit $\boldsymbol{E} = -\nabla\varphi$. Der Verlauf der sich hieraus ergebenden Feldlinien ist in Abb. 7.3 dargestellt. Insbesondere erhal-

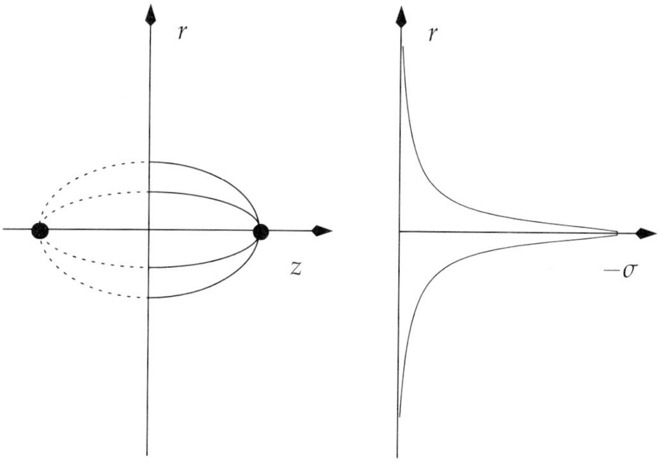

Abb. 7.3 Punktladung der Stärke Q vor einer leitenden Wand; Feldlinienverlauf (links) und Flächenladungsdichte σ mit $r^2 = x^2 + y^2$

ten wir auf der Leiteroberfläche

$$\boldsymbol{E}(\boldsymbol{x})_{\text{Oberfläche}} = -\nabla\varphi(\boldsymbol{x})_{\text{Oberfläche}} = -\frac{2Qd\boldsymbol{e}_z}{\left[x^2+y^2+d^2\right]^{3/2}} \tag{7.37}$$

Die Feldstärke zeigt dort natürlich in Richtung der Normalen. Die Flächenladungsdichte auf der Leiteroberfläche[4] ist wegen (7.1):

$$\sigma = \frac{1}{4\pi}\boldsymbol{n}\boldsymbol{E}(\boldsymbol{x})_{\text{Oberfläche}} = -\frac{Qd}{2\pi\left[x^2+y^2+d^2\right]^{3/2}} \tag{7.38}$$

Mit dieser Ladungsdichte ist es uns möglich, die Gesamtladung auf dem Leiter mit vorgegebenem Potential zu bestimmen. Wir erhalten

$$Q_L = -\int_{-\infty}^{+\infty}\int_{-\infty}^{+\infty}\frac{Qd}{2\pi\left[x^2+y^2+d^2\right]^{3/2}}dxdy \tag{7.39}$$

oder nach Einführung von Polarkoordinaten

$$Q_L = -\int_{0}^{+\infty}\int_{0}^{2\pi}\frac{Qd}{2\pi\left[r^2+d^2\right]^{3/2}}rdrd\phi = -\int_{0}^{+\infty}\frac{Qd}{2\left[u+d^2\right]^{3/2}}du = -Q \tag{7.40}$$

d. h. die auf der Leiteroberfläche versammelte Ladung ist vom Betrag genau so groß wie die externe Punktladung, hat aber das entgegengesetzte Vorzeichen.

7.3.2.2 **Green'sche Funktion des Kugelaußenraums**

Im zweiten Beispiel zur Spiegelladungsmethode betrachten wir eine Punktladung vor einer leitenden Kugel. Die Einheitsladung $q' = 1$ befindet sich im Abstand l' vom Kugelzentrum, die Bildladung q'' auf der Verbindungslinie zwischen der Einheitsladung und dem Kugelzentrum im Abstand l'' vom Zentrum. Der Radius der Kugel sei R (Abb. 7.4).

Dann ist das Potential im Kugelaußenraum gegeben durch

$$\varphi(\boldsymbol{x}) = \frac{1}{|\boldsymbol{x}-l'\boldsymbol{e}_0|} + \frac{q''}{|\boldsymbol{x}-l''\boldsymbol{e}_0|} \tag{7.41}$$

oder

$$\varphi(\boldsymbol{x}) = \frac{1}{|\boldsymbol{x}|\,|\boldsymbol{e}-(l'/|\boldsymbol{x}|)\,\boldsymbol{e}_0|} + \frac{q''}{l''|\,(|\boldsymbol{x}|/l'')\,\boldsymbol{e}-\boldsymbol{e}_0|}. \tag{7.42}$$

Der Einheitsvektor $\boldsymbol{e}_0$ zeigt dabei entlang der Verbindungslinie des Zentrums mit beiden Ladungen in den Außenraum der Kugel, der Einheitsvektor $\boldsymbol{e} =$

4) Die Normale $\boldsymbol{n}$ der Leiteroberfläche zeigt in Richtung von $\boldsymbol{e}_z$.

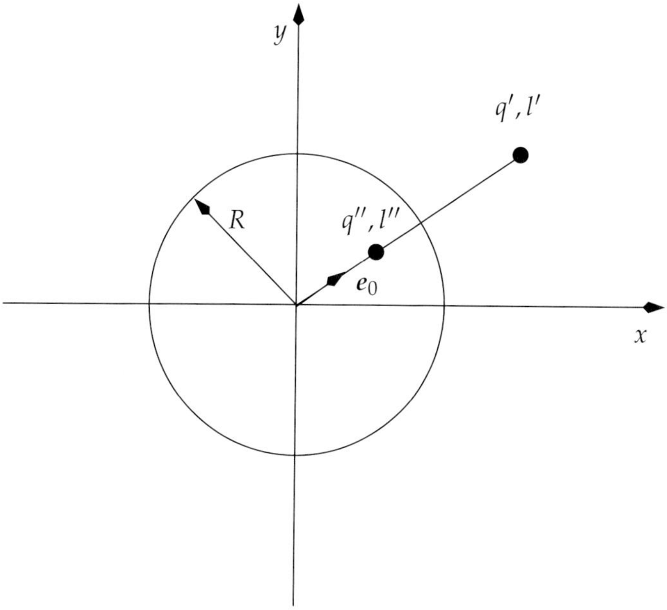

Abb. 7.4 Punktladung q' vor einer leitenden Kugel

$x/\,|x|$ ist dagegen vom Kugelzentrum zum Aufpunkt orientiert. Auf der Leiteroberfläche, also für $|x| = R$ muss das Potential wieder verschwinden. Damit erhalten wir die Forderung:

$$\frac{1}{R\,|e - (l'/R)\,e_0|} + \frac{q''}{l''|R/l''e - e_0|} = 0 \tag{7.43}$$

Diese Gleichung wird erfüllt für

$$q'' = -\frac{l''}{R} \tag{7.44}$$

und

$$\left|e - \left(l'/R\right)e_0\right| = |R/l''e - e_0| \tag{7.45}$$

Die zweite Gleichung führt auf

$$1 + \frac{l'^2}{R^2} - \frac{2l'}{R}ee_0 = 1 + \frac{R^2}{l''^2} - \frac{2R}{l''}ee_0 \tag{7.46}$$

und damit auf die Bedingung

$$\frac{l'}{R} = \frac{R}{l''} \tag{7.47}$$

Demnach ist die die Länge l''

$$l'' = \frac{R^2}{l'} \tag{7.48}$$

und die Spiegelladung hat den Wert

$$q'' = -\frac{R}{l'} \tag{7.49}$$

Die Green'sche Funktion eines kugelförmigen Leiters lautet schließlich unter Beachtung von $l' = |\boldsymbol{x}'|$ sowie $\boldsymbol{e}_0 = \boldsymbol{x}'/\,|\boldsymbol{x}'|$:

$$G(\boldsymbol{x}, \boldsymbol{x}') = \frac{1}{|\boldsymbol{x} - \boldsymbol{x}'|} - \frac{R}{|\boldsymbol{x}'| \left| \boldsymbol{x} - \dfrac{R^2}{|\boldsymbol{x}'|^2} \boldsymbol{x}' \right|} \tag{7.50}$$

Man kann auch hier nach wenigen algebraischen Umformungen zeigen, dass die Green-Funktion $G(\boldsymbol{x}, \boldsymbol{x}')$ symmetrisch in ihren beiden Argumenten ist.

7.3.3 *Reihenentwicklungsmethode

Diese Methode eignet sich als ein allgemeines Verfahren zur Konstruktion Green'scher Funktionen. Dabei wird vorausgesetzt, dass man den (durch die Geometrie der Leiteranordnung festgelegten Satz) der Eigenfunktionen Ψ_n des Eigenwertproblems

$$(\Delta + \lambda_n)\Psi_n(\boldsymbol{x}) = 0 \tag{7.51}$$

kennt. Insbesondere werden die Randbedingungen so gewählt, dass die Eigenfunktionen auf den Leiteroberflächen und im Unendlichen verschwinden. Die Eigenfunktionen gehören zu dem hermiteschen Operator Δ und bilden daher einen vollständigen Satz orthogonaler Funktionen, d. h. sie erfüllen die Vollständigkeitsrelation

$$\sum_{n=0}^{\infty} \Psi_n^*(\boldsymbol{x}')\Psi_n(\boldsymbol{x}) = \delta(\boldsymbol{x} - \boldsymbol{x}') \tag{7.52}$$

und die Orthogonalitätsbedingung:

$$\int d^3x \Psi_{n'}^*(\boldsymbol{x})\Psi_n(\boldsymbol{x}) = \delta_{n,n'} \tag{7.53}$$

Weil das Funktionensystem vollständig ist, kann man die Green'sche Funktion nach den Eigenfunktionen entwickeln:

$$G(\boldsymbol{x}, \boldsymbol{x}') = \sum_{n=0}^{\infty} a_n(\boldsymbol{x}')\Psi_n(\boldsymbol{x}) \tag{7.54}$$

Um die Entwicklungskoeffizienten $a_n(\boldsymbol{x}')$ zu bestimmen, setzt man die Reihe (7.54) in die Differentialgleichung (7.4) für die Green'sche Funktion unter Beachtung von (7.51) ein:

$$\sum_{n=0}^{\infty} a_n(\boldsymbol{x}')\Delta\Psi_n(\boldsymbol{x}) = -\sum_{n=0}^{\infty} a_n(\boldsymbol{x}')\lambda_n\Psi_n(\boldsymbol{x}) = -4\pi\delta(\boldsymbol{x}' - \boldsymbol{x}) \tag{7.55}$$

multipliziert mit $\Psi^*_{n'}(x)$ und integriert anschließend über das Außenvolumen der Leiter. Die Beachtung der Orthogonalitätsrelation liefert dann

$$\sum_{n=0}^{\infty} a_n(x')\lambda_n \int d^3x \Psi_n(x)\Psi^*_{n'}(x) = \sum_{n=0}^{\infty} a_n(x')\lambda_n \delta_{nn'}$$
$$= a_{n'}(x')\lambda_{n'} = 4\pi\Psi^*_{n'}(x') \tag{7.56}$$

und damit

$$a_{n'}(x') = \frac{4\pi}{\lambda_{n'}}\Psi^*_{n'}(x') \tag{7.57}$$

Somit lautet die Reihendarstellung der Green'schen Funktion:

$$G(x, x') = 4\pi \sum_{n=0}^{\infty} \frac{\Psi^*_n(x')\Psi_n(x)}{\lambda_n} \tag{7.58}$$

Als Beispiel wollen wir die Green'sche Funktion für den Innenraum eines Quaders mit leitenden Flächen der Seitenlängen a_α ($\alpha = 1, 2, 3$) bestimmen (Abb. 7.5). Das leitfähige Medium erfüllt in diesem Fall den ganzen Raum mit Ausnahme des quaderförmige Volumens, das hier den Außenraum des Leiters darstellt.

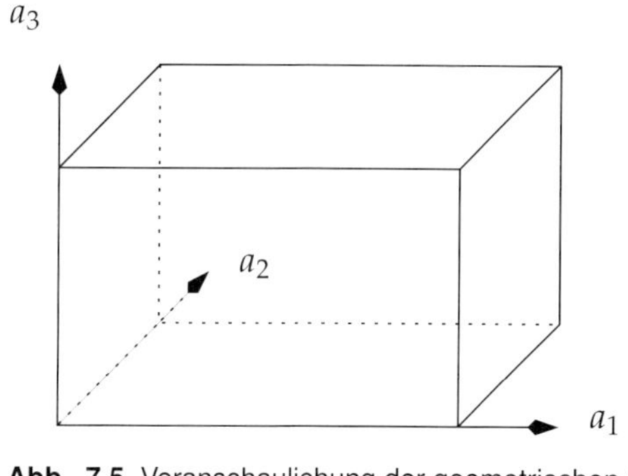

Abb. 7.5 Veranschaulichung der geometrischen Situation des quaderförmigen Innenraums mit leitenden Oberflächen

Die Eigenfunktionen lassen sich unter Verwendung des Separationsansatzes als ein Produkt von einfachen Eigenfunktionen

$$\Psi_n(x) = \Psi_{n_1}(x_1)\Psi_{n_2}(x_2)\Psi_{n_3}(x_3) \tag{7.59}$$

schreiben, die jeweils nur von einer Koordinate abhängig sind. In dem vorliegenden Fall ist es sinnvoll, die formale Nummerierung der Eigenwerte und Eigenfunktionen durch eine dreidimensionale, ganzzahlige Liste $n = (n_1, n_2, n_3)$ zu realisieren. Da die Eigenfunktionen der Differentialgleichung

$$\left(\frac{\partial^2}{\partial x_1^2} + \frac{\partial^2}{\partial x_2^2} + \frac{\partial^2}{\partial x_3^2}\right)\Psi_n = -\lambda_n \Psi_n \tag{7.60}$$

genügen, ist jede der drei einfachen Eigenfunktionen $\Psi_{n_i}(x_i)$ durch die Differentialgleichung

$$\frac{\partial^2}{\partial x_\alpha^2}\Psi_{n_i} = -\lambda_{n_i}\Psi_{n_i} \tag{7.61}$$

mit den Randbedingungen: $\Psi_{n_\alpha}(x_\alpha) = 0$ auf der Randfläche des Quaders bestimmt. Damit haben wir das ursprünglich dreidimensionale Eigenwertproblem auf drei eindimensionale Eigenwertprobleme zurückgeführt. Wie man leicht durch Einsetzen des Separationsansatzes in (7.60) überprüft, ist der Gesamteigenwert λ_n die Summe der drei einfachen Eigenwerte

$$\lambda_n = \lambda_{n_1,n_2,n_3} = \lambda_{n_1} + \lambda_{n_2} + \lambda_{n_3} \tag{7.62}$$

Die Eigenfunktionen selbst können leicht bestimmt werden. Sie lauten

$$\Psi_{n_\alpha}(x_\alpha) = \sqrt{\frac{2}{a_\alpha}}\sin\frac{\pi n_\alpha x_\alpha}{a_\alpha} \tag{7.63}$$

Die zugehörigen Eigenwerte sind

$$\lambda_{n_\alpha} = \frac{\pi^2 n_\alpha^2}{a_\alpha^2} \tag{7.64}$$

Damit erhalten wir für die vollständigen Eigenfunktionen des dreidimensionalen Problems

$$\Psi_n(\boldsymbol{x}) = \sqrt{\frac{8}{a_1 a_2 a_3}}\prod_{\alpha=1}^{3}\sin\frac{\pi n_\alpha x_\alpha}{a_\alpha} \tag{7.65}$$

und die zugehörigen Eigenwerte sind durch

$$\lambda_n = \pi^2\sum_{\alpha=1}^{3}\frac{n_\alpha^2}{a_\alpha^2} \tag{7.66}$$

festgelegt. Die gesuchte Green'sche Funktion ist dann bestimmt durch

$$G(\boldsymbol{x},\boldsymbol{x}') = \frac{32}{\pi a_1 a_2 a_3}\sum_{(n_1,n_2,n_3)}\frac{\prod_{\alpha=1}^{3}\sin\frac{\pi n_\alpha x'_\alpha}{a_\alpha}\prod_{\beta=1}^{3}\sin\frac{\pi n_\beta x_\beta}{a_\beta}}{\sum_{\alpha=1}^{3}\frac{n_\alpha^2}{a_\alpha^2}} \tag{7.67}$$

Die Entwicklung der Green'schen Funktion nach Eigenfunktionen des Laplace-Operators wird sehr häufig verwendet. Das Verfahren ist besonders effizient bei Problemen mit näherungsweiser Translationssymmetrie, Kugelsymmetrie oder Zylindersymmetrie.[5]

5) Ein Problem besitzt eine näherungsweise Symmetrie, wenn es sich durch ein entsprechendes symmetrisches Referenzproblem mit einer zusätzlichen schwachen Störung, welche die originale Symmetrie bricht, darstellen lässt.

7.3.4 *Variationsverfahren

Um elektrostatische Probleme zu lösen, kann man Variationsmethoden nutzen, die dem in Kapitel 5 beschriebenen Verfahren verwandt sind. Dazu geht man davon aus, dass Ladungen auf Leitern solange verschoben werden können, bis sie die energetisch minimale Konfiguration erreicht haben. Hinter dieser zunächst empirischen Annahme verbergen sich thermodynamische Prinzipien, die wir in Band V dieser Lehrbuchreihe untersuchen werden. Wir bemerken hier nur, dass die Bewegung einer Ladung durch Materie mit Dissipationseffekten verbunden ist. Dadurch bleibt die Gesamtheit aus elektromagnetischer und mechanischer Energie nicht konstant, sondern geht in andere Energieformen über. Das System kommt zur Ruhe, wenn es sich, unter Beachtung der Randbedingungen, im Zustand minimaler Energie befindet. Diesen Umstand nutzt man aus, um ein statisches Variationsprinzip zu konstruieren, das uns die Lösung der Poissongleichung mit den entsprechenden Randbedingungen liefert.

Dazu verwendet man die aus dem vorangegangenen Kapitel bekannten Darstellungen der Feldenergie (6.126) und (6.130) und bildet daraus das Funktional

$$F[\varphi] = -\frac{1}{8\pi}\int\limits_G \boldsymbol{E}^2 d^3x + 2\left(\frac{1}{2}\int\limits_G \varphi\rho\, d^3x\right)$$
$$= -\frac{1}{4\pi}\left[\frac{1}{2}\int\limits_G (\nabla\varphi)^2 d^3x - 4\pi\int\limits_G \varphi\,\rho\, d^3x\right] \tag{7.68}$$

ρ ist hier die Ladungsdichte der externen, fest im Raum fixierten Ladungen. Die Integration erfolgt über das gesamte, von den Leitern eingegrenzte Gebiet G des dreidimensionalen Raums. Vorzeichen und Vorfaktoren der zu diesem Funktional zusammengefügten Größen wurden so gewählt, dass $F[\varphi]$ immer noch die Feldenergie (6.126) angibt. Wir wollen jetzt zeigen, dass die Forderung

$$F[\varphi] \to \min \tag{7.69}$$

aus allen Potentialkonfigurationen, welche die Randbedingungen des Problems erfüllen, gerade dasjenige Potential bestimmt, das der Poisson-Gleichung (7.2) genügt. Will man insbesondere die Green'sche Funktion der Leiteranordnung über (7.69) bestimmen, dann hat man als Ladungsdichte die Einheitspunktladung zu wählen und muss außerdem beachten, dass das Potential auf dem Rand des Gebiets (also den Leiterflächen) verschwindet.

Mit der Vorgabe des Funktionals (7.68) und der zugehörigen Randbedingungen ist das feldtheoretische Optimierungsproblem (7.69) vollständig definiert. Zur Berechnung des bezüglich (7.69) optimalen Potentials wird der Variationskalkül benutzt, den wir bereits in den Kapiteln 4 und 5 sowie in Band I dieser Lehrbuchreihe mehrfach benutzt hatten. Die Bildung der Variation bzgl. des Potentials liefert

$$\delta F[\varphi] = -\frac{1}{4\pi}\left[\int_G (-\Delta\varphi - 4\pi\rho)\delta\varphi\, d^3x + \oint_{\partial G} \delta\varphi\, \nabla\varphi\, df\right] \tag{7.70}$$

Die feste Ladungsdichte ρ darf aber, im Gegensatz zu unserem Vorgehen in den Kapiteln 4 und 5, nicht in die Variation einbezogen werden. Der Randbeitrag in (7.70) verschwindet, da wegen der Konstanz des Potentials auf den Leiteroberflächen dort für die Variation $\delta\varphi = 0$ gelten muss. Im Inneren des Gebiets G ist dagegen die Variation beliebig, sodass aus (7.70) zwangsläufig die Potentialgleichung

$$\Delta\varphi = -4\pi\rho \tag{7.71}$$

folgt. Wir bezeichnen die Lösung der Potentialgleichung und damit die Funktion, die das Funktional (7.68) minimiert, als φ^*. Diese Funktion wird auch als optimales Potentialfeld zum Variationsproblem (7.69) bezeichnet.

Die eigentliche Aufgabe besteht jetzt aber darin, das Variationsproblem (7.69) zur Bestimmung der Green'schen Funktion der Leiteranordnung zu nutzen. Dazu wählt man eine parametrisierte Testfunktion $\varphi^{\mathrm{T}}(u, \boldsymbol{x})$ mit der Parameterliste $u = (u_1, u_2, ..., u_M)$ und setzt diese in (7.68) ein. Berücksichtigt man noch, dass für das Problem der Bestimmung der Green'schen Funktion die Ladungsdichte durch eine einzige Einheitsladung $q = 1$ am Punkt $\boldsymbol{x}'$ entsprechend $\rho = \delta(\boldsymbol{x} - \boldsymbol{x}')$ gegeben ist, dann wird aus dem Funktional (7.68) die nur noch von u abhängige Funktion

$$F(u) = -\frac{1}{4\pi}\left[\frac{1}{2}\int_G (\nabla\varphi(u, \boldsymbol{x})^2 d^3x - 4\pi\varphi(u, \boldsymbol{x}')\right] \tag{7.72}$$

Die ursprüngliche Variation dieses Funktionals entspricht jetzt der Suche nach dem Minimum von $F(u)$ im Raum der zulässigen Parameter $u_1, \ldots, u_M$. Die hierzu notwendige Bedingung ist

$$\frac{\partial F(u)}{\partial u_j} = 0 \qquad j = 1, \ldots, M \tag{7.73}$$

Diejenige Lösung des Gleichungssystems (7.73), welche $F(u)$ minimiert, wird als optimaler Parametersatz u^* bezeichnet[6].

6) Dabei ist zu beachten, dass bei der Bestimmung der Green-Funktion wegen der speziellen Wahl der Ladungsdichte $\rho = \delta(\boldsymbol{x} - \boldsymbol{x}')$ und deshalb der funktionalen Struktur von (7.72) die optimalen Parameter u^* selbst immer noch von $\boldsymbol{x}'$ abhängig sind.

Durch die Reduktion der Menge aller zulässigen Potentialkonfigurationen auf den Satz der Testfunktionen $\varphi^{\mathrm{T}}(u, \boldsymbol{x})$ wird natürlich die Flexibilität bei der Behandlung des Problems eingeschränkt. Deshalb werden wir erwarten, dass sich die optimale Testfunktion $\varphi^{\mathrm{T}}(u^*, \boldsymbol{x})$ von der Lösung des eigentlichen Variationsproblems φ^* unterscheidet. Insbesondere gilt

$$F[\varphi^*(\boldsymbol{x})] \leq F[\varphi^{\mathrm{T}}(u^*, \boldsymbol{x})] = F(u^*) \leq F(u) \tag{7.74}$$

Man kann daher $\varphi^{\mathrm{T}}(u^*, \boldsymbol{x})$ auch als näherungsweises optimales Potential verstehen. Je mehr Parameter wir zulassen und je flexibler dadurch die Funktion $\varphi^{\mathrm{T}}(u, \boldsymbol{x})$ wird, desto besser liegt die Näherung $\varphi^{T}(u^*, \boldsymbol{x})$ am wahren Optimum φ^*.

In der Praxis wird man beispielsweise Entwicklungen der Form

$$\varphi^{\mathrm{T}}(u, \boldsymbol{x}) = \frac{u_{-1}}{|\boldsymbol{x} - \boldsymbol{x}'|} + u_0 + \sum_{n=1}^{M} u_n |\boldsymbol{x} - \boldsymbol{x}'|^n \tag{7.75}$$

verwenden und die Koeffizienten u_n mit ($n = -1, 0, 1, \ldots, M$) nach den oben skizzierten Regeln optimal anpassen.

7.4 Raumladungsfreie Probleme

7.4.1 Die Laplace-Gleichung

Eine Besonderheit der Elektrostatik sind die Probleme ohne externe Raumladungen. Natürlich können auch solche Fälle mit der Technik der Green'schen Funktionen behandelt werden. Das Potential wird dann allein durch Oberflächenintegrale bestimmt. Dieser Zugang ist jedoch wegen seiner Allgemeinheit oft sehr kompliziert. Im raumladungsfreien Fall ist es deshalb oft sinnvoller, direkt die homogene Poisson-Gleichung, d. h. die Laplace-Gleichung

$$\Delta\varphi = 0 \tag{7.76}$$

unter Beachtung der entsprechenden Randbedingungen zu lösen.

7.4.2 Der Plattenkondensator

Wir idealisieren den Plattenkondensator durch zwei unendlich ausgedehnte Platten, die im Abstand d senkrecht zur x-Achse stehen (Abb. 7.6). Die linke Platte werde auf dem Potential φ_1, die rechte auf dem Potential φ_2 gehalten. Weil die Platten in y-z-Richtung unendlich ausgedehnt sind, kann man das

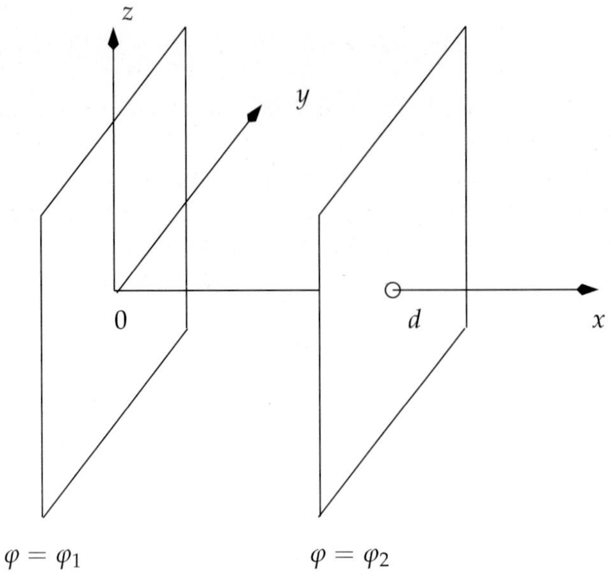

Abb. 7.6 Plattenkondensator

Koordinatensystem in dieser Ebene beliebig verschieben, ohne dass sich die physikalische Situation an einer bestimmten Stelle des Koordinatensystems ändert. Diese Translationssymmetrie bedingt, dass das Potential und die Feldstärke nicht von y und z abhängen können:

$$\varphi(\boldsymbol{x}) = \varphi(x) \tag{7.77}$$

Dann reduziert sich die Laplace-Gleichung auf

$$\frac{\partial^2}{\partial x^2}\varphi(x) = 0 \tag{7.78}$$

mit der allgemeinen Lösung

$$\varphi = ax + b \tag{7.79}$$

Die Randbedingungen verlangen

$$\varphi(0) = b = \varphi_1 \qquad \text{und} \qquad \varphi(d) = ad + b = \varphi_2 \tag{7.80}$$

Die noch freien Integrationskonstanten a und b werden also durch

$$b = \varphi_1 \qquad \text{und} \qquad a = \frac{\varphi_2 - \varphi_1}{d} \tag{7.81}$$

festgelegt. Das Potential ist dann durch

$$\varphi(\boldsymbol{x}) = \frac{\varphi_2 - \varphi_1}{d}x + \varphi_1 \tag{7.82}$$

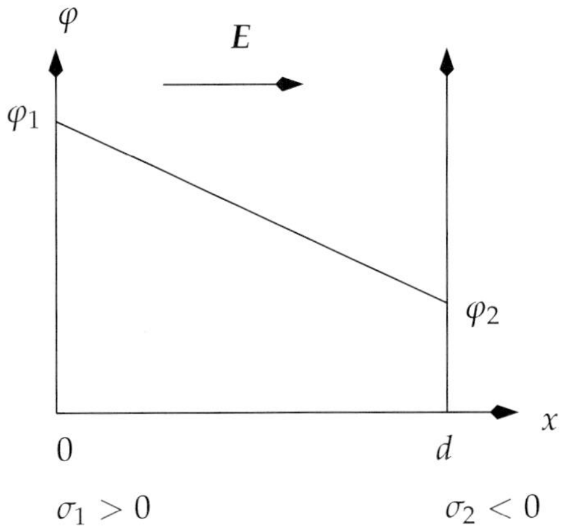

Abb. 7.7 Potentialverlauf zwischen den Platten eines Plattenkondensators

gegeben (Abb 7.7).

Die Flächenladungsdichte des Plattenkondensators bestimmt man wieder über das elektrische Feld auf den jeweiligen Oberflächen entsprechend (7.1). Es gilt für die linke Platte

$$4\pi\sigma_1 = E_\mathrm{n} \mid_{x=0} = E_x \mid_{x=0} = -\left[\frac{\partial\varphi}{\partial x}\right]_{x=0} = \frac{\varphi_1 - \varphi_2}{d} \tag{7.83}$$

Auf der rechten Platte wechselt aus Symmetriegründen E_n nur das Vorzeichen. Wir erhalten somit $\sigma_2 = -\sigma_1$. Die Flächenladungsdichte ist also durch

$$\sigma_1 = \frac{\varphi_1 - \varphi_2}{4\pi d} \tag{7.84}$$

gegeben. Die hier auftretende Potentialdifferenz $\Delta\varphi = \varphi_1 - \varphi_2$ wird auch als *Spannung* bezeichnet.

Ersetzen wir nun den unendlich ausgedehnten Plattenkondensator durch einen endlichen Plattenkondensator der Fläche F und vernachlässigen die an den Rändern entstehenden Streufelder, dann sind die abgeleiteten Formeln immer noch eine relativ gute Näherung. Ist Q die Gesamtladung einer Platte, dann gilt insbesondere $\sigma_1 = Q/F$ und damit

$$Q = \frac{F}{4\pi d}\Delta\varphi \tag{7.85}$$

Der Proportionalitätskoeffizient zwischen Spannung und Ladung wird auch als *Kapazität* C bezeichnet:

$$C = \frac{F}{4\pi d} \tag{7.86}$$

Die Kapazität hängt nicht von der Ladung und Spannung des Kondensators ab, sondern ist ausschließlich durch die Geometrie des Kondensators charakterisiert.

7.4.3
Kapazitätskoeffizienten

Wie wir in Abschnitt 7.2.2 bei der Behandlung des allgemeinen Problems geladener Leiter gesehen hatten, sind die Kapazitätskoeffizienten C_{IJ} geometrische Kenngrößen einer Leiteranordnung, und es gilt

$$Q_I = \sum_{J=1}^{N} C_{IJ} \varphi_J \tag{7.87}$$

Die Kapazitätskoeffizienten sind weder von der Ladung der Leiter noch von irgendwelchen externen Ladungen abhängig. Insofern sollten aus der Kenntnis der Ladungen und Potentialdifferenzen einer raumladungsfreien Leiteranordnung auch die Kapazitätskoeffizienten zu bestimmen sein. Wir wollen uns nun der Frage widmen, aus wievielen Leitern ein System bestehen kann, sodass ein einziger Satz von experimentell bestimmten Ladungen und Potentialen ausreicht, um die Matrix $\boldsymbol{C} = (C_{IJ})$ vollständig, also alle Kapazitätskoeffizienten zu bestimmen. Bei N Leitern scheint es $N(N+1)/2$ unabhängige Koeffizienten zu geben, denn die Symmetrierelation $C_{IJ} = C_{JI}$ macht die Hälfte der Nichtdiagonalelemente der Matrix $\boldsymbol{C}$ abhängig. Wegen der Eichinvarianz des Potentials können aber alle Potentiale um einen beliebigen konstanten Wert φ_0 verändert werden, ohne dass sich der physikalische Sachverhalt ändert. Daher erhalten wir die Forderung

$$Q_I = \sum_J C_{IJ} \left[\varphi_I + \varphi_0\right] = \sum_J C_{IJ} \varphi_I \tag{7.88}$$

oder

$$\sum_J C_{IJ} \varphi_0 = \varphi_0 \sum_J C_{IJ} = 0 \tag{7.89}$$

Demnach müssen alle Spaltensummen (und wegen der Symmetrie auch alle Zeilensummen) der Kapazitätsmatrix verschwinden. Das sind N zusätzliche Bedingungen. Damit bleiben nur noch $N(N-1)/2$ unbekannte Koeffizienten zu berechnen.

Andererseits haben wir N Gleichungen zwischen den Ladungen und den Potentialen. Wegen der Eichinvarianz sind aber nicht alle Gleichungen voneinander unabhängig, wir können immer eine Gleichung von den anderen abziehen und erhalten damit $N-1$ unabhängige Differenzengleichungen. Dann ist die Zahl F der Freiheitsgrade der Matrix $\boldsymbol{C}$ nur noch

$$F = \frac{N(N-1)}{2} - (N-1) = \frac{N^2 - 3N + 2}{2} \tag{7.90}$$

Die Koeffizienten der Matrix (und damit die Matrix selbst) sind vollständig bestimmt, wenn keine Freiheitsgrade mehr übrig bleiben. Das ist der Fall für $N = 1$ und $N = 2$. In allen anderen Fällen müssen verschiedene Ladungs- und Potentialkonfigurationen bestimmt werden, bevor eine vollständige Berechnung aller Kapazitätskoeffizienten möglich ist.

Im Fall des Plattenkondensators haben wir z. B. die Symmetrierelation

$$C_{12} = C_{21} \tag{7.91}$$

und die Bedingungen

$$C_{11} + C_{12} = 0 \qquad \text{und} \qquad C_{21} + C_{22} = 0 \tag{7.92}$$

Setzen wir diese Beziehungen in den Zusammenhang zwischen Potential und Ladung ein, dann folgt

$$\begin{aligned} Q_1 &= C_{11}\varphi_1 + C_{12}\varphi_2 &= C_{11}(\varphi_1 - \varphi_2) \\ Q_2 &= C_{21}\varphi_1 + C_{22}\varphi_2 &= C_{11}(\varphi_2 - \varphi_1) \end{aligned} \tag{7.93}$$

und damit

$$C_{11} = \frac{Q_1}{\varphi_1 - \varphi_2} = C \tag{7.94}$$

d. h. die Kapazitätskoeffizienten lassen sich – zumindest im Fall von zwei Leitern – auf die bekannten Kapazitäten zurückführen.

7.4.4 Kanten

Oft sind leitende Flächen so angeordnet, dass man sie auf kurzen Skalen als zwei aufeinanderstoßende Ebenen betrachten kann. Da beide Halbflächen entlang der Kante verbunden sind, hat das Potential φ an diesen Grenzflächen den konstanten Wert φ_0. Wegen der Eichinvarianz des Potentials können wir dann auch $\varphi_0 = 0$ setzen. Bei der Diskussion des elektrostatischen Potentials in der Nähe einer Kante spielt es gar keine Rolle, ob die Potentialkonfiguration auf den leitenden Platten durch externe Ladungen in weiter Entfernung oder durch Aufladung der beiden Flächen erzeugt wird. In unmittelbarer Umgebung der Kante muss das Potential auf jeden Fall die Laplace-Gleichung erfüllen.

Wir orientieren deshalb die z-Achse in Richtung der Kante und führen entsprechend Abb. 7.8 Zylinderkoordinaten ein. Außerdem nehmen wir an, dass das Potential φ nicht von z abhängig ist. Dann können wir die Laplace-Gleichung auf Polarkoordinaten (ρ, ϕ) reduzieren und gelangen zu

$$\left[\frac{1}{\rho}\frac{\partial}{\partial\rho}\rho\frac{\partial}{\partial\rho} + \frac{1}{\rho^2}\frac{\partial^2}{\partial\phi^2}\right]\varphi(\rho,\phi) = 0 \tag{7.95}$$

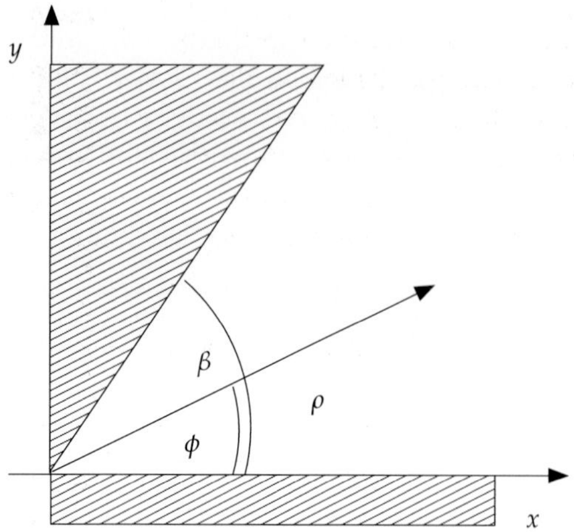

Abb. 7.8 Geometrische Verhältnisse in der Nähe einer Kante, die durch zwei leitende Flächen (schraffiert) gebildet wird.

Wir lösen diese Gleichung mit dem Separationsansatz $\varphi(\rho, \phi) = R(\rho)g(\phi)$. Damit erhalten wir aus der Laplace-Gleichung das Gleichungssystem

$$\rho \frac{\partial}{\partial \rho} \rho \frac{\partial}{\partial \rho} R(\rho) = \lambda R(\rho) \tag{7.96}$$

$$\frac{\partial^2}{\partial \phi^2} g(\phi) = -\lambda g(\phi) \tag{7.97}$$

mit einer noch zu bestimmende Größe λ. Aus den beiden Differentialgleichungen folgen die Lösungen

$$R(\rho) = A\rho^{\sqrt{\lambda}} + A'\rho^{-\sqrt{\lambda}} \tag{7.98}$$

$$g(\phi) = B \sin(\sqrt{\lambda}\phi) + B' \cos(\sqrt{\lambda}\phi) \tag{7.99}$$

Die hieraus konstruierten Lösungen $\varphi(\rho, \phi) = R(\rho)g(\phi)$ müssen für alle Punkte auf den geladenen Platten verschwinden. Die erste Seite der Kante ist in Polarkoordinaten durch den Winkel $\phi = 0$ und beliebige Werte ρ bestimmt, die zweite Seite durch den Öffnungswinkel $\phi = \beta$. Deshalb kann für eine nichttriviale Lösung des Problems das Potential $\varphi(\rho, \phi = 0)$ nur dann verschwinden, wenn wir $B' = 0$ verlangen. Die Berücksichtigung der zweiten Randbedingung $\varphi(\rho, \phi = \beta) = 0$ führt auf die notwendige Forderung

$$\lambda = \frac{n^2\pi^2}{\beta^2} \qquad \text{mit} \qquad n = 1, 2, \ldots \tag{7.100}$$

Um zu vermeiden, dass für $\rho \to 0$ eine Singularität entsteht, müssen wir außerdem noch $A' = 0$ verlangen. Wir kommen damit zu dem Resultat, dass jede Funktion der Form

$$\varphi_n(\rho, \phi) = C\,\rho^{n\pi/\beta} \sin\left(\frac{n\pi}{\beta}\phi\right) \tag{7.101}$$

eine Lösung der Laplace-Gleichung mit den durch die Kante vorgegebenen Randbedingungen sein muss. Wegen der Linearität der Laplace-Gleichung ist dann auch jede Linearkombination der $\varphi_n(\rho, \phi)$ eine Lösung dieser partiellen Differentialgleichung. Damit erhalten wir für das Potential einer Kante vom Öffnungswinkel β die allgemeine Darstellung

$$\varphi(\rho, \phi) = \sum_{n=1}^{\infty} C_n\,\rho^{n\pi/\beta} \sin\left(\frac{n\pi}{\beta}\phi\right) \tag{7.102}$$

Die Koeffizienten C_n selbst werden durch den Anschluss der Lösung an die weit von der Kante entfernten Ladungen oder andere Randbedingungen bestimmt. In der Nähe der Kante wird das Potential durch den führenden Term der Reihe (7.102) dominiert:

$$\varphi(\rho, \phi) \approx C_1\,\rho^{\pi/\beta} \sin\left(\frac{\pi\phi}{\beta}\right) \tag{7.103}$$

Aus diesem Potential erhalten wir die Komponenten des elektrischen Feldes in der Polarkoordinatendarstellung

$$E_\rho = -\frac{\partial\varphi}{\partial\rho} \sim \rho^{\pi/\beta-1} \tag{7.104}$$

$$E_\phi = -\frac{1}{\rho}\frac{\partial\varphi}{\partial\phi} \sim \rho^{\pi/\beta-1} \tag{7.105}$$

Wegen (7.1) gilt dann auch für die Flächenladungsdichte

$$\sigma \sim \rho^{\pi/\beta-1} \tag{7.106}$$

Die Abhängigkeit der elektrischen Feldstärke und der Flächenladungsdichte vom Radialabstand ρ wird erheblich vom Öffnungswinkel β der jeweiligen Kante bestimmt. Für kleine Öffnungswinkel $\beta < \pi$ verschwindet die Flächenladungsdichte in der Nähe der Kante, Ladungen werden also aus der Kante herausgedrängt. Für $\beta = \pi$ vereinigen sich die beiden Halbflächen zu einer gemeinsamen Ebene und die Feldstärke wird in führender Ordnung unabhängig von ρ. Für $\beta > \pi$ geht die Kante in eine Spitze über, und Ladungsdichte und Feldstärke divergieren für $\rho \to 0$. Beispielsweise bei einem metallischen Vierkantstab sammeln sich die Ladungen in der Nähe der Kanten mit einer Flächenladungsdichte $\sigma \sim \rho^{-1/3}$.

Der maximale Öffnungswinkel wird für $\beta \to 2\pi$ erreicht. Dieser Fall ist näherungsweise verwirklicht, wenn man beispielsweise den Rand eines sehr dünnen Blechs als die Kante auffasst. Die Ladungsdichte in unmittelbarer Nähe des Rands verhält sich wie $\sigma \sim \rho^{-1/2}$.

7.4.5 Inversionsmethode

Mit der Inversionsmethode lassen sich in einer Reihe von Fällen aus bekannten Lösungen eines raumladungsfreien Problems Lösungen für andere raumladungsfreie Probleme finden. Wir schreiben dazu die Laplace-Gleichung in Kugelkoordinaten auf

$$\Delta\varphi = \left[\frac{1}{r^2}\frac{\partial}{\partial r}r^2\frac{\partial}{\partial r} + \frac{1}{r^2}\Delta_W\right]\varphi = 0 \tag{7.107}$$

Hierbei ist Δ_W der Winkelanteil des Laplace-Operators.

Ist nun $\varphi(\boldsymbol{x}) = \varphi(r, \vartheta, \phi)$ eine Lösung dieser partiellen Differentialgleichung mit vorgegebenen Randbedingungen, dann ist das an einer fiktiven Kugeloberfläche vom Radius R invertierte Potential

$$\varphi'(\boldsymbol{x}) = \frac{R}{|\boldsymbol{x}|}\varphi\left(\frac{R^2}{|\boldsymbol{x}|^2}\boldsymbol{x}\right) = \frac{R}{r}\varphi\left(\frac{R^2}{r}, \vartheta, \phi\right) \tag{7.108}$$

ebenfalls eine Lösung der Laplace-Gleichung, wobei die Koordinaten aller Randbedingungen ebenfalls entsprechend

$$r \longrightarrow \frac{R^2}{r} \qquad \vartheta \longrightarrow \vartheta \qquad \text{und} \qquad \phi \longrightarrow \phi \tag{7.109}$$

transformiert werden. Die Längenskala R wird auch als Inversionsradius bezeichnet.

Um diese Behauptung zu prüfen, setzt man am besten (7.108) in die Laplace-Gleichung ein und benutzt die Substitution $\xi = R^2/r$

$$\begin{aligned}\left[\frac{1}{r^2}\frac{\partial}{\partial r}r^2\frac{\partial}{\partial r} + \frac{1}{r^2}\Delta_W\right]\varphi' &= \frac{1}{r^2}\frac{\partial}{\partial r}r^2\frac{\partial}{\partial r}\frac{R}{r}\varphi(\xi, \vartheta, \phi) \\ &\quad + \frac{R}{r^3}\Delta_W\varphi(\xi, \vartheta, \phi) = 0\end{aligned} \tag{7.110}$$

Der Radialanteil lässt sich folgendermaßen umformen [7]:

$$\frac{1}{r^2}\frac{\partial}{\partial r}r^2\frac{\partial}{\partial r}\frac{R}{r}\varphi = -\frac{R^3}{r^2}\frac{\partial}{\partial r}\left[\frac{\varphi_{,\xi}}{r} + \frac{\varphi}{R^2}\right] = \frac{R^3}{r^2}\left[\frac{R^2\varphi_{,\xi\xi}}{r^3} + \frac{2\varphi_{,\xi}}{r^2}\right] \tag{7.111}$$

7) Man beachte, dass

$$\varphi_{,\xi} = \frac{\partial\varphi}{\partial\xi} \qquad \text{und} \qquad \varphi_{,\xi\xi} = \frac{\partial^2\varphi}{\partial\xi^2}$$

bedeutet.

Die Laplace-Gleichung lautet dann

$$\frac{R^5 \varphi_{,\xi\xi}}{r^5} + \frac{2R^3 \varphi_{,\xi}}{r^4} + \frac{R}{r^3} \Delta_W \varphi = 0 \tag{7.112}$$

oder

$$\varphi_{,\xi\xi} + \frac{2r\varphi_{,\xi}}{R^2} + \frac{r^2}{R^4} \Delta_W \varphi = \varphi_{\xi\xi} + \frac{2\varphi_{,\xi}}{\xi} + \frac{1}{\xi^2} \Delta_W \varphi = 0 \tag{7.113}$$

Damit gilt

$$\left[\frac{1}{\xi^2} \frac{\partial}{\partial \xi} \xi^2 \frac{\partial}{\partial \xi} + \frac{1}{\xi^2} \Delta_W \right] \varphi(\xi, \vartheta, \phi) = 0 \tag{7.114}$$

Wir kommen daher zu folgender Schlussfolgerung:

> Erfüllt das Potential $\varphi(r, \vartheta, \phi)$ die Laplace-Gleichung, dann ist auch das Potential $\varphi' = (R/r)\varphi\left(R^2/r, \vartheta, \phi\right)$ eine Lösung der Potentialgleichung. Dabei werden die Randbedingungen für r, ϑ, ϕ entsprechend den Transformationsformeln (7.109) in die Randbedingungen für $R^2/r, \vartheta, \phi$ überführt.

Insbesondere gehen bei dieser Transformation beliebige Kugelflächen wieder in Kugelflächen über. Eine Ausnahme sind Kugelflächen die durch das Inversionszentrum laufen: Sie werden in Ebenen transformiert.

7.4.6 Konforme Abbildungen

7.4.6.1 Cauchy-Riemann'sche Differentialgleichungen

In Leiteranordnungen mit Translationsinvarianz in einer Richtung, z. B. der z-Richtung eines geeignet gewählten Koordinatensystems, hängen die physikalischen Größen nur noch von den Koordinaten senkrecht zur Symmetrierichtung ab, also von x und y. In diesem Fall liegt ein zweidimensionales Problem vor. Da der Raum zwischen den Leitern ladungsfrei sein soll, gilt

$$\operatorname{rot} \boldsymbol{E} = 0 \qquad \text{und} \qquad \operatorname{div} \boldsymbol{E} = 0 \tag{7.115}$$

Diese beiden Gleichungen erlauben die Einführung von zwei Potentialen[8]

$$\boldsymbol{E} = -\nabla\varphi \qquad \text{und} \qquad \boldsymbol{E} = \operatorname{rot} \boldsymbol{A} \tag{7.116}$$

wobei das Vektorpotential parallel zur z-Achse ausgerichtet ist, also $\boldsymbol{A} = A\boldsymbol{e}_z$ gilt. In Komponentenschreibweise erhalten wir

$$E_x = -\frac{\partial \varphi}{\partial x} = \frac{\partial A}{\partial y} \qquad \text{und} \qquad E_y = -\frac{\partial \varphi}{\partial y} = -\frac{\partial A}{\partial x} \tag{7.117}$$

8) Man beachte aber, dass A hier nicht das mit dem Magnetfeld verbundene Vektorpotential ist!

Damit erfüllen die beiden Potentiale die Cauchy-Riemann'schen Beziehungen für den Real- und Imaginärteil einer komplexen analytischen (holomorphen) Funktion. Eine holomorphe Funktion

$$w(z) = u(x,y) + \mathrm{i}v(x,y) \tag{7.118}$$

der komplexen Variablen $z = x + \mathrm{i}y$ ist in jedem Punkt eines definierten Gebiets eindeutig differenzierbar, d. h. der Grenzübergang

$$\begin{aligned} \frac{dw}{dz} &= \lim_{\Delta z \to 0} \frac{w(z + \Delta z) - w(z)}{\Delta z} \\ &= \lim_{\substack{\Delta x \to 0 \\ \Delta y \to 0}} \frac{u(x + \Delta x, y + \Delta y) - u(x,y)}{\Delta x + \mathrm{i}\Delta y} \\ &+ \mathrm{i} \lim_{\substack{\Delta x \to 0 \\ \Delta y \to 0}} \frac{+v(x + \Delta x, y + \Delta y) - v(x,y)}{\Delta x + \mathrm{i}\Delta y} \end{aligned} \tag{7.119}$$

muss unabhängig von der Richtung der Differentiation sein. Es darf insbesondere keine Rolle spielen, ob wir zuerst $\Delta y = 0$ setzen und dann den Grenzübergang $\Delta x \to 0$ durchführen oder umgekehrt. Für beide Fälle erhalten wir

$$\frac{dw}{dz} = \frac{\partial u}{\partial x} + \mathrm{i}\frac{\partial v}{\partial x} = \frac{\partial w}{\partial x} \qquad \text{bzw.} \tag{7.120}$$

$$\frac{dw}{dz} = -\mathrm{i}\frac{\partial u}{\partial y} + \frac{\partial v}{\partial y} = -\mathrm{i}\frac{\partial w}{\partial y} \tag{7.121}$$

Der Vergleich von Real- und Imaginärteilen beider Gleichungen liefert dann die Cauchy-Riemann'schen Differentialgleichungen:

$$\frac{\partial u}{\partial x} = \frac{\partial v}{\partial y} \qquad \text{und} \qquad \frac{\partial v}{\partial x} = -\frac{\partial u}{\partial y} \tag{7.122}$$

Mit $u = \varphi$ und $v = -A$ erhalten wir daraus gerade (7.117). Somit können wir beide Potentiale zu einer gemeinsamen Funktion zusammenfassen:

$$w(z) = \varphi - \mathrm{i}A \tag{7.123}$$

Wir bezeichnen diese Funktion als *komplexes Potential* über der komplexen Ebene. Es muss wegen der Konstruktionsvorschrift (7.123) holomorph sein. Andererseits können wir aber auch den Schluss ziehen, dass jede holomorphe Funktion ein komplexes Potential ist, da ihre Komponenten u und v die Gleichung (7.122) als notwendige Bedingungsgleichungen erfüllen müssen.

Aus den Cauchy-Riemann'schen Differentialgleichungen folgt außerdem sofort

$$\frac{\partial^2 v}{\partial x^2} = -\frac{\partial^2 u}{\partial x \partial y} = -\frac{\partial^2 u}{\partial y \partial x} = -\frac{\partial^2 v}{\partial y^2} \qquad \text{also} \qquad \Delta v = 0 \tag{7.124}$$

und

$$\frac{\partial^2 u}{\partial x^2} = \frac{\partial^2 v}{\partial x \partial y} = \frac{\partial^2 v}{\partial y \partial x} = -\frac{\partial^2 u}{\partial y^2} \qquad \text{also} \qquad \Delta u = 0 \tag{7.125}$$

Sowohl Real- als auch Imaginärteil einer holomorphen Funktion genügen damit der Laplace-Gleichung. Das bedeutet aber umgekehrt: Real- und Imaginärteil einer beliebigen holomorphen Funktion sind notwendig auch Lösungen der homogenen, zweidimensionalen elektrostatischen Potentialgleichung. Damit $\varphi = u$ und $A = -v$ aber Potentiale des vorliegenden speziellen elektrostatischen Problems beschreiben, müssen die Funktionen u und v noch die zugehörigen Randbedingungen erfüllen, d. h. es muss $u(x, y) =$ konst. und $v(x, y) =$ konst. auf jeder einen Leiter darstellenden Randkurve[9] gelten.

Eine weitere Eigenschaft der holomorphen Funktionen ist ebenfalls hilfreich für das Verständnis des Verhältnisses der beiden Potentiale φ und A. Die Gradienten der Funktionen $u(x, y)$ und $v(x, y)$ sind nämlich in jedem Raumpunkt zueinander orthogonal. Zum Beweis dieser Aussage bilden wir

$$\nabla u(x, y) = \frac{\partial u}{\partial x}\boldsymbol{e}_x + \frac{\partial u}{\partial y}\boldsymbol{e}_y \quad \text{und} \quad \nabla v(x, y) = \frac{\partial v}{\partial x}\boldsymbol{e}_x + \frac{\partial v}{\partial y}\boldsymbol{e}_y \tag{7.126}$$

und multiplizieren beide Ausdrücke miteinander:

$$(\nabla u)(\nabla v) = \frac{\partial u}{\partial x}\frac{\partial v}{\partial x} + \frac{\partial u}{\partial y}\frac{\partial v}{\partial y} = \frac{\partial u}{\partial x}\frac{\partial v}{\partial x} + \left(-\frac{\partial v}{\partial x}\right)\left(\frac{\partial u}{\partial x}\right) = 0 \tag{7.127}$$

Damit stehen insbesondere alle Kurven, die in impliziter Form durch $u(x, y) =$ konst. und $v(x, y) =$ konst. gegeben sind, zueinander senkrecht.

Jede der Kurven $u(x, y) =$ konst. ist eine Äquipotentiallinie[10]. Stimmen insbesondere die Randbedingungen mit dem Verlauf der Potentiallinien und den zugehörigen Potentialwerten überein, dann ist die Funktion $u(x, y)$ das gesuchte Potential φ. Als Orthogonaltrajektorien beschreiben dann die Linien $v(x, y) =$ konst. den Verlauf der Feldlinien. Die gewonnenen Erkenntnisse gelten natürlich auch bei einer Vertauschung der Funktionen u und v.

7.4.6.2 **Geladener Draht**

Wir wollen die im vorangegangenen Abschnitt dargestellte Methode zunächst an einem einfachen Beispiel demonstrieren. Betrachtet werde das Feld eines

9) Wegen der zugrunde liegenden Invarianz gegenüber beliebigen Translationen in z-Richtung der betrachteten elektrostatischen Probleme werden in der zweidimensionalen Darstellung alle Leiteroberflächen auf ihre Schnittkurven mit der x-y-Ebene reduziert. Auf diesen Schnitt- oder Randkurven müssen die Potentiale konstant sein.

10) im eigentlichen dreidimensionalen Raum also der Schnitt einer Äquipotentialfläche mit der x, y-Ebene.

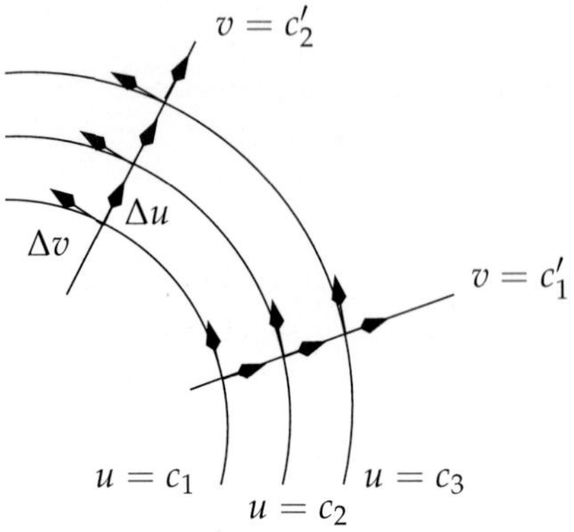

Abb. 7.9 Kurvenscharen $u(x,y) = \text{konst.}$ und $v(x,y) = \text{konst.}$

unendlich langen, geraden geladenen Drahtes[11]. Das elektrische Feld ist aus Symmetriegründen radial ausgerichtet. Dann gilt nach dem Gauß'schen Satz für einen beliebigen konzentrischen Zylinder der Länge l und vom Radius r um diesen Draht

$$\oint \boldsymbol{E}\, d\boldsymbol{f} = 2\pi r l E(r) = 4\pi Q_{\mathrm{L}} l \tag{7.128}$$

Dabei ist Q_{L} die entlang des Drahtes konstante Linienladungsdichte. Daraus folgt für den Betrag der Feldstärke im Abstand r

$$E(r) = \frac{2Q_{\mathrm{L}}}{r} \tag{7.129}$$

und für das skalare Potential

$$\varphi = \varphi_0 - 2Q_{\mathrm{L}} \ln r \tag{7.130}$$

Die Integrationskonstante φ_0 dient wieder zur Eichung des Potentials. Das Potential (7.130) ist unabhängig von der z-Richtung und kann deshalb als Funktion über der x-y-Ebene interpretiert werden. Wir erweitern diese reelle Funktion zu einer komplexen Funktion über der komplexen Ebene

$$w(z) = w_0 - 2Q_{\mathrm{L}} \ln z \tag{7.131}$$

Dabei ist w_0 eine beliebige komplexe Zahl mit $\mathrm{Re} w_0 = \varphi_0$. Die Exponentialdarstellung der komplexen Koordinate $z = r \exp\{i\phi\}$ führt dann sofort auf

$$\varphi = \mathrm{Re} w(z) = \varphi_0 - 2Q_{\mathrm{L}} \ln r \qquad \text{und} \qquad A = -\mathrm{Im} w(z) = A_0 + 2Q_{\mathrm{L}}\phi \tag{7.132}$$

11) also im zweidimensionalen Raum das Feld eines punktförmigen geladenen Leiters.

Die erste Gleichung ist für das Problem des geladenen Drahtes natürlich wieder das skalare Potential, während die zweite Gleichung die Feldlinien dieser Ladungskonfiguration definiert. Die Linien konstanter Werte des Potentials φ sind konzentrische Kreise, die Feldlinien sind Strahlen mit $\phi =$ konst. und dem Koordinatenursprung als Ausgangspunkt.

Man erkennt hier auch die Bedeutung der Raumladungsfreiheit: Der Punkt, an dem sich die Ladung befindet, also der Ursprung des Koordinatensystems, gehört nicht zu dem betrachteten Raum. Tatsächlich ist die komplexe Funktion $w(z)$ dort nicht mehr differenzierbar, sie besitzt dort einen Pol. Deshalb muss die Ladung selbst über die obige Integralrelation als eine Art Randbedingung der Laplace-Gleichung ins Spiel gebracht werden.

7.4.6.3 **Zylinderkondensator**

Mit geeigneten komplexen Funktionen lassen sich auch andere Leiteranordnungen untersuchen. So findet man das obige Potential auch im Inneren eines Zylinderkondensators mit den Radien R_1 und R_2. Dazu muss man nur das skalare Potential so eichen, dass die zylinderförmigen Leiterflächen zu Äquipotentialflächen mit den gewünschten Potentialen werden. Mit der Zuordnung $\varphi(R_1) = \varphi_1$ und $\varphi(R_2) = \varphi_2$ erhalten wir

$$\varphi_1 = \varphi_0 - 2Q_\mathrm{L} \ln R_1 \qquad \text{und} \qquad \varphi_2 = \varphi_0 - 2Q_\mathrm{L} \ln R_2 \tag{7.133}$$

d. h. bei vorgegebenen Potentialen auf den Leiteroberflächen des Zylinderkondensators sind die zunächst offenen Parameter Q_L und φ_0 fixiert:

$$Q = \frac{\varphi_1 - \varphi_2}{2 \ln \dfrac{R_2}{R_1}} \qquad \text{und} \qquad \varphi_0 = \varphi_1 + \frac{\varphi_1 - \varphi_2}{\ln \dfrac{R_2}{R_1}} \ln R_1 \tag{7.134}$$

Setzt man jetzt noch $\mathrm{Im} w_0 = 0$, dann erhält man das komplexe Potential (7.131) für einen Zylinderkondensator:

$$w(z) = \frac{\varphi_2 \ln \dfrac{z}{R_1} - \varphi_1 \ln \dfrac{z}{R_2}}{\ln \dfrac{R_2}{R_1}} \tag{7.135}$$

Das skalare Potential $\varphi = \mathrm{Re} w$ ist in Abb. 7.10 dargestellt.

Im Prinzip haben wir es immer noch mit dem Potential der Punktladung [12] zu tun. Indem wir aber zwei Aquipotentialflächen zu Rändern erklärt haben, konnten wir eine geometrisch andere Konfiguration aus der gleichen holomorphen Funktion erzeugen. Diese Methode kann man natürlich auch für andere holomorphe Funktionen w anwenden. Man legt einfach irgendwelche Äquipotentiallinien des Realteils $u = \mathrm{Re} w$ als Ränder fest und erhält somit

12) also im dreidimensionalen Raum mit einer Linienladung

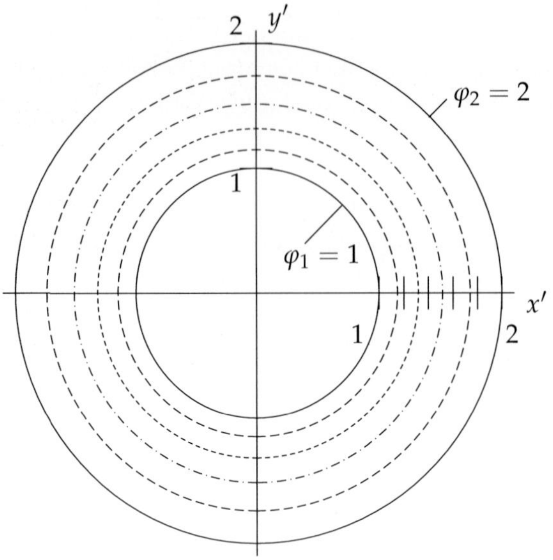

Abb. 7.10 Äquipotentialflächen für $\varphi = 1, 1{,}2, 1{,}4, \ldots, 2$ zwischen zwei konzentrisch angeordneten, leitenden Zylindern mit dem Potential $\varphi_1 = 1$ (Radius $R_1 = 1$) und dem Potential $\varphi_2 = 2$ (Radius $R_2 = 2$).

eine geometrische Konstellation der Leiterflächenanordnung. Das zwischen diesen Rändern existierende Potential φ wird dann durch die Funktion u repräsentiert.

7.4.6.4 Transformation von Potentialen mithilfe konformer Abbildungen

Hat man ein bestimmtes zweidimensionales raumladungsfreies Problem gelöst, dann kann man diese Lösung mithilfe einer konformen Abbildung in die Lösung eines anderen raumladungsfreien Problems überführen. Unter einer konformen Abbildung versteht man eine Abbildung mit lokaler Winkel- und Maßstabstreue. Mit anderen Worten: Wenn sich zwei Kurven in einem Punkt unter einem bestimmten Winkel schneiden, dann bleibt dieser Schnittwinkel auch nach der konformen Abbildung erhalten. Befinden sich zwei infinitesimale Längen in der unmittelbaren Umgebung eines Punkts in einem bestimmten Verhältnis, dann bleibt dieses Verhältnis nach der konformen Abbildung ebenfalls erhalten. Man kann zeigen, dass jede holomorphe Funktion eine konforme Abbildung vermittelt. Der Beweis hierfür ist in der mathematischen Literatur zu finden.

Ist jetzt also ein elektrisches Feld und damit ein Potential in einer bestimmten Geometrie bekannt, und kennt man eine konforme Abbildung, die die alten Leiterflächen in neue Leiterflächen transformiert, dann erzeugt die gleiche konforme Abbildung aus den alten Feldern und Potentialen die Felder und Potentiale in der neuen Geometrie.

Kreistreue konforme Abbildung

Als ein Beispiel untersuchen wir die kreistreue konforme Abbildung

$$z \to z' = a\frac{z+b}{z+c} \tag{7.136}$$

mit den reellen[13] Konstanten a, b, c. Diese Abbildung transformiert insbesondere jeden Kreis $z = R_0 \exp\{i\phi\}$ mit dem Radius R_0 um den Ursprung des Koordinatensystems in einen neuen Kreis. Zum Beweis zeigen wir, dass die neuen Koordinaten

$$z' = a\frac{z+b}{z+c} \tag{7.137}$$

für $z = R_0 \exp\{i\phi\}$ die komplexe Kreisgleichung

$$z'z'^* + \beta z' + \beta^* z'^* + \delta = 0 \tag{7.138}$$

erfüllen. Dabei ist δ eine reelle Zahl, β dagegen ist komplex. Diese Gleichung beschreibt für $|\beta|^2 > \delta$ einen Kreis vom Radius $\rho = \sqrt{|\beta|^2 - \delta}$ mit dem Mittelpunkt $-\beta^*$. Wir setzen nun die konforme Abbildung (7.137) in die Kreisgleichung (7.138) ein, multiplizieren mit $(z+c)(z^*+c)$ und beachten die Beziehung $z = R_0 \exp\{i\phi\}$. Dann erhalten wir eine Gleichung vom Typ

$$C_0 + C_+ \exp\{i\phi\} + C_- \exp\{-i\phi\} = 0 \tag{7.139}$$

mit den Koeffizienten

$$C_0 = a^2\left(R_0^2 + b^2\right) + (\beta + \beta^*)a\left(R_0^2 + bc\right) + \delta\left(R_0^2 + c^2\right) \tag{7.140}$$

sowie

$$C_+ = \left(a^2 b + \beta ac + \beta^* ab + \delta c\right) R_0 \tag{7.141}$$

und

$$C_- = \left(a^2 b + \beta ab + \beta^* ac + \delta c\right) R_0 \tag{7.142}$$

Der Winkel ϕ ist ein unabhängiger Parameter. Damit (7.139) für alle Werte ϕ erfüllt ist, müssen die drei Koeffizienten C_0, C_+ und C_- einzeln verschwinden. Damit entstehen drei Bedingungsgleichungen, aus denen sich β, β^* und δ bestimmen lassen. Man findet

$$\beta = \beta^* = -a\frac{R_0^2 - bc}{R_0^2 - c^2} \tag{7.143}$$

13) Allgemein können diese Konstanten auch komplexe Zahlen sein.

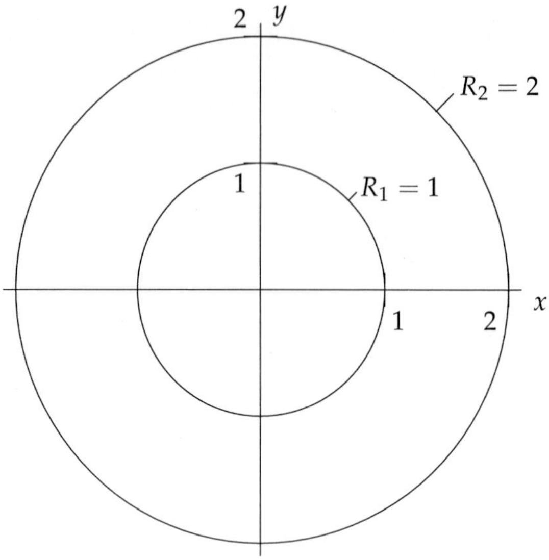

Abb. 7.11 Konzentrische Kreise in der komplexen Ebene (Zylinder im dreidimensionalen Raum), Ausgangssituation vor der kreistreuen konformen Abbildung

und

$$\delta = a^2 \frac{R_0^2 - b^2}{R_0^2 - c^2} \tag{7.144}$$

Folglich ist der Mittelpunkt des Bildkreises gegeben durch

$$z_0' = -\beta = \frac{R_0^2 - bc}{\left(R_0^2 - c^2\right)} a \tag{7.145}$$

der Radius folgt aus

$$R_0' = \rho = \sqrt{\beta^2 - \delta} = aR_0 \frac{|b-c|}{\left|R_0^2 - c^2\right|} \tag{7.146}$$

Abb. 7.11 zeigt zwei konzentrische Kreise mit den Radien $R_1 = 1$ und $R_2 = 2$. Durch die Abbildung (7.136) werden sie in die beiden Kreise der Abb. 7.12 transformiert.

Offensichtlich werden bei einer kreistreuen konformen Abbildung zwei ursprünglich konzentrisch angeordnete leitende Zylinder mit den Radien R_1 und R_2 in zwei gegeneinander verschobene Hohlzylinder überführt, wobei die Freiheit in der Wahl der Transformationsparameter a, b und c besteht. In der gleichen Weise werden natürlich auch alle Äquipotentialflächen abgebildet.

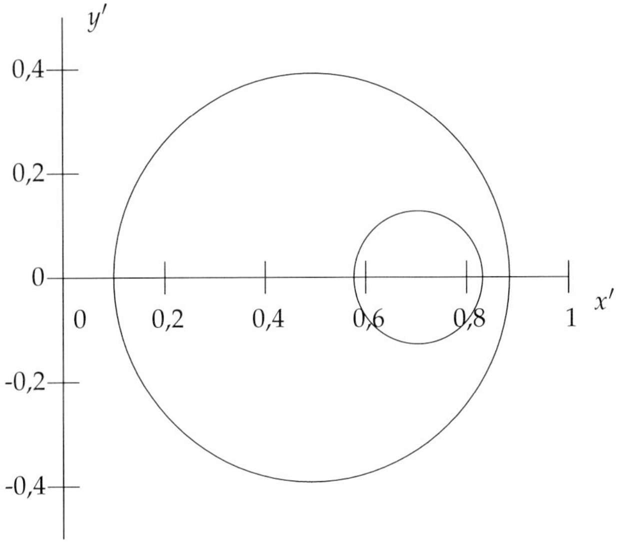

Abb. 7.12 Gegeneinander verschobene Kreise, die durch Anwendung der kreistreuen konformen Abbildung mit $a = 1{,}1$, $b = 2{,}1$ und $c = 3{,}1$ auf zwei ursprünglich konzentrische Kreise entstehen (vgl. Abb. 7.11)

Um einen Zusammenhang zwischen dem Potential und der neuen komplexen Koordinate z' zu erhalten, stellt man die konforme Abbildung als inverse Koordinatentransformation $z' \to z = z(z')$ dar. Für die kreistreue Abbildung bedeutet das

$$z = \frac{ab - z'c}{z' - a} \tag{7.147}$$

Diese Beziehung setzt man jetzt in das komplexe Potential des bekannten Problems $w(z)$ ein und erhält damit das neue Potential $w'(z')$ nach der konformen Abbildung

$$w'(z') = w(z(z')) \tag{7.148}$$

Im speziellen Fall der Anwendung der kreistreuen Abbildung auf einen Zylinderkondensator erhalten wir das neue komplexe Potential

$$w'(z') = \left(\ln \frac{R_2}{R_1}\right)^{-1} \left[\varphi_2 \ln \frac{ab - z'c}{R_1\,(z' - a)} - \varphi_1 \ln \frac{ab - z'c}{R_2\,(z' - a)}\right] \tag{7.149}$$

Die durch die spezielle konforme Abbildung erzeugte neue Funktion $w'(z')$ ist das komplexe Potential in einem Zylinderkondensator mit nicht konzentrisch angeordneten Leiteroberflächen. Das zugehörige skalare Potential φ' gewinnt man durch Bildung des Realteils (Abb. 7.13).

Der Verlauf der Feldlinien wird dementsprechend durch den Imaginärteil des neuen komplexen Potentials $A' = -\mathrm{Im}\,w'(z') =$ konst. beschrieben.

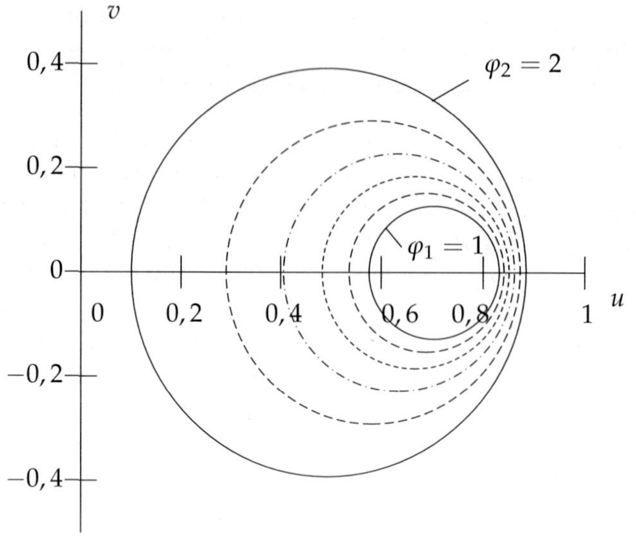

Abb. 7.13 Äquipotentialflächen des skalaren Potentials φ' für einen asymmetrischen Zylinderkondensator

Zylinder- und Keilplattenkondensator

Wir betrachten als zweites Beispiel die konforme Abbildung des ursprünglichen komplexen Potentials $w(z) = z$ auf das neue Potential

$$w'(z') = u'(x', y') + \mathrm{i}v'(x', y') = k \ln z' \tag{7.150}$$

mit der Transformationsformel

$$z' = \exp\left(\frac{z}{k}\right) \tag{7.151}$$

Mit den Darstellungen $z' = x' + \mathrm{i}y'$ bzw. $z' = r' \exp\{\mathrm{i}\phi'\}$ erhalten wir dann für den Real- und Imaginärteil des neuen komplexen Potentials

$$u'(x', y') = k \ln r' = k \ln \sqrt{x'^2 + y'^2} \tag{7.152}$$

$$v'(x', y') = k\phi' = k \arctan \frac{y'}{x'} \tag{7.153}$$

Wir fassen zunächst u' als neues elektrostatisches Potential auf. Die Linien $u' =$ konst. sind konzentrische Kreise und beschreiben die Äquipotentialflächen des in Abb. 7.14 dargestellten Zylinderkondensators. Die Linien $v' = \phi' =$ konst. sind durch den Ursprung gehende Geraden und liefern die Feldlinien des Zylinderkondensators.

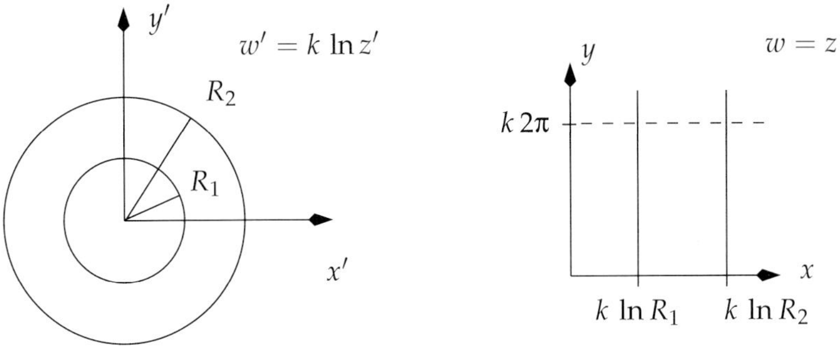

Abb. 7.14 Methode der konformen Abbildung, angewandt auf die Transformation eines Plattenkondensators (rechts) auf einen Zylinderkondensator (links)

Das ursprüngliche Potential $w = z$ auf der rechten Seite von Abb. 7.14 beschreibt dagegen die Verhältnisse für einen unendlich ausgedehnten Plattenkondensators. Insbesondere erhalten wir für die Äquipotentialflächen $u = x =$ konst., d. h. der Plattenkondensator ist vertikal orientiert.

Andererseits können wir aber auch die Funktion v' in (7.150), also den Imaginärteil der Bildfunktion w', als elektrostatisches Potential auffassen. Die Äquipotentialflächen $v' = \phi' =$ konst. beschreiben dann das Potential eines Keilplattenkondensators (Abb. 7.15) und die Linien $u' =$ konst. seine Feldlinien. In der originalen Funktion w beschreibt der Imaginärteil y die Äquipotentialflächen eines horizontal ausgerichteten Plattenkondensators.

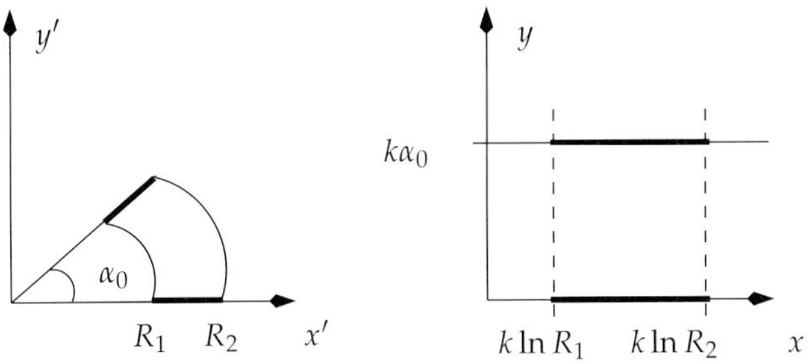

Abb. 7.15 Methode der konformen Abbildung, angewandt auf den Keilplattenkondensator. Die hervorgehobenen Strecken werden bei der konformen Abbildung ineinander überführt.

Wir wollen nun skizzieren, wie sich die Transformation von Potentialen mithilfe einer konformen Abbildung technisch realisieren lässt. Als Beispiel behandeln wir die Umwandlung des Plattenkondensatorpotentials φ in das Zylinder- und Keilplattenkondensatorpotential.

Ausgehend von dem bekannten Potential (7.82) des Plattenkondensators ist das Potential der in Abbildung 7.14 (rechts) gezeigten Anordnung definiert durch

$$\varphi(x) = \varphi_1 + \frac{\varphi_2 - \varphi_1}{x_2 - x_1}(x - x_1) \tag{7.154}$$

Wir wählen die Bezeichnungen $x_1 = k \ln R_1$ und $x_2 = k \ln R_2$ und setzen das Potential in die komplexe w-Ebene fort. Damit erhalten wir

$$w(z) = \varphi_1 + \frac{\varphi_2 - \varphi_1}{k \ln R_2 - k \ln R_1}(z - k \ln R_1) \tag{7.155}$$

Die konforme Abbildung bedeutet in unserem Fall die Koordinatentransformation $z \to z'$ mit $z = k \ln z'$. Diese liefert das neue komplexe Potential

$$w'(z') = \varphi_1 + \frac{\varphi_2 - \varphi_1}{k \ln \frac{R_2}{R_1}} k \left(\ln \frac{z'}{R_1} \right) \tag{7.156}$$

Nach Durchführen der konformen Abbildung von der z- in die z'-Ebene erhalten wir das Potential des Zylinderkondensators als Realteil von w':

$$\varphi' = \varphi_1 + \frac{\varphi_2 - \varphi_1}{\ln \frac{R_2}{R_1}} \ln \frac{r'}{R_1} \tag{7.157}$$

mit $r' = \sqrt{x'^2 + y'^2}$. Die Ladungsdichte an den Zylinderflächen ist deshalb gegeben durch

$$4\pi\sigma_1 = E_n(R_1) = - \left. \frac{\partial \varphi}{\partial r} \right|_{r=R_1} = \frac{\varphi_1 - \varphi_2}{\ln \frac{R_2}{R_1}} \frac{1}{R_1} \tag{7.158}$$

und

$$4\pi\sigma_2 = -E_n(R_2) = \left. \frac{\partial \varphi}{\partial r} \right|_{r=R_2} = \frac{\varphi_1 - \varphi_2}{\ln \frac{R_2}{R_1}} \frac{1}{R_2} \tag{7.159}$$

gegeben. Dabei ist zu beachten, dass die Richtung der Flächennormale immer in das Innere des zwischen den Platten eingeschlossenen Gebiets zeigen muss. Die Gesamtladung (bezogen auf die Längeneinheit des Zylinderkondensators) lautet dann

$$Q = -Q_1 = Q_2 = \frac{1}{2} \frac{\varphi_2 - \varphi_1}{\ln \frac{R_2}{R_1}} \tag{7.160}$$

Die Kapazität pro Längeneinheit ist deshalb (mit der üblichen Definition der Spannung $U = \varphi_2 - \varphi_1$) gegeben durch

$$C = \frac{Q}{U} = \frac{1}{2} \frac{1}{\ln \frac{R_2}{R_1}} \tag{7.161}$$

Beim Keilplattenkondensator (Abb. 7.15) ist das Potential des zugehörigen (vertikalen) Plattenkondensators durch

$$\varphi = \varphi_1 + \frac{\varphi_2 - \varphi_1}{y_2 - y_1}(y - y_1) \tag{7.162}$$

beschrieben. Wir wählen $y_1 = 0$ und $y_2 = k\alpha_0$ und setzen dieses Potential in die komplexe Ebene fort. Der Imaginärteil des komplexen Potentials

$$w(z) = \mathrm{i}\varphi_1 + \frac{\varphi_2 - \varphi_1}{k\alpha_0} z \tag{7.163}$$

liefert wieder (7.162). Die konforme Abbildung $z = k \ln z'$ führt auf

$$w'(z') = -\mathrm{i}\varphi_1 - \frac{\varphi_2 - \varphi_1}{k\alpha_0} k \ln z' \tag{7.164}$$

Das transformierte Potential φ' ist jetzt durch $\varphi' = \mathrm{Im} w'$ gegeben. Unter Beachtung von $z' = r' \exp i\phi'$ erhalten wir in Polarkoordinaten

$$\varphi' = \varphi_1 + \frac{\varphi_2 - \varphi_1}{\alpha_0}\phi' \tag{7.165}$$

oder in kartesischen Koordinaten

$$\varphi'(x', y') = \varphi_1 + \frac{\varphi_2 - \varphi_1}{\alpha_0} \arctan \frac{y'}{x'} \tag{7.166}$$

Hieraus erkennt man sofort, dass die zunächst noch offene Konstante α_0 der Öffnungswinkel des Keils ist. Die Flächenladungsdichte bestimmt man wieder über die Normalkomponente des $\boldsymbol{E}$-Felds. So erhalten wir für die Keilfläche $y' = 0$

$$4\pi\sigma = E_\mathrm{n} = -\left.\frac{\partial \varphi'}{\partial y'}\right|_{y'=0} = \frac{\varphi_1 - \varphi_2}{\alpha_0} \frac{1}{x'} \tag{7.167}$$

Sehen wir von den Streufeldern ab, dann können wir diese Resultate auch für einen unvollständigen Keilplattenkondensator mit dem Öffnungswinkel α_0 und den Plattenrändern R_1 und R_2 verwenden. Die Integration über die Kondensatorfläche des Keilplattenkondensators von $x = R_1$ bis R_2 liefert die Ladung einer Keilplatte[14]

$$4\pi Q = \frac{\varphi_2 - \varphi_1}{\alpha_0} \ln \frac{R_2}{R_1} \tag{7.168}$$

Damit ergibt sich für die Kapazität des Keilplattenkondensators mit den geometrischen Abmessungen R_1 und R_2 (vgl. Abb. 7.15)

$$C = \frac{Q}{U} = \frac{\ln \dfrac{R_2}{R_1}}{4\pi\alpha_0} \tag{7.169}$$

14) Die Ladung ist wieder auf die Einheitslänge in Richtung der z-Achse der zugehörigen dreidimensionalen Leiteranordnung bezogen.

Je enger die Platten zusammengerückt werden, desto größer wird die Kapazität des Keilplattenkondensators. Dieser Effekt kann sowohl durch eine Verringerung des Öffnungswinkels als auch durch eine Reduktion des Abstands R_1 der Platten vom Ursprung erreicht werden.

7.5 Dielektrika

7.5.1 Das Potential

Neben der leitenden Materie spielen dielektrische Materialien eine wesentliche Rolle in der Elektrodynamik. Im Gegensatz zu den (i. a. metallischen) Leitern besitzen Dielektrika keine oder nur eine unwesentlich kleine Anzahl von frei beweglichen Ladungsträgern. Sie sind also in dieser Hinsicht Isolatoren. Aber die Atome des Dielektrikums können trotzdem auf ein durch externe Ladungen erzeugtes elektrisches Feld reagieren. Durch ein elektrisches Feld wird nämlich der Schwerpunkt der negativen Ladungen, hauptsächlich der Valenzelektronen, gegenüber dem Schwerpunkt der positiven Ladungen des Atomrumpfs verschoben und es entstehen mikroskopische Dipolmomente. Dies ist vom Standpunkt einer klassischen Theorie das einfachstmögliche Modell eines Dielektrikums.

Im Prinzip genügt uns diese Information, um das skalare Potential bei Anwesenheit von Materie zu bestimmen. Das Potential ist dann eine Superposition der Potentiale möglicher externer Ladungen und der Potentiale der einzelnen Atome oder Moleküle des Dielektrikums:

$$\varphi(\boldsymbol{x}) = \varphi_{\text{ext}}(\boldsymbol{x}) + \sum_{I=1}^{N} \varphi_I(\boldsymbol{x}) \tag{7.170}$$

Dabei läuft I über alle Atome des Dielektrikums. Das I-te Atom wird jetzt durch einen kleinen Dipol mit dem Moment $\boldsymbol{p}_I$ an der Stelle $\boldsymbol{x}_I$ modelliert, d. h. wir können das zugehörige Potential in der Form

$$\varphi_I(\boldsymbol{x}) = \frac{\boldsymbol{p}_I\,(\boldsymbol{x} - \boldsymbol{x}_I)}{|\boldsymbol{x} - \boldsymbol{x}_I|^3} \tag{7.171}$$

schreiben. Der Gesamtbeitrag der Materie zum skalaren Potential wird mithilfe der δ-Funktion in Integralform gebracht:

$$\varphi_{\text{mat}}(\boldsymbol{x}) = \sum_{I=1}^{N} \frac{\boldsymbol{p}_I\,(\boldsymbol{x} - \boldsymbol{x}_I)}{|\boldsymbol{x} - \boldsymbol{x}_I|^3} = \int d^3x' \sum_{I=1}^{N} \boldsymbol{p}_I\,\delta(\boldsymbol{x}' - \boldsymbol{x}_I)\,\frac{\boldsymbol{x} - \boldsymbol{x}'}{|\boldsymbol{x} - \boldsymbol{x}'|^3} \tag{7.172}$$

Wir führen jetzt die Dipoldichte ein:

$$P(x') = \sum_{I=1}^{N} p_I \, \delta(x' - x_I) \tag{7.173}$$

Diese Größe wird gewöhnlich auch als Polarisation bezeichnet. Damit erhalten wir für das durch die Materie erzeugte Potential

$$\varphi_{\text{mat}}(x) = \int d^3x' P(x') \frac{x - x'}{|x - x'|^3} = \int d^3x' P(x') \nabla_{x'} \frac{1}{|x - x'|} \tag{7.174}$$

Die Polarisation ist ein vektorielles Dichtefeld, da sie sowohl die Stärke als auch die Richtung der atomaren Dipolmomente pro Volumen berücksichtigt. Beachtet man jetzt noch die Vektordifferentialrelation (B.9), also $\operatorname{div} \alpha b = \alpha \operatorname{div} b + b \nabla \alpha$, dann gilt mit $b = P(x')$ und $\alpha = |x - x'|^{-1}$

$$\varphi_{\text{mat}}(x) = \int d^3x' \operatorname{div}_{x'} \left[P(x') \frac{1}{|x - x'|} \right] - \int d^3x' \frac{\operatorname{div}_{x'} P(x')}{|x - x'|} \tag{7.175}$$

Das erste Integral lässt sich in ein Oberflächenintegral umwandeln. Da wir über den ganzen Raum integrieren, liegt die Oberfläche im Unendlichen, wo keine Materie mehr auftritt. Daher verschwindet dieses Integral:

$$\int d^3x' \operatorname{div} \left[P(x') \frac{1}{|x - x'|} \right] = \oint \frac{P(x')}{|x - x'|} df' \to 0 \tag{7.176}$$

Setzen wir den verbleibenden Ausdruck für das durch die Materie generierte elektrische Potential (7.174) wieder in das Gesamtpotential ein, dann erhalten wir die beiden gebräuchlichen Formeln

$$\varphi(x) = \varphi_{\text{ext}}(x) + \int d^3x' P(x') \nabla_{x'} \frac{1}{|x - x'|} \tag{7.177}$$

oder

$$\varphi(x) = \varphi_{\text{ext}}(x) - \int d^3x' \frac{\operatorname{div}_{x'} P(x')}{|x - x'|} \tag{7.178}$$

Aus der letzten Gleichung ist ersichtlich, dass die negative Divergenz der Polarisation dimensionsmäßig einer Ladungsdichte gleichgestellt ist. Wir führen deshalb die Polarisationsladungsdichte

$$\rho_P(x) = -\operatorname{div} P(x) \tag{7.179}$$

ein, die zur Charakterisierung der effektiven Wirkung polarisierbarer Materie benutzt werden kann.

7.5.2 Das Verschiebungsfeld

Wir können jetzt aus dem Gesamtpotential das elektrische Feld und anschließend seine Divergenz bestimmen. Mit $\boldsymbol{E} = -\nabla\varphi$ (und damit $\operatorname{div}\boldsymbol{E} = -\Delta\varphi$) erhalten wir wegen $\Delta\left|\boldsymbol{x}-\boldsymbol{x}'\right|^{-1} = -4\pi\,\delta(\boldsymbol{x}-\boldsymbol{x}')$ die Feldgleichung

$$\operatorname{div}\boldsymbol{E}(\boldsymbol{x}) = \operatorname{div}\boldsymbol{E}_{\text{ext}}(\boldsymbol{x}) - 4\pi\operatorname{div}\boldsymbol{P}(\boldsymbol{x}) = 4\pi\left[\rho(\boldsymbol{x})_{\text{ext}} - \operatorname{div}\boldsymbol{P}(\boldsymbol{x})\right] \qquad (7.180)$$

Das Gesamtfeld $\boldsymbol{E}$ entsteht also als Folge externer Ladungen und der Polarisation der Materie. Wir können diese Feldgleichung aber auch in der Form

$$\operatorname{div}(\boldsymbol{E} + 4\pi\boldsymbol{P}) = 4\pi\rho_{\text{ext}} \qquad (7.181)$$

schreiben. In dieser Darstellung treten nur noch die externen Ladungen als Quelle auf. Diese Darstellung ist insofern günstiger, weil die Polarisation gewöhnlich erst als Konsequenz der externen Ladungen bzw. der durch sie erzeugten elektrischen Felder und nicht spontan auftritt. In diesem Sinne ist es naheliegend, als ein neues Feld die *dielektrische Verschiebung*

$$\boldsymbol{D} = \boldsymbol{E} + 4\pi\boldsymbol{P} \qquad (7.182)$$

einzuführen. Dann haben die Feldgleichungen bei Anwesenheit von dielektrischer Materie die Form

$$\operatorname{div}\boldsymbol{D} = 4\pi\rho_{\text{ext}} \qquad \text{und} \qquad \operatorname{rot}\boldsymbol{E} = 0 \qquad (7.183)$$

Elektrisches Feld und dielektrische Verschiebung sind aber nicht unabhängig. Sie sind über die Polarisation miteinander verbunden. Da die Polarisation $\boldsymbol{P}$ erst durch die Anwesenheit eines elektrischen Felds entsteht, muss es also einen funktionalen Zusammenhang $\boldsymbol{P} = \boldsymbol{P}(\boldsymbol{E})$ geben. Diese Beziehung ist materialspezifisch und wird deshalb auch als *Materialgleichung* oder *konstitutive Gleichung* bezeichnet.

Der genaue Zusammenhang lässt sich im Rahmen einer klassischen Theorie nicht bestimmen. Dazu benötigt man quantenmechanische und thermodynamische Überlegungen. Wir werden zwar etwas später einige Modelle untersuchen, die auf einer klassischen Beschreibung beruhen, sie können aber den Gesamtzusammenhang zwischen Polarisation und elektrischem Feld nur näherungsweise erfassen.

7.5.3 Materialgleichungen

Im Rahmen eines phänomenologischen Konzepts kann man für die Polarisation zumindest bei kleinen Feldstärken eine Reihenentwicklung der Form

$$P_\alpha = P_\alpha(0) + \chi^{(1)}_{\alpha\beta}E^\beta + \chi^{(2)}_{\alpha\beta\gamma}E^\beta E^\gamma + \chi^{(3)}_{\alpha\beta\gamma\delta}E^\beta E^\gamma E^\delta + \cdots \qquad (7.184)$$

ansetzen. Das erste Glied dieser Reihe verschwindet in den meisten Fällen, da eine spontane Polarisation gewöhnlich nicht vorkommt. Es gibt zwar eine Reihe von Kristallen, in denen eine gewisse spontane Polarisation beobachtbar ist. Allerdings ist die Stärke von $P_\alpha(0)$ in solchen als pyroelektrisch bezeichneten Medien äußerst gering, sodass dieser Beitrag meistens vernachlässigt werden kann.

Die Koeffizienten $\chi^{(1)}_{\alpha\beta}, \chi^{(2)}_{\alpha\beta\gamma}, \ldots$ der weiteren Glieder werden als *Suszeptibilitätskoeffizienten* erster, zweiter, ... Ordnung bezeichnet. Sie repräsentieren Materialeigenschaften und können entweder experimentell ermittelt oder durch quantenmechanische und quantenstatistische Theorien berechnet werden. Wir werden uns in diesem Lehrbuch auf das lineare Materialgesetz

$$P_\alpha = \chi^{(1)}_{\alpha\beta} E^\beta = \chi_{\alpha\beta} E^\beta \tag{7.185}$$

beschränken. Die hier auftretende Suszeptibilität $\chi_{\alpha\beta}$ ist ein symmetrischer Tensor zweiter Stufe[15], sodass die Relation auch kompakt als

$$\boldsymbol{P} = \underline{\underline{\chi}}^{\mathrm{el}} \boldsymbol{E} \tag{7.186}$$

geschrieben werden kann. Da wir später noch andere Suszeptibilitäten einführen werden, wird die dielektrische Suszeptibilität ab jetzt mit χ^{el} bezeichnet. Damit ist die dielektrische Verschiebung eine lineare Funktion der elektrischen Feldstärke

$$\boldsymbol{D} = \left(\boldsymbol{1} + 4\pi \underline{\underline{\chi}}^{\mathrm{el}}\right) \boldsymbol{E} = \underline{\underline{\varepsilon}} \boldsymbol{E} \tag{7.187}$$

wobei wir als weitere neue Größe den dielektrischen Permeabilitätstensor

$$\varepsilon_{\alpha\beta} = \delta_{\alpha\beta} + 4\pi \chi^{\mathrm{el}}_{\alpha\beta} \tag{7.188}$$

eingeführt haben. In isotropen Materialien vereinfacht sich diese Beziehung noch einmal. Da hier keine Richtung im Material ausgezeichnet ist, entartet der Tensor der Suszeptibilität zu einer Einheitsmatrix mit einem materialabhängigen Vorfaktor, der isotropen Suszeptibilität χ^{el}. Dann ist $\boldsymbol{P} = \chi^{\mathrm{el}} \boldsymbol{E}$ und wir erhalten schließlich $\boldsymbol{D} = \varepsilon \, \boldsymbol{E}$ mit der dielektrischen Permeabilität[16]

$$\varepsilon = 1 + 4\pi \chi^{\mathrm{el}} \tag{7.189}$$

Wir werden in Band V dieser Lehrbuchreihe zeigen, dass die dielektrische Suszeptibilität χ^{el} für alle Materialien eine positive Größe sein muss. Deshalb ist auch stets $\varepsilon > 1$. Die Beziehung zwischen dielektrischer Verschiebung und elektrischem Feld wird als Materialgleichung bezeichnet. Sie ist notwendig

15) Wir werden in Band V dieser Lehrbuchreihe zeigen, dass die Symmetrie eine notwendige Konsequenz thermodynamischer Gesetze ist.

16) ε wird auch einfach als Dielektrizitätskonstante bezeichnet um die erweiterten Feldgleichungen (7.183) unter Beachtung entsprechender Randbedingungen eindeutig lösen zu können.

7.5.4 Stetigkeitsbedingungen an Grenzflächen

7.5.4.1 Verhalten der Normalkomponente

Treffen zwei verschiedene Dielektrika an einer Grenzfläche zusammen, dann ändern sich elektrisches Feld und dielektrische Verschiebung beim Durchgang durch diese Grenzfläche. Wir gehen hier ähnlich vor wie in Abschnitt 6.3.4 bei der Untersuchung des elektrischen Felds beim Durchgang durch eine geladene Fläche. Zuerst legen wir wieder wie in Abb. 6.4 einen infinitesimalen Zylinder in die Grenzfläche, sodass die Grundfläche im Material 1 und die Deckfläche in Material 2 ist. Der Zylinder schneidet aus der Grenzfläche die Fläche F aus. Wir gehen dann von der Gleichung $\operatorname{div} \boldsymbol{D} = 4\pi\rho_{\text{ext}}$ aus und bestimmen das Volumenintegral

$$\int\limits_{\text{Zylinder}} \operatorname{div} \boldsymbol{D}\, d^3x = \oint\limits_{\text{Zylinder}} \boldsymbol{D}\, d\boldsymbol{f} = 4\pi \int\limits_{\text{Zylinder}} \rho_{\text{ext}}\, d^3x \tag{7.190}$$

Befinden sich auf der Grenzfläche Flächenladungen, dann erhalten wir

$$\int\limits_{\text{Zylinder}} \rho_{\text{ext}}\, d^3x = \int\limits_{F} \sigma_{\text{ext}}\, df \tag{7.191}$$

Das Integral über die geschlossene Oberfläche des Zylinders zerfällt in drei Anteile:

$$\oint\limits_{\text{Zylinder}} \boldsymbol{D}\, d\boldsymbol{f} = \int\limits_{\text{Grundfl.}} \boldsymbol{D}\, d\boldsymbol{f} + \int\limits_{\text{Deckfl.}} \boldsymbol{D}\, d\boldsymbol{f} + \int\limits_{\text{Mantel}} \boldsymbol{D}\, d\boldsymbol{f} \tag{7.192}$$

Der Beitrag des Zylindermantels ist wieder infinitesimal klein und kann deshalb vernachlässigt werden. Die Beiträge der Grund- und Deckfläche ergeben bei Beachtung der Orientierung der Grenzfläche[17]

$$\int\limits_{\text{Grundfl.}} \boldsymbol{D}\, d\boldsymbol{f} + \int\limits_{\text{Deckfl.}} \boldsymbol{D}\, d\boldsymbol{f} = \int_F D_{\text{n},2}\, df - \int_F D_{\text{n},1}\, df \tag{7.193}$$

Da die ausgeschnittene Fläche F beliebig ist, erhalten wir aus (7.190), (7.191) und (7.193) die notwendige Forderung

$$D_{\text{n},2} - D_{\text{n},1} = 4\pi\sigma_{\text{ext}} \tag{7.194}$$

17) Der Normalenvektor der Grenzfläche zeigt von Material 1 in das Material 2.

Die Normalkomponente der dielektrischen Verschiebung erfährt also beim Durchgang durch die Grenzfläche einen Sprung der Größe $4\pi\sigma_{\text{ext}}$. Treten keine Flächenladungen in der Grenzfläche auf, dann ist die Normalkomponente der dielektrischen Verschiebung stetig, aber die Normalkomponente des elektrischen Felds erleidet eine Sprung. Speziell in einem isotropen Medium gilt beim Fehlen von Flächenladungen

$$\sigma_{\text{ext}} = 0 \qquad \rightarrow \qquad D_{\text{n},1} = D_{\text{n},2} \qquad \text{und} \qquad \varepsilon_1 E_{\text{n},1} = \varepsilon_2 E_{\text{n},2} \tag{7.195}$$

7.5.4.2 **Verhalten der Tangentialkomponenten**

Um das Verhalten der Tangentialkomponenten zu untersuchen, folgen wir dem bereits in Kapitel 6.3.4 beschriebenen Weg und verbinden zwei direkt ober- bzw. unterhalb der Grenzfläche parallel zueinander verlaufende Kurven zu einem geschlossenen Kurvenzug (Abb. 6.5 auf S. 151). Unter Verwendung von $\operatorname{rot} \boldsymbol{E} = 0$ bestimmen wir dann folgendes Integral entlang der geschlossenen Kurve

$$\oint \boldsymbol{E}\, d\boldsymbol{x} = \int \operatorname{rot} \boldsymbol{E}\, d\boldsymbol{f} = 0 \tag{7.196}$$

Das Integral zerfällt in drei Beiträge:

$$\oint \boldsymbol{E}\, d\boldsymbol{x} = \int_{l_1} \boldsymbol{E}\, d\boldsymbol{x} + \int_{l_2} \boldsymbol{E}\, d\boldsymbol{x} + \int_{\text{Rest}} \boldsymbol{E}\, d\boldsymbol{x} \tag{7.197}$$

Der Restanteil stammt von den beiden kurzen Kurvenstücken, die die Grenzfläche durchstoßen. Dieser Beitrag ist infinitesimal klein und kann daher wieder vernachlässigt werden. Die ersten beiden Beiträge liefern analog wie im Fall geladener Flächen

$$\int_{l_1} [\boldsymbol{E}_1 - \boldsymbol{E}_2]\, d\boldsymbol{x} = 0 \tag{7.198}$$

Da $d\boldsymbol{x}$ parallel zur Grenzfläche liegt und die Integralrelation für alle Kurvenzüge $\boldsymbol{l}$ entlang der Grenzfläche gelten soll, folgt unmittelbar:

$$\boldsymbol{E}_{\text{t},1} = \boldsymbol{E}_{\text{t},2} \tag{7.199}$$

Die Tangentialkomponenten der elektrischen Feldstärke bleiben beim Durchgang durch eine dielektrische Grenzfläche stetig. Dementsprechend weist die dielektrische Verschiebung einen Sprung auf. So gilt insbesondere in einem isotropen Medium

$$\frac{\boldsymbol{D}_{\text{t},1}}{\varepsilon_1} = \frac{\boldsymbol{D}_{\text{t},2}}{\varepsilon_2} \tag{7.200}$$

Die Stetigkeitsbedingungen (7.195), (7.199) und (7.200) werden bei der Berechnung elektrostatischer Felder in zusammengesetzten Materialien benötigt.

7.5.5 Beispiele

7.5.5.1 Punktladung vor einem dielektrischen Halbraum

Potential und Feld

Wir wollen das elektrische Feld einer Ladung q betrachten, die sich im Abstand d vor einer ebenen Grenzfläche zwischen zwei verschiedenen dielektrisch isotropen Materialien befindet. Entsprechend Abb. 7.16 legen wir die Grenzfläche in den Ursprung des Koordinatensystems senkrecht zur z-Achse. Der Halbraum $z > 0$ wird mit G_1 bezeichnet und ist mit einem Material der Dielektrizitätskonstante ε_1 ausgefüllt. Der Halbraum G_2 mit $z < 0$ wird vollständig von einem Material der Dielektrizitätskonstante ε_2 eingenommen.

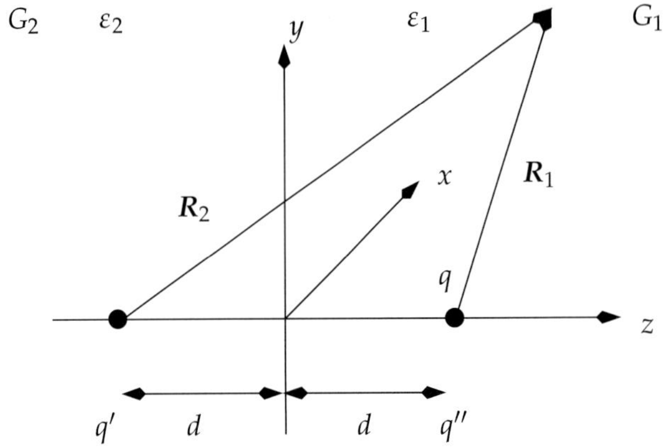

Abb. 7.16 Punktladung q vor einem dielektrischem Halbraum

Wegen der Symmetrie der Anordnung kann man auch hier mit der Spiegelladungsmethode (Abschnitt 7.3.2) arbeiten. Dabei sind die virtuellen Ladungen so zu positionieren, dass an der Grenzfläche die Übergangsbedingungen (7.195), (7.199) und (7.200) für das elektrische Feld und die dielektrische Verschiebung erfüllt werden.

Wir orientieren die Grenzfläche so, dass ihre Normale von Material 2 in das Material 1 zeigt und legen die Ladung selbst auf die z-Achse. Die Grenzfläche soll keine Ladungen enthalten. Dann kann man an der Position $-d\boldsymbol{e}_z$ eine Bildladung q' anbringen, die zusammen mit der Ladung q das elektrische Feld im Halbraum G_1 erzeugt. Außerdem erweist es sich als notwendig, eine zweite virtuelle Ladung q'' einführen, die sich an der Stelle $d\boldsymbol{e}_z$ befindet und das elektrische Feld in G_2 erzeugt.

Die Ladungen müssen so festgelegt werden, dass neben den Stetigkeitsbedingungen an der Grenzfläche auch die Feldgleichungen (7.183) im ganzen Raum korrekt erfüllt sind.

Wegen der inhomogenen Feldgleichung

$$\operatorname{div} \boldsymbol{D} = 4\pi q\, \delta(\boldsymbol{x} - \boldsymbol{x}_0) \tag{7.201}$$

der Materialgleichung $\boldsymbol{D} = \varepsilon \boldsymbol{E}$ und $\boldsymbol{E} = -\nabla \varphi$ ist das skalare Potential einer Punktladung an der Position $\boldsymbol{x}_0$ im homogenen Medium der Dielektrizitätskonstante ε

$$\varphi = \frac{q/\varepsilon}{|\boldsymbol{x} - \boldsymbol{x}_0|} \tag{7.202}$$

d. h. die Ladung wird gegenüber dem Vakuum einfach mit dem Faktor ε^{-1} skaliert.

Der Sinn der Spiegelladungen besteht darin, die Änderung des Felds an der Grenzfläche zu modellieren. Das Potential im Gebiet G_1 ist dann durch

$$\varphi_1 = \frac{1}{\varepsilon_1}\left[\frac{q}{|\boldsymbol{x} - d\boldsymbol{e}_z|} + \frac{q'}{|\boldsymbol{x} + d\boldsymbol{e}_z|}\right] \tag{7.203}$$

gegeben, während in G_2 das Potential

$$\varphi_2 = \frac{1}{\varepsilon_2}\frac{q''}{|\boldsymbol{x} - d\boldsymbol{e}_z|} \tag{7.204}$$

vorliegt. Damit ist die Normalkomponente des elektrischen Felds an der Grenzfläche in G_1

$$E_{1,\mathrm{n}} = -\left[\frac{\partial \varphi_1}{\partial z}\right]_{z=0} = \frac{1}{\varepsilon_1}\left[-\frac{qd}{[x^2+y^2+d^2]^{3/2}} + \frac{q'd}{[x^2+y^2+d^2]^{3/2}}\right] \tag{7.205}$$

und an der Grenzfläche in G_2

$$E_{2,\mathrm{n}} = -\left[\frac{\partial \varphi_2}{\partial z}\right]_{z=0} = -\frac{1}{\varepsilon_2}\frac{q''d}{[x^2+y^2+d^2]^{3/2}} \tag{7.206}$$

Es ist unmittelbar zu sehen, dass die Stetigkeitsbedingung $\varepsilon_1 E_{\mathrm{n},1} = \varepsilon_2 E_{\mathrm{n},2}$ für alle Punkte der Grenzfläche erfüllt ist, wenn

$$q'' = q - q' \tag{7.207}$$

gesetzt wird. Die Tangentialkomponente des elektrischen Felds an der Grenzfläche in x-Richtung ist in G_1

$$E_{1,x} = -\left[\frac{\partial \varphi_1}{\partial x}\right]_{z=0} = \frac{1}{\varepsilon_1}\left[\frac{qx}{[x^2+y^2+d^2]^{3/2}} + \frac{q'x}{[x^2+y^2+d^2]^{3/2}}\right] \tag{7.208}$$

und in G_2

$$E_{2,x} = -\left[\frac{\partial \varphi_2}{\partial x}\right]_{z=0} = \frac{1}{\varepsilon_2}\frac{q''x}{[x^2+y^2+d^2]^{3/2}} \tag{7.209}$$

Die Stetigkeitsbedingung $E_{t,1} = E_{t,2}$ führt jetzt auf

$$\frac{q+q'}{\varepsilon_1} = \frac{q''}{\varepsilon_2} \tag{7.210}$$

Dieselbe Relation entsteht natürlich auch bei dem Vergleich der y-Komponenten des elektrischen Felds. Damit besitzen wir zwei Gleichungen zur Bestimmung der unbekannten Ladungen q' und q''. Man erhält aus (7.207) und (7.210) die Lösung

$$q' = q\frac{\varepsilon_1 - \varepsilon_2}{\varepsilon_1 + \varepsilon_2} \qquad \text{und} \qquad q'' = q\frac{2\varepsilon_2}{\varepsilon_1 + \varepsilon_2} \tag{7.211}$$

und damit die Potentiale

$$\varphi_1 = \frac{q}{\varepsilon_1\left(\varepsilon_1 + \varepsilon_2\right)}\left[\frac{\varepsilon_1 + \varepsilon_2}{|\boldsymbol{x} - d\boldsymbol{e}_z|} + \frac{\varepsilon_1 - \varepsilon_2}{|\boldsymbol{x} + d\boldsymbol{e}_z|}\right] \tag{7.212}$$

im Dielektrikum 1 und

$$\varphi_2 = \frac{2q}{\varepsilon_2 + \varepsilon_1}\frac{1}{|\boldsymbol{x} - d\boldsymbol{e}_z|} \tag{7.213}$$

im Material 2. Das elektrische Feld erhalten wir durch Gradientenbildung aus den Potentialen. Der Verlauf der Feldlinien des elektrischen Felds ist qualitativ in Abb. 7.17 dargestellt. Die Abweichung der Feldlinien vom strahlenförmigen Verlauf ist eine Konsequenz der in den Materialien verteilten und durch das elektrische Feld der externen Ladung q induzierten Dipole. Die Dichte dieser Dipole, also die Polarisation, hat aber in den beiden Materialien unterschiedliche Werte.

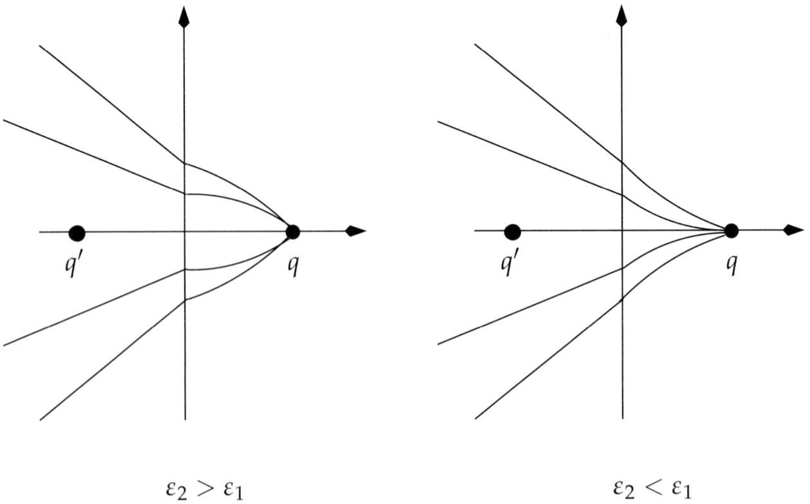

Abb. 7.17 Punktladung q in einem dielektrischem Medium in der Nähe der Grenzfläche zu einem zweiten Medium. Feldlinienbild für die beiden Fälle: $\varepsilon_2 > \varepsilon_1$ und $\varepsilon_2 < \varepsilon_1$

Die Bildladung q' hat für $\varepsilon_1 > \varepsilon_2$ dasselbe Vorzeichen wie die Ladung q, sonst das entgegengesetzte Vorzeichen. Dementsprechend verhalten sich die Feldlinien im Gebiet G_1 in den beiden Fällen wie zwischen Ladungen gleichen und entgegengesetzten Vorzeichens. Haben beide Materialien die gleiche Dielektrizitätskonstante, dann entsteht wieder ein zentralsymmetrisches elektrisches Feld.

Kraft auf die Punktladung

Der asymmetrische Verlauf der Feldlinien lässt vermuten, dass auf die externe Ladung eine Kraft ausgeübt wird. Rein qualitativ gesehen kann man argumentieren, dass die Ursache für die resultierende Kraft die unterschiedliche Polarisation in den beiden Materialien ist.

Um diese Kraft zu bestimmen, geht man folgendermaßen vor: Für das Feldlinienbild im rechten Halbraum tragen nur die Ladungen q und q' bei. Deshalb dürfen nur diese beiden Ladungen bei der Kraftberechnung auf die Ladung q berücksichtigt werden. Dabei übt entsprechend dem Coulomb-Gesetz die Ladung q' auf die Ladung q die Kraft

$$\boldsymbol{F} = \frac{qq'}{\varepsilon_1}(2d)^2 \boldsymbol{e}_z = \frac{\varepsilon_1 - \varepsilon_2}{\varepsilon_1(\varepsilon_1 + \varepsilon_2)} \frac{q^2}{4d^2} \boldsymbol{e}_z \tag{7.214}$$

aus. Dieses Vorgehen entspricht dem Fernfeldkonzept. Vom feldtheoretischen Standpunkt aus können wir die Kraft über das lokale elektrische Feld bestimmen, das die Spiegelladung als Repräsentant der induzierten Polarisation auf die Ladung q ausübt. Das elektrische Feld und die zugehörige dielektrische Verschiebung der Spiegelladung q' an der Position der Ladung q sind gegeben durch

$$\boldsymbol{E} = \frac{\boldsymbol{D}}{\varepsilon_1} = -\frac{1}{\varepsilon_1} \nabla \left. \frac{q'}{|\boldsymbol{x} + d\boldsymbol{e}_z|} \right|_{\boldsymbol{x}=(0,0,d)} = \frac{q'}{\varepsilon_1 \, (2\,d)^2} \boldsymbol{e}_z \tag{7.215}$$

Damit ist die Kraft auf die Ladung q gerade

$$\boldsymbol{F} = q\boldsymbol{E} = \frac{q\,q'}{\varepsilon_1 \, (2\,d)^2} \boldsymbol{e}_z = -\frac{\varepsilon_2 - \varepsilon_1}{\varepsilon_1 \, (\varepsilon_2 + \varepsilon_1)} \frac{q^2}{4d^2} \boldsymbol{e}_z \tag{7.216}$$

Die Kraft ist für $\varepsilon_2 > \varepsilon_1$ anziehend, sonst abstoßend.

Oberflächenladungen an der Grenzfläche

Die Spiegelladungen sind natürlich nur virtuelle Objekte. Tatsächlich ist die Deformation der Feldlinien und der Äquipotentialflächen eine Folge der Polarisation $\boldsymbol{P}$. Die Dichte der Polarisationsladungen war definiert als

$$\rho_{\mathrm{P}} = -\mathrm{div}\,\boldsymbol{P} \tag{7.217}$$

Da in beiden Materialien $\boldsymbol{D} \sim \boldsymbol{E}$ gilt, folgt wegen (7.182) auch $\boldsymbol{P} \sim \boldsymbol{D}$. Andererseits sind beide Dielektrika (bis auf die Position der Ladung q) frei von externen Ladungen. Daher gilt mit Ausnahme dieses Punkts überall im Raum $\rho_{\text{ext}} = 0$ und deshalb wegen (7.183)

$$\rho_{\text{P}} \sim \operatorname{div} \boldsymbol{D} = 0 \tag{7.218}$$

Demnach gibt es im Inneren der beiden Medien auch keine Polarisationsladung. Allerdings erfährt das elektrisches Feld an der Grenzfläche beider Medien einen Sprung. Hier kann $\rho_{\text{P}} = -\operatorname{div} \boldsymbol{P} \sim \operatorname{div} \boldsymbol{E}$ divergieren. Deshalb kann sich an der Grenzfläche beider Dielektrika eine Flächenpolarisationsladungsdichte σ_{P} etablieren.

Um σ_{P} zu bestimmen, legen wir wieder ein infinitesimal hohes Zylindervolumen so in die Grenzfläche, dass die Grundfläche in Material 1 und die Deckfläche in Material 2 liegt und der Zylinder aus der Grenze die Fläche F ausschneidet. Da keine externen Ladungen vorliegen, ist das elektrische Feld durch Gleichung (7.180)

$$4\pi\rho_{\text{P}} = \operatorname{div} \boldsymbol{E} \tag{7.219}$$

mit der Polarisationsladungsdichte verbunden. Integrieren wir diese Gleichung über das Gebiet G, dann liefert die gleiche Vorgehensweise wie in Abschnitt 7.5.4.1

$$E_{1,\text{n}} - E_{2,\text{n}} = 4\pi\,\sigma_{\text{P}} \tag{7.220}$$

Die Flächenpolarisationsladungsdichte σ_{P} und die Polarisationsladungsdichte ρ_{P} hängen über die Beziehung

$$\int\limits_{\text{Zylinder}} \rho_{\text{P}}\, d^3x = \int\limits_{F} \sigma_{\text{P}}\, df \tag{7.221}$$

zusammen. Wegen der Stetigkeit der Normalkomponente der dielektrischen Verschiebung ist dann:

$$E_{2,\text{n}} = \frac{\varepsilon_1}{\varepsilon_2} E_{1,\text{n}} \tag{7.222}$$

und deshalb

$$E_{1,\text{n}} \left(1 - \frac{\varepsilon_1}{\varepsilon_2}\right) = 4\,\pi\sigma_{\text{P}} \tag{7.223}$$

Die Normalkomponente des elektrischen Felds lässt sich aus dem Potential bestimmen. Mit (7.212) folgt

$$\begin{aligned}
4\,\pi\sigma_P &= -\frac{\varepsilon_2-\varepsilon_1}{\varepsilon_2}\frac{\partial\varphi_1}{\partial z}\bigg|_{z=0} \\
&= \frac{\varepsilon_2-\varepsilon_1}{\varepsilon_1\varepsilon_2}\left(\frac{-d\,q}{\sqrt{d^2+y^2+x^2}^3}+\frac{d\,q'}{\sqrt{d^2+y^2+x^2}^3}\right) \\
&= \frac{\varepsilon_2-\varepsilon_1}{\varepsilon_1\varepsilon_2}\frac{d}{\sqrt{d^2+y^2+x^2}^3}\underbrace{(q'-q)}_{-q''} \\
&= -\frac{\varepsilon_2-\varepsilon_1}{\varepsilon_2\varepsilon_1}\frac{dq}{\sqrt{d^2+y^2+x^2}^3}\frac{2\varepsilon_2}{\varepsilon_1+\varepsilon_2}
\end{aligned} \tag{7.224}$$

Für den letzten Schritt haben wir (7.211) benutzt. Damit erhalten wir abschließend die Polarisationsladungsdichte

$$\sigma_P = \frac{1}{2\pi\varepsilon_1}\frac{\varepsilon_1-\varepsilon_2}{\varepsilon_2+\varepsilon_1}\frac{qd}{\sqrt{d^2+y^2+x^2}^3} \tag{7.225}$$

Die Polarisatonsladungsdichte hat für $\varepsilon_2 > \varepsilon_1$ das entgegengesetzte Vorzeichen von q, für $\varepsilon_2 < \varepsilon_1$ dagegen dasselbe Vorzeichen.

7.5.5.2 **Homogen polarisierte Kugel**

Wir wollen nun das elektrische Feld einer homogen polarisierten Kugel vom Radius R untersuchen. Dazu legen wir den Ursprung unseres Koordinatensystems in das Zentrum dieser Kugel, in deren Innerem die konstante Polarisation $\boldsymbol{P}$ besteht. Dann erhalten wir mit (7.177) für das Potential der Kugel

$$\varphi(\boldsymbol{x})_{\text{mat}} = \int\limits_{\text{Kugel}} d^3x'\boldsymbol{P}\nabla_{x'}\frac{1}{|\boldsymbol{x}-\boldsymbol{x}'|} = \boldsymbol{P}\int\limits_{\text{Kugel}} d^3x'\nabla_{x'}\frac{1}{|\boldsymbol{x}-\boldsymbol{x}'|} \tag{7.226}$$

oder

$$\varphi(\boldsymbol{x})_{\text{mat}} = -\boldsymbol{P}\int\limits_{\text{Kugel}} d^3x'\nabla_x\frac{1}{|\boldsymbol{x}-\boldsymbol{x}'|} = -\boldsymbol{P}\nabla_x\int\limits_{\text{Kugel}} d^3x'\frac{1}{|\boldsymbol{x}-\boldsymbol{x}'|} \tag{7.227}$$

Das Potential φ_{mat} in (7.227) wird ausschließlich durch das polarisierte dielektrische Material der Kugel erzeugt. Dabei ist nicht berücksichtigt, dass die Polarisation selbst gewöhnlich erst durch ein äußeres Feld erzeugt wird. Wie dieses externe Feld strukturiert sein muss, damit die Kugel wirklich homogen polarisiert ist, werden wir im Folgenden noch untersuchen müssen.

Das Integral (7.227) selbst ist aus Abschnitt 6.3.3 bekannt. Es entspricht dem Potential einer homogen geladenen Kugel mit der Ladungsdichte $\rho = 1$ und damit der Ladung $Q = 4\pi R^3/3$. Deshalb gilt für $|\boldsymbol{x}| > R$ (vgl. 6.85)

$$\int\limits_{\text{Kugel}} d^3x'\frac{1}{|\boldsymbol{x}-\boldsymbol{x}'|} = \frac{4\pi R^3}{3\,|\boldsymbol{x}|} \tag{7.228}$$

und für $|\boldsymbol{x}| < R$ (vgl. 6.87)

$$\int\limits_{\text{Kugel}} d^3x' \frac{1}{|\boldsymbol{x}-\boldsymbol{x}'|} = 2\pi\left(R^2 - \frac{1}{3}|\boldsymbol{x}|^2\right) \tag{7.229}$$

Wegen (7.227) ist das von der homogen polarisierten Kugel erzeugte Potential im Außenbereich durch

$$\varphi(\boldsymbol{x})_{\text{mat}} = -\boldsymbol{P}\nabla\left(\frac{4\pi R^3}{3|\boldsymbol{x}|}\right) = \frac{4\pi R^3}{3}\frac{\boldsymbol{P}\boldsymbol{x}}{|\boldsymbol{x}|^3} \tag{7.230}$$

gegeben, während im Inneren der Kugel

$$\varphi(\boldsymbol{x})_{\text{mat}} = -2\pi\boldsymbol{P}\nabla\left(R^2 - \frac{1}{3}|\boldsymbol{x}|^2\right) = \frac{4\pi}{3}\boldsymbol{P}\boldsymbol{x} \tag{7.231}$$

gilt. Das diesem Potential entsprechende elektrische Feld ist dann außerhalb der Kugel durch

$$\boldsymbol{E}_{\text{mat}} = -\nabla\varphi(\boldsymbol{x})_{\text{mat}} = -\frac{4\pi R^3}{3|\boldsymbol{x}|^3}\left[\boldsymbol{P} - 3\frac{(\boldsymbol{P}\boldsymbol{x})\,\boldsymbol{x}}{|\boldsymbol{x}|^2}\right] \tag{7.232}$$

und im Inneren durch

$$\boldsymbol{E}_{\text{mat}} = -\frac{4\pi}{3}\boldsymbol{P} \tag{7.233}$$

gegeben. Wir finden also, dass das von der homogen polarisierten Kugel erzeugte Feld demnach im Kugelinneren ebenfalls homogen, aber antiparallel zur Polarisation ausgerichtet ist.

Wie wir bereits angemerkt hatten, entsteht das elektrische Feld $\boldsymbol{E}_{\text{mat}}$ nicht spontan, sondern unter Wirkung eines externen Felds. Wir wollen jetzt überlegen, wie dieses Feld beschaffen sein muss, damit eine homogene Polarisation der Kugel entsteht. Ohne das externe Feld wäre auch $\boldsymbol{E}_{\text{mat}} = 0$. Wegen der Linearität der Maxwell-Gleichungen und der linearen Approximation der Polarisation überlagern sich das äußere und das von der Polarisation erzeugte Feld. Deshalb ist das an einer beliebigen Stelle auftretende Gesamtfeld dann

$$\boldsymbol{E} = \boldsymbol{E}_{\text{ext}} + \boldsymbol{E}_{\text{mat}} \tag{7.234}$$

Die Polarisation wird ihrerseits von dem jeweils an einer Stelle vorhandenen Gesamtfeld $\boldsymbol{E}$ bestimmt, d. h. jedes Atom reagiert sowohl auf das externe Feld als auch auf die Felder, die von den Atomen in seiner Umgebung als Folge der Polarisation erzeugt werden. Daher ist in einem linearen isotropen Medium $\boldsymbol{P} = \chi^{\text{el}}\boldsymbol{E}$. Im Inneren der Kugel gilt also

$$\boldsymbol{E} = \boldsymbol{E}_{\text{ext}} - \frac{4\pi}{3}\boldsymbol{P} = \boldsymbol{E}_{\text{ext}} - \frac{4\pi}{3}\chi^{\text{el}}\boldsymbol{E} \tag{7.235}$$

oder (mithilfe von (7.189))

$$E = \frac{1}{1 + \frac{4\pi}{3}\chi^{\mathrm{el}}} E_{\mathrm{ext}} = \frac{3}{2+\varepsilon} E_{\mathrm{ext}} \tag{7.236}$$

Die Polarisation ist dementsprechend

$$P = \frac{3\chi^{\mathrm{el}}}{2+\varepsilon} E_{\mathrm{ext}} = \frac{3}{4\pi} \frac{\varepsilon - 1}{2+\varepsilon} E_{\mathrm{ext}} \tag{7.237}$$

Da laut Voraussetzung die Polarisation im Inneren der Kugel homogen sein soll, muss auch das externe elektrische Feld im Inneren der Kugel homogen sein. Weitere Forderungen brauchen wir nicht an dieses Feld stellen. Der Einfachheit halber wird man aber auch annehmen können, dass das externe Feld im ganzen Raum homogen ist.

Ist kein externes Feld vorhanden, dann verschwindet, wie von uns auch erwartet, die Polarisation. Erst beim Vorhandensein eines äußeren elektrischen Felds wird das Material polarisiert. Wegen $\varepsilon > 1$ wird als Folge der Polarisierbarkeit des Mediums das elektrische Feld im Inneren der Kugel abgeschwächt.

Abschließend ist noch nachzuweisen, dass unsere Berechnung zu den richtigen Stetigkeitsrelationen an der Kugeloberfläche führt. Dazu berechnen wir das elektrische Feld auf der Grenzfläche. Nähern wir uns von innen der Oberfläche, dann erhalten wir

$$E_{\mathrm{innen}} = \frac{3}{2+\varepsilon} E_{\mathrm{ext}} \tag{7.238}$$

während bei einer Annäherung von außen aus (7.232) unter Beachtung von (7.237) gilt

$$\begin{aligned} E_{\mathrm{außen}} &= E_{\mathrm{ext}} - \frac{4\pi}{3} \left[P - 3 \left(P n \right) n \right] \\ &= E_{\mathrm{ext}} - \frac{\varepsilon - 1}{2+\varepsilon} \left[E_{\mathrm{ext}} - 3 \left(E_{\mathrm{ext}} n \right) n \right] \end{aligned} \tag{7.239}$$

Dabei ist n der nach außen gerichtete Normalenvektor der Kugelfläche. Hieraus folgt für die Tangentialkomponenten des elektrischen Felds auf der Grenzfläche

$$E_{\mathrm{außen,t}} = \frac{3}{2+\varepsilon} E_{\mathrm{ext,t}} = E_{\mathrm{innen,t}} \tag{7.240}$$

und für die Normalkomponenten

$$\begin{aligned} E_{\mathrm{außen,n}} &= E_{\mathrm{ext,n}} + 2 \frac{\varepsilon - 1}{2+\varepsilon} E_{\mathrm{ext,n}} \\ &= \frac{3\varepsilon}{2+\varepsilon} E_{\mathrm{ext,n}} \\ &= \varepsilon \, E_{\mathrm{innen,n}} \end{aligned} \tag{7.241}$$

d. h. die Stetigkeitsbedingungen (7.195) und (7.199) werden an der Kugeloberfläche korrekt erfüllt.

7.5.5.3 Homogen polarisierte Körper

Das Potential eines homogen polarisierten Körpers lässt sich auch allgemeiner formulieren. Aus der Formel für das Gesamtpotential

$$\varphi(\boldsymbol{x}) = \varphi_{\text{ext}}(\boldsymbol{x}) - \int d^3x' \frac{\operatorname{div} \boldsymbol{P}(\boldsymbol{x}')}{|\boldsymbol{x} - \boldsymbol{x}'|} \tag{7.242}$$

folgt nämlich, dass wegen der homogenen Polarisation div $\boldsymbol{P}$ im ganzen Körper verschwinden muss. Einzig am Rand, an dem die Polarisation vom Wert $|\boldsymbol{P}|$ auf 0 springt, entstehen Singularitäten in der Divergenz, die zu möglichen Beiträgen zum Potential führen können. Um diesen Anteil zu bestimmen, trennen wir das Volumen G des Körpers in ein inneres Gebiet $G^\star$ und eine schmale Randschale δG auf.

Der Beitrag des Gebiets $G^\star$ verschwindet wegen der vorausgesetzten homogenen Polarisation. Es bleibt nur der Anteil der Schale:

$$\int_G d^3x' \frac{\operatorname{div} \boldsymbol{P}(\boldsymbol{x}')}{|\boldsymbol{x} - \boldsymbol{x}'|} = \int_{\delta G} d^3x' \frac{\operatorname{div} \boldsymbol{P}(\boldsymbol{x}')}{|\boldsymbol{x} - \boldsymbol{x}'|} \tag{7.243}$$

Wir formen das Ergebnis um

$$\begin{aligned} \int_{\delta G} d^3x' \frac{\operatorname{div}\boldsymbol{P}(\boldsymbol{x}')}{|\boldsymbol{x} - \boldsymbol{x}'|} &= \int_{\delta G} d^3x' \operatorname{div} \frac{\boldsymbol{P}(\boldsymbol{x}')}{|\boldsymbol{x} - \boldsymbol{x}'|} \\ &\quad - \int_{\delta G} d^3x' \boldsymbol{P}(\boldsymbol{x}') \nabla_{x'} \frac{1}{|\boldsymbol{x} - \boldsymbol{x}'|} \end{aligned} \tag{7.244}$$

Der zweite Beitrag verschwindet, wenn man die Schale beliebig dünn macht, denn im Gegensatz zu div$\boldsymbol{P}$ wird $\boldsymbol{P}$ nirgendwo auf der Schale singulär. Es tritt zwar auf der Außenfläche der Schale ein Sprung ein, aber dieser hat keinen besonderen Einfluss auf das Verhalten des Integrals für $\delta G \to 0$.

Das erste Integral wird in ein Oberflächenintegral umgewandelt:

$$\int_{\delta G} d^3x' \operatorname{div} \frac{\boldsymbol{P}(\boldsymbol{x}')}{|\boldsymbol{x} - \boldsymbol{x}'|} = \oint_{\partial\delta G} \frac{\boldsymbol{P}(\boldsymbol{x}')}{|\boldsymbol{x} - \boldsymbol{x}'|} d\boldsymbol{f} \tag{7.245}$$

Die Schale δG hat zwei Oberflächen: auf der äußeren verschwindet die Polarisation, auf der inneren ist sie dagegen konstant. Die innere Schale hat aber einen in das Innere des Körpers gerichteten Normalenvektor. Im Limes $\delta G \to 0$ werden die Körperoberfläche und die innere Fläche des Schale identisch, einzig die Orientierung ist entgegengesetzt. Dreht man die Orientierung um, dann kann man also das Integral über die innere Fläche durch ein Integral über die Körperoberfläche ersetzen

$$\int_{\delta G} d^3x' \operatorname{div} \frac{\boldsymbol{P}(\boldsymbol{x}')}{|\boldsymbol{x}-\boldsymbol{x}'|} = -\oint_{\partial G} \frac{\boldsymbol{P}d\boldsymbol{f}}{|\boldsymbol{x}-\boldsymbol{x}'|} \tag{7.246}$$

Das Gesamtpotential ist also für einen homogen polarisierten Körper durch

$$\varphi(\boldsymbol{x}) = \varphi_{\text{ext}}(\boldsymbol{x}) + \oint_{\partial G} \frac{\boldsymbol{P}d\boldsymbol{f}}{|\boldsymbol{x}-\boldsymbol{x}'|} \tag{7.247}$$

gegeben. Schreibt man $\boldsymbol{P}\,d\boldsymbol{f} = \boldsymbol{P}\boldsymbol{n}\,df$, wobei $\boldsymbol{n}$ die Normale der Körperoberfläche ist, dann kann man das Gesamtpotential als eine Superposition der Potentiale externer Ladungen und des Potentials der Polarisationsflächenladungsdichte

$$\sigma_{\text{P}} = \boldsymbol{P}\boldsymbol{n} \tag{7.248}$$

auffassen:

$$\varphi(\boldsymbol{x}) = \varphi_{\text{ext}}(\boldsymbol{x}) + \oint_{\partial G} \frac{\sigma_{\text{P}}}{|\boldsymbol{x}-\boldsymbol{x}'|} df \tag{7.249}$$

Wir gelangen damit zu dem Resultat, dass die Polarisationsflächenladungsdichte den elektrostatischen Zustand des homogen polarisierten Körper vollständig charakterisiert.

7.5.5.4 **Kugelförmiger Hohlraum im Dielektrikum**

Wir nehmen jetzt an, dass in einem homogenen Dielektrikum ein homogenes elektrisches Feld $\boldsymbol{E}_0$ vorliegt. Die Ursache dieses Felds sind externe Ladungen, z. B. erzeugt durch einen Plattenkondensator und die gleichzeitige partielle Abschirmung des Felds durch die im Dielektrikum induzierten Dipole. In einem kugelförmigen Hohlraum im Inneren des Dielektrikums aber fehlt diese Abschirmung. Deshalb kann man den Hohlraum auch als eine Kugel mit einer effektiven homogenen „Gegenpolarisation" $\boldsymbol{P}_{\text{eff}}$ ansehen.

Das von dieser Kugel erzeugte Feld führt zu einer Änderung des elektrischen Felds sowohl im Hohlraum selbst als auch im Dielektrikum in der Umgebung des Hohlraums. Das effektive elektrische Feld der Hohlkugel außerhalb des Hohlraums ist unter Verwendung von (7.232)

$$\boldsymbol{E}_{\text{eff}} = -\frac{4\pi R^3}{3|\boldsymbol{x}|^3}\left[\boldsymbol{P}_{\text{eff}} - 3\frac{(\boldsymbol{P}_{\text{eff}}\boldsymbol{x})\,\boldsymbol{x}}{|\boldsymbol{x}|^2}\right] \tag{7.250}$$

Speziell auf dem Rand der Kugel ($|\boldsymbol{x}| = R$) gilt mit $\boldsymbol{n} = \boldsymbol{x}/\,|\boldsymbol{x}|$

$$\boldsymbol{E}_{\text{eff}}(R) = -\frac{4\pi}{3}\left[\boldsymbol{P}_{\text{eff}} - 3\,(\boldsymbol{P}_{\text{eff}}\boldsymbol{n})\,\boldsymbol{n}\right] \tag{7.251}$$

Das Gesamtfeld auf dem Rand ist dann die Superposition des im Dielektrikum herrschenden Felds und des zusätzlich von der Hohlkugel stammenden Beitrags

$$\boldsymbol{E}(R) = \boldsymbol{E}_0 + \boldsymbol{E}_{\text{eff}}(R) = \boldsymbol{E}_0 - \frac{4\pi}{3}\left[\boldsymbol{P}_{\text{eff}} - 3\left(\boldsymbol{P}_{\text{eff}}\boldsymbol{n}\right)\boldsymbol{n}\right] \tag{7.252}$$

Die Polarisation im Medium selbst wird durch das Gesamtfeld generiert. Wir benutzen wieder die lineare Materialgleichung für ein isotropes Medium $\boldsymbol{P} = \chi^{\text{el}}\boldsymbol{E}$ und erhalten dann auf dem Rand der Kugel die Polarisationsladungsdichte

$$\sigma_p = \boldsymbol{P}\boldsymbol{n}_{\text{H}} = -\boldsymbol{P}\boldsymbol{n} = -\chi^{\text{el}}\boldsymbol{E}\boldsymbol{n} = -\chi^{\text{el}}\left[\boldsymbol{E}_0\boldsymbol{n} + \frac{8\pi}{3}\boldsymbol{P}_{\text{eff}}\boldsymbol{n}\right] \tag{7.253}$$

In dieser Darstellung ist die Normale des Hohlraums $\boldsymbol{n}_{\text{H}}$ aus der Sicht des umgebenden Mediums in den Hohlraum gerichtet ist, d. h. es ist $\boldsymbol{n}_{\text{H}} = -\boldsymbol{n}$, wobei $\boldsymbol{n}$ vom Hohlraum in das Medium zeigt. Die dem Betrag nach gleiche Polarisationsladungsdichte sollte aber auch entstehen, wenn das Medium gar nicht polarisiert wäre, dafür aber eine homogen polarisierte Kugel der Polarisation $\boldsymbol{P}_{\text{eff}}$ anstelle des Hohlraums gesetzt wird. Dann ist offenbar

$$\sigma_{\text{P}} = \boldsymbol{P}_{\text{eff}}\boldsymbol{n} \tag{7.254}$$

und wir erhalten

$$\boldsymbol{P}_{\text{eff}}\boldsymbol{n} = -\chi^{\text{el}}\left[\boldsymbol{E}_0\boldsymbol{n} + \frac{8\pi}{3}\boldsymbol{P}_{\text{eff}}\boldsymbol{n}\right] \tag{7.255}$$

oder

$$\boldsymbol{P}_{\text{eff}}\boldsymbol{n} = -\frac{\chi^{\text{el}}}{1 + \frac{8\pi}{3}\chi^{\text{el}}}\boldsymbol{E}_0\boldsymbol{n} \tag{7.256}$$

Da diese Gleichung für alle Normalenrichtungen gelten soll, $\boldsymbol{P}_{\text{eff}}$ aber ein konstanter Vektor ist, folgt sofort

$$\boldsymbol{P}_{\text{eff}} = -\frac{\chi^{\text{el}}}{1 + \frac{8\pi}{3}\chi^{\text{el}}}\boldsymbol{E}_0 \tag{7.257}$$

Damit ist das Gesamtfeld $\boldsymbol{E} = \boldsymbol{E}_0 + \boldsymbol{E}_{\text{eff}}$ im dielektrischen Medium gegeben durch:

$$\boldsymbol{E} = \boldsymbol{E}_0 + \frac{4\pi\chi^{\text{el}}R^3}{\left(3 + 8\pi\chi^{\text{el}}\right)|\boldsymbol{x}|^3}\left[\boldsymbol{E}_0 - 3\frac{\left(\boldsymbol{E}_0\boldsymbol{x}\right)\boldsymbol{x}}{|\boldsymbol{x}|^2}\right] \tag{7.258}$$

Im Hohlraum selbst gilt die Beziehung (7.233), allerdings ist $\boldsymbol{P}$ durch $\boldsymbol{P}_{\text{eff}}$ und $\boldsymbol{E}_{\text{mat}}$ durch $\boldsymbol{E}_{\text{eff}}$ zu ersetzen. Das Gesamtfeld des Hohlraums ist dann

$$\boldsymbol{E} = \boldsymbol{E}_0 - \frac{4\pi}{3}\boldsymbol{P}_{\text{eff}} = \left(1 + \frac{4\pi\chi^{\text{el}}}{3 + 8\pi\chi^{\text{el}}}\right)\boldsymbol{E}_0 \tag{7.259}$$

oder

$$E = \frac{3\varepsilon}{1 + 2\varepsilon} E_0 \tag{7.260}$$

Das elektrische Feld im Hohlraum ist offenbar stets größer als das elektrische Feld in dem umgebenden Dielektrikum.

7.5.5.5 *Clausius-Mossotti-Relation

Die Vorstellung einer relativ glatten oder gar homogenen Polarisation ist nur ein Modell, das man auf atomarer Ebene nicht mehr aufrecht erhalten kann. Wenn in einem makroskopischen Körper ein elektrisches Feld vorliegt, dann ist es in Wirklichkeit die Superposition eines externen Felds mit den Beiträgen aller atomarer Dipole. Daher spürt das K-te Atom eigentlich das mikroskopische elektrische Feld

$$\begin{aligned} \boldsymbol{E}_{\text{mikro}}(\boldsymbol{x}_K) &= \boldsymbol{E}_{\text{ext}}(\boldsymbol{x}_K) + \sum_{I=1}^{N}{}' \, \boldsymbol{E}_I(\boldsymbol{x}_K) \\ &= \boldsymbol{E}_{\text{ext}}(\boldsymbol{x}_K) + \sum_{I=1}^{N}{}' \, \boldsymbol{E}_{\text{dipol}}(\boldsymbol{x}_K - \boldsymbol{x}_I) \end{aligned} \tag{7.261}$$

Dabei bedeutet der Strich an der Summe, dass das K-te Atom von der Summation ausgeschlossen wird. In der Kontinuumsdarstellung haben wir die Summe durch den Beitrag der Polarisation ersetzt und damit eine makroskopische Darstellung gewonnen:

$$\boldsymbol{E}_{\text{makro}}(\boldsymbol{x}_K) = \boldsymbol{E}_{\text{ext}}(\boldsymbol{x}_K) + \boldsymbol{E}_{\text{pol}}(\boldsymbol{x}_K) \tag{7.262}$$

Das makroskopische Feld $\boldsymbol{E}_{\text{pol}}$ war nach unseren bisherigen Vorstellungen eine schwach variierende Größe, die nicht von der atomaren Struktur des Dielektrikums, sondern nur von der Geometrie des Objekts und der räumlichen Struktur des externen Felds abhing. Im Prinzip kann man sich das makroskopische Feld als ein „mittleres Feld" vorstellen, wobei die Bildung des Mittelwerts auf ein im makroskopischen Maßstab kleines, in mikroskopischen Skalen jedoch noch sehr großes Gebiet zu beziehen ist. Die Differenz zwischen der mikroskopischen und makroskopischen Feldstärke wird als *inneres Feld* bezeichnet. Speziell an der Position des K-ten Atoms gilt

$$\boldsymbol{E}_{\text{innen}}(\boldsymbol{x}_K) = \sum_{I=1}^{N}{}' \, \boldsymbol{E}_{\text{dipol}}(\boldsymbol{x}_K - \boldsymbol{x}_I) - \boldsymbol{E}_{\text{pol}}(\boldsymbol{x}_K) \tag{7.263}$$

Um das elektrische Feld $\boldsymbol{E}_{\text{pol}}(\boldsymbol{x}_K)$ zu bestimmen, wählen wir eine Kugel vom Radius R auf der mesoskopischen Skala[18]. Damit sind die makroskopischen

18) Dabei wollen wir hier von einer mesoskopischen Skala verlangen, dass die mikroskopischen Details bereits irrelevant werden, andererseits der Übergang zum Kontinuum noch nicht vollzogen werden kann.

Größen innerhalb dieser Kugel praktisch konstant, und wir können aus makroskopischer Sicht von einer homogen polarisierten Kugel ausgehen. Die Polarisation dieser Kugel liefert nach (7.233) im Inneren einen Feldstärkebeitrag

$$\boldsymbol{E}_{\text{pol}} = -\frac{4\pi}{3}\boldsymbol{P} \tag{7.264}$$

Hierbei hängt die Polarisation durch das Materialgesetz von der makroskopischen Feldstärke $\boldsymbol{E}_{\text{makro}}$ ab. Damit gilt speziell in der Umgebung des K-ten Atoms

$$\boldsymbol{E}_{\text{pol}}(\boldsymbol{x}_K) = -\frac{4\pi}{3}\boldsymbol{P}(\boldsymbol{x}_K) = -\frac{4\pi\chi^{\text{el}}}{3}\boldsymbol{E}_{\text{makro}}(\boldsymbol{x}_K) \tag{7.265}$$

Für das mikroskopische Feld ergibt sich jedoch eine ganz andere Situation. Dazu betrachten wir ein einfaches kubisches Gitter, dessen Gitterpunkte durch Dipole der Stärke $\boldsymbol{p}$ besetzt sind. Aus Symmetriegründen sollten alle Dipole zumindest auf mesoskopischen Skalen gleich groß sein. Dann ist mit (6.67)

$$\sum_{I=1}^{N}{}' \boldsymbol{E}_{\text{dipol}}(\boldsymbol{x}_K - \boldsymbol{x}_I) = \sum_{I=1}^{N}{}' \frac{3\left(\boldsymbol{p}\Delta\boldsymbol{x}_{KI}\right)\Delta\boldsymbol{x}_{KI} - \left|\Delta\boldsymbol{x}_{KI}\right|^2\boldsymbol{p}}{\left|\Delta\boldsymbol{x}_{KI}\right|^5} \tag{7.266}$$

mit $\Delta\boldsymbol{x}_{KI} = \boldsymbol{x}_K - \boldsymbol{x}_I$. In Komponentenschreibweise erhalten wir

$$\sum_{I=1}^{N}{}' E^{\beta}_{\text{dipol}}(\boldsymbol{x}_K - \boldsymbol{x}_I) = \sum_{I=1}^{N}{}' \frac{3p_\alpha \Delta x^{\alpha}_{KI}\Delta x^{\beta}_{KI}}{\left|\Delta\boldsymbol{x}_{KI}\right|^5} - p^{\beta}\sum_{I=1}^{N}{}' \frac{1}{\left|\Delta\boldsymbol{x}_{KI}\right|^3} \tag{7.267}$$

In der ersten Summe heben sich die in α, β nichtdiagonalen Terme gegenseitig auf, da wegen der Gittersymmetrie zu jedem Abstand Δx^{α}_{KI} auch ein Abstand $-\Delta x^{\alpha}_{KI}$ gefunden werden kann. Es bleiben somit nur die Diagonalelemente übrig. Hier gilt aber wegen der Gittersymmetrie

$$\sum_{I=1}^{N} \frac{\Delta x^{1}_{KI}\Delta x^{1}_{KI}}{\left|\Delta\boldsymbol{x}_{KI}\right|^5} = \sum_{I=1}^{N}{}' \frac{\Delta x^{2}_{KI}\Delta x^{2}_{KI}}{\left|\Delta\boldsymbol{x}_{KI}\right|^5} = \sum_{I=1}^{N}{}' \frac{\Delta x^{3}_{KI}\Delta x^{3}_{KI}}{\left|\Delta\boldsymbol{x}_{KI}\right|^5} \tag{7.268}$$

und damit

$$\begin{aligned} 3\sum_{I=1}^{N}{}' \frac{\Delta x^{1}_{KI}\Delta x^{1}_{KI}}{\left|\Delta\boldsymbol{x}_{KI}\right|^5} &= \sum_{\alpha=1}^{3}\sum_{I=1}^{N}{}' \frac{\Delta x^{\alpha}_{KI}\Delta x^{\alpha}_{KI}}{\left|\Delta\boldsymbol{x}_{KI}\right|^5} \\ &= \sum_{I=1}^{N}{}' \frac{\left|\Delta\boldsymbol{x}_{KI}\right|^2}{\left|\Delta\boldsymbol{x}_{KI}\right|^5} = \sum_{I=1}^{N}{}' \frac{1}{\left|\Delta\boldsymbol{x}_{KI}\right|^3} \end{aligned} \tag{7.269}$$

Das gleiche Resultat bekommt man auch für die anderen Komponenten. Damit folgt aber

$$\begin{aligned}\sum_{I=1}^{N}{}' E^{\beta}_{\text{dipol}}(\boldsymbol{x}_K - \boldsymbol{x}_I) &= p^{\beta}\left[3\sum_{I=1}^{N}{}'\frac{\Delta x^{\beta}_{KI}\Delta x^{\beta}_{KI}}{|\Delta \boldsymbol{x}_{KI}|^5} - \sum_{I=1}^{N}{}'\frac{1}{|\Delta \boldsymbol{x}_{KI}|^3}\right]\\ &= p^{\beta}\left[\sum_{I=1}^{N}{}'\frac{1}{|\Delta \boldsymbol{x}_{KI}|^3} - \sum_{I=1}^{N}{}'\frac{1}{|\Delta \boldsymbol{x}_{KI}|^3}\right]\\ &= 0\end{aligned} \tag{7.270}$$

d. h. der Beitrag aller anderen Dipole am Ort des K-ten Atoms verschwindet. Dieses Resultat bleibt auch für andere als das hier betrachtete kubische Gitter und näherungsweise auch für amorphe Körper erhalten. Wir kommen daher zu der für viele Materialien vernünftigen Annahme:

$$\sum_{I=1}^{N}{}' \boldsymbol{E}_{\text{dipol}}(\boldsymbol{x}_K - \boldsymbol{x}_I) \approx 0 \tag{7.271}$$

Damit gilt aber

$$\boldsymbol{E}_{\text{mikro}}(\boldsymbol{x}_K) \approx \boldsymbol{E}_{\text{ext}}(\boldsymbol{x}_K) \tag{7.272}$$

und daher mit (7.262)

$$\boldsymbol{E}_{\text{mikro}}(\boldsymbol{x}_K) = \boldsymbol{E}_{\text{makro}}(\boldsymbol{x}_K) + \frac{4\pi}{3}\boldsymbol{P}(\boldsymbol{x}_K) \tag{7.273}$$

Das mikroskopische Feld $\boldsymbol{E}_{\text{mikro}}(\boldsymbol{x}_K)$ ist an der Position des K-ten Teilchens präsent und induziert dort einen Dipol der Stärke $\boldsymbol{p}_K$. Dieser Zusammenhang wird durch eine mikroskopische Suszeptibilität (atomare Polarisierbarkeit) realisiert

$$\boldsymbol{p}_K = \chi^{\text{el}}_{\text{mikro}}\boldsymbol{E}_{\text{mikro}}(\boldsymbol{x}_K) \tag{7.274}$$

Andererseits ist die Polarisation $\boldsymbol{P}$ mit den einzelnen Dipolstärken durch

$$\boldsymbol{P}(\boldsymbol{x}) = \sum_{K=1}^{N} \boldsymbol{p}_K\,\delta(\boldsymbol{x} - \boldsymbol{x}_K) \tag{7.275}$$

verknüpft. Der Übergang zum Kontinuum und damit zum makroskopischen Bild führt zu einer Verschmierung der Positionen der einzelnen Partikel, d. h. die Polarisation $\boldsymbol{P}$ ist jetzt auf der Skala der oben eingeführten mesoskopischen Kugel durch

$$\boldsymbol{P} = \frac{\int\limits_{\text{Kugel}} \boldsymbol{P}(\boldsymbol{x})\,d^3x}{V_{\text{Kugel}}} = \frac{\sum\limits_{K\in\text{Kugel}} \boldsymbol{p}_K}{V_{\text{Kugel}}} \tag{7.276}$$

zu ersetzen. Da in der mesoskopischen Kugel das externe und damit das mikroskopische Feld nur schwach variiert, haben alle Dipole das gleiche Moment $\boldsymbol{p} = \chi^{\mathrm{el}}_{\mathrm{mikro}} \boldsymbol{E}_{\mathrm{mikro}}$, und wir erhalten

$$\boldsymbol{P} = \frac{\sum\limits_{K \in \mathrm{Kugel}} \boldsymbol{p}}{V_{\mathrm{Kugel}}} = \rho_{\mathrm{P}} \chi^{\mathrm{el}}_{\mathrm{mikro}} \boldsymbol{E}_{\mathrm{mikro}} \tag{7.277}$$

Dabei ist ρ_{P} die Partikeldichte (Zahl der Partikel pro Volumen) des Dielektrikums. Benutzen wir die Relation (7.273), um $\boldsymbol{E}_{\mathrm{mikro}}$ zu eliminieren, dann gelangen wir zu

$$\boldsymbol{P} = \rho_{\mathrm{P}} \chi^{\mathrm{el}}_{\mathrm{mikro}} \left[\boldsymbol{E}_{\mathrm{makro}} + \frac{4\pi}{3} \boldsymbol{P} \right] \tag{7.278}$$

Weil die Polarisation mit dem makroskopischen Feld über die Suszeptibilität verbunden ist, erhalten wir andererseits

$$\chi^{\mathrm{el}} \boldsymbol{E}_{\mathrm{makro}} = \rho_{\mathrm{P}} \chi^{\mathrm{el}}_{\mathrm{mikro}} \left[\boldsymbol{E}_{\mathrm{makro}} + \frac{4\pi}{3} \chi^{\mathrm{el}} \boldsymbol{E}_{\mathrm{makro}} \right] \tag{7.279}$$

Demnach gilt

$$\rho_{\mathrm{P}} \chi^{\mathrm{el}}_{\mathrm{mikro}} = \frac{\chi^{\mathrm{el}}}{1 + \frac{4\pi}{3} \chi^{\mathrm{el}}} = \frac{3}{4\pi} \frac{\varepsilon - 1}{\varepsilon + 2} \tag{7.280}$$

Diese Gleichung wird als *Clausius-Mossotti-Relation* bezeichnet. Sie verbindet die mikroskopische Suszeptibilität als eine typisch atomare Eigenschaft mit der Dielektrizitätskonstanten ε. Die letztere wird üblicherweise durch makroskopische Experimente bestimmt, $\chi^{\mathrm{el}}_{\mathrm{mikro}}$ ist dagegen z. B. über spektroskopische Untersuchungen zugänglich. Es ist bemerkenswert, dass die Clausius-Mossotti-Relation die Partikeldichte mit der Dielektrizitätskonstanten verbindet, denn aus der letzten Gleichung folgt sofort

$$\varepsilon = \frac{3 + 8\pi \rho_{\mathrm{P}} \chi^{\mathrm{el}}_{\mathrm{mikro}}}{3 - 4\pi \rho_{\mathrm{P}} \chi^{\mathrm{el}}_{\mathrm{mikro}}} \tag{7.281}$$

Diese Dichteabhängigkeit wurde 1850 von Mossotti und 1879 von Clausius durch experimentelle Untersuchungen gefunden. Tatsächlich ist (7.281) nur eine Näherung, die für Materialien mit geringer Dichte, hauptsächlich Gase, recht gut erfüllt wird, während Dielektrika mit höherer Dichte, insbesondere Flüssigkeiten und Gläser, eine deutliche Abweichung von diesem Gesetz aufweisen.

Aufgaben

7.1 Zeigen Sie, dass ein System von zwei Leitern mit den Kapazitätskoeffizienten C_{ij} $(i, j = 1, 2)$ die gegenseitige Kapazität $C = C_{11} + C_{22} - 2C_{12}$ besitzt.
Hinweis: Die gegenseitige Kapazität ist der Quotient aus der Potentialdifferenz $|\varphi_1 - \varphi_2|$ und der zugehörigen Ladung $Q = |Q_1| = |Q_2|$ beider Leiter.

7.2 Zeigen Sie, dass bei vorgegebener Potentialdifferenz zwischen zwei Leitern die elektrostatische Feldenergie minimal wird, wenn die Summe $Q_1 + Q_2$ der Ladungen beider Leiter verschwindet.

7.3 Eine metallische Kugel wird in ein homogenes elektrisches Feld gebracht. Zeigen Sie, dass das resultierende Feld die Superposition des äußeren Felds und eines induzierten Dipolfelds ist.

7.4 Zeigen Sie, dass die elektrischen Feldlinien an der Grenzfläche zweier Dielektrika mit den Permeabilitäten ε_1 und ε_2 dem Brechungsgesetz

$$\varepsilon_1^{-1} \tan \alpha_1 = \varepsilon_2^{-1} \tan \alpha_2$$

genügen. Dabei sind α_1 und α_2 die Winkel der Feldlinien gegen die Flächennormale in den entsprechenden Materialien.

7.5 Zeigen Sie, dass die Feldenergie eines Systems von isolierten Leitern mit fest vorgegebenen Ladungen reduziert wird, wenn man einen weiteren ungeladenen und isolierten Leiter in dieses System bringt.

Maple-Aufgaben

7.I Bestimmen Sie das elektrische Feld und das Feld der dielektrischen Verschiebung einer Punktladung in einem anisotropen, homogenen Medium und stellen Sie den Feldverlauf grafisch dar!

7.II Bestimmen Sie mithilfe der Methode der konformen Abbildungen die skalaren Potentiale φ und A sowie die zugehörigen elektrischen Felder $\boldsymbol{E}$ für die folgenden komplexen Potentiale:

a) $w = z$,

b) $w = \ln(z)$,

c) $w = \ln(z - 1) + \ln(z + 1) - \ln(z + I) - \ln(z - I)$,

d) $w = 1/z$,

e) $w = z^{-2}$,

f) $w = z^2$.

Welchen Kondensatorgeometrien entsprechen diese Funktionen?

7.III Gegeben sei eine infinitesimal dünne metallische Kugelschale vom Radius R, deren beide Hälften durch einen schmalen Isolationsring getrennt sind. Bestimmen Sie das Potential im Innen- und Außenraum der Kugel, wenn die beiden Kugelhälften das Potential U bzw. $-U$ haben.

7.IV Bestimmen Sie die Äquipotentialflächen und die Oberflächenladungsdichte eines geladenen metallischen Ellipsoids.

7.V Ein leerer Würfel mit einer metallischen Oberfläche wird durch einen Schnitt parallel zu einer Seitenfläche in zwei gleich große Teile zerlegt. Anschließend werden beide Teile durch einen dünnen, isolierenden Streifen wieder verbunden und auf ein unterschiedliches Potential gebracht. Bestimmen Sie unter Verwendung der Variationsmethode das Potential im Inneren des Würfels.
Hinweis: Orientieren Sie einen Würfel mit der skalierten Seitenlänge 2 so, dass die Schnittfläche senkrecht zur z-Achse bei $z = 0$ liegt. Nach einer naiven Annahme hat dann das skalierte Potential die Gestalt

$$\varphi = 2\Theta(z) - 1 - (2\Theta(z) - 1 - z)(1 - x^2)(1 - y^2)$$

Dabei ist $\Theta(z)$ die Stufenfunktion. Die Funktion φ hat auf den Flächen des Würfels den Wert $\varphi = 1$ (für $z > 0$) und den Wert $\varphi = -1$ (für $z < 0$). Verbessern Sie diese Annahme durch die Verwendung von Testfunktionen als gewichtete Superposition der Polynome

$$p_{nk} = \left[(1 - x^2)(1 - y^2)\right]^n (1 - z^2) z^k$$

mit den ganzzahligen Exponenten k und n.

8
Magnetostatik

8.1
Das Biot-Savart'sche Gesetz

Wir wollen uns jetzt die Frage stellen, ob stationäre Lösungen der Maxwell-Gleichungen nur bei statischen Ladungsanordnungen möglich sind. Zu diesem Zweck verlangen wir, dass alle in den Maxwell-Gleichungen vorkommenden Felder zeitlich konstante Größen sind. Die Maxwell-Gleichungen reduzieren sich dann auf

$$\operatorname{div} \boldsymbol{E} = 4\pi\rho \qquad \operatorname{rot} \boldsymbol{E} = 0 \tag{8.1}$$

und

$$\operatorname{rot} \boldsymbol{B} = \frac{4\pi}{c}\boldsymbol{j} \qquad \operatorname{div} \boldsymbol{B} = 0 \tag{8.2}$$

Beide Gleichungsgruppen entkoppeln und können getrennt behandelt werden. Aus den beiden inhomogenen Gleichungen folgt, dass sowohl die Ladungsdichte als auch die Stromdichte zeitlich konstant sein müssen. Weiter findet man aus (8.2) wegen $\operatorname{div}\operatorname{rot} \boldsymbol{B} = 0$ sofort $\operatorname{div} \boldsymbol{j} = 0$, d. h. die Ladungsströme dürfen weder Senken noch Quellen haben. Diese Forderung ist mit der Stationaritätsbedingung verträglich, da aus der Kontinuitätsgleichung wegen $\partial\rho/\partial t = 0$ ebenfalls $\operatorname{div} \boldsymbol{j} = 0$ folgt. In einem endlichen Gebiet bedeutet die Quellfreiheit der Ströme, dass die Stromlinien geschlossen sein müssen.

Offenbar sind quellenfreie Ströme und statische Ladungsverteilungen miteinander verträglich. Der Grund hierfür liegt darin, dass die aus mikroskopischer Sicht individuellen Eigenschaften der einzelnen Ladungsträger gar nicht zum Tragen kommen, sondern nur die kollektive Eigenschaft der Bewegung erfasst wird. Es spielt keine Rolle, *welcher* Ladungsträger sich gerade in einer bestimmten Position befindet, sondern nur, *dass* sich an dieser Stelle überhaupt eine Ladung befindet. Die Ladungsträger können also beliebig ihre Plätze wechseln und damit einen Strom erzeugen, wenn nur jeder verlassene Platz wieder durch eine andere Ladung aufgefüllt wird. Gibt es einen

Theoretische Physik II: Elektrodynamik. Peter Reineker, Michael Schulz, Beatrix M. Schulz

ISBN: 3-527-40642-5

systematischen Mechanismus, sodass die Ladungsträger ihre Plätze nicht rein zufällig tauschen, dann entsteht ein makroskopisch messbarer Strom, der aber die Ladungsverteilung aus makroskopischer Sicht nicht verändert.[1] Insofern können also magnetische und elektrische Eigenschaften in stationären Systemen nicht nur unabhängig voneinander behandelt[2], sondern auch unabhängig voneinander experimentell beobachtet werden, denn es sind sowohl stationäre Ladungsverteilungen mit $\boldsymbol{j} = 0$ als auch stationäre Ströme mit $\rho = 0$ möglich.[3]

Daher genügen die beiden Gleichungen

$$\operatorname{rot} \boldsymbol{B} = \frac{4\pi}{c}\boldsymbol{j} \qquad \operatorname{div} \boldsymbol{B} = 0 \tag{8.3}$$

zur Beschreibung statischer magnetischer Felder vollauf. Das Feld der magnetischen Induktion besitzt das Vektorpotential $\boldsymbol{A}$. Mit

$$\boldsymbol{B} = \operatorname{rot} \boldsymbol{A} \tag{8.4}$$

folgt

$$\operatorname{rot}\operatorname{rot} \boldsymbol{A} = \frac{4\pi}{c}\boldsymbol{j} \tag{8.5}$$

als Analogon zur Poisson-Gleichung der Elektrostatik. Das Potential $\boldsymbol{A}$ ist wegen der möglichen Eichfreiheitsgrade nicht eindeutig festgelegt. Da zu dem korrespondierenden Viererpotential stets der Gradient einer beliebigen Funktion addiert werden darf, ohne dass sich die physikalische Situation ändert, ist jedes Viererpotential $A_i + f_{,i}$ zulässig, wenn A_i ein zulässiges Potential war. Bildet man die Divergenz, so entsteht für ein gegebenes Potential A_i und eine beliebige, aber feste Funktion f die skalare Größe η:

$$\eta = A_{i}^{,i} + f_{,i}^{,i} = A_{\alpha}^{,\alpha} + A_{0}^{,0} + f_{,i}^{,i} \tag{8.6}$$

Fixiert man jetzt η und variiert die Funktion f, dann kann man immer eine Funktion f finden, die Lösung der partiellen Differentialgleichung

$$f_{,i}^{,i} = \eta - A_{0}^{,0} \tag{8.7}$$

1) Wir werden in diesem Kapitel nicht danach fragen, wie stationäre makroskopische oder mikroskopische Ringströme experimentell erzeugt und stabilisiert werden können.

2) Die getrennte Behandlung ist durch die Entkopplung der Maxwell-Gleichungen im stationären Regime gewährleistet.

3) Das ist beispielsweise in einem metallischen Leiter oder in einer Elektrolytlösung der Fall. Im ersten Fall springen die Elektronen von Atomrumpf zu Atomrumpf und lassen dabei den Leiter in jedem Punkt aus makroskopischer Sicht neutral. In einem Elektrolyten bewegen sich positive und negative Ladungsträger in entgegengesetzten Richtungen und lassen dabei den Elektrolyten auf mesoskopischen und damit erst recht makroskopischen Skalen neutral.

ist und damit automatisch auf die Bedingung

$$A^{,\alpha}_{\alpha} = \operatorname{div} \boldsymbol{A} = 0 \tag{8.8}$$

für das Potential führt. Wie bereits in Kapitel 2 erwähnt, wird diese Eichung des Vektorpotentials auch als *Coulomb-Eichung* bezeichnet. Damit folgt jetzt wegen

$$\operatorname{rot}\operatorname{rot} \boldsymbol{A} = \operatorname{grad}\operatorname{div} \boldsymbol{A} - \Delta \boldsymbol{A} = -\Delta \boldsymbol{A} \tag{8.9}$$

die Potentialgleichung

$$\Delta \boldsymbol{A} = -\frac{4\pi}{c}\boldsymbol{j} \tag{8.10}$$

An dieser Differentialgleichung sieht man die Analogie zur Poisson-Gleichung besonders deutlich. Jede Komponente A_α des Vektorpotentials genügt für sich der Potentialgleichung des skalaren Potentials, wenn man außerdem noch die Ladungsdichte durch j_α / c ersetzt. Damit kennen wir aber auch die Lösung von (8.10). Wir erhalten sofort

$$A_\alpha (\boldsymbol{x}) = \int \frac{j_\alpha (\boldsymbol{x}') / c}{|\boldsymbol{x} - \boldsymbol{x}'|} d^3x' \tag{8.11}$$

bzw. in der Vektordarstellung

$$\boldsymbol{A} (\boldsymbol{x}) = \frac{1}{c} \int \frac{\boldsymbol{j} (\boldsymbol{x}')}{|\boldsymbol{x} - \boldsymbol{x}'|} d^3x' \tag{8.12}$$

Mit dem Vektorpotential ist auch die magnetische Induktion bekannt. Wir bekommen sie durch Bildung der Rotation

$$\boldsymbol{B} (\boldsymbol{x}) = \operatorname{rot} \boldsymbol{A} (\boldsymbol{x}) = \frac{1}{c} \int \operatorname{rot}_x \left(\frac{\boldsymbol{j} (\boldsymbol{x}')}{|\boldsymbol{x} - \boldsymbol{x}'|} \right) d^3x' \tag{8.13}$$

Wegen der Vektordifferentialbeziehung (B.10), also $\operatorname{rot} \alpha\, \boldsymbol{a} = \alpha \operatorname{rot} \boldsymbol{a} - \boldsymbol{a} \times \nabla \alpha$, folgt mit der Identifikation $\boldsymbol{a} = \boldsymbol{j} (\boldsymbol{x}')$ und $\alpha = |\boldsymbol{x} - \boldsymbol{x}'|^{-1}$

$$\operatorname{rot}_x \left(\frac{\boldsymbol{j} (\boldsymbol{x}')}{|\boldsymbol{x} - \boldsymbol{x}'|} \right) = -\boldsymbol{j} (\boldsymbol{x}') \times \nabla_x \frac{1}{|\boldsymbol{x} - \boldsymbol{x}'|} = \boldsymbol{j} (\boldsymbol{x}') \times \frac{\boldsymbol{x} - \boldsymbol{x}'}{|\boldsymbol{x} - \boldsymbol{x}'|^3} \tag{8.14}$$

und damit

$$\boldsymbol{B} (\boldsymbol{x}) = \operatorname{rot} \boldsymbol{A} (\boldsymbol{x}) = \frac{1}{c} \int \boldsymbol{j} (\boldsymbol{x}') \times \frac{\boldsymbol{x} - \boldsymbol{x}'}{|\boldsymbol{x} - \boldsymbol{x}'|^3} d^3x' \tag{8.15}$$

Diese Gleichung wird auch als *Biot-Savart'sches Gesetz* bezeichnet. Im Gegensatz zur Beziehung zwischen $\boldsymbol{j}$ und $\boldsymbol{A}$, die erst durch die Eichung des Vektorpotentials fixiert wird, ist diese Beziehung eindeutig: Zu einer gegebenen stationären Stromverteilung gehört eine eindeutig bestimmte magnetische Induktion.

8.2 Magnetisches Moment

Wir wollen nun das magnetische Fernfeld einer gegebenen Stromverteilung bestimmen. Dabei gehen wir analog zu unserem Weg in der Elektrostatik vor. Zunächst legen wir den Koordinatenursprung in das Zentrum der Stromverteilung. Als Zentrum kann man beispielsweise den Schwerpunkt einer Stromverteilung verwenden. Dieser Schwerpunkt ist durch folgenden Ausdruck definiert:

$$\boldsymbol{x}_\mathrm{s} = \frac{\int d^3x |\boldsymbol{j}(\boldsymbol{x})| \boldsymbol{x}}{\int d^3x |\boldsymbol{j}(\boldsymbol{x})|} \tag{8.16}$$

Dann sind in den meisten Fällen alle Vektoren $\boldsymbol{x}'$ zu den Punkten des Stromfelds klein im Vergleich zum Abstand $\boldsymbol{x}$ eines Punkts der Fernfeldregion vom Zentrum der Stromverteilung, d. h. es ist gewöhnlich $|\boldsymbol{x}'| \ll |\boldsymbol{x}|$. In diesem Fall kann man wieder eine Entwicklung des reziproken Abstands $|\boldsymbol{x} - \boldsymbol{x}'|^{-1}$ nach Potenzen von $\boldsymbol{x}'/|\boldsymbol{x}|$ – analog zur elektrostatischen Multipolentwicklung – durchführen.

$$\frac{1}{|\boldsymbol{x} - \boldsymbol{x}'|} = \frac{1}{|\boldsymbol{x}|} + \frac{\boldsymbol{x}\boldsymbol{x}'}{|\boldsymbol{x}|^3} + \ldots \tag{8.17}$$

Vorerst wollen wir uns auf die ersten beiden Glieder dieser Entwicklung beschränken. Damit ist das Vektorpotential:

$$\boldsymbol{A}(\boldsymbol{x}) = \frac{\int \boldsymbol{j}(\boldsymbol{x}')\, d^3x'}{c\,|\boldsymbol{x}|} + \frac{\int \boldsymbol{j}(\boldsymbol{x}')\,(\boldsymbol{x}\boldsymbol{x}')\, d^3x'}{c\,|\boldsymbol{x}|^3} \tag{8.18}$$

Da der Strom stationär ist und das Stromgebiet beschränkt sein soll, können die Ladungsträger das System nicht verlassen. Daher muss

$$\int \boldsymbol{j}(\boldsymbol{x}')\, d^3x' = 0 \tag{8.19}$$

gelten. Den formalen Beweis führen wir in der Komponentenschreibweise durch und gehen dazu von dem Ausdruck

$$\frac{\partial}{\partial x'^\alpha} \left(j^\alpha(\boldsymbol{x}') x'^\beta \right) = \frac{\partial j^\alpha(\boldsymbol{x}')}{\partial x'^\alpha} x'^\beta + j^\beta(\boldsymbol{x}') \tag{8.20}$$

aus. Im ersten Term auf der rechten Seite verwenden wir, dass bei stationären Stromverteilungen $\operatorname{div} \boldsymbol{j} = 0$ gilt, und erhalten

$$\frac{\partial}{\partial x'^\alpha} \left(j^\alpha(\boldsymbol{x}') x'^\beta \right) = j^\beta(\boldsymbol{x}') \tag{8.21}$$

Den Ausdruck integrieren wir über das gesamte Volumen und erhalten unter Verwendung des verallgemeinerten Gauß'schen Satzes

$$\int d^3x' j^\beta(\boldsymbol{x}') = \int d^3x' \frac{\partial}{\partial x'^\alpha} \left(j^\alpha(\boldsymbol{x}') x'^\beta \right) = \oint df'_\alpha\, j^\alpha(\boldsymbol{x}') x'^b = 0 \tag{8.22}$$

Das Oberflächenintegral liefert aber keinen Beitrag, weil im Unendlichen keine Ströme existieren sollen. Das erste Glied der Multipolentwicklung (8.18) verschwindet also identisch, und es bleibt

$$\boldsymbol{A}(\boldsymbol{x}) = \frac{\int \boldsymbol{j}(\boldsymbol{x}')\,(\boldsymbol{x}\boldsymbol{x}')\,d^3x'}{c\,|\boldsymbol{x}|^3} \tag{8.23}$$

Wir wollen jetzt das verbleibende Integral durch die mechanischen Freiheitsgrade der einzelnen Ladungsträger ausdrücken. Die dreidimensionale Stromdichte kann auch als

$$\boldsymbol{j}(\boldsymbol{x}) = \sum_{I=1}^{N} q_I \boldsymbol{v}_I\, \delta(\boldsymbol{x} - \boldsymbol{x}_I) \tag{8.24}$$

geschrieben werden. Dabei ist $\boldsymbol{x}_I = \boldsymbol{x}_I(t)$ der aktuelle Ort und $\boldsymbol{v}_I = \boldsymbol{v}_I(t)$ die aktuelle Geschwindigkeit der I-ten Ladung. Dann folgt

$$\int \boldsymbol{j}(\boldsymbol{x}')\,(\boldsymbol{x}\boldsymbol{x}')\,d^3x' = \int \sum_{I=1}^{N} q_I \boldsymbol{v}_I\, \delta(\boldsymbol{x}' - \boldsymbol{x}_I)\,(\boldsymbol{x}\boldsymbol{x}')\,d^3x' = \sum_{I=1}^{N} q_I \boldsymbol{v}_I\,(\boldsymbol{x}\boldsymbol{x}_I) \tag{8.25}$$

Um diese Summe weiter umzuformen, berechnen wir zuerst den Ausdruck

$$\frac{d}{dt}\sum_{I=1}^{N} q_I \boldsymbol{x}_I\,(\boldsymbol{x}\boldsymbol{x}_I) = \sum_{I=1}^{N} q_I \boldsymbol{v}_I\,(\boldsymbol{x}\boldsymbol{x}_I) + \sum_{I=1}^{N} q_I \boldsymbol{x}_I\,(\boldsymbol{x}\boldsymbol{v}_I) \tag{8.26}$$

und kommen durch eine geschickte Ergänzung auf:

$$\frac{d}{dt}\sum_{I=1}^{N} q_I \boldsymbol{x}_I\,(\boldsymbol{x}\boldsymbol{x}_I) = 2\sum_{I=1}^{N} q_I \boldsymbol{v}_I\,(\boldsymbol{x}\boldsymbol{x}_I) + \sum_{I=1}^{N} q_I \left[\boldsymbol{x}_I\,(\boldsymbol{x}\boldsymbol{v}_I) - \boldsymbol{v}_I\,(\boldsymbol{x}\boldsymbol{x}_I)\right] \tag{8.27}$$

Hieraus erhalten wir dann

$$\sum_{I=1}^{N} q_I \boldsymbol{v}_I\,(\boldsymbol{x}\boldsymbol{x}_I) = \frac{1}{2}\frac{d}{dt}\sum_{I=1}^{N} q_I \boldsymbol{x}_I\,(\boldsymbol{x}\boldsymbol{x}_I) - \frac{1}{2}\sum_{I=1}^{N} q_I \left[\boldsymbol{x}_I\,(\boldsymbol{x}\boldsymbol{v}_I) - \boldsymbol{v}_I\,(\boldsymbol{x}\boldsymbol{x}_I)\right] \tag{8.28}$$

Wir hatten bereits zu Beginn dieses Kapitels darauf hingewiesen, dass ein stationärer Strom eine kollektive Eigenschaft verkörpert. Es kommt nur darauf an, dass alle von den Ladungen eingenommenen Punkte immer besetzt sind, es spielt hingegen keine Rolle, welche Ladung sich zu einer bestimmten Zeit an welchem Punkt befindet. Aus diesem Grund muss die Summe

$$\sum_{I=1}^{N} q_I \boldsymbol{x}_I\,(\boldsymbol{x}\boldsymbol{x}_I) \tag{8.29}$$

eine zeitlich konstante Größe sein. Wir erhalten deshalb

$$\begin{aligned}\sum_{I=1}^{N} q_I \boldsymbol{v}_I\,(\boldsymbol{x}\boldsymbol{x}_I) &= \frac{1}{2}\sum_{I=1}^{N} q_I \left[\boldsymbol{v}_I\,(\boldsymbol{x}\boldsymbol{x}_I) - \boldsymbol{x}_I\,(\boldsymbol{x}\boldsymbol{v}_I)\right] \\ &= \frac{1}{2}\sum_{I=1}^{N} q_I \left[(\boldsymbol{x}_I \times \boldsymbol{v}_I) \times \boldsymbol{x}\right] = c\,\boldsymbol{m} \times \boldsymbol{x}\end{aligned} \tag{8.30}$$

Dabei haben wir die Summe im ersten Term der zweiten Zeile zu einer neuen Größe zusammengefasst, dem *magnetischen Moment*

$$\boldsymbol{m} = \frac{1}{2c} \sum_{I=1}^{N} q_I \left(\boldsymbol{x}_I \times \boldsymbol{v}_I \right) \tag{8.31}$$

Führen wir wieder die Stromdichte ein, dann bekommen wir die gleichwertige Relation

$$\boldsymbol{m} = \frac{1}{2c} \int \sum_{I=1}^{N} q_I \boldsymbol{x}' \times \boldsymbol{v}_I \, \delta\left(\boldsymbol{x}' - \boldsymbol{x}_I\right) \, d^3x' = \frac{1}{2c} \int \boldsymbol{x}' \times \boldsymbol{j}\left(\boldsymbol{x}'\right) \, d^3x' \tag{8.32}$$

Das Vektorpotential (8.23) nimmt mit (8.25) und (8.30) die einfache Gestalt

$$\boldsymbol{A} = \frac{\boldsymbol{m} \times \boldsymbol{x}}{|\boldsymbol{x}|^3} \tag{8.33}$$

an. Damit wird das Fernfeld einer beliebigen, aber endlich ausgedehnten stationären Stromverteilung in der niedrigsten nichttrivialen Näherung durch ihr magnetisches Moment beschrieben. Im Gegensatz zu der Multipolentwicklung einer lokalisierten Ladungsverteilung tritt bei der lokalisierten Stromverteilung kein Monopolterm auf.

Das magnetische Moment ist direkt mit dem mechanischen Drehimpuls der einzelnen Ladungen verbunden. Um diesen Zusammenhang zu beweisen, formen wir die Gleichung (8.31) unter Benutzung der Masse M_I der einzelnen Ladungsträger etwas um:

$$\boldsymbol{m} = \frac{1}{2c} \sum_{I=1}^{N} \frac{q_I}{M_I} \left[M_I \left(\boldsymbol{x}_I \times \boldsymbol{v}_I \right) \right] \tag{8.34}$$

Im nichtrelativistischen Regime ($v \ll c$) steht in der eckigen Klammer der Drehimpuls $\boldsymbol{J}_I$ der I-ten Ladung, d. h. das magnetische Moment setzt sich aus den mit dem Verhältnis q_I / M_I gewichteten Drehimpulsen der einzelnen Ladungsträger zusammen:

$$\boldsymbol{m} = \frac{1}{2c} \sum_{I=1}^{N} \frac{q_I}{M_I} \boldsymbol{J}_I \tag{8.35}$$

Wenn das Verhältnis Ladung zu Masse für alle Ladungsträger gleich ist, wenn also gilt

$$\frac{q_I}{M_I} = \frac{q}{M} = \text{konst.} \tag{8.36}$$

dann stehen magnetisches Moment einer Stromverteilung und der Gesamtdrehimpuls

$$\boldsymbol{J} = \sum_{I=1}^{N} \boldsymbol{J}_I \tag{8.37}$$

aller Ladungen in direkter Beziehung:

$$m = \frac{q}{2cM} J \tag{8.38}$$

Mit der Relation (8.33) zwischen dem Vektorpotential im Fernfeld und dem magnetischen Moment kann auch das Fernfeld der magnetischen Induktion bestimmt werden. Wir erhalten zunächst

$$\boldsymbol{B} = \operatorname{rot} \boldsymbol{A} = \nabla \times \left(\boldsymbol{m} \times \frac{\boldsymbol{x}}{|\boldsymbol{x}|^3} \right) \tag{8.39}$$

Wegen der Vektordifferentialbeziehung (B.12)

$$\operatorname{rot} \boldsymbol{a} \times \boldsymbol{b} = \boldsymbol{a} (\nabla \boldsymbol{b}) + (\boldsymbol{b} \nabla) \boldsymbol{a} - \boldsymbol{b} (\nabla \boldsymbol{a}) - (\boldsymbol{a} \nabla) \boldsymbol{b} \tag{8.40}$$

und mit der Identifikation $\boldsymbol{a} = \boldsymbol{m}$ und $\boldsymbol{b} = \boldsymbol{x} / |\boldsymbol{x}|^3$ erhalten wir für den führenden Term der Entwicklung (8.39)

$$\boldsymbol{B} = \boldsymbol{m} \operatorname{div} \left(\frac{\boldsymbol{x}}{|\boldsymbol{x}|^3} \right) - (\boldsymbol{m} \nabla) \left(\frac{\boldsymbol{x}}{|\boldsymbol{x}|^3} \right) \tag{8.41}$$

Für $|\boldsymbol{x}| \neq 0$ ist der erste Beitrag

$$\operatorname{div} \left(\frac{\boldsymbol{x}}{|\boldsymbol{x}|^3} \right) = \frac{1}{|\boldsymbol{x}|^3} \operatorname{div} \boldsymbol{x} + \boldsymbol{x} \operatorname{grad} \frac{1}{|\boldsymbol{x}|^3} = \frac{3}{|\boldsymbol{x}|^3} - \boldsymbol{x} \frac{3\boldsymbol{x}}{|\boldsymbol{x}|^5} = 0 \tag{8.42}$$

Der zweite Beitrag wird am besten in der Komponentendarstellung behandelt:

$$\left[(\boldsymbol{m} \nabla) \left(\frac{\boldsymbol{x}}{|\boldsymbol{x}|^3} \right) \right]_\beta = m^\alpha \frac{\partial}{\partial x^\alpha} \frac{x_\beta}{|\boldsymbol{x}|^3} = m^\alpha \frac{\delta_{\alpha\beta}}{|\boldsymbol{x}|^3} - \frac{3 m^\alpha x_\alpha x_\beta}{|\boldsymbol{x}|^5} \tag{8.43}$$

Damit ist dann

$$(\boldsymbol{m} \nabla) \left(\frac{\boldsymbol{x}}{|\boldsymbol{x}|^3} \right) = \frac{\boldsymbol{m} |\boldsymbol{x}|^2 - 3 (\boldsymbol{m}\boldsymbol{x}) \boldsymbol{x}}{|\boldsymbol{x}|^5} \tag{8.44}$$

Das magnetische Fernfeld des Dipols ist also durch

$$\boldsymbol{B} = \frac{3 (\boldsymbol{m}\boldsymbol{x}) \boldsymbol{x} - \boldsymbol{m} |\boldsymbol{x}|^2}{|\boldsymbol{x}|^5} \tag{8.45}$$

bestimmt. Der funktionale Zusammenhang zwischen dem magnetischen Moment und der magnetischen Induktion ist in der Fernfeldapproximation identisch mit der Beziehung zwischen elektrischem Dipolmoment und elektrischem Feld.

8.3 Magnetische Multipole

Natürlich kann man die Reihenentwicklung (8.17) bis zu einer beliebig hohen Ordnung fortsetzen und so, wie im Fall elektrostatischer Ladungsverteilungen, zu einer systematische Entwicklung des magnetischen Fernfelds eines endlichen Ladungsstromsystems nach Potenzen von $1/|\boldsymbol{x}|$ gelangen. Die Grundidee ist für elektrische und magnetische Multipole gleich. Zuerst entwickelt man $|\boldsymbol{x}-\boldsymbol{x}'|^{-1}$ in eine konvergente Reihe. Dazu ist für das Fernfeld die Bedingung $|\boldsymbol{x}'| \ll |\boldsymbol{x}|$ notwendig:

$$\frac{1}{|\boldsymbol{x}-\boldsymbol{x}'|} = \frac{1}{|\boldsymbol{x}|} + \frac{\boldsymbol{x}\boldsymbol{x}'}{|\boldsymbol{x}|^3} + \frac{3\,(\boldsymbol{x}\boldsymbol{x}')^2 - \boldsymbol{x}^2\boldsymbol{x}'^2}{|\boldsymbol{x}|^5} + \cdots \tag{8.46}$$

Daraus erhält man mit (8.12) formal das Vektorpotential

$$\begin{aligned} \boldsymbol{A}(\boldsymbol{x}) = \frac{1}{c}\int \frac{\boldsymbol{j}(\boldsymbol{x}')}{|\boldsymbol{x}-\boldsymbol{x}'|}\,d^3x' &= \frac{\int \boldsymbol{j}(\boldsymbol{x}')\,d^3x'}{c\,|\boldsymbol{x}|} + \frac{\int \boldsymbol{j}(\boldsymbol{x}')\,(\boldsymbol{x}\boldsymbol{x}')\,d^3x'}{c\,|\boldsymbol{x}|^3} \\ &+ \frac{\int \boldsymbol{j}(\boldsymbol{x}')\left[3\,(\boldsymbol{x}\boldsymbol{x}')^2 - \boldsymbol{x}^2\boldsymbol{x}'^2\right]d^3x'}{c\,|\boldsymbol{x}|^5} \\ &+ \cdots \end{aligned} \tag{8.47}$$

Vergleichen wir nun diese Entwicklung mit der Multipolentwicklung des elektrostatischen Fernfelds einer Ladungsanordnung:

$$\begin{aligned} \varphi(\boldsymbol{x}) = &\frac{\int \rho(\boldsymbol{x}')\,d^3x'}{c\,|\boldsymbol{x}|} + \frac{\int \rho(\boldsymbol{x}')\,(\boldsymbol{x}\boldsymbol{x}')\,d^3x'}{c\,|\boldsymbol{x}|^3} \\ &+ \frac{\int \rho(\boldsymbol{x}')\left[3\,(\boldsymbol{x}\boldsymbol{x}')^2 - \boldsymbol{x}^2\boldsymbol{x}'^2\right]d^3x'}{c\,|\boldsymbol{x}|^5} + \cdots \end{aligned} \tag{8.48}$$

Man sieht: Die Entwicklungsterme sind gleich, es ist nur die skalare Ladungsdichte $\rho(\boldsymbol{x}')$ durch die reduzierte vektorielle Stromdichte $\boldsymbol{j}(\boldsymbol{x}')/c$ zu ersetzen. Bildet man entsprechend $\boldsymbol{B} = \operatorname{rot}\boldsymbol{A}$ die magnetische Induktion, dann erhält man wegen $\operatorname{rot}\alpha\,\boldsymbol{a} = \alpha \operatorname{rot}\boldsymbol{a} - \boldsymbol{a}\times\nabla\alpha$ (B.10) und mit der Identifikation $\boldsymbol{a} = \boldsymbol{j}(\boldsymbol{x}')/c$ sofort

$$\begin{aligned} \boldsymbol{B}(\boldsymbol{x}) = &-\frac{1}{c}\int \boldsymbol{j}(\boldsymbol{x}')\times\nabla\frac{1}{|\boldsymbol{x}|}\,d^3x' - \frac{1}{c}\int \boldsymbol{j}(\boldsymbol{x}')\times\nabla\frac{(\boldsymbol{x}\boldsymbol{x}')}{|\boldsymbol{x}|^3}\,d^3x' \\ &-\frac{1}{c}\int \boldsymbol{j}(\boldsymbol{x}')\times\nabla\frac{3\,(\boldsymbol{x}\boldsymbol{x}')^2 - \boldsymbol{x}^2\boldsymbol{x}'^2}{c\,|\boldsymbol{x}|^5}\,d^3x' + \cdots \end{aligned} \tag{8.49}$$

Das elektrische Feld lautet dagegen in der Multipolentwicklung

$$\begin{aligned}\boldsymbol{E}(\boldsymbol{x}) = &-\int \rho\left(\boldsymbol{x}'\right)\nabla\frac{1}{|\boldsymbol{x}|}\,d^3x' - \int \rho\left(\boldsymbol{x}'\right)\nabla\frac{\left(\boldsymbol{x}\boldsymbol{x}'\right)}{|\boldsymbol{x}|^3}\,d^3x' \\ &-\int \rho\left(\boldsymbol{x}'\right)\nabla\frac{3\left(\boldsymbol{x}\boldsymbol{x}'\right)^2 - \boldsymbol{x}^2\boldsymbol{x}'^2}{c\,|\boldsymbol{x}|^5}\,d^3x' + \cdots\end{aligned} \tag{8.50}$$

Auch hier ist die mathematische Nähe beider Entwicklungen offensichtlich. Durch die Substitution

$$\rho\left(\boldsymbol{x}'\right) \to c^{-1}\boldsymbol{j}\left(\boldsymbol{x}'\right)\times \tag{8.51}$$

gelangt man von der elektrostatischen zur magnetostatischen Multipolentwicklung.

8.4 *Magnetische Monopole

Es gibt aber einen wesentlichen Unterschied zwischen dem elektrischen Feld und dem Feld der magnetischen Induktion: Der führende Term der Multipolentwicklung des elektrischen Felds enthält die elektrische Gesamtladung des Systems, also $Q = \int \rho\left(\boldsymbol{x}'\right)\,d^3x'$. Ist das Ladungssystem einfach nur eine Punktladung Q, dann lautet das elektrische Feld

$$\boldsymbol{E} = \frac{Q\boldsymbol{x}}{|\boldsymbol{x}|^3} \tag{8.52}$$

In quellfreien Stromsystemen gilt dagegen (innerhalb der klassischen Theorie) immer

$$\int \boldsymbol{j}\left(\boldsymbol{x}'\right)\,d^3x' = 0 \tag{8.53}$$

Der führende Term in der Multipolentwicklung der magnetischen Induktion ist also der Dipolterm.

Würden wir die ursprüngliche Forderung der Quellfreiheit des Ladungsstromsystems fallen lassen und hierfür auch eine mikroskopische Erklärung finden, dann würde als Konsequenz in der Multipolentwicklung eine magnetische Ladung $\boldsymbol{Q}_{\mathrm{M}}$ auftreten. Die zugehörige Stromanordnung würde dann einen so genannten magnetischen Monopol mit dem Feld

$$\boldsymbol{B}(\boldsymbol{x}) = -\boldsymbol{Q}_{\mathrm{M}}\times\nabla\frac{1}{c\,|\boldsymbol{x}|} = \frac{\boldsymbol{Q}_{\mathrm{M}}\times\boldsymbol{x}}{c\,|\boldsymbol{x}|^3} \tag{8.54}$$

bilden. Innerhalb der klassischen Elektrodynamik führt ein magnetischer Monopol aber immer auf einen Widerspruch bei der Erklärung der Struktur der

Quelle, also der Stromverteilung, die das Feld der magnetischen Induktion erzeugt. Um diesen Widerspruch zu zeigen, bilden wir einfach die Rotation der magnetischen Induktion eines Monopols und erhalten mit (8.40)

$$\operatorname{rot} \boldsymbol{B} = -\operatorname{rot}\left(\boldsymbol{Q}_{\mathrm{M}} \times \nabla \frac{1}{c\,|\boldsymbol{x}|}\right) = \frac{1}{c}\left[(\boldsymbol{Q}_{\mathrm{M}}\nabla)\,\nabla\frac{1}{|\boldsymbol{x}|} - \boldsymbol{Q}_{\mathrm{M}}\Delta\frac{1}{|\boldsymbol{x}|}\right] \tag{8.55}$$

Benutzt man die Relation (A.11)

$$\frac{\partial^2}{\partial x^\alpha \partial x^\beta}\frac{1}{|\boldsymbol{x}|} = \frac{3x_\alpha x_\beta - |\boldsymbol{x}|^2\,\delta_{\alpha\beta}}{|\boldsymbol{x}|^5} - \frac{4\pi}{3}\delta_{\alpha\beta}\,\delta(\boldsymbol{x}) \tag{8.56}$$

dann erhält man

$$\operatorname{rot} \boldsymbol{B} = \frac{1}{c}\left[\frac{8\pi}{3}\boldsymbol{Q}_{\mathrm{M}}\delta(\boldsymbol{x}) + \frac{3\,(\boldsymbol{Q}_{\mathrm{M}}\boldsymbol{x})\,\boldsymbol{x} - |\boldsymbol{x}|^2\,\boldsymbol{Q}_{\mathrm{M}}}{|\boldsymbol{x}|^5}\right] = \frac{4\pi}{c}\boldsymbol{j} \tag{8.57}$$

Nach diesem Ausdruck hätte die Stromdichte, die zu einem Monopol führt, im klassischen Sinne nicht nur eine mikroskopische und damit außerhalb der klassischen Elektrodynamik liegende Ursache, sondern auch eine globale, über den gesamten Raum ausgedehnte dipolartige Komponente. Im Rahmen der klassischen Theorie macht vor allem der Punktstrom Schwierigkeiten. Im Prinzip kann man sich einen Punktstrom so vorstellen, dass in einem Punkt Ladungen erzeugt werden, zu einem infinitesimal in der Richtung von $\boldsymbol{Q}_{\mathrm{M}}$ liegenden zweiten Punkt fließen und dort wieder vernichtet werden. Dieser Effekt ist klassisch nicht zu erklären, da hier eine ständige Verletzung der lokalen Ladungserhaltung stattfindet.

Es gibt aber auch einen anderen Weg, magnetische Monopole in die Elektrodynamik einzuführen. Die bisherige Diskussion beruhte nämlich ausschließlich auf der Überlegung, solche Monopole im Rahmen der vorhandenen Theorie zu konstituieren. Stattdessen kann man aber auch die Maxwell-Gleichungen so verallgemeinern, dass magnetische Ladungen auch im Rahmen der klassischen Theorie zulässig werden.

Im statischen Fall würde das bedeuten, dass neben der elektrischen Ladungs- und Stromdichte ρ und $\boldsymbol{j}$ noch eine magnetische Ladungsdichte $\hat{\rho}$ und eine magnetische Stromdichte $\hat{\boldsymbol{j}}$ postuliert werden, sodass die Feldgleichungen eine symmetrische Struktur annehmen, also

$$\operatorname{div} \boldsymbol{E} = 4\pi\rho \qquad \operatorname{rot} \boldsymbol{E} = \frac{4\pi}{c}\hat{\boldsymbol{j}} \tag{8.58}$$

und

$$\operatorname{div} \boldsymbol{B} = 4\pi\hat{\rho} \qquad \operatorname{rot} \boldsymbol{B} = \frac{4\pi}{c}\boldsymbol{j} \tag{8.59}$$

Diese Gleichungen erwecken den Eindruck, als hätte die Existenz magnetischer Ladungen und Ströme einen messbaren Einfluss auf die physikalische

Realität. Die Symmetrie der Feldgleichungen hat aber die Konsequenz, dass diese unter einer Transformation der Felder $\boldsymbol{E}$ und $\boldsymbol{B}$

$$\boldsymbol{E}' = \cos\theta\,\boldsymbol{E} + \sin\theta\,\boldsymbol{B} \quad \text{und} \quad \boldsymbol{B}' = -\sin\theta\,\boldsymbol{E} + \cos\theta\,\boldsymbol{B} \tag{8.60}$$

invariant bleiben, wenn Ladungs- und Stromdichten entsprechend

$$\rho' = \cos\theta\,\rho + \sin\theta\,\hat{\rho} \quad \text{und} \quad \hat{\rho}' = -\sin\theta\,\rho + \cos\theta\,\hat{\rho} \tag{8.61}$$

sowie

$$\hat{\boldsymbol{j}}' = \cos\theta\,\hat{\boldsymbol{j}} + \sin\theta\,\boldsymbol{j} \quad \text{und} \quad \boldsymbol{j}' = -\sin\theta\,\hat{\boldsymbol{j}} + \cos\theta\,\boldsymbol{j} \tag{8.62}$$

transformiert werden. Sollten also Ladungsträger existieren, die sowohl eine elektrische als auch eine magnetische Ladung tragen, dann kann man durch eine geeignete Wahl des Winkels θ stets erreichen, dass die transformierten Felder $\boldsymbol{E}'$ und $\boldsymbol{B}'$ Gleichungen genügen, für die magnetische Ladungsdichte $\hat{\rho}'$ und magnetische Stromdichte $\hat{\boldsymbol{j}}'$ verschwinden. In diesem Sinne ist es nur eine Frage der Interpretation, ob man sagt, dass Elementarteilchen magnetische Ladungen besitzen oder nicht.[4] Der Transformationswinkel θ berechnet sich einfach aus dem Verhältnis der elektrischen und magnetischen Ladung der Elementarteilchen

$$\tan\theta = \frac{\hat{\rho}}{\rho} = \frac{q_{\text{mag}}}{q_{\text{el}}} \tag{8.63}$$

Ist das Verhältnis für alle Ladungsträger konstant, dann ist es wegen der Invarianz der Feldgleichungen gegenüber den obigen Transformationen sinnlos, von einer magnetischen Ladung zu sprechen. Wäre dieses Verhältnis für verschiedene Ladungsträger aber unterschiedlich, dann bestünde auch die Möglichkeit, diese potentiellen Ladungsträger experimentell nachzuweisen. Dazu legen wir die elektrischen und magnetischen Felder so fest, dass für eine bestimmte Sorte von Ladungsträgern, z. B. Elektronen, die magnetische Ladung per Definition verschwindet. Dann liegt die momentan experimentell realisierbare Nachweisgrenze für alle anderen Partikel bei einem Ladungsverhältnis von ungefähr

$$\frac{q_{\text{mag}}}{q_{\text{el}}} \geq 10^{-24} \tag{8.64}$$

Alle bisherigen Kandidaten für magnetische Monopole liegen in der Größenordnung dieser Fehlergrenze. Bis heute sind Partikel mit einer endlichen magnetischen Ladung oberhalb dieser Fehlergrenze unbekannt.

4) Die Diskussion kann auch auf die vollen Maxwell-Gleichungen erweitert werden, wenn man sie entsprechend dem vorliegenen Schema um magnetische Ladungsdichten und magnetische Ströme erweitert.

8.5 Lineare Stromschleifen

In einer für viele praktische Anwendungen typischen Situation fließen die Ströme durch Leiter, die im Vergleich zu den geometrischen Abmessungen der Anordnung sehr dünn sind. Solche Körper haben wir bereits in Kapitel 2 als dünne Drähte eingeführt und als lineare Leiter bezeichnet. Innerhalb der Theorie werden diese Objekte idealisiert als eindimensionale Objekte behandelt. Mathematisch reduziert man den räumlich ausgedehnten Strom mit der Dichte $\boldsymbol{j}(\boldsymbol{x})$ auf einen Linienstrom entsprechend

$$\boldsymbol{j}(\boldsymbol{x})\, d^3x \rightarrow I d\boldsymbol{l} \tag{8.65}$$

Dabei ist $d\boldsymbol{l}$ das Integrationselement des linienförmigen Leiters und I die für den jeweiligen Leiter zutreffende Stromstärke. Damit die Ladungserhaltung garantiert wird, können die Linienleiter nirgendwo im Raum beginnen oder enden. Sie müssen in einem endlich ausgedehnten System immer geschlossene Schleifen bilden. Daher kann man das Biot-Savart'sche Gesetz für eine Leiterschleife schreiben als:

$$\boldsymbol{B}(\boldsymbol{x}) = \frac{I}{c} \oint d\boldsymbol{l}' \times \frac{\boldsymbol{x} - \boldsymbol{x}'}{|\boldsymbol{x} - \boldsymbol{x}'|^3} \tag{8.66}$$

Sind N Leiterschleifen vorhanden, dann ist die magnetische Induktion die Superposition der Felder der einzelnen Schleifen:

$$\boldsymbol{B}(\boldsymbol{x}) = \sum_{K=1}^{N} \frac{I_K}{c} \oint d\boldsymbol{l}'_K \times \frac{\boldsymbol{x} - \boldsymbol{x}'_K}{|\boldsymbol{x} - \boldsymbol{x}'_K|^3} \tag{8.67}$$

Wir wollen als ein Beispiel das magnetische Moment (8.32) einer in der x-y-Ebene gelegenen kreisförmigen Leiterschleife vom Radius R (Abb. 8.1) als Funktion geometrischer Parameter und der Stromstärke I ausdrücken:

$$\boldsymbol{m} = \frac{1}{2c} \int\limits_{\text{Schleife}} \boldsymbol{x}' \times \boldsymbol{j}(\boldsymbol{x}')\, d^3x' = \frac{I}{2c} \oint \boldsymbol{x}' \times d\boldsymbol{l}' \tag{8.68}$$

Legt man den Koordinatenursprung in das Zentrum der kreisförmigen Schleife, dann ist

$$\boldsymbol{m} = \frac{I}{2c} \oint \boldsymbol{x}' \times d\boldsymbol{l}' = \frac{I}{2c} \int_0^{2\pi} R^2 \boldsymbol{e}_r \times \boldsymbol{e}_\varphi\, d\varphi = \frac{I\pi R^2 \boldsymbol{e}_z}{c} = \frac{FI}{c} \boldsymbol{e}_z \tag{8.69}$$

Dabei ist F die von der Schleife eingeschlossene Kreisfläche. Das magnetische Moment ist also proportional zum Produkt aus Stromstärke I und Kreisfläche F und steht senkrecht auf der Kreisfläche.

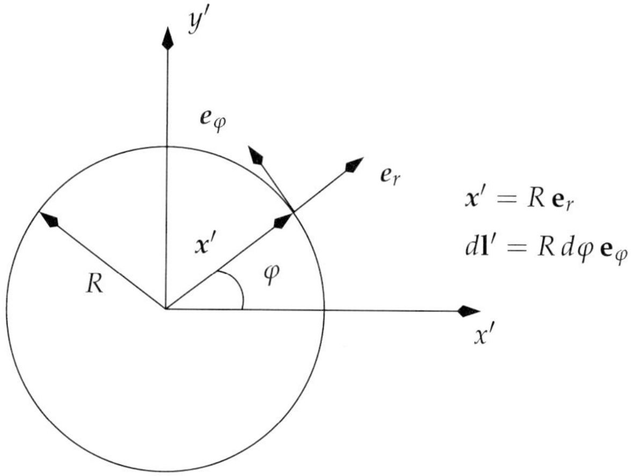

Abb. 8.1 Geometrie einer ebenen Leiterschleife (schematisch)

8.6 Magnetische Feldenergie

Die Energie des Felds der magnetischen Induktion bestimmt man unter Beachtung von (5.79) entsprechend

$$E_{\text{mag}} = \frac{1}{8\pi} \int \boldsymbol{B}^2 \, d^3x \tag{8.70}$$

Diese Darstellung entspricht dem Nahwirkungsprinzip. Wir wollen nun versuchen, im Sinne des Fernwirkungsprinzips die Energie nur durch die Quellen des Felds – also die Ladungsströme – und deren Anordnung im Raum ausdrücken. Dazu schreiben wir

$$E_{\text{mag}} = \frac{1}{8\pi} \int \boldsymbol{B} \, \text{rot} \, \boldsymbol{A} \, d^3x \tag{8.71}$$

und verwenden dann die Beziehung (B.11) $\text{div} \, \boldsymbol{a} \times \boldsymbol{b} = \boldsymbol{b} \, \text{rot} \, \boldsymbol{a} - \boldsymbol{a} \, \text{rot} \, \boldsymbol{b}$ mit $\boldsymbol{b} = \boldsymbol{A}$ und $\boldsymbol{a} = \boldsymbol{B}$ sowie den Gauß'schen Satz

$$\begin{aligned} E_{\text{mag}} &= \frac{1}{8\pi} \int \left[\boldsymbol{A} \, \text{rot} \, \boldsymbol{B} - \text{div} \, \boldsymbol{B} \times \boldsymbol{A} \right] \, d^3x \\ &= \frac{1}{8\pi} \int \boldsymbol{A} \, \text{rot} \, \boldsymbol{B} \, d^3x - \frac{1}{8\pi} \oint \boldsymbol{B} \times \boldsymbol{A} \, d\boldsymbol{f} \end{aligned} \tag{8.72}$$

Da sich die Integration über das gesamte Volumen erstreckt, liegt die Oberfläche des zweiten Integrals im Unendlichen. Dort ist aber der Beitrag der Felder verschwindend klein, sodass der Wert dieses Integrals gegen 0 geht. Es bleibt also nur

$$E_{\text{mag}} = \frac{1}{8\pi} \int \boldsymbol{A} \, \text{rot} \, \boldsymbol{B} \, d^3x = \frac{1}{2c} \int \boldsymbol{A} \, \boldsymbol{j} \, d^3x \tag{8.73}$$

wobei wir im letzten Schritt von (8.3) Gebrauch gemacht haben. Auch hier ist die Ähnlichkeit zur elektrostatischen Energie

$$U = \frac{1}{2} \int \varphi \rho \, d^3x \tag{8.74}$$

(vgl. 6.130) bemerkenswert. Die Energie ist in beiden Fällen gegeben durch das (skalare oder vektorielle) Potential, das an jeder Stelle des Raums mit der dort vorhandenen Ladung bzw. dem entsprechenden Ladungsstrom bilinear gekoppelt wird.

Der letzte Schritt zur Fernwirkungsdarstellung besteht in der Substitution des Potentials durch den Potentialausdruck (8.12). Dadurch erhält man

$$E_{\text{mag}} = \frac{1}{2c^2} \int \int \frac{\boldsymbol{j}(\boldsymbol{x}) \boldsymbol{j}(\boldsymbol{x}')}{|\boldsymbol{x} - \boldsymbol{x}'|} \, d^3x \, d^3x' \tag{8.75}$$

Wir wollen diese Darstellung noch auf den Fall linearer Stromsysteme spezifizieren. Dazu ersetzen wir

$$\boldsymbol{j}(\boldsymbol{x}) \, d^3x \qquad \rightarrow \qquad \sum_{K=1} I_K \, d\boldsymbol{l}_K \tag{8.76}$$

und bekommen

$$E_{\text{mag}} = \frac{1}{2c^2} \sum_{J,K=1}^{N} I_J I_K \int \int \frac{d\boldsymbol{l}_J \, d\boldsymbol{l}'_K}{|\boldsymbol{x} - \boldsymbol{x}'|} \tag{8.77}$$

Führen wir jetzt noch die rein von der Geometrie des Leitersystems abhängigen Größen

$$L_{JK} = \frac{1}{c^2} \int \int \frac{d\boldsymbol{l}_J \, d\boldsymbol{l}'_K}{|\boldsymbol{x} - \boldsymbol{x}'|} \tag{8.78}$$

ein, dann ist die magnetische Feldenergie eine einfache quadratische Form der Ströme:

$$E_{\text{mag}} = \frac{1}{2} \sum_{J,K} L_{JK} I_J I_K \tag{8.79}$$

Die hier auftretenden Koeffizienten werden im Fall $J = K$ als *Selbstinduktionskoeffizienten* L_{KK} und im Fall $J \neq K$ als Koeffizienten der gegenseitigen Induktion oder kurz *Induktionskoeffizienten* bezeichnet. Sie spielen eine ähnliche Rolle wie die Kapazitätskoeffizienten. Insbesondere sind die Induktionskoeffizienten ebenfalls in ihren Indizes symmetrisch:

$$L_{JK} = L_{KJ} \tag{8.80}$$

8.7
Kräfte im Magnetfeld

Wir wenden uns nun einer externen magnetischen Induktion zu, die durch entsprechende Ströme erzeugt wird. In diesem Feld soll sich ein weiteres System von Strömen befinden (ein so genanntes Testsystem), das mit diesem externen Feld in Wechselwirkung steht. Wir wollen nun wissen, welche mechanische Kraft das externe Feld der magnetischen Induktion auf das Testsystem ausübt.

Die Ströme des Testsystems stehen zwar ebenfalls untereinander in Wechselwirkung, aber diese Beiträge heben sich in der Gesamtkraft wegen des dritten Newton'schen Axioms wieder auf. Man braucht daher nur die Wirkung des externen Felds auf alle Ladungsströme zu bestimmen. Die Kraft, die im Feld der magnetischen Induktion auf eine bewegte Ladung q wirkt, ist der magnetische Teil der bereits bekannten Lorentz-Kraft

$$\boldsymbol{F} = \frac{q}{c}(\boldsymbol{v} \times \boldsymbol{B}) \tag{8.81}$$

Die Gesamtkraft, die auf alle N Ladungen des Systems wirkt, ist einfach die Summe der Einzelkräfte, also

$$\boldsymbol{F} = \sum_{I=1}^{N} \frac{q_I}{c} \left[\boldsymbol{v}_I \times \boldsymbol{B}(\boldsymbol{x}_I)\right] \tag{8.82}$$

Dabei wurde berücksichtigt, dass die magnetische Induktion immer an der aktuellen Position der Ladung zu nehmen ist. Wir benutzen wieder die δ-Funktion und erhalten mit (5.32)

$$\boldsymbol{F} = \frac{1}{c} \sum_{I=1}^{N} \int \delta(\boldsymbol{x} - \boldsymbol{x}_I)\, q_I \left[\boldsymbol{v}_I \times \boldsymbol{B}(\boldsymbol{x})\right] d^3x = \frac{1}{c} \int \boldsymbol{j}(\boldsymbol{x}) \times \boldsymbol{B}(\boldsymbol{x})\, d^3x \tag{8.83}$$

Dieser Ausdruck bestimmt die im Feld der magnetischen Induktion auf ein beliebiges System von Ladungsströmen wirkende Kraft. Häufig reicht es aus, die Ströme durch ihr magnetisches Moment zu charakterisieren. Dann lässt sich die Gesamtkraft wenigstens näherungsweise noch vereinfachen. Dazu legen wir jetzt den Koordinatenursprung in das Zentrum der Stromverteilung und entwickeln die magnetische Induktion nach der Entfernung vom Ursprung, also

$$\boldsymbol{B}(\boldsymbol{x}) = \boldsymbol{B}(0) + \left[(\boldsymbol{x}\nabla_{\boldsymbol{y}})\, \boldsymbol{B}(\boldsymbol{y})\right]_{\boldsymbol{y}=0} + \cdots \tag{8.84}$$

Die Darstellung des Gliedes erster Ordnung besagt nichts weiter, als dass die Ableitung der magnetischen Induktion im Koordinatenursprung zu nehmen ist. Wegen

$$\int \boldsymbol{j}(\boldsymbol{x})\, d^3x = 0 \tag{8.85}$$

verschwindet beim Einsetzen der magnetischen Induktion in die Kraftgleichung der erste Summand. Der führende Term der Reihenentwicklung ist da-

mit

$$F = \frac{1}{c} \int j(x) \times \left[(x \nabla_y) B(y) \right]_{y=0} d^3x$$
$$= \frac{1}{c} \left[\int (x \nabla_y) (j(x) \times B(y)) \, d^3x \right]_{y=0} \tag{8.86}$$

In Komponentenschreibweise erhalten wir

$$F_\alpha = \frac{1}{c} \left[\frac{\partial}{\partial y^\delta} \varepsilon_{\alpha\beta\gamma} \left(\int x^\delta j^\beta(x) \, d^3x \right) B^\gamma(y) \right]_{y=0} \tag{8.87}$$

Benutzen wir die Darstellung des magnetischen Moments (8.32) in der Komponentendarstellung

$$m_\alpha = \frac{1}{2c} \varepsilon_{\alpha\beta\gamma} \int x^\beta j^\gamma \, d^3x \tag{8.88}$$

dann ist

$$\varepsilon^{\alpha\delta\mu} m_\alpha = \frac{1}{2c} \varepsilon^{\alpha\delta\mu} \varepsilon_{\alpha\beta\gamma} \int x^\beta j^\gamma \, d^3x = \frac{1}{2c} \left[\delta^\delta_\beta \delta^\mu_\gamma - \delta^\delta_\gamma \delta^\mu_\beta \right] \int x^\beta j^\gamma \, d^3x \tag{8.89}$$

und damit

$$\varepsilon^{\alpha\delta\mu} m_\alpha = \frac{1}{2c} \int \left[x^\delta j^\mu - x^\mu j^\delta \right] d^3x \tag{8.90}$$

Wir formen den zweiten Summanden in dieser Formel noch etwas um:

$$\int x^\mu j^\delta \, d^3x = \int \left[\frac{\partial (x^\delta j^\nu)}{\partial x^\nu} x^\mu - x^\delta x^\mu \frac{\partial j^\nu}{\partial x^\nu} \right] d^3x \tag{8.91}$$

Der zweite Term dieses Ausdrucks enthält die Divergenz des Stroms. Für die Stationarität des Systems war aber $\operatorname{div} \boldsymbol{j} = 0$ eine notwendige Bedingung. Damit bleibt nur noch

$$\int x^\mu j^\delta \, d^3x = \int \frac{\partial (x^\delta j^\nu)}{\partial x^\nu} x^\mu \, d^3x = \int \left[\frac{\partial (x^\delta j^\nu x^\mu)}{\partial x^\nu} - x^\delta j^\nu \frac{\partial x^\mu}{\partial x^\nu} \right] d^3x \tag{8.92}$$

Der erste Summand ist eine verallgemeinerte Divergenz. Die Anwendung des Gauß'schen Satzes liefert nur noch Beiträge von den im Unendlichen liegenden Rändern, wo aber keine Ladungsströme mehr vorhanden sind. Daher entfällt dieser Term, und es bleibt

$$\int x^\mu j^\delta \, d^3x = -\int x^\delta j^\nu \frac{\partial x^\mu}{\partial x^\nu} \, d^3x = -\int x^\delta j^\nu \delta^\mu_\nu \, d^3x = -\int x^\delta j^\mu \, d^3x \tag{8.93}$$

Wir verwenden nun diese Antisymmetrie, um (8.90) zu vereinfachen. Dann ergibt sich

$$\varepsilon^{\alpha\delta\mu} m_\alpha = \frac{1}{c} \int x^\delta j^\mu \, d^3x \tag{8.94}$$

Setzen wir (8.94) in (8.87) ein, dann folgt für die Kraft auf das Testsystem im Feld der magnetischen Induktion

$$F_\alpha = \left[\frac{\partial}{\partial y^\delta}\varepsilon_{\alpha\beta\gamma}\varepsilon^{\nu\delta\beta}m_\nu B^\gamma(\boldsymbol{y})\right]_{y=0} = \left[\frac{\partial}{\partial y^\delta}\left(\delta^\nu_\gamma\delta^\delta_\alpha - \delta^\nu_\alpha\delta^\delta_\gamma\right)m_\nu B^\gamma(\boldsymbol{y})\right]_{y=0} \quad (8.95)$$

oder

$$F_\alpha = \left[\frac{\partial}{\partial y^\alpha}m_\nu B^\nu(\boldsymbol{y})\right]_{y=0} - \left[\frac{\partial}{\partial y^\delta}m_\alpha B^\delta(\boldsymbol{y})\right]_{y=0} \quad (8.96)$$

Der zweite Beitrag dieser Summe verschwindet nun wegen

$$\left[\frac{\partial}{\partial y^\delta}m_\alpha B^\delta(\boldsymbol{y})\right]_{y=0} = m_\alpha\left[\frac{\partial B^\delta(\boldsymbol{y})}{\partial y^\delta}\right]_{y=0} = m_\alpha\left[\operatorname{div}_{\boldsymbol{y}}\boldsymbol{B}\right]_{y=0} = 0 \quad (8.97)$$

Geht man wieder zur Vektordarstellung über, dann ist die Kraft auf einen magnetischen Dipol gegeben durch

$$\boldsymbol{F} = \left[\nabla_y\left(\boldsymbol{m}\boldsymbol{B}(\boldsymbol{y})\right)\right]_{y=0} \quad (8.98)$$

Liegt das Zentrum der ursprünglichen Stromverteilung nicht mehr im Ursprung des Koordinatensystems, sondern in irgendeinem Punkt $\boldsymbol{x}$, dann verallgemeinert sich der Ausdruck (8.98) zu

$$\boldsymbol{F} = \nabla\left(\boldsymbol{m}\boldsymbol{B}(\boldsymbol{x})\right) \quad (8.99)$$

Offenbar wirkt nur dann eine Kraft auf einen magnetischen Dipol (oder alternativ eine Stromverteilung), wenn das Feld der magnetischen Induktion inhomogen ist. In einem homogenen Feld entsteht keine resultierende Gesamtkraft. Dagegen können wir aber, in Analogie zum elektrischen Dipol, ein Drehmoment erwarten. Das Drehmoment auf eine einzelne Ladung ergibt sich aus der Lorentz-Kraft:

$$\boldsymbol{M} = \boldsymbol{x}\times\boldsymbol{F} = \frac{q}{c}\boldsymbol{x}\times(\boldsymbol{v}\times\boldsymbol{B}) \quad (8.100)$$

Das Drehmoment eines Systems strömender Ladungen ist dann

$$\begin{aligned}\boldsymbol{M} &= \sum_{I=1}^N \frac{q_I}{c}\boldsymbol{x}_I\times(\boldsymbol{v}_I\times\boldsymbol{B}(\boldsymbol{x}_I)) \\ &= \sum_{I=1}^N \int\frac{q_I}{c}\delta(\boldsymbol{x}-\boldsymbol{x}_I)\,\boldsymbol{x}\times(\boldsymbol{v}_I\times\boldsymbol{B}(\boldsymbol{x}))\,d^3x \end{aligned} \quad (8.101)$$

Unter Verwendung der Darstellung (5.32) für die Stromdichte erhält man

$$\boldsymbol{M} = \frac{1}{c}\int\boldsymbol{x}\times(\boldsymbol{j}\times\boldsymbol{B})\,d^3x = \frac{1}{c}\int\left[(\boldsymbol{j}(\boldsymbol{x}\boldsymbol{B}) - \boldsymbol{B}(\boldsymbol{x}\boldsymbol{j})\right]d^3x \quad (8.102)$$

Diese allgemeine Darstellung soll jetzt wieder unter Verwendung des magnetischen Moments umgeschrieben werden. Ist die magnetische Induktion in der Umgebung des untersuchten Systems nur wenig veränderlich, dann kann sie unter dem Integral näherungsweise durch ihren Wert $\boldsymbol{B}^0$ im Zentrum des Testsystems ersetzt werden. In Komponentenschreibweise erhält man also

$$M_\alpha = \frac{1}{c} \int \left[j_\alpha x^\beta B^0_\beta - j_\beta x^\beta B^0_\alpha \right] d^3x \tag{8.103}$$

Wegen (8.94) gilt

$$\int j_\alpha x^\beta \, d^3x = \delta_{\alpha\gamma} \int j^\gamma x^\beta \, d^3x = c\delta_{\alpha\gamma}\varepsilon^{\nu\beta\gamma} m_\nu \tag{8.104}$$

Damit folgt wegen der Antisymmetrie von $\varepsilon^{\alpha\beta\gamma}$ sofort

$$\int j_\beta x^\beta \, d^3x = \delta_{\beta\gamma} \int j^\gamma x^\beta \, d^3x = c\delta_{\beta\gamma}\varepsilon^{\nu\beta\gamma} m_\nu = 0 \tag{8.105}$$

Wir erhalten dann

$$M_\alpha = \delta_{\alpha\gamma}\varepsilon^{\nu\beta\gamma} m_\nu B^0_\beta = \delta_{\alpha\gamma}\varepsilon^{\gamma\nu\beta} m_\nu B^0_\beta \tag{8.106}$$

oder

$$M^\alpha = \varepsilon^{\alpha\nu\beta} m_\nu B^0_\beta \tag{8.107}$$

In der üblichen Vektordarstellung gilt damit

$$\boldsymbol{M} = \boldsymbol{m} \times \boldsymbol{B}^0 \tag{8.108}$$

Wenn man die Forderung, dass die magnetische Induktion im Schwerpunkt des Stromsystems zu nehmen ist, implizit voraussetzt, vereinfacht sich das zu

$$\boldsymbol{M} = \boldsymbol{m} \times \boldsymbol{B} \tag{8.109}$$

8.8 Magnetostatik in Materie

8.8.1 Magnetisierung

Wie in der Elektrostatik ist es auch in der Magnetostatik sinnvoll, Materie als ein System von mikroskopischen Objekten aufzufassen, die auf ein vorhandenes äußeres Feld mit einem gewissen Gegenfeld reagieren. Wurden die elektrischen Eigenschaften der Materie von mikroskopischen elektrischen Dipolen erzeugt, so kann man in der Magnetostatik annehmen, dass die magnetischen

Eigenschaften auf mikroskopischen magnetischen Dipolen beruhen, die z.B. durch entsprechende mikroskopische Kreisströme erzeugt werden.

Die Ursache für Entstehung solcher Ringströme ist in der quantenmechanischen Struktur der Atome zu suchen. Wir werden darauf in Band III dieser Lehrbuchreihe zurückkommen. Aus der Sicht der klassisch formulierten Elektrodynamik sind diese Details aber zweitrangig. Uns genügt die phänomenologische Annahme der Existenz mikroskopischer Kreisströme und folglich mikroskopischer magnetischer Dipole in den betrachteten Materialien.

Die magnetischen Felder dieser mikroskopischen Ströme überlagern sich mit den magnetischen Feldern möglicher externer Ströme. Damit haben wir, analog zur Aufteilung des skalaren Potentials in der Elektrostatik, die Beziehung

$$\boldsymbol{A}(\boldsymbol{x}) = \boldsymbol{A}_{\text{ext}}(\boldsymbol{x}) + \boldsymbol{A}_{\text{mat}}(\boldsymbol{x}) \tag{8.110}$$

Der Materieanteil setzt sich in der einfachsten Modellvorstellung als Superposition kleiner Dipole $\boldsymbol{m}_I$ an den Orten $\boldsymbol{x}_I$ zusammen. Mit (8.33) hatten wir einen Ausdruck für das Vektorpotential eines magnetischen Dipols am Koordinatenursprung gefunden:

$$\boldsymbol{A} = \frac{\boldsymbol{m} \times \boldsymbol{x}}{|\boldsymbol{x}|^3} \tag{8.111}$$

Das Vektorpotential einer Ansammlung von magnetischen Dipolen wird damit zu

$$\boldsymbol{A}_{\text{mat}}(\boldsymbol{x}) = \sum_{I=1}^{N} \frac{\boldsymbol{m}_I \times (\boldsymbol{x} - \boldsymbol{x}_I)}{|\boldsymbol{x} - \boldsymbol{x}_I|^3} = \sum_{I=1}^{N} \int \delta(\boldsymbol{x}' - \boldsymbol{x}_I) \frac{\boldsymbol{m}_I \times (\boldsymbol{x} - \boldsymbol{x}')}{|\boldsymbol{x} - \boldsymbol{x}'|^3} d^3x' \tag{8.112}$$

Wir führen jetzt analog zur elektrischen Polarisation die Magnetisierung ein:

$$\boldsymbol{M}(\boldsymbol{x}') = \sum_{I=1}^{N} \boldsymbol{m}_I \, \delta(\boldsymbol{x}' - \boldsymbol{x}_I) \tag{8.113}$$

Man kann sie als lokale Dichte der magnetischen Dipole betrachten. Damit erhalten wir die Darstellung

$$\boldsymbol{A}_{\text{mat}}(\boldsymbol{x}) = \int \frac{\boldsymbol{M}(\boldsymbol{x}') \times (\boldsymbol{x} - \boldsymbol{x}')}{|\boldsymbol{x} - \boldsymbol{x}'|^3} d^3x' = \int \boldsymbol{M}(\boldsymbol{x}') \times \nabla_{x'} \frac{1}{|\boldsymbol{x} - \boldsymbol{x}'|} d^3x' \tag{8.114}$$

Beachtet man die Vektordifferentialbeziehung (B.10) $\operatorname{rot} \alpha \boldsymbol{b} = \alpha \operatorname{rot} \boldsymbol{b} - \boldsymbol{b} \times \nabla \alpha$, dann kann man das Vektorpotential der Materie mit der Identifizierung $\alpha = |\boldsymbol{x} - \boldsymbol{x}'|^{-1}$ und $\boldsymbol{b} = \boldsymbol{M}(\boldsymbol{x}')$ weiter umformen zu:

$$\boldsymbol{A}_{\text{mat}}(\boldsymbol{x}) = \int \frac{\operatorname{rot}_{x'} \boldsymbol{M}(\boldsymbol{x}')}{|\boldsymbol{x} - \boldsymbol{x}'|} d^3x' - \int \operatorname{rot}_{x'} \left(\frac{\boldsymbol{M}(\boldsymbol{x}')}{|\boldsymbol{x} - \boldsymbol{x}'|} \right) d^3x' \tag{8.115}$$

Das zweite Integral enthält nur Ableitungen. Nach der Integration über das ganze, beliebig weit ausgedehnte Volumen bleiben mithilfe des verallgemeinerten Gauß'schen Satzes nur Beiträge von den Rändern. Da dort aber keine Materie vorhanden ist, verschwinden diese Terme. Aus (8.115) wird deshalb:

$$A_{\text{mat}}(x) = \int \frac{\text{rot}_{x'} M(x')}{|x - x'|} d^3x' \tag{8.116}$$

Das Gesamtvektorpotential ist dann aus dem Beitrag der externen Ströme und dem der Materie zusammengesetzt:

$$A(x) = \frac{1}{c} \int \frac{j_{\text{ext}}(x')}{|x - x'|} d^3x' + \int \frac{\text{rot}_{x'} M(x')}{|x - x'|} d^3x' \tag{8.117}$$

Wir bilden jetzt die zweifache Rotation $\text{rot}\,\text{rot}\,A = \text{grad}\,\text{div}\,A - \Delta A$ und beachten, dass wegen der Coulomb-Eichung die Divergenz des Vektorpotentials verschwindet und dass $\Delta\,|x - x'|^{-1} = -4\pi\,\delta(x - x')$ gilt. Dann ist

$$\text{rot}\,\text{rot}\,A(x) = -\Delta A(x) = \frac{4\pi}{c} j_{\text{ext}}(x) + 4\pi\,\text{rot}\,M(x) \tag{8.118}$$

oder

$$\text{rot}\left[\text{rot}\,A(x) - 4\pi M(x)\right] = \frac{4\pi}{c} j_{\text{ext}}(x) \tag{8.119}$$

bzw.

$$\text{rot}\left[B(x) - 4\pi M(x)\right] = \frac{4\pi}{c} j_{\text{ext}}(x) \tag{8.120}$$

Analog zu der über die elektrostatischen Feldgleichungen direkt mit den externen Ladungen verbundenen dielektrischen Verschiebung $D = E + 4\pi P$ führen wir das *Magnetfeld* entsprechend

$$H(x) = B(x) - 4\pi M(x) \tag{8.121}$$

ein. Die magnetischen Feldgleichungen lauten damit bei Anwesenheit von Materie

$$\text{rot}\,H = \frac{4\pi}{c} j_{\text{ext}} \qquad \text{und} \qquad \text{div}\,B = 0 \tag{8.122}$$

Natürlich sind hiermit – ganz analog wie bei der Behandlung statischer elektrischer Felder in Materie – die ursprünglichen axiomatischen Gleichungen der Magnetostatik nicht außer Kraft gesetzt. Wir haben vielmehr die Eigenschaften der Materie in ein Feld aufgenommen und somit die durch Materialeigenschaften bestimmten magnetischen Felder von den externen Strömen getrennt. Diese Vorgehensweise ist i. a. viel praktikabler als die Behandlung des Problems mit nur einem Feld.

8.8.2 Magnetische Suszeptibilität und magnetische Permeabilität

Allgemein sind magnetisches Feld und magnetische Induktion nicht unabhängig voneinander. Vielmehr vermitteln, ähnlich wie im elektrostatischen Fall, Materialgleichungen (konstitutive Gleichungen) zwischen den beiden Größen.

Anders als in der Elektrostatik, wo man eine Beziehung zwischen Polarisation $\boldsymbol{P}$ und elektrischem Feld $\boldsymbol{E}$ hergestellt hatte, wählt man hier – aus historischen Gründen – eine Beziehung zwischen $\boldsymbol{M}$ und dem "Hilfsfeld" $\boldsymbol{H}$. Man kann auch jetzt wieder eine Entwicklung der Form

$$M_\alpha = M_\alpha(0) + \chi^{(1)}_{\alpha\beta} H^\beta + \chi^{(2)}_{\alpha\beta\gamma} H^\beta H^\gamma + \chi^{(3)}_{\alpha\beta\gamma\delta} H^\beta H^\gamma H^\delta + \cdots \tag{8.123}$$

als einen geeigneten phänomenologischen Ansatz wählen.

Sind die magnetischen Felder nicht zu stark, dann ist der Abbruch dieser Reihe nach dem ersten Glied eine sinnvolle Näherung. Im Gegensatz zur elektrischen Polarisation darf man aber hier den konstanten Beitrag $M_\alpha(0)$ für eine größere Klasse von Materialien nicht unbedingt weglassen. Es gibt eine Reihe ferromagnetischer Materialien mit einer ausgeprägten spontanen Magnetisierung.

Sehen wir von diesen Materialien ab, dann ist auch im magnetischen Fall eine lineare Relation zwischen Magnetisierung und magnetischem Feld der einfachste Ansatz:

$$\boldsymbol{M} = \underline{\underline{\chi}}^{\text{mag}} \boldsymbol{H} \tag{8.124}$$

Die magnetische Suszeptibilität $\underline{\underline{\chi}}^{\text{mag}}$ ist ein Tensor zweiter Stufe. In isotropen Materialien kann sie aber durch einen Skalar ersetzt werden:

$$\boldsymbol{M} = \chi^{\text{mag}} \boldsymbol{H} \tag{8.125}$$

Damit folgt für die magnetische Induktion

$$\boldsymbol{B} = \boldsymbol{H} + 4\pi \boldsymbol{M} = \boldsymbol{H} + 4\pi \underline{\underline{\chi}}^{\text{mag}} \boldsymbol{H} = \underline{\underline{\mu}} \boldsymbol{H} \tag{8.126}$$

Dabei ist

$$\underline{\underline{\mu}} = \mathbf{1} + 4\pi \underline{\underline{\chi}}^{\text{mag}} \tag{8.127}$$

der Tensor der magnetischen Permeabilität. In isotropen Medien wird daraus ein Skalar:

$$\mu = 1 + 4\pi \chi^{\text{mag}} \tag{8.128}$$

Im Gegensatz zur elektrischen Suszeptibilität ist aber χ^{mag} nicht mehr unbedingt positiv. Deshalb kann, je nach Material, $\mu > 1$ oder $\mu < 1$ gelten.

Die magnetische Permeabilität erfasst die mikroskopischen Eigenschaften der Atome eines Materials auf einer makroskopischen Ebene. Die Magnetisierung $\boldsymbol{M}$ kann deshalb als resultierende Reaktion der Materie auf ein anliegendes Magnetfeld verstanden werden.

8.8.3 Magnetisierungsstromdichte

Wir können analog zur Polarisationsladungsdichte (7.179) eine Magnetisierungsstromdichte $\boldsymbol{j}_{\text{mag}}$ einführen. Dazu gehen wir von (8.3) aus und schreiben diese Gleichung in die Form

$$\operatorname{rot}\boldsymbol{B} = \frac{4\pi}{c}(\boldsymbol{j}_{\text{ext}} + \boldsymbol{j}_{\text{mag}}) \tag{8.129}$$

Dabei repräsentiert die rechte Seite die gesamte Stromdichte, die sich aus externen Beiträgen und mikroskopischen Strömen im Material zusammensetzt. Der Vergleich mit (8.120) führt auf

$$\operatorname{rot}\boldsymbol{M} = \frac{1}{c}\boldsymbol{j}_{\text{mag}} \tag{8.130}$$

Die so definierte Magnetisierungsstromdichte ist nicht nur formal der physikalischen Einheit wegen eine Stromdichte. Bildet man nämlich entsprechend (8.32) das zu diesem Strom gehörige magnetische Moment eines beliebigen makroskopischen Körpers G, dann ergibt sich

$$\boldsymbol{m}_G = \frac{1}{2c}\int\limits_G \boldsymbol{x} \times \boldsymbol{j}_{\text{mag}}(\boldsymbol{x})\, d^3x = \frac{1}{2}\int\limits_G \boldsymbol{x} \times \operatorname{rot}\boldsymbol{M}(\boldsymbol{x})\, d^3x \tag{8.131}$$

Die rechte Seite kann man unter Verwendung der Komponentenschreibweise folgendermaßen umformen:

$$\begin{aligned}\left[\int\limits_G \boldsymbol{x} \times \operatorname{rot}\boldsymbol{M}(\boldsymbol{x})\, d^3x\right]_\alpha &= \int\limits_G \frac{\partial}{\partial x^\delta}(\varepsilon_{\alpha\beta\gamma}x^\beta\varepsilon^{\gamma\delta\nu}M_\nu)\, d^3x \\ &\quad - \int\limits_G \frac{\partial}{\partial x^\delta}(\varepsilon_{\alpha\beta\gamma}x^\beta)\varepsilon^{\gamma\delta\nu}M_\nu\, d^3x \end{aligned} \tag{8.132}$$

Das erste Integral wird mit dem Gauß'schen Satz in ein Oberflächenintgral über eine beliebig weit vom Körper entfernt liegende Oberfäche überführt und verschwindet deshalb, da außerhalb des Körpers natürlich keine Magnetisierung vorhanden ist. Deshalb müssen wir nur noch das zweite Integral auswerten. Aus (8.132) wird deshalb

$$\left[\int_G \boldsymbol{x} \times \operatorname{rot} \boldsymbol{M}(\boldsymbol{x})\, d^3x\right]_\alpha = -\int_G \varepsilon_{\alpha\delta\gamma}\varepsilon^{\gamma\delta\nu} M_\nu\, d^3x$$
$$= 2\int_G M_\alpha\, d^3x \tag{8.133}$$

Dabei haben wir die Relation $\varepsilon_{\alpha\delta\gamma}\varepsilon^{\gamma\delta\nu} = -2\delta^\nu_\alpha$ verwendet. In der kompakteren Vektorschreibweise haben wir dann die Gleichung:

$$\boldsymbol{m}_G = \int_G \boldsymbol{M}\, d^3x \tag{8.134}$$

Wie erwartet, ist das magnetische Moment eines mit Materie gefüllten Gebietes G gerade das Integral über die Magnetisierung. Damit hat der Magnetisierungsstrom bezüglich seines Verhältnisses zum magnetischen Moment wegen (8.131) die gleiche physikalische Bedeutung wie eine externe Stromdichte gemäß (8.32).

8.8.4 Magnetisches Feld und magnetische Induktion

Die Bezeichnung magnetisches Feld bzw. magnetische Feldstärke für das Feld $\boldsymbol{H}$ hat historische Ursachen. Elektrisches Feld $\boldsymbol{E}$ und magnetisches Feld $\boldsymbol{H}$ stehen sich aus heuristischer Sicht oft näher als $\boldsymbol{E}$ und die magnetische Induktion $\boldsymbol{B}$. Tatsächlich findet man für Materialien, die frei von externen Ladungen und Strömen sind, zwei völlig identische Differentialgleichungssysteme:

$$\operatorname{rot} \boldsymbol{E} = 0 \qquad \text{und} \qquad \operatorname{div} \boldsymbol{D} = 0 \tag{8.135}$$

und

$$\operatorname{rot} \boldsymbol{H} = 0 \qquad \text{und} \qquad \operatorname{div} \boldsymbol{B} = 0 \tag{8.136}$$

Sie legen eine physikalisch motivierte Gleichstellung der Felder $\boldsymbol{E}$ und $\boldsymbol{H}$ einerseits und $\boldsymbol{D}$ und $\boldsymbol{B}$ andererseits nahe. Insbesondere erlaubt $\operatorname{rot} \boldsymbol{H} = 0$ die Einführung eines skalaren magnetischen Potentials φ_M mit

$$\boldsymbol{H} = -\nabla \varphi_\mathrm{M} \tag{8.137}$$

Aus der Quellfreiheit von $\boldsymbol{B}$ folgt dann mit (8.121)

$$\operatorname{div} \boldsymbol{H} = -4\pi \operatorname{div} \boldsymbol{M} = 4\pi\rho_\mathrm{M} \tag{8.138}$$

eine magnetische Poisson-Gleichung

$$\Delta\varphi_{\mathrm{M}} = -4\pi\rho_{\mathrm{M}} \qquad (8.139)$$

Dabei kann die über die Divergenz der Magnetisierung bestimmte Größe ρ_{M} als eine „magnetische Ladungsdichte“ interpretiert werden. Allerdings ist diese Beschreibung auf die homogenen magnetostatischen Feldgleichungen beschränkt und außerdem nur im makroskopischen Maßstab sinnvoll. Die Extrapolation der magnetischen Ladungsdichte auf mikroskopische Skalen würde nämlich die Existenz bisher nicht beobachteter magnetischer Monopole als Äquivalent zur elektrischen Ladung nahelegen.

Die hier diskutierte Analogie zwischen $\boldsymbol{E}$-Feld und $\boldsymbol{H}$-Feld wird noch an anderen dynamischen Phänomenen sichbar, die wir später behandeln wollen. Trotzdem darf diese scheinbare Äquivalenz nicht überbewertet werden. Vor allem die in Kapitel 3–5 dargestellte Ableitung der beiden Felder $\boldsymbol{E}$ und $\boldsymbol{B}$ aus einer gemeinsamen Theorie legt deren physikalische Nähe dar, während das magnetische Feld $\boldsymbol{H}$ und die dielektrische Verschiebung $\boldsymbol{D}$ erst durch die Präsenz eines Materials einen Sinn als geeignete Felder für eine kompakte mathematische Darstellung bekommen.

Einen weiteren Grund, die formalen Ähnlichkeiten zwischen magnetischem und elektrischen Feld nicht zu stark zu betonen, haben wir in Kapitel 2 gegeben. Bei der heuristischen Begründung der Maxwell-Gleichungen wurde gezeigt, dass sowohl das elektrische Feld $\boldsymbol{E}$ als auch die magnetische Induktion $\boldsymbol{B}$ die Kraftwirkung zwischen Ladungen bzw. Strömen definieren. Dieser Zusammenhang zwischen den Feldern $\boldsymbol{E}$ und $\boldsymbol{B}$ einerseits und der mechanischen Kraft andererseits bleibt auch bei der Anwesenheit eines Mediums erhalten.

8.9 Magnetische Materialien

8.9.1 Diamagnetische Materialien

Die mikroskopischen Mechanismen, die zur Entstehung einer makroskopisch messbaren Magnetisierung führen, sind quantenmechanischer Natur. Trotzdem kann man sich eine qualitative klassische Vorstellung über diese Phänomene machen. Die einfachste Vorstellung ist, dass in den atomaren Bausteinen des Mediums Ringströme auf mikroskopisch kleinen Skalen vorliegen können. Im Prinzip macht man sich hierzu das in Abschnitt 2.3.1 behandelte Induktionsgesetz zunutze. Schaltet man in einem Medium ein $\boldsymbol{B}$-Feld ein, so erzeugt die Änderung des magnetischen Flusses lokale Kreisströme auf der atomaren Skala. Sobald das eingeschaltete äußere Feld und damit der magnetische Fluss sich stabilisiert haben, werden auch die induzierten Kreisströme stationär. Bei dieser Modellvorstellung wird insbesondere die klassisch nicht begründbare Annahme[5] verwendet, dass die Elektronen sich auch dann noch stabil auf den einmal erreichten geschlossenen Bahnkurven bewegen, wenn der Einschaltvorgang des äußeren Magnetfelds beendet ist.

Die so generierten Ringströme bilden die Quelle für ein magnetisches Gegenfeld, welches das ursprünglich angelegte **B**-Feld schwächt. Deshalb erwartet man eine negative magnetische Suszeptibilität, also

$$\chi^{\text{mag}} < 0 \qquad \text{und demnach} \qquad \mu < 1 \tag{8.140}$$

Dieser als *Diamagnetismus* bezeichnete Effekt tritt in allen Materialien auf. Er ist gewöhnlich sehr schwach und wird oft durch andere Effekte überlagert. Materialien, die ausschließlich Diamagnetismus aufweisen, werden als diamagnetische Medien bezeichnet.

8.9.2 Paramagnetische Materialien

Im feldfreien Zustand verschwinden in diamagnetischen Materialien die mikroskopischen Ringströme und folglich auch die dadurch erzeugten mikroskopischen magnetischen Momente. Es gibt aber auch Materialien, deren Atome ein permanentes magnetisches Moment besitzen. Dieses magnetische Moment muss also nicht erst durch ein externes Feld induziert, sondern braucht nur ausgerichtet zu werden. Dieser Effekt führt zu einer gewissen Verstärkung des angelegten Felds. Materialien mit solchen Eigenschaften werden als *paramagnetisch* bezeichnet. Sie sind gekennzeichnet durch

$$\chi^{\text{mag}} > 0 \qquad \text{also} \qquad \mu > 1 \tag{8.141}$$

8.9.3 Ferromagnetische Materialien

Wie bei paramagnetischen Materialien haben auch die Ferromagneten permanente magnetische Dipole. Allerdings rührt dieses Dipolmoment nicht von der Bahnbewegung der Elektronen her, sondern hängt mit deren Eigendrehimpuls, dem *Spin*, zusammen. Auf Grund der Coulomb-Wechselwirkung der Elektronen – und nicht wie man zunächst glauben könnte wegen der Dipol-Dipol-Wechselwirkung zwischen den magnetischen Momenten des Spins – und Symmetrieforderungen an die quantenmechanische Vielteilchenwellenfunktion[6] richten sich diese Eigendrehimpulse in gewissen Kristallbereichen parallel aus. Diese Bezirke werden nach ihrem Entdecker als *Weiss'sche Bezirke* bezeichnet. Die Ausrichtung der Spins gibt Anlass zu einem mesoskopischen magnetischen Moment. Nach außen ist dieses Moment zunächst nicht

5) siehe Kapitel 10.8
6) siehe Bände III und IV dieser Lehrbuchreihe

sichtbar, weil ein Ferromagnet aus vielen Weiss'schen Bezirken aufgebaut ist, die gegeneinander alle möglichen Orientierungen haben, sodass sich ihre magnetischen Momente insgesamt zu Null addieren. Legen wir aber ein äußeres Magnetfeld an, so versuchen sich die magnetischen Momente parallel zu dem Feld einzustellen, weil dies energetisch günstig ist. Diese Orientierung zur Feldrichtung kann auf zwei verschiedenen Wegen vor sich gehen. Einerseits können die günstig orientierten Bereiche auf Kosten der ungünstig orientierten wachsen. Diesen Effekt kann man als Verschiebung der Trennflächen zwischen benachbarten, unterschiedlich orientierten Weiss'schen Bezirken, den so genannten Bloch-Wänden interpretieren. Andererseits können aber auch ganze Weiss'sche Bezirke durch kollektive Umorientierungsprozesse in die energetisch günstigere Richtung wechseln.

Beide Effekte führen dazu, dass sich in dem Material unter Einwirkung des äußeren Magnetfelds ein magnetisches Moment einstellt, das gewöhnlich wesentlich stärker als die Magnetisierung durch Paramagnetismus und Diamagnetismus ist.

Im Prinzip kann man das Verhalten eines solchen *Ferromagneten* in einem Magnetfeld durch das M-H-Diagramm in Abb. 8.2 darstellen: Ein ursprünglich nicht magnetisierter Ferromagnet wird zunächst einem magnetischen Feld ausgesetzt. Dabei nimmt die Magnetisierung mit wachsendem Magnetfeld entlang der so genannten Neukurve zu und erreicht schließlich einen Sättigungswert.

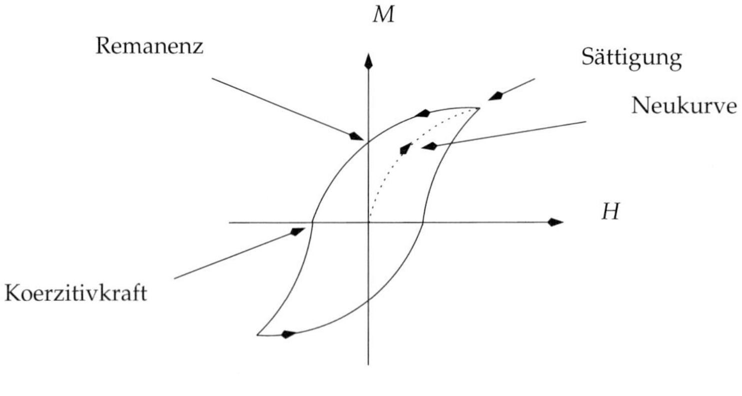

Abb. 8.2 Hysteresekurve $M = M(H)$ eines Ferromagneten

Die Verschiebung der Bloch-Wände und die Umorientierung der Weiss'schen Bezirke werden durch Fehler im Aufbau des Ferromagneten gestört. Diese Fehler bewirken, dass magnetische Energie dissipiert, also letzten Endes in Wärme umgewandelt wird und verloren geht. Die Magnetisierung eines Materials ist damit zu einem gewissen Grad irrversibel und zeigt Gedächtnis- oder Nachwirkungseffekte. Diese Effekte werden deutlich, wenn man das Magnetfeld wieder verringert: Statt auf der Neukurve wieder zum Ursprung zurückzukehren, läuft die Magnetisierung auf einer Kurve mit stärkerer Magnetisierung zurück (Abb. 8.2). Verschwindet das äußere Feld, dann bleibt immer noch eine Restmagnetisierung, die so genannte Remanenz, übrig.

Im Gegensatz zum paramagnetischen Medium bleibt also beim Ferromagneten auch nach dem Ausschalten des Felds eine permanente Magnetisierung bestehen. Diese Erscheinung sorgt dafür, dass in der phänomenologischen Entwicklung (8.123) der Magnetisierung nach der magnetischen Feldstärke das führende Glied $M_\alpha(0)$ für ferromagnetische Medien nicht mehr verschwindet.

Um die Magnetisierung wieder auszulöschen, benötigt man eine entgegengesetzt ausgerichtete magnetische Feldstärke, die Koerzitivkraft. Lässt man nun das äußere Feld in Richtung der Koerzitivkraft weiter anwachsen, dann wird man bei einer hinreichend hohen Feldstärke wieder eine, im Vorzeichen umgekehrte, Sättigungsmagnetisierung finden (Abb. 8.2).

Erhöht man nun wieder die Feldstärke in umgekehrter Richtung, dann wird die untere Kurve in Abb. 8.2 durchlaufen, die praktisch spiegelsymmetrisch zur oberen Kurve verläuft. Die dadurch entstandenen geschlossene Kurve in dieser Abbildung nennt man eine Hysteresekurve. Das qualitative Zustandekommen eines solchen Kurvenzugs lässt sich theoretisch aber erst im Rahmen der statistischen Physik des Nichtgleichgewichts verstehen.

Die gerade beschriebenen Vorgänge laufen aber nur ab, wenn die Temperatur T des Ferromagneten kleiner als eine bestimmte Temperatur ist, die man Curie-Temperatur T_c nennt. Für $T > T_c$ zeigt das Material dagegen ein paramagnetisches Verhalten. Die Curie-Temperatur trennt also zwei verschiedene Phasen desselben Materials; die Ursache für den Phasenübergang ist die mit zunehmender Temperatur anwachsende thermische Bewegung der Gitterbausteine. Wir werden dieses Verhalten in Band V dieser Lehrbuchreihe näher untersuchen.

8.10 Verhalten an Grenzflächen

Treffen zwei Materialien unterschiedlicher Permeabilität an einer Grenzfläche zusammen, dann ändern sich magnetisches Feld und magnetische Induktion beim Durchgang durch diese Grenzfläche. Um dieses Phänomen genauer zu untersuchen, nutzen wir die in der Elektrostatik bereits mehrfach verwendete Technik (Abb. 6.4 und 6.5 in Abschnitt 6.3.4) und legen wieder einen infinitesimalen Zylinder in die Grenzfläche, sodass die Grundfläche im Material 1, die Deckfläche in Material 2 ist. Die vom Zylinder ausgeschnittene Fläche sei wieder F. Dann gilt

$$\int_{\text{Zylinder}} \operatorname{div} \boldsymbol{B}\, d^3x = \oint_{\text{Zylinderfläche}} \boldsymbol{B}\, d\boldsymbol{f} = 0 \tag{8.142}$$

Das Oberflächenintegral über die Zylinderoberfläche wird wieder in drei Beiträge zerlegt:

$$\oint_{\text{Zylinderfläche}} \boldsymbol{B}\, d\boldsymbol{f} = \int_{\text{Grundfläche}} \boldsymbol{B}\, d\boldsymbol{f} + \int_{\text{Deckfläche}} \boldsymbol{B}\, d\boldsymbol{f} + \int_{\text{Mantel}} \boldsymbol{B}\, d\boldsymbol{f} \tag{8.143}$$

Der Beitrag des Zylindermantels ist infinitesimal klein und verschwindet. Beachten wir die Orientierung der Grenzfläche, ergeben die Beiträge von Grund- und Deckfläche

$$\int_{\text{Grundfläche}} \boldsymbol{B}\, d\boldsymbol{f} + \int_{\text{Deckfläche}} \boldsymbol{B}\, d\boldsymbol{f} = \int_F B_{n,2}\, df - \int_F B_{n,1}\, df \tag{8.144}$$

Da die ausgeschnittene Fläche F beliebig ist, folgt allgemein

$$B_{\mathrm{n},2} = B_{\mathrm{n},1} \tag{8.145}$$

Die Normalkomponente der magnetischen Induktion ist also stetig bei Durchgang durch eine Grenzfläche. Speziell in einem isotropen Medium gilt

$$B_{\mathrm{n},1} = B_{\mathrm{n},2} \qquad \text{und} \qquad \mu_1 H_{\mathrm{n},1} = \mu_2 H_{\mathrm{n},2} \tag{8.146}$$

Die Normalkomponente des magnetischen Felds ändert sich offenbar unstetig an der Grenzfläche.

Um das Verhalten der Tangentialkomponenten zu bestimmen, verbinden wir wie in der Elektrostatik zwei parallel direkt ober- bzw. unterhalb der Grenzfläche verlaufende Kurven $\boldsymbol{l}_1$ und $\boldsymbol{l}_2$. Dann bestimmen wir das Integral

$$\oint \boldsymbol{H}\, d\boldsymbol{x} = \int \operatorname{rot} \boldsymbol{H}\, d\boldsymbol{f} = \frac{4\pi}{c} \int \boldsymbol{j}_{\text{ext}}\, d\boldsymbol{f} \tag{8.147}$$

entlang der so entstandenen geschlossenen Kurve. Das linke Integral zerfällt in die drei Beiträge

$$\oint \boldsymbol{H}\, d\boldsymbol{x} = \int_{l_2} \boldsymbol{H}\, d\boldsymbol{x} + \int_{l_1} \boldsymbol{H}\, d\boldsymbol{x} + \int_{\text{Rest}} \boldsymbol{H}\, d\boldsymbol{x} \tag{8.148}$$

Dabei stammt der Restanteil von den beiden kurzen Verbindungen, die die Grenzfläche durchstoßen. Dieser Beitrag verschwindet, und es bleibt

$$\oint \boldsymbol{H}\, d\boldsymbol{x} = \int_{l_2} [\boldsymbol{H}_2 \boldsymbol{t} - \boldsymbol{H}_1 \boldsymbol{t}]\, dx = \frac{4\pi}{c} \int \boldsymbol{j}_{\text{ext}}\, d\boldsymbol{f} = \frac{4\pi}{c} \int \boldsymbol{j}_{\text{ext}} \cdot \boldsymbol{t}'\, df \tag{8.149}$$

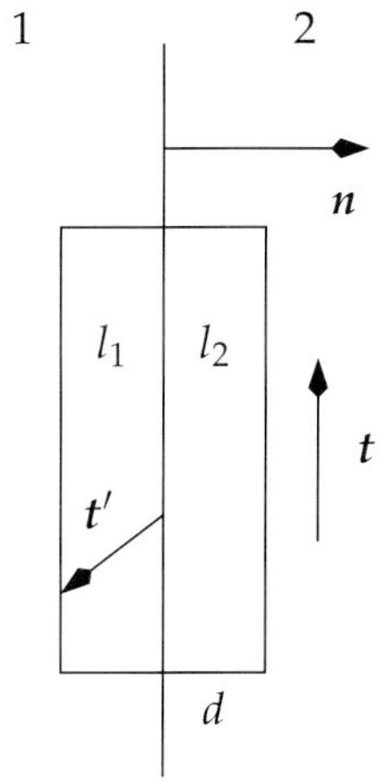

Abb. 8.3 Zur Definition des Flächenstroms $j_{\text{ext}}^{\text{Fläche}}$

Dabei ist $\boldsymbol{t}$ die Tangente der Grenzfläche, entlang der die Kurve l_2 ausgerichtet ist. Der Vektor $\boldsymbol{t}'$ steht senkrecht auf der durch die umlaufene Kurve gebildeten Fläche. Die geometrische Konstellation (Abb. 8.3) verlangt, dass $\boldsymbol{t}'$ auch senkrecht auf dem Normalenvektor $\boldsymbol{n}$ der Grenzfläche und $\boldsymbol{t}$ steht. Damit gilt insbesondere die Relation $\boldsymbol{t} = \boldsymbol{t}' \times \boldsymbol{n}$.

Befinden sich auf der Grenzfläche Flächenströme $j_{\text{ext}}^{\text{Fläche}}$, dann lässt sich die rechte Seite folgendermaßen umformen:

$$\int j_{\text{ext}} \cdot \boldsymbol{t}' \, df = \int_{l_2} j_{\text{ext}}^{\text{Fläche}} \cdot \boldsymbol{t}' \, dx \tag{8.150}$$

Da die Integralrelation

$$\begin{aligned} \int_{l_2} (\boldsymbol{H}_2 - \boldsymbol{H}_1) \cdot (\boldsymbol{t}' \times \boldsymbol{n}) \, dx &= \int \boldsymbol{t}' \cdot [\boldsymbol{n} \times (\boldsymbol{H}_2 - \boldsymbol{H}_1)] \, dx \\ &= \frac{4\pi}{c} \int j_{\text{ext}}^{\text{Fläche}} \cdot \boldsymbol{t}' \, dx \end{aligned} \tag{8.151}$$

für alle Kurvenzüge entlang der Grenzfläche gelten soll, folgt schließlich

$$\boldsymbol{n} \times (\boldsymbol{H}_2 - \boldsymbol{H}_1) = \frac{4\pi}{c} j_{\text{ext}}^{\text{Fläche}} \tag{8.152}$$

Die Tangentialkomponenten der magnetischen Feldstärke erfahren also beim Durchgang durch die Grenzfläche einen Sprung der Größe $4\pi j_{\text{ext}}^{\text{Fläche}}/c$. Treten keine Flächenströme in der Grenzfläche auf, dann ist die Tangentialkomponente des magnetischen Felds $\boldsymbol{H}$ stetig. Die Tangentialkomponente der magnetischen Induktion $\boldsymbol{B}$ erleidet aber trotzdem einen Sprung. So gilt im Fall fehlender Flächenströme für den Durchgang des Magnetfelds und der magnetischen Induktion durch eine Grenzfläche zwischen zwei isotropen Medien

$$\boldsymbol{H}_{t,1} = \boldsymbol{H}_{t,2} \qquad \text{und} \qquad \frac{\boldsymbol{B}_{t,1}}{\mu_1} = \frac{\boldsymbol{B}_{t,2}}{\mu_2} \tag{8.153}$$

8.11 *Klassische Theorie des Supraleiters

Verringert man die Temperatur eines elektrischen Leiters, so stellt man bei sehr tiefen Temperaturen für einige Materialien eine sprunghafte Änderung der elektrischen Eigenschaften fest: Der Widerstand fällt schlagartig auf null. Diesen Effekt nennt man *Supraleitung*, die entsprechenden Materialien heißen Supraleiter.

Die Supraleitung ist ein typisch quantenmechanischer Effekt. Einige Phänomene können aber bereits im Rahmen einer klassischen Theorie verstanden werden. Dazu gehört der Meißner-Ochsenfeld-Effekt, der in Supraleitern bei Anwesenheit magnetischer Felder beobachtet wird. Während Magnetfelder in einen gewöhnlichen Leiter eindringen, bleibt das Innere eines Supraleiters stets feldfrei.

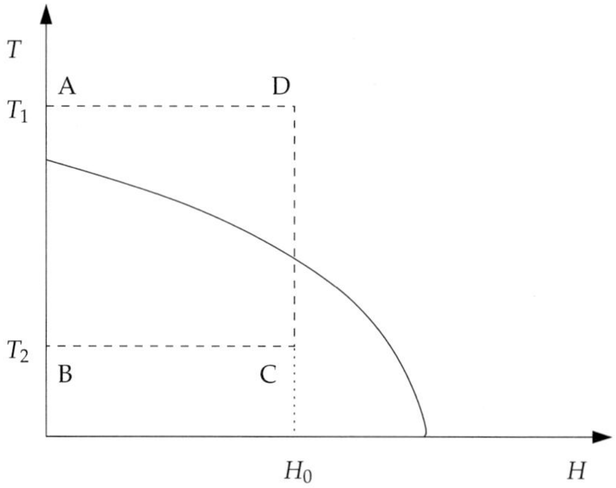

Abb. 8.4 Schematisches H-T-Diagramm für den Zustand eines Leiters. Das Gebiet unterhalb der durchgezogenen Kurve ist supraleitend, außerhalb dieser Region liegt ein normalleitender Zustand vor.

Der supraleitende Zustand wird sowohl durch die Stärke des Magnetfelds H als auch durch die Temperatur T bestimmt. Zu hohe Felder oder alternativ zu hohe Temperaturen zerstören den supraleitenden Zustand und bewirken einen Phasenübergang in den normalleitenden Zustand. Die Situation lässt sich daher anhand eines H-T-Phasendiagramms verdeutlichen. Wir können in dem Phasendiagramm ein Rechteck mit den folgenden vier Punkten festlegen:

A: normalleitendes Material der Temperatur T_1, kein magnetisches Feld

B: supraleitender Zustand der Temperatur $T_2 < T_1$, kein magnetisches Feld

C: supraleitender Zustand bei $T = T_2$, eingeschaltetes magnetisches Feld $H = H_0$

D: normalleitender Zustand der Temperatur T_1, eingeschaltetes Magnetfeld $H = H_0$

Wir wollen jetzt zwei Prozesse untersuchen. Im ersten Fall wird der Zustand entsprechend der Kette $A \to B \to C \to D$ verändert. Beim Einschalten des Magnetfelds im supraleitenden Zustand (Schritt: $B \to C$) wird man feststellen, dass hauptsächlich in der Nähe der Oberfläche Ströme induziert[7] werden. Diese Ströme erzeugen ein Gegenfeld und kompensieren so das Magnetfeld im Inneren des Supraleiters. Da wegen des fehlenden Widerstands im Supraleiter die Ströme nicht mehr abgebaut werden, bleibt auch nach dem Einschaltvorgang das Innere des Supraleiters permanent feldfrei. Geht man bei eingeschaltetem Magnetfeld zum normalleitenden Zustand (Schritt $C \to D$), dann werden wegen des jetzt entstehenden endlichen Widerstands des leitenden Materials die Ströme abgebaut, und das Magnetfeld dringt in das Innere des Leiters ein. Von einem thermodynamischen Standpunkt aus gesehen entsprechen allen vier Punkten wohldefinierte Gleichgewichtszustände.

Bei dem zweiten Prozess folgen wir der Kette $A \to D \to C \to B$. Hier wird (im Zustand D) das eingeschaltete Magnetfeld nach einer gewissen Relaxationszeit den normalleitenden Körper durchdringen. Ströme werden nicht beobachtet. Kühlt man den Leiter jetzt in den supraleitenden Zustand ab, dann gibt es zwei Alternativen: Die erste wäre, dass das Magnetfeld im Inneren verbleibt, die zweite, dass Ströme induziert werden, die das Magnetfeld aus dem Inneren des Leiters herausdrängen.

Wenn das erste Szenario zuträfe, dann müsste nach dem dem Abschalten des Magnetfelds im Schritt $C \to B$ ein Strom im Supraleiter generiert werden. Das Problem besteht darin, dass in diesem Fall zu den im ersten Prozess beobachteten thermodynamisch wohldefinierten Zuständen der Punkte B und C des Phasendiagramms jetzt zwei weitere, von diesen verschiedene thermodynamische Gleichgewichtszustände gehören[8].

In Band V dieser Lehrbuchreihe werden wir zeigen, dass für ein beliebiges System die Existenz mehrerer thermodynamischer Gleichgewichtszustände nur in bestimmten Ausnahmesituationen möglich ist, die hier aber nicht gegeben sind.

7) Das Induktionsgesetz wird im nächsten Kapitel behandelt.

8) Im Punkt C gäbe es jetzt sowohl den Zustand mit als auch ohne Magnetfeld im Inneren des Supraleiters, im Punkt B würden sowohl ein Stromfluss als auch kein Stromfluss möglich sein, je nachdem, welchem Prozess wir folgen.

Um thermodynamisch konsistent zu bleiben, muss das Magnetfeld beim Schritt $D \to C$, also bei der Abkühlung in den supraleitenden Zustand, aus dem Leiter herausgedrängt werden. Dieses Phänomen wird als *Meißner-Ochsenfeld-Effekt* bezeichnet.

Trotzdem wird beim Vorhandensein eines externen Magnetfelds dieses Feld an der Oberfläche des Supraleiters nicht sprungartig verschwinden, sondern in einer relativ dünnen Oberflächenschicht innerhalb des supraleitenden Körpers abklingen. Zur Erklärung benutzt man die quantenmechanisch beweisbare Tatsache, dass der kanonische Impuls $\boldsymbol{P}$ der Ladungsträger[9] im supraleitenden Zustand verschwinden muss. Weil der kinematische Impuls $\boldsymbol{p}$ mit dem kanonischen Impuls über

$$\boldsymbol{p} = \boldsymbol{P} - \frac{q_c}{c}\boldsymbol{A} \tag{8.154}$$

verbunden ist und innerhalb der nichtrelativistischen Theorie $\boldsymbol{p} = m_c\boldsymbol{v}$ gilt[10], erhält man als Geschwindigkeit eines Ladungsträgers

$$\boldsymbol{v} = -\frac{q_c}{cm_c}\boldsymbol{A} \tag{8.155}$$

Der mittlere Strom der Ladungsträger ergibt sich als Produkt der mittleren Ladungsdichte und der Partikelgeschwindigkeit, also

$$\boldsymbol{j} = \rho_c\boldsymbol{v} = -\frac{\rho_c q_c^2}{cm_c}\boldsymbol{A} \tag{8.156}$$

Dabei ist ρ_c die mittlere Dichte der Ladungsträger. Wir fassen die spezifischen Parameter in einer Größe mit der Dimension einer Länge zusammen, der *London'schen Eindringtiefe*:

$$\lambda = \sqrt{\frac{c^2 m_c}{4\pi\rho_c q_c^2}} \tag{8.157}$$

Wir erhalten damit

$$\boldsymbol{j} = -\frac{c}{4\pi\lambda^2}\boldsymbol{A} \tag{8.158}$$

und deshalb für das Magnetfeld

$$\operatorname{rot}\boldsymbol{H} = \frac{4\pi}{c}\boldsymbol{j} = -\frac{1}{\lambda^2}\boldsymbol{A} \tag{8.159}$$

Ist das supraleitende Material isotrop, dann gilt $\boldsymbol{B} = \mu\boldsymbol{H}$ und deshalb

$$\operatorname{rot}\operatorname{rot}\boldsymbol{H} = -\frac{1}{\lambda^2}\operatorname{rot}\boldsymbol{A} = -\frac{1}{\lambda^2}\boldsymbol{B} = -\frac{\mu}{\lambda^2}\boldsymbol{H} \tag{8.160}$$

9) Die Ladungsträger im supraleitenden Zustand sind so genannte Cooper-Paare, die aus je zwei Elektronen gebildet werden.

10) Hierbei ist q_c die Ladung der Cooper-Paare, m_c ihre effektive Masse.

Beachtet man nun noch

$$\operatorname{rot}\operatorname{rot}\boldsymbol{H} = \operatorname{grad}\operatorname{div}\boldsymbol{H} - \Delta\boldsymbol{H} = -\Delta\boldsymbol{H} \tag{8.161}$$

wobei $\operatorname{div}\boldsymbol{B} = \mu\operatorname{div}\boldsymbol{H} = 0$ verwendet wurde, dann gelangen wir zu der Gleichung

$$\Delta\boldsymbol{H} = \frac{\mu}{\lambda^2}\boldsymbol{H} \tag{8.162}$$

In der Nähe der Oberfläche kann man nun das Koordinatensystem so orientieren, dass die x-y-Ebene in der Oberfläche liegt und der Supraleiter den Halbraum $z > 0$ einnimmt. Bei dieser Orientierung kann man (8.162) durch die gewöhnliche Differentialgleichung

$$\frac{\partial^2}{\partial z^2}\boldsymbol{H} = \frac{\mu}{\lambda^2}\boldsymbol{H} \tag{8.163}$$

ersetzen, weil die Änderung des Magnetfeldes entlang der Oberfläche für gewöhnlich unbedeutend ist. Direkt unter der Oberfläche des Supraleiters soll das magnetische Feld $\boldsymbol{H}_0$ vorliegen. Damit gehört zu (8.163) die Randbedingung $\boldsymbol{H}(0) = \boldsymbol{H}_0$. Die Lösung der Differentialgleichung (8.163) für das Magnetfeld im Inneren eines Supraleiters lautet damit

$$\boldsymbol{H} = \boldsymbol{H}_0 \exp\left\{-\sqrt{\mu}\frac{z}{\lambda}\right\} \tag{8.164}$$

Da für die meisten Supraleiter $\mu \approx 1$ gilt, klingt das magnetische Feld in einem Supraleiter exponentiell innerhalb einer dünnen Schicht der Dicke λ unterhalb der Oberfläche ab.

Aufgaben

8.1 Leiten Sie aus (8.12) auf direktem Weg die Formel

$$\boldsymbol{A} = \frac{\boldsymbol{m} \times \boldsymbol{x}}{|\boldsymbol{x}|^3}$$

für das magnetische Potential in sehr großer Entfernung $|\boldsymbol{x}|$ von der Stromverteilung ab. Dabei ist das magnetische Moment $\boldsymbol{m}$ entsprechend (8.32) definiert.

8.2 Bestimmen Sie die Wechselwirkungsenergie zweier magnetischer Dipole $\boldsymbol{m}_1$ und $\boldsymbol{m}_2$ als Funktion des Abstands sowie der Orientierung untereinander und zum Abstandsvektor.

8.3 Zeigen Sie, dass eine wirbelfreie lokalisierte Stromverteilung kein magnetisches Moment besitzt.

8.4 Berechnen Sie die magnetische Induktion auf der Symmetrieachse eines stromdurchflossenen Ringstroms. Zeigen Sie, dass dieses Feld für große Entfernungen gegen das Dipolfeld des Kreisstroms konvergiert.

8.5 Der Halbraum $z < 0$ sei mit einem Medium der Permeabilität μ ausgefüllt. Im gegenüberliegenden Vakuum ($z > 0$) befinde sich eine stationäre Stromverteilung $\boldsymbol{j}(\boldsymbol{x})$. Zeigen Sie, dass sich die magnetische Induktion im Vakuum als Superposition der magnetischen Induktion der Stromdichte $\boldsymbol{j}(\boldsymbol{x})$ und der Spiegelstromdichte $\boldsymbol{j}^{\mathrm{S}}(\boldsymbol{x}) = \boldsymbol{j}^{\mathrm{S}}_{\parallel}(\boldsymbol{x}) + \boldsymbol{j}^{\mathrm{S}}_{\perp}(\boldsymbol{x})$ mit den Komponenten

$$\boldsymbol{j}^{\mathrm{S}}_{\parallel}(\boldsymbol{x}) = \frac{\mu-1}{\mu+1}\boldsymbol{j}_{\parallel}(x,y,-z) \qquad \text{und} \qquad \boldsymbol{j}^{\mathrm{S}}_{\perp}(\boldsymbol{x}) = -\frac{\mu-1}{\mu+1}\boldsymbol{j}_{\perp}(x,y,-z)$$

dargestellen lässt. Dabei ist $\boldsymbol{j}_{\parallel}(\boldsymbol{x})$ die Stromdichte im Vakuum parallel zur Trennfläche, $\boldsymbol{j}_{\perp}(\boldsymbol{x})$ dagegen die Stromdichte senkrecht zur Trennfläche beider Halbräume.

Maple-Aufgaben

8.I Bestimmen Sie das Feld der magnetischen Induktion eines linienförmigen Kreisstroms vom Radius u.

8.II Ein unendlich langer Hohlzylinder wird im Vakuum in ein ursprünglich homogenes Magnetfeld gebracht und so orientiert, dass er mit seiner Achse senkrecht zu den Feldlinien steht. Bestimmen Sie das Magnetfeld, wenn das Material die Suszeptibilität μ besitzt und das Verhältnis zwischen Außen- und Innenradius mit α bezeichnet wird.
Hinweis: Verwenden Sie Zylinderkoordinaten und überlegen Sie Sich die Symmetrie des Problems!

8.III Bestimmen Sie die Kraft und das Drehmoment auf einen magnetischen Dipol im Feld eines zweiten magnetischen Dipols in Abhängigkeit von der Position und der Orientierung. Gibt es Positionen, in denen ein freier Massenpunkt mit einem magnetischen Dipol ruhen kann?

8.IV Bestimmen Sie das Feld der magnetischen Induktion und das Magnetfeld einer homogen magnetisierten Kugel vom Radius a mit der Magnetisierung $\boldsymbol{M}$.

8.V Bestimmen Sie das Feld der magnetischen Induktion für eine mit der Winkelgeschwindigkeit ω rotierende Kugel vom Radius a mit einer homogenen Oberflächenladung σ. Stellen Sie das Feld grafisch dar.

9
Zeitabhängige elektromagnetische Felder

9.1
Maxwell-Gleichungen in Materie

Die Maxwell-Gleichungen liefern zusammen mit den Bewegungsgleichungen von Ladungen in elektromagnetischen Feldern ein vollständiges Gleichungssystem zur Beschreibung der Dynamik beliebiger Ladungsanordnungen. Diese Aussage gilt prinzipiell auch bei der Anwesenheit von Materie. Allerdings war es bereits bei den statischen Problemen nicht sinnvoll, die komplizierten Eigenschaften der atomaren und molekularen Objekte in dieses Gleichungssystem einfließen zu lassen. Vielmehr erwies es sich als zweckmäßig, den Beitrag der Materie zu Ladungsdichten und Ladungsströmen durch effektive Feldgleichungen zu beschreiben, die selbst nur noch von externen Ladungen kontrolliert werden.

Im Fall statischer Ladungs- und Stromkonfigurationen wurden dazu bereits zwei zusätzliche Felder, die dielektrische Verschiebung $\boldsymbol{D}$ und das magnetische Feld $\boldsymbol{H}$ eingeführt. Der Zusammenhang zwischen diesen „Hilfsfeldern" oder besser sekundären Feldern und den ursprünglichen (oder primären) elektromagnetischen Feldern $\boldsymbol{E}$ und $\boldsymbol{B}$ wurde durch Materialgleichungen geregelt.

Zwischen diesen Feldern einerseits und den sekundären Feldern $\boldsymbol{D}$ und $\boldsymbol{H}$ andererseits besteht neben den im Abschnitt 8.8.4 aufgeführten Differenzen ein weiterer, wichtiger Unterschied. Während nämlich die ursprünglichen Felder $\boldsymbol{E}$ und $\boldsymbol{B}$ aus Potentialen konstruiert werden können, kommt diese Eigenschaft den Feldern $\boldsymbol{D}$ und $\boldsymbol{E}$ nicht mehr allgemein zu.

So führt in der Elektrostatik $\operatorname{rot} \boldsymbol{E} = 0$ auf die elektrostatische Potentialdarstellung $\boldsymbol{E} = -\nabla\varphi$, aber wir erhalten z. B. für ein inhomogenes, isotropes Dielektrikum

$$\operatorname{rot} \boldsymbol{D} = \operatorname{rot} \varepsilon \boldsymbol{E} = \varepsilon \operatorname{rot} \boldsymbol{E} - \boldsymbol{E} \times \nabla\varepsilon = -\boldsymbol{E} \times \nabla\varepsilon \neq 0 \tag{9.1}$$

denn in einem Material mit ortsabhängiger Dielektrizitätskonstante ist das elektrische Feld keinesfalls immer parallel zu $\nabla\varepsilon$ orientiert.

Theoretische Physik II: Elektrodynamik. Peter Reineker, Michael Schulz, Beatrix M. Schulz

ISBN: 3-527-40642-5

Wir wollen jetzt fordern, dass die Darstellung der primären Felder durch elektromagnetische Potentiale auch im dynamischen Fall erhalten bleibt. Dann ist das elektrische Feld sowohl im Vakuum als auch bei Anwesenheit von Materie bestimmt durch

$$\boldsymbol{E} = -\nabla\varphi - \frac{1}{c}\frac{\partial \boldsymbol{A}}{\partial t} \tag{9.2}$$

Für die magnetische Induktion gilt stets:

$$\boldsymbol{B} = \operatorname{rot} \boldsymbol{A} \tag{9.3}$$

Für die Bewegung von Ladungen unter dem Einfluss eines elektromagnetischen Felds gilt natürlich nach wie vor die Lorentz-Gleichung

$$\dot{\boldsymbol{p}} = e\boldsymbol{E} + \frac{e}{c}\boldsymbol{v} \times \boldsymbol{B} \tag{9.4}$$

denn diese basierte, wie wir in Kapitel 4 gezeigt hatten, ursprünglich auf der Kopplung zwischen Ladungen und Potentialen in der Wirkungsfunktion.

Ganz ähnlich verhält es sich mit der ersten Gruppe der Maxwell-Gleichungen. Auch in diesen Gleichungen manifestiert sich nur die Darstellung der physikalischen Felder $\boldsymbol{E}$ und $\boldsymbol{B}$ durch die Potentiale φ und $\boldsymbol{A}$. Bei Anwesenheit von Materie gilt deshalb immer noch

$$\operatorname{div} \boldsymbol{B} = 0 \qquad \text{und} \qquad \frac{1}{c}\frac{\partial \boldsymbol{B}}{\partial t} + \operatorname{rot} \boldsymbol{E} = 0 \tag{9.5}$$

Etwas komplizierter ist die Situation bei der zweiten Gruppe der Maxwell-Gleichungen. In den Standarddarstellungen (5.54) und (5.57) verbergen sich nämlich hinter den Inhomogenitäten alle Ladungen und Ströme des Gesamtsystems. Unser Ziel ist es aber – wie in den vorangegangenen statischen Theorien – die primär vorhandenen, gewöhnlich makroskopischen, externen Ladungen und Ströme von den sekundär induzierten, gewöhnlich mikroskopischen, Ladungs- und Stromverteilungen in den als Kontinuum aufgefassten Materialien vollständig zu trennen. Die Beziehung zwischen der vollständigen Ladungsdichte ρ und der Ladungsdichte der externen Ladungen ρ_{ext} ist auch im dynamischen Fall durch (7.180) gegeben, also durch $\rho = \rho_{\text{ext}} - \operatorname{div} \boldsymbol{P}$; dabei ist $\boldsymbol{P}$ die Polarisationsdichte der Materie. Damit gilt dann insbesondere

$$\operatorname{div} \boldsymbol{E} = 4\pi\rho = 4\pi\left[\rho_{\text{ext}} - \operatorname{div} \boldsymbol{P}\right] \tag{9.6}$$

oder (wegen $\boldsymbol{D} = \boldsymbol{E} + 4\pi\boldsymbol{P}$)

$$\operatorname{div} \boldsymbol{D} = 4\pi\rho_{\text{ext}} \tag{9.7}$$

Die Feldgleichung des dielektrischen Verschiebungsfelds bleibt also auch im Fall zeitabhängiger elektromagnetischer Felder erhalten. In der noch verbleibenden Feldgleichung

$$\frac{1}{c}\frac{\partial \boldsymbol{E}}{\partial t} + \frac{4\pi}{c}\boldsymbol{j} = \operatorname{rot} \boldsymbol{B} \tag{9.8}$$

wird zunächst die bereits in der Magnetostatik benutzten Aufspaltung (8.118) der Stromdichte $\boldsymbol{j} = \boldsymbol{j}_{\text{ext}} + c \operatorname{rot} \boldsymbol{M}$ und die Beziehung $\boldsymbol{H} = \boldsymbol{B} - 4\pi \boldsymbol{M}$ verwendet. Damit erhält man

$$\frac{1}{c}\frac{\partial \boldsymbol{E}}{\partial t} + \frac{4\pi}{c}\boldsymbol{j}_{\text{ext}} = \operatorname{rot} \boldsymbol{H} \tag{9.9}$$

Diese Beziehung ist aber noch nicht korrekt. Der Grund dafür ist, dass zeitabhängige Ströme nicht nur ein Magnetfeld induzieren, sondern auch die Ladungsverteilung ändern. Wir bilden deshalb die Divergenz der Gleichung (9.9) und verwenden die Kontinuitätsgleichung

$$\frac{\partial \rho_{\text{ext}}}{\partial t} + \operatorname{div} \boldsymbol{j}_{\text{ext}} = 0 \tag{9.10}$$

für die externen Ladungen. Dann erhalten wir:

$$\frac{1}{c}\frac{\partial}{\partial t}\left(\operatorname{div} \boldsymbol{E} - 4\pi \rho_{\text{ext}}\right) = 0 \tag{9.11}$$

Damit diese Gleichung aber konsistent wird mit (7.183), also

$$\operatorname{div} \boldsymbol{D} = 4\pi \rho_{\text{ext}} \tag{9.12}$$

müssen wir beim Vorhandensein von Materie offensichtlich $\boldsymbol{E}$ durch $\boldsymbol{D}$ ersetzen. Im materiefreien Fall kommen wir dann wieder zu (9.8) zurück, während bei der Präsenz von Materie die letzte Maxwell-Gleichung schließlich

$$\frac{1}{c}\frac{\partial \boldsymbol{D}}{\partial t} + \frac{4\pi}{c}\boldsymbol{j}_{\text{ext}} = \operatorname{rot} \boldsymbol{H} \tag{9.13}$$

lautet. Das System der Maxwell-Gleichungen umfasst nach wie vor acht partielle Differentialgleichungen erster Ordnung[1], die jetzt aber für vier Felder und damit zwölf unbekannte Größen gelten. Die damit scheinbar entstehende Unterbestimmtheit der Maxwell-Gleichungen verschwindet, wenn man bedenkt, dass durch die im Raum vorhandene Materie die Relationen zwischen den sekundären Feldern $\boldsymbol{D}$ und $\boldsymbol{H}$ einerseits und den primären Feldern $\boldsymbol{E}$ und $\boldsymbol{B}$ über so genannte konstitutive Gleichungen oder Materialgleichungen festgelegt werden.

In Zukunft lassen wir die explizite Indizierung der externen Ladungsdichten und -ströme mit ρ_{ext} und $\boldsymbol{j}_{\text{ext}}$ wieder weg und schreiben statt dessen ρ und $\boldsymbol{j}$. Dann lautet das System der Maxwell-Gleichungen in Materie

$$\operatorname{div} \boldsymbol{B} = 0 \qquad \text{und} \qquad \frac{1}{c}\frac{\partial \boldsymbol{B}}{\partial t} + \operatorname{rot} \boldsymbol{E} = 0 \tag{9.14}$$

1) Dabei wurden die Komponenten der vektoriell formulierten Gleichungen einzeln gezählt.

sowie

$$\operatorname{div} \boldsymbol{D} = 4\pi\rho \qquad \text{und} \qquad \frac{1}{c}\frac{\partial \boldsymbol{D}}{\partial t} + \frac{4\pi}{c}\boldsymbol{j} = \operatorname{rot} \boldsymbol{H} \tag{9.15}$$

9.2 Materialgleichungen

9.2.1 Suszeptibilität und lineare Antwort

9.2.1.1 Elektrische und magnetische Suszeptibilitäten

Wir haben im Rahmen der Behandlung statischer elektrischer bzw. magnetischer Felder gefunden, dass sich Materie in elektrischen bzw. magnetischen Feldern phänomenologisch durch die Polarisation $\boldsymbol{P}$ und die Magnetisierung $\boldsymbol{M}$ beschreiben lässt. Die Polarisation eines Materials ist eine direkte Folge davon, dass sich die Schwerpunkte von positiver und negativer Ladung ursprünglich neutraler Atome bzw. Moleküle gegeneinander verschieben oder dass sich bereits permanent vorhandene mikroskopische elektrische Dipole unter dem Einfluss elektrischer Felder ausrichten.

Analog erweist sich die Magnetisierung als eine Konsequenz der Orientierung atomarer oder molekularer magnetischer Momente im Magnetfeld, wobei die mikroskopischen Dipole entweder permanent vorhanden sind oder erst entsprechend der Bewegungsgleichung $\dot{\boldsymbol{p}} = (q/c)\boldsymbol{v} \times \boldsymbol{B}$ induziert werden. Diese Effekte bleiben auch in zeitabhängigen Feldern erhalten.

Wir gehen im Weiteren davon aus, dass die Materialgleichungen linear sind. Diese Annahme ist zumindest bei nicht zu starken elektromagnetischen Feldern vernünftig. Trotzdem werden wir die statischen Relationen

$$\boldsymbol{P} = \underline{\underline{\chi}}^{\mathrm{el}}\boldsymbol{E} \qquad \text{und} \qquad \boldsymbol{M} = \underline{\underline{\chi}}^{\mathrm{mag}}\boldsymbol{H} \tag{9.16}$$

beim Vorhandensein zeitabhängiger Felder in ihrer analytischen Struktur modifizieren müssen, um den Eigenschaften der Materie gerecht zu werden.

Wenn sich das elektromagnetische Feld an irgendeiner Stelle des Materials ändert, dann laufen in den dort vorhandenen Atomen quantenmechanische Prozesse ab, die zu einer Änderung der mikroskopischen Polarisation und Magnetisierung führen. Die „Antwort“ (englisch „Response“) auf eine Änderung der Felder erfolgt also nicht sofort, sondern ist wegen der materiellen Objekten immanenten Trägheit verzögert. Damit werden die Responsefelder $\boldsymbol{P}$ und $\boldsymbol{M}$ nicht die gleiche Zeitabhängigkeit wie das elektromagnetische Feld besitzen.

Man kann mit quantenmechanischen und statistischen Methoden ganz allgemein zeigen, dass zumindest in der Nähe des thermodynamischen Gleichgewichts die Response eines Materials auf zeitabhängige elektromagnetische Felder durch die Beziehungen

$$P(t) = \int_{-\infty}^{t} dt' \underline{\underline{\chi}}^{\mathrm{el}}(t-t')\, E(t') \tag{9.17}$$

und

$$M(t) = \int_{-\infty}^{t} dt' \underline{\underline{\chi}}^{\mathrm{mag}}(t-t')\, H(t') \tag{9.18}$$

gegeben ist. Die sich in den zeitabhängigen Suszeptibilitätsfunktionen ausdrückende Verzögerung wird auch als Gedächtniseffekt oder als „Memory" bezeichnet.

Das Vorhandensein von Materie stört im allgemeinen die Homogenität der Zeit in den effektiven Materialgleichungen.[2] Befindet sich die Materie aber nahezu im thermodynamischen Gleichgewicht, dann bleibt die Homogenität der Zeit erhalten, und die Responsefunktionen können nur von der Zeitdifferenz abhängen. Wenn das Material dagegen weit vom thermischen Gleichgewichtszustand entfernt ist, dann muss man einen allgemeineren Zusammenhang wie z. B.

$$P(t) = \int_{-\infty}^{t} dt' \underline{\underline{\chi}}^{\mathrm{el}}(t,t')\, E(t') = \int_{-\infty}^{t} dt' \underline{\underline{\widetilde{\chi}}}^{\mathrm{el}}(t-t',t)\, E(t') \tag{9.19}$$

verwenden. Eine solche Beschreibung wird z. B. für alternde Materialen, etwa Gläser oder metastabile Mischungen, notwendig.

In den Materialgleichungen manifestiert sich außerdem als weitere wichtige Eigenschaft das *Kausalitätsgesetz*. Die Responsefelder können nur von elektromagnetischen Feldern aus der Vergangenheit, nicht aber von zukünftigen Feldern abhängig sein. Daher besitzt das Integral die obere Grenze t.

Die Beziehungen zwischen den Feldern und der Responsefunktion sind räumlich lokal, d. h. die obigen Materialgleichungen gelten an jedem Punkt des Materials. Damit lautet z. B. die Polarisation bei einer expliziten Aufführung der räumlichen Koordinaten

$$P(x,t) = \int_{-\infty}^{t} dt' \underline{\underline{\chi}}^{\mathrm{el}}(t-t')\, E(x,t') \tag{9.20}$$

2) Natürlich ist bei einer mikroskopischen Betrachtung die Zeit nach wie vor homogen. Aber falls in einem Material irgendwelche irreversiblen Prozesse ablaufen, geht die zeitliche Homogenität auf makroskopischen Niveau verloren. Die Ursache dafür ist, dass die gesamte mikroskopische Dynamik beim Übergang zu makroskopischen Materialgleichungen ausprojiziert wird und nur noch pauschal in den Memoryfunktionen zum Tragen kommt.

Formal wäre aber auch eine nichtlokale Verallgemeinerung dieses Zusammenhangs denkbar, also

$$\boldsymbol{P}(\boldsymbol{x},t) = \int_{-\infty}^{t} dt' \int d^3x' \underline{\underline{\chi}}^{\mathrm{el}}\left(\boldsymbol{x}-\boldsymbol{x}', t-t'\right) \boldsymbol{E}\left(\boldsymbol{x}', t'\right) \tag{9.21}$$

aber dieser theoretisch durchaus denkbare Effekt, der eine durch mikroskopische Prozesse getragene Propagation der Wirkung elektromagnetischer Felder an einem Atom auf ein anderes Atom beschreibt, ist gewöhnlich sehr schwach und wird hier nicht weiter berücksichtigt.

9.2.1.2 Eigenschaften von Suszeptibilitäten

Wir wollen jetzt die Eigenschaften der dynamischen Suszeptibilitäten $\underline{\underline{\chi}}^{\mathrm{el}}(t)$ und $\underline{\underline{\chi}}^{\mathrm{mag}}(t)$ genauer untersuchen. Dazu führen wir stellvertretend mit der elektrischen Polarisation die folgende Umformung aus:

$$\boldsymbol{P}(t) = \int_{-\infty}^{t} dt' \underline{\underline{\chi}}^{\mathrm{el}}\left(t-t'\right) \boldsymbol{E}\left(t'\right) = \int_{0}^{\infty} d\tau \underline{\underline{\chi}}^{\mathrm{el}}(\tau) \boldsymbol{E}(t-\tau) \tag{9.22}$$

Mit der weiteren Forderung

$$\underline{\underline{\chi}}^{\mathrm{el}}(\tau) = 0 \qquad \text{für} \qquad \tau < 0 \tag{9.23}$$

erhalten wir

$$\boldsymbol{P}(t) = \int_{-\infty}^{\infty} d\tau \underline{\underline{\chi}}^{\mathrm{el}}(\tau) \boldsymbol{E}(t-\tau) \tag{9.24}$$

Analog bekommt man

$$\boldsymbol{M}(t) = \int_{-\infty}^{\infty} d\tau \underline{\underline{\chi}}^{\mathrm{mag}}(\tau) \boldsymbol{H}(t-\tau) \tag{9.25}$$

mit der Bedingung

$$\underline{\underline{\chi}}^{\mathrm{mag}}(\tau) = 0 \qquad \text{für} \qquad \tau < 0 \tag{9.26}$$

In dieser Bedingung ist jetzt die Kausalität enthalten. Da $\boldsymbol{P}(t)$ und $\boldsymbol{E}(t)$ bzw. $\boldsymbol{M}(t)$ und $\boldsymbol{H}(t)$ reell sind, müssen auch $\underline{\underline{\chi}}^{\mathrm{el}}(\tau)$ und $\underline{\underline{\chi}}^{\mathrm{mag}}(\tau)$ reelle Komponenten haben.

Sind die elektromagnetischen Felder statisch, dann stellt sich der Anschluss an die bereits bekannten Relationen (7.186) und (8.124) her. Man findet z. B.

$$\boldsymbol{P} = \int_{-\infty}^{\infty} d\tau \underline{\underline{\chi}}^{\mathrm{el}}(\tau) \boldsymbol{E}_0 = \underline{\underline{\chi}}^{\mathrm{el,stat}} \boldsymbol{E}_0 \tag{9.27}$$

wobei die statische Suszeptibilität durch das Integral

$$\underline{\underline{\chi}}^{\text{el,stat}} = \int_{-\infty}^{\infty} d\tau \underline{\underline{\chi}}^{\text{el}}(\tau) \tag{9.28}$$

bestimmt ist. Die analoge Relation für die magnetische Suszeptibilität findet man im Fall statischer magnetischer Felder. Da die statischen Suszeptibilitäten endlich sind, muss $\underline{\underline{\chi}}^{\text{el,mag}}(\tau)$ für $\tau \to \infty$ verschwinden. Damit erhalten wir die notwendige Forderung

$$\lim_{\tau\to\infty} \underline{\underline{\chi}}^{\text{el}}(\tau) = 0 \qquad \text{und} \qquad \lim_{\tau\to\infty} \underline{\underline{\chi}}^{\text{mag}}(\tau) = 0 \tag{9.29}$$

Wegen der Linearität der Material- und Feldgleichungen können die zeitabhängigen Felder auch als Superposition harmonisch schwingender Felder unterschiedlicher Frequenz dargestellt werden, also z. B.

$$\boldsymbol{E}(t) = \int_{-\infty}^{\infty} \frac{d\omega}{2\pi} \boldsymbol{E}(\omega) \mathrm{e}^{i\omega t} \quad \text{und} \quad \boldsymbol{P}(t) = \int_{-\infty}^{\infty} \frac{d\omega}{2\pi} \boldsymbol{P}(\omega) \mathrm{e}^{i\omega t} \tag{9.30}$$

Man kann diese Gleichungen auch so verstehen, dass zwischen den Amplituden[3], also z. B. $\boldsymbol{E}(\omega)$ oder $\boldsymbol{P}(\omega)$, und den zeitabhängigen Feldern, z. B. $\boldsymbol{E}(t)$ bzw. $\boldsymbol{P}(t)$, eine Fourier-Transformation vermittelt. Deshalb können wir sofort die Umkehrtransformation bilden, also z. B.

$$\boldsymbol{E}(\omega) = \int_{-\infty}^{\infty} dt\, \boldsymbol{E}(t) \mathrm{e}^{-i\omega t} \quad \text{und} \quad \boldsymbol{P}(\omega) = \int_{-\infty}^{\infty} dt\, \boldsymbol{P}(t) \mathrm{e}^{-i\omega t} \tag{9.31}$$

Die Darstellungen (9.24) und (9.25) erlauben die Anwendung der Faltungsregel, um die bezüglich der Zeit Fourier-transformierten Felder zu bestimmen. Zwischen den Fourier-transformierten Feldern $\boldsymbol{E}(\omega)$ und $\boldsymbol{P}(\omega)$ bzw. $\boldsymbol{H}(\omega)$ und $\boldsymbol{M}(\omega)$ bestehen deshalb die einfachen algebraischen Relationen

$$\boldsymbol{P}(\omega) = \underline{\underline{\chi}}^{\text{el}}(\omega)\, \boldsymbol{E}(\omega) \qquad \text{und} \qquad \boldsymbol{M}(\omega) = \underline{\underline{\chi}}^{\text{mag}}(\omega)\, \boldsymbol{H}(\omega) \tag{9.32}$$

wobei die Fourier-transformierten Suszeptibilitäten entsprechend

$$\begin{aligned} \underline{\underline{\chi}}^{\text{el,mag}}(\omega) &= \int_{-\infty}^{\infty} d\tau \exp\{i\omega\tau\}\, \underline{\underline{\chi}}^{\text{el,mag}}(\tau) \\ &= \int_{0}^{\infty} d\tau \exp\{i\omega\tau\}\, \underline{\underline{\chi}}^{\text{el,mag}}(\tau) \end{aligned} \tag{9.33}$$

3) eigentlich handelt es sich um Amplitudendichten bzgl. der Frequenz ω

zu bilden sind. Insbesondere finden wir

$$\underline{\underline{\chi}}^{\mathrm{el,stat}} = \underline{\underline{\chi}}^{\mathrm{el}}(\omega \to 0) \qquad \text{und} \qquad \underline{\underline{\chi}}^{\mathrm{mag,stat}} = \underline{\underline{\chi}}^{\mathrm{mag}}(\omega \to 0) \tag{9.34}$$

Die Tensorfunktionen $\underline{\underline{\chi}}^{\mathrm{el}}(\omega)$ und $\underline{\underline{\chi}}^{\mathrm{mag}}(\omega)$ sind im Allgemeinen komplex. Wegen (9.33) erhalten wir als generelle Eigenschaft einer Suszeptibilität

$$\underline{\underline{\chi}}(\omega)^* = \underline{\underline{\chi}}(-\omega) \tag{9.35}$$

Wir haben hier den Verweis auf die spezielle Bedeutung der Größe $\underline{\underline{\chi}}$ als elektrische oder magnetische Suszeptibilität weggelassen und werden dies auch in Zukunft tun, wenn wir allgemein über Suszeptibilitäten reden. Zerlegen wir die Suszeptibilität entsprechend der allgemeinen Darstellung

$$\underline{\underline{\chi}}(\omega) = \underline{\underline{\chi}}'(\omega) + \mathrm{i}\,\underline{\underline{\chi}}''(\omega) \tag{9.36}$$

in Real- und Imaginärteil, dann führt uns die Bedingung (9.35) auf die notwendigen Forderungen

$$\underline{\underline{\chi}}'(-\omega) = \underline{\underline{\chi}}'(\omega) \qquad \text{und} \qquad \underline{\underline{\chi}}''(-\omega) = -\underline{\underline{\chi}}''(\omega) \tag{9.37}$$

Der Realteil einer Suszeptibilität ist stets eine gerade Funktion in der Frequenz ω, der Imaginärteil dagegen ist ungerade.

9.2.1.3 **Kramers-Kronig-Relation**

Die Kausalität bedingt noch einen weiteren wichtigen Zusammenhang, der als *Kramers-Kronig-Relation* bekannt ist und der Imaginär- und Realteil der Fourier-transformierten Suszeptibilitäten verbindet. Da diese Eigenschaft sowohl für die elektrische als auch für die magnetische Suszeptibilität gilt, lassen wir während der nachfolgenden Rechnung die entsprechenden Indizes fort.

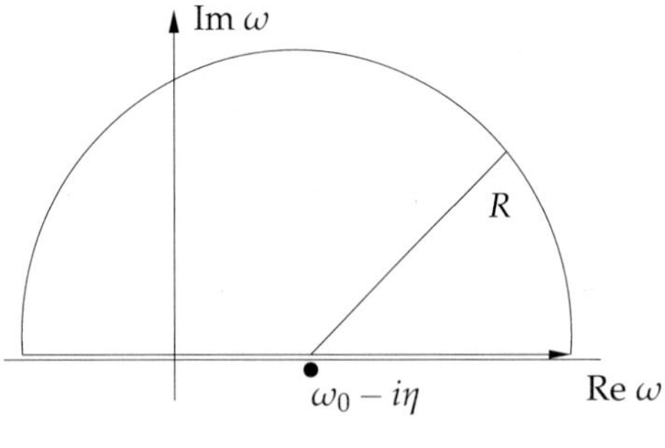

Abb. 9.1 Integrationsweg in der komplexen Ebene

Um den gesuchten Zusammenhang zu bestimmen, bilden wir das Integral

$$I = \lim_{\eta \to +0} \oint_C \frac{\underline{\underline{\chi}}(\omega)}{\omega - \omega_0 + \mathrm{i}\eta} d\omega \tag{9.38}$$

Die Kurve C verläuft entlang der reellen Achse der komplexen Ebene und schließt sich im Unendlichen über einen Kreisbogen in der oberen Halbebene. Die Parameter ω_0 und η sind beliebige reelle Zahlen, wobei aber η stets positiv ist. In der gesamten oberen Halbebene gilt $\mathrm{Im}\omega > 0$, d. h. das Integral

$$\underline{\underline{\chi}}(\omega) = \int_0^\infty d\tau \exp\{-\tau \mathrm{Im}\omega + i\tau \mathrm{Re}\omega\} \underline{\underline{\chi}}(\tau) \tag{9.39}$$

bleibt endlich, sofern die Funktion $\underline{\underline{\chi}}(\omega)$ auf der reellen Achse (also für $\mathrm{Im}\omega = 0$) eindeutig erklärt ist. Das ist jedoch wegen

$$\begin{aligned}\left|\int_0^\infty d\tau \exp\{i\tau \mathrm{Re}\omega\} \underline{\underline{\chi}}(\tau)\right| &< \int_0^\infty d\tau \left|\exp\{i\tau \mathrm{Re}\omega\}\right| \underline{\underline{\chi}}(\tau) \\ &= \int_0^\infty d\tau \underline{\underline{\chi}}(\tau) = \underline{\underline{\chi}}^{\mathrm{stat}}\end{aligned} \tag{9.40}$$

erfüllt. Damit ist $\underline{\underline{\chi}}(\omega)$ in der ganzen oberen Halbebene regulär. Man erkennt in (9.39) auch sofort die Bedeutung der Kausalität: Ohne diese Eigenschaft wäre die untere Integrationsgrenze in diesem Ausdruck nicht 0 und folglich auch $\tau < 0$ zulässig. Damit könnte aber der Faktor $\exp\{-\tau \mathrm{Im}\omega\}$ in der oberen Halbebene beliebig große Werte annehmen, und die Funktion $\underline{\underline{\chi}}(\omega)$ wäre im allgemeinen in der oberen Halbebene nicht mehr regulär.

Auswertung des Integrals:
Weil die Suszeptibilität in der oberen Halbebene regulär ist und der Pol von $[\omega - \omega_0 + i\eta]^{-1}$ in der unteren Halbebene bei $\omega_0 - i\eta$ liegt, hat der gesamte Integrand des Integrals I keinen Pol in der oberen Halbebene.

Daher verschwindet das Integral entlang der geschlossenen Kurve C. Wir zerlegen das Integral in einen Beitrag entlang der reellen Achse und einen zweiten entlang des unendlich weit entfernten Kreisbogens:

$$I = \lim_{\eta \to 0} \left[\int_{-\infty}^{\infty} \frac{\underline{\underline{\chi}}(\omega)}{\omega - \omega_0 + i\eta} d\omega\right] + \int_{\text{Kreisbogen}} \frac{\underline{\underline{\chi}}(\omega)}{\omega - \omega_0} d\omega = 0 \tag{9.41}$$

Wir positionieren den Kreisbogen so, dass sein Zentrum auf der reellen Achse in ω_0 liegt. Der Radius des Kreisbogens sei R. Dann gilt für alle Punkte entlang des Bogens $\omega = \omega_0 + R \exp(i\phi)$ mit $0 < \phi < \pi$. Daher ist das entsprechende

Integral

$$\int\limits_{\text{Kreisbogen}} \frac{\underline{\underline{\chi}}(\omega)}{\omega-\omega_0}d\omega = \mathrm{i}\int\limits_0^{\pi} \frac{\underline{\underline{\chi}}(\omega_0+R\exp(\mathrm{i}\phi))}{R\exp(\mathrm{i}\phi)}R\exp(\mathrm{i}\phi)\,d\phi$$

$$= \mathrm{i}\int\limits_0^{\pi} \underline{\underline{\chi}}\left(\omega_0+R\mathrm{e}^{\mathrm{i}\phi}\right))d\phi \tag{9.42}$$

Wegen

$$\underline{\underline{\chi}}\left(\omega_0+R\mathrm{e}^{\mathrm{i}\phi}\right) = \int\limits_0^{\infty} d\tau \exp\left\{-\tau R\sin\phi+\mathrm{i}\tau\left[\omega_0+R\cos\phi\right]\right\}\underline{\underline{\chi}}(\tau) \tag{9.43}$$

verschwindet $\underline{\underline{\chi}}(\omega_0+R\exp(\mathrm{i}\phi))$ für jeden Wert $0<\phi<\pi$, wenn man den Kreisbogen ins Unendliche ausdehnt.[4] Damit hat auch das Integral über den unendlich fernen Kreisbogen den Wert 0, und es bleibt die notwendige Forderung an die Suszeptibilität

$$\lim_{\eta\to 0}\left[\int\limits_{-\infty}^{\infty}\frac{\underline{\underline{\chi}}(\omega)}{\omega-\omega_0+\mathrm{i}\eta}d\omega\right]=0 \tag{9.44}$$

oder

$$\lim_{\eta\to 0}\left[\int\limits_{-\infty}^{\infty}\frac{[\omega-\omega_0]\,\underline{\underline{\chi}}(\omega)}{(\omega-\omega_0)^2+\eta^2}d\omega\right]-\lim_{\eta\to 0}\left[\int\limits_{-\infty}^{\infty}\frac{\mathrm{i}\eta\underline{\underline{\chi}}(\omega)}{(\omega-\omega_0)^2+\eta^2}d\omega\right]=0 \tag{9.45}$$

Die Ausführung des Grenzwerts liefert für den ersten Term das Hauptwertintegral

$$\lim_{\eta\to 0}\left[\int\limits_{-\infty}^{\infty}\frac{[\omega-\omega_0]\,\underline{\underline{\chi}}(\omega)}{(\omega-\omega_0)^2+\eta^2}d\omega\right]=\mathcal{P}\int\limits_{-\infty}^{\infty}\frac{\underline{\underline{\chi}}(\omega)}{\omega-\omega_0}d\omega \tag{9.46}$$

Im zweiten Integral verwenden wir die folgende Darstellung der δ -Funktion

$$\delta(x)=\frac{1}{\pi}\lim_{\eta\to 0}\frac{\eta}{x^2+\eta^2} \tag{9.47}$$

und erhalten

$$\lim_{\eta\to 0}\left[\int\limits_{-\infty}^{\infty}\frac{\mathrm{i}\eta\underline{\underline{\chi}}(\omega)}{(\omega-\omega_0)^2+\eta^2}d\omega\right]=\mathrm{i}\pi\int\limits_{-\infty}^{\infty}\delta(\omega-\omega_0)\,\underline{\underline{\chi}}(\omega)d\omega=\mathrm{i}\pi\underline{\underline{\chi}}(\omega_0) \tag{9.48}$$

4) Man beachte, dass die Punkte $\phi=0$ und $\phi=\pi$ zur reellen Achse gehören.

Damit kommen wir zu der Gleichung

$$\underline{\underline{\chi}}(\omega_0) = \frac{1}{\mathrm{i}\pi}\mathcal{P}\int\limits_{-\infty}^{\infty}\frac{\underline{\underline{\chi}}(\omega)}{\omega-\omega_0}d\omega \tag{9.49}$$

Zerlegen wir jetzt noch die Suszeptibilität entsprechend

$$\underline{\underline{\chi}}(\omega) = \underline{\underline{\chi}}'(\omega) + \mathrm{i}\underline{\underline{\chi}}''(\omega) \tag{9.50}$$

in Real- und Imaginärteil, dann gelangen wir zu den *Kramers-Kronig-Relationen*

$$\underline{\underline{\chi}}'(\omega_0) = \frac{1}{\pi}\mathcal{P}\int\limits_{-\infty}^{\infty}\frac{\underline{\underline{\chi}}''(\omega)}{\omega-\omega_0}d\omega \tag{9.51}$$

und

$$\underline{\underline{\chi}}''(\omega) = -\frac{1}{\pi}\mathcal{P}\int\limits_{-\infty}^{\infty}\frac{\underline{\underline{\chi}}'(\omega)}{\omega-\omega_0}d\omega \tag{9.52}$$

Diese Gleichungen sind im eigentlichen Sinne rein mathematische Beziehungen zwischen Real- und Imaginärteil komplexer Funktionen, die formal als Fourier-Transformation einer integrierbaren Funktion $f(\tau)$ mit $f(\tau) = 0$ für $\tau < 0$ entstanden sind. Diese einzige Bedingung entsprach im Falle der von uns untersuchten Suszeptibilitäten dem physikalischen Prinzip der Kausalität. Physikalisch motivierte weitere Forderungen – etwa über das zugrunde liegende Material oder die wirkenden Felder – sind in diese Beziehung überhaupt nicht eingegangen.

Deshalb dürfen die Kramers-Kronig-Relationen im eigentlichen Sinne nicht als Materialgleichungen interpretiert werden, obwohl sie natürlich Verbindungen zwischen Real- und Imaginärteil der Fourier-transformierten Suszeptibilitäten herstellen. Aber diese Verknüpfung ist eben nicht der Eigenschaft von Materialien zu verdanken, sondern beruht auf dem viel fundamentalerem Kausalitätsprinzip.

Man kann die Kramers-Kronig-Relationen z. B. dazu verwenden, um aus experimentellen Werten für den Imaginärteil $\underline{\underline{\chi}}''(\omega)$ den Realteil $\underline{\underline{\chi}}'(\omega)$ zu bestimmen oder umgekehrt.

9.2.2
Atomare Modelle für die Suszeptibilität

In dielektrischen Medien sind die Elektronen nicht frei beweglich, sondern an ihre Ruhelage gebunden. Wir können dies im *Thomson'schen Atommodell* darstellen. Diesem Modell zufolge ist ein Elektron im quantenmechanischen Zustand n mit einer harmonischen Kraft $-m\Omega_n^2\boldsymbol{x}$ an sein Atom gebunden, wobei x die Auslenkung des Elektrons aus seiner Ruhelage, m die Elektronenmasse und Ω_n die dem jeweiligen Quantenzustand n entsprechende Eigenfrequenz ist[5]. Lässt man außerdem dissipative Prozesse zu, die sich üblicherweise in einer effektiven Reibung manifestieren, dann kann man ein Elektron als einen gedämpften, dreidimensionalen Oszillator darstellen. Man spricht deshalb beim Thomson'schen Atommodell auch vom Oszillatormodell.

Schwingt ein externes elektrisches Feld in der unmittelbaren Umgebung des Atoms mit der Frequenz ω, dann ist die auf einen solchen Oszillator von außen wirkende Kraft durch $\boldsymbol{F}(t) = q\boldsymbol{E}(\omega)\exp(-\mathrm{i}\omega t)$ gegeben. Für die Auslenkung des Elektrons aus seiner Ruhelage erhalten wir die Newtonsche Bewegungsgleichung

$$m(\ddot{\boldsymbol{x}} + \gamma_n \dot{\boldsymbol{x}} + \Omega_n^2 \boldsymbol{x}) = q\boldsymbol{E}(\omega)\exp(-\mathrm{i}\omega t) \tag{9.53}$$

Das atomare Dipolmoment ist im Thomson'schen Modell einfach $\boldsymbol{p} = q\boldsymbol{x}$. Deshalb erhalten wir als Bewegungsgleichung des Dipolmoments

$$\ddot{\boldsymbol{p}} + \gamma_n \dot{\boldsymbol{p}} + \Omega_n^2 \boldsymbol{p} = \frac{q^2}{m}\boldsymbol{E}(\omega)\exp(-\mathrm{i}\omega t) \tag{9.54}$$

Mit dem Ansatz

$$\boldsymbol{p}(t) = \boldsymbol{p}(\omega)\exp(-\mathrm{i}\omega t) \tag{9.55}$$

folgt sofort

$$\boldsymbol{p}(\omega) = \frac{q^2}{m}\frac{\boldsymbol{E}(\omega)}{\Omega_n^2 - \omega^2 - \mathrm{i}\gamma_n\omega} \tag{9.56}$$

Befindet sich nun das Elektron nicht mit Sicherheit, sondern nur mit der Wahrscheinlichkeit f_n im Quantenzustand n, dann gibt man die Polarisation an durch den Mittelwert

$$\boldsymbol{p}(\omega) = \frac{q^2}{m}\sum_n \frac{f_n \boldsymbol{E}(\omega)}{\Omega_n^2 - \omega^2 - \mathrm{i}\gamma_n\omega} \tag{9.57}$$

wobei $\sum_n f_n = 1$ gilt. Die Wahrscheinlichkeit f_n wird auch als Oszillatorstärke bezeichnet und kann mit quantenmechanischen Methoden berechnet werden. Die zwischen $\boldsymbol{p}(\omega)$ und $\boldsymbol{E}(\omega)$ vermittelnde Größe ist die mikroskopische elektrische Suszeptibilität $\chi_{\text{mikro}}(\omega)$, die im vorliegenden isotropen Modell als skalare Funktion auftritt:

$$\chi_{\text{mikro}}(\omega) = \frac{q^2}{m}\sum_n \frac{f_n}{\Omega_n^2 - \omega^2 - \mathrm{i}\gamma_n\omega} \tag{9.58}$$

5) Für weitere Details verweisen wir auf Band III dieser Lehrbuchreihe

Wir zerlegen χ_{mikro} in Real- und Imaginärteil und erhalten

$$\chi'_{\text{mikro}}(\omega) = \frac{q^2}{m}\sum_n f_n \frac{\Omega_n^2 - \omega^2}{(\Omega_n^2 - \omega^2)^2 + \gamma_n^2\omega^2}$$
$$\chi''_{\text{mikro}}(\omega) = \frac{q^2}{m}\sum_n f_n \frac{\gamma_n\omega}{(\Omega_n^2 - \omega^2)^2 + \gamma_n^2\omega^2} \qquad (9.59)$$

Für einfache Dielektrika kann man annehmen, dass nur eine Eigenfrequenz Ω_0 wesentlich zur Suszeptibilität beiträgt. In diesem Fall ist dann $f_0 = 1$, und wir erhalten die skalierte Darstellung

$$\chi'_{\text{mikro}}(\omega) = \frac{q^2}{m\Omega_0^2}\frac{1-\hat{\omega}^2}{(1-\hat{\omega}^2)^2 + \hat{\gamma}_0^2\hat{\omega}^2}$$
$$\chi''_{\text{mikro}}(\omega) = \frac{q^2}{m\Omega_0^2}\frac{\hat{\gamma}_0\hat{\omega}}{(1-\hat{\omega}^2)^2 + \hat{\gamma}_0^2\hat{\omega}^2} \qquad (9.60)$$

mit einer skalierten Frequenz $\hat{\omega} = \omega/\Omega_0$, die nur noch von dem Parameter $\hat{\gamma}_0 = \gamma/\Omega_0$ abhängt. In Abb. 9.2 ist der universelle Verlauf des Real- und Imaginärteils der mikroskopischen Suszeptibilität dargestellt.

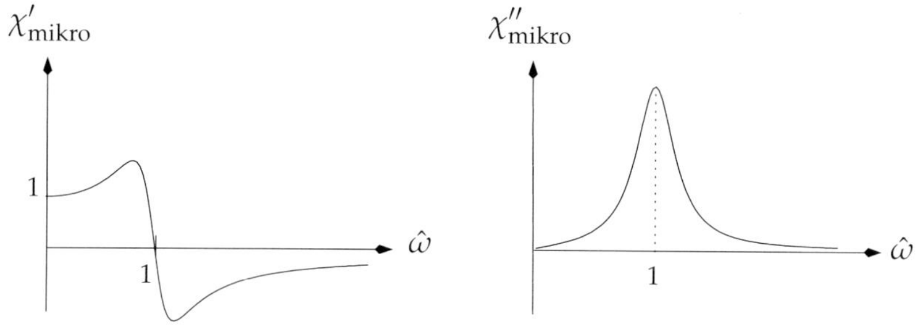

Abb. 9.2 Realteil (links) und Imaginärteil (rechts) der Polarisation im Oszillatormodell für $\hat{\gamma}^2 = 0{,}15$

Der Zusammenhang mit der makroskopischen Suszeptibilität wird wieder durch die Clausius-Mossotti-Relation (7.280) hergestellt, aus deren frequenzabhängiger Formulierung jetzt folgt:

$$\chi^{\text{el}}(\omega) = \frac{\rho_{\text{P}}\chi_{\text{mikro}}(\omega)}{1 - \frac{4\pi}{3}\rho_{\text{P}}\chi_{\text{mikro}}(\omega)} \qquad (9.61)$$

Für $\omega \to \infty$ erhalten wir aus (9.58) als führenden Beitrag

$$\chi_{\text{mikro}}(\omega) \approx -\frac{q^2}{m\omega^2} \qquad \text{und deshalb} \qquad \chi^{\text{el}}(\omega) \approx -\frac{q^2\rho_{\text{P}}}{m\omega^2} \qquad (9.62)$$

Die Gültigkeit dieser Näherung wird von der Größe der Eigenfrequenzen Ω_n bestimmt. Für $\omega \gg \Omega_n$ gilt (9.62), und die entsprechend (7.189) generalisierte, frequenzabhängige dielektrische Permeabilität

$$\varepsilon(\omega) = 1 + 4\pi\chi^{\mathrm{el}}(\omega) \tag{9.63}$$

genügt der Näherung

$$\varepsilon(\omega) \approx 1 - \frac{4\pi q^2 \rho_{\mathrm{P}}}{m\omega^2} \tag{9.64}$$

Diese Relation gilt für alle Materialien, unabhängig davon, ob es sich um leitende Metalle oder nichtleitende Dielektrika handelt. Gewöhnlich beginnt der Gültigkeitsbereich dieser Formel im Bereich harter Ultraviolettstrahlung bzw. schwacher Röntgenfrequenzen.

9.2.3 Leitfähigkeiten

Die Relationen zwischen Polarisation und elektrischem Feld sowie zwischen Magnetisierung und magnetischer Induktion beschreiben den Zusammenhang zwischen den sekundären Feldern $\boldsymbol{D}$ bzw. $\boldsymbol{H}$ und den primären Feldern $\boldsymbol{E}$ bzw. $\boldsymbol{B}$. Damit reduzieren sie die Anzahl der Feldkomponenten in den Maxwell-Gleichungen. Die für eine eindeutige Lösung der Maxwell-Gleichungen zu große Zahl an Feldkomponenten war ursprünglich durch die Berücksichtigung der Materialeffekte entstanden.

Neben diesen Gleichungen gibt es aber noch eine weitere Klasse von Materialgleichungen. Sie beschreibt die Rückwirkung elektromagnetischer Felder auf die Quellterme der Maxwell-Gleichungen (also Strom- und Ladungsverteilungen). Eigentlich wird diese Rückwirkung durch die mechanischen Bewegungsgleichungen

$$\dot{\boldsymbol{p}} = q\boldsymbol{E} + \frac{q}{c}\boldsymbol{v} \times \boldsymbol{B} \tag{9.65}$$

definiert. Aber bei Anwesenheit von Materie findet man eine permanente dissipative Wechselwirkung der Ladungsträger untereinander und mit den nicht am Ladungstransport beteiligten Atomen und Molekülen des jeweiligen Materials. Diese Dissipation führt dazu, dass die unter dem Einfluss der elektrischen Felder beschleunigten Ladungen nicht unbegrenzt beschleunigt werden. Je nach Stärke des anliegenden Felds, wird sich ein gewisser Ladungsstrom einstellen. Dieser Strom kann in der niedrigsten Approximation durch einen linearen Zusammenhang der Form

$$\boldsymbol{j}(t) = \int_{-\infty}^{\infty} d\tau \underline{\underline{\sigma}}(\tau)\, \boldsymbol{E}(t-\tau) \tag{9.66}$$

dargestellt werden. Der hier auftretende Tensor $\underline{\underline{\sigma}}(\tau)$ wird als *Leitfähigkeitstensor* bezeichnet. Genau wie im Fall der Suszeptibilitäten erfüllt $\underline{\underline{\sigma}}(\tau)$ die Kausalitätsbedingung

$$\underline{\underline{\sigma}}(\tau) = 0 \qquad \text{für} \qquad \tau < 0 \tag{9.67}$$

und die Forderung

$$\lim_{\tau\to\infty} \underline{\underline{\sigma}}(\tau) = 0 \tag{9.68}$$

Damit existiert die Fourier-Transformation

$$\underline{\underline{\sigma}}(\omega) = \int_{-\infty}^{\infty} d\tau \underline{\underline{\sigma}}(\tau) \exp\{i\omega\tau\} = \int_{0}^{\infty} d\tau \underline{\underline{\sigma}}(\tau) \exp\{i\omega\tau\} \tag{9.69}$$

und wir erhalten den algebraischen Zusammenhang

$$\boldsymbol{j}(\omega) = \underline{\underline{\sigma}}(\omega)\, \boldsymbol{E}(\omega) \tag{9.70}$$

Liegt ein statisches elektrisches Feld an, dann erhält man insbesondere einen stationären Strom

$$\boldsymbol{j} = \int_{-\infty}^{\infty} d\tau \underline{\underline{\sigma}}(\tau)\, \boldsymbol{E} = \underline{\underline{\sigma}}^{\text{stat}} \boldsymbol{E} \tag{9.71}$$

mit der statischen Leitfähigkeit

$$\underline{\underline{\sigma}}^{\text{stat}} = \int_{-\infty}^{\infty} d\tau \underline{\underline{\sigma}}(\tau) = \underline{\underline{\sigma}}(\omega = 0) \tag{9.72}$$

9.2.4 Das klassische Drude-Modell für die Leitfähigkeit

Gewöhnlich verhalten sich die Elektronen in einem Leiter wie freie Teilchen: Unter der Wirkung eines elektrischen Felds werden sie beschleunigt. Andererseits verlieren sie dauernd Energie durch Stöße mit den Atomen, die das Kristallgitter des leitenden Metalls bilden. Diese Dissipation soll als einfacher Stokes'scher Reibungsterm in den Newton'schen Bewegungsgleichungen berücksichtigt werden (vgl. Band I dieser Lehrbuchreihe, Abschnitt 3.6.8). Damit lautet die Bewegungsgleichung des I-ten Elektrons

$$m\dot{\boldsymbol{v}}_I = q\boldsymbol{E} - m\gamma \boldsymbol{v}_I \tag{9.73}$$

Multipliziert man diese Gleichung mit der Ladung q eines einzelnen Ladungsträgers und bildet den Mittelwert über alle N Elektronen eines mesoskopischen Volumens V, dann erhält man die Bewegungsgleichung

$$m\frac{\partial \boldsymbol{j}}{\partial t} = \rho_{\text{P}} q^2 \boldsymbol{E} - m\gamma \boldsymbol{j} \tag{9.74}$$

für die Stromdichte

$$\boldsymbol{j} = \frac{1}{V} \sum_{I=1}^{N} q\boldsymbol{v}_I \tag{9.75}$$

Hier ist $\rho_\mathrm{P} = N/V$ die auf das mesoskopische Volumen bezogene Dichte der Elektronen. Im stationären Fall verschwindet die linke Seite von (9.74). Man erhält dann

$$\boldsymbol{j} = \frac{\rho_\mathrm{P} q^2}{m\gamma} \boldsymbol{E} \tag{9.76}$$

und damit die statische Leitfähigkeit

$$\sigma_\mathrm{stat} = \frac{\rho_\mathrm{P} q^2}{m\gamma} \tag{9.77}$$

Da das vorliegende Modell isotrop ist, tritt die Leitfähigkeit hier als skalare Größe auf. Die frequenzabhängige Leitfähigkeit erhält man aus der Fourier-Transformierten der Bewegungsgleichung

$$-\mathrm{i}m\omega \boldsymbol{j}(\omega) + m\gamma \boldsymbol{j}(\omega) = \rho_\mathrm{P} q^2 \boldsymbol{E}(\omega) \tag{9.78}$$

durch Umstellung nach $\boldsymbol{j}(\omega)$:

$$\boldsymbol{j}(\omega) = \frac{\rho_\mathrm{P} q^2}{m\gamma(1 - \mathrm{i}\gamma^{-1}\omega)} \boldsymbol{E}(\omega) \tag{9.79}$$

Beachtet man noch (9.77), dann ist

$$\sigma(\omega) = \frac{\sigma_\mathrm{stat}}{1 - \mathrm{i}\gamma^{-1}\omega} = \sigma_\mathrm{stat} \frac{1 + \mathrm{i}\gamma^{-1}\omega}{1 + \gamma^{-2}\omega^2} \tag{9.80}$$

Nach der üblichen Zerlegung in Real- und Imaginärteil $\sigma = \sigma' + \mathrm{i}\sigma''$ erhält man endgültig

$$\sigma'(\omega) = \sigma_\mathrm{stat} \frac{1}{1 + \gamma^{-2}\omega^2} \quad \text{und} \quad \sigma''(\omega) = \sigma_\mathrm{stat} \frac{\gamma^{-1}\omega}{1 + \gamma^{-2}\omega^2} \tag{9.81}$$

Der Realteil $\sigma'(\omega)$ der Leitfähigkeit beschreibt den Anteil des Stroms, der mit dem elektrischen Feld in Phase geht, der Imaginärteil $\sigma''(\omega)$ ist für den um $\pi/2$ phasenversetzten Stromanteil verantwortlich.

9.2.5 Plasmaschwingungen

Im vorhergehenden Abschnitt haben wir die Elektronen in einem Leiter unter der Wirkung eines permanent vorhandenen äußeren elektrischen Felds betrachtet. In einem Leiter können aber auch innere Felder entstehen, sobald die positiven und negativen Ladungen gegeneinander verschoben werden. Diese Verschiebung kann man durch eine äußere Anregung präparieren. Sobald dieser Anfangszustand erzeugt ist, überlässt man das System seiner eigenen Dynamik. Im Jellium-Modell eines Metalls betrachtet man die Atomrümpfe mit ihren positiven Ladungen als feststehend und ihre Ladung homogen über den ganzen Raum verschmiert. Gegen diesen positiven Hintergrund können sich die negativ geladenen Elektronen bewegen. Dabei muss natürlich die Kontinuitätsgleichung

$$\dot{\rho} + \operatorname{div} \boldsymbol{j} = 0 \tag{9.82}$$

gelten. Außerdem haben wir noch die im vorangegangenen Abschnitt abgeleitete Bewegungsgleichung (9.74)

$$m\frac{\partial \boldsymbol{j}}{\partial t} = \rho_{\mathrm{P}} q^2 \boldsymbol{E} - m\gamma \boldsymbol{j} \tag{9.83}$$

Bildet man die Divergenz der Bewegungsgleichung und setzt die Kontinuitätsgleichung ein, so folgt

$$-m\ddot{\rho} - m\gamma\dot{\rho} = \rho_{\mathrm{P}} q^2 \operatorname{div} \boldsymbol{E} \tag{9.84}$$

und nach der Fourier-Transformation

$$m\omega^2 \rho\left(\omega\right) + \mathrm{i} m\gamma\omega\rho\left(\omega\right) = \rho_{\mathrm{P}} q^2 \operatorname{div} \boldsymbol{E}(\omega) \tag{9.85}$$

Der Zusammenhang zwischen der Ladungsverteilung und dem durch sie erzeugten elektrischen Feld wird durch die Maxwell-Gleichungen hergestellt:

$$\operatorname{div} \boldsymbol{D} = 4\pi\rho \tag{9.86}$$

Nach der Fourier-Transformation bezüglich der Zeit und unter Beachtung des Zusammenhangs[6]

$$\boldsymbol{D}(\omega) = \left(1 + 4\pi\chi_{\mathrm{el}}\left(\omega\right)\right) \boldsymbol{E}(\omega) = \varepsilon\left(\omega\right) \boldsymbol{E}(\omega) \tag{9.87}$$

gilt dann

$$m\omega^2 \rho\left(\omega\right) + \mathrm{i} m\gamma\omega\rho\left(\omega\right) = \frac{4\pi\rho_{\mathrm{P}} q^2}{\varepsilon\left(\omega\right)} \rho\left(\omega\right) \tag{9.88}$$

bzw.

$$\left[\omega^2 + \mathrm{i}\gamma\omega - \frac{4\pi\rho_{\mathrm{P}} q^2}{m\varepsilon\left(\omega\right)}\right] \rho\left(\omega\right) = 0 \tag{9.89}$$

Offenbar gibt es nur zwei Lösungsklassen. Bei den Lösungen der ersten Klasse erfüllt die Frequenz ω die Gleichung

$$\omega^2 + \mathrm{i}\gamma\omega = \frac{4\pi\rho_{\mathrm{P}} q^2}{m\varepsilon\left(\omega\right)} = \frac{4\pi\gamma\sigma_{\mathrm{stat}}}{\varepsilon\left(\omega\right)} \tag{9.90}$$

6) Im Jellium-Modell wird Isotropie vorausgesetzt. Daher treten die Materialfunktionen nur als skalare Funktionen auf.

wobei wir im letzten Schritt (9.77) verwendet haben. In diesem Fall kann $\rho(\omega)$ einen beliebigen, nur durch die Anfangsbedingungen festgelegten Wert haben. Die zweite Lösung entspricht der Situation, dass die Frequenz ω die Gleichung (9.90) nicht erfüllt. Dann muss aber zwangsläufig $\rho(\omega) = 0$ gelten.

Alle Frequenzen, die Lösung der im Allgemeinen nichtlinearen Bedingungsgleichung (9.90) sind, werden als *Plasmafrequenzen* bezeichnet. Diese Frequenzen sind gewöhnlich sehr hoch. Für die meisten Materialien kann man in diesem Bereich die Frequenzabhängigkeit von $\varepsilon(\omega)$ vernachlässigen. Tatsächlich ist für sehr hohe Frequenzen sogar die Annahme $\chi_{\text{el}}(\omega \to \infty) = 0$ zulässig. Dann ist $\varepsilon(\omega) \approx 1$, und man erhält die Näherungslösung

$$\omega_{\text{Plasma}} = -\mathrm{i}\frac{\gamma}{2} \pm \sqrt{4\pi\gamma\sigma_{\text{stat}} - \left(\frac{\gamma}{2}\right)^2} \tag{9.91}$$

Das Elektronengas führt also offenbar gedämpfte Schwingungen aus. Vernachlässigt man auch noch die Dämpfung, so erhält man eine Abschätzung für den Wert der Plasmafrequenz:

$$\omega_{\text{Plasma}} = \lim_{\gamma \to 0} \sqrt{4\pi\gamma\sigma_{\text{stat}}} = \sqrt{\frac{4\pi\rho_P q^2}{m}} \tag{9.92}$$

Diese Plasmaschwingungen werden angeregt, wenn man elektromagnetische Energie mit der Frequenz ω_{Plasma} einstrahlt. Die numerische Auswertung ergibt $\omega_{\text{Plasma}} \approx 10^{16}\ \text{s}^{-1}$, eine Frequenz etwas oberhalb der Lichtfrequenz.

9.2.6 Magnetische Suszeptibilität

Wir wollen nun der Frage nachgehen, welche Bedeutung der makroskopischen magnetischen Suszeptibilität als Dichte der induzierten magnetischen Momente bei hohen Freuqenzen zukommt.

Dazu betrachten wir ein beliebiges Material in einem elektromagnetischen Feld der Frequenz ω. Im Prinzip gibt es zwei Betrachtungsebenen: Wir können einerseits sagen, dass die Felder im Material der erweiterten Maxwell-Gleichung (9.13)

$$\operatorname{rot} \boldsymbol{H} = \frac{1}{c}\frac{\partial \boldsymbol{D}}{\partial t} \tag{9.93}$$

genügen, wobei im Material keine externen Ströme auftreten sollen. Andererseits können wir aber auch die zugehörige urspüngliche Maxwell-Gleichung (5.54) heranziehen

$$\frac{1}{c}\frac{\partial \boldsymbol{E}}{\partial t} + \frac{4\pi}{c}\boldsymbol{j}_{\text{mag}} = \operatorname{rot} \boldsymbol{B} \tag{9.94}$$

wobei jetzt die Stromdichte $\boldsymbol{j}_{\text{mag}}$ die Gesamtheit der mikroskopischen Ströme im Material beschreibt. Beachten wir $\boldsymbol{D} = \boldsymbol{E} + 4\pi\boldsymbol{P}$ und $\boldsymbol{H} = \boldsymbol{B} - 4\pi\boldsymbol{M}$, dann erhalten wir aus (9.93) und (9.94)

$$c \operatorname{rot} \boldsymbol{M} + \frac{\partial \boldsymbol{P}}{\partial t} = \boldsymbol{j}_{\text{mag}} \tag{9.95}$$

Im statischen Grenzfall wird wegen (8.130) die Magnetisierung ausschließlich von der Magnetisierungsstromdichte $\boldsymbol{j}_{\text{mag}}$ getragen. Liegen dagegen zeitabhängige Felder der Frequenz ω vor, dann wird der Beitrag der Polarisation den Zusammenhang zwischen Magnetisierung und Magnetisierungsstrom stören. Wir wollen nun abschätzen, unter welchen Bedingungen die Relation (8.130) noch physikalisch sinnvoll ist. Dazu muss der Polarisationsbeitrag in (9.95) wesentlich kleiner als der Beitrag der Magnetisierung sein. Ist L die typische geometrische Abmessung des untersuchten Objekts, dann erhalten wir

$$|\operatorname{rot} \boldsymbol{M}| \sim \frac{|\boldsymbol{M}|}{L} \sim |\underline{\underline{\chi}}^{\text{mag}}(\omega)| \frac{|\boldsymbol{H}(\omega)|}{L} \tag{9.96}$$

Dagegen finden wir für die Polarisation

$$\left| \frac{\partial \boldsymbol{P}}{\partial t} \right| \sim \omega \left| \underline{\underline{\chi}}^{\text{el}}(\omega) \right| |\boldsymbol{E}(\omega)| \tag{9.97}$$

Wegen (9.5) gilt außerdem die Abschätzung

$$\frac{1}{c}\frac{\partial \boldsymbol{B}}{\partial t} + \operatorname{rot} \boldsymbol{E} = 0 \quad \to \quad \frac{|\boldsymbol{E}(\omega)|}{L} \sim \frac{1}{c}\omega |\boldsymbol{B}(\omega)| \sim \frac{1}{c}\omega |\underline{\underline{\mu}}(\omega)||\boldsymbol{H}(\omega)| \tag{9.98}$$

Hierbei ist $\underline{\underline{\mu}}$ die frequenzabhängige magnetische Permeabilität, die entsprechend (8.127) gebildet wird. Damit folgt aus (9.96), (9.97) und (9.98) die notwendige Forderung für die Gültigkeit von (8.130):

$$\frac{|\underline{\underline{\chi}}^{\text{mag}}(\omega)|}{\left|\underline{\underline{\chi}}^{\text{el}}(\omega)\right| |\underline{\underline{\mu}}(\omega)|} \gg \frac{\omega^2 L^2}{c^2} \sim \frac{L^2}{\lambda^2} \tag{9.99}$$

Dabei ist λ die Wellenlänge der das Material durchdringenden elektromagnetischen Strahlung (vgl. Abschnitt 9.5.2.1, Gleichung (9.205)). Erreicht diese Wellenlänge die Größenordnung molekularer Abmessungen (das ist der Fall im optischen Bereich, spätestens aber für weiche UV-Strahlung), dann ist die auf einer klassischen Theorie beruhende Ungleichung (9.99) für keine sinnvolle und eigentlich makroskopische Abmessung L mehr aufrecht zu erhalten.

Für hohe Frequenzen ist es sogar sinnvoll, die Magnetisierung ganz zu vernachlässigen. Dann nimmt (9.95) die Form einer Relation zwischen Polarisation und Magnetisierungsstrom an. Man erhält dann aus dieser Gleichung durch Bildung der Divergenz wegen (7.179) die Kontinuitätsgleichung

$$\frac{\partial \boldsymbol{P}}{\partial t} \approx \boldsymbol{j}_{\text{mag}} \quad \to \quad \frac{\partial \rho_P}{\partial t} + \operatorname{div} \boldsymbol{j}_{\text{mag}} \approx 0 \tag{9.100}$$

Im Fall hoher Frequenzen wird also der Magnetisierungsstrom durch die zeitliche Änderung der Polarisationsladungsdichte bestimmt. Deshalb spielt die Magnetisierung für hochfrequente elektromagnetische Felder keine Rolle mehr, und wir können $\boldsymbol{M} = 0$ und deshalb $\underline{\underline{\chi}}^{\text{mag}} = 0$ annehmen. Damit wird in dieser Situation die frequenzabhängige magnetische Permeabilität

$$\underline{\underline{\mu}}(\omega) = 1 + 4\pi\underline{\underline{\chi}}^{\text{mag}}(\omega) \tag{9.101}$$

isotrop und durch den Wert $\mu = 1$ beschrieben. Dies wird bei den meisten Materialien bereits für den Bereich des sichtbaren Lichts erreicht.

9.3 *Bilanzgleichungen

9.3.1 *Energiebilanz

Wir wollen nun ein beliebiges Material in einem elektromagnetischen Feld betrachten. Aus mikroskopischer Sicht besteht das Material aus einer Vielzahl geladener und neutraler Massenpunkte, die nicht nur durch die für alle Ladungen relevante elektromagnetische Wechselwirkung, sondern auch noch durch andere – z. B. quantenmechanisch bedingte – konservative Kräfte miteinander wechselwirken können. Ohne die Wirkung des elektromagnetischen Felds würde die mechanische Energie E_{mech} des Partikelsystems konstant bleiben. Die mechanische Gesamtenergie kann sich nur durch die Wechselwirkung der im System enthaltenen Ladungsträger mit dem elektromagnetischen Feld ändern.

Wir hatten bereits im Rahmen der feldtheoretischen Ableitung der Elektrodynamik gefunden, dass die Änderung der mechanischen Energie eines Systems von N Ladungen in einem elektromagnetischen Feld durch (5.84), also durch

$$\frac{dE_{\text{mech}}}{dt} = \sum_{I=1}^{N} \frac{dE_I}{dt} = \sum_{I=1}^{N} q_I \boldsymbol{v}_I \boldsymbol{E}_I \tag{9.102}$$

gegeben ist. Dieser Zusammenhang folgt direkt aus den Bewegungsgleichungen der einzelnen Ladungsträger im elektromagnetischen Feld. Dabei ist $\boldsymbol{E}_I$ das elektromagnetische Feld an der aktuellen Position der I-ten Ladung. Der Übergang zum Kontinuum liefert dann

$$\frac{dE_{\text{mech}}}{dt} = \int d^3x \sum_{I=1}^{N} \delta(\boldsymbol{x} - \boldsymbol{x}_I)\, q_I \boldsymbol{v}_I \boldsymbol{E}(\boldsymbol{x}) = \int d^3x \boldsymbol{j}(\boldsymbol{x})\, \boldsymbol{E}(\boldsymbol{x}) \tag{9.103}$$

Diese Gleichung ist im Grunde genommen schon die gesuchte Energiebilanz. Aus phänomenologischer Sicht kann man E_{mech} in zwei Teile zerlegen: Einerseits führt die Wirkung eines äußeren elektromagnetischen Felds zu einer geordneten Bewegung von Ladungen, die sich in makroskopisch messbaren Größen – etwa der Polarisation oder Magnetisierung des zugrunde liegenden Mediums – manifestiert und die jederzeit wieder in elektromagnetische Energie umgewandelt werden kann. Es ist sinnvoll, diese Energieform als reversiblen Bestandteil der mechanische Energie zu bezeichnen.

Der zweite Teil beinhaltet die „ungeordnete" Bewegung der mikroskopischen Partikel. Dieser kann im Sinne einer thermodynamischen Interpretation auch als Wärmeenergie verstanden werden.[7] Wegen des zweiten Hauptsatzes der Thermodynamik ist diese Energieform für makroskopische Prozesse verloren und kann sich deshalb nicht mehr an der makroskopisch messbaren Wechselwirkung zwischen dem Medium und dem elektromagnetischen Feld beteiligen. Wir sprechen deshalb auch vom irreversiblen Anteil der mechanischen Energie.

Durch die internen Wechselwirkungen der Partikel des Mediums wird gewöhnlich permanent „geordnete" mechanische Energie in Wärme umgewandelt. Wir hatten diese Prozesse in den vorangegangenen atomaren Modellen zur Bestimmung von Suszeptibilitäten und Leitfähigkeiten über die empirisch eingeführten mikroskopischen Reibungskoeffizienten bereits berücksichtigt und als Dissipation bezeichnet.

Es ist wünschenswert, den in (9.103) auftretenden Strom durch die elektromagnetischen Felder zu ersetzen. Dazu benutzen wir die entsprechende Maxwell-Gleichung und bekommen

$$\frac{dE_{\text{mech}}}{dt} = \frac{c}{4\pi} \int d^3x \left[\operatorname{rot} \boldsymbol{H} - \frac{1}{c} \frac{\partial \boldsymbol{D}}{\partial t} \right] \boldsymbol{E} \tag{9.104}$$

Den ersten Summanden in dem Integral formen wir jetzt um:

$$\boldsymbol{E} \operatorname{rot} \boldsymbol{H} = \varepsilon^{\alpha\beta\gamma} E_\alpha \frac{\partial H_\gamma}{\partial x^\beta} = \frac{\partial \varepsilon^{\alpha\beta\gamma} E_\alpha H_\gamma}{\partial x^\beta} - \varepsilon^{\alpha\beta\gamma} H_\gamma \frac{\partial E_\alpha}{\partial x^\beta} \tag{9.105}$$

Die Umsortierung der Indizes liefert

$$\boldsymbol{E} \operatorname{rot} \boldsymbol{H} = \frac{\partial \varepsilon^{\beta\gamma\alpha} E_\alpha H_\gamma}{\partial x^\beta} + \varepsilon^{\gamma\beta\alpha} H_\gamma \frac{\partial E_\alpha}{\partial x^\beta} = \nabla \left[\boldsymbol{H} \times \boldsymbol{E} \right] + \boldsymbol{H} \operatorname{rot} \boldsymbol{E} \tag{9.106}$$

Die Anwendung der Maxwell-Gleichungen auf den letzten Summanden dieser Formel liefert schließlich

$$\boldsymbol{E} \operatorname{rot} \boldsymbol{H} = \nabla \left[\boldsymbol{H} \times \boldsymbol{E} \right] - \frac{1}{c} \boldsymbol{H} \frac{\partial \boldsymbol{B}}{\partial t} \tag{9.107}$$

Mit dieser Umformung lautet die Energiebilanz aus (9.104)

$$\frac{dE_{\text{mech}}}{dt} + \frac{1}{4\pi} \int d^3x \left[\boldsymbol{H} \frac{\partial \boldsymbol{B}}{\partial t} + \boldsymbol{E} \frac{\partial \boldsymbol{D}}{\partial t} \right] = \frac{c}{4\pi} \int d^3x \nabla \left[\boldsymbol{H} \times \boldsymbol{E} \right] \tag{9.108}$$

7) Siehe Band V dieser Lehrbuchreihe.

Die rechte Seite enthält den Poynting-Vektor

$$S = \frac{c}{4\pi}\left[E \times H\right] \tag{9.109}$$

der – anders als nach (5.78) – jetzt auch in beliebigen Materialien definiert ist. Dieser Beitrag lässt sich unter Verwendung des Gauß'schen Satzes als Oberflächenintegral schreiben:

$$\frac{c}{4\pi}\int d^3x \nabla\left[H \times E\right] = -\int d^3x \operatorname{div} S = -\oint df\, S \tag{9.110}$$

In Abschnitt 5.7 hatten wir gezeigt, dass der Poynting-Vektor die Energiestromdichte beschreibt. Das Oberflächenintegral ist demnach die Gesamtenergie pro Zeit, die, je nach Vorzeichen, durch die Oberfläche aus dem System entweicht bzw. in das System gelangt. Dann muss das verbleibende Integral die zeitliche Änderung der im Volumen vorhandenen Feldenergie sein, also

$$\frac{dE_{\text{Feld}}}{dt} = \frac{1}{4\pi}\int d^3x \left[H\frac{\partial B}{\partial t} + E\frac{\partial D}{\partial t}\right] \tag{9.111}$$

Die Energiebilanz in der Form (9.108) zeigt die anfänglich für die mechanische Energie getroffene Einteilung der Energie in reversible und irreversible Anteile jetzt auch für die Feldenergie. Sowohl die Änderung der Feldenergie als auch der Feldenergiestrom haben wegen der enthaltenen Felder $\boldsymbol{D}$ und $\boldsymbol{H}$ einen direkten Bezug zu dem auf makroskopischem Niveau beschriebenen Medium. Die in diesem Material ablaufenden reversiblen und irreversiblen Prozesse werden dabei in den effektiven Parametern der Materialgleichungen reflektiert.

Um die Energiebilanz noch besser verstehen zu können, betrachten wir den Fall *dispersionsfreier* Materie mit linearen Materialgleichungen. In dieser idealisierten Vorstellung über das Material haben die elektrische und magnetische Suszeptibilität die funktionale Gestalt

$$\underline{\underline{\chi}}(t) = \underline{\underline{\chi}}^0 \delta(t) \qquad \leftrightarrow \qquad \underline{\underline{\chi}}(\omega) = \underline{\underline{\chi}}^0 \tag{9.112}$$

Offenbar bedeutet Dispersionsfreiheit, dass Materie auf jede Feldänderung sofort reagiert.

Aus thermodynamischer Sicht bedeutet eine solche instantane Reaktion, dass in einem dispersionsfreien Material keine irreversiblen Dissipationsprozesse stattfinden können. Aus der zu Beginn dieses Abschnitts geführten Diskussion geht hervor, dass ein Teil der im Medium als reversible mechanische Energie gespeicherten Feldenergie durch atomare Wechselwirkungen in elektrodynamisch nicht mehr verfügbare Energieformen irreversibel überführt wird. Da diese Prozesse erst nach der Umwandlung von Feldenergie in reversible mechanische Energie einsetzen können, sind Dissipationsprozesse immer mit einer verzögerten Reaktion des Materials auf eine Feldänderung verbunden, die sich z. B. in den Materialgleichungen (9.24) und (9.25) äußern.

Als Konsequenz der Dispersionsfreiheit müssen die zwischen den Feldern $\boldsymbol{D}(\boldsymbol{x},t)$ und $\boldsymbol{E}(\boldsymbol{x},t)$ bzw. $\boldsymbol{B}(\boldsymbol{x},t)$ und $\boldsymbol{H}(\boldsymbol{x},t)$ vermittelnden Permeabilitäten $\underline{\underline{\varepsilon}}$ und $\underline{\underline{\mu}}$ konstante symmetrische Tensoren sein. Deshalb erhalten wir

$$\boldsymbol{E}\frac{\partial \boldsymbol{D}}{\partial t} = \boldsymbol{E}\underline{\underline{\varepsilon}}\frac{\partial \boldsymbol{E}}{\partial t} = \frac{1}{2}\frac{\partial}{\partial t}\left(\boldsymbol{E}\underline{\underline{\varepsilon}}\boldsymbol{E}\right) = \frac{1}{2}\frac{\partial}{\partial t}\left(\boldsymbol{E}\boldsymbol{D}\right) \tag{9.113}$$

und

$$\boldsymbol{H}\frac{\partial \boldsymbol{B}}{\partial t} = \boldsymbol{H}\underline{\underline{\mu}}\frac{\partial \boldsymbol{H}}{\partial t} = \frac{1}{2}\frac{\partial}{\partial t}\left(\boldsymbol{H}\underline{\underline{\mu}}\boldsymbol{H}\right) = \frac{1}{2}\frac{\partial}{\partial t}\left(\boldsymbol{H}\boldsymbol{B}\right) \tag{9.114}$$

Damit können wir schreiben

$$\frac{dE_{\text{Feld}}}{dt} = \frac{1}{8\pi}\frac{d}{dt}\int d^3x\left[\boldsymbol{H}\boldsymbol{B} + \boldsymbol{E}\boldsymbol{D}\right] \tag{9.115}$$

und gelangen auf diese Weise zu dem folgenden Ausdruck für die Feldenergie:

$$E_{\text{Feld}} = \frac{1}{8\pi}\int d^3x\left[\boldsymbol{H}\boldsymbol{B} + \boldsymbol{E}\boldsymbol{D}\right] \tag{9.116}$$

Ist keine Materie vorhanden, dann geht dieser Ausdruck natürlich in die schon bekannte Formel (5.79)

$$E_{\text{Feld}} = \frac{1}{8\pi}\int d^3x\left[\boldsymbol{B}^2 + \boldsymbol{E}^2\right] \tag{9.117}$$

über. Die Gesamtbilanz (9.108) nimmt damit die folgende Form an:

$$\frac{d\left[E_{\text{mech}} + E_{\text{Feld}}\right]}{dt} + \oint d\boldsymbol{f}\,\boldsymbol{S} = 0 \tag{9.118}$$

Diese Gleichung hat die Form einer integralen Kontinuitätsgleichung: Die zeitliche Änderung der ein bestimmtes Gebiet charakterisierenden integralen Größe (im vorliegenden Fall der Gesamtenergie) ist gleich dem Integral des zu dieser Größe gehörenden Stroms (hier des Poynting-Vektors) über die Oberfläche des Gebietes.

Sind die Materialgleichungen nichtlinear, dann kann man die zeitliche Änderung der Feldenergie nicht mehr einfach integrieren. Trotzdem kann man unter der Annahme der Dispersionsfreiheit die Existenz eines Differentials

$$dE_{\text{Feld}} = \frac{1}{4\pi}\int d^3x\left[\boldsymbol{H}\,d\boldsymbol{B} + \boldsymbol{E}d\boldsymbol{D}\right] \tag{9.119}$$

ableiten. Formal lässt sich dE_{Feld} als infinitesimale Änderung der Feldenergie bei einer infinitesimalen Änderung von $\boldsymbol{B}$ und $\boldsymbol{D}$ im ganzen Raum verstehen. Die Gesamtenergie des Felds ist offenbar die Arbeit, die notwendig ist, um die Feldkonstellation aufzubauen. Sie enthält damit also nicht nur die in den

Feldern gespeicherte Energie, sondern auch die Arbeit, die zum Aufbau der Polarisation bzw. Magnetisierung des Mediums benötigt wurde.

9.3.2
*Impulsbilanz und Spannungstensor

Wie bei der Ableitung der Energiebilanz gehen wir von der relativistischen Bewegungsgleichung (5.59)

$$\dot{\boldsymbol{p}}_I = q_I \boldsymbol{E}_I + \frac{q_I}{c} \boldsymbol{v}_I \times \boldsymbol{B}_I \tag{9.120}$$

aus. Der zeitliche Änderung des mechanischen Gesamtimpulses des Systems ist dann die Summe über alle Ladungsträger:

$$\frac{d\boldsymbol{P}_{\text{mech}}}{dt} = \sum_{I=1}^{N} \dot{\boldsymbol{p}}_I = \sum_{I=1}^{N} q_I \boldsymbol{E}_I + \sum_{I=1}^{N} \frac{q_I}{c} \boldsymbol{v}_I \times \boldsymbol{B}_I \tag{9.121}$$

Nach dem bereits im vorangegangenen Kapitel benutzten Schema können wir diese Gleichung in eine Kontinuumsdarstellung überführen

$$\sum_{I=1}^{N} q_I \boldsymbol{E}_I = \sum_{I=1}^{N} q_I \int d^3x\, \delta(\boldsymbol{x} - \boldsymbol{x}_I)\, \boldsymbol{E}(\boldsymbol{x}) = \int d^3x \rho(\boldsymbol{x})\, \boldsymbol{E}(\boldsymbol{x}) \tag{9.122}$$

sowie

$$\begin{aligned} \sum_{I=1}^{N} q_I \boldsymbol{v}_I \times \boldsymbol{B}_I &= \sum_{I=1}^{N} q_I \int d^3x\, \delta(\boldsymbol{x} - \boldsymbol{x}_I)\, \boldsymbol{v}_I \times \boldsymbol{B}(\boldsymbol{x}) \\ &= \int d^3x \boldsymbol{j}(\boldsymbol{x}) \times \boldsymbol{B}(\boldsymbol{x}) \end{aligned} \tag{9.123}$$

Damit lautet die vorläufige Formulierung der Impulsbilanz:

$$\frac{d\boldsymbol{P}_{\text{mech}}}{dt} = \int d^3x \left[\rho \boldsymbol{E} + \frac{1}{c} \boldsymbol{j} \times \boldsymbol{B}\right] \tag{9.124}$$

Wie bei der Ableitung der Energiebilanz ersetzen wir jetzt unter Anwendung der Maxwell-Gleichungen die Ladungs- und Stromdichte durch die elektromagnetischen Felder:

$$\frac{d\boldsymbol{P}_{\text{mech}}}{dt} = \frac{1}{4\pi} \int d^3x \left(\boldsymbol{E} \operatorname{div} \boldsymbol{D} + \left[\operatorname{rot} \boldsymbol{H} - \frac{1}{c}\frac{\partial \boldsymbol{D}}{\partial t}\right] \times \boldsymbol{B}\right) \tag{9.125}$$

Die folgende Berechnung wird etwas übersichtlicher, wenn wir sie in der Komponentenschreibweise durchführen. Dazu bezeichnen wir den Ausdruck unter dem Integral als Vektor $\boldsymbol{X}$ und schreiben dessen α-te Komponente als

$$X_\alpha = E_\alpha \frac{\partial D^\beta}{\partial x^\beta} + \varepsilon_{\alpha\beta\gamma} \varepsilon^{\beta\mu\nu} \frac{\partial H_\nu}{\partial x^\mu} B^\gamma - \frac{1}{c} \varepsilon_{\alpha\beta\gamma} \frac{\partial D^\beta}{\partial t} B^\gamma \tag{9.126}$$

Der letzte Term wird zunächst umgeformt

$$X_\alpha^{(3)} = -\frac{1}{c}\varepsilon_{\alpha\beta\gamma}\frac{\partial D^\beta}{\partial t}B^\gamma = \frac{1}{c}\varepsilon_{\alpha\beta\gamma}\frac{\partial B^\gamma}{\partial t}D^\beta - \frac{1}{c}\varepsilon_{\alpha\beta\gamma}\frac{\partial D^\beta B^\gamma}{\partial t} \tag{9.127}$$

und unter Beachtung der Maxwell-Gleichungen (Induktionsgesetz) in die Form

$$X_\alpha^{(3)} = -\varepsilon_{\alpha\beta\gamma}\varepsilon^{\gamma\mu\nu}\frac{\partial E_\nu}{\partial x^\mu}D^\beta - \frac{1}{c}\varepsilon_{\alpha\beta\gamma}\frac{\partial D^\beta B^\gamma}{\partial t} \tag{9.128}$$

gebracht. Damit ist dann

$$X_\alpha = E_\alpha\frac{\partial D^\beta}{\partial x^\beta} + \varepsilon_{\alpha\beta\gamma}\varepsilon^{\beta\mu\nu}\frac{\partial H_\nu}{\partial x^\mu}B^\gamma - \varepsilon_{\alpha\beta\gamma}\varepsilon^{\gamma\mu\nu}\frac{\partial E_\nu}{\partial x^\mu}D^\beta - \frac{1}{c}\varepsilon_{\alpha\beta\gamma}\frac{\partial D^\beta B^\gamma}{\partial t} \tag{9.129}$$

Die Produkte der antisymmetrischen Einheitstensoren können wegen der Relation $\varepsilon_{\alpha\beta\gamma}\varepsilon^{\gamma\mu\nu} = \delta_\alpha^\mu\delta_\beta^\nu - \delta_\alpha^\nu\delta_\beta^\mu$ durch Kombinationen von Kronecker-Symbolen ersetzt werden. Man bekommt auf diese Weise

$$\begin{aligned} X_\alpha = {} & E_\alpha\frac{\partial D^\beta}{\partial x^\beta} + \left(\delta_\gamma^\mu\delta_\alpha^\nu - \delta_\alpha^\mu\delta_\gamma^\nu\right)\frac{\partial H_\nu}{\partial x^\mu}B^\gamma \\ & - \left(\delta_\alpha^\mu\delta_\beta^\nu - \delta_\beta^\mu\delta_\alpha^\nu\right)\frac{\partial E_\nu}{\partial x^\mu}D^\beta - \frac{1}{c}\varepsilon_{\alpha\beta\gamma}\frac{\partial D^\beta B^\gamma}{\partial t} \end{aligned} \tag{9.130}$$

oder

$$\begin{aligned} X_\alpha = {} & E_\alpha\frac{\partial D^\beta}{\partial x^\beta} + \frac{\partial H_\alpha}{\partial x^\gamma}B^\gamma - \frac{\partial H_\gamma}{\partial x^\alpha}B^\gamma \\ & - \frac{\partial E_\beta}{\partial x^\alpha}D^\beta + \frac{\partial E_\alpha}{\partial x^\beta}D^\beta - \frac{1}{c}\varepsilon_{\alpha\beta\gamma}\frac{\partial D^\beta B^\gamma}{\partial t} \end{aligned} \tag{9.131}$$

bzw.

$$\begin{aligned} X_\alpha = {} & \left[E_\alpha\frac{\partial D^\beta}{\partial x^\beta} - \frac{\partial E_\beta}{\partial x^\alpha}D^\beta + \frac{\partial E_\alpha}{\partial x^\beta}D^\beta\right] \\ & + \left[\frac{\partial H_\alpha}{\partial x^\beta}B^\beta - \frac{\partial H_\beta}{\partial x^\alpha}B^\beta\right] - \frac{1}{c}\varepsilon_{\alpha\beta\gamma}\frac{\partial D^\beta B^\gamma}{\partial t} \end{aligned} \tag{9.132}$$

Die beiden Klammerausdrücke lassen sich noch etwas zusammenfassen

$$X_\alpha = \left[\frac{\partial E_\alpha D^\beta}{\partial x^\beta} - \frac{\partial E_\beta}{\partial x^\alpha}D^\beta\right] + \left[\frac{\partial H_\alpha B^\beta}{\partial x^\beta} - \frac{\partial H_\beta}{\partial x^\alpha}B^\beta\right] - \frac{1}{c}\varepsilon_{\alpha\beta\gamma}\frac{\partial D^\beta B^\gamma}{\partial t} \tag{9.133}$$

wobei $\partial B^\beta/\partial x^\beta = \operatorname{div} \boldsymbol{B} = 0$ benutzt wurde. Für den Fall dispersionsfreier, linearer Materialgleichungen erhalten wir insbesondere

$$\frac{\partial E_\beta}{\partial x^\alpha}D^\beta = \frac{\partial \boldsymbol{E}}{\partial x^\alpha}\boldsymbol{D} = \frac{\partial \boldsymbol{E}}{\partial x^\alpha}\underline{\underline{\varepsilon}}\,\boldsymbol{E} = \frac{1}{2}\frac{\partial}{\partial x^\alpha}\left(\boldsymbol{E}\,\underline{\underline{\varepsilon}}\,\boldsymbol{E}\right) = \frac{1}{2}\frac{\partial}{\partial x^\alpha}\left(\boldsymbol{E}\boldsymbol{D}\right) \tag{9.134}$$

und

$$\frac{\partial H_\beta}{\partial x^\alpha} B^\beta = \frac{\partial \boldsymbol{H}}{\partial x^\alpha} \boldsymbol{B} = \frac{\partial \boldsymbol{H}}{\partial x^\alpha} \underline{\underline{\mu}} \boldsymbol{H} = \frac{1}{2} \frac{\partial}{\partial x^\alpha} \left(\boldsymbol{H} \underline{\underline{\mu}} \boldsymbol{H} \right) = \frac{1}{2} \frac{\partial}{\partial x^\alpha} (\boldsymbol{H}\boldsymbol{B}) \tag{9.135}$$

Damit nimmt die Impulsbilanz insgesamt die Form

$$\frac{d\boldsymbol{P}_{\text{mech}}}{dt} = -\frac{1}{4\pi c} \int d^3x \frac{\partial}{\partial t} (\boldsymbol{D} \times \boldsymbol{B}) + \int d^3x \, \nabla \underline{\underline{T}} \tag{9.136}$$

an. $\underline{\underline{T}}$ ist dabei ein Tensor zweiter Ordnung mit den Komponenten

$$T_\alpha^\beta = \frac{1}{4\pi} \left[E_\alpha D^\beta + H_\alpha B^\beta - \frac{1}{2} \delta_\alpha^\beta (\boldsymbol{E}\boldsymbol{D} + \boldsymbol{H}\boldsymbol{B}) \right] \tag{9.137}$$

Die symbolische Anwendung von ∇ auf diesen Tensor bedeutet in der Komponentenschreibweise die Operation der Verjüngung, also

$$\nabla \underline{\underline{T}} \quad \to T_{\alpha,\beta}^\beta = \frac{\partial T_\alpha^\beta}{\partial x^\beta} \tag{9.138}$$

Der erste Summand in (9.136) lässt sich nun als zeitliche Änderung des Feldimpulses

$$\boldsymbol{P}_{\text{Feld}} = \frac{1}{4\pi c} \int d^3x \, (\boldsymbol{D} \times \boldsymbol{B}) \tag{9.139}$$

auffassen. Damit lautet die Impulsbilanz:

$$\frac{d\left(\boldsymbol{P}_{\text{mech}} + \boldsymbol{P}_{\text{Feld}}\right)}{dt} = \int d^3x \, \nabla \underline{\underline{T}} = \oint \underline{\underline{T}} d\boldsymbol{f} \tag{9.140}$$

Die Größe $\underline{\underline{T}}$ ist der *Maxwell'sche Spannungstensor*. Weil auf der linken Seite des Impulssatzes die zeitliche Änderung des Impulses steht, muss auf der rechten Seite eine Kraft stehen. Offenbar kann man $T_\alpha^\beta df_\beta$ als α-te Komponente einer Kraft interpretieren, die auf das Flächenelement $d\boldsymbol{f}$ wirkt (Abb. 9.3).

Diese Kraft kann mit der Wirkung von Spannungstensoren verglichen werden, die aus der Festkörperphysik bekannt sind. Betrachten wir dazu einen kleinen Quader mit den Seitenlängen a_x, a_y und a_z, dessen Kanten parallel zu den Achsen eines kartesischen Koordinatensystems ausgerichtet sind und dessen Zentrum mit dem Koordinatenursprung zusammenfällt. Die resultierende Kraft in eine bestimmte Richtung (z. B. die x-Richtung) auf diesen Quader lässt sich mithilfe des Mittelwertsatzes der Integralrechnung folgendermaßen abschätzen:

$$\begin{aligned} \oint T_x^\alpha df_\alpha = a_y a_z & \left[T_x^x \left(\frac{a_x}{2}, 0, 0 \right) - T_x^x \left(-\frac{a_x}{2}, 0, 0 \right) \right] \\ + a_x a_z & \left[T_x^y \left(0, \frac{a_y}{2}, 0 \right) - T_x^y \left(0, -\frac{a_y}{2}, 0 \right) \right] \\ + a_x a_y & \left[T_x^z \left(0, 0, \frac{a_z}{2} \right) - T_x^z \left(0, 0, -\frac{a_z}{2} \right) \right] \end{aligned} \tag{9.141}$$

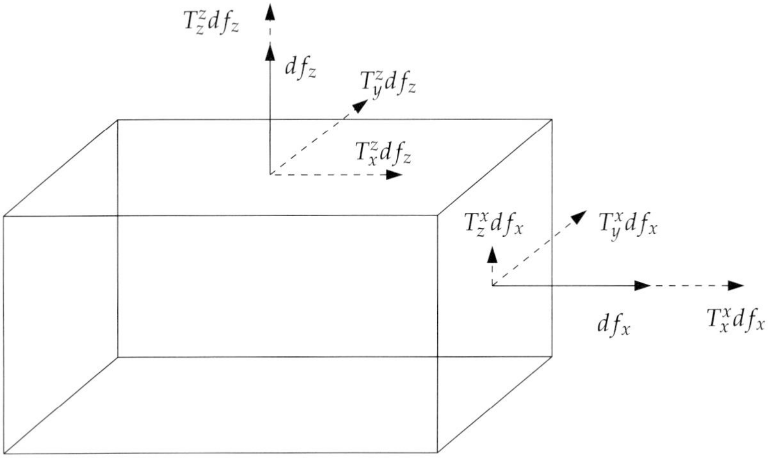

Abb. 9.3 Schematische Darstellung zur Interpretation des Maxwell'schen Spannungstensors

T_x^x ist demnach die auf eine Flächeneinheit bezogene Kraft, die an einem Flächenelement senkrecht zur x-Achse in Richtung der x-Achse (also parallel zur Flächennormale) angreift. T_x^y ist dagegen die Kraft, die an einem Flächenelement senkrecht zur y-Achse in Richtung der x-Achse und damit tangential zu dieser Fläche wirkt, usw.

Insbesondere repräsentieren die Diagonalelemente des Spannungstensors Zug- bzw. Druckspannungen, während die Nichtdiagonalelemente als Scherspannungen identifiziert werden können. Betrachtet man in dem obigen Beispiel den Sonderfall eines homogenen, isotropen Mediums, in dem das elektrische Feld parallel zur x-Achse orientiert ist und das magnetische Feld verschwindet (also $\boldsymbol{E} = E\boldsymbol{e}_x$ und $\boldsymbol{B} = \boldsymbol{H} = 0$), dann hat der Spannungstensor die diagonale Struktur

$$\underline{\underline{T}} = \frac{\varepsilon}{8\pi} \begin{pmatrix} E^2 & 0 & 0 \\ 0 & -E^2 & 0 \\ 0 & 0 & -E^2 \end{pmatrix} \tag{9.142}$$

Das quaderförmige Volumenelement erfährt damit in x-Richtung eine Zugspannung, repräsentiert durch die Kraft $\varepsilon/(8\pi)E^2 a_y a_z$ an der rechten und $-\varepsilon/(8\pi)E^2 a_y a_z$ an der linken Seite des Quaders. In die anderen beiden Richtungen wirkt dagegen eine Druckspannung.

Für lineare, dispersionsfreie und isotrope Medien lässt sich noch ein direkter Zusammenhang zwischen dem Feldimpuls und dem Poynting-Vektor herstellen:

$$\boldsymbol{P}_{\text{Feld}} = \frac{\varepsilon\mu}{4\pi c} \int d^3x \, (\boldsymbol{E} \times \boldsymbol{H}) = \frac{\varepsilon\mu}{c^2} \int d^3x \, \boldsymbol{S} \tag{9.143}$$

Deshalb kann man den Poynting-Vektor (bis auf den Skalierungsfaktor) auch als Feldimpulsdichte verstehen.

9.3.3 *Drehimpulsbilanz

Auch die Drehimpulsbilanz lässt sich aus den Bewegungsgleichungen der einzelnen Ladungen erzeugen. Dabei geht man analog zu der Ableitung des Impulssatzes vor. Die einzige Änderung besteht darin, dass jetzt ein zusätzliches Kreuzprodukt berücksichtigt werden muss:

$$\frac{d\boldsymbol{J}_{\text{mech}}}{dt} = \int d^3x\, \boldsymbol{x} \times \left[\rho \boldsymbol{E} + \frac{1}{c}\boldsymbol{j} \times \boldsymbol{B}\right] \tag{9.144}$$

Wie im vorangegangenen beiden Abschnitten werden wieder Ladungs- und Stromdichten zugunsten der Felder eliminiert:

$$\frac{d\boldsymbol{J}_{\text{mech}}}{dt} = \frac{1}{4\pi}\int d^3x\, \boldsymbol{x} \times \left(\operatorname{div} \boldsymbol{D}\boldsymbol{E} + \left[\operatorname{rot} \boldsymbol{H} - \frac{1}{c}\frac{\partial \boldsymbol{D}}{\partial t}\right] \times \boldsymbol{B}\right) \tag{9.145}$$

Die Klammer lässt sich ebenfalls wie im vorangegangenen Abschnitt behandeln. Deshalb können wir sofort schlussfolgern, dass der Felddrehimpuls gegeben ist durch

$$\boldsymbol{J}_{\text{Feld}} = \frac{1}{4\pi c}\int d^3x\, \boldsymbol{x} \times (\boldsymbol{D} \times \boldsymbol{B}) \tag{9.146}$$

Anstelle der Divergenz des Spannungstensors $\nabla \underline{\underline{T}}$ steht jetzt aber der Ausdruck $\boldsymbol{x} \times \nabla \underline{\underline{T}}$, den wir am besten in der Komponentendarstellung auswerten

$$\int d^3x \varepsilon_{\alpha\beta\gamma} x^\beta \frac{\partial T^{\mu\gamma}}{\partial x^\mu} = \int d^3x \varepsilon_{\alpha\beta\gamma}\left[\frac{\partial x^\beta T^{\mu\gamma}}{\partial x^\mu} - \delta^\beta_\mu T^{\mu\gamma}\right] \tag{9.147}$$

Der zweite Summand verschwindet, denn wegen

$$\varepsilon_{\alpha\beta\gamma}\delta^\beta_\mu T^{\mu\gamma} = \varepsilon_{\alpha\beta\gamma}T^{\beta\gamma} \tag{9.148}$$

handelt es sich um die auch als Überschiebung bezeichnete Kombination eines symmetrischen und eines antisymmetrischen Tensors, d. h. es ist auf jeden Fall

$$\varepsilon_{\alpha\beta\gamma}T^{\beta\gamma} = 0 \tag{9.149}$$

Die verbleibende Größe wird als Felddrehmoment-Tensor $\underline{\underline{M}}$ interpretiert. Diese Größe hat die Komponenten:

$$M^\mu_\alpha = \varepsilon_{\alpha\beta\gamma} x^\beta T^{\mu\gamma} \tag{9.150}$$

Die Drehimpulsbilanz nimmt damit die Gestalt

$$\frac{d\left(\boldsymbol{J}_{\text{mech}} + \boldsymbol{J}_{\text{Feld}}\right)}{dt} = \int d^3x\, \nabla \underline{\underline{M}} = \oint \underline{\underline{M}}\, d\boldsymbol{f} \tag{9.151}$$

an.

9.4 Rand- und Stetigkeitsbedingungen

Die Stetigkeitsbedingungen für den Durchgang elektromagnetischer Felder durch eine Grenzfläche zwischen zwei verschiedenen Materialien unterscheiden sich nicht von den aus der Elektro- bzw. Magnetostatik bekannten Relationen. Am einfachsten lässt sich diese Aussage für die Normalkomponenten überprüfen. Die Ableitung der Stetigkeitsbedingungen für die Normalkomponenten basiert auf den Maxwell-Gleichungen

$$\operatorname{div} \boldsymbol{B} = 0 \qquad \text{und} \qquad \operatorname{div} \boldsymbol{D} = 4\pi\rho \tag{9.152}$$

die sowohl im Fall zeitunabhängiger Felder als auch im Fall zeitabhängiger Felder gültig sind. Daher bleibt das mathematische Vorgehen unverändert. Wir gelangen damit zu den Bedingungen

$$(\boldsymbol{B}_1 - \boldsymbol{B}_2)\,\boldsymbol{n} = 0 \tag{9.153}$$

und

$$(\boldsymbol{D}_1 - \boldsymbol{D}_2)\,\boldsymbol{n} = 4\pi\sigma \tag{9.154}$$

wobei der Normalenvektor $\boldsymbol{n}$ der Grenzfläche vom Material 1 in das Material 2 zeigt. Die hier auftretende Flächenladungsdichte σ kann jetzt aber zeitabhängig sein.

Etwas komplizierter ist die Situation bei der Ableitung der Stetigkeitsbedingungen für die Tangentialkomponenten. Hier wurden in der Statik Gleichungen benutzt, die im dynamischen Fall aber zusätzliche Ableitungen $\partial\boldsymbol{B}/\partial t$ bzw. $\partial\boldsymbol{D}/\partial t$ enthalten, nämlich

$$\operatorname{rot} \boldsymbol{E} = -\frac{1}{c}\frac{\partial \boldsymbol{B}}{\partial t} \qquad \text{und} \qquad \operatorname{rot} \boldsymbol{H} - \frac{1}{c}\frac{\partial \boldsymbol{D}}{\partial t} = \frac{4\pi}{c}\boldsymbol{j} \tag{9.155}$$

Führt man auch hier die Ableitung wie im statischen Fall durch, dann treten jetzt zusätzliche Flächenintegrale vom Typ

$$\int\limits_F \frac{\partial \boldsymbol{B}}{\partial t} df \qquad \text{bzw.} \qquad \int\limits_F \frac{\partial \boldsymbol{D}}{\partial t} df \tag{9.156}$$

auf. Die Fläche F ist dabei wieder ein infinitesimal dünner Streifen mit der Normalen in der Grenzfläche (vgl. Abschnitt 6.3.4). Da aber sowohl $|\partial\boldsymbol{B}/\partial t|$ als auch $|\partial\boldsymbol{D}/\partial t|$ endliche Größen sind, liefern beide Integrale nur einen infinitesimalen Beitrag zu den Stetigkeitsbedingungen. Es gilt dann für die Tangentialkomponenten des elektrischen Felds ebenfalls wie im statischen Fall

$$(\boldsymbol{E}_1 - \boldsymbol{E}_2)\,\boldsymbol{t} = 0 \tag{9.157}$$

oder als äquivalente Formulierung

$$(\boldsymbol{E}_1 - \boldsymbol{E}_2) \times \boldsymbol{n} = 0 \tag{9.158}$$

Für das magnetische Feld folgt dagegen

$$\boldsymbol{n}\times(\boldsymbol{H}_2-\boldsymbol{H}_1)=\frac{4\pi}{c}\boldsymbol{j}(\boldsymbol{t})_{\text{ext}}^{\text{Fläche}} \tag{9.159}$$

Sowohl Tangential- als auch Normalkomponenten eines beliebigen elektromagnetischen Feldes erfüllen somit die für die statischen Felder bekannten Stetigkeitsbedingungen.

9.5 Freie elektromagnetische Wellen

9.5.1 Wellen im Vakuum und in dispersionsfreier Materie

9.5.1.1 Die homogenen Maxwell-Gleichungen

Bisher hatten wir nur angenommen, dass zeitabhängige Lösungen der Maxwell-Gleichungen existieren. Implizit hatten wir sogar bereits eine zeitlich periodische Struktur der elektrischen und magnetischen Felder vorausgesetzt, ohne allerdings ihre Existenz bewiesen zu haben.

Jetzt wollen wir zunächst die Frage beantworten, wie sich zeitabhängige elektromagnetische Felder in hinreichend großer Entfernung von Ladungen und Strömen verhalten. Das elektromagnetische Feld genügt außerhalb des Gebiets seiner Quellen den homogenen Maxwell-Gleichungen

$$\operatorname{div}\boldsymbol{B}=0 \qquad \text{und} \qquad \operatorname{rot}\boldsymbol{E}+\frac{1}{c}\frac{\partial\boldsymbol{B}}{\partial t}=0 \tag{9.160}$$

sowie

$$\operatorname{div}\boldsymbol{D}=0 \qquad \text{und} \qquad \operatorname{rot}\boldsymbol{H}-\frac{1}{c}\frac{\partial\boldsymbol{D}}{\partial t}=0 \tag{9.161}$$

Diese Gleichungen können von Null verschiedene Lösungen besitzen, die sich über den ganzen Raum erstrecken. Solche Felder mit einer praktisch eigenständigen Dynamik, die weitab von ihren Quellen existieren oder deren Quellen vielleicht gar nicht mehr aktiv sind, werden als *elektromagnetische Wellen* bezeichnet. Offenbar müssen diese Felder zeitabhängig sein. Verschwindet nämlich die Zeitableitung, dann gehen die Gleichungen in ihren statischen Grenzfall mit der trivialen Lösung $\boldsymbol{B}=\boldsymbol{E}=0$ über, oder die Lösungen besitzen singuläre Punkte, die als Positionen von Ladungen oder Strömen identifiziert werden müssen.

Obwohl wir hier die Bewegungsgleichungen für einen ladungsträgerfreien Raum untersuchen, wollen wir doch zulassen, dass der Raum mit Materie gefüllt sein kann. Wir werden aber der Einfachheit halber vorerst annehmen, dass die berücksichtigten Materialien dispersionsfrei sind und durch homogene und isotrope Suszeptibilitäten charakterisiert werden.

9.5.1.2 Homogene Feldgleichungen der Potentiale

Wir leiten zuerst Gleichungen für die Potentiale der elektromagnetischen Felder ab. Wegen der Eichfreiheit der Potentiale haben wir hier die Möglichkeit, durch geeignete Nebenbedingungen in die Struktur der Gleichungen einzugreifen. Mit

$$\boldsymbol{B} = \operatorname{rot} \boldsymbol{A} \quad \text{und} \quad \boldsymbol{E} = -\nabla\varphi - \frac{1}{c}\frac{\partial \boldsymbol{A}}{\partial t} \tag{9.162}$$

sind die Gleichungen (9.160) bereits erfüllt. Wegen

$$\boldsymbol{H} = \mu^{-1}\boldsymbol{B} = \mu^{-1}\operatorname{rot} \boldsymbol{A} \qquad \text{und} \qquad \boldsymbol{D} = \varepsilon\boldsymbol{E} = -\varepsilon\left[\nabla\varphi + \frac{1}{c}\frac{\partial \boldsymbol{A}}{\partial t}\right] \tag{9.163}$$

folgt aus der zweiten Gleichung in (9.161)

$$\mu^{-1}\operatorname{rot}\operatorname{rot} \boldsymbol{A} + \frac{\varepsilon}{c}\frac{\partial}{\partial t}\left[\nabla\varphi + \frac{1}{c}\frac{\partial \boldsymbol{A}}{\partial t}\right] = 0 \tag{9.164}$$

oder unter Beachtung von rot rot = grad div − Δ

$$\operatorname{grad}\operatorname{div} \boldsymbol{A} - \Delta\boldsymbol{A} + \frac{\varepsilon\mu}{c}\frac{\partial}{\partial t}\nabla\varphi + \frac{\varepsilon\mu}{c^2}\frac{\partial^2 \boldsymbol{A}}{\partial t^2} = 0 \tag{9.165}$$

Diese Gleichung kann man auch schreiben als

$$\left[\Delta - \frac{\varepsilon\mu}{c^2}\frac{\partial^2}{\partial t^2}\right]\boldsymbol{A} - \nabla\left[\operatorname{div} \boldsymbol{A} + \frac{\varepsilon\mu}{c}\frac{\partial\varphi}{\partial t}\right] = 0 \tag{9.166}$$

In dieser dreikomponentigen Vektordifferentialgleichung treten immer noch vier unbekannte Funktionen (drei Komponenten von $\boldsymbol{A}$ und das skalare Potential φ) auf, sodass man zur Bestimmung der Potentiale noch eine weitere Gleichung benötigt. Dazu verwendet man die linke Gleichung in (9.161):

$$\operatorname{div} \boldsymbol{D} = \varepsilon\nabla\boldsymbol{E} = -\varepsilon\nabla\left[\nabla\varphi + \frac{1}{c}\frac{\partial \boldsymbol{A}}{\partial t}\right] = 0 \tag{9.167}$$

Man erhält dann

$$\Delta\varphi + \frac{1}{c}\frac{\partial\nabla\boldsymbol{A}}{\partial t} = 0 \tag{9.168}$$

Das weitere Vorgehen unterscheidet sich nur wenig von dem in Abschnitt 2.3.5 praktizierten Weg. Der einzige Unterschied besteht darin, dass jetzt auch Felder in Materialien zugelassen sind und dass vorerst nur die quellfreien Maxwell-Gleichungen behandelt werden. Deshalb wird sich auch die weitere mathematische Behandlung eng an den bereits bekannten Weg anschließen.

9.5.1.3 **Lorentz-Eichung**

Mit (9.166) und (9.168) haben wir ein geschlossenes Gleichungssystem zur Bestimmung der Potentiale. Diese Gleichungen sind aber noch gekoppelt, sodass die Lösung kompliziert werden kann. Benutzen wir aber die Eichfreiheit der Potentiale, dann sind neben irgendwelchen bereits bekannten Lösungen φ_L und $\boldsymbol{A}_L$ der Gleichungen (9.166) und (9.168) auch die Potentiale

$$\boldsymbol{A} = \boldsymbol{A}_L - \nabla f \qquad \text{und} \qquad \varphi = \varphi_L + \frac{1}{c}\frac{\partial f}{\partial t} \tag{9.169}$$

eine Lösung der obigen Gleichungen mit demselben physikalischen Inhalt; dabei ist f eine beliebige Funktion. Wir fordern nun von den neuen Lösungen

$$\operatorname{div} \boldsymbol{A} + \frac{\varepsilon\mu}{c}\frac{\partial \varphi}{\partial t} = 0 \tag{9.170}$$

Dann gilt

$$\operatorname{div} \boldsymbol{A}_L + \frac{\varepsilon\mu}{c}\frac{\partial \varphi_L}{\partial t} - \Delta f + \frac{\varepsilon\mu}{c^2}\frac{\partial^2 f}{\partial t^2} = 0 \tag{9.171}$$

oder

$$\Delta f - \frac{\varepsilon\mu}{c^2}\frac{\partial^2 f}{\partial t^2} = \operatorname{div} \boldsymbol{A}_L + \frac{\varepsilon\mu}{c}\frac{\partial \varphi_L}{\partial t} \tag{9.172}$$

Diese Bedingungsgleichungen für die ursprünglich freie Funktion f kann stets gelöst werden. Für die physikalische Behandlung genügt es zu wissen, dass eine Lösung für f existiert. In diesem Fall kann man von den Potentialen stets (9.170) fordern, ohne den physikalischen Sachverhalt einzuschränken.

Die Bedingung (9.170) wird auch dann als Lorentz-Eichung[8] bezeichnet, wenn Materie vorliegt. Diese Eichung fixiert die Potentiale, ohne den physikalischen Spielraum einzuschränken.

9.5.1.4 **Wellengleichungen für die Potentiale**

Mit der Lorentz-Eichung (9.170) entkoppeln die Bewegungsgleichungen für die Potentiale. So wird aus (9.166)

$$\left[\Delta - \frac{\varepsilon\mu}{c^2}\frac{\partial^2}{\partial t^2}\right] \boldsymbol{A} = 0 \tag{9.173}$$

während (9.168) zu

$$\left[\Delta - \frac{\varepsilon\mu}{c^2}\frac{\partial^2}{\partial t^2}\right] \varphi = 0 \tag{9.174}$$

reduziert wird. Benutzt man den so genannten D'Alembert-Operator

$$\Box = \Delta - \frac{\varepsilon\mu}{c^2}\frac{\partial^2}{\partial t^2} \tag{9.175}$$

8) Beim Übergang zum Vakuum, also für $\varepsilon \to 1$ und $\mu \to 1$, geht die Lorentz-Eichung in die bereits bekannte Darstellung (2.183) über.

dann lauten die dynamischen Feldgleichungen in kompakter Schreibweise

$$\Box \boldsymbol{A} = 0 \qquad \text{und} \qquad \Box \varphi = 0 \tag{9.176}$$

Mathematisch handelt es sich hierbei um hyperbolische partielle Differentialgleichungen. Wegen ihrer typischen Lösungsstruktur werden diese Gleichungen auch als *Wellengleichungen* bezeichnet.

9.5.1.5 **Wellengleichung für die elektromagnetischen Felder**

Bevor wir uns der Lösung der hyperbolischen partiellen Differentialgleichungen (9.173) und (9.174) zuwenden, wollen wir noch die entsprechenden Bewegungsgleichungen für das elektrische bzw. das magnetische Feld ableiten. Aus den quellfreien Maxwell-Gleichungen (9.160) und (9.161) ergibt sich zunächst

$$\text{rot rot}\, \boldsymbol{E} = -\frac{1}{c}\text{rot}\, \frac{\partial \boldsymbol{B}}{\partial t} = -\frac{\mu}{c}\frac{\partial}{\partial t}\text{rot}\, \boldsymbol{H} = -\frac{\mu}{c^2}\frac{\partial^2 \boldsymbol{D}}{\partial t^2} \tag{9.177}$$

also

$$\text{rot rot}\, \boldsymbol{D} = -\frac{\mu\varepsilon}{c^2}\frac{\partial^2 \boldsymbol{D}}{\partial t^2} \tag{9.178}$$

Unter Beachtung von rot rot $=$ grad div $- \Delta$ und div $\boldsymbol{D} = 0$ folgt dann

$$\Delta \boldsymbol{D} - \frac{\mu\varepsilon}{c^2}\frac{\partial^2 \boldsymbol{D}}{\partial t^2} = \Box \boldsymbol{D} = 0 \tag{9.179}$$

und damit natürlich auch

$$\Box \boldsymbol{E} = 0 \tag{9.180}$$

Analog lässt sich eine Wellengleichung auch für die Evolution des Magnetfelds ableiten. Hier gilt

$$\text{rot rot}\, \boldsymbol{H} = \frac{1}{c}\text{rot}\, \frac{\partial \boldsymbol{D}}{\partial t} = \frac{\varepsilon}{c}\frac{\partial}{\partial t}\text{rot}\, \boldsymbol{E} = -\frac{\varepsilon}{c^2}\frac{\partial^2 \boldsymbol{B}}{\partial t^2} \tag{9.181}$$

Damit folgt

$$\text{rot rot}\, \boldsymbol{B} = -\frac{\varepsilon\mu}{c^2}\frac{\partial^2 \boldsymbol{B}}{\partial t^2} \tag{9.182}$$

Beachtet man wieder rot rot $=$ grad div $- \Delta$ und div $\boldsymbol{B} = 0$, dann erhält man

$$\Delta \boldsymbol{B} - \frac{\mu\varepsilon}{c^2}\frac{\partial^2 \boldsymbol{B}}{\partial t^2} = \Box \boldsymbol{B} = 0 \tag{9.183}$$

oder (da Dispersionsfreiheit und Isotropie der Materie vorausgesetzt waren)

$$\Box \boldsymbol{H} = 0 \tag{9.184}$$

Offenbar genügen das elektrische Feld $\boldsymbol{E}$, die dielektrische Verschiebung $\boldsymbol{D}$, die magnetische Induktion $\boldsymbol{B}$ und das magnetische Feld $\boldsymbol{H}$ der gleichen Wellengleichung. Allerdings sind die einzelnen Felder nicht unabhängig voneinander. Der Zusammenhang zwischen $\boldsymbol{E}$ und $\boldsymbol{D}$ einerseits und $\boldsymbol{B}$ und $\boldsymbol{H}$ andererseits wird durch die Materialgleichungen $\boldsymbol{D} = \varepsilon \boldsymbol{E}$ und $\boldsymbol{B} = \mu \boldsymbol{H}$ hergestellt. Obwohl die beiden verbleibenden Felder $\boldsymbol{E}$ und $\boldsymbol{B}$ getrennten Gleichungen genügen, sind auch diese Größen nicht mehr wie im statischen Fall voneinander unabhängig.

Der Zusammenhang zwischen diesen beiden Feldern wird durch die Maxwell-Gleichungen hergestellt. Tatsächlich bilden diese Gleichungen das originale Differentialgleichungssystem für die Dynamik der elektromagnetischen Felder. In diesem System treten elektrisches Feld und magnetische Induktion gekoppelt auf. Die Entkopplung der Felder gelang uns nur durch Einführung von Differentialgleichungen höherer Ordnung. Bei diesem Übergang von einem partiellen Differentialgleichungssystem erster Ordnung zu partiellen Differentialgleichungen zweiter Ordnung entstehen aber neue Freiheiten. Die beiden Wellengleichungen für das elektrische und das magnetische Feld enthalten somit mehr Lösungen, als die Maxwell-Gleichungen eigentlich erlauben.

Man muss daher bei den Lösungen der Wellengleichungen noch einmal überprüfen, ob sie auch die Maxwell-Gleichungen erfüllen, um physikalisch unzulässige Lösungen auszuschließen. Bevor wir aber dieses Problem genauer untersuchen, wollen wir eine allgemeine Lösung der Wellengleichungen konstruieren.

9.5.1.6 **Allgemeine freie Lösungen der Wellengleichung**

Zuerst sollten wir den einfachen Fall einer ebenen Welle studieren. In diesem Fall hängt das Feld nur von einer rämlichen Koordinate (z. B. x) und der Zeit t ab. Dann genügt jede Komponente der Felder $\boldsymbol{E}$ und $\boldsymbol{B}$ der partiellen Differentialgleichung

$$\frac{\partial^2 u}{\partial x^2} - \frac{\varepsilon\mu}{c^2}\frac{\partial^2 u}{\partial t^2} = 0 \tag{9.185}$$

wobei die Funktion u stellvertretend für die Feldkomponenten gewählt wurde. Um diese Gleichung zu lösen, schreiben wir den Differentialoperator als Produkt

$$\left(\frac{\partial}{\partial x} - \frac{\sqrt{\varepsilon\mu}}{c}\frac{\partial}{\partial t}\right)\left(\frac{\partial}{\partial x} + \frac{\sqrt{\varepsilon\mu}}{c}\frac{\partial}{\partial t}\right) u = 0 \tag{9.186}$$

und führen die neuen Koordinaten

$$\xi = t - \frac{\sqrt{\varepsilon\mu}}{c}x \qquad \text{und} \qquad \eta = t + \frac{\sqrt{\varepsilon\mu}}{c}x \tag{9.187}$$

ein. Dann ist insbesondere

$$\frac{\partial}{\partial t} = \frac{\partial}{\partial \xi} + \frac{\partial}{\partial \eta} \qquad \text{und} \qquad \frac{\partial}{\partial x} = \frac{\sqrt{\varepsilon\mu}}{c}\left(\frac{\partial}{\partial \eta} - \frac{\partial}{\partial \xi}\right) \tag{9.188}$$

und damit

$$\frac{\partial}{\partial \xi}\frac{\partial}{\partial \eta} u = 0 \tag{9.189}$$

Die Integration dieser Gleichung liefert

$$u = u_-(\xi) + u_+(\eta) \tag{9.190}$$

wobei u_+ und u_- beliebige Funktionen sind. Damit gilt in den alten Koordinaten

$$u = u_-\left(t - \frac{\sqrt{\varepsilon\mu}}{c}x\right) + u_+\left(t + \frac{\sqrt{\varepsilon\mu}}{c}x\right) \tag{9.191}$$

Wir setzen vorerst $u_+ = 0$. Dann hängt die Lösung nur noch von dem Argument $t - \sqrt{\varepsilon\mu}x/c$ ab. Demnach nimmt die Funktion zwar an einem festen Ort zu unterschiedlichen Zeiten bzw. zu einer festen Zeit, aber an unterschiedlichen Orten, verschiedene Werte an; sie hat aber an allen Orten und zu allen Zeiten, die durch die Relation

$$x = \frac{ct}{\sqrt{\varepsilon\mu}} + \text{konst.} \tag{9.192}$$

verbunden sind, stets den gleichen Wert. Offenbar verschiebt sich die Funktion u_- mit der konstanten Geschwindigkeit

$$\bar{c} = \frac{c}{\sqrt{\varepsilon\mu}} \tag{9.193}$$

entlang der x-Achse. Man kann somit sagen, dass sich die Feldwerte entlang der x-Achse in Form einer ebenen Welle mit der Wellengeschwindigkeit $\bar{c}$ ausbreiten. Auf die gleiche Weise findet man, dass sich die Funktion u_+ mit der Geschwindigkeit (9.193) entgegen der x-Achse verschiebt.

Die allgemeine Lösung der ebenen Wellengleichung setzt sich dann aus einer in positiver Richtung propagierenden Welle u_- und einer in negativer Richtung laufenden zweiten Teilwelle u_+ zusammen.

Im dreidimensionalen Raum ist die ebene Welle aber nur eine spezielle Lösung. Um zu einer allgemeinen Lösung zu gelangen, gehen wir davon aus, dass jede zeitabhängige Funktion im dreidimensionalen Raum, also auch das elektrische Feld, durch ein Fourier-Integral der Form

$$\boldsymbol{E}(\boldsymbol{x},t) = \int \frac{d\omega}{2\pi}\frac{d^3\boldsymbol{k}}{(2\pi)^3}\boldsymbol{E}(\boldsymbol{k},\omega)\exp\{\mathrm{i}(\boldsymbol{k}\boldsymbol{x} - \omega t)\} \tag{9.194}$$

dargestellt werden kann. Die Amplitudenfunktion $\boldsymbol{E}(\boldsymbol{k},\omega)$ ist dabei die Fourier-Transformierte des zeitabhängigen Felds $\boldsymbol{E}(\boldsymbol{x},t)$. Wir setzen diese Darstellung in die Wellengleichung für das elektrische Feld ein und erhalten

$$\Box \boldsymbol{E}(\boldsymbol{x},t) = \int \frac{d\omega}{2\pi} \frac{d^3\boldsymbol{k}}{(2\pi)^3} \boldsymbol{E}(\boldsymbol{k},\omega) \left[\frac{\varepsilon\mu}{c^2}\omega^2 - \boldsymbol{k}^2\right] \exp\{\mathrm{i}\,(\boldsymbol{k}\boldsymbol{x} - \omega t)\} = 0 \qquad (9.195)$$

Da die Phasenfunktion $\exp\{\mathrm{i}\,(\boldsymbol{k}\boldsymbol{x} - \omega t)\}$ nirgendwo im Raum verschwindet, kann diese Gleichung auf zwei verschiedene Arten erfüllt werden, nämlich entweder durch

$$\boldsymbol{E}(\boldsymbol{k},\omega) = 0 \qquad \text{für} \qquad \omega^2 \neq \frac{c^2}{\varepsilon\mu}\boldsymbol{k}^2 \qquad (9.196)$$

oder durch

$$\boldsymbol{E}(\boldsymbol{k},\omega) \neq 0 \qquad \text{für} \qquad \omega^2 = \frac{c^2}{\varepsilon\mu}\boldsymbol{k}^2 \qquad (9.197)$$

Nur die zweite Lösung erlaubt nichttriviale Amplituden und ist daher von physikalischer Bedeutung. Die Beziehung

$$\omega = \omega(\boldsymbol{k}) = \frac{c}{\sqrt{\varepsilon\mu}}\,|\boldsymbol{k}| = \bar{c}\,|\boldsymbol{k}| \qquad (9.198)$$

wird auch als *Dispersionsrelation* bezeichnet. Die beiden Lösungen (9.196) und (9.197) lassen sich folgendermaßen zusammenfassen:

$$\boldsymbol{E}(\boldsymbol{k},\omega) = \boldsymbol{E}_+(\boldsymbol{k})\,\delta(\omega + \omega(\boldsymbol{k})) + \boldsymbol{E}_-(\boldsymbol{k})\,\delta(\omega - \omega(\boldsymbol{k})) \qquad (9.199)$$

Damit kann man die allgemeine Darstellung der Wellenlösung auch in der Form

$$\begin{aligned} \boldsymbol{E}(\boldsymbol{x},t) = \int \frac{d^3\boldsymbol{k}}{(2\pi)^3} & \exp\{\mathrm{i}\boldsymbol{k}\boldsymbol{x}\} \\ & \times \left[\boldsymbol{E}_+(\boldsymbol{k})\exp\{\mathrm{i}\omega(\boldsymbol{k})t\} + \boldsymbol{E}_-(\boldsymbol{k})\exp\{-\mathrm{i}\omega(\boldsymbol{k})t\}\right] \end{aligned} \qquad (9.200)$$

schreiben. Ganz analog findet man für die magnetische Induktion

$$\begin{aligned} \boldsymbol{B}(\boldsymbol{x},t) = \int \frac{d^3\boldsymbol{k}}{(2\pi)^3} & \exp\{\mathrm{i}\boldsymbol{k}\boldsymbol{x}\} \\ & \times \left[\boldsymbol{B}_+(\boldsymbol{k})\exp\{\mathrm{i}\omega(\boldsymbol{k})t\} + \boldsymbol{B}_-(\boldsymbol{k})\exp\{-\mathrm{i}\omega(\boldsymbol{k})t\}\right] \end{aligned} \qquad (9.201)$$

Die Lösungen (9.200) und (9.201) werden als freie Lösungen der homogenen Maxwell-Gleichungen bezeichnet, weil sie über den ganzen Raum ausgedehnt und nicht durch Randbedingungen beschränkt sind. Die Anfangsbedingung wird einzig benötigt, um die Amplituden $E_{\pm}(k)$ und $B_{\pm}(k)$ eindeutig bestimmen zu können. Wir hatten bereits darauf hingewiesen, dass die Amplitudenfunktionen aber nicht vollständig unabhängig voneinander sind. Daher sind von vornherein nicht alle Anfangsbedingungen auch wirklich erlaubt.

Neben der notwendigen Forderung, dass (9.200) und (9.201) auch die homogenen Maxwell-Gleichungen erfüllen müssen, sollten die Felder $E(x,t)$ und $B(x,t)$ auch noch reelle Größen sein. Diese Bedingung führt unter Beachtung der Dispersionsrelation (9.198) zwangsläufig auf

$$E_{+}(-k) = E_{-}^{*}(k) \qquad \text{und} \qquad B_{+}(-k) = B_{-}^{*}(k) \tag{9.202}$$

wobei E^{*} bzw. B^{*} die jeweils komplex konjugierten Größen von E bzw. B sind.

9.5.2 Monochromatische Wellen

9.5.2.1 Zulässige komplexe Wellenlösungen

Offenbar sind elektrisches Feld und magnetische Induktion wegen (9.200) und (9.201) Superpositionen aus Elementarwellen. Eine solche Welle mit dem Wellenvektor k wird auch als *monochromatische Welle* oder *Mode* bezeichnet. Das elektrische Feld dieser Welle ist gegeben durch

$$\widehat{E}(x,t) = \widetilde{E} \exp\{i(kx - \omega t)\} \tag{9.203}$$

Die zugehörige magnetische Induktion lautet

$$\widehat{B}(x,t) = \widetilde{B} \exp\{i(kx - \omega t)\} \tag{9.204}$$

Die in diesen beiden Gleichungen auftretenden Amplituden $\widetilde{E}$ und $\widetilde{B}$ sind komplexe Vektoren.

Jede monochromatischen Welle ist eine ebene Welle mit dem Normalenvektor $n = k/|k|$, d. h. auf jeder Ebene nx =konst. besitzt das zugehörige Feld den gleichen Wert. Der kürzeste räumliche Abstand bei fester Zeit zwischen zwei aufeinanderfolgenden Ebenen gleicher Feldstärke wird durch die Wellenlänge

$$\lambda = \frac{2\pi}{|k|} \tag{9.205}$$

definiert. Wegen der Dispersionsrelation (9.198) propagieren die Wellen mit der Geschwindigkeit $c/\sqrt{\varepsilon\mu}$ in Richtung von k.

Im Gegensatz zu $E(x,t)$ und $B(x,t)$ in den allgemeinen Lösungen (9.200) und (9.201) sind die Felder $\widehat{E}(x,t)$ und $\widehat{B}(x,t)$ einer monochromtischen Welle nicht mehr reell. Trotzdem kommt dieser Darstellung ein physikalischer Sinn zu, solange die Feld- und Materialgleichungen selbst linear sind. Dann sind nämlich Real- und Imaginärteil von $\widehat{E}(x,t)$ und $\widehat{B}(x,t)$ zwei unabhängige Lösungen der Wellengleichungen (9.180) und (9.183), die in den komplexen Darstellungen (9.203) und (9.204) zu einer kompakten Form vereinigt wurden.

Jede Komponente der monochromatischen Welle erfüllt für sich die Wellengleichung. Wegen der linearen Struktur können deshalb auch die Amplituden $\widetilde{\boldsymbol{E}}$ und $\widetilde{\boldsymbol{B}}$ beliebige komplexe Vektoren sein. Aber auch der Wellenvektor $\boldsymbol{k}$ kann ein komplexer Vektor sein. Das ist von einem physikalischen Standpunkt insbesondere dann erlaubt, wenn die betreffende monochromatische Welle auf gewisse Raumgebiete beschränkt ist, sodass der Imaginärteil von $\boldsymbol{kx}$ für alle Punkte $\boldsymbol{x}$ des betreffenden Gebiets stets größer als eine feste endliche reelle Zahl ist. Dann bleibt nämlich die Intensität der monochromatischen Welle beschränkt und verschwindet für $\operatorname{Im} \boldsymbol{k}x \to \infty$. Wir haben es also beim Vorhandensein komplexer Wellenvektoren $\boldsymbol{k}$ aus physikalischer Sicht mit gedämpften Wellen zu tun.

Wegen der Linearität der Maxwell-Gleichungen muss aber auch jede monochromatische Welle den vollen Satz der Maxwell-Gleichungen erfüllen. Diese Forderung erlaubt es uns, für die monochromatischen Wellen einfache Bedingungen festzulegen, die die elektrischen und magnetischen Felder über die Wellengleichungen hinaus erfüllen müssen. Zunächst liefert

$$\operatorname{div} \widehat{\boldsymbol{E}}(\boldsymbol{x}, t) = \mathrm{i}\boldsymbol{k}\widetilde{\boldsymbol{E}} \exp\left\{\mathrm{i}\left(\boldsymbol{k}x - \omega t\right)\right\} = 0 \tag{9.206}$$

die Forderung

$$\boldsymbol{k}\widetilde{\boldsymbol{E}} = 0 \tag{9.207}$$

d. h. elektrisches Feld und Wellenvektor einer monochromatischen Welle stehen aufeinander senkrecht. Eine analoge Beziehung folgt wegen

$$\operatorname{div} \widehat{\boldsymbol{B}}(\boldsymbol{x}, t) = \mathrm{i}\boldsymbol{k}\widetilde{\boldsymbol{B}} \exp\left\{\mathrm{i}\left(\boldsymbol{k}x - \omega t\right)\right\} = 0 \tag{9.208}$$

für die magnetische Induktion, d. h. auch hier sind Wellenvektor und magnetische Induktion zueinander orthogonal:

$$\boldsymbol{k}\widetilde{\boldsymbol{B}} = 0 \tag{9.209}$$

Wegen der angenommenen Dispersionsfreiheit und Isotropie des Mediums gelten diese Bedingungen auch für die Felder $\boldsymbol{D}$ und $\boldsymbol{H}$:

$$\boldsymbol{k}\widetilde{\boldsymbol{D}} = \boldsymbol{k}\widetilde{\boldsymbol{H}} = 0 \tag{9.210}$$

Um die Stellung des elektrisches Felds relativ zum magnetischen Feld zu bekommen, setzen wir die monochromatische Wellenlösung in die Maxwell-Gleichung

$$\operatorname{rot} \boldsymbol{E} + \frac{1}{c}\frac{\partial \boldsymbol{B}}{\partial t} = 0 \tag{9.211}$$

ein und erhalten

$$\operatorname{rot} \widehat{\boldsymbol{E}} + \frac{1}{c}\frac{\partial \widehat{\boldsymbol{B}}}{\partial t} = i\left[\boldsymbol{k} \times \widetilde{\boldsymbol{E}} - \frac{\omega}{c}\widetilde{\boldsymbol{B}}\right] \exp\left\{i\left(\boldsymbol{k}x - \omega t\right)\right\} = 0 \tag{9.212}$$

oder

$$\widetilde{\boldsymbol{B}} = \frac{c}{\omega}\boldsymbol{k} \times \widetilde{\boldsymbol{E}} \tag{9.213}$$

Damit stehen auch das elektrische Feld und die magnetische Induktion einer monochromatischen Welle in einem dispersionsfreien Medium aufeinander senkrecht. Offenbar bilden $\boldsymbol{k}$, $\widetilde{\boldsymbol{E}}$ und $\widetilde{\boldsymbol{B}}$ ein orthogonales Dreibein. Wegen der Parallelität von $\boldsymbol{E}$ und $\boldsymbol{D}$ sowie von $\boldsymbol{B}$ und $\boldsymbol{H}$ in isotropen, dispersionsfreien Medien lassen sich auch $\widetilde{\boldsymbol{D}}$ und $\widetilde{\boldsymbol{H}}$ in dieses Dreibein einordnen. Wellen, bei denen die zeitlich veränderlichen Größen – also in unserem Fall die elektrische Feldstärke und die magnetische Induktion – senkrecht auf der durch den Wellenvektor $\boldsymbol{k}$ definierten Ausbreitungsrichtung stehen, werden auch als *transversal* bezeichnet. Die Transversalität ist eine charakteristische Eigenschaft elektromagnetischer Wellen in dispersionsfreien, isotropen Materialien.

Aus der letzten Gleichung können wir aber auch noch eine Relation zwischen dem Betrag der Amplituden von magnetischer Induktion und elektrischem Feld ableiten. Wegen der Orthogonalität folgt sofort

$$\left|\widetilde{\boldsymbol{B}}\right| = \frac{c}{\omega}\left|\boldsymbol{k}\right|\left|\widetilde{\boldsymbol{E}}\right| \tag{9.214}$$

oder, wenn man $\boldsymbol{B} = \mu\boldsymbol{H}$ und die Dispersionsrelation beachtet

$$\left|\widetilde{\boldsymbol{H}}\right| = \sqrt{\frac{\varepsilon}{\mu}}\left|\widetilde{\boldsymbol{E}}\right| \tag{9.215}$$

Demnach müssen im Vakuum ($\varepsilon = \mu = 1$) die elektrische und die magnetische Komponente einer monochromatischen Welle den gleichen Betrag haben.

9.5.2.2 Lineare und zirkulare Polarisation

Wir betrachten eine ungedämpfte monochromatische Welle, also eine Welle mit reellem Wellenvektor, aber mit der komplexen elektrischen Amplitude $\widetilde{\boldsymbol{E}}$. Diese lässt sich formal in Real- und Imaginärteil aufspalten:

$$\widetilde{\boldsymbol{E}} = \widetilde{\boldsymbol{E}}' + \mathrm{i}\widetilde{\boldsymbol{E}}'' \tag{9.216}$$

Dabei sind jetzt $\widetilde{\boldsymbol{E}}'$ und $\widetilde{\boldsymbol{E}}''$ reelle Vektoren. Dem elektrischen Feld ist eine entsprechende magnetische Induktion zugeordnet. Wegen (9.213) folgt dann für die beiden Komponenten der komplexen magnetischen Induktion:

$$\widetilde{\boldsymbol{B}}' = \frac{c}{\omega}\boldsymbol{k} \times \widetilde{\boldsymbol{E}}' \qquad \text{und} \qquad \widetilde{\boldsymbol{B}}'' = \frac{c}{\omega}\boldsymbol{k} \times \widetilde{\boldsymbol{E}}'' \tag{9.217}$$

Wir können uns wegen dieser Zuordnung auf die Analyse des elektrischen Felds beschränken. Die im Folgenden erhaltenen Aussagen gelten dann auch für die magnetische Induktion.

Die beiden Feldamplituden $\widetilde{\boldsymbol{E}}'$ und $\widetilde{\boldsymbol{E}}''$ stehen wegen (9.207) senkrecht zum Wellenvektor $\boldsymbol{k}$, sind sonst aber beliebig zueinander orientiert. Wir wollen jetzt zwei Spezialfälle untersuchen. Sind die Amplituden $\widetilde{\boldsymbol{E}}'$ und $\widetilde{\boldsymbol{E}}''$ parallel ausgerichtet, dann kann man stets $\widetilde{\boldsymbol{E}}' = \cos\psi\widetilde{\boldsymbol{E}}_0$ und $\widetilde{\boldsymbol{E}}'' = \sin\psi\widetilde{\boldsymbol{E}}_0$ setzen; dabei ist ψ ein Winkel, der die relative Stärke der reellen und imaginären Amplitude fixiert. Daher erhalten wir für die gesamte Welle

$$\begin{aligned}\widehat{\boldsymbol{E}}(\boldsymbol{x},t) &= \widetilde{\boldsymbol{E}}_0(\cos\psi + \mathrm{i}\sin\psi)\exp\{\mathrm{i}\,(\boldsymbol{k}\boldsymbol{x}-\omega t)\}\\ &= \widetilde{\boldsymbol{E}}_0\exp\{\mathrm{i}\,(\boldsymbol{k}\boldsymbol{x}-\omega t+\psi)\}\end{aligned} \tag{9.218}$$

Diese komplexe Darstellung entspricht noch nicht der physikalisch messbaren Feldstärke $\boldsymbol{E}(\boldsymbol{x},t)$. Das kann z. B. der Realteil[9] von $\widehat{\boldsymbol{E}}(\boldsymbol{x},t)$ sein:

$$\boldsymbol{E}(\boldsymbol{x},t) = \mathrm{Re}\widehat{\boldsymbol{E}}(\boldsymbol{x},t) = \widetilde{\boldsymbol{E}}_0\cos(\boldsymbol{k}\boldsymbol{x}-\omega t+\psi) \tag{9.219}$$

Das elektrische Feld ist offenbar immer in Richtung von $\widetilde{\boldsymbol{E}}_0$ orientiert. Man spricht in diesem Fall von einer linear polarisierten Welle.

Stehen $\widetilde{\boldsymbol{E}}'$ und $\widetilde{\boldsymbol{E}}''$ aufeinander senkrecht, dann erhalten wir für die physikalisch messbare elektrische Feldstärke

$$\begin{aligned}\boldsymbol{E}(\boldsymbol{x},t) &= \mathrm{Re}\left\{(\widetilde{\boldsymbol{E}}' + \mathrm{i}\widetilde{\boldsymbol{E}}'')\exp\{\mathrm{i}\,(\boldsymbol{k}\boldsymbol{x}-\omega t)\}\right\}\\ &= \widetilde{\boldsymbol{E}}'\cos(\boldsymbol{k}\boldsymbol{x}-\omega t) - \widetilde{\boldsymbol{E}}''\sin(\boldsymbol{k}\boldsymbol{x}-\omega t)\end{aligned} \tag{9.220}$$

Erreicht die elektrische Feldstärke einer solchen monochromatischen Welle an einem gegebenen Punkt $\boldsymbol{x}_0$ zur Zeit t_0 eine maximale Auslenkung in Richtung der Amplitude $\widetilde{\boldsymbol{E}}'$, dann ist $\mathrm{mod}(\boldsymbol{k}\boldsymbol{x}_0 - \omega t_0, \pi) = 0$. Deshalb verschwindet zu diesem Zeitpunkt der Beitrag in Richtung $\widetilde{\boldsymbol{E}}''$. Zu einem späteren Zeitpunkt $t_0 + \pi/2\omega$ ist am selben Ort $\boldsymbol{x}_0$ die elektrische Feldstärke in Richtung $\widetilde{\boldsymbol{E}}''$ orientiert und der Beitrag parallel zu $\widetilde{\boldsymbol{E}}'$ verschwindet. Einen analogen Effekt bekommt man, wenn man zur gleichen Zeit t_0 einen Punkt betrachtet, der um $\pi/2|\boldsymbol{k}|$ in Richtung des $\boldsymbol{k}$-Vektors verschoben ist.

Bei dieser Wahl der Amplituden $\widetilde{\boldsymbol{E}}'$ und $\widetilde{\boldsymbol{E}}''$ rotiert der Vektor der elektrischen Feldstärke bei einer Translation in Raum oder Zeit um den Wellenvektor. Deshalb spricht man auch von einer elliptisch polarisierten Welle. Im Fall gleicher Amplituden $\boldsymbol{E}'$ und $\boldsymbol{E}''$ entartet die elliptisch polarisierte Welle zu einer zirkular polarisierten Welle.

9.5.3 *Wellen in dielektrischen Medien

In realen dielektrischen Medien ändern sich die Materialgleichungen gegenüber dem Fall dispersionsfreier Materie. Solange aber die Materialgleichungen linear sind, sind die Überlegungen des vorhergehenden Abschnitts auch

9) oder der Imaginärteil oder eine beliebige Linearkombination von Real- und Imaginärteil

auf den Fall dispersiver Materie übertragbar. Insbesondere lassen sich auch jetzt alle möglichen Lösungen aus monochromatischen Wellen aufbauen. Wegen dem Superpositionsprinzip genügt jede einzelne Mode (d. h. jede einzelne monochromatische Welle) dem vollen System der Maxwell- und Materialgleichungen.

Unter Beachtung von (9.22) findet man insbesondere für die elektrische Polarisation, die durch eine Mode der Frequenz $\omega = \omega(\boldsymbol{k})$ und des Wellenvektors $\boldsymbol{k}$ induziert wird,

$$\begin{aligned}\widehat{\boldsymbol{P}}(\boldsymbol{x},t) &= \int_0^\infty d\tau \underline{\underline{\chi}}^{\mathrm{el}}(\tau)\,\widehat{\boldsymbol{E}}(\boldsymbol{x},t-\tau) \\ &= \int_0^\infty d\tau \underline{\underline{\chi}}^{\mathrm{el}}(\tau)\,\widetilde{\boldsymbol{E}}\exp\{\mathrm{i}\,[\boldsymbol{k}x - \omega(t-\tau)]\}\end{aligned} \tag{9.221}$$

und damit

$$\widehat{\boldsymbol{P}}(\boldsymbol{x},t) = \underline{\underline{\chi}}^{\mathrm{el}}(\omega)\,\widetilde{\boldsymbol{E}}\exp\{\mathrm{i}\,[\boldsymbol{k}x - \omega t]\} \tag{9.222}$$

Analog findet man für die Magnetisierung

$$\widehat{\boldsymbol{M}}(\boldsymbol{x},t) = \underline{\underline{\chi}}^{\mathrm{mag}}(\omega)\,\widetilde{\boldsymbol{H}}\exp\{\mathrm{i}\,[\boldsymbol{k}x - \omega t]\} \tag{9.223}$$

Beachtet man den Zusammenhang zwischen den elektromagnetischen Feldern $\boldsymbol{E}$ und $\boldsymbol{B}$ sowie den sekundären Feldern $\boldsymbol{D}$ und $\boldsymbol{H}$, dann gilt insbesondere für eine monochromatische Welle in einem beliebigen Medium

$$\widehat{\boldsymbol{D}}(\boldsymbol{x},t) = \left[1 + 4\pi\underline{\underline{\chi}}^{\mathrm{el}}(\omega)\right]\widetilde{\boldsymbol{E}}\exp\{\mathrm{i}\,[\boldsymbol{k}x - \omega t]\} \tag{9.224}$$

und

$$\widehat{\boldsymbol{B}}(\boldsymbol{x},t) = \left[1 + 4\pi\underline{\underline{\chi}}^{\mathrm{mag}}(\omega)\right]\widetilde{\boldsymbol{H}}\exp\{\mathrm{i}\,[\boldsymbol{k}x - \omega t]\} \tag{9.225}$$

Mit dem frequenzabhängigen dielektrischen Permeabilitätstensor

$$\underline{\underline{\varepsilon}}(\omega) = 1 + 4\pi\underline{\underline{\chi}}^{\mathrm{el}}(\omega) \tag{9.226}$$

der bereits in seiner isotropen Version in (9.63) eingeführt wurde, und dem frequenzabhängigen magnetischen Permeabilitätstensor

$$\underline{\underline{\mu}}(\omega) = 1 + 4\pi\underline{\underline{\chi}}^{\mathrm{mag}}(\omega) \tag{9.227}$$

dessen isotrope Darstellung in (9.101) gegeben ist, erhalten wir dann

$$\widehat{\boldsymbol{D}}(\boldsymbol{x},t) = \underline{\underline{\varepsilon}}(\omega)\,\widetilde{\boldsymbol{E}}\exp\{\mathrm{i}\,[\boldsymbol{k}x - \omega t]\} \tag{9.228}$$

und

$$\widehat{\boldsymbol{B}}(\boldsymbol{x},t) = \underline{\underline{\mu}}(\omega)\,\widetilde{\boldsymbol{H}} \exp\{\mathrm{i}\,[\boldsymbol{k}\boldsymbol{x} - \omega t]\} \tag{9.229}$$

Wir setzen diese Beziehungen wieder in die Maxwell-Gleichungen ein. Aus den beiden skalaren Feldgleichungen entstehen dann die Beziehungen

$$\operatorname{div} \widehat{\boldsymbol{D}}(\boldsymbol{x},t) = \mathrm{i}\boldsymbol{k}\,\underline{\underline{\varepsilon}}(\omega)\,\widetilde{\boldsymbol{E}} \exp\{\mathrm{i}\,[\boldsymbol{k}\boldsymbol{x} - \omega t]\} = 0 \tag{9.230}$$

bzw.

$$\operatorname{div} \widehat{\boldsymbol{B}}(\boldsymbol{x},t) = \mathrm{i}\boldsymbol{k}\,\underline{\underline{\mu}}(\omega)\,\widetilde{\boldsymbol{H}} \exp\{\mathrm{i}\,[\boldsymbol{k}\boldsymbol{x} - \omega t]\} = 0 \tag{9.231}$$

Diese beiden Gleichungen führen auf die Bedingungen

$$\boldsymbol{k}\,\underline{\underline{\varepsilon}}(\omega)\,\widetilde{\boldsymbol{E}} = \boldsymbol{k}\widetilde{\boldsymbol{D}} = 0 \qquad \text{und} \qquad \boldsymbol{k}\,\underline{\underline{\mu}}(\omega)\,\widetilde{\boldsymbol{H}} = \boldsymbol{k}\widetilde{\boldsymbol{B}} = 0 \tag{9.232}$$

d. h. die Orthogonalitätsrelation zwischen dem Wellenvektor und der Orientierung des elektrischen bzw. magnetischen Felds wird durch eine allgemeinere Bilinearform ersetzt. Nur im Fall isotroper Medien stehen diese Vektoren aufeinander senkrecht. Dagegen stehen die beiden Felder $\boldsymbol{D}$ und $\boldsymbol{B}$ einer monochromatischen Welle stets orthogonal zum Wellenvektor $\boldsymbol{k}$.[10]

Die beiden vektoriellen Feldgleichungen liefern die Beziehungen

$$\operatorname{rot} \widehat{\boldsymbol{E}} + \frac{1}{c}\frac{\partial \widehat{\boldsymbol{B}}}{\partial t} = \mathrm{i}\left[\boldsymbol{k} \times \widetilde{\boldsymbol{E}} - \frac{\omega}{c}\underline{\underline{\mu}}(\omega)\,\widetilde{\boldsymbol{H}}\right] \exp\{\mathrm{i}\,(\boldsymbol{k}\boldsymbol{x} - \omega t)\} = 0 \tag{9.233}$$

bzw.

$$\operatorname{rot} \widehat{\boldsymbol{H}} - \frac{1}{c}\frac{\partial \widehat{\boldsymbol{D}}}{\partial t} = \mathrm{i}\left[\boldsymbol{k} \times \widetilde{\boldsymbol{H}} + \frac{\omega}{c}\underline{\underline{\varepsilon}}(\omega)\,\widetilde{\boldsymbol{E}}\right] \exp\{\mathrm{i}\,(\boldsymbol{k}\boldsymbol{x} - \omega t)\} = 0 \tag{9.234}$$

Dies führt auf die geometrischen Restriktionen

$$\boldsymbol{k} \times \widetilde{\boldsymbol{E}} = \frac{\omega}{c}\widetilde{\boldsymbol{B}} = \frac{\omega}{c}\underline{\underline{\mu}}(\omega)\,\widetilde{\boldsymbol{H}} \tag{9.235}$$

bzw.

$$\widetilde{\boldsymbol{H}} \times \boldsymbol{k} = \frac{\omega}{c}\widetilde{\boldsymbol{D}} = \frac{\omega}{c}\underline{\underline{\varepsilon}}(\omega)\,\widetilde{\boldsymbol{E}} \tag{9.236}$$

10) An dieser Stelle wird klar, warum in der Theorie elektromagnetischer Wellen $\boldsymbol{E}$ und $\boldsymbol{H}$ gern als ein zusammengehöriges Paar von Feldgrößen und dementsprechend $\boldsymbol{D}$ und $\boldsymbol{B}$ als die korrespondierende Gruppe von Feldern aufgefasst werden. In einigen Lehrbüchern (z. B. [9]) werden deshalb, entgegen unserer Konvention, $\boldsymbol{D}$ und $\boldsymbol{B}$ als sekundäre Felder behandelt.

Offenbar steht das $\boldsymbol{B}$-Feld senkrecht auf dem elektrischen Feld und dem Wellenvektor. Die entsprechende Aussage gilt für die dielektrische Verschiebung $\boldsymbol{D}$, die senkrecht zum Magnetfeld und dem Wellenvektor steht. Es gibt jedoch für ein anisotropes Medium kein orthogonales Dreibein, dessen drei Achsen parallel zu den fünf Vektoren $\boldsymbol{k}$, $\widetilde{\boldsymbol{E}}$, $\widetilde{\boldsymbol{B}}$, $\widetilde{\boldsymbol{D}}$ und $\widetilde{\boldsymbol{H}}$ gewählt werden können. Das ist nur für isotrope Medien der Fall, weil hier die Parallelität von $\widetilde{\boldsymbol{E}}$ und $\widetilde{\boldsymbol{D}}$ einerseits und von $\widetilde{\boldsymbol{H}}$ und $\widetilde{\boldsymbol{B}}$ andererseits gewährleistet ist.

Aus den letzten Gleichungen erhält man durch einfache algebraische Umformungen die Dispersionsrelation. Wir wollen uns hier nur auf den Fall isotroper Medien beschränken, d. h. der Tensorcharakter von $\underline{\underline{\varepsilon}}(\omega)$ und $\underline{\underline{\mu}}(\omega)$ spielt keine Rolle mehr. Dann findet man

$$\boldsymbol{k} \times \left[\boldsymbol{k} \times \widetilde{\boldsymbol{E}}\right] = \frac{\omega}{c} \mu(\omega)\, \boldsymbol{k} \times \widetilde{\boldsymbol{H}} = -\frac{\omega^2}{c^2} \mu(\omega)\, \varepsilon(\omega)\, \widetilde{\boldsymbol{E}} \tag{9.237}$$

Wegen der im isotropen Medium gültigen Orthogonalität $\boldsymbol{k}\widetilde{\boldsymbol{E}} = 0$ folgt sofort

$$\boldsymbol{k}\left(\boldsymbol{k}\widetilde{\boldsymbol{E}}\right) - \boldsymbol{k}^2 \widetilde{\boldsymbol{E}} = -\boldsymbol{k}^2 \widetilde{\boldsymbol{E}} = -\frac{\omega^2}{c^2} \mu(\omega)\, \varepsilon(\omega)\, \widetilde{\boldsymbol{E}} \tag{9.238}$$

Daraus erhalten wir die *Dispersionsrelation* in einem Material der Permeabilitäten $\varepsilon(\omega)$ und $\mu(\omega)$

$$c^2 \boldsymbol{k}^2 = \omega^2 \mu(\omega)\, \varepsilon(\omega) \tag{9.239}$$

Da $\varepsilon(\omega)$ und $\mu(\omega)$ im Allgemeinen komplexe Größen sind, ist die Dispersionsrelation jetzt ebenfalls eine komplexe Funktion. Sie besitzt daher auch komplexe Lösungen, sodass eine monochromatische Welle in einem Medium durchaus komplexe Wellenvektoren oder Frequenzen besitzen kann.

Der Zusammenhang zwischen der Stärke der Amplituden der magnetischen Induktion und des elektrischen Felds kann ebenfalls abgeleitet werden. In Verallgemeinerung der für ein dispersionsfreies Medium gültigen Relation (9.214) folgt aus (9.235) und der Dispersionsrelation (9.239)

$$\left|\widetilde{\boldsymbol{B}}\right| = \frac{c\,|\boldsymbol{k}|}{\omega} \left|\widetilde{\boldsymbol{E}}\right| = \sqrt{|\varepsilon(\omega)\, \mu(\omega)|}\, \left|\widetilde{\boldsymbol{E}}\right| \tag{9.240}$$

bzw.

$$\left|\widetilde{\boldsymbol{H}}\right| = \sqrt{\left|\frac{\varepsilon(\omega)}{\mu(\omega)}\right|}\, \left|\widetilde{\boldsymbol{E}}\right| \tag{9.241}$$

9.5.4 *Wellen in leitfähigen Materialien

In leitenden Medien sind Ladungsträger vorhanden, die einerseits durch die elektromagnetischen Felder beeinflusst werden, andererseits aber selbst als

Quellen von elektromagnetischen Feldern auftreten. Unter dem Einfluss einer monochromatischen Welle wird im Leiter ein veränderlicher Strom und damit eine veränderliche Ladungsdichte mit der Frequenz ω und dem Wellenvektor $\boldsymbol{k}$ erzeugt, also

$$\widehat{\boldsymbol{j}}(\boldsymbol{x},t) = \widetilde{\boldsymbol{j}} \exp\{\mathrm{i}[\boldsymbol{k}\boldsymbol{x} - \omega t]\} \quad \text{und} \quad \widehat{\rho}(\boldsymbol{x},t) = \widetilde{\rho} \exp\{\mathrm{i}[\boldsymbol{k}\boldsymbol{x} - \omega t]\} \tag{9.242}$$

Ein Zusammenhang zwischen den Amplituden der beiden Größen $\widetilde{\boldsymbol{j}}$ und $\widetilde{\rho}$ lässt sich direkt aus der Kontinuitätsgleichung ableiten. Man findet die Relation

$$-\mathrm{i}\omega\widetilde{\rho} + \mathrm{i}\boldsymbol{k}\widetilde{\boldsymbol{j}} = 0 \tag{9.243}$$

und damit

$$\widetilde{\rho} = \frac{1}{\omega}\boldsymbol{k}\widetilde{\boldsymbol{j}} \tag{9.244}$$

Im leitenden Medium gelten die homogenen Maxwell-Gleichungen wegen der vorhandenen Ladungsträger nicht mehr. Vielmehr müssen die Ladungsdichte- und Stromänderungen als Inhomogenitäten berücksichtigt werden. Andererseits werden diese Quellterme nicht explizit durch äußere Einflüsse generiert, sondern sie stehen über die Leitfähigkeit in direktem Bezug zum elektrischen Feld.

Gegenüber den aus den homogenen Gleichungen gewonnenen Beziehungen für monochromatische Wellen in dielektrischer Materie müssen aber nur einige Relationen geändert werden. Für eine monochromatische Welle in einem leitfähigem Material folgt aus

$$\operatorname{rot} \widehat{\boldsymbol{H}} - \frac{1}{c}\frac{\partial \widehat{\boldsymbol{D}}}{\partial t} = \frac{4\pi}{c}\widehat{\boldsymbol{j}} \tag{9.245}$$

die Gleichung

$$\mathrm{i}\left[\boldsymbol{k} \times \widetilde{\boldsymbol{H}} + \frac{\omega}{c}\underline{\underline{\varepsilon}}(\omega)\,\widetilde{\boldsymbol{E}}\right] \exp\{\mathrm{i}(\boldsymbol{k}\boldsymbol{x} - \omega t)\} = \frac{4\pi}{c}\widetilde{\boldsymbol{j}} \exp\{\mathrm{i}(\boldsymbol{k}\boldsymbol{x} - \omega t)\} \tag{9.246}$$

Unter Beachtung der für Leiter typischen Materialgleichung (9.70) erhalten wir dann

$$\mathrm{i}\left[\boldsymbol{k} \times \widetilde{\boldsymbol{H}} + \frac{\omega}{c}\underline{\underline{\varepsilon}}(\omega)\,\widetilde{\boldsymbol{E}}\right] = \frac{4\pi}{c}\widetilde{\boldsymbol{j}} = \frac{4\pi}{c}\underline{\underline{\sigma}}(\omega)\,\widetilde{\boldsymbol{E}} \tag{9.247}$$

Schreibt man diese Beziehung in der Form

$$\mathrm{i}\left[\boldsymbol{k} \times \widetilde{\boldsymbol{H}} + \frac{\omega}{c}\left(\underline{\underline{\varepsilon}}(\omega) + \frac{4\pi\mathrm{i}}{\omega}\underline{\underline{\sigma}}(\omega)\right)\widetilde{\boldsymbol{E}}\right] = 0 \tag{9.248}$$

dann erkennt man sofort, dass die äquivalente Beziehung (9.236) in einem Dielektrikum sofort auf einen Leiter angewendet werden kann, wenn man zuvor die Dielektrizitätsfunktion $\varepsilon(\omega)$ durch den allgemeineren Ausdruck

$$\underline{\underline{\varepsilon}}(\omega) \to \underline{\underline{\varepsilon}}(\omega) + \frac{4\pi\mathrm{i}}{\omega}\underline{\underline{\sigma}}(\omega) \tag{9.249}$$

ersetzt. Die zweite Gleichung, die für einen Leiter gegenüber einem nichtleitenden Dielektrikum geändert werden muss, ist

$$\operatorname{div} \widehat{\boldsymbol{D}} = 4\pi\widehat{\rho} \tag{9.250}$$

Hieraus erhält man

$$\mathrm{i}\boldsymbol{k}\underline{\underline{\varepsilon}}(\omega)\,\widetilde{\boldsymbol{E}}\exp\{\mathrm{i}[\boldsymbol{kx}-\omega t]\} = 4\pi\widetilde{\rho}\exp\{\mathrm{i}[\boldsymbol{kx}-\omega t]\} \tag{9.251}$$

Damit folgt unter Beachtung von Kontinuitäts- und Materialgleichung

$$\mathrm{i}\boldsymbol{k}\underline{\underline{\varepsilon}}(\omega)\,\widetilde{\boldsymbol{E}} = 4\pi\widetilde{\rho} = \frac{4\pi}{\omega}\boldsymbol{k}\widetilde{\boldsymbol{j}} = \frac{4\pi}{\omega}\boldsymbol{k}\widetilde{\sigma}(\omega)\,\widetilde{\boldsymbol{E}} \tag{9.252}$$

oder

$$\mathrm{i}\boldsymbol{k}\left[\underline{\underline{\varepsilon}}(\omega) + \frac{4\pi\mathrm{i}}{\omega}\underline{\underline{\sigma}}(\omega)\right]\widetilde{\boldsymbol{E}} = 0 \tag{9.253}$$

Auch diese Gleichung entsteht direkt aus der entsprechenden Gleichung des nichtleitenden Dielektrikums (9.232) unter Beachtung des Übergangs (9.249). Die restlichen beiden Maxwell-Gleichungen (9.14) hängen überhaupt nicht vom Medium ab. Wir kommmen also zu dem Resultat, dass ein leitfähiges Material allgemein als ein Medium mit der effektiven Dielektrizitätsfunktion

$$\underline{\underline{\varepsilon}}^{\mathrm{eff}}(\omega) = \underline{\underline{\varepsilon}}(\omega) + \frac{4\pi\mathrm{i}}{\omega}\underline{\underline{\sigma}}(\omega) \tag{9.254}$$

behandelt werden kann. Dieser Zusammenhang führt dazu, dass man bei hohen Frequenzen experimentell nicht mehr zwischen Dielektrizitätsfunktion und Leitfähigkeit unterscheiden kann, insbesondere da beide durchaus komplizierte Funktionen der Frequenz sein können. Bei niedrigen Frequenzen ist der Leitfähigkeitsanteil dagegen als divergenter Term in der verallgemeinerten Dielektrizitätsfunktion $\underline{\underline{\varepsilon}}^{\mathrm{eff}}(\omega)$ erkennbar und kann als so genannter Leitfähigkeitspol abgetrennt werden.

9.5.5 Komplexe Wellenvektoren

9.5.5.1 Komplexer Brechungsindex

Die allgemeine Dispersionsrelation (9.239) erlaubt komplexe Wellenvektoren. Um die damit verbundenen Phänomene der Wellenausbreitung in isotropen Medien besser diskutieren zu können, wird der komplexe, frequenzabhängige Brechungsindex

$$\widehat{n} = \sqrt{\mu(\omega)\,\varepsilon(\omega)} = n' + \mathrm{i}n'' \tag{9.255}$$

eingeführt. Real- und Imaginärteil des Brechungsindex hängen mit dem Real- und Imaginärteil des Produkts $\mu(\omega)\,\varepsilon(\omega)$ über quadratische Gleichungen zusammen:

$$n'^2 - n''^2 = \operatorname{Re}[\mu(\omega)\,\varepsilon(\omega)] \qquad \text{und} \qquad 2n'n'' = \operatorname{Im}[\mu(\omega)\,\varepsilon(\omega)] \tag{9.256}$$

In einem leitenden Medium ist $\varepsilon(\omega)$ durch $\varepsilon^{\text{eff}}(\omega)$ zu ersetzen. Speziell für dispersionsfreie Materie ist $\varepsilon(\omega) = \varepsilon$, $\mu(\omega) = \mu$ und $\sigma(\omega) = \sigma$. Man erhält dann

$$\widehat{n}^2 = \mu \left[\varepsilon + \frac{4\pi i\sigma}{\omega}\right] \tag{9.257}$$

und folglich

$$n'^2 - n''^2 = n^2 = \mu\varepsilon \tag{9.258}$$

und

$$2n'n'' = \frac{4\pi\sigma\mu}{\omega} = \frac{1}{\omega\tau} \tag{9.259}$$

Die hierbei benutzten neuen Größen sind der experimentell direkt zugängliche Brechungsindex n mit

$$n = \sqrt{\operatorname{Re}\widehat{n}^2} \tag{9.260}$$

und die Relaxationszeit τ mit $\tau = [4\pi\sigma\mu]^{-1}$. Stellt man (9.259) nach n'' um und setzt das Ergebnis in die vorhergehende Gleichung (9.258) ein, dann erhält man eine für den Realteil n' biquadratische Gleichung

$$n'^2 - \frac{1}{[2n'\omega\tau]^2} = n^2 \tag{9.261}$$

mit der Lösung

$$n'^2 = \frac{1}{2}\left[\sqrt{n^4 + \omega^{-2}\tau^{-2}} + n^2\right] \tag{9.262}$$

Der Imaginärteil ist durch

$$n''^2 = \frac{1}{2}\left[\sqrt{n^4 + \omega^{-2}\tau^{-2}} - n^2\right] \tag{9.263}$$

bestimmt. Bemerkenswerterweise können also auch in einem dispersionsfreien Medium die Brechungsindizes frequenzabhängig sein, obwohl die Materialparameter selbst frequenzunabhängig sind.

Um den komplexen Wellenvektor genauer analysieren zu können, benötigen wir eine detailliertere Darstellung der Dispersionsrelation (9.239). Mit dem oben eingeführten frequenzabhängigen Brechungsindex $\widehat{n}$ erhält man die Beziehung

$$\boldsymbol{k}^2 = \frac{\omega^2}{c^2}\mu(\omega)\,\varepsilon(\omega) = \frac{\omega^2}{c^2}\widehat{n}^2 = k_0^2\widehat{n}^2 \tag{9.264}$$

Dabei ist $k_0 = \omega/c$ die Wellenzahl der zugrunde liegenden monochromatischen Welle der Frequenz ω im Vakuum. Allgemein wird $k_0^2\widehat{n}^2$ keine reelle Zahl sein, weil das Produkt $\mu(\omega)\,\varepsilon(\omega)$ in dispersiven Medien eine komplexe Größe ist. Daher ist zu erwarten, dass auch der Wellenvektor $\boldsymbol{k}$ eine komplexe Größe ist, die entsprechend

$$\boldsymbol{k} = \boldsymbol{k}' + \mathrm{i}\boldsymbol{k}'' \tag{9.265}$$

zerlegt werden kann. Offenbar ist dann

$$\boldsymbol{k}'^2 - \boldsymbol{k}''^2 = k_0^2(n'^2 - n''^2) = k_0^2 n^2 \tag{9.266}$$

und

$$\boldsymbol{k}'\boldsymbol{k}'' = k_0^2 n' n'' \tag{9.267}$$

Ist der komplexe Brechungsindex von vornherein eine reelle Größe, dann stehen entweder Real- und Imaginärteil des Wellenvektors aufeinander senkrecht

$$n'' = 0 \qquad \Rightarrow \qquad \boldsymbol{k}'\boldsymbol{k}'' = 0 \tag{9.268}$$

oder der Wellenvektor ist von vornherein reell, d. h. die monochromatische Welle erfährt keine Dämpfung. Materialien, in denen der Imaginärteil des Brechungsindex verschwindet, werden deshalb auch als *transparent* bezeichnet.

Die Lösung der der beiden Gleichungen (9.266) und (9.267) ist nicht eindeutig, da der komplexe Vektor $\boldsymbol{k}$ aus insgesamt sechs Komponenten besteht. Für weitere Aussagen benötigt man daher zusätzliche Informationen. Im Prinzip gibt es zwei Möglichkeiten: Entweder ist der Wellenvektor uniaxial (dann zeigen Real- und Imaginärteil in die gleiche Richtung), oder er ist biaxial, d. h. Real- und Imaginärteil haben unterschiedliche Orientierungen.

9.5.5.2 **Uniaxiale Wellenvektoren**

Ein uniaxialer Wellenvektor lässt sich in der Form

$$\boldsymbol{k} = (k' + \mathrm{i}k'')\boldsymbol{e} \tag{9.269}$$

dargestellen. Dabei ist $\boldsymbol{e}$ der Einheitsvektor der Ausbreitungsrichtung und $k = k' + \mathrm{i}k''$ die komplexe Wellenzahl. Wir erhalten hiermit anstelle von (9.266) und (9.267)

$$k'^2 - k''^2 = k_0^2(n'^2 - n''^2) = k_0^2 n^2 \tag{9.270}$$

und

$$k'k'' = k_0^2 n' n'' \tag{9.271}$$

mit der Lösung

$$k' = k_0 n' \qquad \text{und} \qquad k'' = k_0 n'' \tag{9.272}$$

und damit

$$\boldsymbol{k} = k_0(n' + \mathrm{i}n'')\boldsymbol{e} = k_0\widehat{n}\boldsymbol{e} \tag{9.273}$$

Setzen wir dieses Resultat in die Darstellung (9.203) für die elektrische Feldstärke der monochromatischen Welle ein, dann erhalten wir

$$\begin{aligned}\widehat{\boldsymbol{E}}(\boldsymbol{x},t) &= \widetilde{\boldsymbol{E}}\exp\{\mathrm{i}\,(k_0\widehat{n}\boldsymbol{e}\boldsymbol{x}-\omega t)\}\\ &= \widetilde{\boldsymbol{E}}\exp\left\{-k_0 n''\boldsymbol{e}\boldsymbol{x}\right\}\exp\left\{\mathrm{i}\left(k_0 n'\boldsymbol{e}\boldsymbol{x}-\omega t\right)\right\}\end{aligned} \tag{9.274}$$

Es handelt sich hier offenbar um eine ebene Welle, welche sich in Richtung des Vektors $\boldsymbol{e}$ mit der Phasengeschwindigkeit $v_{\mathrm{ph}} = c/n'$ ausbreitet und in Ausbreitungsrichtung gedämpft ist. Die Dämpfungskonstante ist dabei durch die Eindringtiefe

$$\Lambda = \frac{1}{k_0 n''} = \frac{\omega}{c n''} \tag{9.275}$$

bestimmt.

9.5.5.3 **Biaxiale Wellenvektoren**

Biaxiale Wellenvektoren können in der Form

$$\boldsymbol{k} = k(\boldsymbol{e}'_1 + \mathrm{i}\boldsymbol{e}'_2) \tag{9.276}$$

dargestellt werden. Dabei ist k eine komplexe Wellenzahl, und $\boldsymbol{e}'_1$ und $\boldsymbol{e}'_2$ sind zwei nicht parallele, reelle Vektoren. Ohne Beschränkung der Allgemeinheit kann man die Forderung

$$(\boldsymbol{e}'_1 + \mathrm{i}\boldsymbol{e}'_2)^2 = \boldsymbol{e}'^2_1 - \boldsymbol{e}'^2_2 + 2\mathrm{i}\boldsymbol{e}'_1\boldsymbol{e}'_2 = 1 \tag{9.277}$$

stellen[11]. Daraus ergibt sich automatisch, dass $\boldsymbol{e}'_1$ und $\boldsymbol{e}'_2$ aufeinander senkrecht stehen und $\boldsymbol{e}'_1 = \cosh\theta\boldsymbol{e}_1$ und $\boldsymbol{e}'_2 = \sinh\theta\boldsymbol{e}_2$ gelten muss, wobei $\boldsymbol{e}_1$ und $\boldsymbol{e}_2$ zwei orthogonale Einheitsvektoren sind. Die Dispersionsrelation (9.264) vereinfacht sich mit (9.276) zu

$$k^2 = k_0^2\widehat{n}^2 \tag{9.278}$$

mit der Lösung[12]

$$k = k_0\widehat{n} \tag{9.279}$$

Setzen wir (9.265) in die Darstellung (9.203) für die elektrische Feldstärke der monochromatischen Welle ein, dann gelangen wir zu

$$\widehat{\boldsymbol{E}}(\boldsymbol{x},t) = \widetilde{\boldsymbol{E}}\exp\left\{\mathrm{i}\left(\boldsymbol{k}'\boldsymbol{x}-\omega t\right)\right\}\exp\left\{-\boldsymbol{k}''\boldsymbol{x}\right\} \tag{9.280}$$

11) Der komplexe Wellenvektor $\boldsymbol{k}$ auf der linken Seite von (9.276) besteht aus 6 reellen Parametern. Auf der rechten Seite haben wir die beiden reellen Vektoren $\boldsymbol{e}'_1$ und $\boldsymbol{e}'_2$ sowie die komplexe Wellenzahl k, die zusammen 8 reelle Parametern enthalten. Die Reduktion der rechten Seite auf 6 reelle Parameter erfolgt durch die beiden in (9.277) enthaltenen Bedingungen.

12) Die zweite Lösung, $k = -k_0\widehat{n}$ entspricht einer in die entgegengesetzte Richtung laufenden Welle. Das veränderte Vorzeichen kann aber bereits bei der Richtungswahl der Basisvektoren $\boldsymbol{e}'_1$ und $\boldsymbol{e}'_2$ berücksichtigt werden, so dass wir auf diese Lösung nicht weiter einzugehen brauchen.

Mit (9.255), (9.276) und (9.279) erhalten wir außerdem

$$\begin{aligned} \boldsymbol{k} = \boldsymbol{k}' + \mathrm{i}\boldsymbol{k}'' &= k(\cosh\theta\boldsymbol{e}_1 + \mathrm{i}\sinh\theta\boldsymbol{e}_2) \\ &= k_0(n' + \mathrm{i}n'')(\cosh\theta\boldsymbol{e}_1 + \mathrm{i}\sinh\theta\boldsymbol{e}_2) \end{aligned} \tag{9.281}$$

Es gilt damit für den Vektor der Wellenausbreitung

$$\boldsymbol{k}' = k_0[n'\cosh\theta\,\boldsymbol{e}_1 - n''\sinh\theta\boldsymbol{e}_2] \tag{9.282}$$

und den Vektor der Wellendämpfung

$$\boldsymbol{k}'' = k_0[n'\sinh\theta\,\boldsymbol{e}_2 + n''\cosh\theta\,\boldsymbol{e}_1] \tag{9.283}$$

Der Winkel θ parametrisiert die möglichen biaxialen Wellenvektoren. Für $\theta = 0$ sind $\boldsymbol{k}'$ und $\boldsymbol{k}''$ parallel, und wir gelangen wieder zum Fall des uniaxialen Wellenvektors. Für $\theta \neq 0$ stehen die beiden Vektoren $\boldsymbol{k}'$ und $\boldsymbol{k}''$ in einem endlichen Winkel zueinander.

Wie wir aus den vorangegangenen Abschnitten wissen, genügt die Amplitude des elektrischen Felds einer monochromatischen Welle in einem isotropen Medium der Forderung $\boldsymbol{k}\widetilde{\boldsymbol{E}} = 0$. Daher muss die Amplitude die Darstellung

$$\widetilde{\boldsymbol{E}} = A\,(\mathrm{i}\boldsymbol{e}_1\sinh\theta - \boldsymbol{e}_2\cosh\theta) + B\boldsymbol{e}_3 \tag{9.284}$$

haben, wobei der Vektor $\boldsymbol{e}_3$ senkrecht auf $\boldsymbol{e}_1$ und $\boldsymbol{e}_2$ steht und A und B freie komplexe Parameter sind.

Für $\theta \neq 0$ kann die elektrische Feldstärke der monochromatischen Welle auch eine Komponente in Richtung von $\boldsymbol{k}'$, d. h. der Ausbreitungsrichtung haben, denn wir erhalten

$$\widetilde{\boldsymbol{E}}\boldsymbol{k}' = \frac{1}{2}Ak_0(\mathrm{i}n' + n'')\sinh 2\theta = \frac{\mathrm{i}}{2}Ak_0\widehat{n}^*\sinh 2\theta \tag{9.285}$$

Wenn man die Transversalitätsbedingung (9.232) ausschließlich auf den Vektor der Wellenausbreitung bezieht, dann ist in diesem Fall die Transversalität der elektromagnetischen Welle verletzt. Tatsächlich muss man aber bedenken, dass die Transversalitätsbedingungen (9.232) den vollständigen Vektor $\boldsymbol{k}$ enthalten, also sowohl Real- als auch Imaginärteil des Wellenvektors gemeinsam erfassen. Diese notwendige Restriktion ist aber auch hier erfüllt.

Biaxiale Wellenvektoren treten nicht nur in Materialien mit einer endlichen Dämpfung auf, sie können auch für transparente Materialien beobachtet werden. Hier erhalten wir die Wellenvektoren in Ausbreitungs- und Dämpfungsrichtung

$$\boldsymbol{k}' = k_0 n\cosh\theta\,\boldsymbol{e}_1 \quad \text{und} \quad \boldsymbol{k}'' = k_0 n\sinh\theta\,\boldsymbol{e}_2 \tag{9.286}$$

wobei wir Relation $n' = n$ verwendet haben, die für transparente Medien aus (9.260) folgt. In den Gleichungen (9.286) tritt deshalb nur noch der gewöhnliche Brechungsindex auf. Wie erwartet stehen $\boldsymbol{k}'$ und $\boldsymbol{k}''$ orthogonal zueinander. Die Wellen erfahren damit eine Dämpfung senkrecht zur Ausbreitungsrichtung. Man spricht in diesem Fall auch von quergedämpften Wellen.

9.5.5.4 *Energiedichte und Energiestrom

Wir wollen jetzt die Energiebilanz für ein monochromatisches elektromagnetisches Wellenfeld in einem isotropen, dispersiven Medium untersuchen. Dazu müssen wir die in Abschnitt 9.3.1 abgeleiteten Ergebnisse etwas modifizieren.

Wir gehen von einem das Volumen V ausfüllenden Medium aus. Die Wechselwirkung zwischen dem makroskopischen elektromagnetischen Feld und den Ladungsträgern des Mediums führt dazu, dass zunächst eine kollektive, auf den makroskopischen Skalen der Welle geordnete mikroskopische Bewegung der Partikel des Mediums induziert wird. Da wegen der Dispersion in dem Medium Dissipationsprozesse ablaufen können, wird aber ein Teil der geordneten mikroskopischen Bewegung durch Wechselwirkungen zwischen den Partikeln in eine aus makroskopischer Sicht chaotische Bewegung umgewandelt. Die dieser ungeordneten Bewegung entsprechende mikroskopische mechanische Energie wird als *Wärmeenergie* bezeichnet und kann weder in die mechanische Energie der verbleibenden, geordneten Bewegung der mikroskopischen Partikel des Mediums zurückgeführt werden, noch hat sie Einfluß auf die makroskopische Dynamik der elektromagnetischen Felder, siehe Band V.

Im Gegensatz zu der durch dissipative Prozesse dem Gesamtsystem aus Feld und Materie *irreversibel* verlorengegangenen Wärmeenergie steht die restliche mikroskopisch-mechanische Energie einer Umwandlung in elektromagnetische Feldenergie zur Verfügung. Man spricht auch davon, dass diese mechanische Energie *reversibel* im Medium gespeichert ist.

Das Gesamtsystem aus monochromatischem Wellenfeld und Medium befinde sich in einem periodisch-stationären Zustand. Nach dem Ablauf einer Periode müssen sich Feld und Medium wieder im gleichen physikalischen Zustand befinden. Wegen der Dissipationeffekte hat sich aber die Wärmeenergie des Mediums erhöht. Um deshalb der Forderung nach Stationarität nachzukommen und den physikalisch gleichen Zustand der Materie herstellen zu können, muss diese Überschussenergie abgeführt werden. Das lässt sich in der Bilanzgleichung (9.108) durch den Einbau eines zusätzlichen negativen Quellterms realisieren. Die in (9.108) auftretende mechanische Energie E_{mech} enthält dann nur noch die reversibel gespeicherten mechanischen Energieformen.

Da aber das elektromagnetische Feld bei dieser Konstellation ständig Energie an das Medium verliert, muss während einer Periode die gleiche Menge an Energie über den Rand des betrachteten Volumens nachgeliefert werden. Deshalb beschreibt die rechte Seite von (9.108) jetzt die pro Zeiteinheit in das System von außen injizierte Energie ΔQ.

Integrieren wir (9.108) über eine Periode, dann muss wegen der geforderten Stationarität die in das System injizierte Energie der im gleichen Zeitraum dissipierten Energie äquivalent sein. Deshalb ist mit (9.108) die innerhalb einer Periode im Volumen V in Wärme umgewandelte Energie durch

$$\Delta Q = \frac{1}{4\pi V} \int_0^T dt \int d^3x \left[\boldsymbol{H} \frac{\partial \boldsymbol{B}}{\partial t} + \boldsymbol{E} \frac{\partial \boldsymbol{D}}{\partial t} \right] + \underbrace{E_{\text{mech}}(T) - E_{\text{mech}}(0)}_{=0} \tag{9.287}$$

gegeben ($T = 2\pi/\omega$ ist die Periodendauer). Die mittlere Dissipationsrate pro Volumen lautet deshalb

$$\dot{\overline{Q}} = \frac{1}{4\pi T V} \int_0^T dt \int d^3x \left[\boldsymbol{H} \frac{\partial \boldsymbol{B}}{\partial t} + \boldsymbol{E} \frac{\partial \boldsymbol{D}}{\partial t} \right] \tag{9.288}$$

Da (9.288) in den Feldern quadratisch ist, müssen wir bei der Berechnung der rechten Seite alle Größen in der reellen Form darstellen. Nach der in Abschnitt 9.5.2.1 geführten Diskussion können wir z. B. in (9.288) die Felder durch die Realteile der komplexen Felder ersetzen. Wir erhalten deshalb unter Beachtung von (9.228) für den Beitrag des elektrischen Felds

$$\boldsymbol{E} \frac{\partial \boldsymbol{D}}{\partial t} = -\frac{\mathrm{i}\omega}{4} \left[\widehat{\boldsymbol{E}}(\boldsymbol{x},t) + \widehat{\boldsymbol{E}}^*(\boldsymbol{x},t) \right] \left[\varepsilon(\omega)\widehat{\boldsymbol{E}}(\boldsymbol{x},t) - \varepsilon^*(\omega)\widehat{\boldsymbol{E}}^*(\boldsymbol{x},t) \right] \tag{9.289}$$

Setzen wir diesen Ausdruck in (9.288) ein, dann wird die Integration über die Zeit die periodischen Ausdrücke der Form $\widehat{\boldsymbol{E}}^2$ und $\widehat{\boldsymbol{E}}^{*2}$ zum Verschwinden bringen. Übrig bleiben nur Beiträge $\widehat{\boldsymbol{E}}\widehat{\boldsymbol{E}}^*$, in denen sich die räumlichen und zeitlichen Abhängigkeiten kompensieren. Auf analoge Weise kann man die magnetische Komponente behandeln. Wegen

$$\widehat{\boldsymbol{E}}(\boldsymbol{x},t)\widehat{\boldsymbol{E}}^*(\boldsymbol{x},t) = |\widetilde{\boldsymbol{E}}|^2 \qquad \text{und} \qquad \widehat{\boldsymbol{H}}(\boldsymbol{x},t)\widehat{\boldsymbol{H}}^*(\boldsymbol{x},t) = |\widetilde{\boldsymbol{H}}|^2 \tag{9.290}$$

erhalten wir dann

$$\dot{\overline{Q}} = -\frac{\mathrm{i}\omega}{16\pi V} \int d^3x \left\{ [\mu(\omega) - \mu^*(\omega)]\, |\widetilde{\boldsymbol{H}}|^2 + [\varepsilon(\omega) - \varepsilon^*(\omega)]\, |\widetilde{\boldsymbol{E}}|^2 \right\} \tag{9.291}$$

oder

$$\dot{\overline{Q}} = \frac{\omega}{8\pi} \left[\mu''(\omega)|\widetilde{\boldsymbol{H}}|^2 + \varepsilon''(\omega)|\widetilde{\boldsymbol{E}}|^2 \right] \tag{9.292}$$

Aus thermodynamischen Gründen, auf die wir in Band V dieser Lehrbuchreihe näher eingehen werden, muss immer $\dot{\overline{Q}} > 0$ gelten. Deshalb erhalten wir die notwendigen Forderungen an die Imaginärteile der Permeabilitäten

$$\varepsilon''(\omega) \geq 0 \qquad \text{und} \qquad \mu''(\omega) \geq 0 \tag{9.293}$$

Die Frequenzgebiete, in denen ε'' und μ'' sehr klein sind, werden auch als Transparenzgebiete bezeichnet. In diesen Gebieten kann man die Energiedichte der monochromatischen Welle analog zum dispersionsfreien Fall herleiten, sodass man entsprechend (9.117) die gemittelte Energiedichte

$$\overline{W} = \frac{1}{16\pi}\left[\mu'(\omega)|\widetilde{\boldsymbol{H}}|^2 + \varepsilon'(\omega)|\widetilde{\boldsymbol{E}}|^2\right] \tag{9.294}$$

der monochromatischen Welle erhält. Mit (9.241) ergibt sich dann

$$\overline{W} = \frac{\varepsilon'(\omega)}{8\pi}|\widetilde{\boldsymbol{E}}|^2 \tag{9.295}$$

als Energiedichte einer monochromatischen Welle im Transparenzgebiet eines Mediums. Im nicht-transparenten Regime ist dagegen keine konsistente allgemeine Formulierung der Feldenergiedichte einer monochromatischen Welle mehr möglich, weil der Feldenergiebeitrag in (9.108) ohne weitere Informationen über die Struktur der Permeabilitäten nicht mehr in ein ein totales Differential umgeformt werden kann.

Auch der mittlere Energiestrom einer monochromatischen Welle lässt sich mit dem beschriebenen Vorgehen leicht bestimmen. Im Gegensatz zu den Schwierigkeiten, die bei der Bestimmung der Feldenergie auftreten, kann diese Größe aber auch außerhalb des Transparenzgebiets allgemein berechnet werden. Dazu benutzt man den Poynting-Vektor (9.109) und setzt wieder die Realteile der komplexen Feldstärken ein:

$$\boldsymbol{S}(\boldsymbol{x},t) = \frac{c}{16\pi}[\boldsymbol{E}(\boldsymbol{x},t) + \boldsymbol{E}^*(\boldsymbol{x},t)] \times [\boldsymbol{H}(\boldsymbol{x},t) + \boldsymbol{H}^*(\boldsymbol{x},t)] \tag{9.296}$$

Die zeitliche Mittelung führt dann auf den Energiestrom

$$\overline{\boldsymbol{S}} = \frac{c}{8\pi}\sqrt{\left|\frac{\varepsilon(\omega)}{\mu(\omega)}\right|}|\widetilde{\boldsymbol{E}}|^2\boldsymbol{k} \tag{9.297}$$

Der Energiestrom einer monochromatischen Welle in einem isotropen Medium breitet sich also in Richtung des Wellenvektors aus.

9.5.6 Brechung und Reflexion

9.5.6.1 Das geometrische Brechungsgesetz

Trifft eine monochromatische Welle auf eine ebene Oberfläche, so ändert sie beim Durchgang durch diese Grenzfläche ihre Richtung. Dieses Phänomen wird als Brechung bezeichnet. Wir wollen uns in diesem Abschnitt auf die Untersuchung monochromatischer Wellen in isotropen Medien beschränken. Dazu werden wir uns zunächst um exakte Beziehungen zwischen den Wellenvektoren kümmern und die Intensitätsverhältnisse vorerst außer Acht lassen.

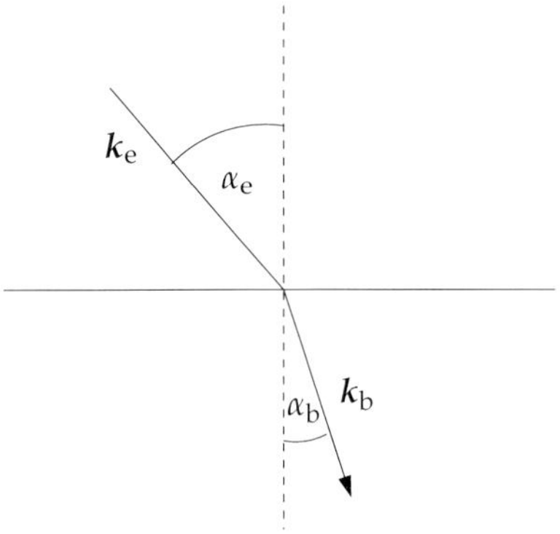

Abb. 9.4 Schematische Darstellung der Wellenvektoren bei der Brechung

Die Resultate dieses Vorgehens werden weitgehend den Erkenntnissen der geometrischen Optik entsprechen. Deshalb werden wir hier vom geometrischen Brechungsgesetz sprechen.

Das Brechungsgesetz wird vervollständigt durch die Angabe der Amplituden und Orientierungen der elektromagnetischen Felder nach dem Durchgang der monochromatischen Welle durch die Grenzfläche. Aussagen über diese Größen machen die Fresnel'schen Formeln, die in Abschnitt 9.5.6.3 behandelt werden. Der Einfachheit halber nehmen wir an, dass eine Welle aus dem Vakuum unter einem Winkel α_e auf die Oberfläche des isotropen Mediums trifft und in dem Medium unter dem Winkel α_b weiterläuft. Wir zerlegen die Wellenvektoren sowohl der einfallenden als auch der gebrochenen Welle ($\boldsymbol{k}_e$ und $\boldsymbol{k}_b$) in vier Anteile. Zunächst kann jeder Vektor $\boldsymbol{k}$ in einen Anteil senkrecht und einen parallel zur Oberfläche zerlegt werden, die wiederum in einen Real- und einen Imaginärteil zerfallen

$$\begin{aligned} \boldsymbol{k} &= \boldsymbol{k}_{\parallel} + \boldsymbol{k}_{\perp} = \left[\boldsymbol{k}'_{\parallel} + \mathrm{i}\boldsymbol{k}''_{\parallel}\right] + \left[\boldsymbol{k}'_{\perp} + \mathrm{i}\boldsymbol{k}''_{\perp}\right] \\ &= \boldsymbol{k}' + \mathrm{i}\boldsymbol{k}'' = \left[\boldsymbol{k}'_{\parallel} + \boldsymbol{k}'_{\perp}\right] + \mathrm{i}\left[\boldsymbol{k}''_{\parallel} + \boldsymbol{k}''_{\perp}\right] \end{aligned} \tag{9.298}$$

Die aus dem Vakuum einfallende Welle ist ungedämpft, d. h. wir erhalten sofort die Bedingung

$$\boldsymbol{k}_e = \boldsymbol{k}'_e \qquad \text{und} \qquad \boldsymbol{k}''_e = 0 \tag{9.299}$$

Die Tangentialkomponenten des elektrischen Felds auf der Grenzfläche müssen stetig sein. Demnach muss die Summe aus den Tangentialkomponenten des einfallenden und des (etwas später untersuchten) reflektierten Feldes gleich der Tangentialkomponente des Felds im Medium sein. Diese Bedingung muss für alle Punkte der Grenzfläche zu allen Zeiten gelten. Wir werden etwas später bei der Herleitung der Fresnel'schen Formeln diese vollständigen Stetigkeitsbedingungen auch benutzen. Für die Ableitung des geometrischen Brechungsgesetzes genügt uns vorerst die Bedingung, dass die Phasen der Wellen auf der Grenzfläche übereinstimmen. Wäre das nicht der Fall, dann könnten wir auf keinen Fall die Stetigkeit der Tangentialkomponenten des elektrischen Felds zu allen Zeiten und für alle Punkte $\boldsymbol{x}_\mathrm{E}$ der Grenzfläche gewährleisten. Das führt uns auf die die Forderung

$$\begin{aligned}&\boldsymbol{E}_\mathrm{e}(\boldsymbol{k}) \times \boldsymbol{n} \exp\left\{\mathrm{i}\left[\boldsymbol{k}_{\mathrm{e},\|}\boldsymbol{x}_\mathrm{E} + \boldsymbol{k}_{\mathrm{e},\perp}\boldsymbol{x}_\mathrm{E} - \omega_\mathrm{e} t\right]\right\} \sim \\ &\boldsymbol{E}_\mathrm{b}(\boldsymbol{k}) \times \boldsymbol{n} \exp\left\{\mathrm{i}\left[\boldsymbol{k}_{\mathrm{b},\|}\boldsymbol{x}_\mathrm{E} + \boldsymbol{k}_{\mathrm{b},\perp}\boldsymbol{x}_\mathrm{E} - \omega_\mathrm{b} t\right]\right\}\end{aligned} \tag{9.300}$$

zur Festlegung der Phase. Da $\boldsymbol{k}_{\mathrm{e},\perp}$, $\boldsymbol{k}_{\mathrm{b},\perp}$ und der Normalenvektor $\boldsymbol{n}$ der Fläche parallel orientiert sind, kann die Grenzfläche bei geeigneter Wahl des Koordinatensystems durch

$$\boldsymbol{n}\boldsymbol{x}_\mathrm{E} = \boldsymbol{k}_{\mathrm{e},\perp}\boldsymbol{x}_\mathrm{E} = \boldsymbol{k}_{\mathrm{b},\perp}\boldsymbol{x}_\mathrm{E} = 0 \tag{9.301}$$

festgelegt werden. Dann liefert die Stetigkeitsbedingung (9.300), die ja zu allen Zeiten an allen Orten der Grenzfläche gelten muss, die Forderungen

$$\omega_\mathrm{e} = \omega_\mathrm{b} = \omega \tag{9.302}$$

und

$$\boldsymbol{k}_{\mathrm{e},\|} = \boldsymbol{k}_{\mathrm{b},\|} \tag{9.303}$$

Wegen (9.299) wissen wir damit sofort auch, dass der Wellenvektor der gebrochenen Welle parallel zur Grenzfläche reell sein muss, also

$$\boldsymbol{k}_{\mathrm{b},\|} = \boldsymbol{k}'_{\mathrm{b},\|} \qquad \text{und} \qquad \boldsymbol{k}''_{\mathrm{b},\|} = 0 \tag{9.304}$$

Wir wollen uns zuerst dem Grenzfall reeller Brechungsindizes zuwenden. Dann ist auf der Vakuumseite $\boldsymbol{k}_\mathrm{e}^2 = \omega^2/c^2 = k_0^2$ und im Medium $\boldsymbol{k}_\mathrm{b}^2 = n^2 k_0^2$. Wegen der Gleichheit der Parallelanteile folgt jetzt sofort

$$\left|\boldsymbol{k}_{\mathrm{e},\|}\right| = |\boldsymbol{k}_\mathrm{e}| \sin\alpha_\mathrm{e} = k_0 \sin\alpha_\mathrm{e} = \left|\boldsymbol{k}_{\mathrm{b},\|}\right| = |\boldsymbol{k}_\mathrm{b}| \sin\alpha_\mathrm{b} = n k_0 \sin\alpha_\mathrm{b} \tag{9.305}$$

und damit

$$\sin\alpha_\mathrm{e} = n \sin\alpha_\mathrm{b} \tag{9.306}$$

Das ist das bekannte *Brechungsgesetz von Snellius*. Streng genommen gilt es nur, wenn der Brechungsindex reell ist. Das ist aber an sich nur für ideal transparente Materialien der Fall.

Gewöhnlich besitzt der Brechungsindex $\widehat{n}$ immer einen Imaginärteil. In diesem Fall müssen wir noch einige Aussagen über den Anteil des Wellenvektors senkrecht zur Grenzfläche gewinnen. Da nur dieser Teil einen imaginären Anteil hat, gilt unter Beachtung von (9.266) und (9.304)

$$\boldsymbol{k}''^2_{\mathrm{b},\perp} = \boldsymbol{k}''^2_\mathrm{b} = \boldsymbol{k}'^2_\mathrm{b} - n^2 k_0^2 \tag{9.307}$$

und damit

$$k''^2_{b,\perp} = \left[k'^2_{b,\|} + k'^2_{b,\perp}\right] - n^2 k_0^2 = k^2_{b,\|} + k'^2_{b,\perp} - n^2 k_0^2 \tag{9.308}$$

Dabei wurde berücksichtigt, dass $k_{b,\|}$ ein reeller Vektor ist. Beachtet man noch $k_{b,\|} = k_{e,\|}$, dann erhält man

$$k''^2_{b,\perp} = k^2_{e,\|} + k'^2_{b,\perp} - n^2 k_0^2 = k_0^2 \left(\sin^2 \alpha_e - n^2\right) + k'^2_{b,\perp} \tag{9.309}$$

Andererseits gilt wegen (9.267)

$$k_0^2 n' n'' = k'_b k''_b = \left(k'_{b,\|} + k'_{b,\perp}\right)\left(k''_{b,\|} + k''_{b,\perp}\right) \tag{9.310}$$

Da ferner $k''_{b,\|} = 0$ gilt und außerdem $k'_{b,\|}$ und $k''_{b,\perp}$ aufeinander senkrecht stehen, bleibt

$$k_0^2 n' n'' = k'_{b,\perp} k''_{b,\perp} \tag{9.311}$$

Andererseits sind $k'_{b,\perp}$ und $k''_{b,\perp}$ zueinander parallel. Daher folgt sofort

$$k_0^4 n'^2 n''^2 = \left|k'_{b,\perp}\right|^2 \left|k''_{b,\perp}\right|^2 = k'^2_{b,\perp} k''^2_{b,\perp} \tag{9.312}$$

Damit können wir jetzt $k''^2_{b,\perp}$ aus (9.309) eliminieren und erhalten eine geschlossene Gleichung für $k'^2_{b,\perp}$:

$$\frac{k_0^2 n'^2 n''^2}{k'^2_{b,\perp}} = k_0^2 \left(\sin^2 \alpha_e - n^2\right) + k'^2_{b,\perp} \tag{9.313}$$

Sie hat die Lösung:

$$k'^2_{b,\perp} = \frac{k_0^2}{2}\left[n^2 - \sin^2 \alpha_e + \sqrt{\left(n^2 - \sin^2 \alpha_e\right)^2 + 4n'^2 n''^2}\right] \tag{9.314}$$

Setzen wir dieses Ergebnis in (9.309) ein, dann erhalten wir den Imaginärteil des Wellenvektors der gebrochenen Welle:

$$k''^2_{b,\perp} = \frac{k_0^2}{2}\left[\sin^2 \alpha_e - n^2 + \sqrt{\left(n^2 - \sin^2 \alpha_e\right)^2 + 4n'^2 n''^2}\right] \tag{9.315}$$

Mit diesen Resultaten können wir den Brechungswinkel im Fall eines nicht transparenten Mediums bestimmen. Da sich der Brechungswinkel nach der Orientierung der Phase richtet, erhalten wir

$$\tan \alpha_b = \frac{\left|k'_{b,\|}\right|}{\left|k'_{b,\perp}\right|} = \frac{\left|k'_{e,\|}\right|}{\left|k'_{b,\perp}\right|} = \frac{k_0 \sin \alpha_e}{\left|k'_{b,\perp}\right|} \tag{9.316}$$

und damit

$$\tan\alpha_{\mathrm{b}} = \frac{\sqrt{2}\sin\alpha_{\mathrm{e}}}{\sqrt{\left[n^2 - \sin^2\alpha_{\mathrm{e}} + \sqrt{\left(n^2 - \sin^2\alpha_{\mathrm{e}}\right)^2 + 4n'^2 n''^2}\right]}} \tag{9.317}$$

Dieses allgemeine Brechungsgesetz geht natürlich im Grenzfall $n'' \to 0$ wieder in das bekanntere Gesetz für reelle Brechungsindizes über.

9.5.6.2 **Geometrisches Reflexionsgesetz und Totalreflexion**

Eine monochromatische Welle wird an einer Grenzfläche nicht nur gebrochen, sondern zum Teil auch reflektiert. Wie beim Brechungsgesetz zerlegen wir einfallende und reflektierte Welle in einen Beitrag senkrecht und parallel zur Grenzfläche. Für alle Punkte $\boldsymbol{x}_{\mathrm{E}}$ der ebenen Grenzfläche gelten dann wieder die Bedingungen $\boldsymbol{k}_{\mathrm{e},\perp}\boldsymbol{x}_{\mathrm{E}} = \boldsymbol{k}_{\mathrm{r},\perp}\boldsymbol{x}_{\mathrm{E}} = 0$. Auf der Grenzfläche müssen aus Stetigkeitsgründen die Phasen der reflektierten und der einfallenden Welle gleich sein,[13] also

$$\begin{aligned} &\boldsymbol{E}_{\mathrm{e}}(\boldsymbol{k})\exp\left\{\mathrm{i}\left[\boldsymbol{k}_{\mathrm{e},\parallel}\boldsymbol{x}_{\mathrm{E}} + \boldsymbol{k}_{\mathrm{e},\perp}\boldsymbol{x}_{\mathrm{E}} - \omega_{\mathrm{e}}t\right]\right\} \\ \sim &\boldsymbol{E}_{\mathrm{r}}(\boldsymbol{k})\exp\left\{\mathrm{i}\left[\boldsymbol{k}_{\mathrm{r},\parallel}\boldsymbol{x}_{\mathrm{E}} + \boldsymbol{k}_{\mathrm{r},\perp}\boldsymbol{x}_{\mathrm{E}} - \omega_{\mathrm{r}}t\right]\right\} \end{aligned} \tag{9.318}$$

Damit erhalten wir die Reflexionsbedingungen

$$\omega_{\mathrm{e}} = \omega_{\mathrm{r}} = \omega \tag{9.319}$$

und

$$\boldsymbol{k}_{\mathrm{e},\parallel} = \boldsymbol{k}_{\mathrm{r},\parallel} \tag{9.320}$$

Da sich andererseits einfallende und reflektierte Welle im gleichen Medium befinden, verlangt die Dispersionsrelation wegen $\omega_{\mathrm{e}} = \omega_{\mathrm{r}}$ automatisch auch

$$|\boldsymbol{k}_{\mathrm{e}}| = |\boldsymbol{k}_{\mathrm{r}}| \tag{9.321}$$

Damit erhalten wir sofort

$$\left|\boldsymbol{k}_{\mathrm{r},\parallel}\right| = |\boldsymbol{k}_{\mathrm{r}}|\sin\alpha_{\mathrm{r}} = k_0\sin\alpha_{\mathrm{r}} = \left|\boldsymbol{k}_{\mathrm{e},\parallel}\right| = |\boldsymbol{k}_{\mathrm{e}}|\sin\alpha_{\mathrm{e}} = k_0\sin\alpha_{\mathrm{e}} \tag{9.322}$$

und folglich

$$\alpha_{\mathrm{r}} = \alpha_{\mathrm{e}} \tag{9.323}$$

13) Wir interessieren uns wiederum nur für die geometrischen Relationen zwischen den Wellenvektoren der einfallenden und reflektierten Welle. Deshalb genügt es auch in diesem Fall, die Phasen der Wellen zu vergleichen; siehe hierzu die Diskussion im vorangegangenen Abschnitt.

Das ist das bekannte Reflexionsgesetz. Gewöhnlich wird eine auf ein Medium auftreffende Welle zu einem Teil in das Medium eingelassen und dort gebrochen und zu einem Teil reflektiert.

Es gibt aber auch die Situation, dass eine Welle totalreflektiert wird. Dabei wird ein Anteil gewöhnlich reflektiert, der gebrochene Anteil aber wird in eine reine Oberflächenwelle umgewandelt. Daher ist in dem totalreflektierenden Medium $\boldsymbol{k}_{\mathrm{b},\|}$ ein reeller Vektor, während $\boldsymbol{k}_{\mathrm{b},\perp}$ rein imaginär sein muss, denn ein nichtverschwindender Realteil des Wellenvektors $\boldsymbol{k}_{\mathrm{b},\perp}$ der gebrochenen Welle würde keine parallel zur Oberfläche verlaufende Welle erzeugen. Dann ist aber wegen (9.267)

$$k_0^2 n' n'' = \boldsymbol{k}'_{\mathrm{b}} \boldsymbol{k}''_{\mathrm{b}} = \left(\boldsymbol{k}'_{\mathrm{b},\|} + \boldsymbol{k}'_{\mathrm{b},\perp}\right)\left(\boldsymbol{k}''_{\mathrm{b},\|} + \boldsymbol{k}''_{\mathrm{b},\perp}\right) = \boldsymbol{k}'_{\mathrm{b},\|} \boldsymbol{k}''_{\mathrm{b},\perp} = 0 \tag{9.324}$$

Eine reine Oberflächenwelle kann sich also nur herausbilden, wenn $n'' = 0$ gilt.[14] Im Fall dispersionsfreier Materie lässt sich die notwendige Forderung für eine Totalreflexion auch in der Form von (9.259) schreiben:

$$2n'n'' = \frac{4\pi\sigma\mu}{\omega} = 0 \tag{9.325}$$

Offenbar kann man Totalrelexion in dispersionsfreien Medien nur dann beobachten, wenn diese ideale Nichtleiter ($\sigma = 0$) sind. Näherungsweise kann das Phänomen aber auch in guten Isolatoren bei hohen Frequenzen, etwa Licht, UV- oder Röntgenstrahlung beobachtet werden.

9.5.6.3 *Fresnel'sche Formeln

Gewöhnlich werden an einer Grenzfläche sowohl Reflexions- als auch Brechungsphänomene beobachtet. Dann kann man zwar die Ausbreitungsrichtungen für die reflektierte und gebrochene Welle, wie in den letzten beiden Abschnitten geschehen, getrennt bestimmen, da für diesen Zweck die Stetigkeitsbedingungen an der Grenzfläche auf einen einfachen Phasenvergleich hinauslaufen; das Gesamtphänomen bedarf aber einer detaillierteren Untersuchung der Stetigkeitsbedingungen.

Wir beschränken uns zunächst auf den Fall, dass eine Welle aus dem Vakuum auf die ebene Oberfläche eines Mediums trifft. Der Normalenvektor der Grenzfläche sei in das Medium gerichtet.

Aus den vorangegangenen Überlegungen wissen wir, dass wegen (9.303) und (9.320) die Wellenzahlvektoren der einfallenden, gebrochenen und reflektierten Welle in einer Ebene liegen, der so genannten Einfallsebene; diese Ebene steht senkrecht zur Grenzfläche. Wir wählen sie als x-z-Ebene eines Koordinatensystems und legen die Grenzfläche entlang der x-Achse (Abb. 9.5). Die Komponenten der Wellenvektoren parallel zur Grenzfläche sollen in Richtung

14) $n' = 0$ ist wegen $n^2 = n'^2 - n''^2 > 0$ nicht erlaubt.

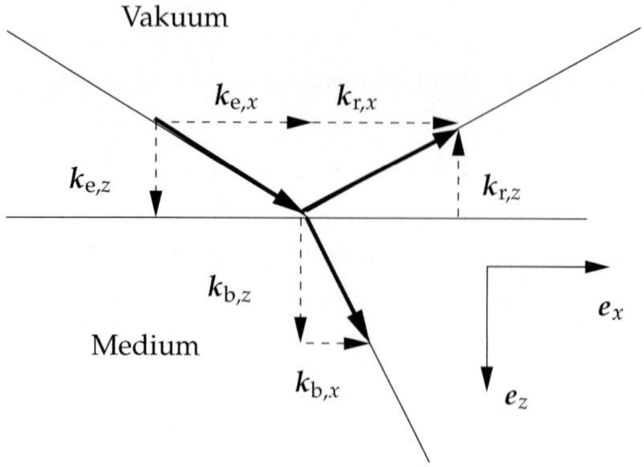

Abb. 9.5 Schematische Darstellung der Wellenvektoren für die Ableitung der Fresnel'schen Gleichungen

des Einheitsvektors $\boldsymbol{e}_x$ zeigen. Damit ist die Normalenrichtung der Grenzfläche in z-Richtung orientiert und kann durch den Einheitsvektor $\boldsymbol{e}_z$ beschrieben werden.

Die reflektierte Welle liegt wie die einfallende Welle im Vakuum. Dort tritt keine Dämpfung auf, d. h. sowohl $\boldsymbol{k}_e$ als auch $\boldsymbol{k}_r$ sind reelle Vektoren. Weiterhin gilt wegen der Orientierung unseres Koordinatensystems und (9.320) sowie (9.321) für die einzelnen Komponenten

$$k_{e,x} = k_{r,x} \qquad \text{und} \qquad k_{e,z} = -k_{r,z} \tag{9.326}$$

Der Wellenvektor der gebrochenen Welle ist in seiner x-Komponente reell und stimmt wegen (9.303) mit $k_{e,x}$ überein. In der z-Komponente dagegen bleibt der Wellenvektor der gebrochenen Welle komplex, d. h. wir haben die Relationen

$$k_{b,x} = k_{e,x} \qquad \text{und} \qquad k_{b,z} = (\boldsymbol{k}_{b,\perp}\boldsymbol{e}_z) = k'_{b,z} + \mathrm{i}k''_{b,z} \tag{9.327}$$

Um die Intensitäten der Feldstärken auf der Grenzfläche zu bestimmen, beachten wir, dass die Tangentialkomponenten des $\boldsymbol{E}$- und $\boldsymbol{H}$-Felds und die Normalkomponenten des $\boldsymbol{D}$- und $\boldsymbol{B}$-Felds an der Grenzfläche stetig sein müssen. Da die Phasen der dynamisch veränderlichen Feldstärken bereits durch die Festlegung der Wellenvektoren abgeglichen sind, heben sich die Exponentialfaktoren in den Stetigkeitsbedingungen weg, und wir brauchen nur noch die Amplituden zu vergleichen.

Wir unterscheiden jetzt zwei grundlegende Fälle: Das elektrische Feld der einfallenden Welle kann entweder senkrecht zur Einfallsebene stehen oder in der Einfallsebene liegen. Alle anderen Situationen lassen sich durch entsprechende Linearkombinationen dieser beiden Fälle darstellen.

Wir beginnen unsere Untersuchungen mit dem Fall, dass die Amplitude des elektrischen Felds der einfallenden Welle $\widetilde{\boldsymbol{E}}_e = \widetilde{E}_e\boldsymbol{e}_y$ senkrecht auf der Einfallsebene steht. Dann müssen wegen der Symmetrie des Problems auch die elektrischen Feldstärken der reflektierten und der gebrochenen Welle, $\widetilde{\boldsymbol{E}}_\mathrm{r} = \widetilde{E}_\mathrm{r}\boldsymbol{e}_y$ und $\widetilde{\boldsymbol{E}}_\mathrm{b} = \widetilde{E}_\mathrm{b}\boldsymbol{e}_y$ senkrecht auf der Einfallsebene stehen. Die Stetigkeitsbedingungen für die Tangentialkomponenten des elektrischen Felds verlangen deshalb

$$\widetilde{E}_\mathrm{e} + \widetilde{E}_\mathrm{r} = \widetilde{E}_\mathrm{b} \tag{9.328}$$

Das magnetische Feld $\boldsymbol{H}$ liegt in der Einfallsebene. Die Stetigkeit der Tangentialkomponente führt wegen (9.235) auf

$$\left[\boldsymbol{k}_\mathrm{e} \times \widetilde{\boldsymbol{E}}_\mathrm{e} + \boldsymbol{k}_\mathrm{r} \times \widetilde{\boldsymbol{E}}_\mathrm{r}\right] \boldsymbol{e}_x = \mu^{-1} \left[\boldsymbol{k}_\mathrm{b} \times \widetilde{\boldsymbol{E}}_\mathrm{b}\right] \boldsymbol{e}_x \tag{9.329}$$

Unter Verwendung der Rechenregeln für das Spatprodukt sowie wegen (9.326) und (9.327) erhalten wir

$$k_{\mathrm{e},z}(\widetilde{E}_\mathrm{e} - \widetilde{E}_\mathrm{r}) = \mu^{-1} k_{\mathrm{b},z} \widetilde{E}_\mathrm{b} \tag{9.330}$$

Aus (9.328) und (9.330) folgt dann

$$\widetilde{E}_\mathrm{r} = \frac{k_{\mathrm{e},z} - \mu^{-1} k_{\mathrm{b},z}}{k_{\mathrm{e},z} + \mu^{-1} k_{\mathrm{b},z}} \widetilde{E}_\mathrm{e} \quad \text{und} \quad \widetilde{E}_\mathrm{b} = \frac{2k_{\mathrm{e},z}}{k_{\mathrm{e},z} + \mu^{-1} k_{\mathrm{b},z}} \widetilde{E}_\mathrm{e} \tag{9.331}$$

Die expliziten Werte für die z-Komponente des Wellenvektors der gebrochenen Welle sind aus (9.314) und (9.315) zu entnehmen. Diese Gleichungen bilden die *erste Gruppe der Fresnel'schen Gleichungen*. Sie gelten für den Fall, dass das elektrische Feld senkrecht zur Einfallsebene orientiert ist.

Liegt die Amplitude der elektrischen Feldstärke dagegen in der Einfallsebene, dann sind die magnetische Induktion und das magnetische Feld parallel zur Grenzfläche orientiert. Deshalb ist es hier bequemer, die Diskussion für die Komponenten des $\boldsymbol{H}$-Felds durchzuführen[15]. Für die Stetigkeitsbedingungen der Tangentialkomponenten des magnetischen Felds erhalten wir jetzt

$$\widetilde{H}_\mathrm{e} + \widetilde{H}_\mathrm{r} = \widetilde{H}_\mathrm{b} \tag{9.332}$$

Vom elektrischen Feld wird nur die Komponente in x-Richtung einen stetigen Übergang zeigen. Wegen (9.236) folgt dann

$$\left[\boldsymbol{k}_\mathrm{e} \times \widetilde{\boldsymbol{H}}_\mathrm{e} + \boldsymbol{k}_\mathrm{r} \times \widetilde{\boldsymbol{H}}_\mathrm{r}\right] \boldsymbol{e}_x = \varepsilon^{-1} \left[\boldsymbol{k}_\mathrm{b} \times \widetilde{\boldsymbol{H}}_\mathrm{b}\right] \boldsymbol{e}_x \tag{9.333}$$

Wie oben erhalten wir unter Verwendung der Rechenregeln für das Spatprodukt und unter Beachtung von (9.326) und (9.327)

$$k_{\mathrm{e},z}(\widetilde{H}_\mathrm{e} - \widetilde{H}_\mathrm{r}) = \varepsilon^{-1} k_{\mathrm{b},z} \widetilde{H}_\mathrm{b} \tag{9.334}$$

15) Selbstverständlich könnte die Rechnung auch mit der Induktion $\boldsymbol{B}$ durchgeführt werden.

Aus (9.332) und (9.334) erhalten wir durch eine einfache algebraische Umformung die *zweite Gruppe der Fresnel'schen Gleichungen*:

$$\widetilde{H}_{\mathrm{r}} = \frac{k_{\mathrm{e},z} - \varepsilon^{-1} k_{\mathrm{b},z}}{k_{\mathrm{e},z} + \varepsilon^{-1} k_{\mathrm{b},z}} \widetilde{H}_{\mathrm{e}} \quad \text{und} \quad \widetilde{H}_{\mathrm{b}} = \frac{2k_{\mathrm{e},z}}{k_{\mathrm{e},z} + \varepsilon^{-1} k_{\mathrm{b},z}} \widetilde{H}_{\mathrm{e}} \tag{9.335}$$

Auch hier sind die expliziten Werte für die z-Komponente des Wellenvektors der gebrochenen Welle aus (9.314) und (9.315) zu entnehmen.

9.5.6.4 *Refexions- und Transmissionskoeffizient

Aus dem Verhältnis der mittleren Energieströme der reflektierten und der gebrochenen Welle zum mittleren Energiestrom der einfallenden Welle lassen sich die Reflexions- und Transmissionskoeffizienten R und T bestimmen. Da $R + T = 1$ gelten muss, genügt es, die Reflexionskoeffizienten zu untersuchen. Mit (9.297) folgt

$$R = \frac{\overline{S}_{\mathrm{r}}}{\overline{S}_{\mathrm{e}}} = \frac{|\widetilde{\boldsymbol{E}}_{\mathrm{r}}|^2}{|\widetilde{\boldsymbol{E}}_{\mathrm{e}}|^2} = \frac{|\widetilde{\boldsymbol{H}}_{\mathrm{r}}|^2}{|\widetilde{\boldsymbol{H}}_{\mathrm{e}}|^2} \tag{9.336}$$

Wir können jetzt die Reflexionskoeffizienten direkt unter Verwendung der Fresnel'schen Formeln bestimmen. Für den direkten (senkrechten) Einfall ($\alpha_{\mathrm{e}} = 0$) gibt es keinen Unterschied zwischen den beiden Basisorientierungen des elektrischen Feldes der monochromatischen Welle. In diesem Fall erhält man $k_{\mathrm{e},z} = k_0$ und weiter aus (9.258), (9.314) und (9.315)

$$k'_{\mathrm{b},z} = k_0 n' \qquad \text{und} \qquad k''_{\mathrm{b},z} = k_0 n'' \tag{9.337}$$

also $k_{\mathrm{b},z} = k_0 \widehat{n}$. Tatsächlich folgt unter Beachtung von (9.255) im Fall der ersten Gruppe der Fresnel'schen Formeln

$$R = \left| \frac{\widetilde{E}_{\mathrm{r}}}{\widetilde{E}_{\mathrm{e}}} \right|^2 = \left| \frac{1 - \mu^{-1}\widehat{n}}{1 + \mu^{-1}\widehat{n}} \right|^2 = \left| \frac{\sqrt{\mu} - \sqrt{\varepsilon}}{\sqrt{\mu} + \sqrt{\varepsilon}} \right|^2 \tag{9.338}$$

und im Fall der zweiten Gruppe der Fresnel'schen Formeln

$$R = \left| \frac{\widetilde{H}_{\mathrm{r}}}{\widetilde{H}_{\mathrm{e}}} \right|^2 = \left| \frac{1 - \varepsilon^{-1}\widehat{n}}{1 + \varepsilon^{-1}\widehat{n}} \right|^2 = \left| \frac{\sqrt{\mu} - \sqrt{\varepsilon}}{\sqrt{\mu} + \sqrt{\varepsilon}} \right|^2 \tag{9.339}$$

Im optischen Bereich kann man die magnetische Permeabilität durch $\mu \approx 1$ annähern und deshalb den Reflexionskoeffizienten durch die Brechzahl ausdrücken:

$$R = \left| \frac{1 - \widehat{n}}{1 + \widehat{n}} \right|^2 = \frac{(1 - n')^2 + n''^2}{(1 + n')^2 + n''^2} \tag{9.340}$$

Für den schrägen Einfall werden die Ausdrücke für den Reflexionskoeffizienten wesentlich komplizierter. Aber für den Fall transparenter Medien kann man wieder übersichtliche Formeln angeben. So findet man wegen $n'' = 0$ aus (9.315) für die Imaginärkomponente $k''_{b,z} = 0$ sowie aus (9.315) und (9.306) für die Realkomponente $k'_{b,z} = nk_0 \cos\alpha_b$ des gebrochenen Wellenvektors.

Damit erhält man im optischen Bereich ($\mu = 1$) für den Fall, dass die elektrische Feldkomponente senkrecht zur Einfallsebene steht:

$$R_\perp = \left(\frac{\cos\alpha_e - n\cos\alpha_b}{\cos\alpha_e + n\cos\alpha_b}\right)^2 = \frac{\sin^2(\alpha_b - \alpha_e)}{\sin^2(\alpha_b + \alpha_e)} \tag{9.341}$$

Wenn die elektrische Feldkomponente in der Einfallsebene liegt, ergibt sich

$$R_\parallel = \left(\frac{n\cos\alpha_e - \cos\alpha_b}{n\cos\alpha_e + \cos\alpha_b}\right)^2 = \frac{\tan^2(\alpha_b - \alpha_e)}{\tan^2(\alpha_b + \alpha_e)} \tag{9.342}$$

Zusammen mit dem Brechungsgesetz (9.306) erlauben diese Formeln die Bestimmung des Reflexionskoeffizienten für einen beliebigen Einfallswinkel α_e. Die jeweils zweiten Gleichungen von (9.341) und (9.342) bleiben auch denn gültig, wenn die Welle an einer Grenzfläche zwischen zwei transparenten Medien der Brechungsindizes n_e und n_b gebrochen wird. Einzig das Brechungsgesetz (9.306) muss dann zu

$$n_e \sin\alpha_e = n_b \sin\alpha_b \tag{9.343}$$

verallgemeinert werden.

9.5.6.5 *Totalpolarisation

Wird der Einfallswinkel so gewählt, dass $\alpha_e + \alpha_b = \pi/2$ gilt, dann erhalten wir $R_\parallel = 0$. In diesem Fall wird also nur Licht reflektiert, dessen elektrische Komponente senkrecht zur Einfallsebene steht, d. h. das reflektierte Licht ist vollständig linear polarisiert. Der Einfallswinkel, bei dem diese Totalpolarisation auftritt, wird als *Brewster-Winkel* α_B bezeichnet. Mithilfe des Brechungsgesetzes (9.343) findet man

$$\tan\alpha_B = \frac{n_b}{n_e} \tag{9.344}$$

Im Gegensatz zur reflektierten Welle kann die gebrochene Welle nicht vollständig polarisiert werden.

9.5.6.6 *Totalreflexion

Das Brechungsgesetz (9.343) lässt zwei unterschiedliche Fälle zu: Tritt die elektromagnetische Welle aus dem optisch dünneren in das optisch dichtere Medium ein ($n_b > n_e$), dann findet man zu jeden Einfallswinkel α_e einen entsprechenden Brechungswinkel α_b. Der maximal mögliche Einfallswinkel ist $\alpha_e = \pi/2$ (streifender Einfall). Für diesen Einfallswinkel erreichen beide Reflexionskoeffizienten den Wert $R_\perp = R_\parallel = 1$.

Trifft dagegen die einfallende Welle an der Grenzfläche auf ein optisch dünneres Medium ($n_b < n_e$), dann gibt es einen Grenzwinkel

$$\sin \alpha_T = \frac{n_b}{n_e} \tag{9.345}$$

sodass für $\alpha_e > \alpha_T$ das Brechungsgesetz keine Lösung mehr hat. Für diesen Grenzwinkel wird $\alpha_b = \pi/2$ und wir finden wieder für die Reflexionskoeffizienten $R_\perp = R_\parallel = 1$. Damit werden alle Wellen, egal welcher Polarisation, von der Grenzfläche reflektiert. Man spricht deshalb auch von *Totalreflexion* (vgl. Abschnitt 9.5.6.2).

Für $\alpha_e > \alpha_T$ wird der Wellenvektor der gebrochenen Welle $\boldsymbol{k}_b$ auch für ein transparentes Medium komplex. Insbesondere wird wegen (9.315) die Komponente senkrecht zur Grenzfläche rein imaginär, d. h. wir erhalten $k'_{b,z} = 0$. Da der Imaginärteil der Komponente des Wellenvektors parallel zur Grenzfläche verschwindet, gilt also die für transparente Medien notwendige Bedingung

$$\boldsymbol{k}'_b \boldsymbol{k}''_b = 0 \tag{9.346}$$

für komplexe Wellenvektoren. Die gebrochene Welle ist also bei Totalreflexion eine quergedämpfte Welle, die in Richtung der Grenzfläche läuft und deren Intensität mit wachsender Eindringtiefe in das optisch dünnere Medium exponentiell abnimmt.

9.5.7 *Klassischer Tunneleffekt

Nehmen wir an, zwischen zwei transparenten Medien des Brechungsindex $n_2 > 1$ befinde sich ein dünner Film eines transparenten, aber optisch dünneren Mediums mit $n_1 < n_2$ (Abb. 9.6). Fällt jetzt eine elektromagnetische Welle aus dem dichteren Medium unter einem Winkel $\alpha_e > \alpha_T$ auf die Grenzfläche zu dem dünneren Medium, dann klingt die Intensität der gebrochenen Welle in diesem Medium zwar schnell ab, aber an der zweiten Grenzfläche liegt immer noch eine endliche Intensität vor.

Jenseits dieser zweiten Grenzfläche erhalten wir dann wieder eine ungedämpfte Wellenausbreitung. Die Welle ist also trotz der Totalreflexionsbedingung durch den Film in das gegenüberliegende Medium getunnelt (Abb. 9.6). Dieses Phänomen kann man als klassisches Analogon zu dem aus der Quantenmechanik bekannten Tunneleffekt betrachten, mit dem wir uns in Band III dieser Lehrbuchreihe näher befassen werden[16].

16) Der Grund für diese Analogie ist, dass es sich in beiden Fällen um ein Wellenphänomen handelt.

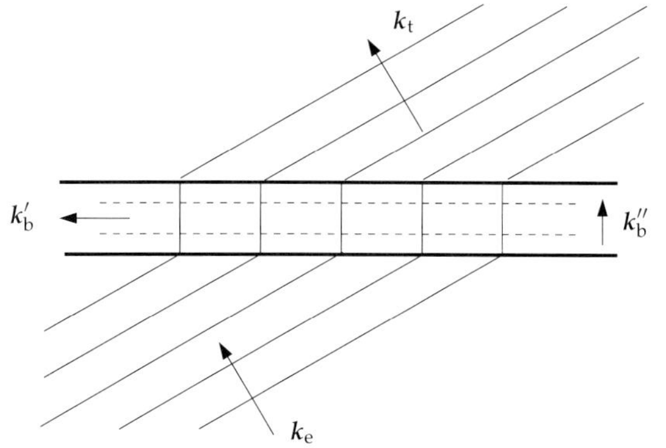

Abb. 9.6 Schematische Darstellung der Wellenvektoren und Wellenfronten beim klassischen Tunneleffekt. Der Wellenvektor der einfallenden Welle ist k_e. Im Tunnel zerfällt der Wellenvektor in der reellen Vektor k'_b (parallel zur Grenzfläche) und den imaginären Vektor k''_b (senkrecht zur Grenzfäche). Auf der entgegengesetzten Seite manifestiert sich wieder eine Welle mit reellem Wellenvektor $k_t = k_e$.

9.6 Quasistationäre Felder

9.6.1 *Felddiffusion

Als quasistationär werden Lösungen der Maxwell-Gleichung bezeichnet, bei denen der Effekt des Verschiebungsstroms klein gegenüber dem Ladungsstrom bleibt. Dazu betrachten wir wieder eine monochromatische Welle der elektrischen Feldstärke[17] $\widehat{\boldsymbol{E}} \sim \exp\{i\omega t\}$. Dann gilt einerseits $\widehat{\boldsymbol{j}} \sim \sigma \exp\{i\omega t\}$, andererseits aber auch $\partial\widehat{\boldsymbol{D}}/\partial t \sim \varepsilon\omega \exp\{i\omega t\}$. Vergleicht man beide Größen miteinander, so findet man als Bedingung dafür, dass ein Feld quasistationär ist

$$\frac{\left|\partial\widehat{\boldsymbol{D}}/\partial t\right|}{\left|\widehat{\boldsymbol{j}}\right|} \sim \frac{\varepsilon\omega}{\sigma} \ll 1 \qquad (9.347)$$

oder

$$\varepsilon\omega \ll \sigma \qquad (9.348)$$

Quasistationäre Situationen treten also hauptsächlich in guten Leitern bei niedrigen Frequenzen auf. In diesem Gebiet ist die Annahme dispersionsfreier Materialien vernünftig, sodass wir uns auf diesen Grenzfall beschränken

17) Die physikalische Lösung ist durch den Realteil von $\widehat{\boldsymbol{E}}$ gegeben. Deswegen spielt es keine Rolle, ob wir die Rechnung mit $\exp\{i\omega t\}$ oder mit $\exp\{-i\omega t\}$ durchführen.

können. Die Maxwell-Gleichungen haben dann näherungsweise die Gestalt

$$\operatorname{rot} \boldsymbol{E} + \frac{\mu}{c}\frac{\partial \boldsymbol{H}}{\partial t} = 0 \qquad \text{und} \qquad \operatorname{rot} \boldsymbol{H} \approx \frac{4\pi}{c}\boldsymbol{j} = \frac{4\pi}{c}\sigma \boldsymbol{E} \tag{9.349}$$

sowie

$$\operatorname{div} \boldsymbol{H} = 0 \qquad \text{und} \qquad \operatorname{div} \boldsymbol{E} \approx 0 \tag{9.350}$$

Die letzte Gleichung folgt direkt aus rot $\boldsymbol{H} \approx (4\pi\sigma/c)\boldsymbol{E}$ durch Bildung der Divergenz, d. h. im quasistationären Fall kann auch die Ladungsdichte vernachlässigt werden. Wir können aus diesen Feldgleichungen wieder entkoppelte Gleichungen für die magnetische und elektrische Feldstärke ableiten. Im ersten Fall bilden wir

$$\operatorname{rot}\operatorname{rot} \boldsymbol{H} = \frac{4\pi}{c}\sigma \operatorname{rot} \boldsymbol{E} = -\frac{4\pi\sigma\mu}{c^2}\frac{\partial \boldsymbol{H}}{\partial t} \tag{9.351}$$

und erhalten wegen rot rot $=$ grad div $- \Delta$ und div $\boldsymbol{H} = 0$

$$\frac{\partial \boldsymbol{H}}{\partial t} = \frac{c^2}{4\pi\sigma\mu}\Delta \boldsymbol{H} \tag{9.352}$$

Analog findet man

$$\operatorname{rot}\operatorname{rot} \boldsymbol{E} + \frac{\mu}{c}\frac{\partial \operatorname{rot} \boldsymbol{H}}{\partial t} = \operatorname{rot}\operatorname{rot} \boldsymbol{E} + \frac{4\pi\sigma\mu}{c^2}\frac{\partial \boldsymbol{E}}{\partial t} = 0 \tag{9.353}$$

und damit wegen div $\boldsymbol{E} = 0$

$$\frac{\partial \boldsymbol{E}}{\partial t} = \frac{c^2}{4\pi\sigma\mu}\Delta \boldsymbol{E} \tag{9.354}$$

Beide Gleichungen haben die Form einer Diffusionsgleichung. Obwohl die Bewegung der Felder deterministisch ist und mikroskopisch nicht mit der hinter einer Partikeldiffusion stehenden Brown'schen Bewegung erklärt werden kann, sind die makroskopischen Erscheinungsbilder äquivalent. In diesem Sinne ist der historisch geprägte Begriff einer Felddiffusion gerechtfertigt.

Wir wollen mit diesen Feldgleichungen das Eindringen eines magnetischen Felds in ein Material beschreiben. Die Grenzfläche zum Vakuum sei die y-z Ebene eines kartesischen Koordinatensystems, wobei das Vakuum den Halbraum $x < 0$ einnimmt. An dieser Grenzfläche möge ein mit der Frequenz ω oszillierendes magnetisches Feld anliegen. Aus Symmetriegründen erwarten wir dann im Inneren des Mediums eine Abhängigkeit des Magnetfeldes von der Struktur $\boldsymbol{H}(x, t)$. An der materialseitigen Grenzfläche setzen wir das Feld $\boldsymbol{H}(0, t) = \boldsymbol{H}_0 \exp\{i\omega t\}$ mit der reellen Amplitude $\boldsymbol{H}_0$ voraus, das entsprechend den Stetigkeitsbedingungen an das Außenfeld anschließt. Im Inneren des Medium gilt die obige Diffusionsgleichung, die wir mit dem Ansatz

$$\boldsymbol{H}(x, t) = \boldsymbol{u}(x) \exp\{i\omega t\} \tag{9.355}$$

lösen wollen. Mit diesem Ansatz entsteht aus der Diffusionsgleichung eine gewöhnliche lineare Differentialgleichung

$$\mathrm{i}\omega \boldsymbol{u}(x) = \frac{c^2}{4\pi\sigma\mu}\frac{\partial^2}{\partial x^2}\boldsymbol{u}(x) = \frac{\omega\delta^2}{2}\frac{\partial^2}{\partial x^2}\boldsymbol{u}(x) \tag{9.356}$$

Dabei ist

$$\delta = \frac{c}{\sqrt{2\pi\sigma\mu\omega}} \tag{9.357}$$

die charakteristische Längenskala des Problems. Die Differentialgleichung besitzt die allgemeine Lösung

$$\boldsymbol{u}(x) = \boldsymbol{u}_1 \exp\{\alpha_1 x\} + \boldsymbol{u}_2 \exp\{\alpha_2 x\} \tag{9.358}$$

Dabei sind die α_I aus der charakteristischen Gleichung

$$\alpha^2 = \frac{2i}{\delta^2} \tag{9.359}$$

zu bestimmen. Diese besitzt die Lösungen

$$\alpha_1 = \frac{1+\mathrm{i}}{\delta} \qquad \text{und} \qquad \alpha_2 = -\frac{1+\mathrm{i}}{\delta} \tag{9.360}$$

Daher hat $\boldsymbol{u}(x)$ die Gestalt

$$\boldsymbol{u}(x) = \boldsymbol{u}_1 \exp\left\{\frac{x}{\delta} + \frac{\mathrm{i}x}{\delta}\right\} + \boldsymbol{u}_2 \exp\left\{-\frac{x}{\delta} - \frac{\mathrm{i}x}{\delta}\right\} \tag{9.361}$$

Weil der erste Lösungszweig im Unendlichen divergiert, ist nur $\boldsymbol{u}_1 = 0$ sinnvoll. $\boldsymbol{u}_2$ folgt dagegen aus der Feldstärke an der materialseitigen Grenzfläche als $\boldsymbol{u}_2 = \boldsymbol{H}_0$. Damit hat das magnetische Feld im Inneren des Mediums die Gestalt

$$\boldsymbol{H}(x,t) = \boldsymbol{H}_0 \exp\left\{-\frac{x}{\delta} - \frac{\mathrm{i}x}{\delta} + \mathrm{i}\omega t\right\} \tag{9.362}$$

oder, wenn man sich auf den Realteil beschränkt,

$$\boldsymbol{H}(x,t) = \boldsymbol{H}_0 \exp\left\{-\frac{x}{\delta}\right\} \cos\left\{\omega t - \frac{x}{\delta}\right\} \tag{9.363}$$

Die Längenskala δ beschreibt also die Eindringtiefe des Magnetfelds in das leitende Material. Außerdem ist δ^{-1} die Wellenzahl und damit $2\pi\delta$ die Wellenlänge des Magnetfelds im Medium. Es ist sofort klar, dass das Feld nach der Länge von etwa einer Wellenlänge im Medium bereits fast abgeklungen ist. Die Eindringtiefe selbst ist frequenz- und leitfähigkeitsabhängig:

$$\delta \sim \frac{1}{\sqrt{\omega\sigma}} \tag{9.364}$$

Bei niedrigen Frequenzen und geringen Leitfähigkeiten ist also die Eindringtiefe größer; dagegen kann ein magnetisches Feld in einen idealen Leiter ohne Widerstand, also mit unendlich hoher Leitfähigkeit, nicht eindringen.[18]

9.6.2 *Skineffekt

Wir betrachten nun einen Draht mit einem endlichen Radius R in dem ein Wechselstrom der Frequenz ω fließt. Ein solcher Draht lässt sich näherungsweise durch einen zylindersymmetrischen Leiter ersetzen. Die Zylindersymmetrie legt dann eine Stromdichte der Struktur

$$\boldsymbol{j} = \boldsymbol{j}_0(r) \exp\{i\omega t\} \tag{9.365}$$

nahe. Um eine geeignete Bewegungsgleichung für die Stromdichte zu gewinnen, wenden wir die Rotationsoperation auf die Diffusionsgleichung des Magnetfelds (9.352) an und benutzen zur Umformung wieder die Maxwell-Gleichungen im quasistationären Regime. Damit erhalten wir

$$\operatorname{rot}\frac{\partial \boldsymbol{H}}{\partial t} = \operatorname{rot}\frac{c^2}{4\pi\sigma\mu}\Delta\boldsymbol{H} = \frac{c^2}{4\pi\sigma\mu}\Delta\operatorname{rot}\boldsymbol{H} = \frac{c}{\sigma\mu}\Delta\boldsymbol{j} \tag{9.366}$$

und folglich

$$\frac{c}{\sigma\mu}\Delta\boldsymbol{j} = \operatorname{rot}\frac{\partial \boldsymbol{H}}{\partial t} = \frac{\partial \operatorname{rot}\boldsymbol{H}}{\partial t} = \frac{4\pi}{c}\frac{\partial}{\partial t}\boldsymbol{j} \tag{9.367}$$

Demnach genügt auch die Stromdichte einer Diffusionsgleichung:

$$\frac{\partial \boldsymbol{j}}{\partial t} = \frac{c^2}{4\pi\sigma\mu}\Delta\boldsymbol{j} \tag{9.368}$$

Der Ansatz (9.365) ergibt dann unter Verwendung von Zylinderkoordinaten die Gleichung

$$\frac{\partial^2}{\partial r^2}j_0(r) + \frac{1}{r}\frac{\partial}{\partial r}j_0(r) = \frac{2i}{\delta^2}j_0(r) \tag{9.369}$$

wobei δ die im vorangegangenen Abschnitt eingeführte Eindringtiefe ist. Die Lösung dieser Gleichung führt auf Bessel-Funktionen. Für die Diskussion des Skineffekts können wir uns aber auf Näherungen beschränken. Dazu reskalieren wir die Radialkoordinate entsprechend $r = R\xi$, wobei R der Radius des

18) Ein solches Medium ist ein Supraleiter (vgl. auch S. 258 ff.). Tatsächlich dringt ein statisches Magnetfeld in einen Supraleiter immer noch ein, mit der allerdings auf quantenmechanischer Basis begründbaren London'schen Eindringtiefe. In (9.364) ist die quasistationäre Eindringtiefe δ für $\omega \to 0$ und $\sigma \to \infty$ ein unbestimmter Ausdruck, der sich unter Einbeziehung quantenmechanischer Überlegungen mit der London'schen Eindringtiefe identifizieren lässt.

Drahtes ist. Dann nimmt die obige Gleichung die Form

$$\frac{\partial^2}{\partial \xi^2} j_0 + \frac{1}{\xi} \frac{\partial}{\partial \xi} j_0 = \frac{2R^2 \mathrm{i}}{\delta^2} j_0 \tag{9.370}$$

an. Für $R \gg \delta$ ist die rechte Seite dieser Gleichung gegenüber dem zweiten Summanden auf der linken Seite dominant, und man erhält näherungsweise die Differentialgleichung

$$\frac{\partial^2}{\partial \xi^2} j_0 \approx \frac{2R^2 \mathrm{i}}{\delta^2} j_0 \tag{9.371}$$

mit der Lösung

$$j_0 = \frac{j_0^+}{2} \exp\left\{ \frac{R\xi}{\delta} + \frac{\mathrm{i}R\xi}{\delta} \right\} + \frac{j_0^-}{2} \exp\left\{ -\frac{R\xi}{\delta} - \frac{\mathrm{i}R\xi}{\delta} \right\} \tag{9.372}$$

Für $\xi \to 0$ entsteht die Reihenentwicklung

$$\begin{aligned} j_0 = &\frac{1}{2} \left[j_0^+ + j_0^- \right] \left\{ 1 + \frac{1}{2} \left(\frac{R}{\delta} + \frac{\mathrm{i}R}{\delta} \right)^2 \xi^2 + \ldots \right\} \\ &+ \frac{1}{2} \left[j_0^+ - j_0^- \right] \left\{ \left(\frac{R}{\delta} + \frac{\mathrm{i}R}{\delta} \right) \xi + \ldots \right\} \end{aligned} \tag{9.373}$$

Damit das vernachlässigte Glied $\xi^{-1} \partial j_0 / \partial \xi$ für $\xi \to 0$ nicht divergiert und so die ursprüngliche Näherungsannahme außer Kraft setzt, muss man $j_0^+ = j_0^-$ fordern. Damit lautet die Gesamtlösung

$$j_0 = j_0^+ \cosh\left\{ \frac{R\xi}{\delta} + \frac{\mathrm{i}R\xi}{\delta} \right\} = j_0^+ \cosh\left\{ \frac{r}{\delta} + \frac{ir}{\delta} \right\} \tag{9.374}$$

In der Nähe der Drahtoberfläche wächst der Strom also exponentiell stark an. Die Hauptanteile des Stroms fließen demnach direkt unter der Oberfläche des Drahtes. Dieses als *Skineffekt* bekannte Phänomen wird mit wachsender Frequenz immer ausgeprägter, denn wegen $\delta \sim \omega^{-1/2}$ wird die stromdurchflossene Schicht des Leiters immer dünner.

Für den Fall $\delta \gg R$ dagegen genügt die Stromamplitude näherungsweise der Differentialgleichung

$$\frac{\partial^2}{\partial \xi^2} j_0 + \frac{1}{\xi} \frac{\partial}{\partial \xi} j_0 = 0 \tag{9.375}$$

mit der Lösung

$$j_0 = j_0^{(1)} + j_0^{(2)} \ln \xi = j_0^{(1)} + j_0^{(2)} \ln \frac{r}{R} \tag{9.376}$$

Um die für $r \to 0$ entstehende Singularität zu vermeiden, muss $j_0^{(2)} = 0$ sein. Damit bekommen wir das Resultat, dass für $\delta \gg R$ der Strom im Draht nahezu konstant ist. Die gleichmäßige Durchströmung des Drahtes ist typisch für große δ und damit niedrige Frequenzen ω.

9.6.3 *Wirbelstromverluste

Durchdringt ein magnetisches Feld eine Materieschicht, dann klingt offenbar das Feld in dem Medium mit wachsender Distanz von der Oberfläche ab. Die Abnahme der Intensität des Felds bedeutet letztendlich, dass ein Teil der Feldenergie in Wärme umgewandelt, also dissipiert wird. Die Dissipation beruht auf so genannten Wirbelströmen, die durch das Magnetfeld in dem Material erzeugt werden; man spricht daher auch von Wirbelstromverlusten. Für ihre Berechnung nehmen wir zunächst an, die Materieschicht der Dicke ℓ sei sehr dünn (d. h. $\ell \ll \delta$). Dann gilt für das magnetische Feld innerhalb des Mediums

$$\boldsymbol{H}(x,t) = \boldsymbol{H}_0 \exp\left\{-\frac{x}{\delta} - \frac{\mathrm{i}x}{\delta} + \mathrm{i}\omega t\right\} \approx \boldsymbol{H}_0 \exp\{\mathrm{i}\omega t\} \tag{9.377}$$

und damit wegen $\boldsymbol{H} \sim \boldsymbol{B}$

$$\operatorname{rot} \boldsymbol{E} = -\frac{1}{c}\frac{\partial \boldsymbol{B}}{\partial t} \sim \omega \tag{9.378}$$

Die erzeugten elektrischen Wirbelfelder sind also von der Größenordnung $\boldsymbol{E} \sim \omega$, d. h. die Wirbelströme skalieren wie

$$\boldsymbol{j} = \sigma \boldsymbol{E} \sim \sigma\omega \tag{9.379}$$

Dann gilt für die Verlustleistung des Systems

$$\frac{dW}{dt} = \int \boldsymbol{E}\boldsymbol{j}\, d^3x \sim \sigma\omega^2 V \tag{9.380}$$

Ist das Mediums dagegen relativ dick (d. h. $\ell \gg \delta$), dann muss man mit der Näherung

$$\boldsymbol{H}(x,t) = \boldsymbol{H}_0 \exp\left\{-\frac{x}{\delta} - \frac{\mathrm{i}x}{\delta} + i\omega t\right\} \sim \boldsymbol{H}_0 \exp\left\{-\frac{x}{\delta} + \mathrm{i}\omega t\right\} \tag{9.381}$$

arbeiten. Hieraus folgt insbesondere

$$\boldsymbol{j} = \frac{c}{4\pi} \operatorname{rot} \boldsymbol{H} \sim \delta^{-1} \exp\left\{-\frac{x}{\delta}\right\} \tag{9.382}$$

und damit

$$\boldsymbol{E} = \sigma^{-1}\boldsymbol{j} \sim \delta^{-1}\sigma^{-1} \exp\left\{-\frac{x}{\delta}\right\} \tag{9.383}$$

Damit erhalten wir in diesem Fall für die Verlustleistung

$$\frac{dW}{dt} = \int \boldsymbol{E}\boldsymbol{j}\, d^3x \sim \frac{V}{\ell}\delta^{-2}\sigma^{-1} \int_0^{\ell} \exp\left\{-\frac{2x}{\delta}\right\} dx \sim \frac{V}{\ell}\delta^{-1}\sigma^{-1} \tag{9.384}$$

Da die Eindringtiefe δ gemäß (9.357) von ω und σ abhängt, ist die Verlustleistung bei dicken Medien gegeben durch

$$\frac{dW}{dt} \sim \frac{V}{\ell}\left(\frac{\omega}{\sigma}\right)^{1/2} \tag{9.385}$$

In dicken Materialien hängt die Verlustleistung nur noch von der Größe der Oberfläche $F = V/\ell$ des Mediums ab, aber nicht mehr vom Volumen wie bei dünnen Materialstreifen. Die Ursache liegt darin, dass die Wirbelstromverluste hauptsächlich in einer Schicht der Dicke δ unterhalb der Oberfläche des Mediums auftreten. Die Frequenz- und Leitfähigkeitsabhängigkeit der Verluste werden ebenfalls davon bestimmt, ob die Eindringtiefe δ oder die Dicke des Materials ℓ die Zone der Wirbelstromverluste kontrolliert.

9.7 Telegrafengleichung

Wir wollen zum Abschluss dieses Kapitels noch die Dynamik von elektromagnetischen Feldern in leitfähigen Materialien bei moderaten Frequenzen betrachten. In diesem Fall lassen sich zwar die Verschiebungsströme nicht mehr vernachlässigen, aber es ist noch zulässig, die Materialgleichungen durch lineare algebraische Gesetze der Form

$$\boldsymbol{D} = \varepsilon \boldsymbol{E} \qquad \boldsymbol{B} = \mu \boldsymbol{H} \quad \text{und} \quad \boldsymbol{j} = \sigma \boldsymbol{E} \tag{9.386}$$

mit konstanten Materialparametern ε, μ und σ auszudrücken. Wir erhalten dann zusammen mit den Maxwell-Gleichungen das folgende Differentialgleichungssystem für $\boldsymbol{E}$ und $\boldsymbol{B}$:

$$\operatorname{rot} \boldsymbol{E} + \frac{1}{c}\frac{\partial}{\partial t}\boldsymbol{B} = 0, \qquad \operatorname{div} \boldsymbol{E} = 0 \tag{9.387}$$

$$\operatorname{div} \boldsymbol{B} = 0, \qquad \operatorname{rot}\boldsymbol{B} - \frac{\mu\varepsilon}{c}\frac{\partial \boldsymbol{E}}{\partial t} = \frac{4\pi\mu}{c}\sigma\boldsymbol{E} \tag{9.388}$$

Die Elimination der magnetischen Induktion $\boldsymbol{B}$ führt auf

$$\operatorname{rot}\operatorname{rot} \boldsymbol{E} + \frac{1}{c}\frac{\partial}{\partial t}\left[\frac{\mu\varepsilon}{c}\frac{\partial \boldsymbol{E}}{\partial t} + \frac{4\pi\mu}{c}\sigma\boldsymbol{E}\right] = 0 \tag{9.389}$$

Mit der Relation $\operatorname{rot}\operatorname{rot} = \operatorname{grad}\operatorname{div} - \Delta$ erhalten wir die so genannte *Telegrafengleichung*:

$$\Delta \boldsymbol{E} - \frac{\mu\varepsilon}{c^2}\frac{\partial^2 \boldsymbol{E}}{\partial t^2} - 4\pi\frac{\mu\sigma}{c^2}\frac{\partial \boldsymbol{E}}{\partial t} = 0 \tag{9.390}$$

Die ersten beiden Terme sind die schon bekannte Wellengleichung, der letzte Term beschreibt die Dämpfung durch die dissipativen Widerstandsmechanismen des leitfähigen Materials. Die Vernachlässigung der Ladungsdichte ρ auf der rechten Seite von (9.387) und analog auf der rechten Seite von (9.350) lässt sich mit der hohen Leitfähigkeit des Materials rechtfertigen. Um dies zu überprüfen, bilden wir die Divergenz der rechten Gleichung von (9.388) und verwenden die Materialgleichung $\boldsymbol{D} = \varepsilon \boldsymbol{E}$ und die korrekte Maxwell-Gleichung $\operatorname{div} \boldsymbol{D} = 4\pi\rho$ anstelle der für die Telegrafengleichung vereinbarten Näherung $\operatorname{div} \boldsymbol{E} = 0$. Wir erhalten dann

$$\frac{\partial \rho}{\partial t} = -\frac{4\pi\sigma}{\varepsilon}\rho \tag{9.391}$$

mit der Lösung

$$\rho = \rho_0 \exp\left(-\frac{4\pi\sigma}{\varepsilon} i\right) \tag{9.392}$$

Bei guten Leitern klingen die Ladungsfluktuationen exponentiell mit der Zeit ab. Ist diese Abklingzeit wesentlich kürzer als die Periodendauer der elektromagnetischen Welle, d. h. ist

$$\frac{4\pi\sigma}{\varepsilon} \gg \omega \tag{9.393}$$

erfüllt, dann kann die Ladungsdichte tatsächlich vernachlässigt werden.

Aufgaben:

9.1 Eine monochromatische Welle mit der Amplitude $\widetilde{E}$ des elektrischen Felds trifft senkrecht auf die ebene Fläche eines ideal absorbierenden Mediums. Zeigen Sie, dass der mittlere Strahlungsdruck bestimmt ist durch $p = \varepsilon \left|\widetilde{E}\right|^2 /2$.

9.2 Zeigen Sie, dass bei einem quasistationären elektrischen (magnetischen) Feld die Energie des jeweils zugehörigen magnetischen (elektrischen) Felds eine vernachlässigbar kleine Größe ist.

9.3 Zeigen Sie, dass die Reflexionskoeffizienten $R_\perp$ und $R_\parallel$ transparenter Medien für kleine Abweichungen δ vom Totalreflexionswinkel α_T sich entsprechend

$$R_\perp = 1 - \sqrt{32\delta}(n^2-1)^{-1/4} \quad \text{und} \quad R_\parallel = 1 - \sqrt{32\delta}n^2(n^2-1)^{-1/4}$$

verhalten.

9.4 Zeigen Sie, dass man die Kramers-Kronig-Relationen für den Fall eines Mediums mit frequenzunabhängiger Leitfähigkeit σ in der Form

$$\varepsilon''(\omega) = \frac{\sigma}{\omega} - \frac{2\omega}{\pi}\mathcal{P}\int_0^\infty \frac{\varepsilon'(\omega') - \varepsilon_0}{\omega'^2 - \omega^2} d\omega'$$

$$\varepsilon'(\omega) = 1 + \frac{2}{\pi}\mathcal{P}\int_0^\infty \frac{\varepsilon''(\omega')\omega'}{\omega'^2 - \omega^2} d\omega'$$

schreiben kann.

9.5 Zeigen Sie, dass man den Drehimpuls eines auf ein endliches Raumgebiet beschränkten elektromagnetischen Felds in der Form

$$\boldsymbol{J} = \frac{1}{\mu c^2}\int d^3x \left[[\boldsymbol{E} \times \boldsymbol{A}] + \sum_{\alpha=1}^{3} E_\alpha (\boldsymbol{x} \times \nabla)\, A_\alpha \right]$$

schreiben kann, wobei $\boldsymbol{A}$ das Vektorpotential ist. Zeigen Sie, dass der Drehimpuls invariant gegenüber einer Eichtransformation ist.

Maple-Aufgaben

9.I Ein verdünntes, dämpfungsfreies Plasma befindet sich in einem äußeren homogenen Magnetfeld $\boldsymbol{B}$. Bestimmen Sie den frequenzabhängigen Tensor der dielektrischen Permeabilität in der Hauptachsendarstellung.

9.II Bestimmen Sie die frequenzabhängige Suszeptibilität einer homogenen leitfähigen Kugel vom Radius R unter dem Einfluss eines periodisch veränderlichen magnetischen Felds $\boldsymbol{H}(t) = \boldsymbol{H}_0 \exp(i\omega t)$ im Regime quasistationärer Felder. Sowohl die Kugel als auch die umgebende Materie haben die gleiche magnetische Permeabilität (gewöhnlich $\mu = 1$) .
Hinweis: Verwenden Sie für das Vektorpotential im Inneren der geladenen Kugel den Ansatz $\boldsymbol{A} = \operatorname{rot} f\,\boldsymbol{H}$. Dabei soll f eine radialsymmetrische Lösung der skalaren, zeitunabhängigen Diffusionsgleichung sein. Überlegen Sie außerdem, nach welchen Prinzipien man einen ähnlichen Ansatz für das Außenfeld gewinnen kann.

9.III Ein Koaxialkabel kann man als eine konzentrische Anordnung von zwei zylindrischen Leitern auffassen. Ein solches Kabel sei so orientiert, dass seine Symmetrieachse mit der z-Achse eines Koordinatensystems zusammenfällt. In diesem Kabel breiten sich elektromagnetische Wellen entlang der z- Achse aus. Bestimmen Sie die Eigenschaften einer transversalen elektromagnetischen Welle (TEM-Welle) in diesem Kabel. Bei einer solchen Welle haben sowohl das elektrische Feld als auch die magnetische Induktion keine z-Komponente (longitudionale Komponente). Beachten Sie, dass das Medium zwischen den beiden zylindersymmetrischen Leitern vom Radius a und b aus einem Medium mit den

Permeabilitäten μ und ε besteht und auf dem Rand die Tangentialkomponente der elektrischen Feldstärke zu jedem Zeitpunkt identisch verschwindet.

9.IV Eine elektromagnetische Welle bewege sich schräg in einem Medium, dessen dielektrische Permeabilität in z-Richtung monoton abfällt. Bestimmen Sie das Verhalten einer monochromatischen elektromagnetischen Welle, wenn das elektrische Feld senkrecht auf der Einfallsebene steht.

9.V Die ebene Oberfläche eines transparenten Mediums wird gleichmäßig mit einer Schicht der Dicke h aus einem anderen transparenten Material überzogen. Drücken Sie den Reflexionskoeffizienten dieser Anordnung durch die Reflexionskoeffizienten an den einzelnen Oberflächen, die Brechzahl des Schichtmediums und den Einfallswinkel aus.

10
Ausstrahlung elektromagnetischer Wellen

10.1
Inhomogene Wellengleichungen

Innerhalb der Elektrostatik bzw. der Magnetostatik haben wir uns für das von ruhenden Ladungen oder von stationären Strömen erzeugte elektrische bzw. magnetische Feld interessiert. Sind die Ladungen aber beweglich, sodass zeitabhängige Ladungsdichten und Ströme entstehen, dann sollte auch das elektromagnetische Feld zeitabhängig werden. Wir beschränken uns in diesem Kapitel auf die Behandlung zeitabhängiger Quellen in isotropen, dispersionsfreien Medien bzw. im Vakuum. Hier genügt das elektromagnetische Feld den vollständigen Maxwell-Gleichungen

$$\operatorname{div} \boldsymbol{B} = 0 \qquad \text{und} \qquad \operatorname{rot} \boldsymbol{E} + \frac{1}{c}\frac{\partial \boldsymbol{B}}{\partial t} = 0 \tag{10.1}$$

und

$$\operatorname{div} \boldsymbol{D} = 4\pi\rho \qquad \text{und} \qquad \operatorname{rot} \boldsymbol{H} - \frac{1}{c}\frac{\partial \boldsymbol{D}}{\partial t} = \frac{4\pi}{c}\boldsymbol{j} \tag{10.2}$$

Wir wollen hieraus unter Beachtung der bereits diskutierten Lorentz-Eichung Gleichungen für die Potentiale der elektromagnetischen Felder ableiten. Wegen der Darstellung der Felder durch die Potentiale

$$\boldsymbol{H} = \mu^{-1}\boldsymbol{B} = \mu^{-1}\operatorname{rot} \boldsymbol{A} \qquad \text{und} \qquad \boldsymbol{D} = \varepsilon \boldsymbol{E} = -\varepsilon \left[\nabla\varphi + \frac{1}{c}\frac{\partial \boldsymbol{A}}{\partial t}\right] \tag{10.3}$$

wodurch bereits die beiden homogenen Maxwell-Gleichungen (10.1) erfüllt werden, folgt aus der rechten Gleichung in (10.2)

$$\mu^{-1}\operatorname{rot}\operatorname{rot} \boldsymbol{A} + \frac{\varepsilon}{c}\frac{\partial}{\partial t}\left[\nabla\varphi + \frac{1}{c}\frac{\partial \boldsymbol{A}}{\partial t}\right] = \frac{4\pi}{c}\boldsymbol{j} \tag{10.4}$$

oder unter Beachtung von rot rot = grad div − Δ

$$\operatorname{grad}\operatorname{div} \boldsymbol{A} - \Delta \boldsymbol{A} + \frac{\varepsilon\mu}{c}\frac{\partial}{\partial t}\nabla\varphi + \frac{\varepsilon\mu}{c^2}\frac{\partial^2 \boldsymbol{A}}{\partial t^2} = \frac{4\pi\mu}{c}\boldsymbol{j} \tag{10.5}$$

Theoretische Physik II: Elektrodynamik. Peter Reineker, Michael Schulz, Beatrix M. Schulz

ISBN: 3-527-40642-5

Nach einer einfachen Umformung erhält man

$$\left[\Delta - \frac{\varepsilon\mu}{c^2}\frac{\partial^2}{\partial t^2}\right] \boldsymbol{A} - \nabla \left[\operatorname{div} \boldsymbol{A} + \frac{\varepsilon\mu}{c}\frac{\partial\varphi}{\partial t}\right] = -\frac{4\pi\mu}{c}\boldsymbol{j} \tag{10.6}$$

Die Lorentz-Eichung

$$\operatorname{div} \boldsymbol{A} + \frac{\varepsilon\mu}{c}\frac{\partial\varphi}{\partial t} = 0 \tag{10.7}$$

führt auf eine inhomogene Wellengleichung für die Komponenten des Vektorpotentials

$$\left[\Delta - \frac{\varepsilon\mu}{c^2}\frac{\partial^2}{\partial t^2}\right] \boldsymbol{A} = -\frac{4\pi\mu}{c}\boldsymbol{j} \tag{10.8}$$

Zur Bestimmung einer äquivalenten Gleichung für das skalare Potential verwendet man die linke Gleichung von (10.2)

$$\operatorname{div} \boldsymbol{D} = \varepsilon\nabla\boldsymbol{E} = -\varepsilon\nabla\left[\nabla\varphi + \frac{1}{c}\frac{\partial\boldsymbol{A}}{\partial t}\right] = 4\pi\rho \tag{10.9}$$

und erhält

$$\Delta\varphi + \frac{1}{c}\frac{\partial\nabla\boldsymbol{A}}{\partial t} = -\frac{4\pi}{\varepsilon}\rho \tag{10.10}$$

Mithilfe der Lorentz-Eichung kann man jetzt $\nabla\boldsymbol{A}$ eliminieren und gelangt zu einer weiteren inhomogenen Wellengleichung für das skalare Potential:

$$\left[\Delta - \frac{\varepsilon\mu}{c^2}\frac{\partial^2}{\partial t^2}\right] \varphi = -\frac{4\pi}{\varepsilon}\rho \tag{10.11}$$

Unter Benutzung des bereits bekannten D'Alembert-Operators

$$\Box = \Delta - \frac{\varepsilon\mu}{c^2}\frac{\partial^2}{\partial t^2} \tag{10.12}$$

lassen sich die beiden inhomogenen Wellengleichungen in eine kompakte Form bringen:

$$\Box\boldsymbol{A} = -\frac{4\pi\mu}{c}\boldsymbol{j} \qquad \text{und} \qquad \Box\varphi = -\frac{4\pi}{\varepsilon}\rho \tag{10.13}$$

Für ein zeitunabhängiges Feld ergeben sich die bereits bekannten Potentialgleichungen, und für ein veränderliches Feld ohne Ladungen entstehen die ebenfalls schon diskutierten homogenen Wellengleichungen.

10.2 Lösung der inhomogenen Wellengleichung

10.2.1 Konstruktiver Zugang

Die allgemeine Lösung der inhomogenen Wellengleichungen lässt sich als Summe aus der allgemeinen Lösung der homogenen Wellengleichungen und einer speziellen Lösung der inhomogenen Gleichungen darstellen. Um eine solche spezielle Lösung zu finden, nehmen wir zunächst eine zeitlich variable Punktladung bzw. einen zeitlich veränderlichen Punktstrom als Quelle der Potentiale an. Natürlich ist eine solche Punktladung bzw. ein solcher Punktstrom nicht mit dem Gesetz von der Erhaltung der Ladung verträglich. Aber man kann jederzeit durch eine geeignete Superposition solcher im ganzen Raum verteilter Punktladungen bzw. Punktströme die Dynamik eines beliebigen physikalisch sinnvollen Ladungssystems konstruieren.

Wir wenden uns zuerst der Behandlung des skalaren Potentials zu. Mit $\rho\,(\boldsymbol{x},t) = q(t)\,\delta(\boldsymbol{x})$ ist dann

$$\left[\Delta - \frac{\varepsilon\mu}{c^2}\frac{\partial^2}{\partial t^2}\right]\varphi = -\frac{4\pi}{\varepsilon}q(t)\,\delta(\boldsymbol{x}) \tag{10.14}$$

Außerhalb des Koordinatenursprungs gilt die homogene Gleichung

$$\left[\Delta - \frac{\varepsilon\mu}{c^2}\frac{\partial^2}{\partial t^2}\right]\varphi = 0 \tag{10.15}$$

die wir jetzt in Kugelkoordinaten (B.39) aufschreiben:

$$\left[\frac{1}{r^2}\frac{\partial}{\partial r}r^2\frac{\partial}{\partial r} + \frac{1}{r^2\sin\vartheta}\frac{\partial}{\partial\vartheta}\sin\vartheta\frac{\partial}{\partial\vartheta} + \frac{1}{r^2\sin^2\vartheta}\frac{\partial^2}{\partial\phi^2} - \frac{\varepsilon\mu}{c^2}\frac{\partial^2}{\partial t^2}\right]\varphi = 0 \tag{10.16}$$

Wegen der durch die Punktladung gegebenen Rotationssymmetrie ist das skalare Potential nur von der Radialkomponente r und der Zeit t abhängig. Daher reduziert sich die Gleichung auf

$$\left[\frac{1}{r^2}\frac{\partial}{\partial r}r^2\frac{\partial}{\partial r} - \frac{\varepsilon\mu}{c^2}\frac{\partial^2}{\partial t^2}\right]\varphi = 0 \tag{10.17}$$

Wir ersetzen nun $\varphi\,(r,t)$ durch eine neue Funktion $\theta\,(r,t)$ mit

$$\varphi\,(r,t) = \frac{\theta\,(r,t)}{r} \tag{10.18}$$

Dann erhalten wir nach dem Einsetzen die eindimensionale Wellengleichung

$$\frac{\partial^2}{\partial r^2}\theta\,(r,t) - \frac{\varepsilon\mu}{c^2}\frac{\partial^2}{\partial t^2}\theta\,(r,t) = 0 \tag{10.19}$$

für $\theta\,(r,t)$. Die Lösung dieser Differentialgleichung hatten wir bereits bei der Behandlung der homogenen Wellengleichung in Abschnitt 9.5.1.6 gefunden. Ganz allgemein lautet die Lösung (vgl. (9.191))

$$\theta\,(r,t) = g_-\left(t - \frac{r}{c}\right) + g_+\left(t + \frac{r}{c}\right) \tag{10.20}$$

mit zunächst noch völlig freien Funktionen g_- und g_+. Da in diesen Funktionen das Argument in der Zeit verschoben ist, nennt man g_- auch eine retardierte (verzögerte) und g_+ eine avancierte (zeitlich vorgezogene) Funktion. Dabei ist die Geschwindigkeit $\bar{c}$ gegeben durch

$$\bar{c} = \frac{c}{\sqrt{\varepsilon\mu}} \tag{10.21}$$

Da wir nur eine spezielle Lösung benötigen, können wir eine der beiden Funktionen g_- und g_+ einfach Null setzen. Aber bevor wir das tun, sollten wir bedenken, dass wir später noch die homogene Lösung an die Rand- und Anfangsbedingungen anpassen müssen, um die komplette Lösung des Problems herzustellen. Daher ist es günstig, solche speziellen Lösungen zu wählen, denen bereits in Abwesenheit der homogenen Lösungsanteile eine physikalische Relevanz zukommt.

Hier erweisen sich die so genannten retardierten Lösungen $g_-(t - r/\bar{c})$ oder einfach die retardierten Potentiale als zweckmäßig. Viele Probleme der Ausstrahlung elektromagnetischer Wellen lassen sich bereits mit diesen speziellen Lösungen behandeln. Die Ursache liegt darin, dass die retardierten Lösungen bereits das Kausalitätsprinzip intrinsisch berücksichtigen. So entstehen durch $g_-(t - r/\bar{c})$ Kugelwellen, die vom Ursprung (also der Quelle) ins Unendliche laufen. Im Gegensatz dazu haben die avancierten Lösungen $g_+(t + r/\bar{c})$ ein inverses Verhalten. Hier steht scheinbar die Wirkung vor der Ursache, die Kugelwellen laufen auf das Zentrum zu. Mathematisch macht die Auswahl des retardierten oder avancierten Potentials als einer speziellen Lösung der inhomogenen Wellengleichung keinen sonderlichen Unterschied, da durch die Kombination der avancierten Lösung mit einer geeignet angepassten homogenen Lösung stets die retardierte Lösung erzeugt werden kann.

Aus physikalischen Gründen ist aber die Benutzung der retardierten Lösung einfach sinnvoller. Beschränken wir uns auf die retardierte Lösung, dann ist das retardierte Potential vorerst durch

$$\varphi(r,t) = \frac{1}{r} g_-\left(t - \frac{r}{\bar{c}}\right) \tag{10.22}$$

gegeben. Die Funktion g_- muss jetzt so gewählt werden, dass sie auch im Koordinatenursprung den richtigen Wert des Potentials ergibt. Dazu beachten wir, dass für $r \to 0$ das Potential selbst unendlich groß wird und daher die Ableitungen nach den Koordinaten schneller wachsen als die nach der Zeit. Dann kann man die Zeitableitung in der inhomogenen Wellengleichung in der Umgebung des Ursprungs vernachlässigen, und es entsteht die Gleichung

$$\Delta\varphi = -\frac{4\pi}{\varepsilon} q(t)\,\delta(\boldsymbol{x}) \tag{10.23}$$

in der die Zeit nur noch ein freier Parameter ist. Diese Gleichung ist uns als Poisson-Gleichung (6.17) aus der Elektrostatik bekannt. Ihre Lösung (vgl.

(6.33)) , ist damit auch die asymptotische Lösung der inhomogenen Wellengleichung für $r \to 0$

$$\varphi(\boldsymbol{x}, t) = \frac{\varepsilon^{-1} q(t)}{|\boldsymbol{x}|} = \frac{\varepsilon^{-1} q(t)}{r} \tag{10.24}$$

Ein Vergleich der allgemeineren Lösung mit der asymptotischen Lösung führt auf die gesuchte spezielle Lösung der inhomogenen Wellengleichung

$$\varphi(r, t) = \frac{\varepsilon^{-1}}{r} q\left(t - \frac{r}{\bar{c}}\right) \tag{10.25}$$

Befindet sich die Punktquelle nicht im Ursprung, sondern an der Stelle $\boldsymbol{x}'$, dann ist das Potential im Punkt $\boldsymbol{x}$ zur Zeit t durch

$$\varphi(\boldsymbol{x}, t) = \frac{\varepsilon^{-1}}{|\boldsymbol{x} - \boldsymbol{x}'|} q\left(t - \frac{|\boldsymbol{x} - \boldsymbol{x}'|}{\bar{c}}\right) \tag{10.26}$$

gegeben. Bei mehreren zeitabhängigen Punktquellen überlagern sich deren Potentiale. Das Gesamtpotential kann man dann in der Form

$$\varphi(\boldsymbol{x}, t) = \sum_{I=1}^{N} \frac{\varepsilon^{-1}}{|\boldsymbol{x} - \boldsymbol{x}_I|} q_I\left(t - \frac{|\boldsymbol{x} - \boldsymbol{x}_I|}{\bar{c}}\right) \tag{10.27}$$

oder wegen

$$\varphi(\boldsymbol{x}, t) = \frac{1}{\varepsilon} \int d^3x' \sum_{I=1}^{N} \delta(\boldsymbol{x}' - \boldsymbol{x}_I)\, q_I\left(t - \frac{|\boldsymbol{x} - \boldsymbol{x}'|}{\bar{c}}\right) \frac{1}{|\boldsymbol{x} - \boldsymbol{x}'|} \tag{10.28}$$

in der Kontinuumsdarstellung

$$\varphi(\boldsymbol{x}, t) = \frac{1}{\varepsilon} \int d^3x' \rho\left(\boldsymbol{x}', t - \frac{|\boldsymbol{x} - \boldsymbol{x}'|}{\bar{c}}\right) \frac{1}{|\boldsymbol{x} - \boldsymbol{x}'|} \tag{10.29}$$

mit der zeitabhängigen Ladungsdichte

$$\rho(\boldsymbol{x}', t) = \sum_{I=1}^{N} \delta(\boldsymbol{x}' - \boldsymbol{x}_I)\, q_I(t) \tag{10.30}$$

schreiben. Erfüllt diese Dichte die Kontinuitätsgleichung, dann ist auch die zwischenzeitlich außer Kraft gesetzte Ladungserhaltung wieder garantiert. Die Gesamtlösung der inhomogenen Wellengleichung für das Potential erzeugt man, indem man die allgemeine homogene Lösung der Wellengleichung hinzufügt, also

$$\varphi(\boldsymbol{x}, t) = \frac{1}{\varepsilon} \int d^3x' \rho\left(\boldsymbol{x}', t - \frac{|\boldsymbol{x} - \boldsymbol{x}'|}{\bar{c}}\right) \frac{1}{|\boldsymbol{x} - \boldsymbol{x}'|} + \varphi(\boldsymbol{x}, t)_{\text{hom}} \tag{10.31}$$

Analog lässt sich auch das Vektorpotential behandeln. Für jede Komponente des Vektorpotentials gilt eine Gleichung, die der Wellengleichung des skalaren Potentials bis auf Vorfaktoren und Bezeichnungen äquivalent ist (vgl. (10.8)). Daher können wir sofort die allgemeine Lösung für das Vektorpotential angeben:

$$A\,(x,t) = \frac{\mu}{c} \int d^3x' j\left(x', t - \frac{|x-x'|}{\bar{c}}\right) \frac{1}{|x-x'|} + A(x,t)_{\text{hom}} \tag{10.32}$$

10.2.2
*Green'sche Funktion der Wellengleichung

10.2.2.1 *Problemstellung

Mit den inhomogenen Wellengleichungen (10.13) für die Potentiale haben wir ein entkoppeltes System von linearen partiellen Differentialgleichungen zweiter Ordnung in den Variablen x und t vorliegen. Deshalb sollte es möglich sein, diese inhomogenen Gleichungen mit der Methode der Green'schen Funktionen zu lösen.

Das ist vor allem deshalb interessant, weil jede Green'sche Funktion definierten Randbedingungen entspricht. Hat man erst einmal die Green'sche Funktion des Problems bestimmt, dann kann man bequem für jede dynamische Quelle unter diesen Randbedingungen die elektromagnetischen Potentiale und damit Felder bestimmen. Eine nachträgliche Anpassung der homogenen Lösung an die Randbedingungen, wie im vorangegangenen Abschnitt diskutiert, ist bei dieser Methode nicht mehr nötig. Allerdings kann die Bestimmung der Green'schen Funktion für bestimmte Randbedingungen sehr aufwändig sein. Wir werden uns deshalb auf freie Probleme konzentrieren. Für die Behandlung echter Randprobleme wird auf die Spezialliteratur verwiesen.

Entsprechend dem Konzept der Green'schen Funktionen sollten sie die inhomogene partielle Differentialgleichung

$$\Delta\, G(x,t;x',t') - \frac{1}{\bar{c}^2}\frac{\partial^2}{\partial t^2} G(x,t;x',t') = -4\pi\,\delta(x-x')\delta(t-t') \tag{10.33}$$

lösen. Die Multiplikation dieser Gleichung mit $\rho(x',t')/\varepsilon$ und Integration über alle Raum- und Zeitkoordinaten liefert:

$$\begin{aligned} &\frac{1}{\varepsilon}\int d^3x' \int dt'\, \rho(x',t')\Delta\, G(x,t;x',t') \\ &-\frac{1}{\varepsilon}\frac{1}{\bar{c}^2}\int d^3x' \int dt'\, \rho(x',t')\frac{\partial^2}{\partial t^2} G(x,t;x',t') = -\frac{4\pi}{\varepsilon}\rho(x,t) \end{aligned} \tag{10.34}$$

Vertauschen der Ableitungen und der Integration und der anschließende Vergleich mit der inhomogenen Wellengleichung (10.11) für das skalare Potential φ liefert dann:

$$\varphi(\boldsymbol{x},t) = \frac{1}{\varepsilon}\int d^3x' \int dt'\, G(\boldsymbol{x},t;\boldsymbol{x}',t')\rho(\boldsymbol{x}',t') \tag{10.35}$$

Um das Vektorpotential zu erhalten, müssen wir (10.33) mit dem skalierten Strom $\mu\boldsymbol{j}(\boldsymbol{x},t)/c$ multiplizieren. Man findet dann auf analogen Wege wie für das skalare Potential

$$\boldsymbol{A}(\boldsymbol{x},t) = \frac{\mu}{c}\int d^3x' \int dt'\, G(\boldsymbol{x},t;\boldsymbol{x}',t')\boldsymbol{j}(\boldsymbol{x}',t') \tag{10.36}$$

Bei den statischen Problemen konnten wir die Green'sche Funktion anschaulich deuten; sie war beispielweise das Potential einer Punktladung. Wegen der in (10.33) enthaltenen δ-Funktion bezüglich der Zeitvariablen ist eine ähnlich naheliegende physikalische Deutung hier aber nicht mehr möglich. Die δ-Funktion würde einem Ladungsblitz entsprechen und damit wieder auf das bereits in Abschnitt 10.2.1 diskutierte Problem der Verletzung der Ladungserhaltung zurückführen. Da wir aber die Green'sche Funktion nur als mathematische Methode zur Lösung einer inhomogenen Differentialgleichung benutzen, müssen wir diese strenge Erhaltung nicht vollständig berücksichtigen. Die rechte Seite von (10.33) repräsentiert in diesem Sinne nur eine virtuelle Ladung. Erst die eigentlichen Quellterme der inhomogenen Wellengleichungen für die Potentiale müssen die für Ladungen notwendige Kontinuitätsgleichung erfüllen.

10.2.2.2 *Bestimmung der Green'schen Funktion durch direkte Integration

Wir wollen die Green'sche Funktion für zeitabhängige Ladungs- und Stromverteilungen im unendlichen Raum bestimmen. Dabei kann sich physikalisch nichts ändern, wenn wir die Ladungs- und Stromverteilung und den Beobachtungspunkt um denselben Vektor verschieben. Das Problem ist translationsinvariant. Deshalb kann das physikalische Ergebnis nur vom Differenzvektor der Ortsvektoren des Aufpunkts und des Ladungspunkts abhängen. Dasselbe gilt natürlich auch für eine Verschiebung in der Zeitskala. Mit

$$\boldsymbol{X} = \boldsymbol{x} - \boldsymbol{x}' \qquad \text{und} \qquad \tau = t - t' \tag{10.37}$$

erhalten wir deshalb

$$G(\boldsymbol{x},t;\boldsymbol{x}',t') = G(\boldsymbol{x}-\boldsymbol{x}',t-t';0,0) = G(\boldsymbol{X},\tau) \tag{10.38}$$

Die Gleichung für die Green'sche Funktion wird dann zu

$$\Delta_X G(\boldsymbol{X},\tau) - \frac{1}{c^2}\frac{\partial^2}{\partial t^2}G(\boldsymbol{X},\tau) = -4\pi\,\delta(\boldsymbol{X})\delta(\tau) \tag{10.39}$$

Nun wollen wir noch ausnutzen, dass das ganze Problem isotrop ist, d. h. invariant gegen eine beliebige Drehung im Raum. Dann können wir das ganze

Problem in Kugelkoordinaten darstellen und schließen, dass die Green'sche Funktion von den sphärischen Winkeln ϑ und ϕ unabhängig ist. Eine Abhängigkeit ist also nur von $|\mathbf{X}| = r$ zu erwarten. Wenn wir den Laplace-Operator in Kugelkoordinaten umschreiben, dann erhalten wir für $r > 0$:

$$\frac{\partial^2}{\partial r^2}(rG(r,\tau)) - \frac{1}{\bar{c}^2}\frac{\partial^2}{\partial \tau^2}(rG(r,\tau)) = 0 \tag{10.40}$$

Dies ist eine 1 + 1-dimensionale homogene hyperbolische partielle Differentialgleichung. Wie im vorangegangenen Abschnitt werden wir zunächst diese Gleichung lösen und dann den Anschluss an die singuläre Inhomogenität herstellen.

Die Gleichung für die Green'sche Funktion (bzw. für rG) ist eine Wellengleichung. Damit kann ihre Lösung in der Form

$$G(r,\tau) = \underbrace{\frac{g(\tau + r/\bar{c})}{r}}_{\text{einlaufende}} + \underbrace{\frac{h(\tau - r/\bar{c})}{r}}_{\text{auslaufende Kugelwelle}} \tag{10.41}$$

als eine Summe einer einlaufenden und einer auslaufenden Kugelwelle dargestellt werden (vgl. (9.191)). g und h sind zunächst noch beliebige Funktionen, die aus den Randbedingungen näher bestimmt werden müssen. Die Flächen konstanter Phase sind Kugeln. Im Unendlichen sollen diese lokal in ebene Wellen übergehen, deren Ausbreitungsrichtung in jedem Punkt durch die jeweilige Orientierung des radialen Einheitsvektors definiert ist. Daher verbieten diese Randbedingungen die einlaufende Kugelwelle, d. h. die Funktion g muss identisch verschwinden.

Die Funktion h lässt sich aus der Gleichung (10.39) für G, d. h. aus dem Verhalten in der Umgebung des Koordinatenursprungs, bestimmen:

$$\Delta G - \frac{1}{\bar{c}^2}\frac{\partial^2}{\partial \tau^2}G = -4\pi\delta(\mathbf{X})\delta(\tau) \tag{10.42}$$

Wir integrieren diese Gleichung über eine kleine Kugel mit Radius r_0 um den Ursprung $\mathbf{X} = 0$

$$\underbrace{\int\limits_{|\mathbf{X}|<r_0} d^3X\, \Delta_X \frac{h(\tau - |\mathbf{X}|/\bar{c})}{|\mathbf{X}|}}_{\text{(I)}} \underbrace{- \frac{1}{\bar{c}^2} \int\limits_{|\mathbf{X}|<r_0} d^3X\, \frac{\partial^2}{\partial \tau^2}\frac{h(\tau - |\mathbf{X}|/\bar{c})}{|\mathbf{X}|}}_{\text{(II)}} = -4\pi\delta(\tau) \tag{10.43}$$

Für die einzelnen Terme erhalten wir mit einigen einfachen Umformungen

$$\begin{aligned}\text{(I)} &= \int\limits_{|\mathbf{X}|=r_0} \nabla_X \frac{h(\tau - |\mathbf{X}|/\bar{c})}{|\mathbf{X}|} df = 4\pi r^2 \left.\frac{\partial}{\partial r}\frac{h(\tau - r/\bar{c})}{r}\right|_{r=r_0} \\ &= -4\pi h\left(\tau - \frac{r_0}{\bar{c}}\right) - 4\pi r_0 \frac{1}{\bar{c}} h'\left(\tau - \frac{r_0}{\bar{c}}\right)\end{aligned} \tag{10.44}$$

und

$$(\mathrm{II}) = -\frac{4\pi}{\bar{c}^2}\int\limits_0^{r_0} dr\, rh''\left(\tau - \frac{r}{\bar{c}}\right) \tag{10.45}$$

$$= -\frac{4\pi}{\bar{c}^2}\left\{ -\bar{c}rh'\left(\tau - \frac{r}{\bar{c}}\right)\Big|_0^{r_0} + \bar{c}\int\limits_0^{r_0} drh'\left(\tau - \frac{r}{\bar{c}}\right)\right\} \tag{10.46}$$

$$= \frac{4\pi}{\bar{c}} r_0 h'\left(\tau - \frac{r_0}{\bar{c}}\right) + 4\pi h\left(\tau - \frac{r_0}{\bar{c}}\right) - 4\pi h(\tau) \tag{10.47}$$

Die Zusammenfassung beider Terme liefert dann zusammen mit (10.43)

$$(\mathrm{I}) + (\mathrm{II}) = -4\pi h(\tau) = -4\pi\delta(\tau) \tag{10.48}$$

Damit ist $h(\tau) = \delta(\tau)$. Mit (10.41) und (10.37) erhalten wir dann die Green'sche Funktion der inhomogenen Wellengleichung mit freien Randbedingungen:

$$G(\boldsymbol{x}, t; \boldsymbol{x}', t') = G(r, \tau) = \frac{h\,(\tau - r/\bar{c})}{r} = \frac{\delta(t - t' - |\boldsymbol{x} - \boldsymbol{x}'|/\bar{c})}{|\boldsymbol{x} - \boldsymbol{x}'|} \tag{10.49}$$

Mit dieser Green'schen Funktion können wir jetzt das skalare Potential entsprechend (10.35) berechnen. Wegen der δ-Funktion ist die Integration über t' trivial. Wir gelangen zu dem schon bekannten Resultat (10.29)

$$\varphi(\boldsymbol{x}, t) = \frac{1}{\varepsilon}\int d^3x' \frac{\rho\,(\boldsymbol{x}', t - |\boldsymbol{x} - \boldsymbol{x}'|/\bar{c})}{|\boldsymbol{x} - \boldsymbol{x}'|} \tag{10.50}$$

Einen ganz entsprechenden Ausdruck erhalten wir für das Vektorpotential, wenn wir ρ/ε durch $\mu \boldsymbol{j}/c$ ersetzen.

Der Ausdruck (10.50) ist ähnlich der aus der Elektrostatik bekannten Formel für das skalare Potential strukturiert, allerdings ist die Ladungsdichte am Ort $\boldsymbol{x}'$ nicht zu derjenigen Zeit t zu nehmen, für die das Potential berechnet werden soll, sondern zu einer früheren Zeit $t' = t - |\boldsymbol{x} - \boldsymbol{x}'|/\bar{c}$. Diese Retardierung bedeutet letztendlich, dass eine Veränderung der Ladung im Punkt $\boldsymbol{x}'$ am Ort $\boldsymbol{x}$ nicht zur selben Zeit bemerkt wird, sondern erst um diejenige Zeit später, die elektromagnetische Wellen brauchen, um von $\boldsymbol{x}'$ nach $\boldsymbol{x}$ zu gelangen. Diese Zeit ist gerade $|\boldsymbol{x} - \boldsymbol{x}'|/\bar{c}$, worin wiederum zum Ausdruck kommt, dass sich elektromagnetische Wellen in dem jeweiligen Medium mit der Lichtgeschwindigkeit $\bar{c}$ ausbreiten.

Wenn wir somit das Potential $\varphi(\boldsymbol{x}, t)$ einer räumlich ausgedehnten und zeitlich veränderlichen Ladungsverteilung berechnen wollen, dann müssen wir über die Beiträge aller Ladungen an den Stellen $\boldsymbol{x}'$ summieren, wobei allerdings diese Beiträge zur früheren Zeit $t' = t - |\boldsymbol{x} - \boldsymbol{x}'|/\bar{c}$ zu nehmen sind.

10.2.3
*Bestimmung der Green'schen Funktion durch Fourier-Transformation

Wir wollen nun noch einen alternativen Weg zur Bestimmung der Green'schen Funktion angeben, der für manche Randwertprobleme günstiger ist. Allerdings beschränken wir uns auch jetzt auf im Unendlichen liegende freie Randbedingungen. Wir stellen sowohl die Green'sche Funktion als auch die δ-Funktion durch ihre Fourier-Transformierten dar:

$$G(\boldsymbol{X},\tau) = \frac{1}{(2\pi)^4} \int d^3k \int d\omega\, \widetilde{G}(\boldsymbol{k},\omega)\, \mathrm{e}^{i(\boldsymbol{k}\boldsymbol{X}-\omega\tau)} \qquad (10.51)$$

$$\delta(\boldsymbol{X})\delta(t) = \frac{1}{(2\pi)^4} \int d^3k \int d\omega\, \mathrm{e}^{\mathrm{i}(\boldsymbol{k}\boldsymbol{X}-\omega\tau)} \qquad (10.52)$$

und setzen diese Ausdrücke in die Definitionsgleichung (10.42) für $G(\boldsymbol{X},\tau)$ ein:

$$\frac{1}{(2\pi)^4} \int d^3k \int d\omega\, \mathrm{e}^{\mathrm{i}(\boldsymbol{k}\boldsymbol{X}-\omega\tau)} \left\{ \left(-\boldsymbol{k}^2 + \frac{\omega^2}{\bar{c}^2} \right) \widetilde{G}(\boldsymbol{k},\omega) + 4\pi \right\} = 0 \qquad (10.53)$$

Die Exponentialfunktionen bilden ein vollständiges Orthonormalsystem. Deshalb muss die geschweifte Klammer verschwinden, und wir erhalten

$$\widetilde{G}(\boldsymbol{k},\omega) = \frac{4\pi}{\boldsymbol{k}^2 - \omega^2/\bar{c}^2} \qquad (10.54)$$

Das eigentliche mathematische Problem besteht jetzt in der Rücktransformation dieser Gleichung. Rein formal gilt

$$G(\boldsymbol{X},\tau) = \frac{2}{(2\pi)^3} \int d^3k \int\limits_{-\infty}^{\infty} d\omega\, \mathrm{e}^{\mathrm{i}(\boldsymbol{k}\boldsymbol{X}-\omega\tau)} \frac{1}{\boldsymbol{k}^2 - \omega^2/\bar{c}^2} \qquad (10.55)$$

In der vorliegenden Form ist (10.55) aber überhaupt nicht korrekt definiert. Der Integrand ist nämlich auf dem durch $\omega^2/\bar{c}^2 = \boldsymbol{k}^2$ definierten Kegel im $(\boldsymbol{k},\omega)$-Raum singulär. Wir müssen uns deshalb überlegen, wie das Integral trotzdem sinnvoll ausgewertet werden kann.

In den vorangegangenen Abschnitten hatten wir bereits herausgestellt, dass die Zeitdifferenz $\tau = t - t'$ nur für positive Werte einen physikalischen Sinn hat, da nur diese Forderung das Kausalitätsprinzip garantiert. Wir benötigen die Green'sche Funktion also nur für positive Zeiten τ und können daher für negative τ fordern, dass $G(\boldsymbol{X},\tau)$ identisch verschwindet.

Diese Forderung können wir jetzt nutzen, um die ω-Integration näher zu definieren. Zunächst dehnen wir die Integration auf ein Wegintegral in der komplexen Ebene aus (Abb. 10.1). Dabei verläuft die Integration entlang der reellen Achse von $-\infty$ nach ∞. Da aber auf der Achse zwei Pole liegen, müssen wir erklären, wie der Integrationspfad bezüglich dieser Pole liegt.

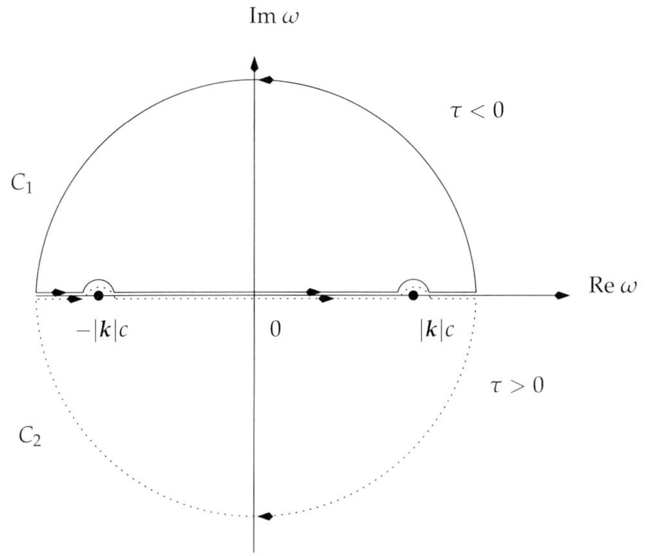

Abb. 10.1 Integrationsweg für die Rücktransformation der Green'schen Funktion: Für $\tau < 0$ wird der Integrationsweg entlang der reellen Achse (durchgezogene Linie) um den Halbkreis C_1 erweitert. Für $\tau > 0$ wird der gleiche Weg entlang der reellen Achse um den Halbkreis C_2 ergänzt.

Wir schließen deshalb den Weg zunächst durch einen unendlich weit ausgedehnten Halbkreis C_1 in der oberen Halbebene. Entlang dieses Halbkreises ist $\Im\omega > 0$. Deshalb verschwindet für jedes negative τ der Integrand von (10.55) entlang C_1. Andererseits ist der Wert des Integrals entlang der aus dem Halbkreis und der reellen Achse gebildeten geschlossenen Kurve durch die eingeschlossenen Pole bestimmt. Wären in diesem Gebiet keine Pole vorhanden, dann würde das Linienintegral entlang der geschlossenen Kurve verschwinden. Weil aber das Integral entlang C_1 keinen Beitrag liefert, muss auch das Integral entlang der reellen Achse, also (10.55), für alle negativen Werte von τ identisch verschwinden.

Notwendig dafür ist aber, dass alle Pole außerhalb der geschlossenen Kurve liegen. Das können wir erreichen, indem wir den Integrationsweg, wie in Abb. 10.1 gezeigt, entlang der reellen Achse an den Polen vorbeiführen. Damit haben wir durch die Forderung $G(\boldsymbol{X}, \tau) = 0$ für $\tau < 0$ den Integrationsweg entlang der reellen Achse fixiert und so die in (10.55) noch unvollständig definierte Integration jetzt korrekt erklärt.

Für positive τ können wir das Integral (10.55) durch einen unendlich großen Halbkreis in der unteren Halbebene schließen. Wegen der eben getroffenen Festlegung bezüglich des Integrationswegs entlang der reellen Achse liegen die beiden Pole jetzt im Integrationsgebiet. Damit können wir das Integral mithilfe des Residuensatzes auswerten:

$$\int_{-\infty}^{\infty} d\omega \, \frac{e^{-i\omega\tau}}{\boldsymbol{k}^2 - \omega^2/\bar{c}^2} = -\bar{c}^2 \oint_{(-)} \frac{e^{-i\omega\tau}}{\omega^2 - \boldsymbol{k}^2\bar{c}^2} d\omega$$

$$= \bar{c}^2 \oint_{(+)} \frac{e^{-i\omega\tau}}{\omega^2 - \boldsymbol{k}^2\bar{c}^2} d\omega \tag{10.56}$$

Dabei läuft die mit $(-)$ gekennzeichnete geschlossene Kurve im Uhrzeigersinn, die mit $(+)$ entgegen dem Uhrzeigersinn. Das letzte Integral können wir nun auf zwei positiv orientierte geschlossene Wegintegrale entlang infinitesimaler Kreise um die beiden Polstellen zusammenziehen. Wir erhalten deshalb

$$\int_{-\infty}^{\infty} d\omega \, \frac{e^{-i\omega\tau}}{\boldsymbol{k}^2 - \omega^2/\bar{c}^2} = \frac{\bar{c}^2}{2|\boldsymbol{k}|\bar{c}} \left(\oint_{+|\boldsymbol{k}|\bar{c}} \frac{e^{-i|\boldsymbol{k}|\bar{c}\tau} d\omega}{\omega - |\boldsymbol{k}|\bar{c}} - \oint_{-|\boldsymbol{k}|\bar{c}} \frac{e^{i|\boldsymbol{k}|\bar{c}\tau} d\omega}{\omega + |\boldsymbol{k}|\bar{c}} \right)$$

$$= 2\pi i \frac{\bar{c}}{2|\boldsymbol{k}|} \left(e^{-i|\boldsymbol{k}|\bar{c}\tau} - e^{i|\boldsymbol{k}|\bar{c}\tau} \right)$$

$$= \frac{2\pi\bar{c}}{|\boldsymbol{k}|} \sin(\bar{c}|\boldsymbol{k}|\tau) \tag{10.57}$$

Nach der Integration über ω können wir nun auch die Integration über den ganzen $\boldsymbol{k}$-Raum durchführen. Wir erhalten aus (10.55) die gesuchte Green'sche Funktion als

$$G(\boldsymbol{X}, \tau) = \frac{4\pi\bar{c}}{(2\pi)^3} \int d^3k \, e^{ikX} \, \frac{\sin(\bar{c}|\boldsymbol{k}|\tau)}{|\boldsymbol{k}|} \tag{10.58}$$

Wir führen Kugelkoordinaten im $\boldsymbol{k}$-Raum ein; dabei wählen wir die k_z-Achse parallel zu $\boldsymbol{X}$. Dann ist

$$G(\boldsymbol{X}, \tau) = \frac{\bar{c}}{2\pi^2} \int_0^{\infty} dk \int_0^{2\pi} d\phi \int_{-1}^{1} d\cos\vartheta \, e^{ik|\boldsymbol{X}|\cos\vartheta} \, k \, \sin(k\bar{c}\tau)$$

$$= \frac{\bar{c}}{\pi} \int_0^{\infty} dk \, \frac{e^{ik|\boldsymbol{X}|} - e^{-ik|\boldsymbol{X}|}}{ik|\boldsymbol{X}|} \, k \, \sin(k\bar{c}\tau)$$

$$= \frac{2c}{\pi|\boldsymbol{X}|} \int_0^{\infty} dk \, \sin(k|\boldsymbol{X}|) \, \sin(k\bar{c}\tau) \tag{10.59}$$

Der Integrand ist offenbar symmetrisch in k. Deshalb können wir die letzte Integration auf das gesamte Intervall $(-\infty, \infty)$ ausdehnen und gelangen damit zu

$$
\begin{aligned}
G(\boldsymbol{X},\tau) &= \frac{\bar{c}}{\pi|\boldsymbol{X}|}\int\limits_{-\infty}^{\infty} dk\ \sin(k|\boldsymbol{X}|)\sin(k\bar{c}\tau) \\
&= -\frac{\bar{c}}{4\pi|\boldsymbol{X}|}\int\limits_{-\infty}^{\infty} dk\ \left(e^{ik|\boldsymbol{X}|}-e^{-ik|\boldsymbol{X}|}\right)\left(e^{ik\bar{c}\tau}-e^{-ik\bar{c}\tau}\right)
\end{aligned} \tag{10.60}
$$

Multipliziert man den Integranden aus, dann bekommt man nach einigen einfachen Umformungen

$$
\begin{aligned}
G(\boldsymbol{X},\tau) &= -\frac{1}{2\pi|\boldsymbol{X}|}\int\limits_{-\infty}^{\infty} dy\ \left\{e^{iy\,(\tau+|\boldsymbol{X}|/\bar{c})}-e^{iy\,(\tau-|\boldsymbol{X}|/\bar{c})}\right\} \\
&= -\frac{1}{|\boldsymbol{X}|}\left\{\delta\!\left(\tau+\frac{|\boldsymbol{X}|}{\bar{c}}\right)-\delta\!\left(\tau-\frac{|\boldsymbol{X}|}{\bar{c}}\right)\right\}
\end{aligned} \tag{10.61}
$$

Nach Voraussetzung ist bei diesem Integral $\tau > 0$. Deshalb gibt es nur einen Beitrag von der zweiten δ-Funktion. Als endgültiges Ergebnis bekommen wir wieder die gesuchte Green'sche Funktion:

$$
G(\boldsymbol{X},\tau) = \frac{1}{|\boldsymbol{X}|}\,\delta\!\left(\tau-\frac{|\boldsymbol{X}|}{\bar{c}}\right) \tag{10.62}
$$

10.3 Klassische Dipolstrahlung

10.3.1 Fernfeldnäherung

10.3.1.1 Bestimmung der Potentiale

Wir wollen nun das elektromagnetische Feld in großer Entfernung von einer räumlich lokalisierten Quelle analysieren. Dazu nutzen wir ein ähnliches Vorgehen wie bei der Multipolentwicklung in der Elektrostatik. Insbesondere verlangen wir wieder, dass der Abstand $|\boldsymbol{x}|$ des Ladungssystems vom Aufpunkt wesentlich größer als seine geometrische Abmessung a ist:

$$
|\boldsymbol{x}| \gg a \tag{10.63}
$$

Im dynamischen System ist aber noch eine zweite Forderung notwendig: Das System darf sich zeitlich nur so langsam ändern, dass sich die unterschiedliche Retardierung der einzelnen Punkte der Quelle bezüglich des Aufpunkts nicht bemerkbar macht. Dieser Laufzeitunterschied ist von der Größenordnung $a/\bar{c}$. Wenn sich die Ladungsverteilung innerhalb der Zeit T signifikant ändert, dann besitzt das Feld eine typische Frequenz der Ordnung $2\pi/T$ und damit nach der Dispersionsrelation eine Wellenzahl $k \approx 2\pi/\bar{c}T$. Damit kann die Zeit T durch die Wellenlänge der Strahlung entsprechend $\lambda = 2\pi/k \approx \bar{c}T$ ausgedrückt werden. Langsame Änderungen bedingen, dass der Laufzeitunterschied $a/\bar{c}$ wesentlich kleiner als die charakteristische Zeit T ist. Für die beteiligten Längenskalen ergibt sich also die Forderung

$$\lambda \gg a \tag{10.64}$$

Sind diese Bedingungen erfüllt, dann können wir den Abstand $\boldsymbol{x} - \boldsymbol{x}'$ in der retardierten Ladungsdichte nach Potenzen von $\boldsymbol{x}'/|\boldsymbol{x}|$ entwickeln. Dazu legen wir den Koordinatenursprung wieder in das Zentrum der Ladungsverteilung. Dann erhält man bis zur ersten Ordnung die Reihenentwicklung

$$\begin{aligned}\frac{\rho(\boldsymbol{x}', t - |\boldsymbol{x} - \boldsymbol{x}'|/\bar{c})}{|\boldsymbol{x} - \boldsymbol{x}'|} &= \frac{\rho(\boldsymbol{x}', t - |\boldsymbol{x}|/\bar{c})}{|\boldsymbol{x}|} \\ &+ \left[\frac{\partial}{\partial t}\frac{\rho(\boldsymbol{x}', t - |\boldsymbol{x}|/\bar{c})}{|\boldsymbol{x}|}\frac{\boldsymbol{x}}{\bar{c}\,|\boldsymbol{x}|} + \rho\left(\boldsymbol{x}', t - \frac{|\boldsymbol{x}|}{\bar{c}}\right)\frac{\boldsymbol{x}}{|\boldsymbol{x}|^3}\right]\boldsymbol{x}' + \ldots\end{aligned} \tag{10.65}$$

Für eine zeitunabhängige Ladungsverteilung geht diese Entwicklung in die bekannte statische Multipolentwicklung über.

Wir sehen aber, dass jetzt noch eine weitere Entscheidung notwendig ist. Wir können uns nämlich entweder auf die Fernfeldnäherung konzentrieren oder die elektrischen Felder im Nahfeldbereich beschreiben. Das Fernfeld ist durch

$$|\boldsymbol{x}| \gg \lambda \tag{10.66}$$

charakterisiert. In diesem Fall erhalten wir mit $\tau = t - |\boldsymbol{x}|/\bar{c}$ die Abschätzung

$$\frac{\partial}{\partial t}\frac{\rho(\boldsymbol{x}', \tau)}{|\boldsymbol{x}|}\frac{\boldsymbol{x}}{\bar{c}\,|\boldsymbol{x}|} \sim \frac{\rho(\boldsymbol{x}', \tau)}{T}\frac{\boldsymbol{x}}{\bar{c}\,|\boldsymbol{x}|^2} \sim \rho(\boldsymbol{x}', \tau)\frac{\boldsymbol{x}}{\lambda\,|\boldsymbol{x}|^2} \gg \rho(\boldsymbol{x}', \tau)\frac{\boldsymbol{x}}{|\boldsymbol{x}|^3} \tag{10.67}$$

Der Nahfeldbereich ist dann so definiert, dass hier die Wellenlänge des Felds wesentlich größer als der Abstand zum Aufpunkt ist.

Im Fernfeld genügt es offenbar, in jedem Entwicklungsglied die niedrigsten Potenzen von $|\boldsymbol{x}|^{-1}$ zu berücksichtigen. Dann nimmt die Ladungsdichte die Gestalt

$$\frac{\rho(\boldsymbol{x}', t - |\boldsymbol{x} - \boldsymbol{x}'|/\bar{c})}{|\boldsymbol{x} - \boldsymbol{x}'|} = \frac{\rho(\boldsymbol{x}', t - |\boldsymbol{x}|/\bar{c})}{|\boldsymbol{x}|} + \frac{\partial}{\partial t}\frac{\rho(\boldsymbol{x}', t - |\boldsymbol{x}|/\bar{c})}{|\boldsymbol{x}|}\frac{\boldsymbol{x}\boldsymbol{x}'}{\bar{c}\,|\boldsymbol{x}|} + \ldots \tag{10.68}$$

an. Setzen wir dieses Resultat in die Potentialformel (10.31) ein, dann erhalten wir mit der zeitabhängigen Gesamtladung

$$Q\left(t - \frac{|\boldsymbol{x}|}{\bar{c}}\right) = \int d^3x' \rho\left(\boldsymbol{x}', t - \frac{|\boldsymbol{x}|}{\bar{c}}\right) \tag{10.69}$$

und dem zeitabhängigen Dipolmoment

$$p\left(t - \frac{|x|}{\bar{c}}\right) = \int d^3x' \rho\left(x', t - \frac{|x|}{\bar{c}}\right) x' \tag{10.70}$$

das zeitabhängige Potential des Fernfelds[1]:

$$\varphi(x,t) = \frac{1}{\varepsilon} \frac{Q(t - |x|/\bar{c})}{|x|} + \frac{1}{\varepsilon \bar{c}} \frac{\partial}{\partial t} \frac{p(t - |x|/\bar{c})\, x}{|x|^2} + \ldots \tag{10.71}$$

Da wir die Ladungserhaltung fordern, ist die Gesamtladung Q in realen physikalischen Systemen nicht zeitabhängig. Dann ist der erste Term das gewöhnliche Potential einer statischen Ladungsverteilung in großer Entfernung. Erst der nachfolgende Dipolterm hat im dynamischen Fall einen neuen Charakter. In neutralen Systemen bleibt innerhalb der Dipolnäherung dann nur noch das skalare Potential

$$\varphi(x,t) = \frac{1}{\varepsilon \bar{c}} \frac{\partial}{\partial t} \frac{p(t - |x|/\bar{c})\, x}{|x|^2} \tag{10.72}$$

Mit einer ähnlichen Entwicklung kann man das Vektorpotential bestimmen. Dazu muss man den Strom in eine Reihe bezüglich $x'/|x|$ entwickeln. In der Komponentendarstellung ergibt sich somit

$$\begin{aligned}\frac{j^\alpha(x', t - |x - x'|/\bar{c})}{|x - x'|} &= \frac{j^\alpha(x', t - |x|/\bar{c})}{|x|} \\ &\quad + \left[\frac{\partial}{\partial t} \frac{j^\alpha(x', t - |x|/\bar{c})}{|x|} \frac{x}{\bar{c}\,|x|} + j^\alpha\left(x', t - \frac{|x|}{\bar{c}}\right) \frac{x}{|x|^3}\right] x' + \ldots\end{aligned}$$

Anders als im statischen Fall verschwindet aber das Glied 0-ter Ordnung bei der Integration nicht, sodass wir dieses als führenden Term der Reihenentwicklung behandeln müssen.[2] Dann ist das Vektorpotential

$$\begin{aligned}A(x,t) &= \frac{\mu}{c\,|x|} \int d^3x' j\left(x', t - \frac{|x|}{\bar{c}}\right) \\ &= \frac{\mu}{c\,|x|} \int d^3x' \left[j\left(x', t - \frac{|x|}{\bar{c}}\right) \nabla_{x'}\right] x'\end{aligned} \tag{10.73}$$

1) ohne den homogenen Anteil

2) Im statischen Fall verschwindet das Integral über die Stromdichte in einem geschlossenen System. Im dynamischen Fall ist diese Bedingung aber nicht mehr notwendig, da die gleichzeitig auftretenden Ladungsdichteänderungen die Gesamtladungserhaltung garantieren.

wobei die letzte Umformung eine triviale Identität darstellt. Wir können das letzte Integral in Komponentendarstellung schreiben und weiter umformen

$$\begin{aligned} A^{\alpha}(x,t) &= \frac{\mu}{c|x|}\int d^3x'\left[j^{\beta}\left(x',t-\frac{|x|}{\bar{c}}\right)\frac{\partial}{\partial x'^{\beta}}\right]x'^{\alpha} \\ &= \frac{\mu}{c|x|}\int d^3x'\frac{\partial}{\partial x'^{\beta}}\left[j^{\beta}\left(x',t-\frac{|x|}{\bar{c}}\right)x'^{\alpha}\right] \\ &- \frac{\mu}{c|x|}\int d^3x'\left[\frac{\partial}{\partial x'^{\beta}}j^{\beta}\left(x',t-\frac{|x|}{\bar{c}}\right)\right]x'^{\alpha} \end{aligned} \tag{10.74}$$

Das erste Integral lässt sich mit dem Gauß'schen Satz in ein Oberflächenintegral umformen. Da sich die Integration über das ganze Volumen erstreckt, liegt die Oberfläche im Unendlichen, wo sie keinen Beitrag mehr zu $\boldsymbol{A}$ liefert. Es bleibt nur

$$\boldsymbol{A}(x,t) = -\frac{\mu}{c|x|}\int d^3x'\boldsymbol{x}'\mathrm{div}\,\boldsymbol{j}\left(x',t-\frac{|x|}{\bar{c}}\right) \tag{10.75}$$

übrig. Unter Verwendung der Kontinuitätsgleichung ergibt sich

$$\boldsymbol{A}(x,t) = \frac{\mu}{c|x|}\int d^3x'\boldsymbol{x}'\frac{\partial}{\partial t}\rho\left(x',t-\frac{|x|}{\bar{c}}\right) \tag{10.76}$$

und damit

$$\boldsymbol{A}(x,t) = \frac{\mu}{c|x|}\frac{\partial}{\partial t}\boldsymbol{p}\left(t-\frac{|x|}{\bar{c}}\right) \tag{10.77}$$

10.3.1.2 **Bestimmung der Felder**

Mit diesen Potentialen können wir jetzt die eigentlichen Felder bestimmen. Für das elektrische Feld benötigen wir $\nabla\varphi$. Wegen $\nabla\boldsymbol{ab} = (\boldsymbol{a}\nabla)\boldsymbol{b} + (\boldsymbol{b}\nabla)\boldsymbol{a} + \boldsymbol{b}\times\mathrm{rot}\,\boldsymbol{a} + \boldsymbol{a}\times\mathrm{rot}\,\boldsymbol{b}$ (B.13) und mit der Identifikation $\boldsymbol{a} = \dot{\boldsymbol{p}}(t-|x|/\bar{c})$ und $\boldsymbol{b} = \boldsymbol{x}/|x|^2$ müssen die folgenden Terme bestimmt werden:

$$(\boldsymbol{a}\nabla)\boldsymbol{b} = \frac{\dot{\boldsymbol{p}}(t-|x|/\bar{c})}{|x|^2} - \frac{2[\dot{\boldsymbol{p}}(t-|x|/\bar{c})\boldsymbol{x}]}{|x|^4}\boldsymbol{x} \tag{10.78}$$

und

$$(\boldsymbol{b}\nabla)\boldsymbol{a} = -\frac{\ddot{\boldsymbol{p}}(t-|x|/\bar{c})}{\bar{c}|x|} \tag{10.79}$$

sowie

$$\boldsymbol{b}\times\mathrm{rot}\,\boldsymbol{a} = -\frac{\boldsymbol{x}}{|x|^2}\times\left[\frac{\boldsymbol{x}}{|x|\bar{c}}\times\ddot{\boldsymbol{p}}(t-|x|/\bar{c})\right] \tag{10.80}$$

und $\boldsymbol{a}\times\mathrm{rot}\,\boldsymbol{b} = 0$. Der erste Term $(\boldsymbol{a}\nabla)\boldsymbol{b}$ ist von der Ordnung $|x|^{-2}$ und kann für große Distanzen vernachlässigt werden. Damit bleibt

$$\nabla\varphi = -\frac{1}{\varepsilon\bar{c}}\left\{\frac{\ddot{\boldsymbol{p}}(t-|x|/\bar{c})}{\bar{c}|x|} + \frac{\boldsymbol{x}}{|x|^2}\times\left[\frac{\boldsymbol{x}}{|x|\bar{c}}\times\ddot{\boldsymbol{p}}(t-|x|/\bar{c})\right]\right\} \tag{10.81}$$

Andererseits ist

$$\frac{1}{c}\frac{\partial \boldsymbol{A}}{\partial t} = \frac{\mu}{c^2\,|\boldsymbol{x}|}\frac{\partial^2}{\partial t^2}\boldsymbol{p}\left(t - \frac{|\boldsymbol{x}|}{\bar{c}}\right) = \frac{1}{\varepsilon\bar{c}^2\,|\boldsymbol{x}|}\ddot{\boldsymbol{p}}\left(t - \frac{|\boldsymbol{x}|}{\bar{c}}\right) \tag{10.82}$$

Damit ergibt sich für das elektrische Feld

$$\boldsymbol{E} = -\nabla\varphi - \frac{1}{c}\frac{\partial \boldsymbol{A}}{\partial t} = \frac{1}{\varepsilon\bar{c}^2\,|\boldsymbol{x}|}\boldsymbol{n} \times [\boldsymbol{n} \times \ddot{\boldsymbol{p}}(t - |\boldsymbol{x}|/\bar{c})] \tag{10.83}$$

$\boldsymbol{n}$ ist dabei der Richtungsvektor vom Zentrum der Ladungsverteilung zum Aufpunkt. Um das magnetische Feld zu bestimmen, bilden wir

$$\text{rot}\,\boldsymbol{A}(\boldsymbol{x},t) = -\frac{\mu}{c\,|\boldsymbol{x}|}\frac{\boldsymbol{x}}{\bar{c}\,|\boldsymbol{x}|} \times \ddot{\boldsymbol{p}}\left(t - \frac{|\boldsymbol{x}|}{\bar{c}}\right) - \frac{\mu\boldsymbol{x}}{c\,|\boldsymbol{x}|^3} \times \dot{\boldsymbol{p}}\,(t - |\boldsymbol{x}|/\bar{c}) \tag{10.84}$$

Der zweite Term verschwindet in der Fernfeldnäherung. Es bleibt nur der erste Term, aus dem wir entsprechend

$$\boldsymbol{H} = \mu^{-1}\text{rot}\,\boldsymbol{A}(\boldsymbol{x},t) = \frac{1}{c\bar{c}\,|\boldsymbol{x}|}\ddot{\boldsymbol{p}}\left(t - \frac{|\boldsymbol{x}|}{\bar{c}}\right) \times \boldsymbol{n} \tag{10.85}$$

das magnetische Feld erhalten.

10.3.1.3 Energiestrom

Aus den beiden Feldgrößen können wir den Energiestrom bestimmen. Dieser ist durch den Poynting-Vektor

$$\boldsymbol{S} = \frac{c}{4\pi}[\boldsymbol{E} \times \boldsymbol{H}] \tag{10.86}$$

gegeben. Setzen wir hier das magnetische und das elektrische Fernfeld ein und beachten, dass das Argument der Dipolstärke immer retardiert zu nehmen ist, dann erhalten wir

$$\boldsymbol{S} = \frac{1}{4\pi\varepsilon\bar{c}^3\,|\boldsymbol{x}|^2}[[\boldsymbol{n} \times [\boldsymbol{n} \times \ddot{\boldsymbol{p}}]] \times [\ddot{\boldsymbol{p}} \times \boldsymbol{n}]] \tag{10.87}$$

Eine einfache algebraische Umformung führt dann auf

$$\begin{aligned} \boldsymbol{S} &= \frac{1}{4\pi\varepsilon\bar{c}^3\,|\boldsymbol{x}|^2}\left[\left[\boldsymbol{n}(\boldsymbol{n}\ddot{\boldsymbol{p}}) - \ddot{\boldsymbol{p}}\boldsymbol{n}^2\right] \times [\ddot{\boldsymbol{p}} \times \boldsymbol{n}]\right] \\ &= \frac{1}{4\pi\varepsilon\bar{c}^3\,|\boldsymbol{x}|^2}\{(\boldsymbol{n}\ddot{\boldsymbol{p}})\,\boldsymbol{n} \times [\ddot{\boldsymbol{p}} \times \boldsymbol{n}] - \ddot{\boldsymbol{p}} \times [\ddot{\boldsymbol{p}} \times \boldsymbol{n}]\} \\ &= \frac{1}{4\pi\varepsilon\bar{c}^3\,|\boldsymbol{x}|^2}\left\{(\boldsymbol{n}\ddot{\boldsymbol{p}})\left[\ddot{\boldsymbol{p}}\boldsymbol{n}^2 - \boldsymbol{n}(\ddot{\boldsymbol{p}}\boldsymbol{n})\right] - \left[\ddot{\boldsymbol{p}}(\ddot{\boldsymbol{p}}\boldsymbol{n}) - \ddot{\boldsymbol{p}}^2\boldsymbol{n}\right]\right\} \end{aligned} \tag{10.88}$$

also

$$S = \frac{n}{4\pi\varepsilon\bar{c}^3 |x|^2} \left\{ \ddot{p}^2 n^2 - (\ddot{p} n)^2 \right\} \tag{10.89}$$

oder

$$S = \frac{n}{4\pi\varepsilon\bar{c}^3 |x|^2} [\ddot{p} \times n]^2 \tag{10.90}$$

Ist die Richtung der „Dipolbeschleunigung" $\ddot{p}$ zeitlich konstant, dann führt man zweckmäßigerweise den Winkel ϑ zwischen dem Richtungsvektor und der Dipolorientierung ein. In diesem Fall gilt insbesondere

$$|\ddot{p} \times n|^2 = |\ddot{p}|^2 |n|^2 \sin^2 \vartheta = \ddot{p}^2 \sin^2 \vartheta \tag{10.91}$$

und damit

$$S = \frac{n}{4\pi\varepsilon\bar{c}^3 |x|^2} \ddot{p}^2 \sin^2 \vartheta \tag{10.92}$$

Die Ausstrahlung verschwindet in der Schwingungsrichtung des Dipols und wird senkrecht dazu maximal. Außerdem nimmt die Intensität der Ausstrahlung quadratisch mit wachsendem Abstand vom schwingenden Dipol ab. Führt der Dipol eine harmonische Schwingung mit der Kreisfrequenz ω aus, wird S proportional zu ω^4. Die in das Winkelelement $d\Omega = \sin\vartheta d\vartheta d\phi$ abgestrahlte Leistung ist gegeben durch

$$dW = Sn |x|^2 d\Omega = \frac{1}{4\pi\varepsilon\bar{c}^3} \ddot{p}^2 \sin^3 \vartheta d\vartheta d\phi \tag{10.93}$$

Die gesamte Strahlungsleistung ist dann

$$W = \frac{1}{4\pi\varepsilon\bar{c}^3} \ddot{p}^2 \int_0^\pi \int_0^{2\pi} \sin^3 \vartheta d\vartheta d\phi = \frac{2}{3\varepsilon\bar{c}^3} \ddot{p}^2 \tag{10.94}$$

10.3.2
Nahfeldnäherung

Die Nahfeldapproximation kann sofort aus der Reihenentwicklung der retardierten Ladungsdichten und Ströme abgeleitet werden. Für die Ladungsdichte erhielt man in (10.65) bis zur ersten Ordnung der Reihenentwicklung

$$\begin{aligned} \frac{\rho(x', t - |x - x'|/\bar{c})}{|x - x'|} &= \frac{\rho(x', t - |x|/\bar{c})}{|x|} \\ &+ \left[\frac{\partial}{\partial t} \frac{\rho(x', t - |x|/\bar{c})}{|x|} \frac{x}{\bar{c}|x|} + \rho\left(x', t - \frac{|x|}{\bar{c}}\right) \frac{x}{|x|^3} \right] x' + \ldots \end{aligned} \tag{10.95}$$

Im Nahfeld werden jetzt die höchsten Potenzen von $|x|^{-1}$ in jeder Ordnung der Reihenentwicklung mitgenommen. Damit verschwinden alle Zeitableitungen, und es bleibt nach der Aufsummation der ganzen verbleibenden Reihe

$$\frac{\rho(x', t - |x - x'|/\bar{c})}{|x - x'|} = \frac{\rho(x', t - |x|/\bar{c})}{|x - x'|} \tag{10.96}$$

Offenbar spielt die retardierte Zeit $\tau = t - |x|/\bar{c}$ nur noch die Rolle eines Parameters. Damit haben die Potentiale und die elektromagnetischen Felder in unmittelbarer Umgebung der Ladungs- und Stromverteilung die gleiche Struktur wie im statischen Fall, wobei lediglich das Feld im Punkt x und zur Zeit t mit der Ladungs- bzw. Stromverteilung zur Zeit $t - |x|/\bar{c}$ erzeugt wurde. Im Nahfeldbereich können also die elektromagnetischen Felder direkt mit dem Apparat der Elektrostatik bzw. Magnetostatik berechnet werden, vorausgesetzt die zeitliche Änderung der Ladungsverteilung ist so langsam, dass die früher diskutierte geometrische Bedingung $\lambda \gg a$ erfüllt bleibt.

10.4 Antennen

Antennen sind in der einfachsten Approximation gerade dünne Drähte der Länge $2l$, durch die ein periodischer Strom der Stärke

$$I = I_0 \cos \omega t \tag{10.97}$$

fließt. Damit kann aus (10.32) sofort das Vektorpotential $\boldsymbol{A}$ bestimmt werden. Das retardierte Potential ergibt sich aus

$$\boldsymbol{A}(x,t) = \frac{\mu \boldsymbol{a}}{c} \int_{-l}^{l} dl' I_0 \cos\left(\omega t - \frac{\omega |x - x'(l')|}{\bar{c}}\right) \frac{1}{|x - x'(l')|} \tag{10.98}$$

wobei $\boldsymbol{a}$ der Einheitsvektor in Richtung der Antenne und $x'(l')$ der parametrisierte Vektor entlang der Antenne ist. In der Fernfeldapproximation entsteht hieraus

$$\boldsymbol{A}(x,t) \approx \frac{\mu \boldsymbol{a}}{c|x|} \int_{-l}^{l} dl' I_0 \cos\left(\omega t - \frac{\omega |x|}{\bar{c}}\right) = \frac{2l\mu \boldsymbol{a}}{c|x|} I_0 \cos\left(\omega t - \frac{\omega |x|}{\bar{c}}\right) \tag{10.99}$$

Andererseits kennen wir aus (10.77) den Zusammenhang zwischen retardiertem Vektorpotential und dem Polarisationsvektor:

$$\boldsymbol{A}(x,t) = \frac{\mu}{c|x|} \frac{\partial}{\partial t} \boldsymbol{p}\left(t - \frac{|x|}{\bar{c}}\right) \tag{10.100}$$

Demnach ist die Polarisation bestimmt durch

$$\frac{\partial}{\partial t}\boldsymbol{p}\left(t-\frac{|\boldsymbol{x}|}{\bar{c}}\right)=2lI_0\boldsymbol{a}\cos\left(\omega t-\frac{\omega\,|\boldsymbol{x}|}{\bar{c}}\right) \tag{10.101}$$

Daraus erhalten wir sofort

$$\frac{\partial^2}{\partial t^2}\boldsymbol{p}\left(t-\frac{|\boldsymbol{x}|}{\bar{c}}\right)=-2lI_0\omega\boldsymbol{a}\sin\left(\omega t-\frac{\omega\,|\boldsymbol{x}|}{\bar{c}}\right) \tag{10.102}$$

Der von der Antenne in einen Winkel ϑ relativ zur Antennenrichtung abgestrahlte Energiestrom ist nach (10.92) also

$$\boldsymbol{S}=\frac{l^2I_0^2\omega^2}{\pi\varepsilon\bar{c}^3\,|\boldsymbol{x}|^2}\sin^2\vartheta\sin^2\left(\omega t-\frac{\omega\,|\boldsymbol{x}|}{\bar{c}}\right)\boldsymbol{n} \tag{10.103}$$

oder – wenn man über eine zeitliche Periode mittelt –

$$\boldsymbol{S}=\frac{l^2I_0^2\omega^2}{2\pi\varepsilon\bar{c}^3\,|\boldsymbol{x}|^2}\sin^2\vartheta\,\boldsymbol{n} \tag{10.104}$$

Die gesamte mittlere Leistung der Antenne schließlich ist gegeben durch

$$W=\frac{4l^2I_0^2\omega^2}{3\varepsilon\bar{c}^3} \tag{10.105}$$

Die Leistung einer Sendeanlage wächst quadratisch mit zunehmender Stromstärke I_0, Länge der Antenne und Sendefrequenz.

10.5 Austrahlung eines zeitlich variablen mathematischen Dipols

10.5.1 Ladungs- und Stromdichte des mathematischen Dipols

Der zeitlich variable mathematische Dipol bietet die Möglichkeit, Fernfeld und Nahfeld einer Quelle mathematisch exakt zu bestimmen. Wir sind damit in der Lage, eine auch experimentell gut realisierbare Lösung der inhomogenen elektromagnetischen Wellengleichungen detailliert und ohne Näherungen zu studieren.

Wir wollen zunächst eine beliebige Zeitabhängigkeit des im Ursprung eines Koordinatensystems befindlichen Dipols zulassen. Zur Berechnung der Potentiale und der elektromagnetischen Felder benötigen wir die Ladungs- und Stromverteilungen des zeitabhängigen Dipols. In Erweiterung der Definition des elektrostatischen Dipols nach Abschnitt 6.3.2.1 führen wir jetzt die Ladungsdichte ein entsprechend

$$\rho(\boldsymbol{x},t)=q\left[\delta\left(\boldsymbol{x}-\frac{\boldsymbol{s}(t)}{2}\right)-\delta\left(\boldsymbol{x}+\frac{\boldsymbol{s}(t)}{2}\right)\right] \tag{10.106}$$

Dabei ist $\boldsymbol{s}(t)$ der zeitlich veränderliche Relativabstand der den Dipol beschreibenden, sich symmetrisch zum Ursprung bewegenden Ladungen. Der übergang zum eigentlichen Dipol erfolgt wie im elektrostatischen Fall durch den Grenzübergang $\boldsymbol{s} \to 0$ und $q \to \infty$. Die formale Reihenentwicklung der Ladungsverteilung in Potenzen des Relativabstands $\boldsymbol{s}(t)$ vom Ursprung liefert dann:

$$\rho(\boldsymbol{x}, t) = q\left[-\nabla\delta(\boldsymbol{x})\,\boldsymbol{s}(t) + o(|\boldsymbol{s}|^2)\right] \tag{10.107}$$

Mit dem Dipolmoment $\boldsymbol{p}(t) = q\boldsymbol{s}(t)$ folgt nach Ausführung des Grenzübergangs zum mathematischen Dipol

$$\rho(\boldsymbol{x}, t) = -\boldsymbol{p}(t)\nabla\delta(\boldsymbol{x}) \tag{10.108}$$

Der mit der zeitlichen Variation des Dipols verbundene Ladungsstrom ergibt sich auf analoge Weise zu

$$\boldsymbol{j}(\boldsymbol{x}, t) = q\left[\frac{\dot{\boldsymbol{s}}(t)}{2}\delta\left(\boldsymbol{x} - \frac{\boldsymbol{s}(t)}{2}\right) + \frac{\dot{\boldsymbol{s}}(t)}{2}\delta\left(\boldsymbol{x} + \frac{\boldsymbol{s}(t)}{2}\right)\right] \tag{10.109}$$

Hieraus erhalten wir nach Ausführung des Grenzübergangs

$$\boldsymbol{j}(\boldsymbol{x}, t) = \dot{\boldsymbol{p}}(t)\,\delta(\boldsymbol{x}) \tag{10.110}$$

Unter Verwendung von (10.108) und (10.110) kann man sich leicht überzeugen, dass Ladungsstrom und Ladungsdichte des mathematischen Dipols die Kontinuitätsgleichung befriedigen.

10.5.2
Potentiale des zeitabhängigen mathematischen Dipols

Unter Verwendung von (10.31) und (10.32) können wir die Potentiale direkt ausrechnen. Im vorausgesetzten Fall freier Randbedingungen verschwinden die homogenen Lösungsbeiträge, und wir erhalten

$$\varphi(\boldsymbol{x}, t) = \frac{1}{\varepsilon}\int d^3x'\,\frac{-\boldsymbol{p}\left(t - \bar{c}^{-1}|\boldsymbol{x} - \boldsymbol{x}'|\right)\nabla'\,\delta(\boldsymbol{x}')}{|\boldsymbol{x} - \boldsymbol{x}'|} \tag{10.111}$$

und

$$\boldsymbol{A}(\boldsymbol{x}, t) = \frac{\mu}{c}\int d^3x'\,\frac{\dot{\boldsymbol{p}}\left(t - \bar{c}^{-1}|\boldsymbol{x} - \boldsymbol{x}'|\right)\delta(\boldsymbol{x}')}{|\boldsymbol{x} - \boldsymbol{x}'|} \tag{10.112}$$

Um (10.111) zu bestimmen, wird dieses Integral umgeformt:

$$\varphi(\boldsymbol{x},t) = -\frac{1}{\varepsilon}\int d^3x'\, \nabla' \left(\frac{\boldsymbol{p}(t)\left(t-\bar{c}^{-1}|\boldsymbol{x}-\boldsymbol{x}'|\right)}{|\boldsymbol{x}-\boldsymbol{x}'|}\delta(\boldsymbol{x}')\right)$$
$$+\frac{1}{\varepsilon}\int d^3x'\, \nabla' \left(\frac{\boldsymbol{p}\left(t-\bar{c}^{-1}|\boldsymbol{x}-\boldsymbol{x}'|\right)}{|\boldsymbol{x}-\boldsymbol{x}'|}\right)\delta(\boldsymbol{x}') \tag{10.113}$$

Das erste Integral kann mithilfe des Gauß'schen Satzes als Oberflächenintegral geschrieben werden, das bei im Unendlichen verschwindender Dipoldichte null wird. Im zweiten Ausdruck leiten wir statt nach $\boldsymbol{x}'$ nach $\boldsymbol{x}$ ab und erhalten damit

$$\varphi(\boldsymbol{x},t) = -\frac{1}{\varepsilon}\nabla\left(\frac{\boldsymbol{p}\left(t-\bar{c}^{-1}|\boldsymbol{x}|\right)}{|\boldsymbol{x}|}\right) \tag{10.114}$$

Wir führen die Differentiation aus und gelangen mit $|\boldsymbol{x}| = r$ und dem Einheitsvektor zum Aufpunkt $\boldsymbol{n} = \boldsymbol{x}/|\boldsymbol{x}|$ zum endgültigen Ausdruck für das skalare Potential des zeitveränderlichen Dipols:

$$\varphi(\boldsymbol{x},t) = \frac{\boldsymbol{n}}{\varepsilon\bar{c}r}\,\dot{\boldsymbol{p}}\left(t-\frac{r}{\bar{c}}\right) + \frac{\boldsymbol{n}}{\varepsilon r^2}\,\boldsymbol{p}\left(t-\frac{r}{\bar{c}}\right) \tag{10.115}$$

Für das Vektorpotential bekommen wir direkt aus (10.112)

$$\boldsymbol{A}(\boldsymbol{x},t) = \frac{\mu}{c}\frac{\dot{\boldsymbol{p}}\left(t-\bar{c}^{-1}|\boldsymbol{x}|\right)}{|\boldsymbol{x}|} \tag{10.116}$$

10.5.3 Berechnung der Felder

Aus den soeben bestimmten Potentialen erhalten wir die elektromagnetischen Felder durch einfaches Differenzieren. Wir benutzen hier die Komponentendarstellung

$$E_\alpha = -\frac{\partial}{\partial x^\alpha}\varphi - \frac{1}{c}\frac{\partial A_\alpha}{\partial t} \qquad \text{und} \qquad B_\alpha = \varepsilon_{\alpha\beta\gamma}\frac{\partial A^\gamma}{\partial x_\beta} \tag{10.117}$$

In dieser Darstellung lautet das skalare Potential

$$\varepsilon\varphi(\boldsymbol{x},t) = \frac{x^\alpha}{\bar{c}r^2}\,\dot{p}_\alpha + \frac{x^\alpha\, p_\alpha}{r^3} = \frac{x^\alpha}{\bar{c}r^2}\,\dot{p}_\alpha - \left(\frac{\partial}{\partial x_\alpha}\frac{1}{r}\right)p_\alpha \tag{10.118}$$

Dabei muss das Argument des Dipols immer zu der retardierten Zeit genommen werden. Deshalb folgt für den Gradienten des skalaren Potentials außerhalb des Koordinatenursprungs

$$\varepsilon\frac{\partial\varphi}{\partial x^{\alpha}} = \frac{\delta_{\alpha\beta}}{\bar{c}r^2}\,\dot{p}^{\beta} - 2\frac{x_{\alpha}x_{\beta}}{\bar{c}r^4}\,\dot{p}^{\beta} - \frac{x_{\beta}}{\bar{c}r^2}\,\ddot{p}^{\beta}\frac{x_{\alpha}}{\bar{c}r}$$
$$- \left(3\frac{x_{\alpha}x_{\beta}}{r^5} - \frac{\delta_{\alpha\beta}}{r^3}\right)p^{\beta} - \frac{x^{\beta}}{r^3}\dot{p}_{\beta}\frac{x_{\alpha}}{\bar{c}r} \tag{10.119}$$

Wir ordnen (10.119) nach dem Grad der Ableitung des Dipolmoments und bekommen damit

$$\varepsilon\frac{\partial\varphi}{\partial x^{\alpha}} = -\frac{n_{\alpha}n_{\beta}\ddot{p}^{\beta}}{\bar{c}^2 r} + \frac{\delta_{\alpha\beta} - 3n_{\alpha}n_{\beta}}{\bar{c}r^2}\dot{p}^{\beta} + \frac{\delta_{\alpha\beta} - 3n_{\alpha}n_{\beta}}{r^3}p^{\beta} \tag{10.120}$$

$n_{\alpha} = x_{\alpha}/r$ ist die kartesische α-Komponente des Einheitsvektors $\boldsymbol{n}$. Die Zeitableitung des Vektorpotentials liefert

$$\frac{1}{c}\frac{\partial A_{\alpha}}{\partial t} = \frac{\ddot{p}_{\alpha}}{\varepsilon\bar{c}^2 r} \tag{10.121}$$

Schließlich erhalten wir für die räumliche Ableitung des Vektorpotentials

$$\frac{\partial A^{\gamma}}{\partial x_{\beta}} = -\frac{\mu x^{\beta}}{cr^3}\dot{p}^{\gamma} - \frac{\mu}{cr}\ddot{p}^{\gamma}\frac{x^{\beta}}{\bar{c}r} \tag{10.122}$$

Nach diesen vorbereitenden Rechnungen können wir nun die magnetische Induktion und das elektrische Feld bestimmen. Wir bekommen

$$B_{\alpha} = \frac{\mu}{c}\varepsilon_{\alpha\beta\gamma}\left[\frac{\ddot{p}^{\beta}n^{\gamma}}{\bar{c}r} + \frac{\dot{p}^{\beta}n^{\gamma}}{r^2}\right] \tag{10.123}$$

und

$$E_{\alpha} = \frac{1}{\varepsilon}\left[\frac{n_{\alpha}n_{\beta} - \delta_{\alpha\beta}}{\bar{c}^2 r}\,\ddot{p}^{\beta} + \frac{3n_{\alpha}n_{\beta} - \delta_{\alpha\beta}}{\bar{c}r^2}\,\dot{p}^{\beta} + \frac{3n_{\alpha}n_{\beta} - \delta_{\alpha\beta}}{r^3}\,p^{\beta}\right] \tag{10.124}$$

Daraus können wir mit einigen algebraischen Umformungen das folgende Kreuzprodukt berechnen:

$$(\boldsymbol{n}\times\boldsymbol{E})_{\alpha} = -\frac{1}{\varepsilon}\varepsilon_{\alpha\beta\gamma}n^{\beta}\left[\frac{1}{\bar{c}^2 r}\ddot{p}^{\gamma} + \frac{1}{\bar{c}r^2}\dot{p}^{\gamma} + \frac{1}{r^3}p^{\gamma}\right] \tag{10.125}$$

Der Vergleich mit (10.123) führt dann auf

$$B_{\alpha} = \sqrt{\mu\epsilon}\,(\boldsymbol{n}\times\boldsymbol{E})_{\alpha} - \sqrt{\frac{\mu}{\varepsilon}}\varepsilon_{\alpha\beta\gamma}n^{\gamma}\frac{1}{r^3}p^{\beta} \tag{10.126}$$

Kehren wir nun wieder zur Vektorschreibweise zurück, dann bekommen wir für die elektrische Feldstärke

$$\boldsymbol{E} = \frac{1}{\varepsilon}\left[\frac{\boldsymbol{n}(\boldsymbol{n}\ddot{\boldsymbol{p}}) - \ddot{\boldsymbol{p}}}{\bar{c}^2 r} + \frac{3\boldsymbol{n}(\boldsymbol{n}\dot{\boldsymbol{p}}) - \dot{\boldsymbol{p}}}{\bar{c}r^2} + \frac{3\boldsymbol{n}(\boldsymbol{n}\boldsymbol{p}) - \boldsymbol{p}}{r^3}\right] \tag{10.127}$$

und für die magnetische Induktion

$$B = \frac{\mu}{c}\left[\frac{\ddot{p} \times n}{\bar{c}r} + \frac{\dot{p} \times n}{r^2}\right] \tag{10.128}$$

oder

$$B = \sqrt{\mu\epsilon}\,(n \times E) + \sqrt{\frac{\mu}{\varepsilon}}\frac{1}{r^3}n \times p \tag{10.129}$$

Bei diesen Formeln ist zu beachen, dass für das Dipolmoment p und seine Ableitungen stets das retardierte Zeitargument zu nehmen ist.

Bei einer detaillierten Untersuchung der Felder zeigt sich, dass zwischen dem Nahfeld und dem Fernfeld entscheidende Unterschiede bestehen. Wir werden für die folgende Analyse eine harmonisch-periodische Zeitabhängigkeit der Dipolstärke voraussetzen. Wie bereits erwähnt, ist die charakteristische Längenskala zur Unterscheidung zwischen Nahfeld und Fernfeld durch die Wellenlänge λ der elektromagnetischen Strahlung gegeben.

Nahfeldnäherung: $r \ll \lambda$

Wir hatten in Abschnitt 10.3.2 bereits allgemein begründet, dass in der Nahfeldapproximation nur die höchsten Potenzen in $1/r$ berücksichtigt werden. Weiterhin können wir die Retardierungseffekte vernachlässigen. Ist T die Periodendauer der harmonischen Änderung des Dipols, dann gilt mit $\bar{c} = \lambda/T$ für das retardierte Argument:

$$t - \frac{r}{\bar{c}} = t - \frac{r}{\lambda}T \approx t \tag{10.130}$$

Der letzte Schritt wird durch die Nahfeldbedingung zulässig. Wir erhalten in der Nahfeldapproximation für die Felder:

$$E = \frac{3n(np(t)) - p(t)}{\varepsilon r^3} \tag{10.131}$$

und

$$B = \frac{\mu}{c}\frac{\dot{p} \times n}{r^2} \tag{10.132}$$

Das elektrische Feld hat offenbar genau dieselbe Gestalt wie das Feld eines statischen Dipols. Seine Zeitabhängigkeit folgt instantan derjenigen des Dipols. Die magnetische Induktion hat formale Ähnlichkeiten mit dem Feld eines magnetischen Monopols nach (8.54). Allerdings hat die „magnetische Ladung“ ihre Ursache in einer dynamischen Variation der Dipolstärke. Daher verschwindet sie im Grenzfall eines statischen Dipols.

Eine andere Interpretation der magnetischen Induktion verwendet den mit Gleichung (10.110) eingeführten Strom. Fassen wir diesen Strom als stationär auf und betrachten die Zeit als einen einfachen Parameter, dann ist die zugehörige magnetische Induktion durch (8.15) bestimmt. Wir erhalten damit wieder

$$\boldsymbol{B}(\boldsymbol{x}) = \frac{\mu}{c} \int \boldsymbol{j}(\boldsymbol{x}') \times \frac{\boldsymbol{x} - \boldsymbol{x}'}{|\boldsymbol{x} - \boldsymbol{x}'|^3} d^3x' = \frac{\mu}{c} \frac{\dot{\boldsymbol{p}}(t) \times \boldsymbol{n}}{r^2} \tag{10.133}$$

also (10.132). Also ist auch das magnetische Nahfeld vergleichbar mit einem statischen Magnetfeld, bei dem lediglich die Stärke der Quelle zeitlich variiert.

Wegen der Zeitableitung hat die magnetische Induktion gegenüber dem elektrischen Feld eine Phasenverschiebung von $\pi/2$.

Fernfeldnäherung: $r \gg \lambda$
Beim Fernfeld werden nur die niedrigsten Potenzen in $1/r$ berücksichtigt. Dafür sind die Laufzeiten der Felder wesentlich, d. h. die Retardierung kann nicht mehr wie bei der Nahfeldnäherung vernachlässigt werden. Das elektrische Feld nimmt in der Fernfeldapproximation die Form

$$\boldsymbol{E} = \frac{\boldsymbol{n}(\ddot{\boldsymbol{p}}\boldsymbol{n}) - \ddot{\boldsymbol{p}}}{\varepsilon \bar{c}^2 r} = \mu \frac{\boldsymbol{n} \times (\boldsymbol{n} \times \ddot{\boldsymbol{p}})}{c^2 r} \tag{10.134}$$

an, während das magnetische Feld sich schreiben lässt als

$$\boldsymbol{B} = \mu \frac{\ddot{\boldsymbol{p}} \times \boldsymbol{n}}{c \bar{c} r} = \sqrt{\mu\varepsilon}(\boldsymbol{n} \times \boldsymbol{E}) \tag{10.135}$$

Das Argument von $\boldsymbol{p}$ ist die retardierte Zeit $t - r/\bar{c}$.

Die $\boldsymbol{E}$- und $\boldsymbol{B}$-Felder sind auslaufende Kugelwellen, d. h. die Flächen konstanter Phase $t - r/\bar{c} =$ konst. sind Kugelflächen. Offensichtlich stehen elektrisches und magnetisches Feld in hinreichender Entfernung vom zeitlich variablen Dipol aufeinander senkrecht und sind wegen der Gleichheit der Ordnung der Zeitableitungen nicht gegeneinander phasenverschoben.

Ist die Orientierung des Dipols im Raum fixiert, dann kann man die elektromagnetischen Felder auch in Kugelkoordinaten darstellen. Dabei wird das Koordinatensystem so festgelegt, dass der Dipol orthogonal zur Äquatorialebene steht (Abb. 10.2). Wir erhalten dann die Komponentendarstellung

$$\boldsymbol{E} = (0, E_\vartheta, 0) \qquad \text{und} \qquad \boldsymbol{B} = (0, 0, B_\varphi) \tag{10.136}$$

mit den beiden nichtverschwindenden Komponenten

$$E_\vartheta = \mu \frac{\sin\vartheta}{c^2 r} \ddot{p}\left(t - \frac{r}{\bar{c}}\right) \qquad \text{und} \qquad B_\varphi = \mu \frac{\sin\vartheta}{c\bar{c}r} \ddot{p}\left(t - \frac{r}{\bar{c}}\right) \tag{10.137}$$

Auch aus diesen Gleichungen wird ersichtlich, dass das Fernfeld des Dipols aus Kugelwellen besteht, deren Flächen konstanter Phase mit der Geschwindigkeit $\bar{c}$ expandieren. Die Abstrahlung der Wellen wird maximal in der Äquatorialebene, während senkrecht dazu – also parallel zur Orientierung des Dipols – die Strahlungsleistung verschwindet (Abb. 10.3).

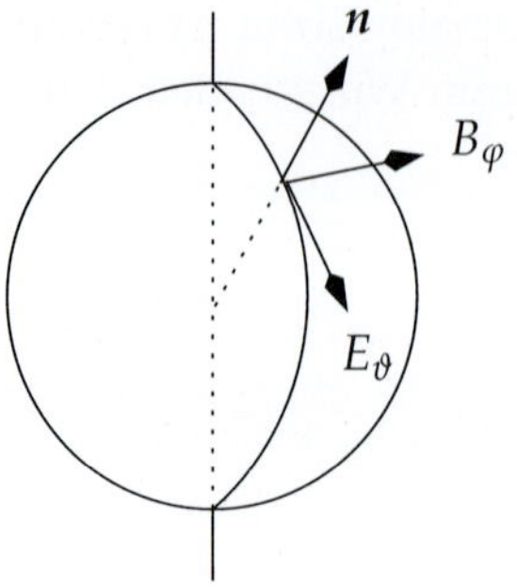

Abb. 10.2 Zur Geometrie eines ausstrahlenden Dipols

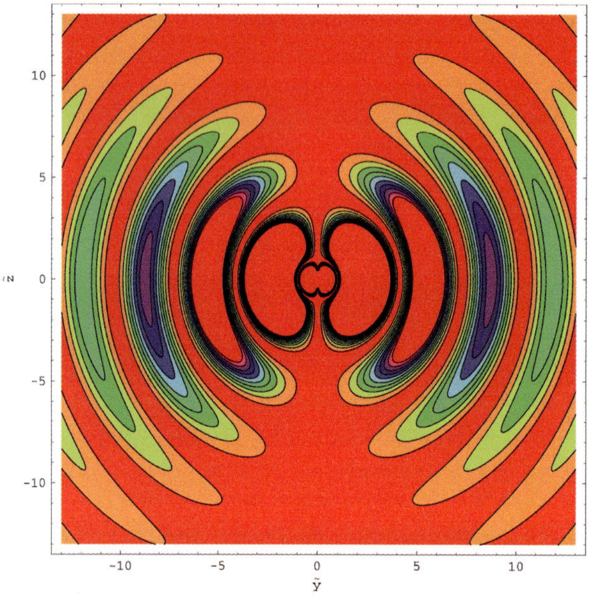

Abb. 10.3 Konturplot der elektrischen Feldstärke eines schwingenden mathematischen Dipols $\boldsymbol{p}(t) = \boldsymbol{e}_z\, p_0 \sin(\omega t)$ in der Äquatorialebene. Dargestellt ist E_ϑ^2 für $\varepsilon = \mu = 1$ in dimensionslosen Einheiten für die Längen $\widetilde{x} = \omega x/c$ und $\widetilde{y} = \omega y/c$.

10.5.4 Poynting-Vektor und abgestrahlte Leistung

Bei der Berechnung des Poynting-Vektors wollen wir uns auf das Fernfeld beschränken. Hierfür erhalten wir mit (10.90) den Energiestrom

$$\boldsymbol{S} = \frac{\boldsymbol{n}}{4\pi\varepsilon\bar{c}^3\,|\boldsymbol{x}|^2}\,[\ddot{\boldsymbol{p}} \times \boldsymbol{n}]^2 \tag{10.138}$$

Das Argument von $\ddot{\boldsymbol{p}}$ ist wieder $t - r/\bar{c}$. Die durch eine Kugeloberfläche vom Radius R abgestrahlte totale Leistung erhalten wir entsprechend (10.94)

$$W = \frac{1}{4\pi\varepsilon\bar{c}^3}\ddot{\boldsymbol{p}}^2 \int_0^{\pi}\int_0^{2\pi} \sin^3\vartheta\, d\vartheta d\phi = \frac{2}{3\varepsilon\bar{c}^3}\ddot{\boldsymbol{p}}^2 \tag{10.139}$$

Für einen harmonisch schwingenden Dipol mit $\boldsymbol{p} = \boldsymbol{p}_0 \sin\omega t$ wird dann speziell:

$$W = \frac{2}{3\varepsilon\bar{c}^3}\omega^4 \boldsymbol{p}_0^2 \sin^2\left(\omega t - \omega\frac{r}{\bar{c}}\right) \tag{10.140}$$

Damit ist die mittlere totale Strahlungsleistung gegeben durch

$$W = \frac{1}{3\varepsilon\bar{c}^3}\omega^4 \boldsymbol{p}_0^2 \tag{10.141}$$

Die Ausstrahlung ist somit proportional zur 4. Potenz der Frequenz. Dieses Ergebnis stimmt qualitativ mit der Ausstrahlung einer Stabantenne (10.105) überein, da die dort verwendete Stromamplitude I_0 mit der Dipolamplitude $\boldsymbol{p}_0$ und der Antennenabmessung $2l$ über $2lI_0 \approx |\boldsymbol{p}_0|\omega$ verbunden ist.

10.6 Dipolstrahlung freier Ladungen

Ein System gleichartiger Ladungsträger – etwa die Elektronen eines Metalls oder ein nur aus einer Teilchensorte bestehendes (monodisperses) Plasma – sendet ohne Einwirkung äußerer Kräfte keine Dipolstrahlung ab. Um dieses Phänomen zu verstehen, verwenden wir das Inertialsystem, in dem der Schwerpunkt des Ladungssystems ruht. Dann ist der gesamte (nichtrelativistische) mechanische Impuls des Systems der Ladungsträger

$$\sum_{I=1}^{N} m_I \boldsymbol{v}_I = 0 \tag{10.142}$$

Andererseits gilt für das Dipolmoment (vgl. auch (6.74))

$$\boldsymbol{p}(t) = \sum_{I=1}^{N} q_I \boldsymbol{x}_I(t) \tag{10.143}$$

wobei die $\boldsymbol{x}_I(t)$ die Trajektorien der einzelnen Ladungen sind. Damit ist insbesondere

$$\dot{\boldsymbol{p}}(t) = \sum_{I=1}^{N} q_I \boldsymbol{v}_I(t) \tag{10.144}$$

Da wir nur eine Sorte von Ladungsträgern vorausgesetzt hatten, gilt automatisch $q_I/m_I = \kappa =$ konst. Demnach gilt

$$\dot{\boldsymbol{p}}(t) = \kappa \sum_{I=1}^{N} m_I \boldsymbol{v}_I(t) = 0 \tag{10.145}$$

d. h. das Dipolmoment eines freien Systems ist konstant. Daher kann dieses System auch keine Dipolstrahlung aussenden.

10.7
Nichtrelativistische Elektronen im Magnetfeld

In homogenen magnetischen Feldern bewegen sich Elektronen auf Kreisbahnen. Diese Bewegung ist aber mit einer permanenten Beschleunigung und damit einer nichtverschwindenden zweiten zeitlichen Ableitung des Dipolmoments verbunden. Wir legen das Koordinatensystem in das Zentrum der Kreisbahn und bezeichnen die Trajektorie des Elektrons mit $\boldsymbol{x}(t)$, seine Bahngeschwindigkeit mit $\boldsymbol{v}(t)$ und die Bahnbeschleunigung mit $\boldsymbol{b}(t)$. Das Dipolmoment ist dann durch $\boldsymbol{p}(t) = q\boldsymbol{x}(t)$ gegeben und man erhält außerdem $\dot{\boldsymbol{p}}(t) = q\boldsymbol{v}(t)$ und $\ddot{\boldsymbol{p}}(t) = q\boldsymbol{b}(t)$. Dementsprechend finden wir für das ausgestrahlte elektrische Fernfeld nach (10.134)

$$\boldsymbol{E} = \frac{q}{\varepsilon\bar{c}^2 |\boldsymbol{x}|} \boldsymbol{n} \times \left[\boldsymbol{n} \times \boldsymbol{b}\left(t - \frac{|\boldsymbol{x}|}{\bar{c}}\right)\right] \tag{10.146}$$

und für das abgestrahlte Magnetfeld nach (10.135)

$$\boldsymbol{H} = \frac{q}{c\bar{c}\,|\boldsymbol{x}|} \boldsymbol{b}\left(t - \frac{|\boldsymbol{x}|}{\bar{c}}\right) \times \boldsymbol{n} \tag{10.147}$$

ist. Der Poynting-Vektor lautet dann unter Verwendung von (10.138) nach einer einfachen vektoralgebraischen Umformung

$$\boldsymbol{S} = \frac{q^2 \boldsymbol{n}}{4\pi\varepsilon\bar{c}^3\,|\boldsymbol{x}|^2} \left\{\boldsymbol{b}^2\boldsymbol{n}^2 - (\boldsymbol{b}\boldsymbol{n})^2\right\} \tag{10.148}$$

Das Argument von $\boldsymbol{b}$ ist dabei wieder retardiert. Die Beschleunigung des Elektrons folgt direkt aus der Lorentz-Kraft

$$\boldsymbol{b} = \frac{q}{mc} \boldsymbol{v} \times \boldsymbol{B}_0 \tag{10.149}$$

Hier ist $\boldsymbol{B}_0$ die Induktion des homogenen Magnetfelds. Von der Gesamtgeschwindigkeit trägt aber nur der zum Magnetfeld senkrecht stehende Anteil zur Beschleunigung der Ladung bei. Dieser hat den Betrag $|\boldsymbol{v}_\perp| = R\omega$, wenn

R der Radius der Kreisbahn und ω die zugehörige Kreisfrequenz ist. Für den Betrag $|\boldsymbol{b}|$ der Beschleunigung ergibt sich dann nach den Gesetzen der klassischen Mechanik

$$|\boldsymbol{b}| = \omega^2 R = \frac{q}{mc}\omega R B_0 \tag{10.150}$$

Wir erhalten aus dieser Gleichung für die Frequenz den Wert

$$\omega = \frac{q}{mc} B_0 \tag{10.151}$$

und damit die radiusabhängige Beschleunigung

$$|\boldsymbol{b}| = \left(\frac{q}{mc} B_0\right)^2 R \tag{10.152}$$

Orientiert man das Koordinatensystem so, dass die Richtung des homogenen Felds $\boldsymbol{B}_0$ mit der z-Achse zusammenfällt, dann ist das Dipolmoment durch $p_x = qR\cos\omega t$, $p_y = qR\sin\omega t$ und $p_z = 0$ gegeben. Der Richtungsvektor $\boldsymbol{n}$ vom Zentrum der Kreisbahn zum Aufpunkt hat die Komponenten n_x, n_y und n_z, wobei die Orientierung so bestimmt ist, dass $n_x^2 + n_y^2 = \sin^2\vartheta$ und $n_z = \cos\vartheta$ gilt. Damit ist dann das Skalarprodukt

$$\boldsymbol{bn} = -|\boldsymbol{b}| \left(n_x \cos\omega t + n_y \sin\omega t\right) \tag{10.153}$$

oder

$$(\boldsymbol{bn})^2 = |\boldsymbol{b}|^2 \left(n_x^2 \cos^2\omega t + n_y^2 \sin^2\omega t + 2n_x n_y \cos\omega t \sin\omega t\right) \tag{10.154}$$

Der Poynting-Vektor (10.148) nimmt deshalb die Form

$$\begin{aligned} \boldsymbol{S} = {} & \frac{q^2 \boldsymbol{n}}{4\pi\varepsilon\bar{c}^3 |\boldsymbol{x}|^2} \left(\frac{q}{mc} B_0\right)^4 R^2 \\ & \times \left\{1 - \left(n_x^2 \cos^2\omega t + n_y^2 \sin^2\omega t + 2n_x n_y \cos\omega t \sin\omega t\right)\right\} \end{aligned} \tag{10.155}$$

an. Nach der Mittelung über eine Periode erhalten wir schließlich

$$\boldsymbol{S} = \frac{q^2 \boldsymbol{n}}{4\pi\varepsilon\bar{c}^3 |\boldsymbol{x}|^2} \left(\frac{q}{mc} B_0\right)^4 R^2 \left\{1 - \frac{1}{2}\sin^2\vartheta\right\} \tag{10.156}$$

oder

$$\boldsymbol{S} = \frac{q^2 \boldsymbol{n}}{8\pi\varepsilon\bar{c}^3 |\boldsymbol{x}|^2} \left(\frac{q}{mc} B_0\right)^4 R^2 \left\{1 + \cos^2\vartheta\right\} \tag{10.157}$$

Offenbar strahlt das Elektron stärker in Richtung des homogenen Magnetfelds als senkrecht dazu. Die Gesamtleistung erhält man wieder durch Integration über den gesamten Raumwinkel. Hier findet man

$$W = \frac{2q^2 \boldsymbol{n}}{3\varepsilon\bar{c}^3} \left(\frac{q}{mc} B_0\right)^4 R^2 \tag{10.158}$$

10.8 Die klassische atomare Katastrophe

Ein Elektron auf einer Kreisbahn sendet ständig Energie in Form von Strahlung aus. Diese Aussage sollte auch für die Bewegung eines klassischen Elektrons auf einer atomaren Kreisbahn im Wasserstoffatom gelten. Dort können wir die Kreisbeschleunigung durch elementare Relationen sofort angeben. Der Betrag der Bahnbeschleunigung b und der Radius r der Kreisbahn hängen zusammen gemäß

$$m\omega^2 r = mb = \frac{q^2}{r^2} \tag{10.159}$$

Daraus erhalten wir $b = q^2/mr^2$ und damit

$$\ddot{p}^2 = q^2 b^2 = \frac{q^6}{m^2 r^4} \tag{10.160}$$

Die gesamte Strahlungsleistung ist dann wegen (10.139) gerade

$$W = \frac{2q^6}{3c^3 m^2 r^4} \tag{10.161}$$

Hierbei wurde berücksichtigt, dass auf der mikroskopischen Ebene natürlich keine Materie mehr vorhanden ist, also $\varepsilon = \mu = 1$ gilt. Die klassische mechanische Energie des Elektrons im elektrostatischen Feld des Atomkerns ist gegeben durch

$$E = \frac{m}{2}\omega^2 r^2 - \frac{q^2}{r} \tag{10.162}$$

Mit der Frequenz $\omega^2 = q^2/mr^3$ aus (10.159) erhält man

$$E = -\frac{q^2}{2r} \tag{10.163}$$

und damit

$$W = \frac{2^5}{3c^3 m^2 q^2} E^4 \tag{10.164}$$

Die Strahlungsleistung ist wegen des Energieerhaltungssatzes aber gerade der Energieverlust des Elektrons. Dadurch erhält man die Differentialgleichung

$$\frac{dE}{dt} = -\frac{2^5}{3c^3 m^2 q^2} E^4 = -\Gamma E^4 \tag{10.165}$$

Besitzt das Elektron zur Zeit $t = 0$ die Energie E_0 und damit den Radius r_0, dann verliert es ständig Energie. Die Lösung der Differentialgleichung lautet

$$-\frac{1}{E_0^3} + \frac{1}{E^3} = 3\Gamma t \tag{10.166}$$

Die Energie erreicht den Wert $-\infty$ nach einer Zeit

$$t_{\mathrm{Kat}} = -\frac{1}{3\Gamma E_0^3} = \frac{c^3 m^2 r_0^3}{4q^4} \tag{10.167}$$

d. h. nach dieser Zeit stürzt das Elektron in der Atomkern, und das Wasserstoffatom bricht zusammen (so genannte atomare Katastrophe). Setzt man die entsprechenden Massen, Radien und Ladungen ein, dann findet man im Widerspruch zur Realität nur eine sehr geringe Lebensdauer der Atome. Dass eine solche Katastrophe nicht beobachtet wird, liegt an der schon früher angedeuteten Widersprüchlichkeit der klassischen Theorie auf mikroskopischen Skalen. Hier gelten quantenmechanische Gesetze, welche die klassischen Modelle als Grenzfall auf mesoskopischen und makroskopischen Skalen enthalten.

10.9 Streuung an Elektronen

Unter dem Einfluss einer elektromagnetischen Welle werden Elektronen zu Schwingungen angeregt. Diese Schwingungen führen dazu, dass ein Teil der aufgenommenen Energie in Form von Strahlung wieder abgegeben wird. Als typisches Elektronenmodell benutzen wir das im Rahmen der Materialgleichungen bereits eingeführte Thomson'sche Atommodell. Die Anregung der Elektronen erfolgt über die Lorentz-Kraft. Ist die Geschwindigkeit der Elektronen nicht allzu groß, kann man den magnetischen Beitrag in der Lorentz-Kraft vernachlässigen.

Die eingestrahlte Welle sei monochromatisch und besitze die Frequenz ω. Dann ist das elektrische Feld an der Position des Elektrons gegeben durch

$$\boldsymbol{E} = \boldsymbol{E}_0 \exp(-\mathrm{i}\omega t) \tag{10.168}$$

Die Bewegungsgleichung des Elektrons lautet somit

$$m(\ddot{\boldsymbol{x}} + \gamma\dot{\boldsymbol{x}} + \Omega^2\boldsymbol{x}) = q\boldsymbol{E}_0 \exp(-\mathrm{i}\omega t) \tag{10.169}$$

und das Dipolmoment genügt der Bewegungsgleichung

$$m(\ddot{\boldsymbol{p}} + \gamma\dot{\boldsymbol{p}} + \Omega^2\boldsymbol{p}) = q^2\boldsymbol{E}_0 \exp(-\mathrm{i}\omega t) \tag{10.170}$$

Wir erhalten also mit dem Ansatz $\boldsymbol{p}(t) = \boldsymbol{p}(\omega)\exp\{-\mathrm{i}\omega t\}$ die frequenzabhängige Amplitude des mikroskopischen Dipolmoments

$$\boldsymbol{p}(\omega) = \frac{q^2\boldsymbol{E}_0}{m(-\omega^2 - \mathrm{i}\gamma\omega + \Omega^2)} \tag{10.171}$$

und damit

$$\ddot{\boldsymbol{p}} = \frac{q^2 \boldsymbol{E}_0 \omega^2}{m\left(\omega^2 + \mathrm{i}\gamma\omega - \Omega^2\right)} \exp(-i\omega t) \tag{10.172}$$

Wie bereits in Abschnitt 9.5.2.1 angemerkt, sind weder die Polarisation noch deren zeitliche Ableitungen komplex. In der komplexen Darstellung werden lediglich zwei unabhängige Lösungen vereinigt. Daher können wir uns jetzt auf den Realteil beschränken. Der Poynting-Vektor ist mit (10.89) gegeben durch

$$\boldsymbol{S} = \frac{\boldsymbol{n}\left(\boldsymbol{E}_0^2 \boldsymbol{n}^2 - (\boldsymbol{E}_0 \boldsymbol{n})^2\right)}{4\pi\varepsilon\bar{c}^3 |\boldsymbol{x}|^2} \left(\Re\left[\frac{q^2\omega^2}{m\left(\omega^2 + i\gamma\omega - \Omega^2\right)} \exp(-\mathrm{i}\omega t)\right]\right)^2 \tag{10.173}$$

oder

$$\boldsymbol{S} = \frac{\boldsymbol{n}\left(\boldsymbol{E}_0^2 \boldsymbol{n}^2 - (\boldsymbol{E}_0 \boldsymbol{n})^2\right)}{4\pi\varepsilon\bar{c}^3 |\boldsymbol{x}|^2} \left(\frac{q^2\omega^2\left[\left(\omega^2 - \Omega^2\right)\cos\omega t + \gamma\omega\sin\omega t\right]}{m\left[\left(\omega^2 - \Omega^2\right)^2 + \gamma^2\omega^2\right]}\right)^2 \tag{10.174}$$

Die Mittelung über eine Schwingungsperiode liefert schließlich den effektiven Poynting-Vektor

$$\boldsymbol{S} = \frac{\boldsymbol{n}}{8\pi\varepsilon\bar{c}^3 |\boldsymbol{x}|^2} \frac{q^4\omega^4}{m^2\left[\left(\omega^2 - \Omega^2\right)^2 + \gamma^2\omega^2\right]} \left\{\boldsymbol{E}_0^2 \boldsymbol{n}^2 - (\boldsymbol{E}_0 \boldsymbol{n})^2\right\} \tag{10.175}$$

Die Strahlung verschwindet in Richtung des elektrischen Feldvektors $\boldsymbol{E}_0$ der einfallenden monochromatischen Welle und ist senkrecht zum Erregerfeld am stärksten.

Die Gesamtleistung ist wieder durch Integration über den gesamten Raumwinkel bestimmt. Wählen wir die Richtung von $\boldsymbol{E}_0$ als Polarachse, dann erhalten wir mit $\boldsymbol{E}_0^2 \boldsymbol{n}^2 - (\boldsymbol{E}_0 \boldsymbol{n})^2 = E_0^2(1 - \cos\vartheta)$ nach der Integration über eine Kugelfläche im Abstand $\boldsymbol{x}$

$$W = \frac{1}{3\varepsilon\bar{c}^3} \frac{q^4\omega^4}{m^2\left[\left(\omega^2 - \Omega^2\right)^2 + \gamma^2\omega^2\right]} \boldsymbol{E}_0^2 \tag{10.176}$$

Wir können die Strahlungsleistung mit der Leistung freier Elektronen vergleichen. Diese sind als Grenzfall $\Omega = \gamma = 0$ im Thomson'schen Modell (10.169) enthalten. Wir bekommen hierfür eine frequenzunabhängige Leistung

$$W_{\text{frei}} = \frac{1}{3\varepsilon\bar{c}^3} \frac{q^4}{m^2} \boldsymbol{E}_0^2 \tag{10.177}$$

sodass sich die Streustrahlung des Thomson'schen Elektrons auch als

$$W = \frac{\omega^4}{\left(\omega^2 - \Omega^2\right)^2 + \gamma^2\omega^2} W_{\text{frei}} \tag{10.178}$$

darstellen lässt. Für niedrige Frequenzen $\omega \ll \Omega$ ist dann

$$W \approx \frac{\omega^4}{\Omega^4} W_{\text{frei}} \tag{10.179}$$

d. h. das gebundene Elektron streut wesentlich schwächer als ein freies Elektron. Die Abhängigkeit von der Frequenz wird als ω^4-Gesetz bezeichnet. Ist dagegen die Frequenz sehr groß ($\omega \gg \Omega$), dann ist

$$W \approx W_{\text{frei}} \tag{10.180}$$

Freie und gebundene Elektronen streuen demnach eine einfallende monochromatische Welle in der gleichen Weise. In der Nähe der Resonanzfrequenz $\omega \approx \Omega$ bekommt man dagegen

$$W \approx \frac{\Omega^2}{\gamma^2} W_{\text{frei}} \tag{10.181}$$

und bei kleinen Dämpfungen $\gamma \ll \Omega$ kann jetzt das gebundene Elektron wesentlich stärker als das freie Elektron streuen. Gewöhnlich liegt die Frequenz Ω im ultravioletten Bereich. Daher wird Licht in der Luft nach dem ω^4-Gesetz um so stärker gestreut, je höher die Frequenz ist. Das ist auch die Ursache dafür, das der unbewölkte Himmel blau erscheint: Die vom Himmel stammende, im Vergleich zur direkten Sonneneinstrahlung relativ geringe, Lichtmenge ist nichts weiter als die vom blauen Licht dominierte Streustrahlung der in der Atmosphäre enthaltenen Atome.

Würde die Sonnenstrahlung dagegen an Atomen oder Molekülen mit einer Resonanzfrequenz im Infrarotbereich gestreut, dann wäre die Streuung nur unwesentlich frequenzabhängig, und das Streuspektrum wäre dem Spektrum des einfallenden Lichtes gleich. Als Konsequenz hätten wir einen weißen Himmel.

10.10 *Ausstrahlung einer bewegten Punktladung

10.10.1 *Ladungs- und Stromdichten, Potentiale

Wir wollen nun das Potential und das elektromagnetische Feld bestimmen, das von einer sich im Vakuum[3] auf der Bahnkurve $\boldsymbol{r}(t)$ bewegenden Ladung q relativ zu einem ruhenden Beobachter in einem beliebigen Aufpunkt $\boldsymbol{x}$ hervorgerufen wird. Die Ladungsdichte im Punkt $\boldsymbol{x}'$ ist dann gegeben durch

$$\rho\left(\boldsymbol{x}', t\right) = q\,\delta\left(\boldsymbol{x}' - \boldsymbol{r}(t)\right) \tag{10.182}$$

3) Dort ist insbesondere $\varepsilon = \mu = 1$ und $\bar{c} = c$.

Die retardierte Dichte bezüglich des Aufpunkts $\boldsymbol{x}$ nimmt die Gestalt an:

$$\begin{aligned}\rho\left(x', t - \frac{|\boldsymbol{x}-\boldsymbol{x}'|}{c}\right) &= q\,\delta\left(\boldsymbol{x}' - \boldsymbol{r}\left(t - \frac{|\boldsymbol{x}-\boldsymbol{x}'|}{c}\right)\right) \\ &= q\int d\tau\,\delta(\boldsymbol{x}' - \boldsymbol{r}(\tau)) \\ &\quad\times \delta\left(\tau - t + \frac{|\boldsymbol{x}-\boldsymbol{x}'|}{c}\right)\end{aligned} \tag{10.183}$$

Deshalb erhalten wir mit (10.31) für das skalare Potential[4]

$$\begin{aligned}\varphi(\boldsymbol{x},t) &= q\int d^3x'\int d\tau\,\delta\left(\tau - t + \frac{|\boldsymbol{x}-\boldsymbol{x}'|}{c}\right)\frac{\delta(\boldsymbol{x}' - \boldsymbol{r}(\tau))}{|\boldsymbol{x}-\boldsymbol{x}'|} \\ &= q\int d\tau\,\delta\left(\tau - t + \frac{|\boldsymbol{x}-\boldsymbol{r}(\tau)|}{c}\right)\frac{1}{|\boldsymbol{x}-\boldsymbol{r}(\tau)|}\end{aligned} \tag{10.184}$$

Um die verbleibende δ-Funktion auszuwerten, beachtet man den Zusammenhang

$$\delta(F(t)) = \frac{\delta(t-t_0)}{|F'(t_0)|} \tag{10.185}$$

der für eine beliebige Funktion $F(t)$ gilt. Dabei ist t_0 die Lösung der Gleichung $F(t) = 0$ und $F'(t_0)$ die Ableitung von $F(t)$ an der Stellt t_0. Gibt es mehrere Lösungen t_I ($I = 1, \ldots, N$, dann ist $\delta(F(t))$ die Summe über die Einzelbeiträge zu den verschiedenen Lösungen

$$\delta(F(t)) = \sum_{I=1}^{N}\frac{\delta(t-t_I)}{|F'(t_I)|} \tag{10.186}$$

Wir benötigen zur Bestimmung von (10.184) also die Wurzel der Funktion

$$F(\tau) = \tau - t + \frac{|\boldsymbol{x}-\boldsymbol{r}(\tau)|}{c} \tag{10.187}$$

Diese sei τ_0 und folgt aus der Bestimmungsgleichung

$$c(\tau_0 - t) + |\boldsymbol{x} - \boldsymbol{r}(\tau_0)| = c(\tau_0 - t) + R(\tau_0) = 0 \tag{10.188}$$

Dabei ist $R(\tau_0)$ der Abstand zwischen Ladung und Aufpunkt zum Zeitpunkt τ_0, der um R/c früher als die Beobachtungszeit t liegt. Lösungen τ_0, die in der Zukunft liegen, werden unter Berücksichtigung des Kausalitätsprinzips ausgeschlossen. Für die Ableitung folgt dann

$$F'(\tau) = 1 - \frac{\boldsymbol{x}-\boldsymbol{r}(\tau)}{c\,|\boldsymbol{x}-\boldsymbol{r}(\tau)|}\dot{\boldsymbol{r}}(\tau) = 1 - \frac{\boldsymbol{R}(\tau)\,\boldsymbol{v}(\tau)}{cR(\tau)} \tag{10.189}$$

4) Wir interessieren uns hier nur für die spezielle Lösung der inhomogenen Gleichung. Wie sich herausstellt, ist diese auch die physikalisch richtige, sodass die homogene Lösung unwichtig ist.

mit $\boldsymbol{R}(\tau) = \boldsymbol{x} - \boldsymbol{r}(\tau)$. Damit erhalten wir für das skalare Potential

$$\varphi(\boldsymbol{x}, t) = \frac{qc}{|R(\tau_0)\, c - \boldsymbol{R}(\tau_0)\, \boldsymbol{v}(\tau_0)|} \tag{10.190}$$

wobei τ_0 zu jedem Zeitpunkt t aus der Retardierungsgleichung

$$c(\tau_0 - t) + R(\tau_0) = 0 \tag{10.191}$$

bestimmt werden muss. Das Vektorpotential kann auf die gleiche Weise berechnet werden. Hier muss man den Strom entsprechend

$$\boldsymbol{j}(\boldsymbol{x}, t) = q\boldsymbol{v}(t)\, \delta(\boldsymbol{x} - \boldsymbol{r}(t)) \tag{10.192}$$

definieren. Dadurch erhält man zunächst den retardierten Strom

$$\begin{aligned} \boldsymbol{j}\left(\boldsymbol{x}', t - \frac{|\boldsymbol{x} - \boldsymbol{x}'|}{c}\right) &= q\,\boldsymbol{v}\left(t - \frac{|\boldsymbol{x} - \boldsymbol{x}'|}{c}\right) \delta\left(\boldsymbol{x}' - \boldsymbol{r}\left(t - \frac{|\boldsymbol{x} - \boldsymbol{x}'|}{c}\right)\right) \\ &= q \int d\tau\, \boldsymbol{v}(\tau)\, \delta\big(\boldsymbol{x}' - \boldsymbol{r}(\tau)\big) \\ &\quad \times \delta\left(\tau - t + \frac{|\boldsymbol{x} - \boldsymbol{x}'|}{c}\right) \end{aligned} \tag{10.193}$$

Mit dem gleichen Vorgehen wie beim skalaren Potential folgt daraus das Vektorpotential

$$\boldsymbol{A}(\boldsymbol{x}, t) = \frac{q\boldsymbol{v}(\tau_0)}{R(\tau_0)\, c - \boldsymbol{R}(\tau_0)\, \boldsymbol{v}(\tau_0)} \tag{10.194}$$

Die retardierten Potentiale nach (10.190) und (10.194) werden als *Liénard-Wiechert'sche Potentiale* bezeichnet.

10.10.2 *Bestimmung der Feldstärken

Um die elektrische Feldstärke und die magnetische Induktion zu bestimmen, braucht man nur die Potentiale in die entsprechenden Gleichungen einzusetzen. Dazu benutzt man am besten die Komponentenschreibweise und geht analog wie bei der Berechnung der Strahlungsfelder des mathematischen Dipols vor. Hier soll nur das Ergebnis (siehe auch Aufgabe 10.1) angegeben werden. Das elektrische Feld ist bestimmt durch

$$\begin{aligned} \boldsymbol{E} &= q \frac{1 - v^2/c^2}{(R - \boldsymbol{R}\boldsymbol{v}/c)^3} \left(\boldsymbol{R} - \frac{R\boldsymbol{v}}{c}\right) \\ &+ \frac{q}{c^2} \frac{1}{(R - \boldsymbol{R}\boldsymbol{v}/c)^3} \left\{\boldsymbol{R} \times \left[\left(\boldsymbol{R} - \frac{R\boldsymbol{v}}{c}\right) \times \dot{\boldsymbol{v}}\right]\right\} \end{aligned} \tag{10.195}$$

Dabei sind alle Größen auf den rechten Seite zum Zeitpunkt τ_0 zu nehmen. Für die magnetische Induktion erhalten wir

$$\boldsymbol{B} = \frac{1}{R}\left(\boldsymbol{R} \times E\right) \tag{10.196}$$

wobei $\boldsymbol{R}$ und R wieder retardierte Größen sind. Bemerkenswert ist die Tatsache, dass das Magnetfeld immer senkrecht zum elektrischen Feld steht.

Das elektrische Feld setzt sich aus zwei Beiträgen zusammen: Der erste Term hängt nur von der Geschwindigkeit ab und stimmt mit dem Feld einer gleichförmig bewegten Ladung überein (vgl. Abschnitt 6.3.1). Dazu muss man nur die in diesem Fall einfach bestimmbare Zeit τ_0 eliminieren und erhält nach einigen algebraischen Umformungen das bereits im Rahmen der Elektrostatik abgeleitete Ergebnis.

Der zweite Term enthält die bei einer Beschleunigung freigesetzte Strahlung. Man erkennt diese Eigenschaft bereits daran, dass dieser Teil des elektrischen Felds mit R^{-1} fällt, während der statische Anteil sich wie R^{-2} verhält.

10.10.3 *Berechnung des Poynting-Vektors

Wir wollen nun die Strahlungsleistung des Teilchen bestimmen. Dazu bilden wir wieder den Poynting-Vektor

$$\boldsymbol{S} = \frac{c}{4\pi}\boldsymbol{E} \times \boldsymbol{B} \tag{10.197}$$

und beachten die Darstellung der magnetischen Induktion (10.196). Mit $\boldsymbol{n} = \boldsymbol{R}/R$ ist dann

$$\boldsymbol{S} = \frac{c}{4\pi}\boldsymbol{E} \times \left(\boldsymbol{n} \times E\right) = \frac{c}{4\pi}\left[\boldsymbol{n}E^2 - \boldsymbol{E}\left(\boldsymbol{n}E\right)\right] \tag{10.198}$$

Wir können jetzt das elektrische Feld in den Poynting-Vektor einsetzen. Dabei entstehen Terme der Ordnung R^{-4}, R^{-3} und R^{-2}. Die Beiträge der Ordnung R^{-4} und R^{-3} fallen auch nach der Integration über eine hinreichend weit entfernte Oberfläche mit R^{-2} und R^{-1} ab und spielen daher keine Rolle für die Bestimmung der Strahlungsleistung. Nur der Term in $\boldsymbol{S}$, der mit R^{-2} abklingt, liefert bei der Integration einen endlichen Wert. Ein Faktor R^{-2} entsteht aber nur bei alleiniger Verwendung des Beschleunigungsterms der elektrischen Feldstärke. Dieser Term liefert aber keinen Beitrag zu dem Skalarprodukt $\boldsymbol{n}E$. Damit haben wir eine radiale Ausstrahlung gemäß

$$\boldsymbol{S} = \frac{c}{4\pi}\boldsymbol{n}E^2_{\text{beschleu}} = \frac{q^2}{4\pi c}\boldsymbol{n}\frac{1}{R^2\left(1 - \boldsymbol{n}\boldsymbol{v}/c\right)^6}\left[\boldsymbol{n}\times\left[\left(\boldsymbol{n} - \frac{\boldsymbol{v}}{c}\right) \times \frac{\dot{\boldsymbol{v}}}{c}\right]\right]^2 \tag{10.199}$$

Das ist der Energiestrom, der zur Zeit t im Ort $\boldsymbol{x}$ ankommt. Erzeugt wurde er aber bereits während der Beschleunigung der Ladung zu einem früheren

Zeitpunkt τ_0, der sich als Lösung der Retardierungsgleichung ergibt. Wir bezeichnen die zum Zeitpunkt τ_0 produzierte und in das zu einem fernen Flächenelement df korrespondierende Raumwinkelelement $d\Omega$ entsandte Energie mit $dWd\tau_0$ und die Energiemenge, die zu einem späteren Zeitpunkt t das radial ausgerichtete Flächenelement df passiert, mit $d\widehat{W}dt$. Dann gilt

$$dWd\tau_0 = d\widehat{W}dt = \boldsymbol{S}d\boldsymbol{f}dt = R^2\,|\boldsymbol{S}|\,d\Omega dt \tag{10.200}$$

Daher ist die zur Zeit τ_0 in das Raumwinkelelement $d\Omega$ abgestrahlte Leistung gerade

$$\frac{dW}{d\Omega} = R^2\,|\boldsymbol{S}|\,\frac{dt}{d\tau_0} \tag{10.201}$$

Mit der Retardierungsgleichung (10.191) und $\boldsymbol{R}(t) = \boldsymbol{x} - \boldsymbol{r}(\tau)$ erhält man

$$\frac{dt}{d\tau_0} = 1 - \frac{\boldsymbol{R}\boldsymbol{v}}{cR} = 1 - \boldsymbol{n}\boldsymbol{v}c^{-1} \tag{10.202}$$

wobei alle Größen der rechten Seite wieder zur Zeit τ_0 zu nehmen sind. Damit ist dann die raumwinkelbezogene Leistung

$$\frac{dW}{d\Omega} = \frac{q^2}{4\pi c}\frac{1}{(1-\boldsymbol{n}\boldsymbol{v}/c)^5}\left[\boldsymbol{n}\times\left[\left(\boldsymbol{n}-\frac{\boldsymbol{v}}{c}\right)\times\frac{\dot{\boldsymbol{v}}}{c}\right]\right]^2 \tag{10.203}$$

Hier muss jetzt auf beiden Seiten der Gleichung das gleiche Zeitargument τ_0 verwendet werden.

10.11 *Bremsstrahlung

10.11.1 *Lineare Bremsbeschleunigung

Wird eine Ladung parallel zur Bewegungsrichtung gebremst, z. B. beim Auftreffen von Elektronen auf die Antikathode einer Röntgenröhre, dann ist $\boldsymbol{v} \parallel \dot{\boldsymbol{v}}$, und wir erhalten mit (10.203) sofort

$$\left[\boldsymbol{n}\times\left[\left(\boldsymbol{n}-\frac{\boldsymbol{v}}{c}\right)\times\frac{\dot{\boldsymbol{v}}}{c}\right]\right]^2 = \left[\boldsymbol{n}\times\left[\boldsymbol{n}\times\frac{\dot{\boldsymbol{v}}}{c}\right]\right]^2 = \frac{1}{c^2}\left(\dot{\boldsymbol{v}}^2 - [\boldsymbol{n}\dot{\boldsymbol{v}}]^2\right) \tag{10.204}$$

Wenn ϑ der Winkel zwischen der Geschwindigkeit bzw. der Beschleunigung und dem Einheitsvektor $\boldsymbol{n}$ in Richtung des Verbindungsvektors zwischen Ladung und Aufpunkt ist, schreibt man

$$\left[\boldsymbol{n}\times\left[\left(\boldsymbol{n}-\frac{\boldsymbol{v}}{c}\right)\times\frac{\dot{\boldsymbol{v}}}{c}\right]\right]^2 = \frac{1}{c^2}\dot{v}^2\sin^2\vartheta \tag{10.205}$$

Andererseits ist

$$1 - \frac{\boldsymbol{R}\boldsymbol{v}}{Rc} = 1 - \frac{v}{c}\cos\vartheta \tag{10.206}$$

Damit ist die Strahlung in Richtung ϑ gegeben durch

$$\frac{dW}{d\Omega} = \frac{q^2}{4\pi c^3} \frac{\dot{v}^2 \sin^2\vartheta}{\left(1 - \frac{v}{c}\cos\vartheta\right)^5} \tag{10.207}$$

Das Maximum der Strahlung in Bezug auf den Winkel ϑ erhält man aus der Gleichung

$$\frac{d}{d\cos\vartheta} \frac{\sin^2\vartheta}{\left(1 - \frac{v}{c}\cos\vartheta\right)^5} = \frac{d}{dz} \frac{1 - z^2}{\left(1 - \frac{v}{c}z\right)^5} = 0 \tag{10.208}$$

mit $z = \cos\vartheta$. Man erhält hieraus die algebraische Gleichung

$$\frac{5v - 3vz^2 - 2zc}{c\left(1 - \frac{v}{c}z\right)^6} = 0 \tag{10.209}$$

mit der Lösung

$$\cos\vartheta_{\max} = z_{\max} = \frac{c}{3v}\left[\sqrt{1 + \frac{15v^2}{c^2}} - 1\right] \tag{10.210}$$

Ist die Geschwindigkeit sehr klein, dann erhält man näherungsweise

$$\cos\vartheta_{\max} \approx \frac{5v}{2c} \to 0 \tag{10.211}$$

d. h. die Strahlung wird hauptsächlich senkrecht zur Bewegungsrichtung abgegeben. Für relativistisch bewegte Ladungen ist dagegen $v \approx c$, und wir erhalten

$$\cos\vartheta_{\max} \approx \frac{1}{3}\left[\sqrt{1 + 15} - 1\right] = 1 \tag{10.212}$$

Extrem energiereiche Partikel geben ihre Bremsstrahlung also hauptsächlich in Bewegungsrichtung ab.

10.11.2
*Kreisbewegung

In den Experimenten der hochenergetischen Teilchenphysik werden Radialbeschleuniger verwendet, in denen geladene Elementarteilchen oder daraus zusammengesetzten Partikel eine relativistische Kreisbewegung vollführen. Wegen der dabei auftretenden Radialbeschleunigung wird ständig Energie abgestrahlt. Da man in der Elementarteilchenphysik möglichst hohe Teilchenenergien erreichen möchte, ist diese Strahlung natürlich unerwünscht. Es gibt

Abb. 10.4 Intensität der Abstrahlung von elektromagnetischer Feldenergie beim linearen Bremsvorhang für kleine Ladungsgeschwindigkeiten (links) und Geschwindigkeiten nahe der Lichtgeschwindigkeit.

aber auch spezielle Beschleuniger, die nur zur Erzeugung dieser so genannten Synchrotronstrahlung betrieben werden; die Strahlung wird für Streuexperimente an Festkörpern und biologischen Systemen verwendet. Ihr Frequenzbereich reicht gewöhnlich von der UV-Strahlung bis zur harten Röntgenstrahlung.

Die Radialbeschleunigung steht senkrecht auf der Geschwindigkeit

$$\boldsymbol{v} \perp \dot{\boldsymbol{v}} \tag{10.213}$$

Wir führen nun zwei Winkel ein: ϕ ist der Winkel zwischen der Partikelgeschwindigkeit $\boldsymbol{v}$ und der Strahlungsrichtung $\boldsymbol{n}$, d. h. dem Einheitsvektor von der retardierten Position der Ladung zum Aufpunkt; ϑ ist der Winkel zwischen $\dot{\boldsymbol{v}}$ und $\boldsymbol{n}$ (Abb. 10.5).

$$\phi = \sphericalangle(\boldsymbol{n}, \boldsymbol{v}) \qquad \text{und} \qquad \vartheta = \sphericalangle(\boldsymbol{n}, \dot{\boldsymbol{v}}) \tag{10.214}$$

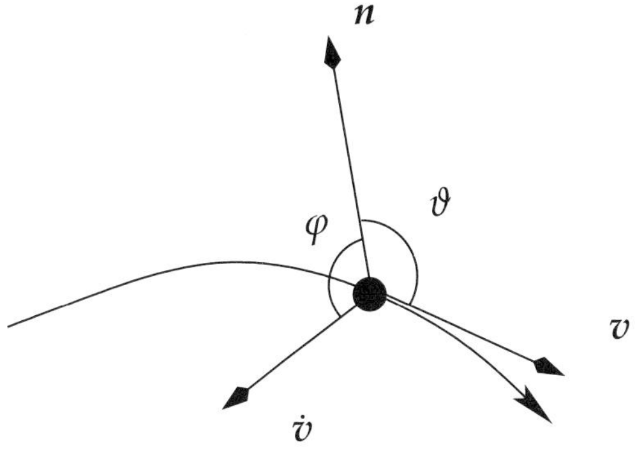

Abb. 10.5 Bewegte Punktladung auf einer gekrümmten Bahn. Veranschaulichung der Geometrie.

Der Zähler von (10.203) wird dann mit $\boldsymbol{u} = \boldsymbol{v}/c$

$$\begin{aligned}
Z &= [\boldsymbol{n} \times ((\boldsymbol{n} - \boldsymbol{u}) \times \dot{\boldsymbol{u}})]^2 \\
&= [(\boldsymbol{n} - \boldsymbol{u})(\boldsymbol{n}\dot{\boldsymbol{u}}) - \dot{\boldsymbol{u}}\,(\boldsymbol{n}(\boldsymbol{n} - \boldsymbol{u}))]^2 \qquad (10.215) \\
&= [(\boldsymbol{n} - \boldsymbol{u})(\boldsymbol{n}\dot{\boldsymbol{u}}) - \dot{\boldsymbol{u}}\,(1 - \boldsymbol{n}\boldsymbol{u})]^2 \\
&= (\boldsymbol{n} - \boldsymbol{u})^2\,(\boldsymbol{n}\dot{\boldsymbol{u}})^2 - 2(\boldsymbol{n} - \boldsymbol{u})\dot{\boldsymbol{u}}\,(\boldsymbol{n}\dot{\boldsymbol{u}})\,(1 - \boldsymbol{n}\boldsymbol{u}) \\
&+ \dot{\boldsymbol{u}}^2\,(1 - \boldsymbol{n}\boldsymbol{u})^2 \\
&= \left(1 - 2\boldsymbol{n}\boldsymbol{u} + \boldsymbol{u}^2\right)(\boldsymbol{n}\dot{\boldsymbol{u}})^2 - 2\,(\boldsymbol{n}\dot{\boldsymbol{u}})^2\,(1 - \boldsymbol{n}\boldsymbol{u}) \\
&+ \dot{\boldsymbol{u}}^2\left(1 - 2\boldsymbol{n}\boldsymbol{u} + (\boldsymbol{n}\boldsymbol{u})^2\right) \\
&= \dot{\boldsymbol{u}}^2\left[1 - 2\boldsymbol{n}\boldsymbol{u} + (\boldsymbol{n}\boldsymbol{u})^2 + \left(1 + \boldsymbol{u}^2\right)\cos^2\vartheta - 2\cos^2\vartheta\right] \\
&= \dot{u}^2\left[(1 - u\cos\phi)^2 - \left(1 - u^2\right)\cos^2\vartheta\right] \qquad (10.216)
\end{aligned}$$

Setzen wir dieses Ergebnis in (10.203) ein, dann erhalten wir die Energieabstrahlung in das Raumwinkelelement $d\Omega$:

$$\frac{dW}{d\Omega} = \frac{q^2}{4\pi c}\frac{\dot{u}^2}{(1 - u\cos\phi)^3}\left[1 - \frac{(1 - u^2)\cos^2\vartheta}{(1 - u\cos\phi)^2}\right] \qquad (10.217)$$

Diese Formel ist die relativistische Erweiterung zu dem in Abschnitt 10.7 untersuchten Abstrahlungsverhalten. Beim Vergleich beider Ergebnisse muss man beachten, dass die klassischen Ergebnisse bereits über einen Umlauf des geladenen Teilchens gemittelt, die hier vorliegenden Strahlungsleistungen aber noch zeitlich lokal sind.

Wir wollen noch kurz zwei Sonderfälle diskutieren:

1. Bei Abstrahlung in der Ebene senkrecht zur Partikelbeschleunigung $\dot{\boldsymbol{v}}$ ist $\vartheta = \pi/2$ und deshalb

$$\frac{dW}{d\Omega} = \frac{q^2}{4\pi c}\frac{\dot{u}^2}{(1 - u\cos\phi)^3} \qquad (10.218)$$

2. Die Abstrahlung in die von der Partikelgeschwindigkeit und der Partikelbeschleunigung aufgespannte $\boldsymbol{v}$-$\dot{\boldsymbol{v}}$-Ebene entspricht der Situation, dass die beiden Winkel ϑ und φ über $\cos\vartheta = \cos(90^\circ - \phi) = \sin\phi$ verbunden sind. In diesem Fall erhalten wir

$$\frac{dW}{d\Omega} = \frac{q^2}{4\pi c}\frac{\dot{u}^2}{(1 - u\cos\phi)^3}\left[1 - \frac{(1 - u^2)\sin^2\phi}{(1 - u\cos\phi)^2}\right] \qquad (10.219)$$

Diese Strahlungsleistung hat eine Nullstelle bei $\cos\phi = u$. Für kleine Bahngeschwindigkeiten (also $u \ll 1$) gibt es keine Abstrahlung in Richtung der Bahnnormalen, bei $|\boldsymbol{v}| \approx c$ verschwindet dagegen der Feldenergiestrom in Tangentialrichtung der Bahn.

10.12 *Čerenkov-Strahlung

Zum Abschluss dieses Kapitels wollen wir die gleichförmige Bewegung von Ladungen mit der Geschwindigkeit $\boldsymbol{v}$ durch ein transparentes Medium betrachten. Die Potentiale sind dann bis auf eine unwesentliche Skalierung infolge der Berücksichtigung der Permeabilitäten die Liénard-Wiechert'schen Potentiale nach (10.190) und (10.194). Allerdings tritt in den retardierten Argumenten jetzt anstelle der Vakuumlichtgeschwindigkeit die Ausbreitungsgeschwindigkeit elektromagnetischer Wellen in dem jeweiligen Medium $\bar{c}$.

Die gleichförmige Bewegung können wir mit der Bahnkurve

$$\boldsymbol{r}(t) = \boldsymbol{r}_0 + \boldsymbol{v}t \tag{10.220}$$

beschreiben, wobei $\boldsymbol{r}_0$ die Position des Partikels zur Zeit $t = 0$ beschreibt. In diesem Falle lautet die Retardierungsgleichung (10.188)

$$\begin{aligned} \bar{c}(t-\tau_0) &= |\boldsymbol{x} - \boldsymbol{r}(\tau_0)| = |\boldsymbol{x} - \boldsymbol{r}_0 - \boldsymbol{v}\tau_0| \\ &= |\boldsymbol{x} - \boldsymbol{r}_0 - \boldsymbol{v}t + \boldsymbol{v}(t-\tau_0)| \\ &= |\boldsymbol{x} - \boldsymbol{r}(t) + \boldsymbol{v}(t-\tau_0)| \end{aligned} \tag{10.221}$$

Dabei ist $\boldsymbol{R}(t) = \boldsymbol{x} - \boldsymbol{r}(t)$ der Vektor von der aktuellen Position der Ladung zum Aufpunkt. Die Retardierungsgleichung kann nun nach $t - \tau_0$ umgestellt werden. Dazu quadriert man (10.221)

$$(\bar{c}^2 - v^2)(t-\tau_0)^2 - 2\boldsymbol{v}\boldsymbol{R}(t)(t-\tau_0) - \boldsymbol{R}^2(t) = 0 \tag{10.222}$$

und gelangt so zu der Doppellösung

$$t - \tau_0 = R(t)\frac{v\cos\alpha \pm \bar{c}\sqrt{1-\frac{v^2}{\bar{c}^2}\sin^2\alpha}}{\bar{c}^2 - v^2} \tag{10.223}$$

$\alpha = \sphericalangle(\boldsymbol{R}, \boldsymbol{v})$ ist dabei der Winkel zwischen der Partikelgeschwindigkeit und dem aktuellen Vektor zum Aufpunkt (Abb. 10.6). Um die Liénard-Wiechert'schen Potentiale entsprechend (10.190) und (10.194) zu bestimmen, benötigen wir noch den Ausdruck

$$R(\tau_0)\,\bar{c} - \boldsymbol{R}(\tau_0)\,\boldsymbol{v} = R(\tau_0)\,\bar{c} - \boldsymbol{R}(t)\,\boldsymbol{v} - v^2(t-\tau_0) \tag{10.224}$$

Hieraus erhalten wir wegen $\bar{c}(t-\tau_0) = R(\tau_0)$ (siehe (10.221)) und durch Einsetzen der Lösungen der Retardierungsgleichung (10.223):

$$\begin{aligned} R(\tau_0)\,\bar{c} - \boldsymbol{R}(\tau_0)\,\boldsymbol{v} &= (c^2 - v^2)(t-\tau_0) - \boldsymbol{R}(t)\boldsymbol{v} \\ &= \pm R(t)\,\bar{c}\sqrt{1-\frac{v^2}{\bar{c}^2}\sin^2\alpha} \end{aligned} \tag{10.225}$$

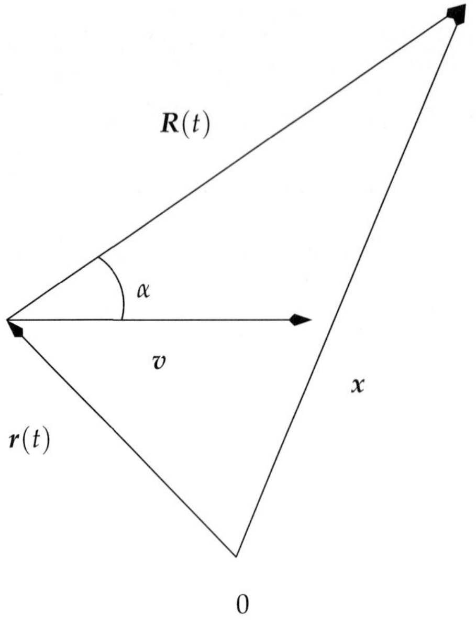

Abb. 10.6 Gleichförmige Bewegung. Veranschaulichung der Geometrie.

Wir haben mit (10.223) zwei verschiedene Lösungen der Retardierungsgleichung gefunden und müssen uns nun fragen, ob beiden Lösungen auch ein physikalischer Sinn zukommt. Aus physikalischen Gründen muss $t - \tau_0$ reell und wegen der Retardierungsbedingung positiv sein.

Eine genaue mathematische Analyse verlangt, dass wir zwischen den beiden Fällen $v < \overline{c}$ und $v > \overline{c}$ unterscheiden. Der zweite Fall scheint zunächst der Relativitätstheorie zu widersprechen, nach der keine Geschwindigkeit größer als die Lichtgeschwindigkeit möglich ist. Die eigentliche Grenzgeschwindigkeit ist aber die Lichtgeschwindigkeit des Vakuums. Bewegt sich ein Teilchen aber in einem Medium der Brechzahl n, dann ist dort die Lichtgeschwindigkeit $\overline{c} = c/n < c$ und damit kleiner als die Vakuumlichtgeschwindigkeit. Ein Teilchen kann sich daher durchaus mit einer Geschwindigkeit v durch ein Medium bewegen, die größer als die Lichtgeschwindigkeit in diesem Material und kleiner als die Vakuumlichtgeschwindigkeit ist.

1. Erster Fall $(v < \overline{c})$
   Nach (10.223) ist in diesem Fall die Wurzel und damit $t - \tau$ stets reell. Weiterhin ist eine der beiden Lösungen (10.223) stets positiv, die andere stets negativ. Damit kommt wegen des Kausalitätsgesetzes nur

$$t - \tau_0 = R(t) \frac{v \cos\alpha + \overline{c}\sqrt{1 - (v^2/\overline{c}^2)\sin^2\alpha}}{\overline{c}^2 - v^2} \tag{10.226}$$

als Lösung der Retardierungsgleichung in Frage. Beachtet man noch (10.225), dann folgt mit (10.190) für das skalare Potential[5]:

$$\varphi(\boldsymbol{x}, t) = \frac{1}{\varepsilon} \frac{q}{|\boldsymbol{x} - \boldsymbol{r}(t)| \sqrt{1 - (v^2/\bar{c}^2) \sin^2 \alpha}} \tag{10.227}$$

Dabei ist α als Winkel zwischen $\boldsymbol{v}$ und $\boldsymbol{R}(t)$ eine Funktion, die von der Lage des Aufpunkts und der aktuellen Position des geladenen Partikels bestimmt wird.

2. Zweiter Fall $(v > \bar{c})$
Damit für $v > \bar{c}$ physikalisch akzeptable Lösungen vorliegen, muss der Winkel α folgende Bedingung erfüllen

$$\pi - \arcsin \frac{\bar{c}}{v} < \alpha \leq \pi \tag{10.228}$$

Um diese Ungleichung zu beweisen, benutzen wir zuerst die Lösungen (10.223) der Retardierungsgleichung. Die hier auftretende Wurzel verlangt

$$\sin^2 \alpha < \frac{\bar{c}^2}{v^2} \tag{10.229}$$

Außerdem verlangt die Kausalitätsbedingung $t - \tau_0 > 0$. Deshalb müssen Zähler und Nenner in (10.223) das gleiche Vorzeichen haben. Um diese Fälle herauszufiltern, bedienen wir uns zunächst einer Ungleichungskette, die für $v > \bar{c}$ und der Bedingung (10.229) stets erfüllt ist:

$$\begin{aligned} v|\cos \alpha| = v\sqrt{1 - \sin^2 \alpha} &\geq v\sqrt{1 - \frac{v^2}{\bar{c}^2} \sin^2 \alpha} \\ &\geq \bar{c}\sqrt{1 - \frac{v^2}{\bar{c}^2} \sin^2 \alpha} \end{aligned} \tag{10.230}$$

Damit ist der Betrag des ersten Terms im Zähler von Gleichung (10.223) unter den oben genannten Bedingungen immer größer als der Betrag des zweiten Terms. Der Nenner $\bar{c}^2 - v^2$ ist aber immer negativ. Also muss auch der Zähler negativ werden. Das ist aber nur möglich, wenn $\cos \alpha < 0$ ist. Wegen (10.229) und weil α als Polarwinkel zwischen $\boldsymbol{v}$ und $\boldsymbol{R}$ zwischen 0 und π liegt, erhalten wir die Ungleichung (10.228).

5) Bei der Bewegung eines Teilchens in einem Medium der Lichtgeschwindigkeit $\bar{c}$ ist wegen (10.183) im Potential (10.190) die Vakuumlichtgeschwindigkeit c durch die Materiallichtgeschwindigkeit $\bar{c}$ zu ersetzen

Die Potentiale sind dann natürlich auch nur in diesem Winkelbereich existent. Weil in diesem Winkelbereich aber beide Lösungen der Retardierungsgleichung (10.223) existieren, müssen diese auch in den Potentialen berücksichtigt werden.

Tatsächlich zeigt die Rechnung unter Beachtung von (10.225), dass wir für das skalare Potential in beiden Fällen denselben Beitrag erhalten, insgesamt also

$$\varphi(\boldsymbol{x}, t) = \frac{2\varepsilon^{-1} q}{|\boldsymbol{x} - \boldsymbol{r}(t)| \sqrt{1 - (v^2/\bar{c}^2) \sin^2 \alpha}} \tag{10.231}$$

Wir wollen die erhalten Ergebnisse kurz diskutieren. Für $\alpha = \pi$ erhalten wir offensichtlich

$$\varphi(\boldsymbol{x}, t) = \frac{2\varepsilon^{-1} q}{|\boldsymbol{x} - \boldsymbol{r}(t)|} \tag{10.232}$$

Liegt der Aufpunkt genau hinter dem sich fortbewegenden Partikel, dann registriert ein Beobachter an dieser Stelle das gewöhnliche Coulomb-Potential.

Wir wollen nun den Verlauf einer Äquipotentialfläche für große Entfernungen des Aufpunkts von der momentanen Position des Partikels bestimmen. Hier gilt

$$\lim_{R \to \infty} \varphi(\boldsymbol{x}, t) = \lim_{R \to \infty} \frac{2q}{R \underbrace{\sqrt{1 - \frac{v^2}{\bar{c}^2} \sin^2 \alpha}}_{0}} = \text{konst.} \tag{10.233}$$

Damit das Resultat endlich bleibt, muss die Wurzel verschwinden. Als notwendige Bedingungen dafür erhalten wir

$$\sin^2 \alpha^* = \frac{\bar{c}^2}{v^2} \tag{10.234}$$

Das asymptotische Verhalten jeder Äquipotentialfläche wird durch diesen Ausdruck definiert. Damit hat jede dieser Flächen die gleiche asymptotische Struktur. Wir erhalten also in hinreichend großer Entfernung von der Position des Teilchens eine kegelartige Wellenfront, deren Öffnungswinkel α^* durch (10.234) bestimmt ist (Abb. 10.7). Um die Geschwindigkeit der Front zu bestimmen, genügen einfache elementargeometrische Überlegungen. Die Front breitet sich senkrecht zur Kegelfläche aus. Damit steht der Normalenvektor der Wellenfront mit dem Winkel $\theta = \alpha^* - \pi/2$ zur Ausbreitungsrichtung des Partikels. Da sich die Ladung innerhalb der Zeit dt um $dl = v dt$ verschiebt, gilt für die gleichzeitige Translation der Wellenfront:

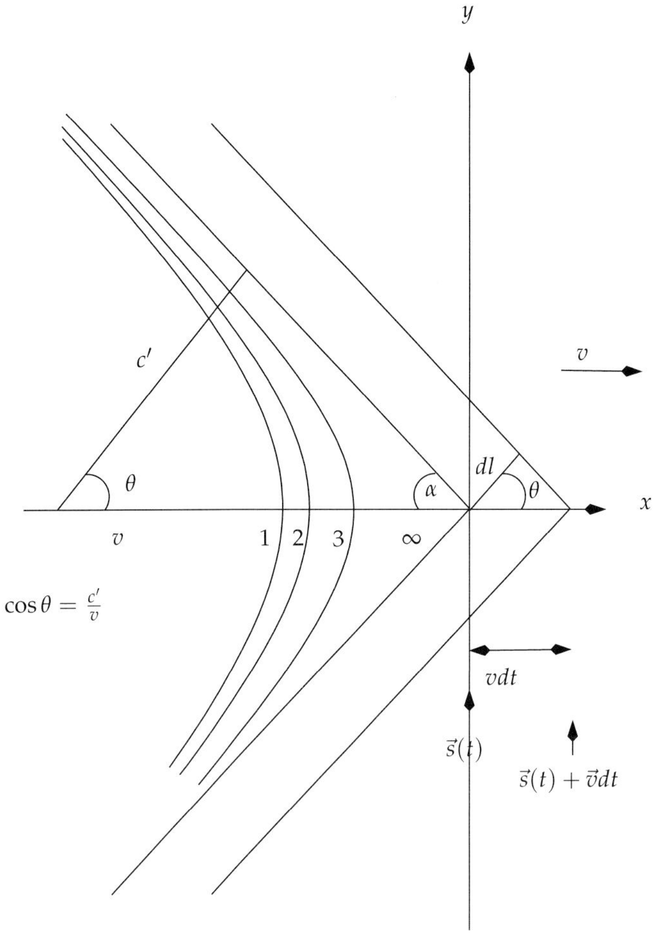

Abb. 10.7 Schematische geometrische Darstellung der Wellenfront bei der Čerenkov-Strahlung.

$$dl' = v\,dt\,\cos\theta = v\,dt\frac{\bar{c}}{v} \tag{10.235}$$

Damit hat die Wellenfront die Geschwindigkeit

$$v_{\text{front}} = \frac{dl'}{dt} = v\,\cos\theta = v\frac{\bar{c}}{v} = \bar{c} \tag{10.236}$$

Die Wellenfront breitet sich also mit der Geschwindigkeit des Lichts $\bar{c}$ im Medium aus. Da die Potentiale[6] nur in dem nach hinten gerichteten Kegel mit dem durch (10.234) bestimmten Öffnungswinkel existieren, gibt es natürlich

6) Die Aussagen für das skalare Potential lassen sich problemlos auf das Vektorpotential übertragen.

auch nur in diesem Winkelbereich ein elektromagnetisches Feld. Elektromagnetische Energie kann also nur in diesen Kegel abgestrahlt werden. Man bezeichnet diese Strahlung als Čerenkov-Strahlung; in der älteren Literatur findet man auch die Bezeichnung Tscherenkow-Strahlung. Die Strahlung wird in der Teilchenphysik bei den so genannten Čerenkov-Zählern zur Teilchendetektion verwendet. Wie wir gesehen haben, tritt sie immer dann auf, wenn geladene Teilchen sich in einem Medium mit einer Geschwindigkeit $|\boldsymbol{v}|$ bewegen, die größer als die Lichtgeschwindigkeit $\bar{c}$ in diesem Medium ist.

Den Kegel, innerhalb dem das Potential nicht verschwindet, nennt man den *Mach'schen Kegel*. Solche Kegel treten immer dann auf, wenn die Teilchengeschwindigkeit größer als die Wellengeschwindigkeit in dem Medium ist.

Aufgaben

10.1 Leiten Sie aus den Liénard-Wiechert'schen Potentialen nach (10.190) und (10.194) die zugehörigen elektrischen und magnetischen Felder $\boldsymbol{E}$ und $\boldsymbol{B}$ gemäß (10.195) und (10.196) ab.

10.2 Bestimmen Sie die zeitliche Abhängigkeit der Energie eines geladenen Teilchens, das sich auf einer Kreisbahn in einem homogenen Magnetfeld bewegt und Energie durch Strahlung absendet.

10.3 Zeigen Sie explizit, dass für eine konstante Geschwindigkeit $\boldsymbol{v}$ die aus den Liénard-Wiechert'schen Potentialen gewonnenen Felder $\boldsymbol{E}$ und $\boldsymbol{B}$ in die elektromagnetischen Felder übergehen, die man aus dem elektrischen Feld einer ruhenden Ladung mithilfe der Lorentz-Transformation gewinnen kann. Vergleichen Sie hierzu die Gleichungen (6.44), (6.45) und (6.50).

10.4 N Ladungen der Stärke q bewegen sich mit konstantem Betrag der Geschwindigkeit auf einer beliebigen, aber geschlossenen Bahnkurve, sodass aufeinanderfolgende Partikel stets den gleichen Abstand δ haben. Zeigen Sie, ausgehend von den Liénard-Wiechert'schen Potentialen, dass diese Anordnung im Grenzfall $N \to \infty$, $q \to 0$ und $\delta \to 0$ bei konstanter Gesamtladung Nq und Ladungsdichte q/δ keine Strahlung aussendet und die zugehörigen elektrischen und magnetischen Felder die bekannten statischen Konfigurationen annehmen.

10.5 Beweisen Sie, dass eine kugelsymmetrische radiale Stromverteilung der Struktur $\boldsymbol{j}(\boldsymbol{x}, t) = j(|\boldsymbol{x}|, t)\boldsymbol{x}/|\boldsymbol{x}|$ keine Strahlung aussendet.
Hinweis: Zeigen Sie zunächst, dass sich sowohl das skalare Potential als auch das Vektorpotential als zentralsymmetrische Felder dargestellen lassen und deshalb kein magnetisches Feld entstehen kann.

Maple-Aufgaben

10.I Veranschaulichen Sie die zeitliche Evolution der elektromagnetischen Felder eines mathematischen Dipols.

10.II Bestimmen Sie das Intensitätsverhältnis zwischen den verschiedenen monochromatischen Wellen, die von einer Ladung auf einer elliptischen Bahn im Coulomb-Feld einer unbeweglichen Zentralladung abgestrahlt werden.

10.III Entwickeln sie das elektromagnetische Feld einer sich geradlinig gleichförmig bewegenden Ladung nach ebenen Wellen.

10.IV Vier betragsmäßig gleiche Ladungen befinden sich in den Eckpunkten eines Quadrats, sodass sich die jeweils gleichen Ladungen auf den beiden Diagonalen gegenüberstehen. Das Quadrat rotiere mit konstanter Geschwindigkeit um eine Achse durch den Schnittpunkt der Diagonalen, die senkrecht zur Ebene des Quadrats steht. Bestimmen Sie die Dynamik des skalaren Potentials in hinreichend weiter Entfernung von der Ladungsanordnung.

10.V Bestimmen Sie die totale Strahlungsleistung einer beliebig bewegten Ladung ausgehend von Gleichung (10.203).

11 Optik

11.1 Kirchhoff'sche Wellenformel

11.1.1 Die reduzierte Wellengleichung und ihre Lösung

Innerhalb der klassischen Optik spielt der vektorielle Charakter der elektromagnetischen Felder einer monochromatischen Welle keine Rolle. Entscheidend sind nur der Strahlengang, d. h. die lokale Orientierung der Wellenvektoren und die Intensitäten der Wellen. Wir wollen uns zunächst der Behandlung elektromagnetischer Wellen beim Durchgang durch Öffnungen in Schirmen oder anderen, größtenteils undurchlässigen Objekten zuwenden. Da solche optischen Apparaturen meist in Luft oder Vakuum verwendet werden, können wir aus physikalischer Sicht einige bedeutende Vereinfachungen vornehmen. Im Vakuum stehen bekanntlich elektrisches Feld und magnetische Induktion (magnetisches Feld) monochromatischer Wellen stets senkrecht aufeinander, und die Amplituden beider Felder befinden sich in einem festen, frequenzunabhängigen Verhältnis. Daher genügt ein Parameter zur Charakterisierung der Felder. Deshalb kann man in den Vakuum-Wellengleichungen die Vektorfelder durch eine skalare Amplitudenfunktion ersetzen, die so genannte *Lichterregung*

$$\widehat{u}\left(\boldsymbol{x},t\right)=\widehat{u}_0\left(\boldsymbol{x}\right)\exp\left\{\mathrm{i}\omega t\right\} \tag{11.1}$$

Man erhält damit die freie Wellengleichung

$$\Box\widehat{u}\left(\boldsymbol{x},t\right)=\left(\Delta-\frac{1}{c^2}\frac{\partial^2}{\partial t^2}\right)\widehat{u}\left(\boldsymbol{x},t\right)=\left(\Delta+\frac{\omega^2}{c^2}\right)\widehat{u}_0\left(\boldsymbol{x}\right)\exp\left\{\mathrm{i}\omega t\right\}=0 \tag{11.2}$$

Unter Beachtung der Dispersionsrelation folgt hieraus die *reduzierte Wellengleichung*

$$\left(\Delta+k^2\right)\widehat{u}_0\left(\boldsymbol{x}\right)=0 \tag{11.3}$$

Theoretische Physik II: Elektrodynamik. Peter Reineker, Michael Schulz, Beatrix M. Schulz

ISBN: 3-527-40642-5

Da sowohl die Energiedichte als auch der Energiestrom quadratische Funktionen der Feldstärken sind, ist die Intensität der Welle proportional zu

$$|\widehat{u}(\boldsymbol{x},t)|^2 = |\widehat{u}_0(\boldsymbol{x})|^2 \tag{11.4}$$

Natürlich lassen sich mit dieser vereinfachten Darstellung der Wellengleichung nicht mehr alle optischen Phänomene beschreiben. So können wir z. B. Polarisationserscheinungen nicht mit einer skalaren Amplitude erfassen.

Das so genannte optische Problem besteht darin, dass die von einer entfernten Lichtquelle Q ausgehenden Wellen auf einen Schirm treffen und dort gebeugt werden. Das Ziel unserer Überlegungen ist es, die Intensität dieser Beugungsstrahlung an einer beliebigen Stelle A (Aufpunkt) hinter dem Schirm (vgl. Abbildung 11.1 auf S. 388) zu berechnen.

Dazu gehen wir davon aus, dass der Schirm ein gewisses Gebiet G außerhalb der Lichtquelle vom restlichen Raum abtrennt. Der Schirm ist somit die Fläche ∂G des als abgeschlossen[1] angenommenen Gebiets G. An allen Öffnungen des Schirms werden die Werte $\widehat{u}_0(\boldsymbol{x})$ und $\nabla\widehat{u}_0(\boldsymbol{x})$ angenommen, die dort auch zu finden wären, wenn der Schirm nicht vorhanden wäre. Mit Ausnahme der Öffnungen gilt auf dem ganzen Schirm

$$\widehat{u}_0(\boldsymbol{x}) = \nabla\widehat{u}_0(\boldsymbol{x}) = 0 \tag{11.5}$$

Die letzte Annahme ist ein reines Postulat, das die Materialeigenschaften nicht korrekt berücksichtigt. Im Prinzip wird der Schirm als ideal schwarz angesehen. Trotzdem kann man auch bei realen Systemen mit dieser Randbedingung sehr gute Resultate erzielen. Wir legen jetzt im Gebiet G einen Punkt A mit den Koordinaten $\boldsymbol{x}_0$ fest, an dem wir die Intensität der elektromagnetischen Strahlung bestimmen wollen. Um diesen Punkt legen wir eine infinitesimal kleine Kugel K vom Radius R.

Desweiteren definieren wir die Funktion

$$v(\boldsymbol{x}) = \frac{\exp\{ik|\boldsymbol{x}-\boldsymbol{x}_0|\}}{|\boldsymbol{x}-\boldsymbol{x}_0|} \tag{11.6}$$

die in jedem Punkt des Gebiets G mit Ausnahme des Punkts A stetig ist. Diese Funktion genügt der reduzierten homogenen Wellengleichung. Zum Beweis nutzen wir die Abkürzung $\beta = |\boldsymbol{x}-\boldsymbol{x}_0|$ und erhalten damit

$$\nabla\beta = \frac{\boldsymbol{x}-\boldsymbol{x}_0}{|\boldsymbol{x}-\boldsymbol{x}_0|} \qquad \text{und} \qquad \Delta\beta = \nabla\frac{\boldsymbol{x}-\boldsymbol{x}_0}{|\boldsymbol{x}-\boldsymbol{x}_0|} = \frac{2}{|\boldsymbol{x}-\boldsymbol{x}_0|} = \frac{2}{\beta} \tag{11.7}$$

Setzt man $v(\boldsymbol{x})$ in die reduzierte Wellengleichung ein, so wird deren linke Seite

$$\left(\Delta + k^2\right) v(\boldsymbol{x}) = \left(\Delta + k^2\right) \frac{\exp\{ik\beta\}}{\beta} \tag{11.8}$$

1) Das Gebiet G kann gegebenenfalls über das Unendliche geschlossen werden.

Wir verwenden weiter

$$\nabla v = v\left(\mathrm{i}k - \frac{1}{\beta}\right)\nabla\beta \tag{11.9}$$

und

$$\Delta v = v\left(\frac{2}{\beta^2} - k^2 - \frac{2\mathrm{i}k}{\beta}\right)(\nabla\beta)^2 + v\left(\mathrm{i}k - \frac{1}{\beta}\right)\Delta\beta \tag{11.10}$$

Damit ist wegen $(\nabla\beta)^2 = 1$ und (11.7)

$$\left(\Delta + k^2\right) v(\boldsymbol{x}) = 0 \tag{11.11}$$

Wenn aber $v(\boldsymbol{x})$ der reduzierten Wellengleichung genügt und $\widehat{u}_0(\boldsymbol{x})$ diese Gleichung nach Voraussetzung erfüllen muss , dann gilt natürlich auch

$$\widehat{u}_0\Delta v - v\Delta\widehat{u}_0 = vk^2\widehat{u}_0 - \widehat{u}_0 k^2 v = 0 \tag{11.12}$$

Wir können jetzt den zweiten Green'schen Satz auf diese Relation anwenden. Als Integrationsgebiet nehmen wir das Gebiet G mit Ausnahme der kleinen Kugel um den Punkt A. Wir erhalten damit

$$0 = \int\limits_{G\backslash K} dV \left[\widehat{u}_0\Delta v - v\Delta\nabla\widehat{u}_0\right] = \oint\limits_{\partial(G\backslash K)} d\boldsymbol{f}\left[\widehat{u}_0\nabla v - v\nabla\widehat{u}_0\right] \tag{11.13}$$

Das Oberflächenintegral über den Rand $\partial(G\backslash K)$ des Gebiets wird in einen Beitrag des Schirms und einen der infinitesimal kleinen Kugel zerlegt. Dementsprechend findet man

$$\oint\limits_{\partial K} d\boldsymbol{f}\left[\widehat{u}_0\nabla v - v\nabla\widehat{u}_0\right] = -\oint\limits_{\partial G} d\boldsymbol{f}\left[\widehat{u}_0\nabla v - v\nabla\widehat{u}_0\right] \tag{11.14}$$

Wir wenden uns zuerst der linken Seite zu. Das Flächenelement ist hier in das Innere der Kugel gerichtet. Wir setzen explizit die Funktion v ein und beachten, dass der Normalenvektor der Kugelfläche durch $\boldsymbol{n} = (\boldsymbol{x} - \boldsymbol{x}_0) / |\boldsymbol{x} - \boldsymbol{x}_0|$ gegeben und antiparallel zum Flächenelement $d\boldsymbol{f}$ der Kugelfläche orientiert ist. Dann erhalten wir

$$\oint\limits_{\partial K} d\boldsymbol{f}\left[\widehat{u}_0\nabla v - v\nabla\widehat{u}_0\right] = -\oint\limits_{\partial K} df\boldsymbol{n}\left[\widehat{u}_0\left[\mathrm{i}k - \frac{1}{\beta}\right]\boldsymbol{n} - \nabla\widehat{u}_0\right]\frac{\exp\{\mathrm{i}k\beta\}}{\beta} \tag{11.15}$$

Auf der Kugelfläche gilt aber $\beta = |\boldsymbol{x} - \boldsymbol{x}_0| = R$, außerdem ist unter Verwendung sphärischer Koordinaten $df = R^2 \sin\vartheta\, d\vartheta\, d\varphi$. Damit haben wir

$$\begin{aligned}\oint\limits_{\partial K} d\boldsymbol{f}\left[\widehat{u}_0\nabla v - v\nabla\widehat{u}_0\right] = &-\oint\limits_{\partial K} R^2 \sin\vartheta\, d\vartheta\, d\varphi \\ &\cdot\left[\widehat{u}_0\left[\mathrm{i}k - \frac{1}{R}\right] - \boldsymbol{n}\nabla\widehat{u}_0\right]\frac{\exp\{\mathrm{i}kR\}}{R}\end{aligned} \tag{11.16}$$

Der Grenzübergang $R \to 0$ vereinfacht dieses Integral erheblich. Insbesondere kann dann die Amplitudenfunktion auf der Kugeloberfläche durch ihren Wert im Punkt P, also dem Zentrum der Kugel, ersetzt werden. Daher ist

$$\oint_{\partial K} df\, [\widehat{u}_0 \nabla v - v \nabla \widehat{u}_0] = \widehat{u}_0(\boldsymbol{x}_0) \oint_{\partial K} \sin\vartheta\, d\vartheta\, d\varphi = 4\pi \widehat{u}_0(\boldsymbol{x}_0) \tag{11.17}$$

Setzen wir dieses Resultat in (11.14) ein, dann erhalten wir für die Amplitudenfunktion (in dem Integral über ∂G zeigt df in den Teilraum, in dem sich die Quelle befindet):

$$\begin{aligned} 4\pi \widehat{u}_0(\boldsymbol{x}_0) = &\oint_{\partial G} df \frac{\exp\{ik\,|\boldsymbol{x}-\boldsymbol{x}_0|\}}{|\boldsymbol{x}-\boldsymbol{x}_0|} \nabla \widehat{u}_0(\boldsymbol{x}) \\ &- \oint_{\partial G} df\, \widehat{u}_0(\boldsymbol{x})\, \nabla \frac{\exp\{ik\,|\boldsymbol{x}-\boldsymbol{x}_0|\}}{|\boldsymbol{x}-\boldsymbol{x}_0|} \end{aligned} \tag{11.18}$$

Das ist die *Kirchhoff'sche Wellenformel*. Sie stellt einen Zusammenhang zwischen den Amplitudenfunktionen auf dem Schirm und in einem beliebigen Punkt des abgeschirmten Gebiets her. Da die Amplitudenfunktion auf dem gesamten Schirm nur in den Öffnungen des Schirms nicht verschwindet, kann man auch schreiben:

$$\begin{aligned} \widehat{u}_0(\boldsymbol{x}_0) = &\frac{1}{4\pi} \int_{\text{Öffnungen}} df\, \frac{\exp\{ik\,|\boldsymbol{x}-\boldsymbol{x}_0|\}}{|\boldsymbol{x}-\boldsymbol{x}_0|} \nabla \widehat{u}_0(\boldsymbol{x}) \\ &- \frac{1}{4\pi} \int_{\text{Öffnungen}} df\, \widehat{u}_0(\boldsymbol{x})\, \nabla \frac{\exp\{ik\,|\boldsymbol{x}-\boldsymbol{x}_0|\}}{|\boldsymbol{x}-\boldsymbol{x}_0|} \end{aligned} \tag{11.19}$$

11.1.2
Große optische Weglängen

Die mathematische Struktur der Amplitudenfunktion in den Öffnungen des Schirms gewinnt man am einfachsten, wenn man den Ursprung des Koordinatensystems in die punktförmige Lichtquelle legt.

Wegen der in der klassischen Optik vorausgesetzten radialen Abstrahlung der elektromagnetischen Wellen hat die Amplitudenfunktion in der Fernfeldapproximation die Gestalt

$$\widehat{u}_0(\boldsymbol{x}) = u_0 \frac{\exp\{ik\,|\boldsymbol{x}|\}}{|\boldsymbol{x}|} \tag{11.20}$$

Deshalb ist

$$\nabla \widehat{u}_0(\boldsymbol{x}) = u_0 \left[ik - \frac{1}{|\boldsymbol{x}|}\right] \frac{\exp\{ik\,|\boldsymbol{x}|\}}{|\boldsymbol{x}|^2} \boldsymbol{x} \tag{11.21}$$

Diese Werte gelten insbesondere für die Amplitudenfunktion in den Öffnungen des Schirms. Da außerdem die optischen Weglängen der Apparatur (d. h. die Abstände zwischen Quelle und Schirm sowie zwischen Schirm und Aufpunkt) groß gegenüber der Wellenlänge des Lichts sind, wird die typische Längenskala durch $k\,|\boldsymbol{x}| \gg 1$ charakterisiert. Wir erhalten näherungsweise

$$\nabla \widehat{u}_0\,(\boldsymbol{x}) \approx u_0 \mathrm{i}k \frac{\exp\{\mathrm{i}k\,|\boldsymbol{x}|\}}{|\boldsymbol{x}|^2}\boldsymbol{x} \tag{11.22}$$

und mit der gleichen Genauigkeit natürlich auch

$$\nabla \frac{\exp\{\mathrm{i}k\,|\boldsymbol{x}-\boldsymbol{x}_0|\}}{|\boldsymbol{x}-\boldsymbol{x}_0|} \approx \mathrm{i}k \frac{\exp\{\mathrm{i}k\,|\boldsymbol{x}-\boldsymbol{x}_0|\}}{|\boldsymbol{x}-\boldsymbol{x}_0|^2}\,(\boldsymbol{x}-\boldsymbol{x}_0) \tag{11.23}$$

Die Kirchhoff'sche Wellenformel vereinfacht sich unter Berücksichtigung dieser Näherung zu (df zeigt in den Außenraum, d. h. auf die Seite der Quelle):

$$\begin{aligned}\widehat{u}_0\,(\boldsymbol{x}_0) = \frac{\mathrm{i}ku_0}{4\pi} \int\limits_{\text{Öffnungen}} df \left[\frac{\boldsymbol{x}}{|\boldsymbol{x}|} - \frac{\boldsymbol{x}-\boldsymbol{x}_0}{|\boldsymbol{x}-\boldsymbol{x}_0|}\right] \\ \times \frac{\exp\{\mathrm{i}k\,|\boldsymbol{x}-\boldsymbol{x}_0|\}}{|\boldsymbol{x}-\boldsymbol{x}_0|}\frac{\exp\{\mathrm{i}k\,|\boldsymbol{x}|\}}{|\boldsymbol{x}|}\end{aligned} \tag{11.24}$$

Vertauscht man Aufpunkt und Quelle miteinander, dann ändert df seine Orientierung, außerdem sind dann die Abstandsvektoren $\boldsymbol{x}$ zwischen Quelle und Schirm sowie $\boldsymbol{x}-\boldsymbol{x}_0$ zwischen Aufpunkt und Schirm miteinander zu vertauschen. Die Amplitudenfunktion und damit vor allem die Intensität bleiben bei dieser Operation erhalten. Mit anderen Worten: Vertauscht man Lichtquelle und Aufpunkt miteinander, dann entsteht die ehemals am Aufpunkt gemessene Intensität am ehemaligen Ort der Lichtquelle. Das ist der Inhalt des *Reziprozitätssatzes* der Beugungstheorie.

11.1.3
Ebener Schirm mit kleinen Öffnungen

Die Kirchhoff'sche Wellenformel lässt sich noch etwas weiter reduzieren. Dazu nehmen wir an, dass der Schirm eben und dass der Bereich der Öffnungen auf dem Schirm klein ist gegenüber den Abständen Schirm–Aufpunkt und Schirm–Quelle. Wir können dann in das Zentrum des Öffnungsgebiets ein neues Koordinatensystem mit den Koordinaten (ξ, η, ζ) so legen, dass die Koordinaten ξ und η in der Ebene des Schirms liegen sowie ζ die Richtung der Schirmnormalen hat, in das Gebiet G zeigt und df entgegengerichtet ist (Abb. 11.1). Die Vektoren zwischen dem neuen Koordinatenursprung und der Lichtquelle bzw. dem Aufpunkt werden als $\boldsymbol{R}_Q$ und $\boldsymbol{R}_A$ bezeichnet. Wegen der Kleinheit der Öffnungen werden der Abstand $|\boldsymbol{x}|$ zwischen einem Punkt

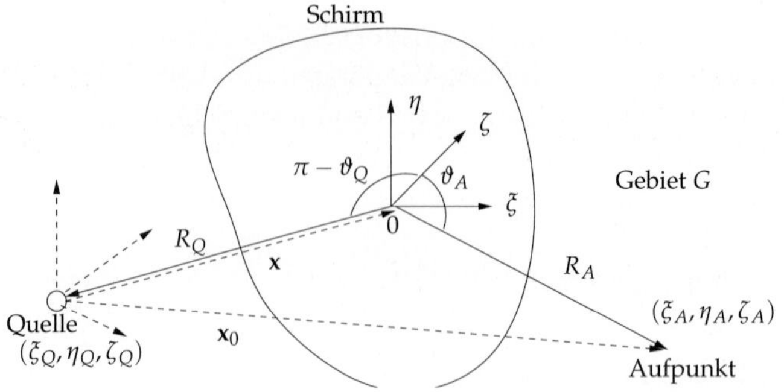

Abb. 11.1 Darstellung von Schirm, Lichtquelle und Aufpunkt im lichtquellenbezogenen Koordinatensystem (gestrichelte Linien) und mit den Achsen (ξ, η, ζ) im schirmbezogenen Koordinatensystem (durchgezogene Linien)

der Integrationsfläche (ξ, η) und der Quelle Q sowie der Abstand $|\boldsymbol{x} - \boldsymbol{x}_0|$ zwischen (ξ, η) und dem Aufpunkt A nur wenig von R_Q bzw. R_A abweichen. Aber selbst diese geringen Änderungen machen sich bei hinreichend kleinen Wellenlängen in starken Fluktuationen des Faktors $\exp\{ik|\boldsymbol{x} - \boldsymbol{x}_0| + ik|\boldsymbol{x}|\}$ in (11.24) bemerkbar. Die algebraischen Terme zeigen dagegen nur geringe Schwankungen und (11.24) kann deshalb näherungsweise ausgedrückt werden durch

$$\widehat{u}_0(\boldsymbol{x}_0) = -\frac{iku_0}{4\pi} \frac{\cos\vartheta_Q + \cos\vartheta_A}{R_A R_Q} \int\limits_{\text{Öffnungen}} df \exp\{ik|\boldsymbol{x} - \boldsymbol{x}_0| + ik|\boldsymbol{x}|\} \tag{11.25}$$

Dabei ist ϑ_Q der Winkel zwischen df und dem Vektor $\boldsymbol{R}_Q$ vom Zentrum des Schirms zur Lichtquelle Q. Der Winkel zwischen df und $\boldsymbol{x}$ ist dann $\pi - \vartheta_Q$, ebenso wie der Winkel zwischen $\boldsymbol{R}_Q$ und der Flächennormale in ζ-Richtung. Mit ϑ_A bezeichnen wir den Winkel zwischen der Normalen des Schirms (in ζ-Richtung) und dem Vektor vom Aufpunkt A zum Schirmmittelpunkt. Der Winkel zwischen df und $\boldsymbol{x} - \boldsymbol{x}_0$ ist dann ebenfalls ϑ_A. Der Exponentialfaktor wird jetzt in eine Reihe entwickelt. Dazu nimmt man an, dass die Quelle im Schirmsystem die Koordinaten (ξ_Q, η_Q, ζ_Q) besitzt, und erhält

$$\begin{aligned} |\boldsymbol{x}|^2 &= (\xi - \xi_Q)^2 + (\eta - \eta_Q)^2 + \zeta_Q^2 \\ &= \xi^2 - 2\xi\xi_Q + \xi_Q^2 + \eta^2 - 2\eta\eta_Q + \eta_Q^2 + \zeta_Q^2 \end{aligned} \tag{11.26}$$

also

$$|\boldsymbol{x}|^2 = R_Q^2 \left[1 + \frac{\xi^2 + \eta^2}{R_Q^2} + 2\left(\frac{\xi}{R_Q}\cos\alpha_Q + \frac{\eta}{R_Q}\cos\gamma_Q\right)\right] \tag{11.27}$$

Dabei wurden die Winkel $\cos(\pi - \alpha_Q) = \xi_Q/R_Q$ und $\cos(\pi - \gamma_Q) = \eta_Q/R_Q$ eingeführt. Diese erfüllen zusammen mit ϑ_Q den euklidischen Zusammenhang

$$\cos^2 \alpha_Q + \cos^2 \gamma_Q + \cos^2 \vartheta_Q = 1 \tag{11.28}$$

Wir können jetzt $|x|$ nach den kleinen Parametern ξ / R_Q und η / R_Q entwickeln und erhalten

$$\begin{aligned} |x| &= R_Q + \left(\xi \cos \alpha_Q + \eta \cos \gamma_Q\right) + \frac{\xi^2 + \eta^2}{2R_Q} \\ &\quad - \frac{1}{2R_Q} \left(\xi \cos \alpha_Q + \eta \cos \gamma_Q\right)^2 + \ldots \end{aligned} \tag{11.29}$$

Analog folgt

$$\begin{aligned} |x - x_0| &= R_A - (\xi \cos \alpha_A + \eta \cos \gamma_A) + \frac{\xi^2 + \eta^2}{2R_A} \\ &\quad - \frac{1}{2R_A} (\xi \cos \alpha_A + \eta \cos \gamma_A)^2 + \ldots \end{aligned} \tag{11.30}$$

wobei der Aufpunkt im Schirmkoordinatensystem die Position (ξ_A, η_A, ζ_A) besitzt und die Winkel durch $\cos \alpha_A = \xi_A / R_A$ und $\cos \gamma_A = \eta_A / R_A$ definiert sind.[2] Mithilfe der Phasenfunktion

$$\Phi (\xi, \eta) = |x - x_0| + |x| - R_A - R_Q \tag{11.31}$$

die bis zur zweiten Ordnung in ξ und η gegeben ist durch

$$\begin{aligned} \Phi (\xi, \eta) &= \xi \left[\cos \alpha_Q - \cos \alpha_A\right] + \eta \left[\cos \gamma_Q - \cos \gamma_A\right] \\ &\quad + \left(\frac{1}{R_Q} + \frac{1}{R_A}\right) \frac{\xi^2 + \eta^2}{2} \\ &\quad - \frac{1}{2R_Q} \left(\xi \cos \alpha_Q + \eta \cos \gamma_Q\right)^2 \\ &\quad - \frac{1}{2R_A} \left(\xi \cos \alpha_A + \eta \cos \gamma_A\right)^2 \end{aligned} \tag{11.32}$$

erhalten wir:

$$|\widehat{u}_0 (x_0)| = \frac{k u_0}{4\pi} \frac{\left|\cos \vartheta_Q + \cos \vartheta_A\right|}{R_A R_Q} \left| \int_{\text{Öffnungen}} df \exp \left\{ik\Phi (\xi, \eta)\right\} \right| \tag{11.33}$$

Die Intensität an der Stelle x_0 ist also

$$I \sim |\widehat{u}_0 (x_0)|^2 \sim \left[\cos \vartheta_Q + \cos \vartheta_A\right]^2 \left| \int_{\text{Öffnungen}} df \exp \left\{ik\Phi (\xi, \eta)\right\} \right|^2 \tag{11.34}$$

2) Bei dieser Wahl der Winkel $\alpha_Q, \ldots, \alpha_A, \ldots$ bedeutet $\vartheta_Q = 0$ eine entgegen df auf den Schirm einfallende Welle und $\vartheta_A = 0$ eine entlang der Schirmnormale (ζ-Richtung) auslaufende Welle.

11.2 Fraunhofer'sche Beugung

11.2.1 Grundformel

Die Fraunhofer'sche Beugung ist ein Spezialfall der Kirchhoff'schen Wellenformel, bei dem Quelle und Aufpunkt sehr weit vom Schirm entfernt sind, sodass die geometrischen Abmessungen der Öffnungsanordnung im Schirm sehr klein gegen diese Abstände sind. Dann können wir in der Phasenfunktion $R_Q \to \infty$ und $R_A \to \infty$ setzen und erhalten

$$\Phi(\xi, \eta) = \xi \left[\cos \alpha_Q - \cos \alpha_A\right] + \eta \left[\cos \gamma_Q - \cos \gamma_A\right] \tag{11.35}$$

Die Intensität hinter dem Schirm ist durch

$$I \sim \left[\cos \vartheta_Q + \cos \vartheta_A\right]^2 \times \left| \int\limits_{\text{Öffnungen}} d\xi d\eta \exp\left\{ik\left(\xi\left[\cos \alpha_Q - \cos \alpha_A\right] + \eta\left[\cos \gamma_Q - \cos \gamma_A\right]\right)\right\}\right|^2 \tag{11.36}$$

gegeben. Die Situation unendlich weit entfernter Quellen und Aufpunkte lässt sich experimentell mithilfe geeigneter Linsensysteme erzeugen.

11.2.2 Beugung am Rechteck

Wir untersuchen zuerst die Beugung an einer einzigen rechteckförmigen Öffnung des Schirms. Diese Öffnung soll sich in ξ-Richtung von $-a/2$ bis $a/2$ und in η-Richtung von $-b/2$ bis $b/2$ erstrecken. Dann ist das Integral

$$J = \int\limits_{\text{Öffnungen}} d\xi d\eta \exp\left\{ik\left(\xi\left[\cos \alpha_Q - \cos \alpha_A\right] + \eta\left[\cos \gamma_Q - \cos \gamma_A\right]\right)\right\} \tag{11.37}$$

gegeben durch

$$J = \int\limits_{-a/2}^{a/2} d\xi \exp\left\{ik\xi\left[\cos \alpha_Q - \cos \alpha_A\right]\right\} \times \int\limits_{-b/2}^{b/2} d\eta \exp\left\{ik\eta\left[\cos \gamma_Q - \cos \gamma_A\right]\right\} \tag{11.38}$$

und kann sofort ausgewertet werden. Unter Beachtung von

$$\int_{-a/2}^{a/2} d\xi \exp\left\{ik\xi\left[\cos\alpha_Q - \cos\alpha_A\right]\right\} = a\frac{\sin\dfrac{ak\left[\cos\alpha_Q - \cos\alpha_A\right]}{2}}{\dfrac{ak\left[\cos\alpha_Q - \cos\alpha_A\right]}{2}} \tag{11.39}$$

ist die Intensität explizit bestimmt durch

$$\begin{aligned} I \sim\ & a^2b^2\left[\cos\vartheta_Q + \cos\vartheta_A\right]^2 \times \\ & \times \left(\frac{\sin\dfrac{ak\left[\cos\alpha_Q - \cos\alpha_A\right]}{2}}{\dfrac{ak\left[\cos\alpha_Q - \cos\alpha_A\right]}{2}}\right)^2 \left(\frac{\sin\dfrac{bk\left[\cos\gamma_Q - \cos\gamma_A\right]}{2}}{\dfrac{bk\left[\cos\gamma_Q - \cos\gamma_A\right]}{2}}\right)^2 \end{aligned} \tag{11.40}$$

Für $ak \gg 1$ und $bk \gg 1$ erreicht die Intensität ihr Maximum bei $\cos\alpha_Q = \cos\alpha_A$ und $\cos\gamma_Q = \cos\gamma_A$ und fällt für andere Winkel sehr schnell ab. Im Prinzip haben wir es hier mit der klassischen Strahlenoptik zu tun. Hinter dem Schirm entsteht ein gewöhnliches Schattenbild.

Für $bk \sim 1$ und $ak \gg 1$ bzw. umgekehrt liegt ein optischer Spalt vor. Hier treten quer zum Spalt Beugungsmuster auf, die mit der Winkeldifferenz $\cos\gamma_Q - \cos\gamma_A$ variieren. Dafür bleibt aber in der anderen Richtung die Strahlenoptik dominant, d. h. wir haben eine messbare Intensität nur, falls $\cos\alpha_Q = \cos\alpha_A$ gilt.

Besonders einfach ist der Fall eines senkrechten Einfallwinkels zu behandeln. Dann ist $\cos\alpha_Q = \cos\gamma_Q = 0$, und wir können außerdem die Winkel $\widehat{\alpha}_A = \pi/2 - \alpha_A$ und $\widehat{\gamma}_A = \pi/2 - \gamma_A$ einführen, die die Stellung des Aufpunkts relativ zum Einfallsstrahl beschreiben. Für $\widehat{\alpha}_A = \widehat{\gamma}_A = 0$ liegt der Aufpunkt direkt in der Einfallsrichtung, $\widehat{\alpha}_A \neq 0$ bzw. $\widehat{\gamma}_A \neq 0$ beschreiben die Abweichung des Aufpunkts in ξ- bzw. η-Richtung relativ zum Einfallsstrahl. Dann folgt wegen

$$\cos^2\alpha_A + \cos^2\gamma_A + \cos^2\vartheta_A = \sin^2\widehat{\alpha}_A + \sin^2\widehat{\gamma}_A + \cos^2\vartheta_A = 1$$

für die Intensität die Formel

$$I \sim a^2b^2\left[1 + \sqrt{1 - \sin^2\widehat{\alpha}_A - \sin^2\widehat{\gamma}_A}\right]^2 \left(\frac{\sin\dfrac{ak\sin\widehat{\alpha}_A}{2}}{\dfrac{ak\sin\widehat{\alpha}_A}{2}}\,\frac{\sin\dfrac{bk\sin\widehat{\gamma}_A}{2}}{\dfrac{bk\sin\widehat{\gamma}_A}{2}}\right)^2 \tag{11.41}$$

Wir erhalten, wie bereits erwähnt, eine merklich von Null verschiedene Intensität für $\sin\widehat{\alpha}_A = 0$. Die Intensität ist in diesem Fall durch

$$I \sim a^2b^2\left[1 + \sqrt{1 - \sin^2\widehat{\gamma}_A}\right]^2 \left(\frac{\sin\dfrac{bk\sin\widehat{\gamma}_A}{2}}{\dfrac{bk\sin\widehat{\gamma}_A}{2}}\right)^2 \tag{11.42}$$

gegeben. Das Hauptmaximum liegt natürlich weiterhin in der Richtung des einfallenden Strahls, aber es gibt Nebenmaxima bei

$$\frac{bk\sin\widehat{\gamma}_A}{2} = (m+1/2)\pi \qquad \text{mit} \qquad m \in \mathrm{N} \tag{11.43}$$

Wegen $k = 2\pi/\lambda$ sind auch die Nebenmaxima gegeben durch

$$b\sin\widehat{\gamma}_A = (m+1/2)\lambda \tag{11.44}$$

Ist die Spaltbreite in der Größenordnung der Wellenlänge des einfallenden Lichts, dann tritt die Beugung unter messbaren Winkeln ein. Für $b \gg \lambda$ gelangen wir wieder zur Situation des Schattenwurfs mit einer auf einen sehr kleinen, experimentell praktisch nicht mehr zugänglichen Winkelbereich beschränkten Beugungserscheinung.

11.2.3
Beugung am Gitter

Wir betrachten als zweiten interessanten Fall einer Fraunhofer'schen Beugung die Beugung an einem Gitter aus p identischen, parallel ausgerichteten, rechteckigen Öffnungen im Abstand $g > a$. Dann gilt für die ξ-Koordinate des m-ten Rechtecks $-a/2 + mg < \xi < a/2 + mg$, wobei m von 0 bis $p-1$ läuft. Die Intensität hinter dem Schirm ist dann bei senkrechtem Strahlungseinfall durch

$$I \sim [1+\cos\vartheta_A]^2 \left| \sum_{m=0}^{p-1} \int\limits_{-a/2+mg}^{a/2+mg} d\xi \int\limits_{-b/2}^{b/2} d\eta \exp\left\{-ik\left(\xi\cos\alpha_A + \eta\cos\gamma_A\right)\right\} \right|^2 \tag{11.45}$$

gegeben. Wir erhalten mit der Zerlegung

$$\int\limits_{-a/2+mg}^{a/2+mg} d\xi \exp\{-ik\xi\cos\alpha_A\} =$$

$$\int\limits_{-a/2}^{a/2} d\xi' \exp\{-ik\xi'\cos\alpha_A\} \exp\{-ikmg\cos\alpha_A\} \tag{11.46}$$

sofort

$$I \sim I_{\mathrm{Rechteck}} \left| \sum_{m=0}^{p-1} \exp\{-ikmg\cos\alpha_A\} \right|^2 \tag{11.47}$$

I_{Rechteck} ist dabei die im letzten Abschnitt bestimmte Intensität hinter einer rechteckigen Öffnung. Wegen

$$\sum_{m=0}^{p-1} \exp\{-ikmg\cos\alpha_A\} = \frac{1-\exp\{-ikpg\cos\alpha_A\}}{1-\exp\{-ikg\cos\alpha_A\}} \tag{11.48}$$

folgt

$$\left|\sum_{m=0}^{p-1} \exp\{-ikmg\cos\alpha_A\}\right|^2 = \frac{1-\exp\{-ikpg\cos\alpha_A\}}{1-\exp\{-ikg\cos\alpha_A\}} \frac{1-\exp\{ikpg\cos\alpha_A\}}{1-\exp\{ikg\cos\alpha_A\}} \tag{11.49}$$

oder nach einer einfachen algebraischen Umformung

$$\left|\sum_{m=0}^{p-1} \exp\{-ikmg\cos\alpha_A\}\right|^2 = \frac{\sin^2\left(\frac{kpg}{2}\cos\alpha_A\right)}{\sin^2\left(\frac{kg}{2}\cos\alpha_A\right)} \tag{11.50}$$

und damit

$$I \sim I_{\text{Rechteck}} \frac{\sin^2\left(\frac{kpg}{2}\cos\alpha_A\right)}{\sin^2\left(\frac{kg}{2}\cos\alpha_A\right)} = I_{\text{Rechteck}} \frac{\sin^2\left(\frac{kpg}{2}\sin\widehat{\alpha}_A\right)}{\sin^2\left(\frac{kg}{2}\sin\widehat{\alpha}_A\right)} \tag{11.51}$$

Der zusätzlich zu I_{Rechteck} auftretende Faktor führt zu einer weiteren Aufspaltung der Intensitätsverteilung, und zwar auf Winkelskalen, die im Vergleich zur Beugung an einem Rechteck wesentlich kleiner sind. Diese so genannte *Gitterfunktion* hat Maxima insbesondere für

$$pg\sin\widehat{\alpha}_A = (n+1/2)\lambda \tag{11.52}$$

Dementsprechend sinkt die Intensität in den dazwischen liegenden Minima auf Null. Da aber durch die p Rechtecke mehr Licht als durch ein einzelnes Rechteck gelangt, sollte die Intensität insgesamt trotzdem größer als die eines einzelnen Rechtecks sein. Tatsächlich erhöht sich die Intensität in den Maxima erheblich. Dort haben wir zumindest für die ersten Maxima ($n \ll p$) näherungsweise

$$I_{\max} \sim I_{\text{Rechteck}} \frac{1}{\sin^2\left(\frac{\pi}{2}\frac{(n+1/2)}{p}\right)} \sim I_{\text{Rechteck}} \frac{p^2}{n^2} \tag{11.53}$$

Die Beugungsintensität wird also durch die Gitterfunktion stark überhöht.

11.2.4
Beugung an der Kreisblende

Kreisblenden werden sehr häufig in der technischen Optik verwendet. Wir legen den Ursprung des Schirmkoordinatensystems in das Zentrum der kreisförmigen Öffnung des Schirms mit dem Radius R. Dann ist in Polarkoordinaten $\xi = \rho\cos\varphi$ und $\eta = \rho\sin\varphi$. Wir nehmen wieder einen senkrechten

Lichteinfall an. Die Beugungswinkel parametrisieren wir aber entsprechend

$$\cos\alpha_A = \rho^* \cos\varphi^* \qquad \text{und} \qquad \cos\gamma_A = \rho^* \sin\varphi^* \tag{11.54}$$

Diese zunächst willkürlich erscheinende Darstellung ist prinzipiell immer möglich. Die Umkehrung liefert dann die Bestimmungsgleichungen für ρ^* und φ^* als Funktionen der Beugungswinkel:

$$\cos^2\alpha_A + \cos^2\gamma_A = \rho^{*2} \qquad \text{und} \qquad \frac{\cos\gamma_A}{\cos\alpha_A} = \tan\varphi^* \tag{11.55}$$

Wir erhalten mit der Fraunhofer'schen Beugungsformel die Intensität

$$I \sim [1 + \cos\vartheta_A]^2 \left| \int_0^R \rho d\rho \int_0^{2\pi} d\varphi \exp\left\{-ik\rho\rho^* \left(\cos\varphi\cos\varphi^* + \sin\varphi\sin\varphi^*\right)\right\} \right|^2$$

Dieser Ausdruck wird unter Verwendung der Winkeladditionstheoreme vereinfacht zu

$$I \sim [1 + \cos\vartheta_A]^2 \left| \int_0^R \rho d\rho \int_0^{2\pi} d\varphi \exp\left\{-ik\rho\rho^* \cos\left(\varphi - \varphi^*\right)\right\} \right|^2 \tag{11.56}$$

Wegen der Periodizität kann die Winkelkoordinate φ jetzt problemlos um φ^* verschoben werden, ohne dass sich das Integral ändert. Daher ist

$$I \sim [1 + \cos\vartheta_A]^2 \left| \int_0^R \rho d\rho \int_0^{2\pi} d\varphi \exp\left\{-ik\rho\rho^* \cos\varphi\right\} \right|^2 \tag{11.57}$$

Hinter dieser Operation steckt natürlich die dem Problem anhaftende Zylindersymmetrie bezüglich des einfallenden Lichtstrahls. Verwenden wir die komplexe Darstellung der Bessel-Funktionen n-ter Ordnung

$$J_n(x) = \frac{1}{2\pi i^n} \int_0^{2\pi} d\vartheta \exp\left\{ix\cos\vartheta + in\vartheta\right\} \tag{11.58}$$

dann ist

$$I \sim [1 + \cos\vartheta_A]^2 \left| \int_0^R \rho d\rho J_0\left(k\rho\rho^*\right) \right|^2 \tag{11.59}$$

Da zwischen der Bessel-Funktion 0. Ordnung $J_0(x)$ und der Bessel-Funktion 1. Ordnung $J_1(x)$ die Beziehung

$$\frac{dxJ_1}{dx} = x\frac{dJ_1}{dx} + J_1 = xJ_0 \tag{11.60}$$

besteht, erhalten wir das unbestimmte Integral

$$xJ_1 = \int xJ_0 \, dx \tag{11.61}$$

und damit

$$I \sim R^4 \left[1 + \cos\vartheta_A\right]^2 \left[\frac{J_1\left(kR\rho^*\right)}{kR\rho^*}\right]^2 \tag{11.62}$$

Setzt man nun wieder die Streuwinkel anstelle von ρ^* ein und beachtet

$$\rho^{*2} = \cos^2\alpha_A + \cos^2\gamma_A = 1 - \cos^2\vartheta_A = \sin^2\vartheta_A \tag{11.63}$$

dann wird die radialsymmetrische Streuwinkelabhängigkeit der Intensität

$$I \sim R^4 \left[1 + \cos\vartheta_A\right]^2 \left[\frac{J_1\left(kR\sin\vartheta_A\right)}{kR\sin\vartheta_A}\right]^2 \tag{11.64}$$

deutlich. Signifikante Intensitätsänderungen lassen sich nur beobachten, wenn $kR\sin\vartheta_A \leq 1$ ist.

11.2.5 *Streuung an statistisch verteilten Zentren

Vielfach sind die beugenden Objekte nicht regulär zu einem Gitter geordnet, sondern regellos verteilt. Dabei besitzen die einzelnen Objekte aber eine identische Gestalt. Ein typisches Beispiel ist die Beugung von Licht hinter einer Regenwand, die zu einem Regenbogen führt. Die einzelnen Tröpfchen sind hier regellos verteilt, haben aber nahezu die gleiche Gestalt und wenigstens näherungsweise auch die gleiche Größe. Idealisiert kann man eine solche Streuung durch einen Schirm modellieren, auf dem N identische Öffnungen statistisch verteilt sind. Das Zentrum der I-ten Öffnung habe auf dem Schirm die Koordinaten (ξ_I, η_I). Zusammen mit der Form einer Öffnung beschreiben diese Koordinaten den Schirm vollständig. Wir können damit die Streuintensität entsprechend

$$\begin{aligned} I \sim{} & \left[\cos\vartheta_Q + \cos\vartheta_A\right]^2 \times \\ & \times \left| \sum_{I=1}^{N} \int\limits_{\text{Öffnung}} d\xi d\eta \exp\left\{ik\left(\left[\xi + \xi_I\right]\Delta_\alpha + \left[\eta + \eta_I\right]\Delta_\gamma\right)\right\} \right|^2 \end{aligned} \tag{11.65}$$

mit $\Delta_\alpha = \cos\alpha_Q - \cos\alpha_A$ und $\Delta_\gamma = \cos\gamma_Q - \cos\gamma_A$ festlegen. Die Intensität einer einzelnen Öffnung mit dem Zentrum im Ursprung des Schirmkoordinatensystems ist gegeben durch

$$I_{\text{Öffnung}} \sim \left[\cos\vartheta_Q + \cos\vartheta_A\right]^2 \left| \int\limits_{\text{Öffnung}} d\xi d\eta \exp\left\{ik\left(\xi\Delta_\alpha + \eta\Delta_\gamma\right)\right\} \right|^2 \tag{11.66}$$

Mit dieser Größe kann man die Gesamtintensität folgendermaßen schreiben:

$$I \sim I_{\text{Öffnung}} \left| \sum_{I=1}^{N} \exp\left\{ik\left(\xi_I \Delta_\alpha + \eta_I \Delta_\gamma\right)\right\} \right|^2 \tag{11.67}$$

Für den Betrag der Summe ergibt sich

$$\frac{I}{I_{\text{Öffnung}}} \sim \sum_{I=1}^{N} \sum_{J=1}^{N} \exp\left\{ik\left(\xi_I - \xi_J\right)\Delta_\alpha + ik\left(\eta_I - \eta_J\right)\Delta_\gamma\right\} \tag{11.68}$$

Wir zerlegen die Doppelsumme in je einen Beitrag mit $I = J$ und $I \neq J$ und erhalten damit

$$\frac{I}{I_{\text{Öffnung}}} \sim N + \sum_{I \neq J}^{N} \exp\left\{ik\left(\xi_I - \xi_J\right)\Delta_\alpha + ik\left(\eta_I - \eta_J\right)\Delta_\gamma\right\} \tag{11.69}$$

oder

$$\begin{aligned} \frac{I}{I_{\text{Öffnung}}} \sim N & \\ & + \sum_{I>J}^{N} \exp\left\{ik\left(\xi_I - \xi_J\right)\Delta_\alpha + ik\left(\eta_I - \eta_J\right)\Delta_\gamma\right\} \\ & + \sum_{I>J}^{N} \exp\left\{ik\left(\xi_J - \xi_I\right)\Delta_\alpha + ik\left(\eta_J - \eta_I\right)\Delta_\gamma\right\} \end{aligned} \tag{11.70}$$

Wie zu erwarten war, entsteht als Ergebnis ein reeller Wert:

$$\frac{I}{I_{\text{Öffnung}}} \sim N + 2\sum_{I>J}^{N} \cos\left\{k\left(\xi_I - \xi_J\right)\Delta_\alpha + k\left(\eta_I - \eta_J\right)\Delta_\gamma\right\} \tag{11.71}$$

Die Kosinusfunktion nimmt bei einer regellosen Verteilung für jedes Paar (I, J) einen anderen Wert zwischen -1 und $+1$ an. Insgesamt heben sich aber bei vielen zufällig angeordneten Zentren positive und negative Werte gegenseitig auf, und die gesamte Summe verschwindet.[3] Als Resultat bleibt dann nur noch

$$I \sim N I_{\text{Öffnung}} \tag{11.72}$$

Zufällig verteilte, identische Streuzentren zeigen also das gleiche Beugungsverhalten wie ein individuelles Zentrum, allerdings nimmt die Amplitude mit der Zahl der Streuzentren linear zu. Aus diesem Grund ist beispielsweise ein

3) Bei einer statistischen Verteilung ist die Summe von der Größenordnung $\sqrt{N}$. Für $N \to \infty$ dominiert in der Gesamtintensität nach (11.71) aber der erste Summand N,und die Summe kann vernachlässigt werden.

Regenbogen das Beugungsbild eines einzelnen Wassertropfens, die Intensität ist aber wegen der Vielzahl der streuenden Tropfen enorm verstärkt. Die Streuwinkel bleiben dagegen unverändert.

11.3 *Geometrische Optik

In einem transparenten Material genügt das elektrische Feld (und ebenso das magnetische Feld) einer monochromatischen Welle der Wellengleichung

$$\left(\Delta - \frac{1}{\bar{c}^2}\frac{\partial^2}{\partial t^2}\right)\widehat{\boldsymbol{E}}\left(\boldsymbol{x}, t\right) = 0 \tag{11.73}$$

Die Lichtgeschwindigkeit $\bar{c}$ ist abhängig von den Materialkonstanten ε und μ. In einem inhomogenen Material variieren diese Materialkonstanten aber räumlich. Dann ist natürlich auch $\bar{c}$ eine Funktion des Ortes. Ist die räumliche Änderung der Materialkonstanten hinreichend schwach[4], dann entstehen bei der Ableitung der obigen Wellengleichung aus den Maxwell-Gleichungen keine neuen Terme von physikalischer Relevanz[5], sodass einzig eine ortsabhängige Geschwindigkeit der Wellenausbreitung bleibt. Wir folgen nun wieder dem Konzept der klassischen Optik und ersetzen die Feldstärken durch die skalare Lichterregung $\widehat{u}\left(\boldsymbol{x}, t\right) = \widehat{u}_0\left(\boldsymbol{x}\right)\exp\left\{\mathrm{i}\omega t\right\}$. Im Prinzip können wir die ortsabhängige Amplitude auch in der Form

$$\widehat{u}_0\left(\boldsymbol{x}\right) = \widehat{u}_0 \exp\left\{-\mathrm{i}k_0\psi\left(\boldsymbol{x}\right)\right\} \tag{11.74}$$

schreiben, wobei das so genannte zeitfreie *Eikonal* $\psi\left(\boldsymbol{x}\right)$ eine zunächst noch beliebige Funktion ist und der Parameter k_0 eine noch nicht näher definierte Skala festlegt. Die vollständige Lichterregung schreibt sich dann in der Form

$$\widehat{u}\left(\boldsymbol{x}, t\right) = \widehat{u}_0 \exp\left\{-\mathrm{i}\psi\left(\boldsymbol{x}, t\right)\right\} \tag{11.75}$$

mit dem zeitabhängigen Eikonal

$$\psi\left(\boldsymbol{x}, t\right) = k_0\psi\left(\boldsymbol{x}\right) - \omega t \tag{11.76}$$

Setzen wir $\widehat{u}\left(\boldsymbol{x}, t\right)$ in die Wellengleichung ein, dann erhalten wir

$$\left(\Delta + \frac{\omega^2}{\bar{c}^2\left(\boldsymbol{x}\right)}\right)\widehat{u}_0 \exp\left\{-\mathrm{i}k_0\psi\left(\boldsymbol{x}\right)\right\} = 0 \tag{11.77}$$

4) d. h. alle Skalen, auf denen eine relevante Änderung des Materials stattfindet, sind groß gegenüber der Wellenlänge des Lichts

5) Die mit $\nabla\mu(\boldsymbol{r})$ und $\nabla\varepsilon(\boldsymbol{r})$ verbundenen Ausdrücke können wegen der schwachen Ortsabhängigkeit vernachlässigt werden.

Mit

$$\Delta \exp\{-ik_0\psi\} = -k_0^2 \exp\{-ik_0\psi\}(\nabla\psi)^2 - ik_0 \exp\{-ik_0\psi\}\Delta\psi \qquad (11.78)$$

erhalten wir eine geschlossene Gleichung für das zeitfreie Eikonal:

$$k_0^2(\nabla\psi)^2 + ik_0\Delta\psi = \frac{\omega^2}{\bar{c}^2(\boldsymbol{x})} \qquad (11.79)$$

Wir wählen die freie Größe k_0 jetzt so, dass ω im Vakuum die Dispersionsrelation $\omega = ck_0$ erfüllt. Wenn wir $k_0 = \omega/c$ in (11.79) einsetzen, ergibt sich

$$(\nabla\psi)^2 + \frac{i}{\omega c}\Delta\psi = \frac{c^2}{\bar{c}^2(\boldsymbol{x})} \qquad (11.80)$$

In der geometrischen Optik werden ausschließlich Strahlen mit gegenüber dem Strahlenverlauf kleinen Wellenlängen betrachtet. Dieser Fall wird durch den Limes $\omega \to \infty$ realisiert. In diesem wichtigen Spezialfall reduziert sich die Eikonalgleichung auf

$$(\nabla\psi)^2 = \frac{c^2}{\bar{c}^2(\boldsymbol{x})} = \varepsilon(\boldsymbol{x})\,\mu(\boldsymbol{x}) = n^2(\boldsymbol{x}) \qquad (11.81)$$

Die hier auftretende Brechzahl ist eine reelle Größe, die aber allgemein eine Funktion des Ortes sein kann. In einem sehr kleinen Raumbereich kann man die durch das Eikonal beschriebene Welle als eben auffassen. Wir können daher den Ursprung des Koordinatensystems an einen für uns interessanten Punkt des Raums legen und das Eikonal um diesen Punkt nach Potenzen von $\boldsymbol{x}$ entwickeln. Mit (11.79) erhalten wir in der niedrigsten Ordnung

$$\psi(\boldsymbol{x},t) = k_0\psi(0) + k_0[\nabla\psi(0)]\,\boldsymbol{x} - \omega t \qquad (11.82)$$

Der Vergleich mit einer ebenen Welle zeigt, dass $k_0\psi(0)$ die Rolle einer lokalen Phase übernimmt, während $k_0[\nabla\psi(0)]$ als Wellenvektor der lokal ebenen Welle verstanden werden kann. Verlassen wir das lokale Koordinatensystem wieder, dann ist offenbar

$$\boldsymbol{k}(\boldsymbol{x}) = k_0\nabla\psi(\boldsymbol{x}) \qquad (11.83)$$

ein ortsabhängiger Wellenvektor, der die an der Position $\boldsymbol{x}$ befindliche, lokal ebene Welle charakterisiert. Die Menge aller Vektoren $\boldsymbol{k}(\boldsymbol{x})$ bildet in diesem Sinne ein Feld, entlang dessen Feldlinien sich die Welle ausbreitet. Ein Lichtstrahl bewegt sich somit entlang des durch das $\boldsymbol{k}$-Feld charakterisierten Ausbreitungswegs. Um dessen Strahlenverlauf quantitativ bestimmen zu können, benötigen wir eine Kurve oder auch Strahltrajektorie $\boldsymbol{x}(s)$, die den Verlauf der Lichtstrahlen bestimmt. Die Tangente an diese Kurve

$$\boldsymbol{t}(\boldsymbol{x}) = \frac{d\boldsymbol{x}(s)}{ds} \qquad (11.84)$$

zeigt immer in Richtung des $\boldsymbol{k}$-Feldes und soll selbst so parametrisiert sein, dass überall $|\boldsymbol{t}(s)| = 1$ gilt. Damit kann das $\boldsymbol{k}$-Feld auch als

$$\boldsymbol{k}(\boldsymbol{x}(s)) = k_0 |\nabla \psi(\boldsymbol{x}(s))| \boldsymbol{t}(s) \tag{11.85}$$

geschrieben werden. Wegen der Eikonalgleichung (11.81) folgt dann

$$\boldsymbol{k}(\boldsymbol{x}(s)) = k_0 \, n(\boldsymbol{x}(s)) \, \boldsymbol{t}(s) \tag{11.86}$$

oder mit (11.83)

$$n(\boldsymbol{x}(s)) \frac{d\boldsymbol{x}(s)}{ds} = \nabla \psi(\boldsymbol{x}(s)) \tag{11.87}$$

Diese Gleichung beschreibt die Strahlwege der geometrischen Optik. Wir wollen jetzt noch versuchen, das relativ schwer zu bestimmende Eikonal zu eliminieren. Dazu differenzieren wir die Strahlgleichung (11.87)

$$\frac{d}{ds}\left[n(\boldsymbol{x}(s)) \frac{d\boldsymbol{x}(s)}{ds}\right] = \frac{d}{ds} \nabla \psi(\boldsymbol{x}(s)) \tag{11.88}$$

In Komponentenschreibweise erhalten wir

$$\frac{d}{ds} \nabla_\alpha \psi(\boldsymbol{x}(s)) = \frac{d}{ds} \psi_{,\alpha}(\boldsymbol{x}(s)) = \psi_{,\alpha\beta}(\boldsymbol{x}(s)) \frac{dx^\beta(s)}{ds} \tag{11.89}$$

Wir multiplizieren diesen Ausdruck mit $n(\boldsymbol{x}(s))$ und bekommen jetzt unter erneuter Verwendung der Strahlgleichung

$$\begin{aligned} n(\boldsymbol{x}(s)) \frac{d}{ds} \nabla_\alpha \psi(\boldsymbol{x}(s)) &= \psi_{,\alpha\beta}(\boldsymbol{x}(s)) \, \psi^{,\beta}(\boldsymbol{x}(s)) \\ &= \frac{1}{2} \left[\psi_{,\beta}(\boldsymbol{x}(s)) \, \psi^{,\beta}(\boldsymbol{x}(s))\right]_{,\alpha} \end{aligned} \tag{11.90}$$

oder

$$n(\boldsymbol{x}(s)) \frac{d}{ds} \nabla \psi(\boldsymbol{x}(s)) = \frac{1}{2} \nabla \left[\nabla \psi(\boldsymbol{x}(s))\right]^2 \tag{11.91}$$

Damit erhalten wir aus (11.88) die neue Strahlgleichung

$$\frac{d}{ds}\left[n(\boldsymbol{x}(s)) \frac{d\boldsymbol{x}(s)}{ds}\right] = \frac{1}{2n(\boldsymbol{x}(s))} \nabla \left[\nabla \psi(\boldsymbol{x}(s))\right]^2 \tag{11.92}$$

oder nach dem Einsetzen der Eikonalgleichung (11.81)

$$\frac{d}{ds}\left[n(\boldsymbol{x}(s)) \frac{d\boldsymbol{x}(s)}{ds}\right] = \nabla n(\boldsymbol{x}) \tag{11.93}$$

Diese Gleichung lässt sich als „Bewegungsgleichung“ für einen Strahl im skalaren Feld ortsabhängiger Brechungsindizes interpretieren. Wir können diese

Gleichung noch in eine andere Gestalt bringen. Dazu führen wir die Differentiation aus und erhalten

$$n(\boldsymbol{x})\frac{d^2\boldsymbol{x}}{ds^2}+\left[\nabla n(\boldsymbol{x})\frac{d\boldsymbol{x}}{ds}\right]\frac{d\boldsymbol{x}}{ds}=\nabla n(\boldsymbol{x}) \tag{11.94}$$

Unter Beachtung von $|\boldsymbol{t}|=1$ folgt nach einigen algebraischen Umformungen

$$\begin{aligned} n(\boldsymbol{x})\frac{d^2\boldsymbol{x}}{ds^2}&=\nabla n(\boldsymbol{x})\left(\frac{d\boldsymbol{x}}{ds}\right)^2-\left[\nabla n(\boldsymbol{x})\frac{d\boldsymbol{x}}{ds}\right]\frac{d\boldsymbol{x}}{ds}\\ &=\frac{d\boldsymbol{x}}{ds}\times\left[\nabla n(\boldsymbol{x})\times\frac{d\boldsymbol{x}}{ds}\right] \end{aligned} \tag{11.95}$$

und damit

$$\frac{d^2\boldsymbol{x}}{ds^2}=\frac{d\boldsymbol{x}}{ds}\times\left[\nabla \ln n(\boldsymbol{x})\times\frac{d\boldsymbol{x}}{ds}\right] \tag{11.96}$$

Diese Strahlgleichung lässt sich jetzt wie eine Bewegungsgleichung der klassischen Mechanik behandeln. Dazu muss nur der Kurvenparameter des Strahls als Zeit interpretiert werden. Diese Strahlgleichungen sind eng mit dem Fermat'schen Prinzip (vgl. Band I dieser Lehrbuchreihe, Abschnitt 6.4.1) verbunden. Dieses Prinzip besagt hier, dass sich ein Strahl immer den Weg zwischen zwei Punkten $\boldsymbol{x}_A$ und $\boldsymbol{x}_B$ sucht, der das Integral

$$F=\int_A^B n(\boldsymbol{x}(s))\,ds \tag{11.97}$$

minimiert. Dieses Integral wird auch als *optische Weglänge* bezeichnet. Die Extremalkurve findet man nach dem bekannten Muster der Variationsrechnung. Die Variation betrifft die Kurve $\boldsymbol{x}(s)$ und wird so geführt, dass die Randpunkte fixiert bleiben:

$$\delta\boldsymbol{x}_A=\delta\boldsymbol{x}_B=0 \tag{11.98}$$

Dann ist

$$\begin{aligned} \delta F&=\delta\int_A^B n(\boldsymbol{x}(s))\,ds\\ &=\delta\int_A^B n(\boldsymbol{x}(s)+\delta\boldsymbol{x}(s))\,d(s+\delta s)-\int_A^B n(\boldsymbol{x}(s))\,ds \end{aligned} \tag{11.99}$$

Man beachte, dass wegen der Fixierung des Betrags der Tangente auch der Kurvenparameter in die Vatiation einbezogen werden muss. Wegen der infinitesimalen Kleinheit der Variation ist

$$\delta F=\int_A^B \nabla n(\boldsymbol{x}(s))\,\delta\boldsymbol{x}(s)\,ds+\int_A^B n(\boldsymbol{x}(s))\,d\delta s \tag{11.100}$$

Um die Variation δs zu bestimmen, nutzen wir die aus der Fixierung der Tangente folgende Relation $ds^2 = d\boldsymbol{x}^2$. Diese Beziehung verhält sich unter der Variation entsprechend

$$(ds + d\delta s)^2 = (d\boldsymbol{x} + d\delta \boldsymbol{x})^2 \tag{11.101}$$

Bei Vernachlässigung der Terme quadratischer Ordnung und unter Beachtung von $ds^2 = d\boldsymbol{x}^2$ ist dann die Bedingung

$$ds\, d\delta s = d\boldsymbol{x}\, d\delta \boldsymbol{x} \tag{11.102}$$

einzuhalten. Hieraus ergibt sich die gesuchte Größe $d\delta s$

$$d\delta s = \frac{d\boldsymbol{x}}{ds} d\delta \boldsymbol{x} = \frac{d\boldsymbol{x}}{ds}\frac{d\delta \boldsymbol{x}}{ds} ds \tag{11.103}$$

Die Variation des Gesamtfunktionals lautet dann

$$\delta F = \int\limits_A^B \left[\nabla n(\boldsymbol{x})\, \delta \boldsymbol{x} + n(\boldsymbol{x}) \frac{d\boldsymbol{x}}{ds}\frac{d\delta \boldsymbol{x}}{ds} \right] ds \tag{11.104}$$

oder

$$\delta F = \int\limits_A^B \left[\nabla n(\boldsymbol{x})\, \delta \boldsymbol{x} + \frac{d}{ds}\left(n(\boldsymbol{x}) \frac{d\boldsymbol{x}}{ds} \delta \boldsymbol{x} \right) - \frac{d}{ds}\left(n(\boldsymbol{x}) \frac{d\boldsymbol{x}}{ds} \right) \delta \boldsymbol{x} \right] ds \tag{11.105}$$

Der mittlere Term kann integriert werden

$$\int\limits_A^B \left[\frac{d}{ds}\left(n(\boldsymbol{x}) \frac{d\boldsymbol{x}}{ds} \delta \boldsymbol{x} \right) \right] ds = \left[n(\boldsymbol{x}) \frac{d\boldsymbol{x}}{ds} \delta \boldsymbol{x} \right]_A^B \tag{11.106}$$

und entfällt, da die Variation am Anfangs- und Endpunkt des Strahlverlaufs laut Voraussetzung verschwindet. Die Minimalkurve ergibt sich folglich aus den verbleibenden Termen entsprechend

$$\delta F = \int\limits_A^B \left[\nabla n(\boldsymbol{x}) - \frac{d}{ds}\left(n(\boldsymbol{x}) \frac{d\boldsymbol{x}}{ds} \right) \right] \delta \boldsymbol{x}\, ds = 0 \tag{11.107}$$

Da die Variationen $\delta \boldsymbol{x}$ des Strahlverlaufs beliebig sind, muss die innere Klammer verschwinden. Dann bleibt aber als Strahlgleichung gerade die aus dem Eikonal abgeleitete Differentialgleichung

$$\frac{d}{ds}\left(n(\boldsymbol{x}) \frac{d\boldsymbol{x}}{ds} \right) = \nabla n(\boldsymbol{x}) \tag{11.108}$$

und das Fermat'sche Prinzip deckt sich mit dem aus der Elektrodynamik abgeleiteten Vorgehen bei der Behandlung von Problemen der geometrischen Optik.

Aufgaben

11.1 Begründen Sie, warum die skalare Beugungstheorie selbst im Rahmen einer klassischen Theorie eine Modellvorstellung ist, die die physikalische Realität nur eingeschränkt berücksichtigt. Überlegen Sie insbesondere, unter welchen Umständen der vektorielle Charakter der elektromagnetischen Felder bedeutsam wird.

11.2 Leiten Sie das Reflexionsgesetz (9.323) und das Brechungsgesetz (9.343) mithilfe des Fermat'schen Prinzips ab.

11.3 Beweisen Sie folgende Aussage: Fasst man das zeitabhängige Funktional $\psi(x,t) = k_0\psi(x) - \omega t$ als Wirkungsfunktional auf, dann kann man den Wellenvektor $\boldsymbol{k} = \nabla\psi$ als Impuls und die Frequenz $\omega = \partial\psi/\partial t$ als Hamilton-Funktion interpretieren. Welche Bedeutung haben dann die kanonischen Bewegungsgleichungen?

$$\dot{k}_\alpha = -\frac{\partial\omega}{\partial x_\alpha} \qquad \text{und} \qquad \dot{x}_\alpha = \frac{\partial\omega}{\partial k_\alpha}$$

11.4 Zeigen Sie, dass die kleinste Breite ξ eines Lichtflecks, der beim senkrechten Einfall von Licht durch eine Blende vom Durchmesser d auf einem Bildschirm in der Entfernung L entsteht, mit $\xi \sim \sqrt{Ld}$ abgeschätzt werden kann.

11.5 Bestimmen Sie die Brennweite f eines aus zwei Linsen bestehenden optischen Systems. Die Linsen haben die Brennweiten f_1 und f_2 und sind im Abstand L zwischen den Brennpunkten auf einer gemeinsamen optischen Achse angeordnet.

Maple-Aufgaben

11.I Veranschaulichen Sie unter Verwendung der grafischen Fähigkeiten von Maple das Beugungsbild von weißem Licht an einem unendlichen langen Spalt und an einer Kreisblende.

11.II Bestimmen Sie die Beugung an einer unendlich langen, geraden Kante zwischen der Lichtquelle und dem Aufpunkt (Fresnel'sche Beugung).

11.III Demonstrieren Sie anhand der Fraunhofer'schen Beugung einer monochromatischen Welle an statistisch über einen ebenen Schirm verteilten kreisförmigen Öffnungen, dass die Überlagerung der Beugungsbilder einer hinreichend großen Zahl von Streuzentren einfach nur eine einfache Verstärkung des Beugungsbilds einer Einzelöffnung liefert.

11.IV Ein transparentes Medium bestehe aus N optisch verschiedenen Medien der gleichen Dicke. Entwickeln Sie einen Algorithmus, der es erlaubt, mithilfe des Fermat'schen Prinzips den optischen Strahlverlauf zwischen zwei Punkten des Systems zu bestimmen. Dabei sollen die Brechungsindizes der einzelnen Schichten

a) im Intervall $[1, 10]$ statistisch gleichverteilt sein und

b) systematisch nach einem Gesetz $n = 1 + \alpha i^2$ anwachsen (mit i als Nummer der jeweiligen Schicht).

11.V Ein Lichtstrahl trifft aus dem Vakuum auf ein ebenes transparentes Medium der Schichtdicke L, dessen Brechzahl n sich linear mit der Eindringtiefe ändert. Bestimmen Sie unter Verwendung des Fermat'schen Prinzips die Kurve eines Lichtstrahls durch dieses Medium und berechnen Sie den Austrittswinkel als Funktion des Eintrittswinkels.

Anhang

A Fundamentallösung der Laplace-Gleichung

Gesucht wird die Lösung der Differentialgleichung

$$\Delta\phi(\boldsymbol{x}) = \delta(\boldsymbol{x} - \boldsymbol{x}') \tag{A.1}$$

Nach den Überlegungen in Kapitel 2 vermuten wir, dass $\phi(\boldsymbol{x}) \sim |\boldsymbol{x} - \boldsymbol{x}'|^{-1}$ gelten muss. Deshalb werden wir den Ausdruck

$$\begin{aligned}\Delta_x \frac{1}{|\boldsymbol{x} - \boldsymbol{x}'|} &= \left(\frac{\partial^2}{\partial x_1^2} + \frac{\partial^2}{\partial x_2^2} + \frac{\partial^2}{\partial x_3^2}\right) \frac{1}{\sqrt{\left(x_1 - x_1'\right)^2 + \left(x_2 - x_2'\right)^2 + \left(x_3 - x_3'\right)^2}} \\ &= \frac{\partial}{\partial x_\alpha} \frac{\partial}{\partial x_\alpha} \frac{1}{\sqrt{\left(x_\gamma - x_\gamma'\right)\left(x_\gamma - x_\gamma'\right)}},\end{aligned} \tag{A.2}$$

genauer analysieren. Dabei haben wir die bereits in Band I dieser Lehrbuchreihe eingeführte Einstein'sche Summenkonvention verwendet, die besagt, dass über doppelt auftretende Indizes summiert wird. Da wir uns bei der folgenden Rechnung ausschließlich auf kartesische Koordinaten beziehen, brauchen wir – im Gegensatz zu der ab Kapitel 3 gültigen strengeren Konvention – noch keinen Unterschied zwischen ko- und kontravarianten Koordinatendarstellungen zu machen.

Um (A.2) zu berechnen, bestimmen wir zunächst den allgemeinen Ausdruck:

$$S_{\alpha\beta} = \frac{\partial^2}{\partial x_\alpha \partial x_\beta} \frac{1}{\sqrt{\left(x_\gamma - x_\gamma'\right)\left(x_\gamma - x_\gamma'\right)}} \tag{A.3}$$

Theoretische Physik II: Elektrodynamik. Peter Reineker, Michael Schulz, Beatrix M. Schulz

ISBN: 3-527-40642-5

Wir untersuchen zunächst den Fall $\boldsymbol{x} \neq \boldsymbol{x}'$. Hier erhalten wir nach einigen einfachen Umformungen

$$S_{\alpha\beta} = -\frac{\partial}{\partial x_\alpha} \frac{\left(x_\beta - x'_\beta\right)}{\left[\left(x_\gamma - x'_\gamma\right)\left(x_\gamma - x'_\gamma\right)\right]^{3/2}}$$

$$= 3\frac{(x_\alpha - x'_\alpha)\left(x_\beta - x'_\beta\right)}{\left[\left(x_\gamma - x'_\gamma\right)\left(x_\gamma - x'_\gamma\right)\right]^{5/2}} - \delta_{\alpha\beta}\frac{1}{\left[\left(x_\gamma - x'_\gamma\right)\left(x_\gamma - x'_\gamma\right)\right]^{3/2}} \tag{A.4}$$

Damit ist insbesondere für $\alpha \neq \beta$

$$S_{\alpha\beta} = \frac{\partial^2}{\partial x_\alpha \partial x_\beta}\frac{1}{|\boldsymbol{x} - \boldsymbol{x}'|} = \frac{3(x_\alpha - x'_\alpha)(x_\beta - x'_\beta)}{\left[\left(x_\gamma - x'_\gamma\right)\left(x_\gamma - x'_\gamma\right)\right]^{5/2}} \tag{A.5}$$

und für $\alpha = \beta$

$$S_{\alpha\alpha} = \frac{3\left(x_\alpha - x'_\alpha\right)^2}{\left[\left(x_\gamma - x'_\gamma\right)\left(x_\gamma - x'_\gamma\right)\right]^{5/2}} - \frac{1}{\left[\left(x_\gamma - x'_\gamma\right)\left(x_\gamma - x'_\gamma\right)\right]^{3/2}} \tag{A.6}$$

wobei in diesem Ausdruck entgegen der Verabredung bezüglich der Summenkonvention noch nicht über α summiert wird. Führen wir die Summation über diesen Index schließlich doch aus, dann gelangen wir zu

$$\frac{\partial^2}{\partial x_\alpha \partial x_\alpha}\frac{1}{|\boldsymbol{x} - \boldsymbol{x}'|} = \Delta_x \frac{1}{|\boldsymbol{x} - \boldsymbol{x}'|} = 3\frac{1}{|\boldsymbol{x} - \boldsymbol{x}'|^3} - 3\frac{1}{|\boldsymbol{x} - \boldsymbol{x}'|^3} = 0 \tag{A.7}$$

Für $\boldsymbol{x} = \boldsymbol{x}'$ kann der Ausdruck aber divergieren. Wir integrieren deshalb (A.3) über eine kleine Kugel mit Radius ε um den Punkt $\boldsymbol{x}'$:

$$\int\limits_{K(\boldsymbol{x}',\varepsilon)} \frac{\partial^2}{\partial x_\alpha \partial x_\beta}\frac{1}{\sqrt{\left(x_\gamma - x'_\gamma\right)^2}} d^3x = \int\limits_{K(\boldsymbol{0},\varepsilon)} \frac{\partial^2}{\partial \xi_\alpha \partial \xi_\beta}\frac{1}{\sqrt{\xi_\gamma \xi_\gamma}} d^3\xi$$

$$= -\int\limits_{K(\boldsymbol{0},\varepsilon)} \frac{\partial}{\partial \xi_\alpha}\frac{\xi_\beta}{(\xi_\gamma\xi_\gamma)^{3/2}} d^3\xi \tag{A.8}$$

Für $\alpha \neq \beta$ muss das Integral verschwinden, da eine Spiegelung $\xi_\beta \to -\xi_\beta$ die Geometrie des Problems nicht ändert, aber das Vorzeichen des Integrals umkehrt. Um die Situation für $\alpha = \beta$ beschreiben zu können, beachten wir, dass wegen der Kugelsymmetrie der Wert des Integrals unabhängig von α ist. Deshalb können wir auch über alle drei Koordinaten summieren. Mit dem Gauß'schen Satz

$$\int\limits_G \frac{\partial}{\partial x_\alpha} T_\alpha \, d^3x = \int\limits_{\partial G} T_\alpha \, df_\alpha \tag{A.9}$$

(G ist dabei ein beliebiges Gebiet des dreidimensionalen Raums und ∂G seine Oberfläche) können wir dann schreiben

$$
\begin{aligned}
-\int_{K(\mathbf{0},\varepsilon)} \frac{\partial}{\partial \xi_\alpha} \frac{\xi_\alpha}{(\xi_\gamma \xi_\gamma)^{3/2}} d^3\xi &= -\int_{\partial K(\mathbf{0},\varepsilon)} \frac{\xi_\alpha}{(\xi_\gamma \xi_\gamma)^{3/2}} \frac{\xi_\alpha}{\sqrt{\xi_\gamma \xi_\gamma}} df \\
&= -\int d\Omega \frac{\varepsilon^2}{\varepsilon^4} \varepsilon^2 \\
&= -4\pi
\end{aligned}
\tag{A.10}
$$

Hier wird über α entsprechend der Einstein'schen Summenkonvention summiert. Dabei ist $\xi_\alpha / \sqrt{\xi_\gamma \xi_\gamma}$ der Normalenvektor des infinitesimalen Flächenelements df_α der Kugel $K(\mathbf{0}, \varepsilon)$. Der Betrag des Flächenelements df in Kugelkoordinaten ist durch $df = \varepsilon^2 d\Omega$ bestimmt. Wegen (A.7) verschwindet der Ausdruck

$$
\frac{\partial^2}{\partial x_\alpha \partial x_\alpha} \frac{1}{|\boldsymbol{x} - \boldsymbol{x}'|}
$$

für alle $\boldsymbol{x} \neq \boldsymbol{x}'$. Andererseits ist das Integral dieses Ausdrucks über eine beliebig kleine Kugel um $\boldsymbol{x}'$ konstant -4π. Der Integrand muss also proportional zur δ-Funktion sein.

Wenn wir diese Eigenschaften beachten, gelangen wir zu:

$$
\begin{aligned}
\frac{\partial^2}{\partial x_\alpha \partial x_\beta} \frac{1}{|\boldsymbol{x} - \boldsymbol{x}'|} &= 3 \frac{(x_\alpha - x'_\alpha)(x_\beta - x'_\beta)}{|\boldsymbol{x} - \boldsymbol{x}'|^5} \\
&\quad - \delta_{\alpha\beta} \frac{1}{|\boldsymbol{x} - \boldsymbol{x}'|^3} - \frac{4\pi}{3} \delta_{\alpha\beta} \delta(\boldsymbol{x} - \boldsymbol{x}')
\end{aligned}
\tag{A.11}
$$

Verjüngen wir diesen Ausdruck durch die Bildung der Spur, dann erhalten wir unter Berücksichtigung der Summenkonvention

$$
\Delta_x \frac{1}{|\boldsymbol{x} - \boldsymbol{x}'|} = -4\pi\, \delta(\boldsymbol{x} - \boldsymbol{x}') \tag{A.12}
$$

B
Vektoranalysis im dreidimensionalen Raum

Der Nablaoperator ist ein vektorieller Differentialoperator. In dreidimensionalen karthesischen Koordinaten ist er durch

$$\nabla = \boldsymbol{e}_x \frac{\partial}{\partial x} + \boldsymbol{e}_y \frac{\partial}{\partial y} + \boldsymbol{e}_z \frac{\partial}{\partial z} \tag{B.1}$$

gegeben. Mit Hilfe dieses Operators können die verschiedenen Ausdrücke der Vektoranalysis einheitlich beschrieben werden. So ist der Gradient einer Funktion φ

$$\operatorname{grad} \varphi = \nabla \varphi = \boldsymbol{e}_x \frac{\partial \varphi}{\partial x} + \boldsymbol{e}_y \frac{\partial \varphi}{\partial y} + \boldsymbol{e}_z \frac{\partial \varphi}{\partial z} \tag{B.2}$$

die Divergenz eines Vektors $\boldsymbol{A}$:

$$\operatorname{div} \boldsymbol{A} = \nabla \cdot \boldsymbol{A} = \boldsymbol{e}_x \frac{\partial A_x}{\partial x} + \boldsymbol{e}_y \frac{\partial A_y}{\partial y} + \boldsymbol{e}_z \frac{\partial A_z}{\partial z} \tag{B.3}$$

und die Rotation dieses Vektors:

$$\operatorname{rot} \boldsymbol{A} = \nabla \times \boldsymbol{A} = \begin{vmatrix} \boldsymbol{e}_x & \boldsymbol{e}_y & \boldsymbol{e}_z \\ \partial/\partial x & \partial/\partial y & \partial/\partial z \\ A_x & A_y & A_z \end{vmatrix} \tag{B.4}$$

Die eigentliche Stärke des Nabla-Kalküls kommt aber bei der Berechnung zusammengesetzter Ausdrücke zum Tragen. Dabei wird zunächst der Ausdruck, auf den der Nablaoperator wirkt, als ein formales Produkt mit ∇ geschrieben. Die Art des Produktes wird davon bestimmt, welche der Vektordifferentialoperationen grad, div oder rot ausgeführt werden soll. Da ∇ ein linearer Operator ist, können sämtliche Summanden einer beliebigen Linearkombination einzeln behandelt werden. Produkte werden zunächst nach der Produktregel zerlegt. Dabei wird die Funktion, auf die der Differentialoperator wirken soll, gekennzeichnet, also z.B.

$$\operatorname{div} \varphi \boldsymbol{A} = \nabla \cdot (\varphi \boldsymbol{A}) = \nabla \cdot (\varphi^* \boldsymbol{A}) + \nabla \cdot (\varphi \boldsymbol{A}^*) \tag{B.5}$$

wobei jetzt in jedem Ausdruck ∇ nur noch auf die mit einem Stern gekennzeichneten Größen anzuwenden ist. Anschließend werden die Ausdrücke un-

Theoretische Physik II: Elektrodynamik. Peter Reineker, Michael Schulz, Beatrix M. Schulz

ISBN: 3-527-40642-5

ter Verwendung der Vektoralgebra so umgeformt, daß rechts vom Nablaoperator nur noch die gekennzeichneten Größen stehen, also z.B.

$$\nabla \cdot (\varphi \boldsymbol{A}) = \boldsymbol{A} \cdot \nabla \varphi^* + \varphi \nabla \cdot \boldsymbol{A}^* \tag{B.6}$$

Zum Schluß scheibt man die formalen Produkte wieder in die entsprechenden Ausdrücke der Vektoranalysis um. Die Kennzeichnung der Funktionen, auf die der Nablaoperator wirkt, kann jetzt wieder weggelassen werden. Für unser Beispiel erhalten wir somit

$$\text{div } \varphi \boldsymbol{A} = \boldsymbol{A} \text{ grad } \varphi + \varphi \text{ div } \boldsymbol{A} \tag{B.7}$$

Auf diese Weise kann man eine ganze Klasse von wichtigen Beziehungen ableiten

$$\text{grad } \varphi\psi = \psi \text{ grad } \varphi + \varphi \text{ grad } \psi \tag{B.8}$$

$$\text{div } \varphi \boldsymbol{A} = \boldsymbol{A} \text{ grad } \varphi + \varphi \text{ div } \boldsymbol{A} \tag{B.9}$$

$$\text{rot } \varphi \boldsymbol{A} = \varphi \text{ rot } \boldsymbol{A} - \boldsymbol{A} \times \text{grad } \varphi \tag{B.10}$$

$$\text{div}(\boldsymbol{A} \times \boldsymbol{B}) = \boldsymbol{B} \text{ rot } \boldsymbol{A} - \boldsymbol{A} \text{ rot } \boldsymbol{B} \tag{B.11}$$

$$\text{rot } (\boldsymbol{A} \times \boldsymbol{B}) = (\boldsymbol{B} \cdot \nabla) \boldsymbol{A} - (\boldsymbol{A} \cdot \nabla) \boldsymbol{B} + \boldsymbol{A} \text{ div } \boldsymbol{B} - \boldsymbol{B} \text{ div } \boldsymbol{A} \tag{B.12}$$

$$\text{grad } \boldsymbol{AB} = (\boldsymbol{B} \cdot \nabla) \boldsymbol{A} + (\boldsymbol{A} \cdot \nabla) \boldsymbol{B} + \boldsymbol{A} \times \text{rot } \boldsymbol{B} + \boldsymbol{B} \times \text{rot } \boldsymbol{A} \tag{B.13}$$

Von Bedeutung für die Elektrodynamik sind doppelte Anwendungen des Nablaoperators. Wir erhalten so den Laplaceoperator

$$\Delta \varphi = \nabla^2 \varphi = \nabla \cdot \nabla \varphi = \text{div grad } \varphi \tag{B.14}$$

sowie die Identitäten

$$\text{rot grad } \varphi = \nabla \times \nabla \varphi = 0 \tag{B.15}$$

$$\text{div rot } \boldsymbol{A} = \nabla \cdot (\nabla \times \boldsymbol{A}) = 0 \tag{B.16}$$

und die Beziehung

$$\text{rot rot } \boldsymbol{A} = \nabla (\nabla \cdot \boldsymbol{A}) - \nabla \cdot \nabla \boldsymbol{A} = \text{grad div } \boldsymbol{A} - \Delta \boldsymbol{A} \tag{B.17}$$

Neben der Darstellung in kartesischen Koordinaten werden für viele Probleme Vektordifferentialoperationen in anderen Koordinatensystemen benötigt. Von besonderer Bedeutung sind Orthogonalsysteme, z. B. Kugelkoordinaten und Zylinderkoordinaten.

Um die Vektordifferentialoperationen in diesen Koordinaten $\{q_1, q_2, q_3\}$ auszudrücken, benutzt man die Lamé'schen Koeffizienten. Um diese zu bestimmen, startet man vom Ortsvektor $\boldsymbol{r} = x\boldsymbol{e}_x + y\boldsymbol{e}_y + z\boldsymbol{e}_z$ und drückt die Koordinaten $\{x, y, z\}$ als Funktionen der neuen Koordinaten $\{q_1, q_2, q_3\}$ aus. Dann lautet das totale Differential des Vektors $\boldsymbol{r}$

$$d\boldsymbol{r} = \sum_{\alpha=1}^{3} \frac{\partial \boldsymbol{r}}{\partial q_\alpha} dq_\alpha \tag{B.18}$$

Wir definieren jetzt die Lamé'schen Koeffizienten

$$g_\alpha = \left| \frac{\partial \boldsymbol{r}}{\partial q_\alpha} \right| \tag{B.19}$$

und die Einheitsvektoren

$$\boldsymbol{e}_\alpha = \frac{1}{g_\alpha} \frac{\partial \boldsymbol{r}}{\partial q_\alpha} \tag{B.20}$$

und gelangen damit zu der Darstellung

$$d\boldsymbol{r} = \sum_{\alpha=1}^{3} \boldsymbol{e}_\alpha g_\alpha dq_\alpha \tag{B.21}$$

Um den Gradienten in den neuen Koordinaten zu bestimmen, bilden wir das totale Differential einer beliebigen Funktion f. Weil $df = (\nabla f)\, d\boldsymbol{r}$ unabhängig vom Koordinatensystem gilt, erhalten wir unter der Voraussetzung, dass die neuen Koordinaten ein Orthogonalsystem bilden, also $\boldsymbol{e}_\alpha \boldsymbol{e}_\beta = \delta_{\alpha\beta}$ gilt,

$$\sum_{\alpha=1}^{3} \frac{\partial f}{\partial q_\alpha} dq_\alpha = (\nabla f)\, d\boldsymbol{r} = \sum_{\alpha=1}^{3} \boldsymbol{e}_\alpha \nabla_\alpha f \sum_{\beta=1}^{3} \boldsymbol{e}_\beta g_\beta dq_\beta = \sum_{\alpha=1}^{3} \nabla_\alpha f g_\alpha dq_\alpha \tag{B.22}$$

und damit

$$\nabla_\alpha f = \frac{1}{g_\alpha} \frac{\partial f}{\partial q_\alpha} \tag{B.23}$$

oder

$$\nabla f = \sum_{\alpha=1}^{3} \frac{\boldsymbol{e}_\alpha}{g_\alpha} \frac{\partial f}{\partial q_\alpha} \tag{B.24}$$

Analog kann man zeigen, daß die Divergenz in der Form

$$\nabla \cdot \boldsymbol{A} = \frac{1}{D} \sum_{\alpha=1}^{3} \frac{\partial}{\partial q_\alpha} \left(\frac{D A_\alpha}{g_\alpha} \right) \tag{B.25}$$

die Rotation als

$$\nabla \times \boldsymbol{A} = \frac{1}{D} \begin{vmatrix} g_1 \boldsymbol{e}_1 & g_2 \boldsymbol{e}_2 & g_3 \boldsymbol{e}_3 \\ \partial/\partial q_1 & \partial/\partial q_2 & \partial/\partial q_3 \\ g_1 A_1 & g_2 A_2 & g_3 A_3 \end{vmatrix} \tag{B.26}$$

und der Laplace-Operator als

$$\Delta f = \frac{1}{D} \sum_{\alpha=1}^{3} \frac{\partial}{\partial q_\alpha} \frac{D}{g_\alpha^2} \frac{\partial f}{\partial q_\alpha} \tag{B.27}$$

ausgedrückt werden kann. Dabei ist D die Funktionaldeterminante

$$D = g_1 g_2 g_3 \tag{B.28}$$

Wir erhalten somit insbesondere für Zylinderkoordinaten (ρ, ϕ, z)

$$x = \varrho \cos \phi \qquad y = \varrho \sin \phi \qquad z = z \tag{B.29}$$

die Lamé'schen Koeffizienten

$$g_\varrho = 1 \qquad g_\phi = \varrho \qquad g_z = 1 \tag{B.30}$$

und damit

$$\operatorname{grad} f = \boldsymbol{e}_\varrho \frac{\partial f}{\partial \varrho} + \boldsymbol{e}_\phi \frac{1}{\varrho} \frac{\partial f}{\partial \phi} + \boldsymbol{e}_z \frac{\partial f}{\partial z} \tag{B.31}$$

$$\operatorname{div} \boldsymbol{A} = \frac{1}{\varrho} \frac{\partial}{\partial \varrho} (\varrho A_\varrho) + \frac{1}{\varrho} \frac{\partial}{\partial \varrho} A_\phi + \frac{\partial}{\partial z} A_z \tag{B.32}$$

$$\Delta f = \frac{1}{\varrho} \frac{\partial}{\partial \varrho} \left(\varrho \frac{\partial f}{\partial \varrho} \right) + \frac{1}{\varrho^2} \frac{\partial^2 f}{\partial \phi^2} + \frac{\partial^2 f}{\partial z^2} \tag{B.33}$$

sowie

$$\operatorname{rot} \boldsymbol{A} = \frac{1}{\varrho} \begin{vmatrix} \boldsymbol{e}_\varrho & \varrho \boldsymbol{e}_\phi & \boldsymbol{e}_z \\ \partial/\partial \varrho & \partial/\partial \phi & \partial/\partial z \\ A_\varrho & \varrho A_\phi & A_z \end{vmatrix} \tag{B.34}$$

Für Kugelkoordinaten (r, ϑ, ϕ)

$$x = r \sin \vartheta \cos \phi \qquad y = r \sin \vartheta \sin \phi \qquad z = r \cos \vartheta \tag{B.35}$$

lauten die Lamé'schen Koeffizienten

$$g_r = 1 \qquad g_\vartheta = r \qquad g_\phi = r \sin \vartheta \tag{B.36}$$

und damit

$$\operatorname{grad} f = \boldsymbol{e}_r \frac{\partial f}{\partial r} + \boldsymbol{e}_\vartheta \frac{1}{r} \frac{\partial f}{\partial \vartheta} + \boldsymbol{e}_\phi \frac{1}{r \sin \vartheta} \frac{\partial f}{\partial \phi} \tag{B.37}$$

$$\operatorname{div} \boldsymbol{A} = \frac{1}{r^2} \frac{\partial}{\partial r} \left(r^2 A_r \right) + \frac{1}{r \sin \vartheta} \left[\frac{\partial}{\partial \vartheta} (\sin \vartheta A_\vartheta) + \frac{\partial A_\phi}{\partial \phi} \right] \tag{B.38}$$

$$\begin{aligned} \Delta f &= \frac{1}{r^2} \frac{\partial}{\partial r} \left(r^2 \frac{\partial f}{\partial r} \right) + \frac{1}{r^2 \sin \vartheta} \frac{\partial}{\partial \vartheta} \left(\sin \vartheta \frac{\partial f}{\partial \vartheta} \right) \\ &+ \frac{1}{r^2 \sin^2 \vartheta} \frac{\partial^2 f}{\partial \phi^2} \end{aligned} \tag{B.39}$$

sowie

$$\operatorname{rot} \boldsymbol{A} = \frac{1}{r^2 \sin \vartheta} \begin{vmatrix} \boldsymbol{e}_r & r \boldsymbol{e}_\vartheta & r \sin \vartheta \boldsymbol{e}_\phi \\ \partial/\partial r & \partial/\partial \vartheta & \partial/\partial \phi \\ A_r & r A_\vartheta & r \sin \vartheta A_\phi \end{vmatrix} \tag{B.40}$$

Literaturverzeichnis

1 Becker, R., Sauter, F., *Theorie der Elektrizität, Band 1: Einführung in die Maxwellsche Theorie,* Teubner, Stuttgart 1973
2 Eder, G., *Elektrodynamik,* Bibliogr. Institut Mannheim, Mannheim 1967
3 Fliessbach, T., *Elektrodynamik,* B. I. Wissenschaftsverlag, Mannheim 1994
4 Greiner, W., *Theoretische Physik: 3. Klassische Elektrodynamik,* Wissenschaftlicher Verlag Harry Deutsch, Frankfurt 2002
5 Jackson, J. D., *Classical Elektrodynamics,* J. Wiley & Sons, New York 1999
6 Jackson, J. D., textitKlassische Elektrodynamik, W. de Gruyter, Berlin 2002
7 Klingbeil, H., textitElektromagnetische Feldtheorie, Teubner, Stuttgart 2003
8 Landau, L. D., Lifshitz, E. M., *Theoretische Physik II, Klassische Feldtheorie,* Akademie-Verlag, Berlin 1987
9 Landau, L. D., Lifshitz, E. M., *Theoretische Physik VIII, Elektrodynamik der Kontinua,* Akademie-Verlag, Berlin 1985
10 Leuchtmann, P., *Einführung in die elektromagnetische Feldtheorie,* Pearson Studium, München 2005
11 Macke, W., *Elektromagnetische Felder,* Akademische Verlagsgesellschaft Geest und Portig, Leipzig 1965
12 Nolting, W., *Grundkurs: theoretische Physik, 3. Elektrodynamik,* Springer-Verlag, Berlin, Heidelberg, New York 2004
13 Panofsky, W., Phillips, M., *Classical Classical Electricity and Magnetism,* Addison-Wesley Publishing Company, Reading, Mass., 1971
14 Römer, H., Forger, M., *Elementare Feldtheorie,* VCH, Weinheim 1993
15 Schmutzer, E., *Grundlagen der theoretischen Physik,* BI Wissenschaftsverlag, Mannheim, Wien, Zürich 1989
16 Schnakenberg, J., *Elektrodynamik,* Wiley-VCH, Weinheim, 2003
17 Stumpf, H., Schuler, W., *Elektrodynamik,* Vieweg, Braunschweig 1981
18 Weizl, W., *Lehrbuch der Theoretischen Physik,* Springer-Verlag, Berlin, Heidelberg 1959
19 Courant, R., Hilbert, D., *Methoden der Mathematischen Physik, Band I und II,* Heidelberger Taschenbücher, Band 30/31, Springer-Verlag, Berlin 1968
20 Morse, P. M., Feshbach, H. , *Methods of Theoretical Physics, Vol. I, II,* McGraw-Hill, New York 1953
21 *Müller, C., Grundprobleme der mathematischen Theorie elektromagnetischer Schwingungen,* Springer-Verlag, Berlin 1996
22 Smirnow, W. I., *Lehrgang der Mathematik, III, IV* , Deutscher Verlag der Wissenschaften, Berlin 1968
23 Duschek, A., Hochrainer, A., *Grundzüge der Tensorrechnung in analytischer Darstellung, Bände 1–3,* Springer-Verlag, Heidelberg 1970
24 Schulz, M., *Control Theory for Physics and other Fields of Science,* Springer-Verlag, Berlin, Heidelberg, New York 2005
25 Kilian, U., Weber C. (Red.), *Lexikon der Physik,* Spektrum Akademischer Verlag, Berlin 1998

Theoretische Physik II: Elektrodynamik. Peter Reineker, Michael Schulz, Beatrix M. Schulz

ISBN: 3-527-40642-5

Sachverzeichnis

Theoretische Physik II: Elektrodynamik. Peter Reineker, Michael Schulz, Beatrix M. Schulz

ISBN: 3-527-40642-5